网络综合布线

系统与施工技术

（第 5 版）

陈光辉 黎连业 王萍 黎长骏 等编著

机械工业出版社
China Machine Press

图书在版编目（CIP）数据

网络综合布线系统与施工技术 / 陈光辉等编著 . —5 版 . —北京：机械工业出版社，2018.5（2020.4 重印）

ISBN 978-7-111-59426-0

I. 网… II. 陈… III. 计算机网络 – 总体布线 – 高等学校 – 教材 IV. TP393.033

中国版本图书馆 CIP 数据核字（2018）第 052680 号

本书系统、完整、准确地介绍了网络综合布线系统的基础知识、设计方法、施工技术、测试内容和验收鉴定过程，反映了综合布线市场的最新技术和成果。

全书由综合布线系统、网络传输介质、网络互联设备、网络综合布线系统的线槽规格和品种及线缆的敷设、布线系统标准的有关要求与系统设计技术、网络工程设计方案写作基础和方案写作样例、网络工程施工实用技术、无线网络、测试及其有关技术、网络综合布线系统工程的验收、屏蔽局域网络、网络综合布线系统中的物理隔离技术组成。以一个大型数据中心工程为基础，在系统的构成、系统分级、技术指标参数等方面力求与国际标准 ISO/IEC 11801 接轨；具体、实用地介绍了数据中心、云计算数据中心、卡博菲桥架、KVM 系统、列头柜等施工技术。

本书叙述由浅入深、循序渐进；内容系统全面、重点突出；概念清楚易懂，是一部实用性很强的书籍，可供计算机、通信、楼宇建筑、系统集成等领域的科技人员使用，也可作为高等院校有关专业课程的教材，还可作为教学和科研人员的参考，以及可作为综合布线培训教材。

网络综合布线系统与施工技术（第 5 版）

出版发行：机械工业出版社（北京市西城区百万庄大街 22 号 邮政编码：100037）

责任编辑：迟振春　　责任校对：李秋荣

印　刷：北京文昌阁彩色印刷有限责任公司　　版　次：2020 年 4 月第 5 版第 3 次印刷

开　本：185mm × 260mm 1/16　　印　张：35

书　号：ISBN 978-7-111-59426-0　　定　价：99.00 元

凡购本书，如有缺页、倒页、脱页，由本社发行部调换

客服热线：（010）88379426 88361066　　投稿热线：（010）88379604

购书热线：（010）68326294 88379649 68995259　　读者信箱：hzit@hzbook.com

前　言

本书为适应《综合布线系统工程设计规范》（GB 50311—2016）标准、数据中心设计、云计算数据中心的设计，在系统的构成、系统分级、技术指标参数等方面力求与国际标准ISO/IEC 11801接轨，以一个大型数据中心工程为基础，并结合当前最新布线技术，介绍布线系统的设计和施工技术。

本书是基于网络工程施工过程中所需要的知识而写作的，面向网络工程技术人员、高校教师和建网管理人员，所叙述的内容基本上反映了当前最新技术，也是作者多年来工程经验和实践体会的总结。对于从事工程综合布线的读者来说，这是一本非常好的参考书。

本书围绕着“综合布线”展开，从基础知识到当前最新的集成布线系统、从布线基本概念到布线的施工技术均进行了详细的讨论，使读者不但能够掌握综合布线的基础知识，而且可以了解怎样去做布线方案，怎样选择传输介质，怎样去施工，怎样去测试，怎样去组织验收、鉴定，成为综合布线系统的工程师。

本书由六个部分组成，共12章，全面详细地讨论了综合布线系统和工程施工实用技术。

第一部分基础知识（第1章～第4章）的内容为：综合布线系统、网络传输介质、网络互联设备、网络综合布线系统的线槽规格和品种以及线缆的敷设。通过这些基本知识为读者进行网络总体方案设计打下良好的基础。

第二部分网络综合布线方案设计（第5章和第6章）的内容为：布线系统标准的有关要求与系统设计技术，并提供一个方案实例样本供读者参考。通过这一内容的学习，使读者能够自主进行方案设计。

第三部分工程施工（第7章和第8章）的内容为：网络工程施工实用技术、无线网络。全面详细地叙述网络工程施工过程中的实用技术：金属槽管敷设技术、塑料槽管敷设技术、工作区子系统布线施工技术、水平干线子系统布线施工技术、管理间子系统布线施工技术、垂直干线子系统布线施工技术、设备间子系统布线施工技术、楼宇管理子系统布线施工技术、双绞线布线技术、双绞线端接技术、楼宇光缆布线技术、长距离光缆布线技术、光纤ST头磨接制作技术、光纤ST头压接制作技术、光纤连接熔接技术、吹光纤布线技术、数据点与语音点互换技术、综合布线系统的标识管理技术、无线网络工程施工技术。通过这一内容的学习，使读者能够独当一面地进行网络工程施工。

第四部分测试验收（第9章和第10章）的内容为：测试及其有关技术、网络综合布线系统工程的验收。全面详细地叙述网络布线的超5类、6类线、7类线双绞线测试技术、大对数线测试技术、光缆测试技术、网络综合布线系统工程的验收技术。通过这些内容的介绍，使读者知道验收有哪些环节需要注意，鉴定需要做哪些材料。其中提供了一个工程验收鉴定会所需要的材料样本供读者参考。

第五部分屏蔽局域网络（第11章）的内容为：屏蔽局域网的施工建设、屏蔽局域网系统的施工安装要求、屏蔽机房的建设。

第六部分介绍网络综合布线系统中的物理隔离技术（第12章）。

本版进行规模较大的改动时，限于篇幅，删减了第4版的第10章、第13章和第15章的内容，对本书第1章和第12章为了适用于语音、数据、图像、多媒体等多种业务及弱电领域中的应用；满足智能化建筑中各弱电子系统对信息处理朝着网络化和数字化发展的实际需求；在系统的构成、系统分级、技术指标参数等方面力求与国际标准ISO/IEC 11801接轨；对数据中心、云计算数据中心、卡博菲桥架、KVM系统、列头柜等施工技术写得具体、实用，有利于自学，帮助读者做到看了就会。

本版更新

本版在第4版的基础上进行了规模较大的改动。改动的目的如下：

1）2007年版的综合布线标准已有修改，从2017年4月1日起综合布线施工要遵守2016版的国家标准。

2）2007版、2016版的综合布线标准已不再面向网络工程，而是面向所有要进行布线的弱电工程。

3）根据同行、相关专业本科生提出的意见和具体要求，尤其是从事布线的工程技术人员的要求，改动、增加了建筑行业综合布线系统取费，有利于做工程方案时进行报价；增加了数据中心设计、云计算数据中心设计、卡博菲桥架、数据中心KVM技术、数据中心列头柜技术。

4）“一带一路”的海外项目弱电工程设计施工，走出去要开创新天地，弱电施工技术更重要。

5）本书以网络为背景讨论综合布线，其实所讨论的布线技术已适用于所有需要布线的弱电工程，并具有广泛的使用意义。

6）在今后的几年内，除标准和使用的设备发生变化外，本书介绍的布线技术理论上不会发生大的变化，可以说布线技术不会过时，也可以说布线技术已基本定型。

7）本书可操作性、可模仿性强，对从事布线工程的技术人员来说非常实用，同时也可供未来修改布线规范标准参考。

8）本书最大的亮点是布线技术全面、内容广泛、应用广泛，可以说是从事布线的技术人员、设计人员的“知心朋友”。

9）本书在叙述上由浅入深、循序渐进；在内容上系统全面、重点突出；在概念上清楚易懂，是一部实用性很强的书籍，可供计算机、通信、楼宇建筑、系统集成等领域的科技人员使用，也可作为高等院校有关专业课程的教材，还可作为教学和科研人员的参考；以及可作为综合布线培训教材。

读者通过本书的学习，能够做到：会进行方案设计，能进行工程施工、测试，组织验收、鉴定和管理。本书适合以下人员阅读：

- 从事计算机网络工程的工程技术人员
- 从事工程项目的管理人员
- 从事系统集成的科技人员
- 房地产工程开发人员
- 大学生、研究生以及从事网络应用的科技人员
- 高校教师、科研人员

致谢

本书自第1版出版以来，收到许多热情的读者来信、来电，得到了众多同行者的支持和帮助，作者对此深表感谢！

参加本书修订的人员有：陈光辉、黎连业、黎长骏、王萍、李淑春、黎萍、黎军。

在修订本书时，作者参考了大量的文章和书籍，尤其是许多大公司馈赠的技术资料和有关技术白皮书，从中吸取了许多知识。借本书出版之际，对这些书籍、文章、技术资料、技术白皮书的作者、公司表示感谢！

作者自认为本书是一本非常实用的书籍。本书在写作过程中还得到了众多同行者的支持和帮助，单银根、陈建华、王兆康先生提出了许多有益的建议，李淑春、黎萍、黎军为本书做了大量的文字组织工作，借此机会对他们表示感谢！

由于作者水平有限，书中如有不当之处，请读者批评指正。

目　录

第1章　综合布线系统

建筑物综合布线系统（Premises Distribution System，PDS）的兴起与发展，是基于计算机技术和通信技术的发展，并适应社会信息化和经济国际化的需要，也是办公自动化进一步发展的结果。建筑物综合布线也是建筑技术与信息技术相结合的产物，是计算机网络工程的基础。

1.1　综合布线系统的基本概述

在信息社会中，一个现代化的大楼内，除了具有电话、传真、空调、消防、动力电线、照明电线外，计算机网络线路也是不可缺少的。布线系统的对象是建筑物或楼宇内的传输网络，以使话音和数据通信设备、交换设备和其他信息管理系统彼此相连，并使这些设备与外部通信网络连接。它包含着建筑物内部和外部线路（网络线路、电话局线路）间的民用电缆及相关的设备连接措施。布线系统是由许多部件组成的，主要有传输介质、线路管理硬件、连接器、插座、插头、适配器、传输电子线路、电气保护设施等，并由这些部件构造各种子系统。

综合布线系统应该说是跨学科跨行业的系统工程，作为信息产业体现在以下几个方面：

- ❏ 楼宇自动化系统（BA）
- ❏ 通信自动化系统（CA）
- ❏ 办公室自动化系统（OA）
- ❏ 计算机网络系统（CN）

作为布线系统，国际标准将其划分为建筑群主干布线子系统、建筑物主干布线子系统和水平布线子系统3个部分；美国标准把综合布线系统划分为建筑群子系统、垂直干线子系统、水平干线子系统、设备间子系统、管理间子系统和工作区子系统6个独立的子系统；我国国家标准《综合布线系统工程设计规范》（GB 50311—2007）将其划分为工作区子系统、配线子系统、干线子系统、建筑群子系统、设备间、进线间、电信间、管理8个部分。

大楼的综合布线系统是将各种不同组成部分构成一个有机的整体，而不是像传统的布线那样自成体系，互不相干。美国标准综合布线系统结构如图1-1a所示，我国国家标准《综合布线系统工程设计规范》(GB 50311—2007）综合布线系统结构如图1-1b所示。

综合布线系统是弱电系统的核心工程，适用场合如商务贸易中心、银行、保险公司、宾馆饭店、股票证券市场、商城大厦、政府机关、公司办公大厦、航空港、火车站、长途汽车客运枢纽站、码头、城市公共交通指挥中心、出租车调度中心、邮政枢纽楼、广播电台、电视台、新闻通信社、医院、急救中心、气象中心、科研机构、高等院校等。为适应新的需要，《综合布线系统工程设计规范》（GB 50311—2016）自2017年4月1日起实施，原《综合布线系统工程设计规范》（GB 50311—2007）同时废止，为了方便工程设计、施工安装，本书在《综合布线系统工程设计规范》（GB 50311—2016）的基础上编写综合布线系统的设计与施工技术。

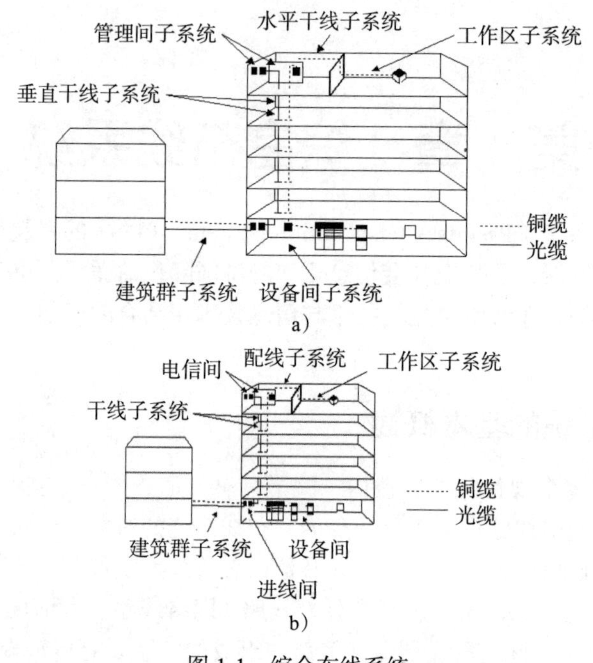

图 1-1 综合布线系统

1.1.1 综合布线系统特性

综合布线系统特性如下。

1. 可靠、实用性

布线系统要能够充分适应现代和未来的技术发展，实现话音、高速数据通信、高显像度图片传输，支持各种网络设备、通信协议和包括管理信息系统、商务处理活动、多媒体系统在内的广泛应用。布线系统还要能够支持其他一些非数据的通信应用，如电话系统等。

2. 先进性

布线系统作为整个建筑的基础设施，要采用先进的科学技术，着眼于未来，保证系统具有一定的超前性，使布线系统能够支持未来的网络技术和应用。

3. 灵活性

布线系统对其服务的设备有一定的独立性，能够满足多种应用的要求，每个信息点可以连接不同的设备，如数据终端、模拟或数字式电话机、程控电话或分机、个人计算机、工作站、打印机、多媒体计算机和主机等。布线系统要可以连接成包括星形、环形、总线型等各种不同的逻辑结构。

4. 模块化

布线系统中除去固定于建筑物内的水平线缆外，其余所有的设备都应当是可任意更换插拔的标准组件，以方便使用、管理和扩充。

5. 扩充性

布线系统应当是可扩充的，以便在系统需要发展时，可以有充分的余地将设备扩展进去。

6. 标准化

布线系统要采用和支持各种相关技术的国际标准、国家标准及行业标准，这样可以使得作为基础设施的布线系统不仅能支持现在的各种应用，还能适应未来的技术发展。

1.1.2 综合布线系统分类

《综合布线系统工程设计规范》(GB 50311—2007) 将布线系统划分为 8 个部分 (7 个布线系统部分，1 个技术管理部分):

- ❑ 工作区子系统
- ❑ 配线子系统
- ❑ 干线子系统
- ❑ 建筑群子系统
- ❑ 设备间
- ❑ 电信间
- ❑ 进线间
- ❑ 管理

1. 工作区子系统

工作区子系统 (work area subsystem) 又称为服务区 (coverage area) 子系统，它是由 RJ-45 跳线、信息插座模块 (Telecommunications Outlet, TO) 和所连接的终端设备 (Terminal Equipment，TE) 组成。信息插座有墙上型、地面型等多种类型。

连接设备时，可能需要某种传输电子装置，但这种装置并不是工作区子系统的一部分。例如调制解调器，它能为终端与其他设备之间的兼容性传输距离的延长提供所需的转换信号，但不能说是工作区子系统的一部分。

工作区子系统中所使用的连接器必须具备国际 ISDN 标准的 8 位接口，这种接口能接受楼宇自动化系统所有低压信号以及高速数据网络信息和数码声频信号。

设计工作区子系统时要注意如下要点:

1) 从 RJ-45 的插座到设备间的连线用双绞线，一般不要超过 5m。

2) RJ-45 的插座需安装在墙壁上或不易碰到的地方，插座距离地面 30cm 以上。

3) 插座和插头 (与双绞线) 不要接错线头。

2. 配线子系统

配线子系统应由工作区的信息插座模块、信息插座模块至电信间配线设备 (FD) 的配线电缆和光缆、电信间的配线设备及设备缆线和跳线等组成。

配线子系统又称为水平干线子系统、水平子系统 (horizontal subsystem)。配线子系统是整个布线系统的一部分，它是从工作区的信息插座开始到电信间的配线设备及设备缆线和跳线。结构一般为星形结构，它与干线子系统的区别在于：配线子系统总是在一个楼层上，仅仅是信息插座与电信间连接。在综合布线系统中，配线子系统由 4 对 UTP(非屏蔽双绞线) 组成，能支持大多数现代化通信设备。如果有磁场干扰或信息保密时可用屏蔽双绞线；如果需要高宽带应用时，可以采用光缆。

设计配线子系统时，必须具有全面介质设施方面的知识，并注意如下要点:

1) 配线子系统用线一般为双绞线；

2) 长度不超过 90m；

3) 用线必须走线槽或在天花板吊顶内布线，尽量不走地面线槽；

4) 用 3 类双绞线，传输速率可达 16Mbps，用 5 类、5e 类双绞线，传输速率可达100Mbps，用6类双绞线，传输速率可达250Mbps，用7类双绞线，传输速率可达600Mbps；

5）确定介质布线方法和线缆的走向；

6）确定距服务接线间距离最近的I/O位置；

7）确定距服务接线间距离最远的I/O位置；

8）计算水平区所需线缆长度。

3. 干线子系统

干线子系统（riser backbone subsystem）也称为垂直干线子系统和骨干（riser backbone）子系统，它是整个建筑物综合布线系统的一部分。它提供建筑物的干线电缆，干线子系统应由设备间至电信间的干线电缆和光缆、安装在设备间的建筑物配线设备（BD）及设备缆线和跳线组成。负责连接电信间到设备间的子系统，一般使用光缆或选用非屏蔽双绞线。

干线提供了建筑物干线电缆的路由。通常是在电信间、设备间两个单元之间，该子系统由所有的布线电缆组成，或由导线和光缆以及将此光缆连到其他地方的相关支撑硬件组合而成。

干线子系统还包括：

1）干线或远程通信（卫星）接线间、设备间之间的竖向或横向的电缆走向用的通道；

2）设备间和网络接口之间的连接电缆或设备与建筑群子系统各设施间的电缆；

3）干线接线间与各远程通信（卫星）接线间之间的连接电缆；

4）主设备间和计算机主机房之间的干线电缆。

设计干线子系统时要注意：

1）干线子系统一般选用光缆，以提高传输速率；

2）光缆可选用单模的（室外远距离的），也可以是多模的（室内、室外）；

3）干线电缆不要直角拐弯，应有一定的弧度，以防光缆受损。

4. 建筑群子系统

建筑群子系统应由连接多个建筑物的主干电缆和光缆建筑群配线设备（CD）及设备缆线和跳线组成。

建筑群子系统也称为楼宇（建筑群）子系统、校园子系统（campus backbone subsystem）。它是将一个建筑物中的电缆延伸到另一个建筑物，通常是由光缆和相应设备组成，建筑群子系统是综合布线系统的一部分，它支持楼宇之间的通信。其中包括导线电缆、光缆以及防止电缆上的脉冲电压进入建筑物的电气保护装置。

在建筑群子系统中，会遇到室外敷设电缆问题，一般有三种情况：架空电缆、直埋电缆、地下管道电缆，或者是这三种情况的任何组合，具体情况应根据现场的环境来决定。设计时要注意：

1）建筑群子系统一般选用光缆，以提高传输速率；

2）光缆可选用单模的（室外远距离的），也可以是多模的；

3）建筑群干线电缆不要直角拐弯，应有一定的弧度，以防光缆受损；

4）建筑群干线电缆要防遭破坏（如埋在路面下，挖路、修路对电缆造成危害），架空电缆要防止雷击。

5. 设备间

设备间是在每幢建筑物的适当地点进行网络管理和信息交换的场地。对于综合布线系统工程设计，设备间主要安装建筑物配线设备。电话交换机、计算机主机设备及入口设施也可与配线设备安装在一起。

设备间也称为设备间子系统、设备子系统（equipment subsystem）。设备间由电缆、连接器和相关设备组成。它把各种公共系统的多种不同设备互连起来，其中包括邮电部门的光缆、同轴电缆、程控交换机等。

设计设备间时需注意如下要点：

1）设备间要有足够的空间，以保障设备的存放；

2）设备间要有良好的工作环境（温度、湿度）；

3）设备间的建设标准应按机房建设标准设计。

6. 电信间

电信间（也称为管理间子系统）由交叉连接、互连和I/O组成。电信间为连接其他子系统提供手段，它是连接干线子系统和配线子系统的子系统，其主要设备是配线架、HUB、交换机和机柜、电源。

交叉连接和互连允许将通信线路定位或重定位在建筑物的不同部分，以便能更容易地管理通信线路。I/O位于用户工作区和其他房间或办公室，使在移动终端设备时能够方便地进行插拔。

在使用跨接线或插入线时，交叉连接允许将端接在单元一端的电缆上的通信线路连接到端接在单元另一端的电缆上的线路。跨接线是一根很短的单根导线，可将交叉连接处的两根导线端点连接起来；插入线包含几根导线，而且每根导线末端均有一个连接器。插入线为重新安排线路提供了一种简易的方法。

互连与交叉连接的目的相同，但不使用跨接线或插入线，只使用带插头的导线、插座、适配器。互连和交叉连接也适用于光纤。

在远程通信（卫星）接线区，如安装在墙上的布线区，交叉连接可以不要插入线，因为线路经常是通过跨接线连接到I/O上的。

设计电信间时要注意如下要点：

1）配线架的配线对数可由管理的信息点数决定；

2）利用配线架的跳线功能，可使布线系统实现灵活、多功能的能力；

3）电信间和干线子系统使用光缆连接是由光配线盒组成的；

4）电信间应有足够的空间放置配线架和网络设备（HUB、交换机等）；

5）有交换机的地方要配有专用稳压电源；

6）保持一定的温度和湿度，保养好设备。

7. 进线间

进线间也称为进线间子系统。进线间是建筑物外部通信和信息管线的入口部位，并可作为入口设施和建筑群配线设备的安装场地。

8. 管理

管理是对工作区、电信间、设备间、进线间的配线设备、缆线、信息插座模块等设施按一定的模式进行标识和记录。综合布线系统应有良好的标记系统，如建筑物名称、建筑物位置、区号、起始点和功能等标志。综合布线系统使用了三种标记：电缆标记、场标记和插入标记。其中插入标记最常用。这些标记通常是硬纸片或其他方式，由安装人员在需要时取下来使用。

交接间及二级交接间的本线设备宜采用色标来区别各类用途的配线区。

对于上述7个子系统和管理的详细设计，将在本书后面的章节中介绍。

9. 新标准的宗旨

新标准（《综合布线系统工程设计规范》(GB 50311—2016)）是在原来3类、5类、5e类、6类布线内容的基础上，以6类、6A类、7类、7A类及光纤布线系统技术为主，进行内容上的修改、补充和完善，它不是新编规范，而是为了规范建筑与建筑群的语音、数据、图像及多媒体业务综合网络建设。综合布线系统宜与信息网络系统、安全技术防范系统、建筑设备监控系统等的配线做统筹规划，同步设计，并应按照各系统对信息的传输要求，做到合理优化设计；根据工程项目的性质、功能、环境条件和近、远期用户需求进行设计，应考虑施工和维护方便，确保综合布线系统工程的质量和安全，做到技术先进、经济合理；在系统的构成、系统分级、技术指标参数等方面力求与国际标准ISO/IEC11801接轨；使大家在执行规范过程中可操作和可适用；新标准适用于新建、扩建、改建建筑与建筑群综合布线系统工程设计。

1.2　综合布线系统的优点

综合布线的主要优点为：

1）结构清晰，便于管理维护。传统的布线方法是，对各种不同设施的布线分别进行设计和施工，如电话系统、消防、安全报警系统、能源管理系统等。在一个自动化程度较高的大楼内，各种线路乱如麻，拉线时又免不了在墙上打洞，在室外挖沟，造成一种“填填挖挖挖挖填，修修补补补补修”的难堪局面，而且还造成难以管理，布线成本高、功能不足和不适应形势发展的需要。综合布线就是针对这些缺点而采取的标准化的统一材料、统一设计、统一布线、统一安装施工，做到结构清晰，便于集中管理和维护。

2）材料统一先进，适应今后的发展需要。综合布线系统采用了先进的材料，如5类非屏蔽双绞线，传输的速率每秒在100Mbps以上，完全能够满足未来5～10年的发展需要。

3）灵活性强，适应各种不同的需求。综合布线系统使用起来非常灵活。一个标准的插座，既可接入电话，又可以用来连接计算机终端，实现语音/数据点互换，可适应各种不同拓扑结构的局域网。

4）便于扩充，既节约费用又提高了系统的可靠性。综合布线系统采用冗余布线和星形结构的布线方式，既提高了设备的工作能力又便于用户扩充。虽然传统布线所用线材比综合布线的线材要便宜，但在统一布线的情况下，统一安排线路走向，统一施工，这样可减少用料和施工费用，也减少对建筑物空间的占用，而且使用的线材是质量较高的材料。

1.3　综合布线系统标准

目前综合布线系统标准一般为GB 50311—2016和美国电子工业协会、美国电信工业协会的EIA/TIA为综合布线系统制定的一系列标准。后者主要有下列几种：

1）EIA/TIA-568：民用建筑线缆标准。

2）EIA/TIA-569：民用建筑通信通道和空间标准。

3）EIA/TIA-607：民用建筑中有关通信接地标准。

4）EIA/TIA-606：民用建筑通信管理标准。

5）TSB-67：非屏蔽双绞线布线系统传输性能现场测试标准。

6）TSB-95：已安装的五类非屏蔽双绞线布线系统支持千兆应用传输性能指标标准。

这些标准支持下列计算机网络标准：

1）IEEE802.3：总线局域网络标准。

2）IEEE802.5：环形局域网络标准。

3）FDDI：光纤分布数据接口高速网络标准。

4）CDDI：铜线分布数据接口高速网络标准。

5）ATM：异步传输模式。

综合布线标准要点

无论是 GB 50311—2016，还是 EIA/TIA 制定的标准，其标准要点如下。

（1）目的

1）规范一个通用语音和数据传输的电信布线标准，以支持多设备、多用户的环境。

2）为服务于商业的电信设备和布线产品的设计提供方向。

3）能够对商用建筑中的结构化布线进行规划和安装，使之能够满足用户的多种电信要求。

4）为各种类型的线缆、连接件以及布线系统的设计和安装建立性能和技术标准。

（2）范围

1）标准针对的是“商业办公”电信系统。

2）布线系统的使用寿命要求在 10 年以上。

（3）标准内容

标准内容为所用介质、拓扑结构、布线距离、用户接口、线缆规格、连接件性能、安装程序等。

（4）几种布线系统涉及的范围和要点

1）配线子系统布线：涉及水平跳线架、水平线缆；线缆出入口 / 连接器、转换点等。

2）干线子系统布线：涉及主跳线架、中间跳线架；建筑外主干线缆、建筑内主干线缆等。

3）UTP 布线系统：UTP 布线系统传输特性划分为 7 类线缆：

① 3 类：指 16MHz 以下的传输特性。

② 4 类：指 20MHz 以下的传输特性。

③ 5 类：指 100MHz 以下的传输特性。

④ 超 5 类：指 155MHz 以下的传输特性。

⑤ 6 类：指 250MHz 以下的传输特性。

⑥ 7 类：指 600MHz 以下的传输特性。

⑦ 8 类：指 1200MHz 以下的传输特性。

目前主要使用超 5 类、6 类、7 类。

4）光缆布线系统：在光缆布线中分水平子系统和主干线子系统，它们分别使用不同类型的光缆。

- 配线子系统：62.5/125μM 多模光缆（入出口有 2 条光纤）。
- 干线子系统：62.5/125μM 多模光缆或 10/125μM 单模光缆，多数为室内型光缆。
- 建筑群子系统：62.5/125μM 多模光缆或 10/125μM 单模光缆，多数为室外型光缆。

综合布线系统标准是一个开放型的系统标准，应用广泛。因此，按照综合布线系统进行布线，会为用户今后的应用提供方便，也保护了用户的投资，使用户投入较少的费用便能向高一级的应用范围转移。

1.4　综合布线系统的设计等级

对于建筑物的综合布线系统，一般定为三种不同的布线系统等级。它们是：

- ❑ 基本型综合布线系统
- ❑ 增强型综合布线系统
- ❑ 综合型综合布线系统

1. 基本型综合布线系统

基本型综合布线系统方案是一个经济的、有效的布线方案。它支持语音或综合型语音 / 数据产品，并能够全面过渡到数据的异步传输或综合型布线系统。它的基本配置为：

1）每一个工作区为 8 ～ 10m²；

2）每一个工作区有一个信息插座；

3）每一个工作区有一个语音插座。

它的特性为：

1）能够支持所有的语音和数据传输应用；

2）便于人员维护、管理；

3）能够支持众多厂商的产品设备和特殊信息的传输。

2. 增强型综合布线系统

增强型综合布线系统不仅支持语音和数据的应用，还支持图像、影像、影视、视频会议等。它具有为增加功能提供发展的余地，并能够利用接线板进行管理。它的基本配置为：

1）每一个工作区为 8 ～ 10m²；

2）有一个信息插座；

3）有一个语音插座；

4）每一个工作区有两条水平布线 4 对 UTP 系统；提供语音和高速数据传输。

它的特点为：

1）每个工作区有两个信息插座，灵活方便、功能齐全；

2）任何一个插座都可以提供语音和高速数据传输；

3）便于管理与维护；

4）能够为众多厂商提供服务环境的布线方案。

3. 综合型综合布线系统

综合型布线系统是将双绞线和光缆纳入建筑物布线的系统。它的基本配置为：

1）每一个工作区为 8 ～ 10m²；

2）在建筑、建筑群的干线或水平布线子系统中配置 62.5μM 的光缆；

3）在每个工作区的电缆内配有两条以上的 4 对双绞线。

它的特点为：

1）每个工作区有两个以上信息插座，不仅灵活方便而且功能齐全；

2）任何一个信息插座都可提供语音和高速数据传输。

新标准为了适用于语音、数据、图像、多媒体等多种业务及弱电领域中的应用，满足建筑智能化建设中各弱电子系统对信息处理朝着网络化和数字化发展的实际需求；为满足不同功能与特点的建筑物的需求，对工作区面积的划分与信息点配置数量也可参照表 1-1 ～表 1-13 配置信息点的数量。

表 1-1 工作区面积划分表

建筑物类型及功能	工作区面积（m²）
网管中心、呼叫中心、信息中心等座席较为密集的场地	3 ～ 5
办公区	5 ～ 10
会议、会展	10 ～ 60
商场、生产机房、娱乐场所	20 ～ 60
体育场馆、候机室、公共设施区	20 ～ 100
工业生产区	60 ～ 200

表 1-2 办公建筑工作区面积划分与信息点配置

项目		办公建筑	
		行政办公建筑	通用办公建筑
每一个工作区面积（m²）		办公：5 ～ 10	办公：5 ～ 10
每一个用户单元区域面积（m²）		60 ～ 120	60 ～ 120
每一个工作区信息插座类型与数量	RJ-45	一般：2 个 政务：2 ～ 8 个	2 个
	光纤到工作区为 SC 或 LC	2 个单工或 1 个双工或根据需要设置	2 个单工或 1 个双工或根据需要设置

表 1-3 商店建筑和旅馆建筑工作区面积划分与信息点配置

项目		商店建筑	旅馆建筑
每一个工作区面积（m²）		商铺：20 ～ 120	办公：5 ～ 10 客房：每套房 公共区域：20 ～ 50 会议：20 ～ 50
每一个用户单元区域面积（m²）		60 ～ 120	每一个客房
每一个工作区信息插座类型与数量	RJ-45	2 ～ 4 个	2 ～ 4 个
	光纤到工作区为 SC 或 LC	2 个单工或 1 个双工或根据需要设置	2 个单工或 1 个双工或根据需要设置

表 1-4 文化建筑和博物馆建筑工作区面积划分与信息点配置

项目		文化建筑			博物馆建筑
		图书馆	文化馆	档案馆	
每一个工作区面积（m²）		办公阅览：5 ～ 10	办公：5 ～ 10 展示厅：20 ～ 50 公共区域：20 ～ 60	办公：5 ～ 10 资料室：20 ～ 60	办公：5 ～ 10 展示厅：20 ～ 50 公共区域：20 ～ 60
每一个用户单元区域面积（m²）		60 ～ 120	60 ～ 120	60 ～ 120	60 ～ 120
每一个工作区信息插座类型与数量	RJ-45	2 个	2 ～ 4 个	2 ～ 4 个	2 ～ 4 个
	光纤到工作区 SC 或 LC	2 个单工或 1 个双工或根据需要设置	2 个单工或 1 个双工或根据需要设置	2 个单工或 1 个双工或根据需要设置	2 个单工或 1 个双工或根据需要设置

表 1-5　观演建筑工作区面积划分与信息点配置

项目		观演建筑		
		剧场	电影院	广播电视业务建筑
每一个工作区面积（m^2）		办公区：5～10 业务区：50～100	办公区：5～10 业务区：50～100	办公区：5～10 业务区：5～50
每一个用户单元区域面积（m^2）		60～120	60～120	60～120
每一个工作区信息插座类型与数量	RJ-45	2个	2个	2个
	光纤到工作区 SC或LC	2个单工或1个双工或根据需要设置	2个单工或1个双工或根据需要设置	2个单工或1个双工或根据需要设置

表 1-6　体育建筑和会展建筑工作区面积划分与信息点配置

项目		体育建筑	会展建筑
每一个工作区面积（m^2）		办公区：5～10 业务区：每比赛场地（记分、裁判、显示、升旗等）5～50	办公区：5～10 展览区：20～100 洽谈区：20～50 公共区域：60～120
每一个用户单元区域面积（m^2）		60～120	60～120
每一个工作区信息插座类型与数量	RJ-45	一般：2个	一般：2个
	光纤到工作区为 SC 或 LC	2个单工或1个双工或根据需要设置	2个单工或1个双工或根据需要设置

表 1-7　医疗建筑工作区面积划分与信息点配置

项目		医疗建筑	
		综合医院	疗养院
每一个工作区面积（m^2）		办公：5～10 业务区：10～50 手术设备室：3～5 病房：15～60 公共区域：60～120	办公：5～10 疗养区：15～60 业务区：10～50 养员活动室：30～50 营养食堂：20～60 公共区域：60～120
每一个用户单元区域面积（m^2）		每一个病房	每一个疗养区域
每一个工作区信息插座类型与数量	RJ-45	2个	2个
	光纤到工作区为 SC 或 LC	2个单工或1个双工或根据需要设置	2个单工或1个双工或根据需要设置

表 1-8　教育建筑工作区面积划分与信息点配置

项目		教育建筑		
		高等学校	高级中学	初级中学和小学
每一个工作区面积（m^2）		办公：5～10 公寓、宿舍：每一套房/每一床位 教室：30～50 多功能教室：20～50 实验室：20～50 公共区域：30～120	办公：5～10 公寓、宿舍：每一床位 教室：30～50 多功能教室：20～50 实验室：20～50 公共区域：30～120	办公：5～10 教室：30～50 多功能教室：20～50 实验室：20～50 公共区域：30～120 宿舍：每一套房
每一个用户单元区域面积（m^2）		公寓	公寓	—
每一个工作区信息插座类型与数量	RJ-45	2～4个	2～4个	2～4个
	光纤到工作区为 SC 或 LC	2个单工或1个双工或根据需要设置	2个单工或1个双工或根据需要设置	2个单工或1个双工或根据需要设置

表 1-9　交通建筑工作区面积划分与信息点配置

项目		交通建筑			
		民用机场航站楼	铁路客运站	城市轨道交通站	汽车客运站
每一个工作区面积（m^2）		办公区：5～10 业务区：10～50 公共区域：50～100 服务区：10～30	办公区：5～10 业务区：10～50 公共区域：50～100 服务区：10～30	办公区：5～10 业务区：10～50 公共区域：50～100 服务区：10～30	办公区：5～10 业务区：10～50 公共区域：50～100 服务区：10～30
每一个用户单元区域面积（m^2）		60～120	60～120	60～120	60～120
每一个工作区信息插座类型与数量	RJ-45	一般：2个	一般：2个	一般：2个	一般：2个
	光纤到工作区为SC或LC	2个单工或1个双工或根据需要设置	2个单工或1个双工或根据需要设置	2个单工或1个双工或根据需要设置	2个单工或1个双工或根据需要设置

表 1-10　金融建筑工作区面积划分与信息点配置

项目		金融建筑
每一个工作区面积（m^2）		办公区：5～10 业务区：5～10 客服区：5～20 公共区域：50～120 服务区：10～30
每一个用户单元区域面积（m^2）		60～120
每一个工作区信息插座类型与数量	RJ-45	一般：2～4个 业务区：2～8个
	光纤到工作区为SC或LC	4个单工或2个双工或根据需要设置

表 1-11　住宅建筑工作区面积划分与信息点配置

项目		住宅建筑
每一个房屋信息插座类型与数量	RJ-45	电话：客厅、餐厅、主卧、次卧、厨房、卫生间各1个 书房2个 数据：客厅、餐厅、主卧、次卧、厨房各1个 书房2个
	同轴	有线电视：客厅、主卧、次卧、书房、厨房各1个
	光纤到桌面为SC或LC	（根据需要）客厅、书房：1个双工
光纤到住宅用户		满足光纤到户要求，每一户配置一个家居配线箱

表 1-12　通用工业建筑工作区面积划分与信息点配置

项目		通用工业建筑
每一个工作区面积（m^2）		办公：5～10 公共区域：60～120 生产区：20～100
每一个用户单元区域面积（m^2）		60～120
每一个工作区信息插座类型与数量	RJ-45	一般：2～4个
	光纤到工作区为SC或LC	2个单工或1个双工或根据需要设置

每个工作区信息点数量可按用户的性质、网络构成和需求来确定。表1-13做了一些分类，仅供设计者参考。

表 1-13 信息点数量配置

建筑物功能区	信息点数量（每一工作区）			备注
	电话	数据	光纤（双工端口）	
办公区（基本配置）	1个	1个	—	—
办公区（高配置）	1个	2个	1个	对数据信息有较大的需求
出租或大客户区域	2个或2个以上	2个或2个以上	1个或1个以上	指整个区域的配置量
办公区（政务工程）	2～5个	2～5个	1个或1个以上	涉及内、外网络时

1.5 综合布线系统的布线构成

综合布线系统的布线构成可分为基本构成、布线子系统和布线系统入口设施构成。

布线基本构成如图 1-2 所示。

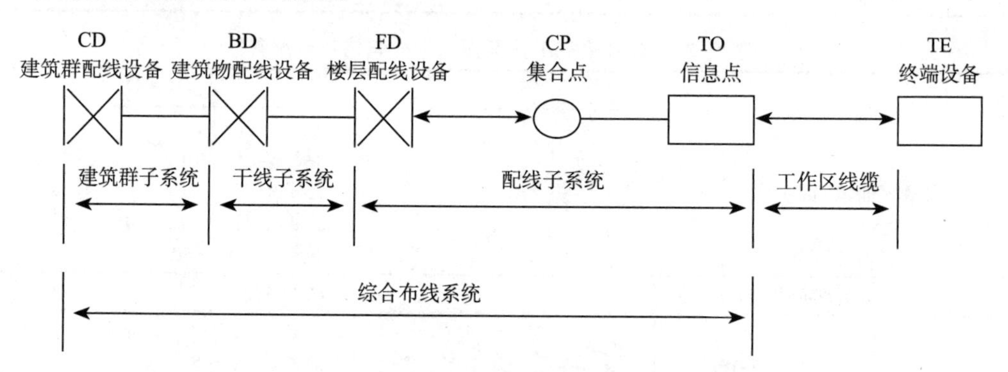

图 1-2 综合布线系统布线基本构成

布线子系统构成如图 1-3a、b 所示。

综合布线系统入口设施及引入缆线构成如图 1-4 所示。

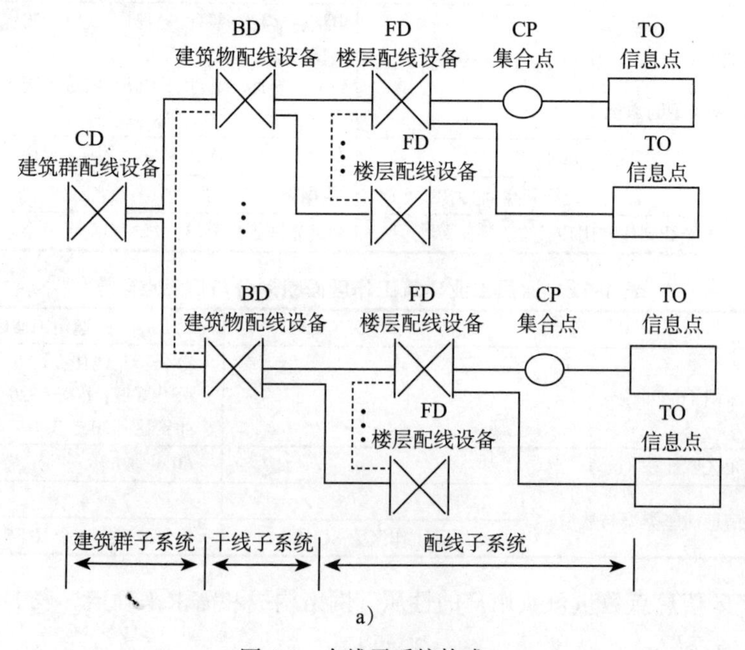

图 1-3 布线子系统构成

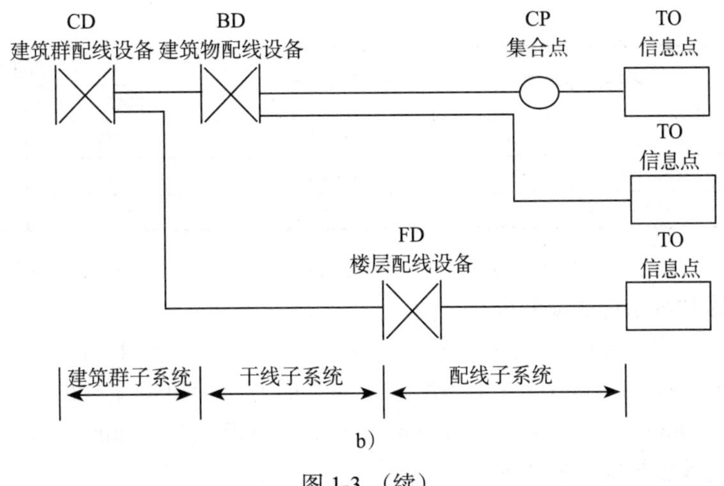

b）

图 1-3 （续）

注：图 1-2、图 1-3 中的虚线表示 BD 与 BD 之间，FD 与 FD 之间可以设置主干缆线。建筑物 FD 可以经过主干缆线直接连至 CD，TO 也可以经过配线缆线直接连至 BD。

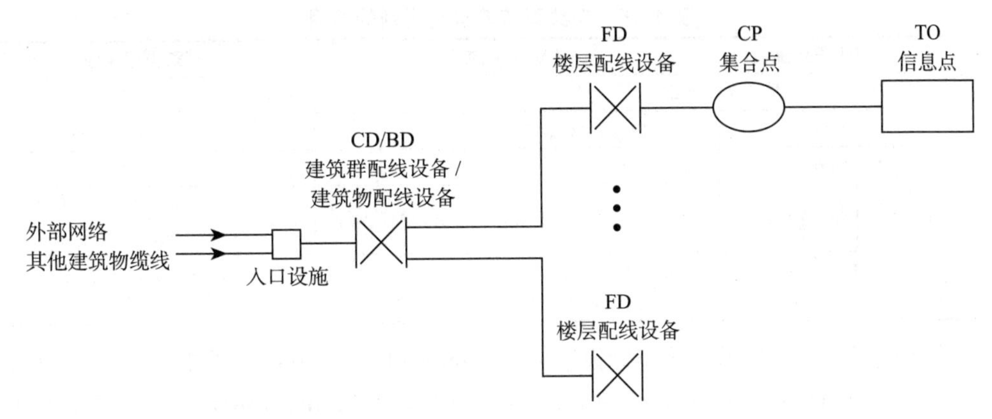

图 1-4　综合布线系统入口设施及引入缆线构成

由图 1-4 可知，对设置了设备间的建筑物，设备间所在楼层的 FD 可以和设备中的 BD/CD 及入口设施安装在同一场地。

1.6　综合布线系统线缆系统的分级与类别

1. 综合布线系统铜线缆的分级

综合布线系统铜线缆分 A、B、C、D、E、F 等 8 级，如表 1-14 所示。

表 1-14　综合布线系统电缆的 8 级表

系统分级	系统产品类别	支持最高带宽（Hz）	支持应用器件	
			电缆	连接硬件
A	—	100k	—	—
B	—	1M	—	—
C	3 类（大对数）	16M	3 类	3 类
D	5 类（屏蔽和非屏蔽）	100M	5 类	5 类
E	6 类（屏蔽和非屏蔽）	250M	6 类	6 类

（续）

系统分级	系统产品类别	支持最高带宽（Hz）	支持应用器件	
			电缆	连接硬件
EA	6A类（屏蔽和非屏蔽）	500M	6A类	6A类
F	7类（屏蔽）	600M	7类	7类
FA	7A类（屏蔽）	1000M	7A类	7A类

3类、5/5e类（超5类）、6、6A、7、7A类布线系统应能支持向下兼容的应用。

2. 综合布线系统光纤线缆的分级

综合布线系统中的光纤信道分为光纤A级300m（OF-300）、B级光纤500m（OF-500）和C级光纤2000m（OF-2000）三个等级。各等级的光纤信道应支持的应用长度不应小于300m、500m和2000m。多模光纤：62.5μm、50μm；单模光纤：9μm、10μm。

3. 布线系统等级与类别的选用

综合布线系统工程应综合考虑建筑物的功能、应用网络、业务的需求、性能价格、现场安装条件等因素，布线系统等级与类别的选用如表1-15所示。

表1-15　布线系统等级与类别的选用

业务种类	配线子系统		干线子系统		建筑群子系统	
	等级	类别	等级	类别	等级	类别
语音	D/E	5e/6	C	3类大对数线	C	3类室外大对数线
数据	D/E/F	5e/6/7	D/E/F	5e/6/7		
	光纤	5e/6/7或光纤	光纤	多模光纤或9μm、10μm单模光纤	光纤	62.5μm、50μm多模光纤或9μm、10μm单模光纤
其他应用	其他应用指数字监控摄像头、楼宇自控现场控制器（DDC）、门禁系统等采用网络端口传送数字信息时的应用。可采用5e/6类4对对绞电缆和62.5μm、50μm多模光纤及9μm、10μm单模光纤					

综合布线系统光纤信道应采用标称波长为850nm和1300nm的多模光纤（OM1、OM2、OM3、OM4），标称波长为1310nm和1550nm（OS1），1310nm、1383nm和1550nm（OS2）的单模光纤。

4. 光纤信道构成方式

光纤信道构成有三种方式。

1）水平光缆和主干光缆可在楼层电信间的光配线设备（FD）处经光纤跳线连接构成信道，如图1-5所示。

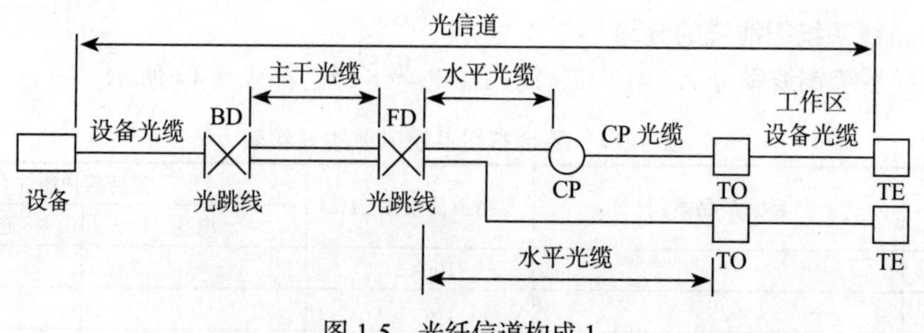

图1-5　光纤信道构成1

2）水平光缆和主干光缆可在楼层电信间处经接续（熔接或机械连接）互通构成光纤信道，如图1-6所示。

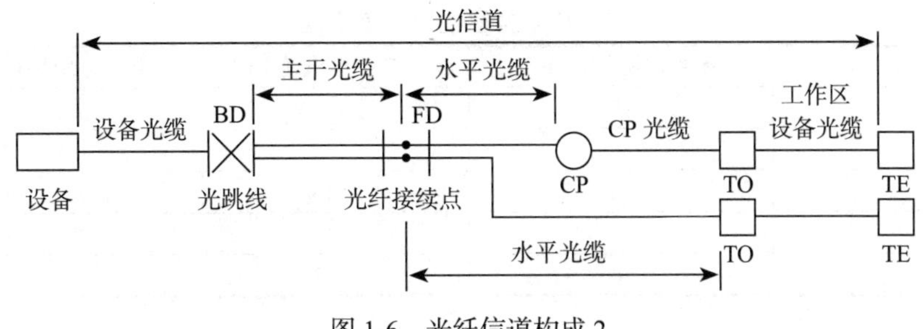

图 1-6 光纤信道构成 2

3）电信间可只作为主干光缆或水平光缆的路径场所，如图 1-7 所示。

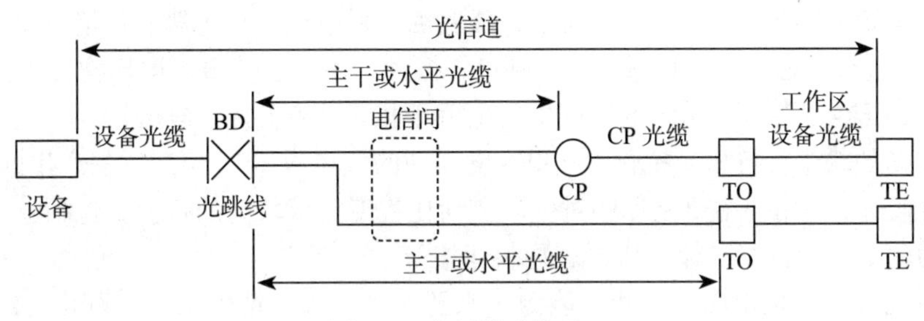

图 1-7 光纤信道构成 3

当工作区用户终端设备或某区域网络设备需直接与公用通信网进行互通时，宜将光缆从工作区直接布放至电信业务经营者提供的入口设施处的光配线设备。

1.7 缆线长度划分

综合布线系统缆线长度划分的一般要求如下：

1）综合布线系统的缆线长度划分配线（水平）缆线与建筑物主干缆线及建筑群主干缆线之和，所构成信道的总长度不应大于 2000m；

2）建筑物或建筑群配线设备（FD 与 BD、FD 与 CD、BD 与 BD、BD 与 CD）之间组成的信道出现 4 个连接器件时，主干缆线的长度不应小于 15m；

3）配线子系统各缆线长度划分如图 1-8 所示。

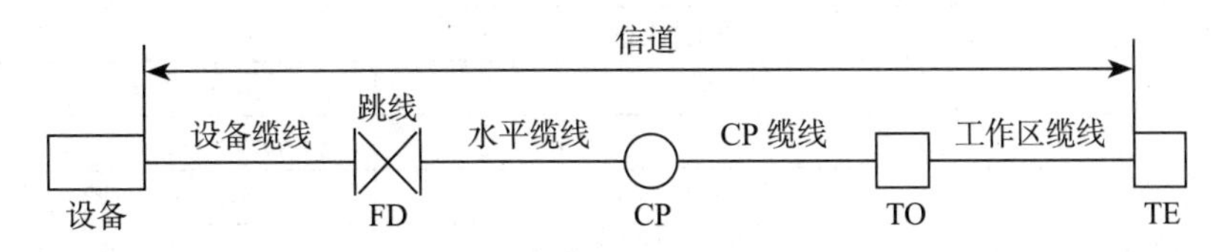

图 1-8 配线子系统各缆线长度的划分

4）配线子系统各缆线长度应符合下列要求：

- 配线子系统信道的最大长度不应大于 100m；
- 工作区设备缆线、电信间配线设备的跳线和设备缆线之和不应大于 10m，当大于 10m 时，配线缆线长度（90m）应适当减少；
- 楼层配线设备（FD）跳线、设备缆线及工作区设备缆线各自的长度不应大于 5m。

5）配线子系统各段缆线长度限值可按表 1-16 选用。

表 1-16 各段缆线长度限值

电缆总长度（m）	水平布线电缆（m）	工作区电缆（m）	电信间跳线和设备电缆（m）
100	90	5	5
99	85	9	5
98	80	13	5
97	75	17	5
97	70	22	5

1.8 工业环境布线系统

工业环境布线系统是在高温、高粉尘、强腐蚀、强电磁干扰等恶劣环境下实施的综合布线。工程需要重点考虑的是：机械环境（碰撞、振动、撞击、冲击、爆炸物）、电磁噪声（电机、电焊、变压器、雷达、无线电等产生的电磁干扰 / 射频干扰、电磁排放、电磁传导、传导辐射）、飞扬的粉尘、抗压、抗化学（浸入腐蚀性的气体液体）、生产过程产生的高温等。

目前工业控制的用户主要是那些对生产自动化程度需求较高的行业，包括：

❑ 自动化工厂：汽车工业、机器、物料运输等；

❑ 自动化过程：化学品、制药、能源、水及污水处理、精炼工厂、石化、纸浆 / 造纸、矿业等；

❑ 自动化运输：自动化交通、隧道和桥梁、造船、航运、地铁、轨道交通、管线等。

工业环境布线需要根据不同的环境，有针对性地采取防护措施。较为典型的工业环境如表 1-17 所示。

表 1-17 较为典型的工业环境条件

	环境条件	范围
振动（非包装状态）	频率范围	10 ～ 500Hz
	加速度	5g（运行状态）
	位移	0.012in[①]/0.3048mm（P-P）
振动冲击	加速度	30g（运行状态）
		50g（非运行状态）
温度特性	运行范围	0 ～ 60℃
	极端状态	−20 ～ 85℃
	存储	−40 ～ 85℃
湿度		5% ～ 95% RH（非空调状态）
电压	触点 / 触点	1000V 直流或交流峰值
	触点 / 测试盘	1500V 直流或交流峰值

① 1in = 0.0254m。

工业环境布线系统线缆可能需要面对 4 种环境问题：机械问题（振动 / 撞击 / 冲击）、防护等级、化学和环境以及电磁问题。根据 ISO/IEC24702 定义的环境级别的影响，具有复杂环境的 3 种基本工业区域被划分了等级（分别是 1、2 和 3），如表 1-18 所示。

表 1-18 工业环境布线系统线缆面对的 4 种环境问题

环境的影响	线缆面对的环境问题	等级 1	等级 2	等级 3
环境问题	机械问题	M_1	M_2	M_3

（续）

环境的影响	线缆面对的环境问题	等级 1	等级 2	等级 3
环境问题	防护等级	I_1	I_2	I_3
	化学环境	C_1	C_2	C_3
	电磁问题	E_1	E_2	E_3

注：1. M_1、I_1、C_1、E_1 描述的是最坏情形下的典型环境；

2. M_2、I_2、C_2、E_2 描述的是最坏情形下的轻型工业环境；

3. M_3、I_3、C_3、E_3 描述的是最坏情形下的工业环境。

布线环境分级指标如表 1-19 所示。

表 1-19 布线环境分级指标

项目	级别		
	典型环境	轻工业环境	恶劣工业环境
机械力	M_1	M_2	M_3
冲击 / 碰撞①	—	—	—
最大加速度	$40ms^{-2}$	$100ms^{-2}$	$250ms^{-2}$
振动	—	—	—
位移幅度（2Hz ～ 9Hz）	1.5mm	7.0mm	15.0mm
加速幅度（9Hz ～ 500Hz）	$5ms^{-2}$	$20ms^{-2}$	$50ms^{-2}$
拉力	②	②	②
挤压变形	45N 25mm（线性）以上	1100N 150mm（线性）以上	2200N 150mm（线性）以上
冲击力	1J	10J	30J
弯曲与扭曲	②	②	②
侵入	I_1	I_2	I_3
悬浮粒子（最大直径）	12.5mm	50μm	50μm
沉浸	—	间歇式液体射流≤ 12.5L/min 射流≥ 6.3mm 喷洒距离＞ 2.5m	间歇式液体射流≤ 12.5L/min 射流≥ 6.3mm 喷洒距离＞ 2.5m 沉浸≤ 1m，≤ 30min
气候与化学制品	C_1	C_2	C_3
温度	−10 ～ +60℃	−25 ～ +70℃	−40 ～ +70℃
温度变化率	0.1℃ /min	1.0℃ /min	3.0℃ /min
湿度	5% ～ 85%（不结露）	5% ～ 95%（冷凝）	5% ～ 95%（冷凝）
光辐射	$700W \cdot m^{-2}$	$1120W \cdot m^{-2}$	$1120W \cdot m^{-2}$
液体污染③污染物	浓度 $\times 10^{-6}$	浓度 $\times 10^{-6}$	浓度 $\times 10^{-6}$
氯化钠（盐 / 海水）	0	＜ 0.3	＜ 0.3
油（固体浓缩）（油的类型见②）	0	＜ 0.005	＜ 0.5
硬脂酸钠	—	＞ 5×10^4 非胶凝水	＞ 5×10^4 水基凝胶
清洁剂	—	有待进一步研究	有待进一步研究
导电材料	—	暂时的	目前的
气体污染③污染物	均值 / 峰值：浓度 $\times 10^{-6}$	均值 / 峰值：浓度 $\times 10^{-6}$	均值 / 峰值：浓度 $\times 10^{-6}$
硫化氢	＜ 0.003/ ＜ 0.01	＜ 0.05/ ＜ 0.5	＜ 10/ ＜ 50

（续）

项目	级别		
	典型环境	轻工业环境	恶劣工业环境
二氧化硫	＜ 0.01/ ＜ 0.03	＜ 0.1/ ＜ 0.3	＜ 5/ ＜ 15
三氧化硫（待研究）	＜ 0.01/ ＜ 0.03	＜ 0.1/ ＜ 0.3	＜ 5/ ＜ 15
湿氯（湿度＞ 50%）	＜ 0.0005/ ＜ 0.001	＜ 0.005/ ＜ 0.03	＜ 0.05/ ＜ 0.3
干氯（湿度＜ 50%）	＜ 0.002/ ＜ 0.01	＜ 0.02/ ＜ 0.1	＜ 0.2/ ＜ 1.0
氯化氢	–/ ＜ 0.06	＜ 0.06/ ＜ 0.3	＜ 0.6/ ＜ 3.0
氟化氢	＜ 0.001/ ＜ 0.005	＜ 0.01/ ＜ 0.05	＜ 0.1/ ＜ 1.0
氨气	＜ 1/ ＜ 5	＜ 10/ ＜ 50	＜ 50/ ＜ 250
氮氧化物	＜ 0.05/ ＜ 0.1	＜ 0.5/ ＜ 1.0	＜ 5/ ＜ 10
臭氧	＜ 0.002/ ＜ 0.005	＜ 0.025/ ＜ 0.05	＜ 0.1/ ＜ 1
电磁	E_1	E_2	E_3
静电放电 – 接触（0，667μC）	4kV	4kV	4kV
静电放电 – 空气（0，132μC）	8kV	8kV	8kV
电磁波辐射 – 调幅	3V/m@ （80 ～ 1000）MHz 3V/m@ （1400 ～ 2000）MHz 1V/m@ （2000 ～ 2700）MHz	3V/m@ （80 ～ 1000）MHz 3V/m@ （1400 ～ 2000）MHz 1V/m@ （2000 ～ 2700）MHz	10V/m@ （80 ～ 1000）MHz 3V/m@ （1400 ～ 2000）MHz 1V/m@ （2000 ～ 2700）MHz
传导性电磁波	3V@150kHz ～ 80MHz	3V@150kHz ～ 80MHz	10V@150kHz ～ 80MHz
电快速瞬变脉冲群（通信）	500V	500V	1000V
浪涌（瞬间电位差）– 信号、线路对地	500V	1000V	1000V
磁场（50/60Hz）	$1A \cdot m^{-1}$	$3A \cdot m^{-1}$	$30A \cdot m^{-1}$
磁场（60Hz ～ 20000Hz）	待研究	待研究	待研究

①应考虑经过重复性质冲击的通道。

②该环境分类应该考虑与安装有关的 IEC 61918 具体要求和相关的器件规范。

③不同标准，对一个空间，浓度 $\times 10^{-6}$ 被作为统一限值。

工业环境布线系统防护等级（IP 等级）

IP 等级的格式为 IPXX，其中 XX 为两个阿拉伯数字，第一标记数字表示接触保护和外来物保护等级，第二标记数字表示防水保护等级，数字越大表示防护等级越佳，具体的防护等级（IP 等级）如表 1-20 所示。

表 1-20　防护等级（IP 等级）

数字	第一位“X”（防尘等级）	第二位“X”（防尘等级）
0	无防护，无特殊的防护	无防护，无特殊的防护
1	防止大于 50mm 的物体侵入	防止垂直滴下的水侵入
2	防止大于 12mm 的物体侵入	倾斜 15° 时仍防止滴水侵入
3	防止大于 2.5mm 的物全侵入	防止雨水，或垂直入夹角小于 50° 方向所喷射水侵入
4	防止大于 1.0mm 的物体侵入	防止各方向飞溅而来的水侵入
5	无法完全防止灰尘侵入，但侵入量不会影响正常运作	防止大浪或喷水孔急速喷出的水侵入

（续）

数字	第一位“X”(防尘等级)	第二位“X”(防尘等级)
6	防尘，完全防止灰尘侵入	浸入水中，在一定时间或水压的条件下，仍可确保正常运作
7	—	防止浸水的水侵入，无期限的沉没水中，在一定水压的条件下，可确保正常运作
8	—	防止沉没的影响

在设计和安装的过程中，应根据光缆应用位置不同（架空、管道和直埋）给予不同的关注，如表 1-21 所示。

表 1-21　光缆应用位置的考虑

潜在问题	架空安装	管道安装	直埋安装
抗紫外能力	✓		
脆弱性 / 硬度	✓	✓	✓
渗水	✓	✓	✓
光纤应力	✓		
光纤疲劳	✓	✓	✓
摩擦系数		✓	
牵引润滑剂的兼容性		✓	
霉菌		✓	✓
耐化学性	✓	✓	✓
耐压性			✓

根据工业产品品种规格的不同，其工厂（车间）需配置与之相对应的生产线，通常情况下，工厂（车间）在节能、环保、安全等方面都会采取相应的技术措施，但仍不能够完全摆脱在高温、高粉尘、强腐蚀、强电磁干扰等恶劣环境下的作业条件。在这样的环境下实施综合布线系统工程，必然面对不同程度的挑战。因此，《综合布线系统工程设计规范》（GB 50311—2016）要求：

1）工业环境布线系统在高温、潮湿、电磁干扰、撞击、振动、腐蚀气体、灰尘等恶劣环境中，应采用工业环境布线系统，并应支持语音、数据、图像、视频、控制等信息的传递。

2）工业环境布线系统设置应符合下列规定：

①工业级连接器件应用于工业环境中的生产区、办公区或控制室与生产区之间的交界场所，也可应用于室外环境。

②在工业设备较为集中的区域应设置现场配线设备。

③工业环境中的配线设备应根据环境条件确定防护等级。

3）工业环境布线系统应由建筑群子系统、干线子系统、配线子系统、中间配线子系统组成，系统架构如图 1-9 所示。

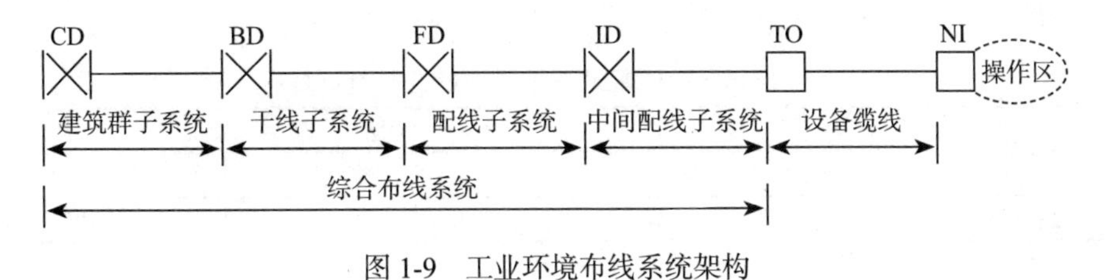

图 1-9　工业环境布线系统架构

4）工业环境布线系统的各级配线设备之间宜设置备份或互通的路由，并应符合下列规定：

①建筑群 CD 与每一个建筑物 BD 之间应设置双路由，其中 1 条应为备份路由。

②不同的建筑物 BD 与 BD、本建筑 BD 与另一栋建筑 FD 之间可设置互通的路由。

③本建筑物不同楼层 FD 与 FD、本楼层 FD 与另一楼层 ID 之间可设置互通的路由。

5）布线信道中含有中间配线子系统时，网络设备与 ID 配线模块之间应采用交叉或互连的连接方式。

6）在工程应用中，工业环境的布线系统中光纤信道和对绞电缆信道构成如图 1-10 所示，并应符合下列规定：

①中间配线设备 ID 至工作区 TO 信息点之间对绞电缆信道应采用符合 D、E、EA、F、FA 等级的 5 类、6 类、6A 类、7 类、7A 类 布线产品。布线等级不应低于 D 级。

②光纤信道可分为塑料光纤信道 OF-25、OF-50、OF-100、OF-200，石英多模光纤信道 OF-00、OF-300、OF-500 及单模光纤信道 OF-2000、OF-5000、OF-10000 的信道等级。

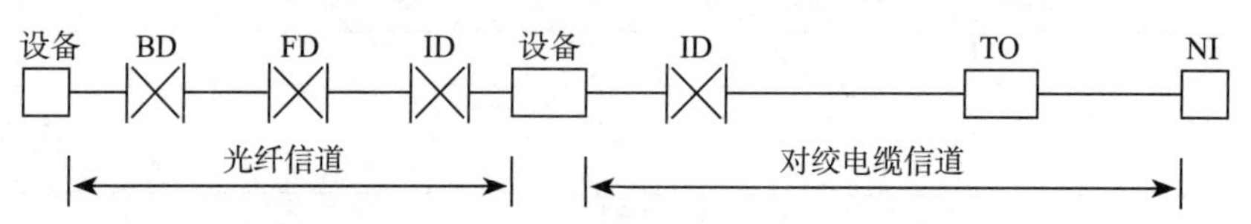

图 1-10　工业环境布线系统中光纤信道与电缆信道构成

7）中间配线设备 ID 处跳线与设备缆线的长度应符合表 1-22 的规定。

表 1-22　设备缆线与跳线长度

连接模型	最小长度（m）	最大长度（m）
ID-TO	15	90
工作区设备缆线	1	5
配线区跳线	2	—
配线区设备缆线①	2	5
跳线、设备缆线总长度	—	10

注：①此处没有设置跳线时，设备缆线的长度不应小于 1m。

8）工业环境布线系统的中间配线子系统设计应符合下列规定：

①中间配线子系统信道应包括水平缆线、跳线和设备缆线，如图 1-11 所示。

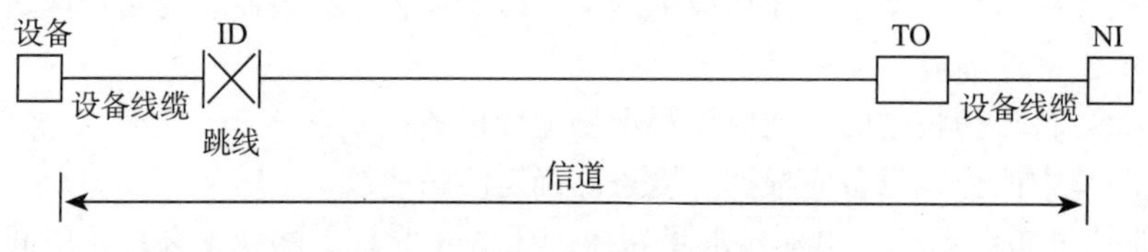

图 1-11　中间配线子系统构成

②中间配线子系统的链路长度计算应符合表 1-23 的规定。

表 1-23　中间配线子系统的链路长度计算

连接模型	等级		
	D	E、E_A	F、F_A
ID 互连—TO	$H=109-FX$	$H=107-3-FX$	$H=107-2-FX$

（续）

连接模型	等级		
	D	E、E_A	F、F_A
ID 交叉—TO	$H=107-FX$	$H=106-3-FX$	$H=106-3-FX$

注：H 为中间配线子系统电缆的长度（m）；
　　F 为工作区设备缆线及 ID 处的设备缆线与跳线总长度（m）；
　　X 为设备缆线的插入损耗（dB/m）与水平缆线的插入损耗（dB/m）之比；
　　3 为余量，以适应插入损耗值的偏离。

③应用长度会受到工作环境温度的影响。当工作环境温度超过 20℃时，屏蔽电缆长度按每摄氏度减少 0.2% 计算，非屏蔽电缆长度则按每摄氏度减少 0.4%（20 ～ 40℃）和每摄氏度减少 0.6%（> 40 ～ 60℃）计算。

④中间配线子系统的信道长度不应大于 100m；中间配线子系统的链路长度不应大于 90m；设备电缆和跳线的总长度不应大于 10m，大于 10m 时，中间配线子系统水平缆线的长度应适当减少；跳线的长度不应大于 5m。

9）工业环境布线系统干线子系统设计应符合下列规定：

①干线子系统信道连接方式及链路长度计算应符合 GB 50311—2016 的规定。

②对绞电缆的干线子系统可采用 D、E、EA、F、FA 的布线等级。干线子系统信道长度不应大于 100m，存在 4 个连接点时长度不应小于 15m。

③光纤信道的等级及长度应符合表 1-24 的规定。

表 1-24　光纤信道长度

光纤类型	光纤等级	信道长度（m）					
		波长（nm）	650	850	1300	1310	1550
OP1 塑料光纤	OF-25、OF-50	双工连接	8.3	—	—	—	—
		接续	—	—	—	—	—
OP2 塑料光纤	OF-100、OF-200	双工连接	15.0	46.0	46.0	—	—
		接续	—	—	—	—	—
OH1 复合塑料光纤	OF-100、OF-200	双工连接	—	150.0	150.0	—	—
		接续	—	—	—	—	—
OM1、OM2、OM3、OM4 多模光纤	OF-300、OF-500、OF-2000	双工连接	—	214.0	500.0	—	—
		接续	—	86.0	200.0	—	—
OS1 单模光纤	OF-300、OF-500、OF-2000	双工连接	—	—	—	750.0	750.0
		接续	—	—	—	300.0	300.0
OS2 单模光纤	OF-300、OF-500、OF-2000、OF-5000、OF-10000	双工连接	—	—	—	1875.0	1875.0

1.9　光纤到用户单元通信设施

光纤到用户（Fiber To The Home，FTTH），从广义上说是指一根光纤直接连到用户。FTTH 是指将光网络单元安装在企业用户或家庭用户处，在光接入系列中除光纤到桌面外，它是最靠近用户的光接入网应用类型。

“FTTH 是 20 多年来人们不断追求的梦想和探索的技术方向，但由于成本、技术、需求等方面的障碍，至今还没有得到大规模推广。然而，这种局面最近有了很大的改观，由于政策上的扶持和技术本身的发展，在沉寂多年后，FTTH网再次成为热点，步入快速发展期。新技术、新设备、新的网络建设计划不断推出，引起了业界的关注。预计今后几年，FTTH网将会有很大的发展。”因此，《综合布线系统工程设计规范》（GB 50311—2016）制定了相关要求（强制性条文，在工程建设中要求严格执行和审查）。

1. 光纤到用户单元通信设施的规定

1）在公用电信网络已实现光纤传输的地区，在建筑物内设置用户单元时，通信设施工程必须采用光纤到用户单元的方式建设。

2）光纤到用户单元通信设施工程的设计必须满足多家电信业务经营者平等接入，且用户单元内的通信业务使用者可自由选择电信业务经营者的要求。

3）新建光纤到用户单元通信设施工程的地下通信管道、配线管网、电信间、设备间等通信设施时，必须与建筑工程同步建设。

4）用户接入点应是光纤到用户单元工程特定的一个逻辑点，设置应符合下列规定：

①每一个光纤配线区应设置一个用户接入点；

②用户光缆和配线光缆应在用户接入点进行互连；

③只有在用户接入点处可进行配线管理；

④用户接入点处可设置光分路器。

5）通信设施工程建设应以用户接入点为界面，电信业务经营者和建筑物建设方各自承担相关的工程量。工程实施应符合下列规定：

①规划红线范围内建筑群通信管道及建筑物内的配线管网应由建筑物建设方负责建设。

②建筑群及建筑物内通信设施的安装空间及房屋（设备间）应由建筑物建设方负责提供。

③用户接入点设置的配线设备建设分工应符合下列规定：

- 电信业务经营者和建筑物建设方共用配线箱时，由建设方提供箱体并安装，箱体内连接配线光缆的配线模块应由电信业务经营者提供并安装，连接用户光缆的配线模块应由建筑物建设方提供并安装；
- 电信业务经营者和建筑物建设方分别设置配线柜时，应各自负责机柜及机柜内光纤配线模块的安装。

④配线光缆应由电信业务经营者负责建设，用户光缆应由建筑物建设方负责建设，光跳线应由电信业务经营者安装。

⑤光分路器及光网络单元应由电信业务经营者提供。

⑥用户单元信息配线箱及光纤适配器应由建筑物建设方负责建设。

⑦用户单元区域内的配线设备、信息插座、用户缆线应由单元内的用户或房屋建设方负责建设。

6）地下通信管道的设计应与建筑群及园区其他设施的地下管线进行整体布局，并应符合下列规定：

①应与光交接箱引上管相衔接。

②应与公用通信网管道互通的人（手）孔相衔接。

③应与电力管、热力管、燃气管、给排水管保持安全的距离。

④应避开易受到强烈振动的地段。

⑤应敷设在良好的地基上。

⑥路由宜以建筑群设备间为中心向外辐射，应选择在人行道、人行道旁绿化带或车行道下。

⑦地下通信管道的设计应符合现行国家标准《通信管道与通道工程设计规范》GB 50373 的有关规定。

2. 用户接入点设置

1）每一个光纤配线区所辖用户数量宜为 70 ～ 300 个用户单元。

2）光纤用户接入点的设置地点应依据不同类型的建筑形成的配线区以及所辖的用户密度和数量确定，并应符合下列规定：

①当单栋建筑物作为 1 个独立配线区时，用户接入点应设于本建筑物综合布线系统设备间或通信机房内，但电信业务经营者应有独立的设备安装空间，如图 1-12 所示。

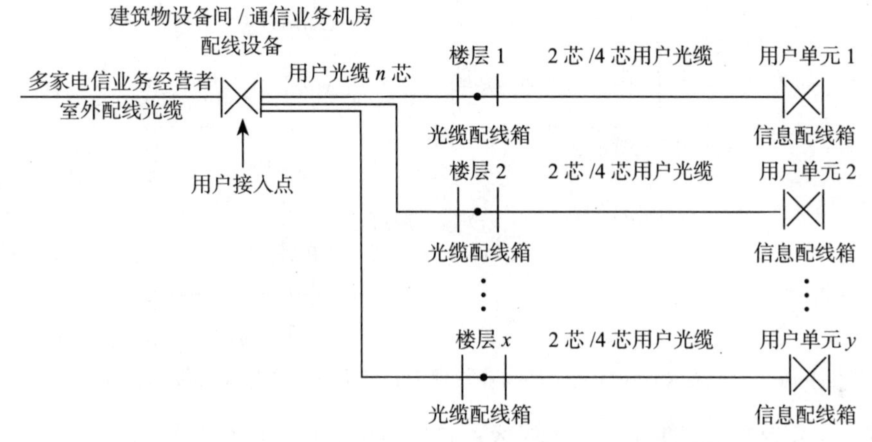

图 1-12　用户接入点设于单栋建筑物内设备间

②当大型建筑物或超高层建筑物划分为多个光纤配线区时，用户接入点应按照用户单元的分布情况均匀地设于建筑物不同区域的楼层设备间内，如图 1-13 所示。

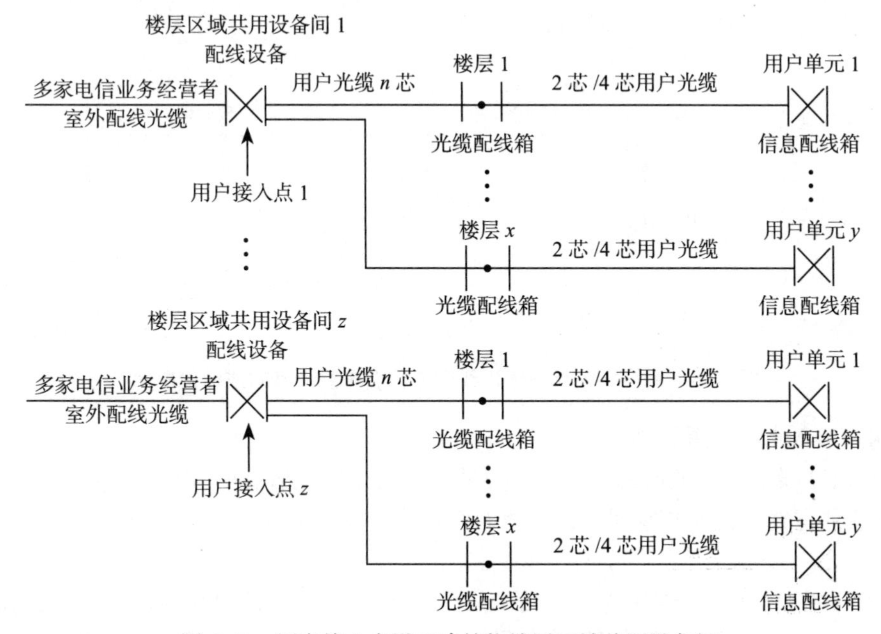

图 1-13　用户接入点设于建筑物楼层区域共用设备间

③当多栋建筑物形成的建筑群组成1个配线区时，用户接入点应设于建筑群物业管理中心机房、综合布线设备间或通信机房内，但电信业务经营者应有独立的设备安装空间，如图1-14所示。

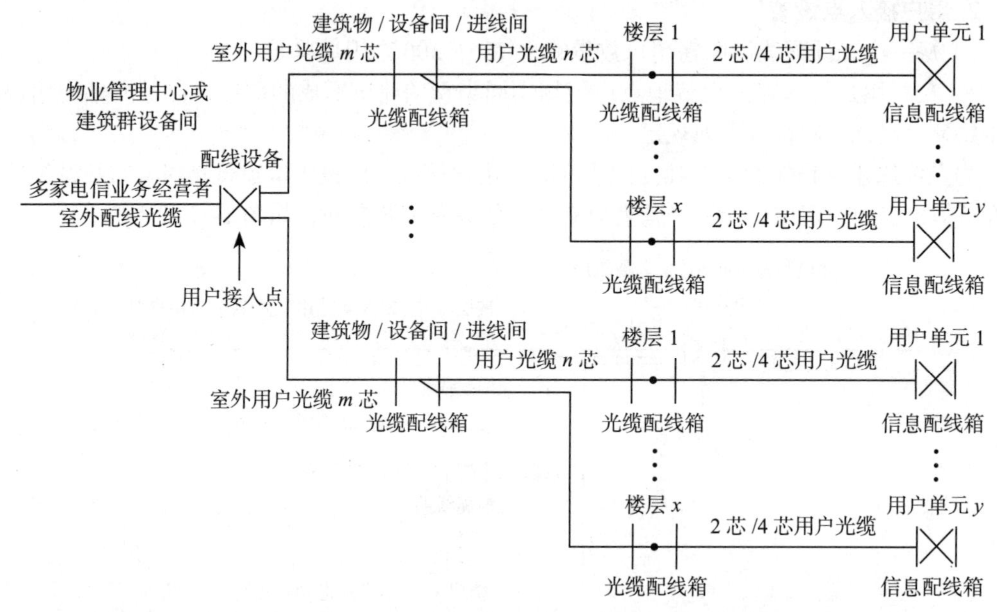

图1-14　用户接入点设于建筑群物业管理中心机房或综合布线设备间或通信机房

④每一栋建筑物形成1个光纤配线区，并且用户单元数量不大于30个（高配置）或70个（低配置）时，用户接入点应设于建筑物的进线间或综合布线设备间或通信机房内，用户接入点应采用设置共用光缆配线箱的方式，但电信业务经营者应有独立的设备安装空间，如图1-15所示。

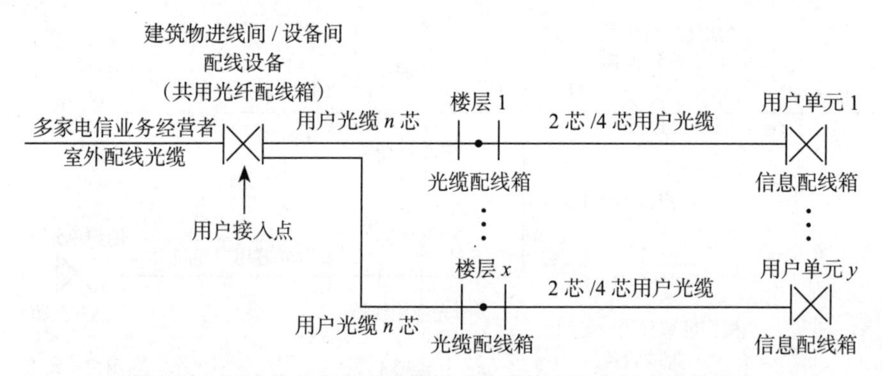

图1-15　用户接入点设于进线间或综合布线设备间或通信机房

3. 用户接入点的配置原则

1）建筑红线范围内敷设配线光缆所需的室外通信管道管孔与室内管槽的容量、用户接入点处预留的配线设备安装空间及设备间的面积均应满足不少于3家电信业务经营者通信业务接入的需要。

2）光纤到用户单元所需的室外通信管道与室内配线管网的导管与槽盒应单独设置，管槽的总容量与类型应根据光缆敷设方式及终期容量确定，并应符合下列规定：

①地下通信管道的管孔应根据敷设的光缆种类及数量选用，宜选用单孔管、单孔管内穿放子管及栅格式塑料管。

②每一条光缆应单独占用多孔管中的一个管孔或单孔管内的一个子管。

③地下通信管道宜预留不少于 3 个备用管孔。

④配线管网导管与槽盒尺寸应满足敷设的配线光缆与用户光缆数量及管槽利用率的要求。

3）用户光缆采用的类型与光纤芯数应根据光缆敷设的位置、方式及所辖用户数计算，并应符合下列规定：

①用户接入点至用户单元信息配线箱的光缆光纤芯数应根据用户单元用户对通信业务的需求及配置等级确定，配置应符合表 1-25 的规定。

表 1-25　光纤与光缆配置

配置	光纤（芯）	光缆（根）	备注
高配置	2	2	考虑光纤与光缆的备份
低配置	2	1	考虑光纤的备份

②楼层光缆配线箱至用户单元信息配线箱之间应采用 2 芯光缆。

③用户接入点配线设备至楼层光缆配线箱之间应采用单根多芯光缆，光纤容量应满足用户光缆总容量需要，并应根据光缆的规格预留不少于 10% 的余量。

4）用户接入点外侧光纤模块类型与容量应按引入建筑物的配线光缆的类型及光缆的光纤芯数配置。

5）用户接入点用户侧光纤模块类型与容量应按用户光缆的类型及光缆的光纤芯数的 50% 或工程实际需要配置。

6）设备间面积不应小于 $10m^2$。

7）每一个用户单元区域内应设置 1 个信息配线箱，并应安装在柱子或承重墙上不被变更的建筑物部位。

4. 用户接入点的缆线与配线设备的选择

1）光缆光纤选择应符合下列规定：

①用户接入点至楼层光纤配线箱（分纤箱）之间的室内用户光缆应采用 G.652 光纤。

②楼层光缆配线箱（分纤箱）至用户单元信息配线箱之间的室内用户光缆应采用 G.657 光纤。

2）室内外光缆选择应符合下列规定：

①室内光缆宜采用干式、非延燃外护层结构的光缆。

②室外管道至室内的光缆宜采用干式、防潮层、非延燃外护层结构的室内外用光缆。

3）光纤连接器件宜采用 SC 和 LC 类型。

4）用户接入点应采用机柜或共用光缆配线箱，配置应符合下列规定：

①机柜宜采用 600mm 或 800mm 宽的 19″ 标准机柜。

②共用光缆配线箱体应满足不少于 144 芯光纤的终接。

5）用户单元信息配线箱的配置应符合下列规定：

①配线箱应根据用户单元区域内信息点数量、引入缆线类型、缆线数量、业务功能需求选用。

②配线箱箱体尺寸应充分满足各种信息通信设备摆放、配线模块安装、光缆终接与盘留、跳线连接、电源设备和接地端子板安装以及业务应用发展的需要。

③配线箱的选用和安装位置应满足室内用户无线信号覆盖的需求。

④当超过 50V 的交流电压接入箱体内电源插座时，应采取强弱电安全隔离措施。

⑤配线箱内应设置接地端子板，并应与楼层局部等电位端子板连接。

5. 用户接入点的传输指标

用户接入点用户侧配线设备至用户单元信息配线箱的光纤链路全程衰减限值：在 1310nm 波长窗口时，采用 G.652 光纤时为 0.36dB/km；采用 G.657 光纤时为 0.38 ～ 0.4dB/km；光纤接头采用热熔接方式时损耗系数为 0.06dB/ 个；采用冷接方式时为 0.1dB/ 个。

1.10　综合布线系统的设计要点

综合布线系统的设计方案不是一成不变的，而是随着环境、用户要求来确定的。其要点为：

1）尽量满足用户的通信要求；

2）了解建筑物、楼宇间的通信环境；

3）确定合适的通信网络拓扑结构；

4）选取适用的介质；

5）以开放式为基准，尽量与大多数厂家产品和设备兼容；

6）将初步的系统设计和建设费用预算告知用户。

在征得用户意见后，订立合同书，再制定详细的设计方案。

1.11　综合布线系统的发展趋势

随着计算机技术的迅速发展，综合布线系统也在发生变化，但总的目标是向两个方向运动，具体表现为：

1）下一代布线系统——集成布线系统；

2）智能大厦、智能小区布线系统。

1.11.1　集成布线系统

集成布线系统是西蒙公司根据市场的需要，在 1999 年年初推出了整体大厦集成布线系统（Total Building Integration Cabling，TBIC）系统。TBIC 系统扩展了结构化布线系统的应用范围，以双绞线、光缆和同轴电缆为主要传输介质支持话音、数据及所有楼宇自控系统弱电信号远传的连接。为大厦敷设一条完全开放的、综合的信息高速公路。它的目的是为大厦提供一个集成布线平台，使大厦真正成为即插即用（plug & play）大厦。

集成布线系统的基本思想是：

“现在的结构化布线系统对话音和数据系统的综合支持给我们带来一个启示，能否使用相同或类似的综合布线思想来解决楼房自控制系统的综合布线问题，使各楼房控制系统都像电话 / 电脑一样，成为即插即用的系统。”

西蒙公司对集成布线系统作了如下的几点说明。

1. 整体大厦布线系统的现状及问题

各弱电系统的共性是布线系统。传统上大楼内部不同的应用系统（如电话、网络系统及楼宇自控系统）在不同的历史时期都有自己独立的布线系统，相互间也无关联。系统的设计、施工上也是完全分离的。这一过程好像很简单，管理也容易，但在运行阶段，若要增强新系统或系统扩展就很困难，因为所有的线缆都是有特定的用途的。布线系统缺乏通用性及快速灵活的扩充能力。

结构化布线系统（Structured Cabling System）的诞生解决了电话和网络系统的综合布线问题。它独立于应用系统，支持多厂商和多系统应用，配置灵活方便，满足现在及未来需要。现在结构化布线早已成为一个国际标准，为大楼提供了综合的电信系统的支持服务。

再看楼宇内其他子系统，如空调自控系统、照明控制系统、保安监控系统等，仍然采用分离的隶属于各在用系统的布线。这一现状与结构化布线系统产生之前的电话与网络布线是类似的——布线系统缺乏开放性、灵活性和标准化。这种布线方式往往是从电力线布线变革来的，明显带有工业化时代的痕迹。如图 1-16 所示。

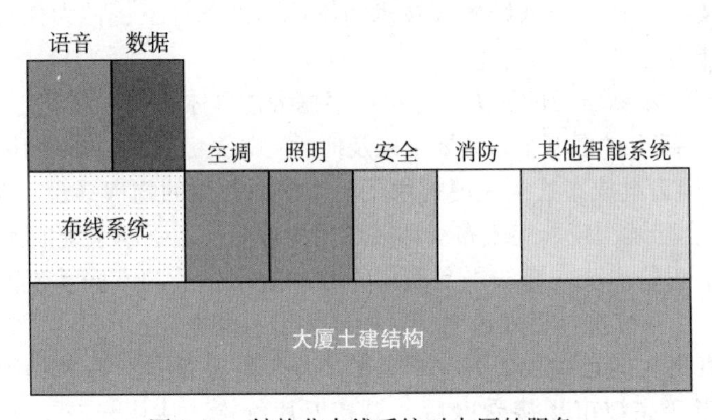

图 1-16　结构化布线系统对大厦的服务

科技的发展是阶跃式的，只有人们感到了问题的存在才会有新生的解决方案。目前这种分离布线的局面有许多问题，比如：

- 增加新系统及控制点数要重新布线；
- 集成网络要求集成布线来支持；
- 越来越快的数据传输速度要求高速传输线缆。

自控系统一直在向网络系统学习，随着网络传输速度的不断加快，控制系统对网络速度的要求也会越来越快。因此它需要被纳入网络布线系统进行综合考虑，具体有：

- 共享传感器（如空调自控系统和照明控制系统共享传感器）需要灵活配置布线
- 数字化趋势使低层的传感器 / 执行器将越来越多地参与数字传输
- 个人环境控制系统

2. 整体大厦集成布线系统——TBIC 系统

西蒙公司针对市场需要推出了新的布线系统——TBIC（Total Building Integration Cabling）系统，即整体大厦集成布线系统，其目的是为大厦提供一个集成的布线平台，它的双绞线、光缆和同轴电缆为主要传输介质来支持话音、数据及各种楼宇自控弱电信号的传输。TBIC 系统支持所有的系统集成方案，这使大厦成为一个真正的即插即用的大楼，如图 1-17 所示。

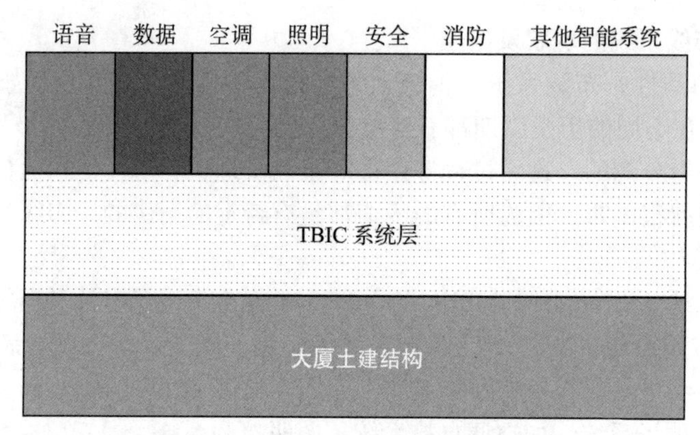

图 1-17 西蒙 TBIC 系统对大厦的服务

3. TBIC 系统作用和意义

（1）对大楼论证期的支持

- 系统集成支持。在当今系统集成技术尚不成熟的条件下，使大楼具备将来不断装备新系统的能力是 TBIC 的功能之一。

TBIC 使大厦具有不断学习的能力。业主可根据大楼具体特点、资金到位情况及当时技术水平合理选择系统，综合考虑哪个系统要上以及何时上等关键问题，同时不必忧虑未来扩充及采用新技术需要。因为集成布线为大厦提供了一个即插即用的物理平台。随着科技发展，许多全新的应用系统会陆续出现，集成布线即插即用的功能使增强新系统成为一件简单的事情。

- 有利于公平竞争。统一布线平台使属于同一应用系统的不同承包商之间的报价更具有可比性，使系统选择更加透明，从而简化了系统选择。
- 使业主拥有更大的自主权。有一著名的市场销售案例是：一家剃须刀厂商免费发送剃须刀，当产品被市场接受以后，提高刀片价格，使用户花更多的钱去买厂商的专利刀片。统一开放式的布线平台使应用系统更换、升级换代具有更大的选择性。TBIC 把选择产品的更大的自主权还给用户，有利于消除“骑虎难下”的被动局面。

（2）对大楼设计期的支持

设计师统一考虑大楼的布线方案，这有利于统筹兼顾整个大厦的互连要求，站在系统的高度设计布线，对线缆之间进行统一设计，充分地利用资源，保护用户投资。同时这对设计也提出了更高的要求。

（3）对大楼施工期的支持

- 布线系统施工。一个布线施工队伍进行统一布线施工，使用相同的线缆和走线方式，不仅降低材料和人工的综合费用，而且大大减少了不同施工队在同一时间和同一地点施工的概率，减少了由此带来的施工管理上的困难。
- 应用系统施工。对应用系统来说，管线施工是一件低效费时的工作，现在全委托给同一个施工队进行统一施工，这样有利于提高工作效率，使从土建→布线→设备安装这一施工过程层次更加分明。集成布线系统使施工管理更加线性化。这一阶段的关键是如何协调各应用系统施工队之间的配合。这对集成布线系统承包商也提出了更高的要求。

（4）对大楼运行及维护期的支持

- 单一布线系统使培训费用降低。

❑ 所有线缆具备可管理性，有利于快速查找系统故障点。

❑ 线缆可重复使用。

❑ 增加新系统易如反掌。

4. 几个共同关心的问题

1）系统造价。价格是大楼业主最关心的要素之一。TBIC 系统使业主增强投资还减少投资？幅度是多少？这两个问题也是我们一直所关注的。根据西蒙公司在美国市场的估算，TBIC 使业主减少约 10% ～ 20% 的相对于传统布线系统的投资，若算上整个生命周期中节约的费用，相信会超过 30%。

2）工业标准。大厦集成布线系统正逐渐成为一种国际潮流，越来越多的厂家和标准化组织已意识到集成布线系统的重要性和必要性。美国楼宇工业通信服务国际协会（Building Industry Communication Service International，BICSI）已在着手制定相应的标准及设计安装手册。ISO/IEC 也正在准备颁布集成布线系统的标准。西蒙公司是这些标准化组织的积极成员，TBIC 系统是与这些即将颁布的标准兼容的。

西蒙公司对集成布线系统作了如下的设计指南：

因为各弱电子系统都是网络化的，所以它们都可以很容易纳入电信布线系统中来。TBIC 就是这样一套为所有弱电远传信号提供传输通路的集成布线系统。TBIC 的子系统与美国一标准 ANSI/EIA/TIA-568A 及国际布线标准 ISO/IEC 11801 兼容。

（1）系统组成及拓扑结构

主子系统的物理拓扑结构仍采用常规的星形结构，即从主配线架（MC）、经过互连配线架（IC）到楼层配线架（HC），或直接从 MC 到 HC。

水平系统从 HC 配置成单星形或多星形结构。单星形结构是指从 HC 直接连到设备上，而多星形结构则通过另一层星形结构——区域配线架（Zone Cross-connect，ZC），为应用系统提供了更大的灵活性。TBIC 系统的拓扑结构如图 1-18 所示。

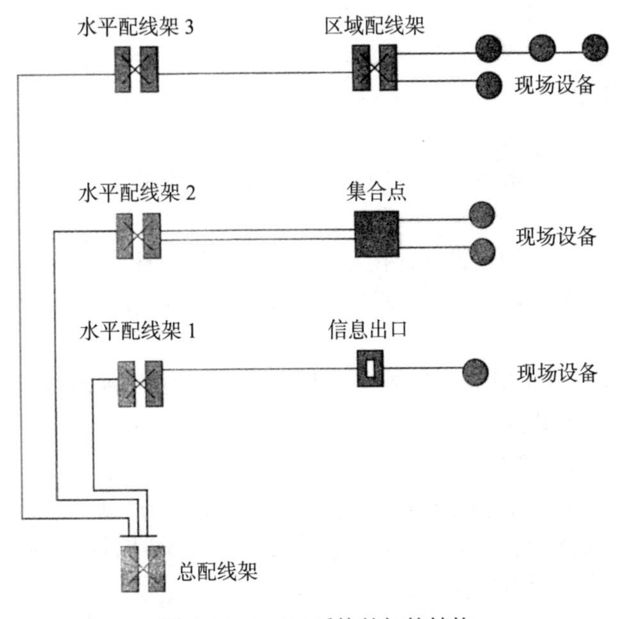

图 1-18　TBIC 系统的拓扑结构

（2）长度限制要求

MC与任何一个HC之间的距离不能超过：

❑ 3000米——单模光纤；

❑ 2000米——62.5/125或50/125μm多模光纤；

❑ 800米——UTP/ScTP电缆；

IC与任何一个HC之间的距离不能超过500米。

无论使用哪种传输介质，从HC到信息出口的最大距离不能超过90米。整个水平通信的最大传输距离为100米。

（3）子系统

与综合布线系统相比，各子系统是一致的。唯一区别是在TBIC系统中针对BAS的应用，允许使用区域配线架来取集合点。

（4）区域配线架

区域配线架为水平布线的连接提供了更灵活、方便的服务。它类似集合点的概念，而且可以与集合点并排安装在同一地点。ZC的主要用途是连接楼宇控制系统的设备，而集合点（CP）是用于连接信息出口/连接器。

ZC允许跳线，安装各种适配器和有源设备，而集合点不能。有源设备包括各种控制器、电源和电气设备。

从ZC到现场设备的连接可用星形、菊花链或任何一种连接方式，它是自由拓扑结构。这给出了许多现场信号（比如消防报警信号）、更大的自由度去按照本系统要求进行连接。

（5）区域配线架安装位置

以下的各种因素需要考虑：

❑ 楼层面积

❑ 现场设备数量

❑ 有源设备及电源要求

❑ 连接硬件种类

❑ 对保护箱的要求

❑ 与集合点并存

区域配线架应安装在所服务区域的中心位置附近，这有利于减少现场电缆长度。

（6）现场设备的连接

根据现有的系统应用，现场设备连接可分为两种：第一种是星形连接方式，也就是设备直接通过水平线缆连接到HC或ZC；第二种是自由连接方式，一些现场设备可使用桥式连接或T形连接至ZC。

这种自由连接方式只能用于连接ZC与现场设备。从HC到ZC或从HC到现场设备的连接必须使用星形连接方式。

（7）楼控系统控制盘位置

网络化的控制器可用一个信息插座来连接，也可以直接连到ZC或CP上。若使所有设备连接并具有最强的灵活性，各应用系统的控制器（如DDC控制器）应靠近ZC或HC，因为控制器处于布线连接的中心位置。

（8）共用线缆

当布线系统支持多种应用时，比如语音、数据、图像以及所有的弱电控制信号等，一根线缆支持多种应用是不允许的。应用独立的线缆支持某一特定应用。例如，当使用2芯线来连接一个特定的现场设备时，4对UTP电缆中剩余的6芯线不可用于其他应用，但可用于支持同一应用系统的其他用途，如作为24V电源线等。

（9）连接硬件

每个用于连接水平布线或垂直布线的连接硬件应支持某些具体应用系统。

当现场设备具备RJ-45或RJ11插孔时，应选用MC系列的、具备相同或更高传输特性的连线。MC系列连接线分T568A和T568B两种不同的标准型，可被用作连接系统控制器和操作员工作站，或其他标准的网络节点的场所。当用于连接其他现场设备（像传感器和执行器等）时，信息模块可省略，而将24AWG双绞线直接连在这些设备上。多数的现场设备的连接是使用压线螺丝与电缆直接连接方式。一些电缆压线端子和压线针也可作为辅助连接方式。

当使用高密度的连接硬件连接语音/数据系统和楼宇自控系统时，在连接硬件上必须明确划分应用系统区域，并将它们分离开来。对于不同应系统的电缆的管理，可使用带不同颜色的标签和插入模块进行分辨。

（10）特殊应用装置

所有用于支持特殊应用的装置必须安装在水平和垂直布线系统之外。这些装置包括各种适配器。用户适配器可用于转换信号的传输模式（如从平衡传输到不平衡传输）。比如，一个基带视频适配器可对摄像机所产生的视频信号进行转换，然后在100Ω的UTP上传输。

以作者对集成布线系统应用的了解，在应用上并不广泛，应用案例非常少，原因在哪里？集成布线系统的基本思想是好的，但投资大，有的子系统可能用不了，使业主增加了投资。如何对集成布线系统获得更大的市场应用，是目前迫切需要解决的问题。

1.11.2 智能小区布线系统

20世纪90年代初期，美国、欧洲等经济比较发达的国家先后提出了“智能住宅”(Smart Home）的概念。其基本思想是：“将家庭中各种与信息相关的通信设备、家用电器和家庭保安装置通过家庭总线技术（HBS）连接到一个家庭智能化系统上进行集中的或异地的监视、控制和家庭事务性管理，并保持这些家庭设施与住宅环境的和谐与协调。”并在1988年编制了第一个适用于家庭住宅的电气设计标准——《家庭自动化系统与通信标准》，也称为家庭总线系统标准（HBS）。标准要求智能住宅的电气设计必须满足以下三个条件：

1）具有家庭总线系统；

2）通过家庭总线系统提供各种服务功能；

3）能和住宅以外的外部进行连接。

智能小区是对具有一定智能化程度住宅小区的笼统称呼，为园区居民提供“安全的居住环境、温馨的社区服务、便捷的信息联系”。

随着时间的推移，由于国家发展小康住宅建设的迫切性及高层次的要求，智能小区越来越具有更为广泛的需求基础，尤其对房地产开发商形成更强烈的刺激。

我国于1994年正式提出了小康家居的标准，该标准首次将家居的安全性提到了重要的位置上。1997年年初，开始制定《小康住宅气设计（标准）导则》对小康住宅小区电气设计在总体上要满足以下要求：

- ❑ 高度的安全性

❏ 舒适的生活环境
❏ 便利的通信方式
❏ 综合的信息服务
❏ 家庭智能化管理

同时把住宅小区的建设对安全防范、家庭设备自动化、通信与网络配置等方面提出了三级设计标准，具体为：

1）第一级："理想目标"
2）第二级："普及目标"
3）第三级："最低目标"

可以说，由此拉开了中国城市"住宅小区智能化"的序幕，江苏、深圳、广州、上海、北京等省市相继建设自己的示范小区。

国内第一个由电脑风格覆盖建成的住宅小区是江苏无锡蠡湖泰德新城，深圳首家智能化小区是中央花园、梅林一村。

1999年1月建设部住宅产业化办公室召开关于小区智能化的会议，有关官员对小区的智能化系统提出了五个性能指标，即安全性、耐久性、实用性、经济性和环境化。提出住宅小区智能化系统星级标准，把住宅小区划分一星级、二星级、三星级。具体表现为：

一星级要满足以下功能：

1）安全防范子系统
❏ 出入口管理及周界防范报警
❏ 闭路电视监控
❏ 对讲与电视监控
❏ 住户报警
❏ 巡更管理

2）信息管理子系统
❏ 对安全防范系统实施管理
❏ 远程抄表与管理IC卡
❏ 车辆出入与停车场管理
❏ 供电设备、公共照明、电梯、供水等主要设备监控管理
❏ 紧急广播与背景音乐系统
❏ 物业管理计算机系统

3）信息网络子系统
❏ 为实现1）、2）功能，进行综合布线
❏ 每户不少于两对电话线和两个有线电视插座
❏ 建立有线电视网

二星级除应具有一星级的全部功能外，还应满足：
❏ 在安全防范子系统中将其功能、技术水平有较大的提升
❏ 在信息管理子系统中将功能、管理范围扩大
❏ 信息传输通道应采用高速宽带网接入技术
❏ 建设计算机网络，信息小区内共享并与Internet连接

三星级除了具有二星级拥有的功能外，还应满足：

- ❏ 光纤到楼宇
- ❏ 家庭实现全智能管理
- ❏ 小区实现智能管理

作者认为，尽管智能小区的概念在中国已有多年的时间，但是对智能小区的定义目前还不统一，作者认为："智能小区"提供的则是商品化的住宅产品，它具有4C（计算机、通信与网络、自控、IC卡）功能，通过有效的传输网络，将多元信息服务与管理、物业管理与安防、住宅智能化系统集成，为住宅小区的服务与管理提供高技术的智能化手段，以期实现快捷高效的超值服务与管理，提供安全舒适的家居环境。

住宅小区要具有自己的特色，根据我国的具体情况主要是规模较大，人口众多，相对独立，其内部综合功能较全。建设智能小区需要应用计算机网络、数字化控制、信息交互管理等新兴信息技术，并根据不同的实际情况、不同的实际需求，把这些技术综合集成起来。信息技术的发展日新月异，集成的方式和规模也不断升级，因此，"智能小区"集中体现了系统集成商的技术综合实力。

根据住宅小区智能程度的不同，布线系统和网络结构相应地有所不同。

（1）布线系统

初级小区：智能化程度不高，对网络系统要求较低，可充分利用现有的布线系统，如：利用电话进行简单的三表远传、报警和控制；利用Modem拨号上Internet；利用视频线进行视频点播（VOD）等功能。该方案的特点是投资少，不用重新布线，但系统功能不易扩展，不能满足用户增长的功能需求适合于已竣工工程的智能化。

中、高级小区：应从总体上规划小区的布线系统，充分利用小区附近的网络资源，利用HFC（光纤同轴混合网）或PDS（智能小区综合布线系统）勾画小区的布线结构。该方案一次性投资高，但却很好地保护了业主的投资，系统具有发展性，并极好地满足了用户潜在的需求，具有很高的性能价格比。

（2）网络结构

初级小区：不重新规划数据网络，充分利用现有的网络（如电话网络、有线电视网络等），与广域网进行简单的、低速的数据交换。

中级小区：利用结构化布线非屏蔽UTP构造一个数据网络，并形成小区内部的网络平台，提供社区信息服务，并提供高速率的Internet和VOD服务。

高级小区：小区内部建立一个千兆以太网或ATM高速数据网络，该网络的性能最好，可以很好地保护用户的投资，可以开通多种信息增值服务，当然投入也最大，但系统可以随用户需求的逐步增长而逐步开通，以此分散业主投资。

智能小区布线将成为今后一段时间内的布线系统的新热点。这其中有两个原因：一是标准已经成熟；二是市场的推动，即有越来越多的家庭办公或在家上网。

第2章　网络传输介质

在计算机与计算机连网时，首先会遇到通信线路和通道传输问题。目前，计算机通信分为有线通信和无线通信两种。有线通信利用电缆、光缆或电话线来充当传输导体，而无线通信是利用卫星、微波、红外线来充当传输导体。

网络通信线路的选择必须考虑网络的性能、价格、使用规则、安装的容易性、可扩展性及其他一些因素。

在网络布线系统中使用的线缆通常分为双绞线、同轴电缆、大对数线、光缆等。市场上供应的线缆品种型号很多，工程技术人员应根据实际的工程需求来进行选购，主要考虑其作用、型号、品种和主要性能。

目前，在线缆市场上有国外公司的产品，也有国内公司的产品。就铜线缆质量、性能而言，国内的产品已经赶上或超过国外公司的产品，典型的有上海天诚集团生产的线缆，其性能已经超过了布线标准的要求和国外公司的同类产品。

2.1　双绞线电缆

双绞线（twisted pair，TP）是综合布线工程中最常用的一种传输介质。双绞线是由两根具有绝缘保护层的铜导线组成的。把两根绝缘的铜导线按一定密度互相绞在一起，可降低信号干扰的程度，每一根导线在传输中辐射出来的电波会被另一根线上发出的电波抵消。双绞线一般由两根22号、24号或26号的绝缘铜导线相互缠绕而成。如果把一对或多对双绞线放在一个绝缘套管中便成了双绞线电缆，双绞线电缆（也称为双扭线电缆）内，不同线对具有不同的扭绞长度，通常扭绞长度为38.1～140mm，按逆时针方向扭绞。相临线对的扭绞长度在12.7mm以上，一般扭线越密其抗干扰能力就越强，与其他传输介质相比，双绞线在传输距离、信道宽度和数据传输速度等方面均受一定限制，但价格较为低廉。

目前，双绞线可分为非屏蔽双绞线（unshielded twisted pair，UTP）和屏蔽双绞线（shielded twisted pair，STP），屏蔽双绞线电缆的外层由铝箔包裹着，价格相对要高一些。

虽然双绞线主要是用来传输模拟声音信息，但同样适用于数字信号的传输，特别适用于较短距离的信息传输。在传输期间，信号的衰减比较大，并且会使波形畸变。

采用双绞线的局域网络的带宽取决于所用导线的质量、导线的长度及传输技术。

因为双绞线传输信息时要向周围辐射，很容易被窃听，所以要花费额外的代价加以屏蔽，以减小辐射（但不能完全消除）。这就是我们常说的屏蔽双绞线电缆。屏蔽双绞线相对来说贵一些，安装要比非屏蔽双绞线电缆难一些。

双绞线电缆有以下优点：

1）直径小，节省空间；

2）重量轻、易弯曲、易安装；

3）将串扰减至最小或加以消除；

4）具有阻燃性；

5）具有独立性的灵活性，适用于结构化综合布线。

1. 双绞线的分类

1）1类线：用于电话语音通信，而不是用于计算机网络数据通信。

2）2类线：传输频率为1MHz，用于语音传输和最高传输速率为4Mbps的数据传输，常见于使用4Mbps规范令牌传递协议的旧的令牌网。

3）3类线：用于语音传输及最高传输速率为16Mbps的数据传输，主要用于10BASE-T。

4）4类线：该类电缆的传输频率为20MHz，用于语音传输和最高传输速率为20Mbps的数据传输，主要用于基于令牌的局域网和10BASE-T/100BASE-T。

5）5类线：该类电缆增加了绕线密度，外套一种高质量的绝缘材料，传输率为100MHz，用于语音传输和最高传输速率为100Mbps的数据传输，主要用于100BASE-T和10BASE-T网络。这是最常用的以太网电缆。

6）超5类线：线类电缆具有衰减小、串扰少，并且具有更高的衰减与串扰的比值（ACR）和信噪比（Structural Return Loss）、更小的时延误差，性能得到很大提高。超5类线主要用于千兆位以太网（1000Mbps）。

7）6类线：该类电缆的传输频率为1～250MHz，6类布线系统在200MHz时综合衰减串扰比（PS-ACR）应该有较大的余量，它提供2倍于超5类的带宽。6类布线的传输性能远远高于超5类标准，最适用于传输速率高于1Gbps的应用。6类与超5类的一个重要的不同点在于：改善了在串扰以及回波损耗方面的性能，对于新一代全双工的高速网络应用而言，优良的回波损耗性能是极其重要的。6类标准中取消了基本链路模型，布线标准采用星形的拓扑结构，要求的布线距离为：永久链路的长度不能超过90m，信道长度不能超过100m。6类线分为6E和6EA。6E传输频率为200MHz，6 EA传输频率为250MHz。

8）7类线：线类电缆主要是为了适应万兆位以太网技术的应用和发展，但它不再是一种非屏蔽双绞线，而是一种屏蔽双绞线，所以它的传输频率至少可达600MHz，是6类线和超6类线的2倍以上。7类线分为7F和7FA。7F传输频率为600MHz，7FA传输频率为620MHz。

9）8类线：国际标准已基本认准了8类布线，8类线分为8.1和8.2，8.1要与6类兼容，8.2要与7类兼容。

计算机网络综合布线使用的4对双绞线的种类如图2-1所示。

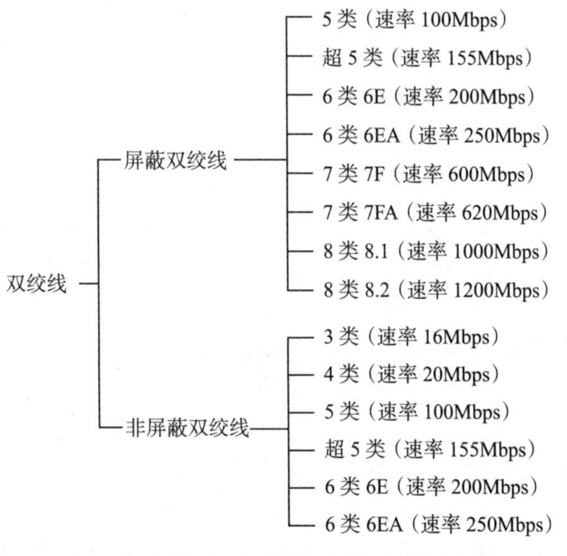

图2-1 计算机网络工程使用的双绞线种类

3类、5类、超5类线4对非屏蔽双绞线的物理结构如图2-2所示。

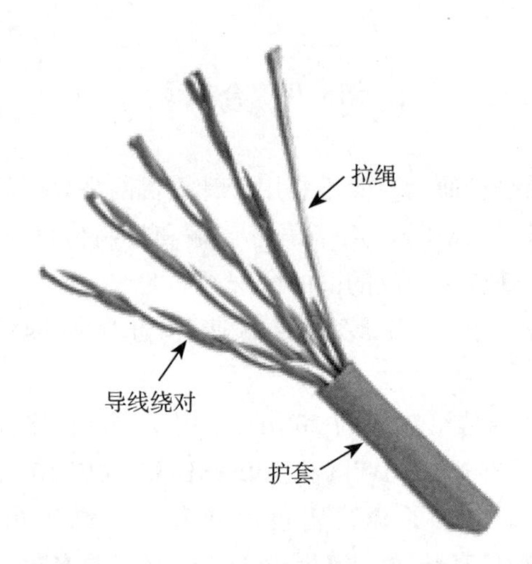

图 2-2　3类、5类、超5类线4对非屏蔽双绞线物理结构

4对双绞线导线色彩组成如表2-1所示。

表 2-1　4对双绞线导线色彩组成

线对	色彩码
1	白 / 蓝 // 蓝
2	白 / 橙 // 橙
3	白 / 绿 // 绿
4	白 / 棕 // 棕

2. 双绞线的参数名词

对于双绞线（无论是3类、5类、6类、7类、8类，还是屏蔽、非屏蔽），用户关心的是衰减、近端串扰、直流电阻、特性阻抗、分布电容等参数。

（1）衰减

衰减（attenuation）是沿链路的信号损失度量。衰减随频率而变化，所以应测量在应用范围内的全部频率上的衰减。

（2）近端串扰

近端串扰损耗（near-end crosstalk loss）是测量一条UTP链路中从一对线到另一对线的信号耦合。对于UTP链路来说，这是一个关键的性能指标，也是最难精确测量的一个指标，尤其是随着信号频率的增加其测量难度会增大。

串扰分近端串扰（NEXT）和远端串扰（FEXT），测试仪主要是测量NEXT，由于线路损耗，FEXT的量值影响较小。在3类、5类系统中忽略不计。

NEXT并不表示在近端点所产生的串扰值，它只是表示在近端点所测量到的串扰值。这个量值会随电缆长度不同而变，电缆越长而变得越小。同时发送端的信号也会衰减，对其他线对的串扰也相对变小。实验证明，只有在40m内测量得到的NEXT值较真实，如果另一端是远于40m的信息插座，它会产生一定程度的串扰，但测试仪可能无法测量到这个串扰值。基于这个理由，对NEXT最好在两个端点都进行测量。现在的测试仪都配有相应设备，使得在链路一端就能测量出两端的NEXT值。

衰减和NEXT测试值的参照表如表2-2及表2-3所示。

表 2-2 各种连接为最大长度时各频率下的衰减极限

频率（MHz）	最大衰减 20℃									
	信道（100m）					链路（90m）				
	3类	4类	5类	5E	6类	3类	4类	5类	5E	6类
1	4.2	2.6	2.5	2.5	2.1	3.2	2.2	2.1	2.1	1.9
4	7.3	4.8	4.5	4.5	4.0	6.1	4.3	4.0	4.0	3.5
8	10.2	6.7	6.3	6.3	5.7	8.8	6.0	5.7	5.7	5.0
10	11.5	7.5	7.0	7.0	6.3	10.0	6.8	6.3	6.3	5.6
16	14.9	9.9	9.2	9.2	8.0	13.2	8.8	8.2	8.2	7.1
20		11.0	10.3	10.3	9.0		9.9	9.2	9.2	7.9
25			11.4	11.4	10.1			10.3	10.3	8.9
31.25			12.8	12.8	11.4			11.5	11.5	10.0
62.5			18.5	18.5	16.5			16.7	16.7	14.4
100			24.0	24.0	21.3			21.6	21.6	18.5
200					31.5					27.1
250					36.0					30.7

表 2-3 特定频率下的 NEXT 测试极限

频率（MHz）	最小 NEXT/20℃									
	信道（100m）					链路（90m）				
	3类	4类	5类	5E	6类	3类	4类	5类	5E	6类
1	39.1	53.3	60.0	60.0	65.0	40.1	54.7	60.0	60.0	65.0
4	29.3	43.3	50.6	53.6	63.0	30.7	45.1	51.8	54.8	64.1
8	24.3	38.2	45.6	48.6	58.2	25.9	40.2	47.1	50.0	59.4
10	22.7	36.6	44.0	47.0	56.6	24.3	38.6	45.5	48.5	57.8
16	19.3	33.1	40.6	43.6	53.2	21.0	35.3	42.3	45.2	54.6
20		31.4	39.0	42.0	51.6		33.7	40.7	43.7	53.1
25.0			37.4	40.4	52.0			39.1	42.1	51.5
31.25			35.7	38.7	48.4			37.6	40.6	50.0
62.5			30.6	33.6	43.4			32.7	35.7	45.1
100.0			27.1	30.1	39.8			29.3	32.3	41.8
200					34.8					36.9
250					33.1					35.3

（3）直流电阻

直流环路电阻会消耗一部分信号并转变成热量，它是指一对导线电阻的和，ISO/IEC 11801 的规格不得大于 19.2Ω。每对间的差异不能太大（小于 0.1Ω），否则表示接触不良，必须检查连接点。

（4）特性阻抗

与环路直流电阻不同，特性阻抗包括电阻及频率自 1 ～ 100MHz 的电感抗及电容抗，它与一对电线之间的距离及绝缘的电气性能有关。各种电缆有不同的特性阻抗，对双绞线电缆而言，则有 100Ω、120Ω 及 150Ω 几种（国内不使用也不生产 120Ω 电缆）。

（5）衰减串扰比（ACR）

在某些频率范围，串扰与衰减量的比例关系是反映电缆性能的另一个重要参数。ACR

有时也以信噪比（SNR）表示，它由最差的衰减量与NEXT量值的差值计算得出。较大的ACR值表示对抗干扰的能力更强，系统要求至少大于10dB。

（6）电缆特性

通信信道的品质是由它的电缆特性（signal-noise ratio，SNR）来描述的。SNR是在考虑到干扰信号的情况下，对数据信号强度的一个度量。如果SNR过低，将导致数据信号在被接收时，接收器不能分辨数据信号和噪音信号，最终引起数据错误。因此，为了使数据错误限制在一定范围内，必须定义一个最小的可接收的SNR。

3. 双绞线的传输速率

国际电气工业协会（EIA）为双绞线电缆定义了不同质量的型号。

计算机网络综合布线使用3类、4类、5类、超5类（5E）、6类这五种双绞线，分别定义为：

1）3类：指目前在ANSI和EIA/TIA 568标准中指定的电缆。该电缆的传输特性最高规格为16MHz，用于语音传输及最高传输速率为10Mbps的数据传输。

2）4类：该类电缆的传输特性最高规格为20MHz，用于语音传输和最高传输速率16Mbps的数据传输。

3）5类：该类电缆增加了绕线密度，外套是一种高质量的绝缘材料，传输特性的最高规格为100MHz，用于语音传输和最高传输速率为100Mbps的数据传输。

4）超5类：在5类双绞线的基础上，增加了额外的参数（ps NEXT、ps ACR）和部分性能提升，但传输速率仍为100Mbps。

5）6类：在物理上与超5类不同，线对与线对之间是分隔的，传输的速率为250Mbps，其标准已于2002年6月5日通过。

4. 双绞线的绞距

在双绞线电缆内，不同线对具有不同的绞距长度，一般4对双绞线绞距周期在38.1mm长度内，按逆时针方向扭绞，一对线对的扭绞长度在12.7mm以内。

5. 双绞线的线芯

美国线缆线规（American Wire Gauge，AWG）是用于测量铜导线直径及直流电阻的标准。线规号从0000～28号，其直径、直流电阻、重量的相互关系如表2-4所示。

表2-4 美国线缆线规

线规号	线缆直流		直流电阻（Ω/km）	重量（kg/km）
	mm	in		
28	0.320	0.0126	214	0.716
27	0.361	0.0142	169	0.908
26	0.404	0.0159	135	1.14
25	0.455	0.0179	106	1.44
24	0.511	0.0201	84.2	1.82
23	0.574	0.0226	66.6	2.32
22	0.643	0.0253	53.2	2.89
21	0.724	0.0285	41.9	3.66
20	0.813	0.0320	33.3	4.61
19	0.912	0.0359	26.4	5.80
18	1.020	0.0403	21.0	7.32

（续）

线规号	线缆直流		直流电阻（Ω/km）	重量（kg/km）
	mm	in		
17	1.144	0.045	16.3	9.24
16	1.296	0.051	13.4	11.65
15	1.449	0.057	10.4	14.69
14	1.627	0.064	8.1	18.09
13	1.830	0.072	6.5	23.39
12	2.059	0.081	5.2	29.50
11	2.313	0.091	4.2	37.10
10	2.593	0.102	3.3	46.79
9	2.898	0.114	2.6	59
8	3.254	0.128	2.0	74.5
7	3.660	0.144	1.6	93.87
6	4.118	0.162	1.3	118.46
5	4.626	0.182	1.0	49.00
4	5.186	0.204	0.8	187.74
3	5.821	0.229	0.7	236.91
2	6.558	0.258	0.5	299.49
1	7.346	0.289	0.4	376.97
0	8.261	0.325	0.3	475.31
00	9.278	0.365	0.26	600.47
000	10.422	0.410	0.2	756.92
0000	11.693	0.460	0.16	955.09

6. 双绞线电缆的测试数据

100Ω4 对非屏蔽双绞线有 3 类线、4 类线、5 类线、6 类线之分。它们受下述指标的约束：衰减、分布电容、直流电阻、直流电阻偏差值、特性阻抗、返回损耗、近端串扰。它们的标准测试数据如表 2-5 和表 2-6 所示。

表 2-5　双绞线电缆的标准测试数据

类型	衰减（单位 dB）	分布容量（以 1kHz 计算）	直流电阻 20℃测量校正值	直流电阻偏差值 20℃测量校正值
3 类	≤ 2.320sqrt（f）+ 0.238（f）	≤ 330pf/100m	≤ 9.38Ω/100m	5%
4 类	≤ 2.050sqrt（f）+ 0.1（f）	≤ 330pf/100m	同上	5%
5 类	≤ 1.9267sqrt（f）+ 0.75（f）	≤ 330pf/100m	同上	5%

表 2-6　双绞线电缆的标准测试数据

类型	阻抗特性 1MHz 至最高的参考频率值	返回损耗 测量长度＞ 100 米	近端串扰 测量长度＞ 100 米
3 类	100Ω±15%	12dB	43dB
4 类	同上	12dB	58dB
5 类	同上	23dB	64dB

7. 弱电系统中的双绞线品种

弱电系统中的双绞线品种分为屏蔽双绞线与非屏蔽双绞线两大类。在这两大类中又分为：100Ω 电缆、双体电缆、大对数电缆、150 欧姆屏蔽电缆。具体型号有多种，如图 2-3 所示。

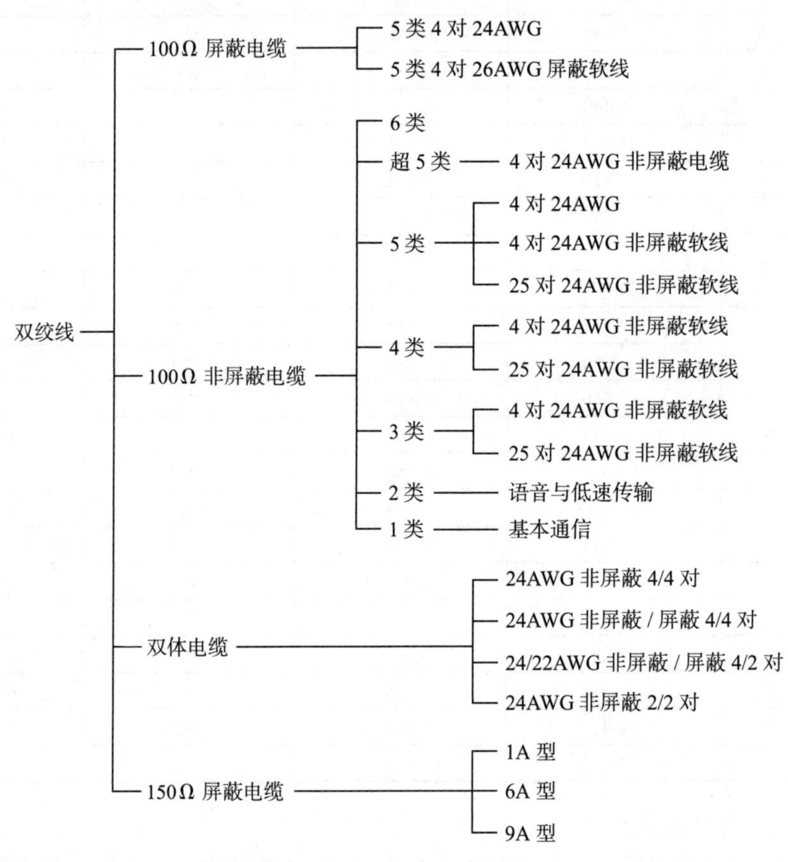

图 2-3　弱电系统中的双绞线品种

8. 双绞线在外观上的文字

对于一条双绞线，在外观上需要注意的是：每隔两英尺有一段文字。以其公司的线缆为例，该文字为：

XXXX SYSTEMS CABLE E138034 0100

24 AWG（UL）CMR/MPR OR C（UL）PCC

FT4 VERIFIED ETL CAT5 O44766 FT 9907

其中：

- XXXX：代表公司名称。
- 0100：表示 100Ω。
- 24：表示线芯是 24 号（线芯有 22、24、26 三种规格）。
- AWG：表示美国线缆规格标准。
- UL：表示通过认证是认证标记。
- FT4：表示 4 对线。
- CAT5：表示 5 类线。
- 044766：表示线缆当前处在的英尺数。

❑ 9907：表示生产年月。

9. 电缆防火等级

通信电缆中的绝缘材料包含化学物质，这些化学物质作为遏制火势的物质使用。基于PVC 的电缆（干线级、商用级、通用级和家居级）都使用卤素化学物质来遏制火势。在 PVC 燃烧时，它会散发出卤化气体（如氯气，它会迅速吸收氧气），从而灭火，导致电缆自行熄灭。但是，在浓度高时，氯气具有很高的毒性。此外，氯气在与水蒸气结合时，会生成盐酸，这对人也非常有害。

电缆防火等级分增压级、干线级、商用级、通用级、家居级。

（1）增压级

增压级是等级最高的电缆，在一捆电缆上使用风扇强制吹向火焰时，电缆将在火焰蔓延5m 以内自行熄灭。增压级电缆使用聚四氟乙烯的绝缘材料，在燃烧或在极度高温时，使用的化学物质散发出水平非常低的烟雾，电缆不会放出毒烟或水蒸气。

（2）干线级

干线级是等级位居第二的电缆，在风扇强制吹风的条件下，成捆电缆必须在火焰蔓延5m 以内自行熄灭，但干线级电缆没有烟雾或毒性规范。通常在大楼干线和水平电缆中使用这种防火等级的电缆。

（3）商用级

商用级比干线级要求低，成捆电缆必须在火焰蔓延 5m 以内自行熄灭，但没有任何风扇强制吹风的限制。与干线级一样，商用级电缆没有烟雾或毒性规范。这种防火等级的电缆常用于水平走线中。

（4）通用级

通用级与商用级类似。

（5）家居级

家居级是通信布线中最低的防火等级，这种等级的电缆也没有烟雾或毒性规范，仅应用于单独敷设每条电缆的家庭或小型办公室系统中。

2.1.1 5 类、超 5 类双绞线

5 类、超 5 类双绞线分非屏蔽、屏蔽双绞线，双绞线线芯有 23 号、24 号的裸铜导体，以氟化乙烯作为绝缘材料，内有一根 24AWG TPG 漏电线，屏蔽双绞线铝箔屏蔽。5 类传输频率达 100MHz，超 5 类传输频率达 155MHz。5 类、超 5 类非屏蔽、屏蔽双绞线的导线色彩组成如表 2-7 所示。

表 2-7 4 对屏蔽双绞线导线色彩组成

线对	色彩码	屏蔽
1	白 / 蓝 // 蓝	0.002[0.051] 铝 / 聚酯带
2	白 / 橙 // 橙	内有一根 24 AWG TPC 漏电线
3	白 / 绿 // 绿	
4	白 / 棕 // 棕	

1. 5 类 4 对 24AWG 非屏蔽电缆电气特性性能指标

（1）电气特性

5 类 4 对 24AWG 非屏蔽电缆的电气特性如表 2-8 所示。

表 2-8　5 类 4 对 24AWG 非屏蔽电缆的电气特性

电缆类别	线对	导体直径（mm）	绝缘厚度（mm）	绝缘直径（mm）	护套厚度（mm）	铝箔屏蔽	铜线编织密度	成品外径（mm）
5	4	0.512	0.21	0.93	0.7	—	—	5.2

（2）电缆的性能指标

5 类 4 对 24AWG 非屏蔽电缆的性能指标如表 2-9 所示。

表 2-9　5 类 4 对 24AWG 非屏蔽电缆的性能指标

5 类 4 对 24AWG 非屏蔽电缆导体（单线）	单位	频率（MHz）	UTP5 数值
直流电阻	Ω/100m，20℃		9.38
直流电阻不平衡最大值	%		2.5
对地电容不平衡最大值	pF/100m		330
特性阻抗	Ω	1.0 ～ 100	100±15%
结构回波损耗值应大于等于表中所列数值。在频率大于 20MHz 小于等于 100MHz 之范围内，回波损耗应由以下公式算出： 回波损耗≥ 23－101g（f/20）(对于 UTP5） 回波损耗≥ 28－101g（f/20）(对于 UTP5e)	dB/100m	1.0 ～ 20.0	23
		25.0	24.3
		31.25	23.6
		62.5	21.5
		100	20.1
衰减数据用于工程设计而非测试依据。40℃下测试时，最大衰减值应增大 8%，60℃下测试时，最大衰减值应增大 16%。室温下在 0.772 ～ 100MHz 频率范围内，测试每对导体最大损耗时应用以下公式计算： 衰减（f）≤ 1.967f+0.023f+0.050	dB/100m	0.772	1.8
		1.0	2.0
		4.0	4.1
		8.0	5.8
		10.0	6.5
		16.0	8.2
		20.0	9.2
		25.0	10.4
		31.25	11.7
		62.5	17.0
		100.0	22.0
最差对近端串扰（KEXTdB），最小值 室温下在 0.772 ～ 100MHz 频率范围内，至少 100m 长样品中每对导体最小串音偶合损耗应由下式计算： NEXT（f）≥ 62.31gf（对于 UTP5） NEXAT（f）≥ 65.3－151gf（对于 UTP5e)	dB/100m	0.772	64
		1.0	62
		4.0	53
		8.0	48
		10.0	47
		16.0	44
		20.0	42
		25.0	41
		31.25	39
		62.5	35
		100.0	32
近端串扰衰减功率和 PSNEXT ≥ 62.3－15XLgf	dB/100m	20	42.8
		25.0	41.3
		31.25	39.9
		62.5	35.4
		100	32.2

（续）

5 类 4 对 24AWG 非屏蔽电缆导体（单线）	单位	频率（MHz）	UTP5 数值
等电平地远端串扰	dB/100m	0.772	63.2
		1.0	61
		4.0	49
		8.0	42.9
		10.0	41
		16.0	37
		20.0	35
		25.0	33
		31.25	31.1
		62.5	24.7
		100.0	21
功率总和等电平远端串扰	dB/100m	0.772	63.0
		1.0	60.8
		4.0	48.7
		8.0	42.7
		10.0	40.8
		16.0	36.7
		20.0	34.7
		25.0	32.8
		31.25	30.9
		62.5	24.8
		100.0	20.8
衰减串扰比	dB/100m	0.772	62
		1.0	60
		4.0	49
		8.0	43
		10.0	41
		16.0	36
		20.0	33.5
		25.0	31
		31.25	28.2
		62.5	19.4
		100.0	10.3

2. 超 5 类非屏蔽双绞线电气特性性能指标

与普通 5 类 UTP 比较，超 5 类双绞线的衰减更小，同时具有更高的 ACR 和 SRL、更小的时延和衰减，性能得到了提高。

比起普通 5 类双绞线，超 5 类系统在 100MHz 的频率下运行时，可提供 8dB 近端串扰的余量，用户设备受到的干扰只有普通 5 类线系统的 1/4，使系统具有更强的独立性和可靠性。近端串扰、串扰总和、衰减和 SRL 这 4 个参数是超 5 类系统非常重要的参数。

（1）超 5 类 4 对 24AWG 非屏蔽双绞线电缆的电气特性

电气特性如表 2-10 所示。

（2）超 5 类 4 对 24AWG 非屏蔽双绞线电缆的性能指标

超 5 类 4 对 24AWG 非屏蔽双绞线电缆的性能指标如表 2-11 所示。

表 2-10　超 5 类 4 对 24AWG 非屏蔽双绞线电气特性

电缆类别	线对	导体直径（mm）	绝缘厚度（mm）	绝缘直径（mm）	护套厚度（mm）	铝箔屏蔽	铜线编织密度	成品外径（mm）
5e	4	0.52	0.21	0.93	0.7			5.4
5e	4	0.52	0.21	0.93	0.7	纵包		5.6
5e	4	0.52	0.21	0.93	0.7	纵包	50 ～ 60	6.0

表 2-11　超 5 类 4 对 24AWG 非屏蔽双绞线电缆的性能指标

超 5 类 4 对 24AWG 非屏蔽双绞线导体（单线）	单位	频率（MHz）	UTP5e 数值
直流电阻	Ω/100m，20℃		9.38
直流电阻不平衡最大值	%		2.5
对地电容不平衡最大值	pF/100m		330
特性阻抗	Ω	1.0 ～ 100	100±15%
结构回波损耗值应大于等于表中所列数值。在频率大于 20MHz 小于等于 100MHz 范围内，回波损耗应由以下公式算出： 回波损耗≥ 23−101g（f/20）(对于 UTP5） 回波损耗≥ 28−101g（f/20）(对于 UTP5e)	dB/100m	1.0 ～ 20.0 25.0 31.25 62.5 100	23 24.3 23.6 21.5 20.1
衰减数据用于工程设计而非测试依据。40℃下测试时，最大衰减值应增大 8%，60℃下测试时，最大衰减值应增大 16%。室温下在 0.772 ～ 100MHz 频率范围内，测试每对导体最大损耗时应用以下公式计算： 衰减（f）≤ 1.967f + 0.023f + 0.050	dB/100m	0.772 1.0 4.0 8.0 10.0 16.0 20.0 25.0 31.25 62.5 100.0	1.8 2.0 4.1 5.8 6.5 8.2 9.2 10.4 11.7 17.0 22.0
最差对近端串扰（KEXTdB），最小值 室温下在 0.772 ～ 100MHz 频率范围内，至少 100m 长样品中每对导体最小串音偶合损耗应由下式计算： NEXT（f）≥ 62.31gf（对于 UTP5） NEXAT（f）≥ 65.3−151gf（对于 UTP5e)	dB/100m	0.772 1.0 4.0 8.0 10.0 16.0 20.0 25.0 31.25 62.5 100.0	67 65 56 51 50 47 46 44 43 38 35
近端串扰衰减功率和 PSNEXT ≥ 62.3−15XLgf	dB/100m	20 25.0 31.25 62.5 100	42.8 41.3 39.9 35.4 32.2
等电平地远端串扰	dB/100m	0.772 1.0 4.0 8.0	66 63.8 51.7 45.7

（续）

超 5 类 4 对 24AWG 非屏蔽双绞线导体（单线）	单位	频率（MHz）	UTP5e 数值
等电平地远端串扰	dB/100m	10.0 16.0 20.0 25.0 31.25 62.5 100.0	43.8 39.7 37.7 35.8 33.9 27.8 23.8
功率总和等电平远端串扰	dB/100m	0.772 1.0 4.0 8.0 10.0 16.0 20.0 25.0 31.25 62.5 100.0	63.0 60.8 48.7 42.7 40.8 36.7 34.7 32.8 30.9 24.8 20.8
衰减串扰比	dB/100m	0.772 1.0 4.0 8.0 10.0 16.0 20.0 25.0 31.25 62.5 100.0	65 63.3 52.2 46.0 43.8 39.0 36.5 33.9 31.2 21.4 13.3

3. 5 类、超 5 类 4 对屏蔽双绞线

5 类、超 5 类 4 对屏蔽双绞线线芯有 23 号、24 号的裸铜导体，以氟化乙烯作为绝缘材料，内有一根 24AWG TPG 漏电线，铝箔屏蔽，如图 2-4 所示。

图 2-4　5 类 4 对 24AWG 100Ω 屏蔽电缆

5 类、超 5 类 4 对屏蔽双绞线电气特性如表 2-12 所示。

表 2-12　5 类 4 对 24AWG 100Ω 屏蔽电缆电气特性

频率需求	阻抗	最大衰减值（dB/100m）	NEXT（dB）(最差对)	最大直流阻流（100m/20℃）
256kHz	—	1.1	—	9.38Ω

（续）

频率需求	阻抗	最大衰减值（dB/100m）	NEXT（dB)(最差对）	最大直流阻流（100m/20℃）
512kHz	—	1.5	—	9.38Ω
772kHz	—	1.8	66	
1MHz	85～115	2.1	64	
4MHz		4.3	55	
10MHz		6.6	49	
16MHz		8.2	46	
20MHz		9.2	44	
31.25MHz		11.8	42	
62.50MHz		17.1	37	
100MHz		22.0	34	

2.1.2 6类双绞线

6类双绞线分为非屏蔽双绞线（6E）和屏蔽双绞线（6EA）。6类双绞线线芯分为23号、24号的裸铜导体。

1. 6类标准简介

6类非屏蔽双绞线布线标准将是未来UTP布线的极限标准，在为用户选择更高性能的产品提供依据的同时，它也应当满足网络应用标准组织的要求。主要用于大中型公司的百兆、千兆、万兆、十万兆以太网络技术。6类标准中的规定涉及介质、布线距离、接口类型、拓扑结构、安装实践、信道性能及线缆和连接硬件性能等方面的要求。

6类标准规定了铜缆布线系统应当能提供的最高性能，规定允许使用的线缆及连接类型为UTP或STP；整个系统包括应用和接口类型都要有向下兼容性，即在新的6类布线系统上可以运行以前在3类或5类系统上运行的应用，用户接口应采用8位置模块化插座。

同5类标准一样，6类布线标准也采用星形的拓扑结构，要求的布线距离为：基本链路（永久链路）的长度不能超过90m，信道长度不能超过100m。

6类产品及系统的频率范围应当在1～250MHz之间，对系统中的线缆、连接硬件、基本链路及信道在所有频点都需测试以下几种参数：

- ❑ 衰减（attenuation）
- ❑ 回损（return loss）
- ❑ 延迟/失真（delay/skew）
- ❑ 近端串扰（NEXT）
- ❑ 功率累加近端串扰（powersum NEXT）
- ❑ 等效远端串扰（ELFEXT）
- ❑ 功率累加等效远端串扰（powersum ELFEXT）
- ❑ 平衡（balance: LCL、LCTL）
- ❑ 其他

另外，测试环境应当设置在最坏情况下，对产品和系统都要进行测试，从而保证测试结果的可用性。所提供的测试结果也应当是最差值而非平均值。

同时6类是一个整体的规范，并能得到以下几方面的支持：

- ❑ 实验室测试程序

- ❑ 现场测试要求
- ❑ 安装实践
- ❑ 其他灵活性、长久性等方面的考虑

2. 6 类布线

6 类布线系统在 TIA TR41 的研发基础上形成。该标准的目的是实现千兆位方案。千兆位方案最早是基于 5 类布线系统而制订的，而采用 6 类会比超 5 类降低一半的成本，6 类参数值余量可以更好地满足千兆位方案的需求。

3. 6 类双绞线物理结构

6 类双绞线在外形上和结构上与 5 类或超 5 类双绞线都有一定的差别，物理结构有 2 种。

（1）绝缘的十字骨架

6 类双绞线物理结构不仅增加了绝缘的十字骨架，将双绞线的 4 对线分别置于十字骨架的 4 个凹槽内，而且电缆的直径也更粗。电缆中央的十字骨架随长度的变化而旋转角度，将 4 对双绞线卡在骨架的凹槽内，保持 4 对双绞线的相对位置，提高电缆的平衡特性和串扰衰减。

绝缘的十字骨架 6 类双绞线物理结构如图 2-5 所示。

（2）扁平 6 类双绞线

扁平 6 类双绞线物理结构如图 2-6 所示。

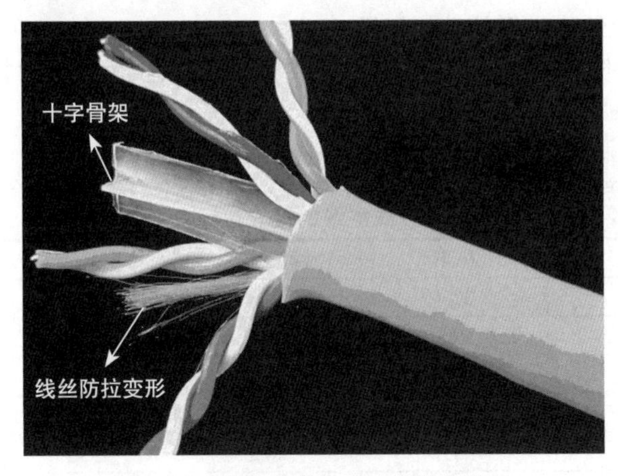

图 2-5　6 类十字骨架双绞线物理结构

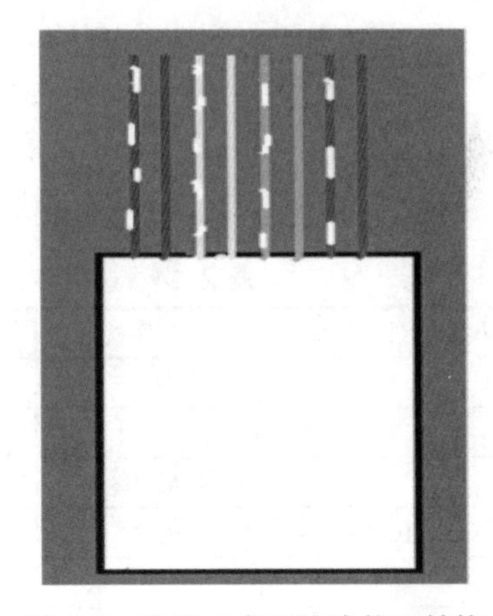

图 2-6　扁平 6 类双绞线物理结构

4. 6 类布线的性能指标

ISO/IEC 给出的 6 类线产品性能指标如表 2-13 所示。

表 2-13　ISO/IEC 给出的 6 类线产品性能指标

ISO/IEC	6 类布线的性能								
JTC1WG3SC25 测试内容	电缆			接插件			通道 4 接头模式		
带宽（MHz）	100	200	250	100	200	250	100	200	250
衰减（dB）	19.9	29.2	33.0	0.2	0.3	0.3	21.1	30.9	35.0
近端串扰（dB）	44.3	39.8	38.3	54.0	48.0	46.0	39.9	34.8	33.1
PSNEXT（dB）	42.3	37.8	36.3	50.0	44.0	42.0	37.1	31.9	30.2
ELFEXT（dB）	27.8	21.7	19.8	43.1	37.1	35.1	23.2	17.2	15.3
PSELFEXT（dB）	24.8	18.7	16.8	40.1	34.1	32.1	20.2	14.2	12.3

（续）

ISO/IEC	6类布线的性能								
JTC1WG3SC25 测试内容	电缆			接插件			通道 4 接头模式		
PSACE（dB）							16.0	1.0	4.8
回路损耗（dB）							12.0	9.0	8.0

布线标准的几个关键问题：

1）在 250MHz 时 6 类通道必须提供正的（+ve）PSACR 值（0.1dB）。

2）6 类通道包括 2、3 或者 4 个接头连接链路。

3）6 类通道所定义的公式频率值而非现场频率值是 250MHz。带宽提升至 250MHz 是应 IEEE802 委员会定义的新布线标准中满足零值 ACR 值而提升频率 25% 的要求来制订的。

4）电缆和元器件的性能参数需从通道系统中返回计算。

5）6 类元器件应具备相互兼容性——允许不同厂商产品混合使用。

6）6 类元器件应具备向下兼容 5 类和增强型 5 类的特性。

上述最后两点将给接插件厂带来更多竞争。然而，6 类系统的回路损耗问题尚未完全解决，电缆和接插件的性能指标需要得到更多改进。回路损耗是一个非常重要的系统性能参数，EIA/TIA 子委员会在 568A（5e）附录 5 中提议采用更为严格的接插件和电缆回路损耗级别，来确保达到系统所限定的级别要求，同样在 6 类系统中比 5e 类增加了更多要求。

5. 6 类 4 对双绞线 23AWG 非屏蔽双绞线电缆的性能指标

6 类 4 对双绞线为 23AWG 的实芯裸铜导体，以氟化乙丙烯作为绝缘材料，传输频率达 350MHz。

6 类 4 对双绞线 23AWG 非屏蔽双绞线电缆的性能指标如表 2-14 所示。

表 2-14　6 类 4 对双绞线 23AWG 非屏蔽双绞线电缆的性能指标

频率（MHz）	近端串扰	衰减	ACR	回波损耗	ELFEXT
1	84.0	1.6	82.4	24.5	77.7
4	70.8	3.3	67.3	25.5	65.1
8	65.8	4.2	61.6	25.9	58.9
10	63.7	5.3	61.4	26.1	57.3
16	61.5	6.7	53.8	26.2	53.7
20	58.5	7.5	51.0	28.2	52.2
25	58.0	8.6	49.4	29.0	50.2
31	56.0	9.7	46.3	27.9	49.1
63	52.8	14.3	38.5	25.9	48.3
100	51.2	18.5	32.7	23.7	40.3
155	47.5	22.9	24.6	21.2	39.4
200	49.5	26.7	22.6	20.1	36.5
250	44.8	29.7	15.1	19.1	33.0
300	42.8	32.6	10.2	18.2	30.7
350	40.4	35.8	7.6	17.2	23.6

2.1.3　7 类双绞线

7 类双绞线分为 F 和 FA。F 传输频率为 600MHz，FA 传输频率为 620MHz。

7类双绞线主要为了适应万兆位以太网技术的应用和发展，但它不再是一种非屏蔽双绞线，而是一种屏蔽双绞线，因此可以提供至少500MHz的综合衰减对串扰比和600MHz的整体带宽，是6类线和超6类线的2倍以上，传输速率可达10Gbps。在7类线缆中，每一对线都有一个屏蔽层，4对线合在一起还有一个公共的大屏蔽层。从物理结构上来看，额外的屏蔽层使得7类线的线径较大。还有一个重要的区别在于其连接硬件的能力，7类系统的参数要求连接头在600MHz时，所有的线对提供至少60dB的综合近端串绕。

与5类、超5类和6类线相比，7类线具有更高的传输带宽，至少为600MHz。7类布线系统与以前的布线系统RJ-45不兼容。

7类线的进展主要表现为以下几点：

1）1999年6月29日在德国柏林，ISO/IEC、JTCL/SC、25/WG3会议上与会的69名专家一致同意将耐克森公司提交的7类连接件解决方案GG45-GP45写入国际布线标准ISO/IEC 11801中。

2）2001年8月27日，在德国召开的ISO/IEC会议上，耐克森公司建议IEC60603-7-7最终确定为7类接口标准。

3）7类线一般采用皮—泡沫—皮单线结构。

4）7类线的铜导体外径选取在22AWG左右（有人主张是19AWG）。

5）7类线的带宽为600MHz。

6）网络测试仪的测试频率范围为0.064～1000MHz。

7）永久链路为90m。

8）插入损耗约为2dB（水平电缆约减少3m，或连接跳线为2m）。

9）近端串扰损耗5.1～7dB。

10）ACR为−1.9dB。

11）远端串扰为45.3dB。

12）回波损耗为8.4dB。

13）延迟为45ms。

14）延迟偏移为44ms。

15）DC回路电阻为34Ω。

16）耦合衰减为64.4dB。

1. 接口

开始制订7类标准时，在网络接口上也有较大变化，共提议了8种连接口，其中2种为“RJ”形式，6种为“非RJ”形式。1999年1月，ISO技术委员会决定选择一种“RJ”和一种“非RJ”型的接口做进一步的研究。在2001年8月的ISO/IEC JTC1/SC 25/WG3工作组会议上，ISO组织再次确认7类标准分为“RJ型”接口及“非RJ型”接口两种模式。

2. 7类双绞线电缆结构

7类双绞线电缆结构如表2-15所示。

表2-15 7类双绞线电缆结构

	STP	SFTP
导体	22/23AWG单股纯铜	22/23AWG单股纯铜
绝缘	聚乙烯	聚乙烯
屏蔽	铝箔分屏蔽	铝箔分屏蔽+铜丝编织总屏蔽

（续）

	STP	SFTP
漏电线	7/0.2mm	无
护套	聚氯乙烯 / 低烟无卤	聚氯乙烯 / 低烟无卤

3. 7 类双绞线物理结构

7 类双绞线物理结构如图 2-7 所示。

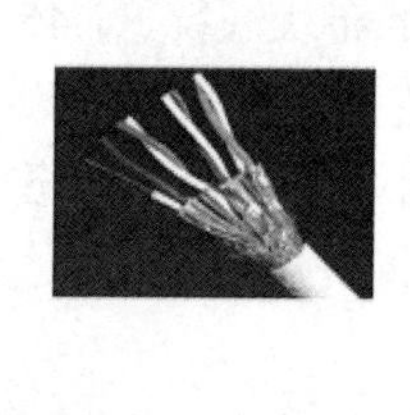

图 2-7　7 类双绞线物理结构图

4. 7 类双绞线工作频宽

7 类双绞线工作频宽分 1 ～ 600MHz（通用标准）和 1 ～ 1000MHz。

5. 7 类双绞线物理特性

- ❑ 传输速率（NVP）：79%。
- ❑ 最大相对电容：5.6nF/100m。
- ❑ 最大直流电阻不平衡：5%。
- ❑ 最大传播延迟差：30ns/100m。
- ❑ 最大传播延迟：536ns/100m@100MHz。
- ❑ 额定电压：60Vrms。
- ❑ 最大抗拉载荷：80N。
- ❑ 工作温度：-20℃～ +60℃。
- ❑ 储存温度：-5℃～ +50℃。
- ❑ 阻燃程度：通过 IEC 332-1（FRRVC&LSOH 护套）。

6. 7 类双绞线电气性能参数

7 类双绞线电气性能参数如表 2-16 所示。

表 2-16　7 类双绞线电气性能参数表

频率（MHz）	近端串扰（dB/100m） 最差值 / 典型值 / 标准值≥	衰减（dB/100m） ≤	回波损耗（dB） 最差值 / 典型值 / 标准值≥	信噪比（dB/100m） 最差值 / 典型值 / 标准值≥
1	90.0/100.0/80.0	2.0	20.0/23.0/20.0	88.0/98.0/80.0
4	90.0/100.0/80.0	3.6	23.0/26.0/23.0	86.4/96.0/76.4
10	90.0/100.0/80.0	5.7	25.0/28.0/25.0	84.3/94.0/74.3
16	90.0/100.0/80.0	7.2	25.0/28.0/25.0	83.3/92.0/72.8
20	90.0/100.0/80.0	8.1	25.0/28.0/25.0	82.5/91.0/71.9
31.25	90.0/100.0/80.0	10.1	23.6/26.0/23.6	80.0/90.0/69.9
62.5	90.0/100.0/75.5	14.5	21.5/24.0/21.5	76.0/85.0/61.0
100	90.0/100.0/72.4	18.5	20.1/23.0/20.1	72.5/75.0/53.9

（续）

频率（MHz）	近端串扰（dB/100m） 最差值 / 典型值 / 标准值≥	衰减（dB/100m） ≤	回波损耗（dB） 最差值 / 典型值 / 标准值≥	信噪比（dB/100m） 最差值 / 典型值 / 标准值≥
200	90.0/100.0/67.9	26.8	18.0/23.0/18.0	65.0/70.0/41.1
250	95.0/90.0/66.5	30.2	17.3/23.0/17.3	50.0/58.0/36.3
300	95.0/90.0/65.3	33.3	17.3/23.0/17.3	59.0/55.0/32.0
600	80.0/90.0/60.8	48.9	17.3/20.0/17.3	32.0/50.0/11.9

频率（MHz）	PPELFEXT 等效远端串扰（dB/100m） 保证值 / 典型值 / 标准值≥	PSNEXT 近端串扰功率和（dB/100m） 最差值 / 典型值 / 标准值≥	PSACR 信噪比功率和（dB/100m） 最差值 / 典型值 / 标准值≥	PSELFEXT 等效远端串扰功率和（dB/100m） 最差值 / 典型值 / 标准值≥
1	85.0/90.0/80.0	87.0/97.0/77.0	85.0/95.0/75.0	82.0/87.0/77.0
4	85.0/90.0/80.0	87.0/97.0/77.0	83.4/93.0/73.4	82.0/87.0/77.0
10	79.0/90.0/74.0	87.0/97.0/77.0	81.3/91.0/71.3	76.0/87.0/71.0
16	74.9/90.0/69.9	87.0/97.0/77.0	80.3/89.0/69.8	71.9/87.0/66.9
20	73.0/90.0/68.0	87.0/97.0/77.0	79.5/88.0/68.9	70.0/87.0/65.0
31.25	69.1/90.0/64.1	87.0/97.0/77.0	77.0/87.0/66.9	66.1/87.0/61.1
62.5	63.1/85.0/58.1	80.0/97.0/72.5	73.0/82.0/58.0	60.1/82.0/55.1
100	59.0/80.0/54.0	87.0/97.0/69.4	69.5/72.0/50.9	56.0/77.0/51.0
200	53.0/75.0/78.0	87.0/97.0/64.9	62.0/67.0/38.1	50.0/72.0/45.0
250	51.0/70.0/46.0	92.0/87.0/63.5	47.0/55.0/33.3	48.0/67.0/43.0
300	49.5/66.0/44.5	92.0/87.0/63.3	56.0/52.0/29.0	46.5/63.0/41.5
600	43.4/60.0/38.4	77.0/87.0/57.8	29.0/47.0/8.9	40.4/57.0/35.4

2.1.4 8 类屏蔽双绞线

8 类（CAT8）屏蔽双绞线分 8.1 和 8.2。8 类双绞线主要用于数据中心支持 2GHz 速率，传输速度可达 40Gbps，距离为 30 米，由 2 个连接器通道组成，是目前网线的最高标准。8.1 提供 1000MHz 的带宽，8.2 提供 1200MHz 的带宽。

8 类双绞线采用屏蔽的连接和 FTP 线缆，4 对双绞线被金属箔包覆着。金属箔屏蔽可以防止噪声进入电缆或防止电缆中存在噪声。

8 类双绞线物理结构如图 2-8 所示。

图 2-8　8 类双绞线物理结构

目前 8 类布线发布的相关标准如下。

- 2016 年 9 月 8 日发布的 IEEE 802.3bq 25G/40GBASE-T：此标准规定了双绞线信道上应用的最小传输特性以支持 25Gbps 和 40Gbps 的基于双绞线的布线。
- 2016 年 6 月 30 日发布的 ANSI/TIA-568-C.2-1：规定了 8 类通道和永久链路、并包括电阻不平衡、TCL、ELTCTL 的限制。
- 2016 年 11 月 10 日发布的 ANSI/TIA-1152-A：规定了 8 类的现场测试仪测量和精度要求，包括 8 类测试仪的新“2G”精度要求。
- 2017 年预期发布 ISO/IEC 标准，包括规定了 I/II 类信道和永久链路的 ISO/IEC 11801-99-1 以及规定了测试仪测量和精度要求的 IEC61935-1Ed5.0，包括与 ANSI/TIA1152-A 相同的“2G”要求。

2.2 大对数双绞线

1. 大对数双绞线的组成

大对数双绞线是由25对具有绝缘保护层的铜导线组成的。它有3类25对大对数双绞线，5类25对大对数双绞线，为用户提供更多的可用线对，并被设计为在扩展的传输距离上实现高速数据通信应用。传输速度为100MHz。导线色彩由蓝、橙、绿、棕、灰、白、红、黑、黄、紫编码组成，如表2-17和表2-18所示。

表2-17 大对数双绞线导线色彩

	蓝	橙	绿	棕	灰
白	白/蓝	白/橙	白/绿	白/棕	白/灰
红	红/蓝	红/橙	红/绿	红/棕	红/灰
黑	黑/蓝	黑/橙	黑/绿	黑/棕	黑/灰
黄	黄/蓝	黄/橙	黄/绿	黄/棕	黄/灰
紫	紫/蓝	紫/橙	紫/绿	紫/棕	紫/灰

表2-18 导线色彩编码

线对	色彩码	线对	色彩码
1	白/蓝//蓝/白	14	黑/棕//棕/黑
2	白/橙//橙/白	15	黑/灰//灰/黑
3	白/绿//绿/白	16	黄/蓝//蓝/黄
4	白/棕//棕/白	17	黄/棕//棕/黄
5	白/灰//灰/白	18	黄/绿//绿/黄
6	红/蓝//蓝/红	19	黄/棕//棕/黄
7	红/橙//橙/红	20	黄/灰//灰/黄
8	红/绿//绿/红	21	紫/蓝//蓝/紫
9	红/棕//棕/红	22	紫/橙//橙/紫
10	红/灰//灰/红	23	紫/绿//绿/紫
11	黑/蓝//蓝/黑	24	紫/棕//棕/紫
12	黑/橙//橙/黑	25	紫/灰//灰/紫
13	黑/绿//绿/黑		

2. 大对数双绞线物理结构

大对数双绞线物理结构如图2-9所示。

图2-9 大对数双绞线物理结构

3. 5 类 25 对 24AWG 非屏蔽大对数线

5 类 25 对 24AWG 非屏蔽大对数线由 25 对线组成，为用户提供更多的可用线对，并被设计为在扩展的传输距离上实现高速数据通信应用。电气特性如表 2-19 所示。

表 2-19　5 类 25 对 24AWG 非屏蔽大对数线电气特性

频率需求	阻抗（Ω）	最大衰减值（dB/100m）	NEXT（dB）(最差对)	最大直流阻流（100m/20℃）
256kHz	—	1.1	—	9.38Ω
512kHz	—	1.5	—	9.38Ω
772kHz	—	1.8	64	9.38Ω
1MHz		2.1	62	9.38Ω
4MHz		4.3	53	9.38Ω
10MHz		6.6	47	9.38Ω
16MHz	85 ~ 115	8.2	44	9.38Ω
20MHz		9.2	42	9.38Ω
31.25MHz		11.8	40	9.38Ω
62.50MHz		17.1	35	9.38Ω
100MHz		22.0	32	9.38Ω

4.3 类 25 对 24AWG 非屏蔽线

这类电缆适用于最高传输频率 16MHz，一般为 10MHz，它的导线色彩编码如表 2-18 所示。

5. 大对数线品种

大对数线品种分为屏蔽大对数线和非屏蔽大对数线两种，如表 2-20 所示。

表 2-20　大对数双绞线品种

<table>
<tr><td rowspan="12">非屏蔽大对数线</td><td>室内 3 类 25 对非屏蔽大对数线</td></tr>
<tr><td>室内 5 类 25 对非屏蔽大对数线</td></tr>
<tr><td>室内 3 类 50 对非屏蔽大对数线</td></tr>
<tr><td>室内 5 类 50 对非屏蔽大对数线</td></tr>
<tr><td>室内 3 类 100 对非屏蔽大对数线</td></tr>
<tr><td>室内 5 类 100 对非屏蔽大对数线</td></tr>
<tr><td>室外 3 类 25 对非屏蔽大对数线</td></tr>
<tr><td>室外 5 类 25 对非屏蔽大对数线</td></tr>
<tr><td>室外 3 类 50 对非屏蔽大对数线</td></tr>
<tr><td>室外 5 类 50 对非屏蔽大对数线</td></tr>
<tr><td>室外 3 类 100 对非屏蔽大对数线</td></tr>
<tr><td>室外 5 类 100 对非屏蔽大对数线</td></tr>
<tr><td rowspan="4">屏蔽大对数线</td><td>室外 5 类 25 对屏蔽大对数线</td></tr>
<tr><td>室外 5 类 50 对屏蔽大对数线</td></tr>
<tr><td>室内 5 类 25 对屏蔽大对数线</td></tr>
<tr><td>室内 5 类 50 对屏蔽大对数线</td></tr>
</table>

6. 大对数线的技术特性

大对数线的技术特性如表 2-21 所示。

表 2-21　大对数线的技术特性

电缆类别	线对	导体直径（mm）	绝缘厚度（mm）	绝缘直径（mm）	护套厚度（mm）	铝箔屏蔽	铜线编织密度	成品外径（mm）
5	25	0.512	0.21	0.93	1.0			12.9
5	25	0.512	0.21	0.93	1.0	纵包	50 ~ 60	13.5
5	50	0.512	0.21	0.93	1.2			18.6
5	50	0.512	0.21	0.93	1.2	纵包	60 ~ 70	19.3
5	100	0.512	0.21	0.93	1.5			26.3
5	100	0.512	0.21	0.93	1.5	纵包	60 ~ 70	27

2.3　同轴电缆

同轴电缆（coaxial cable）是由一根空心的外圆柱导体及其所包围的单根内导线所组成。柱体同导线用绝缘材料隔开，其频率特性比双绞线好，能进行较高速率的传输。由于它的屏蔽性能好，抗干扰能力强，通常多用于基带传输。

同轴电缆可分为两种基本类型：基带同轴电缆（粗同轴电缆）和宽带同轴电缆（细同轴电缆）。粗同轴电缆，其屏蔽线是用铜做成网状的，特性阻抗为 50Ω，如 RG-8、RG-58 等；细同轴电缆，其屏蔽层通常是用铝冲压成的，特性阻抗为 75Ω，如 RG-59 等。

1. 同轴电缆的物理结构

同轴电缆由中心导体、绝缘材料层、网状织物构成的屏蔽层以及外部隔离材料层组成，其结构如图 2-10 所示。

同轴电缆具有足够的可柔性，能支持 254mm（10in）的弯曲半径。中心导体是直径为 2.17mm±0.013mm 的实心铜线。绝缘材料要求是满足同轴电缆电气参数的绝缘材料。屏蔽层是由满足传输阻抗和 ECM 规范说明的金属带或薄片组成，屏蔽层的内径为 6.15mm，外径为 8.28mm。外部隔离材料一般选用聚氯乙烯（如 PVC）或类似材料。

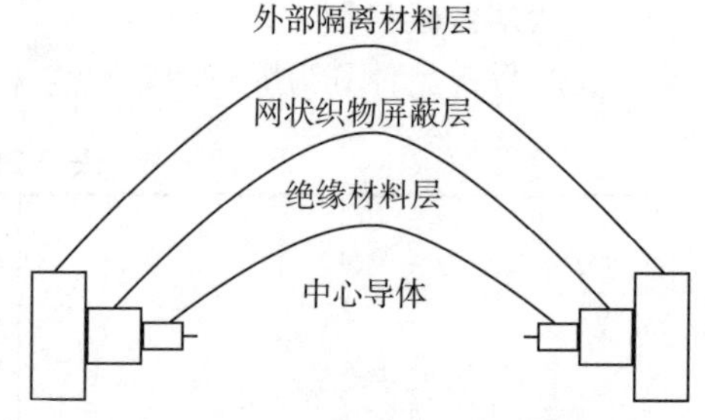

图 2-10　同轴电缆结构示意图

2. 50Ω 同轴电缆的主要电气参数

1）同轴电缆的特性阻抗：同轴电缆的平均特性阻抗为 50Ω±2Ω，沿单根同轴电缆阻抗的周期性变化可达 ±3Ω 的正弦波中心平均值，其长度小于 2m。

2）同轴电缆的衰减：当用 10MHz 的正弦波进行测量时，500m 长的电缆段的衰减值不超过 8.5dB（17dB/km），而用 5MHz 的正弦波进行测量时不超过 6.0dB（12dB/km）。

3）同轴电缆的传播速度：最低传播速度为 0.77c（c 为光速）。

4）同轴电缆直流回路电阻：电缆的中心导体的电阻，加上屏蔽层的电阻总和不超过 10mΩ/m（在 20℃时测量）。

3. 50Ω 同轴电缆的物理参数

1）同轴电缆具有足够的可柔性；

2）能支持 254mm（10in）的弯曲半径；

3）中心导体是直径为 2.17mm±0.013mm 的实心铜线。绝缘材料要求是满足同轴电缆电气参数的绝缘材料。

4）屏蔽层是由满足传输阻抗和ECM规范说明的金属带或薄片组成，屏蔽层的内径为6.15mm，外径为8.28mm。外部隔离材料一般选用聚氯乙烯（如PVC）或类似材料。

4. 细同轴电缆

细同轴电缆不可绞接，各部分是通过低损耗的75Ω连接器来连接的。连接器在物理性能上与电缆相匹配。中间接头和耦合器用线管包住，以防不慎接地。若希望电缆埋在光照射不到的地方，最好把电缆埋在冰点以下的地层里。如果不想把电缆埋在地下，最好采用电杆来架设。同轴电缆每隔100米采用一个标记，以便于维修。必要时每隔20米要对电缆进行支撑。在建筑物内部安装时，要考虑便于维修和扩展，在必要的地方还要提供管道来保护电缆。

5. 通信、有线电视使用的电缆

通信、有线电视常用的电缆有：系列物理发泡有线电视电缆、系列接入网用物理发泡同轴电缆、系列50欧姆物理发泡同轴电缆、系列物理发泡皱纹铜管同轴电缆、系列实芯聚乙烯绝缘射频同轴电缆、系列漏电同轴电缆等。

2.4 光缆的品种与性能

2.4.1 光缆

光导纤维是一种传输光束的细而柔韧的媒质。光导纤维电缆由一捆纤维组成，简称为光缆。

光缆是数据传输中最有效的一种传输介质，本节介绍光纤的结构、光纤的种类、光纤通信系统的简述和基本构成。

光纤通常是由石英玻璃制成，是横截面积很小的双层同心圆柱体，也称为纤芯，它质地脆、易断裂，由于这一缺点，需要外加一保护层。

其结构如图2-11所示。

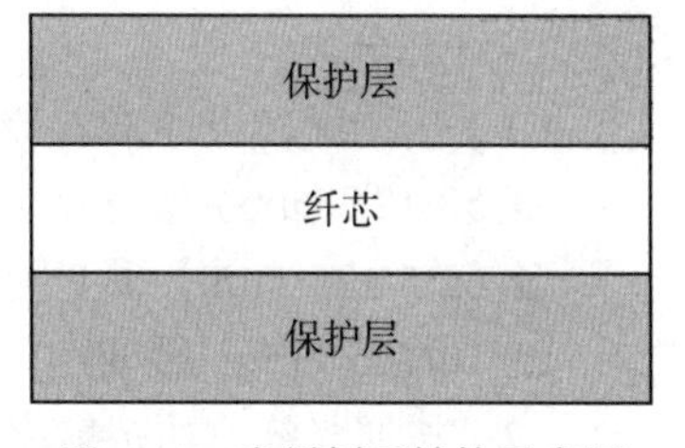

图2-11 光纤剖面结构示意图

光缆是数据传输中最有效的一种传输介质，它分为多模光缆和单模光缆，它们的光纤为多模光纤和单模光纤。光缆的光纤工作波长有短波850nm、长波1310nm和1550nm。光纤损耗一般是随波长增加而减小，850nm的损耗一般为2.5dB/km。当前，光缆使用寿命期通常按15～20年考虑。光缆有以下几个优点：

1）较宽的频带。

2）电磁绝缘性能好。光纤电缆中传输的是光束，而光束是不受外界电磁干扰影响的，而且本身也不向外辐射信号，因此它适用于长距离的信息传输以及要求高度安全的场合。当然，抽头困难是它固有的难题，因为割开光缆需要再生和重发信号。

3）衰减较小，可以说在较大范围内是一个常数。

4）中继器的间隔距离较大，因此整个通道中继器的数目可以减少，这样可降低成本。根据贝尔实验室的测试，当数据速率为420Mbps且距离为119公里无中继器时，其误码率为10^{-8}，可见其传输质量很好。而同轴电缆和双绞线在长距离使用中就需要接中继器。

2.4.2 光缆的种类

光缆主要有两大类：单模光缆和多模光缆。

1. 单模光缆

单模光缆的光纤芯很细（芯径一般为 9μ 或 10μm[⊖]），工作波长为 1310 ～ 1550nm，色散很小，适用于远程通信。常规单模光缆的主要参数是由国际电信联盟 ITU-T 在 G652 建议中确定的，因此这种光缆又称为 G652 光缆。

2. 多模光缆

多模光缆的光纤芯较粗（50μ 或 62.5μm），可传输多种模式的光。但其模间色散较大，这就限制了传输数字信号的距离，因此，多模光缆光纤传输的距离比较近，一般只有几公里。

3. 单模光纤

单模光纤（single mode fiber，SMF）的纤芯直径很小，在给定的工作波长上只能以单一模式传输，传输频带宽、传输容量大。光信号可以沿着光纤的轴向传播，因此光信号的损耗很小，离散也很小，传播的距离较远。单模光纤 PMD 规范建议芯径为 8 ～ 10μm，包括包层直径为 125μm，计算机网络用的单模光纤纤芯直径分为 10μm 和 9μm，包层为 125μm，导入波长上分为单模 1310nm 和 1550nm。

4. 多模光纤

多模光纤（multi mode fiber，MMF）是在给定的工作波长上能以多个模式同时传输的光纤。多模光纤的纤芯直径一般为 50 ～ 200μm，而包层直径的变化范围为 125 ～ 230μm，计算机网络用的多模光纤纤芯直径分为 62.5μm 和 50μm，包层为 125μm，也就是通常所说的 62.5μm。导入波长上分为 850nm 和 1300nm。与单模光纤相比，多模光纤的传输性能要差一些。

5. 纤芯分类

（1）按照纤芯直径来划分：

- 50/125（μm）缓变型多模光纤
- 62.5/125（μm）缓变增强型多模光纤
- 10/125（μm）缓变型单模光纤

（2）按照光纤芯的折射率分布来划分：

- 阶跃型光纤（step index fiber，SIF）
- 梯度型光纤（graded index fiber，GIF）
- 环形光纤（ring fiber）
- W 型光纤

2.4.3　光缆与光纤的关系

光缆与光纤的关系如图 2-12 所示。

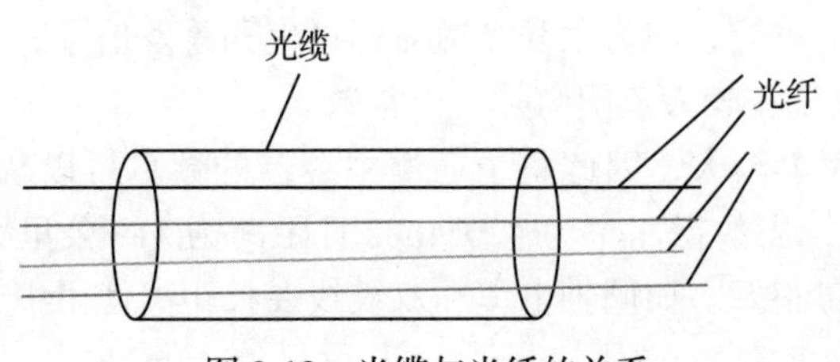

图 2-12　光缆与光纤的关系

⊖ μm：微米，百万分之一米，一根头发的直径为 17 ～ 20 微米。

光缆有单模和多模之分，其特性比较如表 2-22 所示。

表 2-22 单模、多模特性比较

单模	多模
用于高速度、长距离	用于低速度、短距离
成本高	成本低
窄芯线，需要激光源	宽芯线，聚光好
耗散极小，高效	耗散大，低效

在使用光缆互连多个小型机的应用中，必须考虑光纤的单向特性，如果要进行双向通信，就应用使用双股光纤。由于要对不同频率的光进行多路传输和多路选择，故在通信器件市场上又出现了光学多路转换器。

光纤的类型由材料（玻璃或塑料纤维）及芯和外层尺寸决定，芯的尺寸大小决定光的传输质量。常用的光纤缆有：

- 9μm 芯 /125μm 外层——单模
- 10μm 芯 /125μm 外层——单模
- 62.5μm 芯 /125μm 外层——多模
- 50μm 芯 /125μm 外层——多模

光缆在普通计算网络中的安装是从用户设备开始的。因为计算网络中的光纤只能单向传输，为要实现双向通信，就必需成对出现，一个用于输入，一个用于输出。光纤两端接到光学接口器上。

安装光缆需小心谨慎。每条光纤的连接都要磨光端头，通过电烧烤工艺与光学接口连在一起。要确保光通道不被阻塞。光纤不能拉得太紧，也不能形成直角。

2.4.4 光纤通信系统简述

1. 光纤通信系统

光纤通信系统是以光波为载体、光导纤维为传输介质的通信方式，起主导作用的是光源、光纤、光发送机和光接收机。

- 光源——光源是光波产生的根源。
- 光纤——光纤是传输光波的导体。
- 光发送机——光发送机负责产生光束，将电信号转变成光信号，再把光信号导入光纤。
- 光接收机——光接收机负责接收从光纤上传输过来的光信号，并将它转变成电信号，经解码后再做相应处理。

2. 光端机

光端机是光通信的一个主要设备，主要分为两大类：模拟信号光端机和数字信号光端机。

模拟信号光端机主要分为调频式光端机和调幅式光端机。由于调频式光端机比调幅式光端机的灵敏度高约 16dB，所以市场上模拟信号光端机是以调频式 FM 光端机为主导的，调幅式光端机很少见。光端机一般按方向分为发射机（T）、接收机（R）、收发机（X）。作为模拟信号的 FM 光端机，现行市场上主要有以下几种类型。

1）单模光端机 / 多模光端机

光端机根据系统的传输模式可分为单模光端机和多模光端机。一般来说：单模光端机光信号传输可达几十公里的距离，模拟光端机有些型号可无中继传输 100km。而多模光端机的光信号一般传输为 2 ～ 5km。这一点也可作为光纤系统中对一般光端机选择的参考标准。

2）数据 / 视频 / 音频光端机

光端机根据传输信号又可分为数据（RS-232/RS-422/RS-485/ 曼彻斯特（Manchester）/ TTL/ 常开触点 / 常闭触点）光端机、视频光端机、音频光端机、视频 / 数据光端机、视频 /

音频光端机、视频 / 数据 / 音频光端机以及多路复用光端机，并且可传输 10 ～ 100Mbps 以太网（IP）数据。

3）独立式 / 插卡式 / 标准式光端机

- 独立式光端机可独立使用，但需要外接电源。独立式光端机主要应用于系统远程设备比较分散的场合。
- 插卡式光端机中的模块可插入插卡式机箱中工作，每个插卡式机箱为 19” 机架，具有 18 个插槽，插卡式光端机主要应用在系统的控制中心，便于系统安装和维护。
- 标准式光端机可独立使用，也可安装在系统远程设备及系统控制中心的标准 19” 机柜中。

4）光纤通信系统主要有以下优点：

- 传输频带宽、通信容量大，短距离时传输速率达几千兆；
- 线路损耗低、传输距离远；
- 抗干扰能力强，应用范围广；
- 线径细、重量轻；
- 抗化学腐蚀能力强；
- 光纤制造资源丰富。

在网络工程中，一般使用 62.5μm/125μm 规格的多模光纤，有时使用 50μm/125μm 规格的多模光纤。户外布线大于 2km 时可选用单模光纤。在进行综合布线时需要了解光纤的基本性能。

为了便于阅读，对直径、重量、拉力和弯曲半径解释如下。

- 直径：单位为 mm；
- 重量：单位为 kg/km；
- 拉力：单位为 N（牛顿），对拉力分两种情况说明，安装时最大为 2700N，约合 6091bf。
- 弯曲半径：指光缆安装拐弯时的弯曲半径。

2.4.5 光缆的种类和机械性能

1. 光缆的种类

（1）紧套光缆（慧锦公司命名）

紧套光缆如图 2-13 所示。

（2）单芯光缆（慧锦公司命名）

单芯光缆如图 2-14 所示。

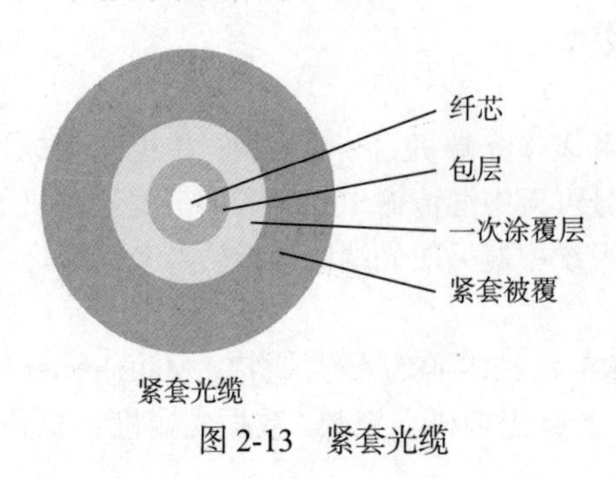

图 2-13 紧套光缆

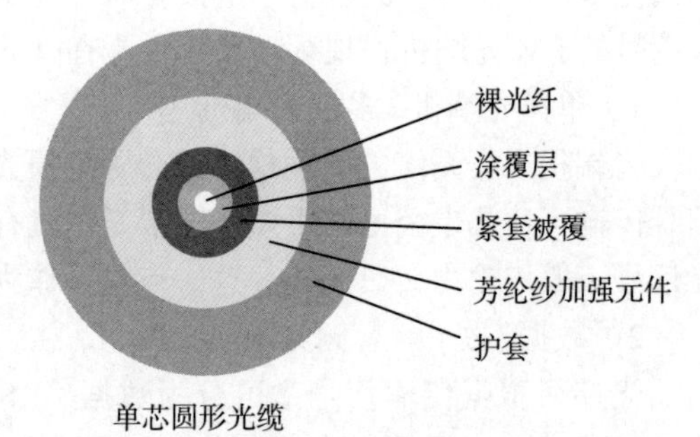

图 2-14 单芯光缆

（3）配线光缆（慧锦公司命名）

配线光缆分 2 芯配线光缆、4 芯配线光缆、6 芯配线光缆、8 芯配线光缆、12 芯配线光缆、多芯（≥ 16）配线光缆，如图 2-15 所示。

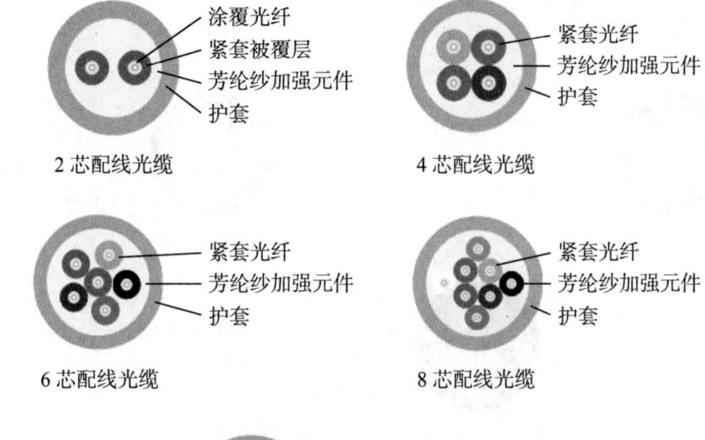

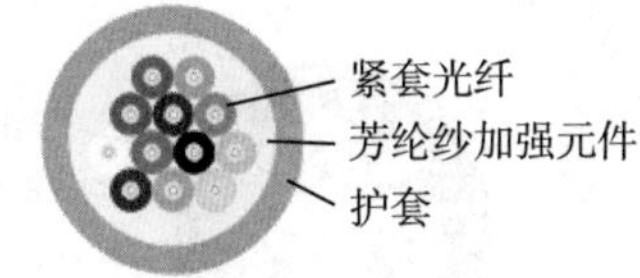

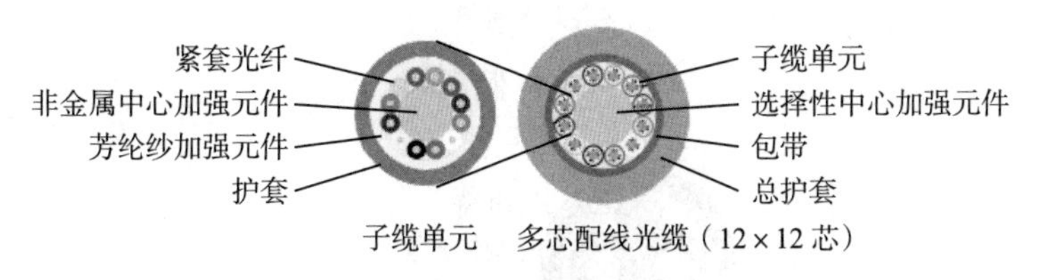

图 2-15　配线光缆

（4）扁形光纤带光缆

扁形光纤带光缆分光纤带扁形光缆 1 和光纤带扁形光缆 2，如图 2-16 所示。

图 2-16　扁形光纤带光缆

（5）防水尾缆

防水尾缆分 2 芯防水尾缆、4 芯防水尾缆、6 芯防水尾缆、8 芯防水尾缆、12 芯防水尾缆、多芯（≥ 16）防水尾缆，如图 2-17 所示。

（6）光电混合缆

光电混合缆分两光两电Ⅰ型、两光两电Ⅱ型、两光两电Ⅲ型，如图 2-18 所示。

（7）室外（野战）光缆

室外（野战）光缆分室外（野战）光缆Ⅰ型、室外（野战）光缆Ⅱ型，如图 2-19 所示。

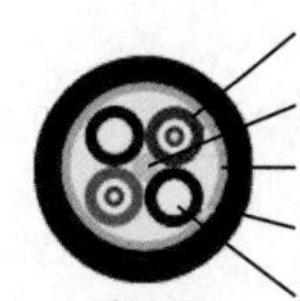

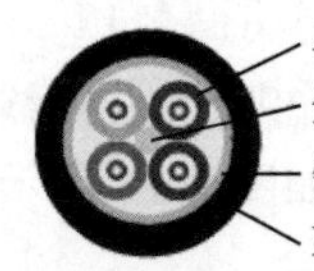

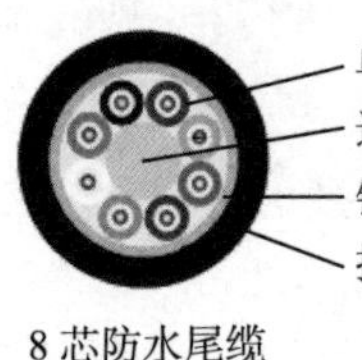

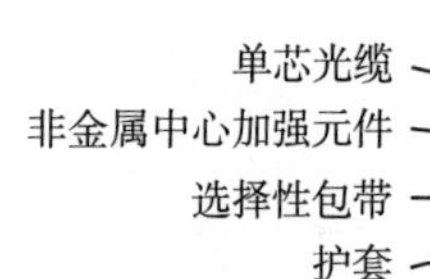

图 2-17　防水尾缆

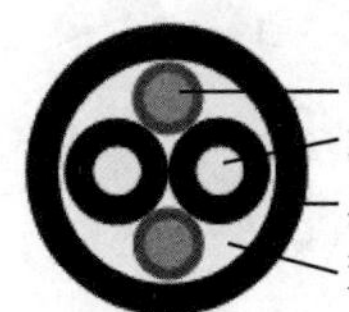

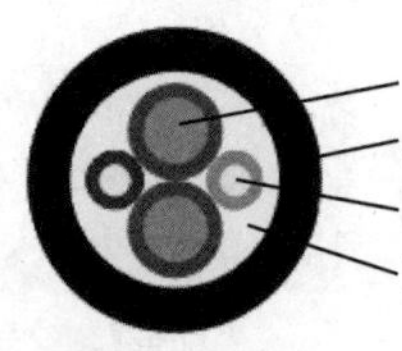

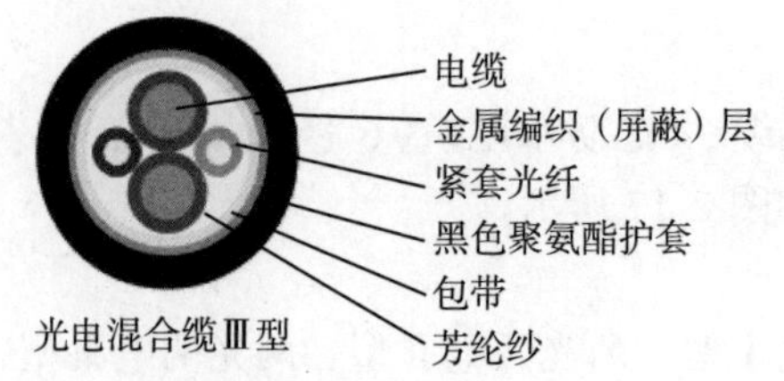

图 2-18　光电混合缆

室外（野战）光缆Ⅰ型

室外（野战）光缆Ⅱ型

图 2-19　室外（野战）光缆

2. 光缆的机械性能

（1）单芯光缆的主要应用范围和机械性能

1）单芯光缆的主要应用范围包括：

- 跳线；
- 内部设备连接；
- 通信柜配线面板；
- 墙上出口到工作站的连接；
- 水平拉线，直接端接。

2）单芯光缆的主要性能如下：

- 高性能的单模和多模光纤符合所有的工业标准；
- 900μm 紧密缓冲外衣易于连接与剥除；
- 芳纶抗拉线增强组织提高对光纤的保护；
- 验证符合 IEC 793-1/792-1 标准性能要求。

（2）双芯互连光缆的主要应用范围和机械性能

1）双芯互连光缆的主要应用范围包括：

- 交连跳线；
- 水平走线，直接端接；
- 光纤到桌；
- 通信柜配线面板；
- 墙上出口到工作站的连接。

2）双芯互连光缆的主要性能为除具备单芯光缆所有的主要性能优点之外，还具有光纤之间易于区分的优点。

（3）室外光缆 4 ～ 12 芯铠装型与全绝缘型的主要应用范围和机械性能

1）室外光缆 4 ～ 12 芯铠装型与全绝缘型主要应用范围包括：

- 园区中楼宇之间的连接；
- 长距离网络；
- 主干线系统；

❑ 本地环路和支路网络；
❑ 严重潮湿、温度变化大的环境；
❑ 架空连接（和悬缆线一起使用）、地下管道或直埋、悬吊缆。

2）室外光缆 4 ～ 12 芯铠装型与全绝缘型主要性能如下：

❑ 高性能的单模和多模光纤符合所有的工业标准；
❑ 900μm 紧密缓冲外衣易于连接与剥除；
❑ 套管内具有独立的彩色编码的光纤；
❑ 轻质的单通道结构节省了管内空间，管内灌注防水凝胶，以防止水渗入；
❑ 设计和测试均依据 Bellcore GR-20-CORE 标准；
❑ 扩展级别 62.5/125 符合 IOS/IEC 11801 标准；
❑ 抗拉线增强组织提高对光纤的保护；
❑ 聚乙烯外衣在紫外线或恶劣的室外环境有保护作用；
❑ 低摩擦的外皮使之可轻松穿过管道，撕剥绳使剥离外表更方便。

（4）室内 / 室外光缆（单管全绝缘型）的主要应用范围和机械性能

1）室内 / 室外光缆（单管全绝缘型）主要应用范围包括：

❑ 不需任何互连情况下，由户外延伸入户内，线缆具有阻燃特性；
❑ 园区中楼宇之间的连接；
❑ 本地线路和支路网络；
❑ 严重潮湿、温度变化大的环境；
❑ 架空连接（和悬缆线一起使用）时；
❑ 地下管道或直埋；
❑ 悬吊缆 / 服务缆。

2）室内 / 室外光缆（单管全绝缘型）主要性能如下：

❑ 高性能的单模和多模光纤符合所有的工业标准；
❑ 设计符合低毒、无烟的要求；
❑ 套管内具有独立的彩色编码的光纤；
❑ 轻质的单通道结构节省了管内空间，管内灌注防水凝胶，以防止水渗入；注胶芯完全由聚酯带包裹；
❑ 符合 IOS/IEC 118011995 标准；
❑ 芳纶抗拉线增强组织提高对光纤的保护；
❑ 聚乙烯外衣在紫外线或恶劣的室外环境有保护作用；
❑ 低摩擦的外皮使之可轻松穿过管道，撕剥绳使剥离外表更方便。室内 / 室外光缆有 4 芯、6 芯、8 芯、12 芯等。

（5）光缆的传输性能

光缆的传输性能如表 2-23 所示。

表 2-23 光缆的传输性能表

光缆类型	波长（mm）	最大衰减（dB/km）	最大信息传输能力（MHz × km）
50/125μm	850	3.5	500
	1300	1.5	500
62.5/125μm	850	3.5	160

（续）

光缆类型	波长（mm）	最大衰减（dB/km）	最大信息传输能力（MHz × km）
62.5/125μm	1300	1.5	500
单模 10/125μm	1310	1.0	/
	1550	1.0	/
单模 9/125μm	1310	0.5	/
	1550	0.5	/

2.5 数据传输技术中的几个术语

1. 信道传输速率

通道传输速率的单位是 bps、Kbps、Mbps。

（1）调制速率

在模拟通道中传输数字信号时常常使用调制解调器，在调制器的输出端输出的是被数字信号调制的载波信号，因此自调制器的输出至解调器的输入的信号速率取决于载波信号的频率。

（2）数据速率

数据速率是指信源入 / 出口处每秒钟传送的二进制脉冲的数目。

2. 通信方式

当数据通信在点对点间进行时，按照信息的传送方向，其通信方式有三种：

- 单工通信方式：单方向传输数据，不能反向传输。
- 半双工通信方式：既可单方向传输数据，也可以反方向传输数据，但不能同时进行。
- 全双工通信方式：可以在两个不同的方向同时发送和接收数据。

3. 传输方式

数据在信道上按时间传送的方式称为传输方式。当按时间顺序一个码元接着一个码元地在信道上传输时，称为串行传输方式，一般数据通信都采用这种方式。串行传输方式只需要一条通道，在远距离通信时其优点尤为突出。另一种传输方式是将一组数组一并在通信的同时送到对方，这时就需要多个通路，故称为并行传输方式。计算机网络中的数据是通过串行方式传输的。

4. 基带传输

所谓基带传输是指信道上传输的没有经过调制的数字信号。基带传输有以下四种方式。

- 单极性脉冲是指用脉冲的有无来表示信息的有无。电传打字机就是采用这种方式。
- 双极性脉冲是指用两个状态相反、幅度相同的脉冲来表示信息的两种状态。在随机二进制数字信号中，0、1 出现的概率是相同的，因此在其脉冲序列中，可视直流分量为零。
- 单极性归零脉冲是指在发送“1”时，发送宽度小于码元持续时间的归零脉冲序列，而在传输“0”信息时，不发送脉冲。
- 多电平脉冲是相对上面三种脉冲信号而言的。脉冲信号的电平只有两个取值，故只能表示二进制信号。如果采用多电平脉冲则可表示多进制信号。

5. 宽带传输

在某些信道（如无线信道、光纤信道）中由于不能直接传输基带信号，故要利用调制和解调技术，即利用基带信号对载波波形的某些参数进行调控，从而得到易于在信道中传输的被调波形。其载波通常采用正弦波，而正弦波有三个能携带信息的参数：幅度、频率和相位，控制这三个参数之一就可使基带信号沿着信道顺利传输。当然，在到达接收端时均需做相应的反变换，以便还原成发送端的基带信号。这就是所谓的宽带传输。在局域网内的宽带传输一般采用同轴电缆作为传输介质。

在宽带传输中，可分为频分多路复用（FDM）技术（可将电缆的频谱分成若干信道或频段，而后在各个分隔的频段上分别传输数据、电视信号）和时分多路复用（TDM）技术。基带传输和宽带传输的比较如表2-24所示。

表2-24 基带传输和宽带传输比较

基带传输	宽带传输
传输数字信号	传输模拟信号（需用调制解调器）
占用整个频段	可采用频分复用（FDM）
双向传输	单向传输
总线型结构	总线型或树形结构
几千米范围	几十千米范围

6. 传输速率等级

传输速率等级如表2-25所示。

表2-25 传输速率等级

sonetoc 等级	itu-t 等级	线路速率（Mbps）	标记（M）
OC-1		51.84	
OC-3	STM-1	155.520	155M
OC-12	STM-4	622.08	622M
OC-24		1244.16	
OC-48	STM-16	2488.32	2.5G
OC-192	STM-64	9953.28	10.0G

第 3 章　网络互连设备

3.1　物理层的网络互连设备

3.1.1　中继器

中继器（repeater，RP）是连接网络线路的一种装置，常用于两个网络节点之间物理信号的双向转发工作。中继器是最简单的网络互连设备，主要完成物理层的功能，负责在两个节点的物理层上按位传递信息，完成信号的复制调整和放大功能，以此来延长网络的长度。中继器在 OSI 参考模型（OSI/RM）中的位置如图 3-1 所示。

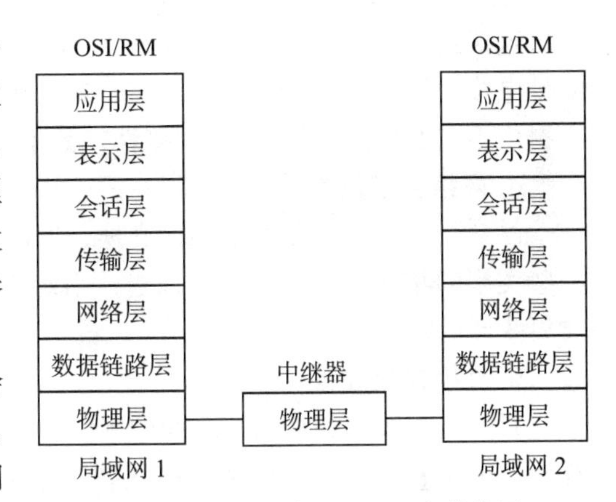

图 3-1　中继器在 OSI/RM 中的位置

由于存在损耗，在线路上传输的信号功率会逐渐衰减，衰减到一定程度时将造成信号失真，因此会导致接收错误。中继器就是为解决这一问题而设计的，它完成物理线路的连接，对衰减的信号进行放大，保持与原数据相同。

一般情况下，中继器的两端连接的是相同的媒体，但有的中继器也可以完成不同媒体的转接工作。从理论上讲，中继器的使用是无限的，网络也因此可以无限延长。但事实上，这是不可能的，因为网络标准中都对信号的延迟范围作了具体的规定，中继器只能在此规定范围内进行有效的工作，否则会引起网络故障。以太网络标准中就约定了一个以太网上只允许出现 5 个网段，最多使用 4 个中继器，而且其中只有 3 个网段可以挂接计算机终端。

3.1.2　集线器

集线器（hub）是中继器的一种形式，集线器与中继器的区别在于集线器能够提供多端口服务，因此集线器也称为多口中继器。集线器在 OSI/RM 中的位置如图 3-2 所示。

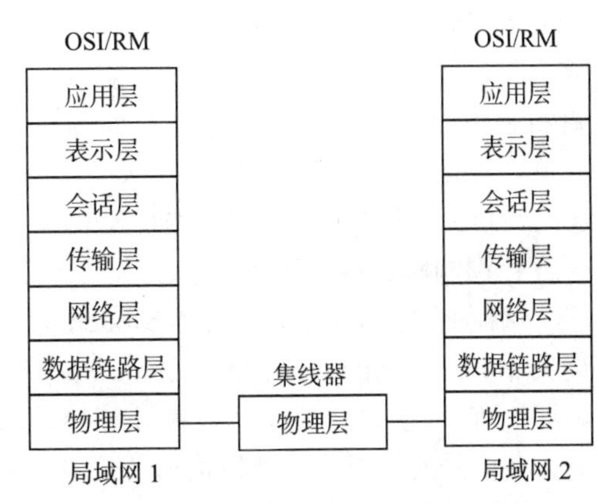

图 3-2　集线器在 OSI/RM 中的位置

集线器产品发展较快，局域网集线器通常分为 5 种不同的类型，它将对 LAN 交换机技术的发展产生直接影响。

1. 单中继器网段集线器

在硬件平台中，第一类集线器是一种简单中继 LAN 网段，最好的例子是叠加式以太网集线器或令牌环网多站访问部件（MAU）。某些厂商试图在可管理集线器和不可管理集线器之间划一条界限，以便进行硬件分类。这里忽略了网络硬件本身的核心特性，即它实现什么功能，而不是如何简易地配置它。

2. 多网段集线器

多网段集线器是从单中继器网段集线器直接派生而来的，采用集线器背板，这种集线器带有多个中继网段。多网段集线器通常是有多个接口卡槽位的机箱系统。然而，一些非模块化叠加式集线器也支持多个中继网段。多网段集线器的主要技术优点是可以将用户的信息流量分载，网段之间的信息流量一般要求独立的网桥或路由器。

3. 端口交换式集线器

端口交换式集线器是在多网段集线器基础上将用户端口和背板网段之间的连接过程自动化，并通过增加端口交换矩阵（PSM）来实现。PSM提供一种自动工具，用于将任何外来用户端口连接到集线器背板上的任何中继网段上。这一技术的关键是“矩阵”，一个矩阵交换机是一种电缆交换机，它不能自动操作，要求用户介入。矩阵交换机不能代替网桥或路由器，并不提供不同LAN网段之间的连接性，其主要优点就是可以实现移动、增加和修改的自动化。

4. 网络互连集线器

端口交换式集线器注重端口交换，而网络互连集线器在背板的多个网段之间实际上提供一些类型的集成连接。这可以通过一台综合网桥、路由器或LAN交换机来完成。目前，这类集线器通常都采用机箱形式。

5. 交换式集线器

目前，集线器和交换机之间的界限已变得越来越模糊。交换式集线器有一个核心交换式背板，采用一个纯粹的交换系统代替传统的共享介质中继网段。此类产品是混合的（中继/交换）集线器。应该指出，集线器和非网管型（没有网络管理功能）的交换机之间的特性几乎没有区别。

集线器有三种类型的端口（RJ-45端口、BNC端口、AUI端口），以适用于连接不同类型电缆构建的网络。

BNC端口用于细同轴电缆连接的接口，AUI端口用于连接粗同轴电缆的AUI接口，这两种接口的产品属早期的产品，已过时。

3.1.3　调制解调器

调制解调器是计算机连网中的一个非常重要的设备，它是一种计算机硬件，它能把计算机产生的信息翻译成可沿普通电话线传送的模拟信号。而这些模拟信号又可由线路另一端的另一调制解调器接收，并译成接收计算机可懂的语言。这一简单过程展现了计算机通信的广阔世界。调制解调器在OSI/RM中的位置如图3-3所示。本节着重介绍调制解调器能做什么，如何选择合适的调制解调器以及怎样将它安装到电脑上。

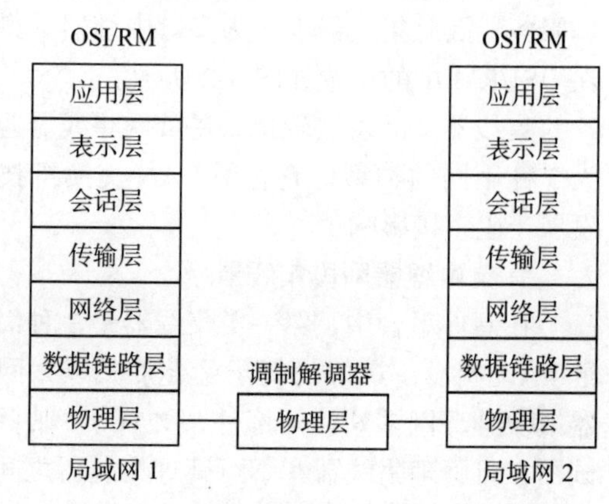

图3-3　调制解调器在OSI/RM中的位置

1. 调制解调器的用途

调制解调器的英文单词为Modem，它来自英文术语MODulator/DEModulator（调制器/解调器），它是一种翻译器。它将计算机输出的原始数字信号变换成适应模拟信道的信号，我们把这个实现调制的设备称为调制器。从已调制信号恢复为数字信号的过程称为解调，相应的设备叫作解调器。调制器与解调器合起来称为调制解调器。

在计算机连网中，往往需要将城市中的不同区域甚至不同城市、不同国家的数据装置连接起来，使它们能相互传输数据。在这些远程连接中，不同的数据装置的空间距离有数公里甚至几千公里，一般用户很难为它们敷设专用的通信媒体，于是人们把眼光放在了早已遍布全球各个角落的电话网上。电话网除可用作电话通信外，还可用来开放数据传输业务。由于公司电话网最初是为适应电话通信的要求而设计的，因此它采用的是频分多路载波系统实现多个电话电路复用的模拟传输方式。每个话路的有效频带宽度为 0.3 ～ 3.4kHz。但数据终端是“1”、“0”组合的数字信号，其频带宽度远大于一个话路的带宽。为了使这种“1”、“0”数字信号能在上述的模拟信道上传送，需要把“1”、“0”数字信号变换为模拟信号的形式，在通信的另一端作相反方向的变换以便于数据终端的接收。这种功能的转换，就需要通过使用调制解调器（modem）来完成。

2. 调制解调器的分类

为了适应各种不同信道、不同速率的要求，有多种不同类型的调制解调器。对于调制解调器的分类方法也不尽相同，有人按调制解调器是安装在计算机内部还是外部来将它分为内部调制解调器和外部调制解调器，也有按其功能、外形、传输速率、使用线路、数据检错及压缩方法等加以分类。

（1）按功能分类

就功能而言，调制解调器可分为通用调制解调器和具有传真功能的调制解调器两种。速度从最初的 110bps 发展到 38 400bps 甚至更高，而后者配上扫描仪之后，不但可以完全取代传真机，而且可由计算机直接传出传入，而不必使用纸张。

（2）按外形分类

就外形而言，调制解调器可分为外置式、内插式、袖珍型和机架型 4 种。

- 外置式调制解调器使用 RS-232 接口与计算机连接，安装简单方便，各种功能指示灯齐全，极适合初学者使用。
- 内插式调制解调器看起来像块网卡或多功能卡，因没有外壳而价格低廉，但需占用计算机母板上的一个扩充插槽。
- 袖珍型调制解调器，可装在衣服口袋中，携带非常方便。
- 机架型调制解调器则是专为电信局、校园网、金融机构、大型信息中心设计的，一般由多台调制解调器组成，按一定格式连接在一起，装在一个机架上以便操纵。

（3）按传输速率分类

调制解调器的传输速率是以 bps 为计算单位的，标准的传输速率为 1200/2400/9600/14 400 等。一般配备 V.42bis 的 4 倍数据压缩能力，故其实际传输速率接近于 38 400bps。

（4）按使用线路分类

调制解调器按电话线路可分为 PSTN、LEASEDLINE 及 DDS 等几种。PSTN（公用电话网）即一般家庭和办公室所使用的电话线；LEASD LINE 则是一般所说的电话专线，它不计通话次数，不能拨号，只算月租费；DDS 是数字数据网，其网上只能传送数据而不能传送声音信号。

（5）按操作模式分类

调制解调器的操作有同步和异步两种模式。一般微机使用的都是异步方式，这也是绝大多数用户使用的方式。

同步方式则使用在通信线路一端是大型主机、另一端是小型微机的情况下，此时小型微机被当成终端使用。

（6）按数据压缩及检错方法分类

调制解调器可以以数据检错的方法保证收到的数据正确无误，同时通过对数据进行压缩提高有效传输速率，其中最常用的是 MNP5 及 V.42bis。

MNP5 在 V.42bis 标准公布之前被广泛地应用于调制解调器，包含了 MNP1 到 MNP4 的检错协议及 MNP5 的压缩协议。MNP5 具有双倍的压缩效率。

V.42bis 是 CCITT 于 1989 年公布的 4 倍压缩效率的数据压缩标准，可将 2400bps 的调制解调器的有效传输率提高到 9600bps。

3. 调制解调器在连网中的功能

调制解调只是调制解调器中的基本功能，它的主要功能还包括建立连接的能力，在发送设备、接收设备和终端设备之间建立同步交换和控制，改变音频信道的能力，以及维修测试等功能。

（1）数据传输功能

在数据通信系统中，数据传输是实现数据通信的基础。数据传输的方式可分为并行传输与串行传输。

1）并行传输：在并行传输中，一个字符的所有各个比特都是同时发送的，也就是说每一比特均使用单独的信道，所有比特是同时从发送端发出，并且同时抵达接收端。

数据的并行传输实际上指的是一个字符的所有比特都是并行发送的，而各个字符之间是串行传输的，即一个字符跟接在另一个字符后面串行地传输。

2）串行传输：串行传输是最常用的通信方法，它的字符以串行方式在一条信道上传输，且每个字符中的各个比特都是一个接一个地在通信线路中发送。

在接收端把这些传来的比特流组装成字符。串行传输存在两个与接收端有关的同步问题，即比特同步和字符同步。

（2）建立连接功能

建立调制解调器之间的连接，可以用人工拨号或通过自动呼叫装置来启动。在接收端，“回答”同样可由人工完成，也可用自动回答选择装置来完成。在调制解调器中若使用自动呼叫应答装置，就可以进行无人值守的通信。

1）自动应答方式：在一台调制解调器中，有自动应答器和自动呼叫器，自动应答器的主要作用是接收电话振铃信号，产生并发送单音（2100Hz）。其工作过程是：终端设备及其相连的调制解调器，从交换线上进入呼叫信号中，检测到振铃信号后，把调制解调器接入线路，并发出一种应答信号，由主叫设备接收，经过这种一问一答的联络过程以后，便可进行数据的传输。这种功能对以计算机为中心构成的终端—计算机系统特别有用，因为终端用户可直接拨入，自动连接到计算机，而无需操作员干预。

2）自动呼叫方式：自动呼叫器也叫自动拨号器，它的功能比自动应答功能多，要完成与终端和交换网两方面的接续。自动呼叫器中必须要存储需要自动呼叫的电话号码。每次呼叫的号码和顺序，呼叫成功或失败应做出处理（如再呼或改号呼叫）等，都要事先编好程序，并存放在自动呼叫器中的存储电路之中。呼叫时，首先通过有关接口线完成自动呼叫器与交换网的接续，然后转入逐位拨号，拨号结束后，主叫等待被叫的应答。自动呼叫和自动应答设备的标准在 V.25 建议中有详细规定。

（3）同步与异步传输功能

调制解调器的工作方式必须和与它相连的终端设备的工作方式相一致，这是一条基本准则。调制解调器有的可以接收异步信号，对这些信号的定时没有严格的规定，而对高速调制解调器来说都是同步工作方式。当采用同步工作方式时，时钟设置是关键问题，它必须与 RS-232-C 接口电路引线中的 15、17、24 三个信号相配合，因此，在同步传输时只能有一个时钟源。同步信号的时钟是从终端或计算机或调制解调器中获取。

1）由调制解调器提供时钟：由调制解调器提供的时钟称为内部时钟（INT）。

2）由计算机或终端提供时钟：这种方法首先要 RS-232-C 提供 24 和 17 引线，计算机能用外部时钟。

另外，调制解调器也存在着串行操作和并行操作，在并行操作时，构成数据字符的全部信息位是在若干个并行的频率划分的多路信道上传输。在通常的情况下，可以简化与终端的接口，因为它不必像一般串行传输那样需要进行并行–串行转换。但是，并行操作的调制解调器更加专用化，一般只限于低速运行。

（4）AT 命令功能

AT 命令是 Hayes 标准 AT 命令集的简称，这种命令将现有的通信标准（例如，Bell 等标准、RS-232-C 接口技术规格、美国信息交换标准（ASCII）数据格式、电话线连接要求等）翻译成一种命令控制的格式。Hayes AT 命令集标准已成为从个人计算机将命令送到调制解调器的标准方法，它用一台计算机或终端利用命令来操作调制解调器。这些命令是逻辑的（例如，“D”命令用于拨号，“T”命令用于音频），并易于使用。每一条命令串都以字符 AT 开头，最后缀以一个回车符来执行它们。然而，每条命令的两个 AT 字符，必须以大写字母或小写字母（AT 或 at）方式输入，一定不能以一个大写字母“A”和一个小写字母“t”来组合，这样的输入方式调制解调器无法辨认。

（5）诊断功能

在通信过程中若出现故障能很快找出故障的原因，并确定其在通信中的位置，这是十分重要的。因此，在调制解调器，诊断功能是非常有用的。

1）环路方式：根据 CCITT 建议中的第 54 条所规定的诊断测试回路，用户就能对调制解调器和线路进行测试，还能够对远端的调制解调器进行必要的检查。方法如下：把电路的发送线信号返回到接收线上，从而使调制解调器接收到它正在发送的数据。把接收到的数据与发送的数据进行比较后，便可确定该调制解调器的性能。这一工作可以在两个接口处进行，即终端与调制解调器之间的数据接口（也称数字环路），以及调制解调器与线路之间的接口（也称模拟环路）。

2）其他测试功能：除环路设施外，通常调制解调器还有其他的自测试功能，如信号质量和线路电平显示以及数据位差错检测。它们分别用于测定线路的质量与已发送数据位中的差错数目。这些测试常常是很有用的，即便它们并不是最基本的功能。用户可根据实际使用情况决定是否选择带此功能的调制解调器。对于较高速率的调制解调器以及网络本身来说，其诊断功能的价值都是比较大的。

（6）后备功能

后备功能就是当调制解调器用于专线电路而当专线电路出现故障时，能够切换到公司电话网上工作（即临时用拨号线路作后备），以保证数据传输的连续性。有时以专线切换到公用电话网的拨号线后，线路质量难以维持原有的工作速率。因此，调制解调器必须能工作于较广泛的速率范围内。

（7）差错率

差错率就是传送一个给定的数据码组时出现差错的数目。差错率与线路质量和调制解调器的性能两者有关。在传输过程中，码组差错率（误组率）比比特差错率（误码率）更为重要，若某个码组出现差错，则必须重发，因此当误组率很高时，将会出现接收不到数据信息的情况，因为每次传送的码组都含有差错，这就是必须重发的缘故。

4. 调制解调器在连网中的方式

（1）话（频）带调制解调器的通信方式

1）单工方式：两地之间只能按一个指定方向单向传输数据，即一端固定为数据发送端，另一端为接收端。

2）半双工方式：两地之间可以在两个方向双向传输数据，但二者不能同时进行，即每一端既可以发送数据也可以接收数据，但在发送数据时不能接收数据，在接收数据时不能发送数据。

3）全双工方式：两地间可以在两个方向上同时传输数据，即每一端在发送数据的同时可以接收对方发送过来的数据。这种调制解调器是使用最广泛的调制解调器。

（2）2线制与4线制

两台调制解调器之间的通信线路可以用2线制也可以用4线制。在数据传输中，发送调制解调器和接收调制解调器之间用一对线路连接起来进行数据传输的方式叫2线制，收发信号同在这两根线上完成。如果采用两对线叫4线制，4线制实际上是并行的两对线路，收发信号分别在某一对线上完成。

（3）调制解调器的连线模式

调制解调器的连线模式有4种：信赖模式、常态模式、直接模式和自动信赖模式。

1）信赖模式（reliable mode）：信赖模式就是调制解调器间的信息，传送是可信赖的，即调制解调器至少有使用MNP4或V.42的侦错修正功能，使调制解调器所收到的信息一定是正确的。如果要建立信赖模式连线，必须是双方的调制解调器都提供信赖。

2）常态模式（normal mode）：当使用常态模式时，就没有提供侦错修正的功能，但信息经过调制解调器内缓冲器传输控制的处理，所以可将DTE速率设得比DCE速率快。

3）直接模式（direct mode）：在直接模式时，任何信息由计算机系统直接送到本地调制解调器，再送到远端调制解调器，中间都没有经过缓冲器、侦错修正和压缩的处理。所以，此时的DTE速率和DCE速率一定要一样。

4）自动信赖模式（auto-reliable mode）：自动信赖模式是一种连线的模式名称。因为可能事先不知道远端调制解调器是哪种模式的设定，所以可以用这种自动信赖模式去跟对方连线。自动信赖模式调制解调器在与远端调制解调器连线之后，会送出一种MNP或V.42规范的确认码，对方若有V.42 MNP功能的话，就会回送规范确认码，如此双方就可建立V.42或MNP的连线。

（4）调制方式

把具有低通（声频和视频）频谱的基带信号进行频谱搬移叫作调制。在调制技术中至少涉及两个量：一个是含有需要传输信息的基带信号，也就是调制信号；另一个是高频载波，高频载波的某些参量随调制信号的变化而变化。高频载波通常采用正弦信号，数据通信系统中也选择正弦波作为载波。正弦波可以通过幅度、频率、相位3个参量随基带信号变化携带信息。数字基带信号也称为键控信号，因此数字调制系统中有振幅键控（ASK）、移频键控（FSK）和移相键控（PSK）3种调制方式。

1）调幅（AM）：这种调制方式是按照所传送的数据信号，改变基本“载频”波形的幅度，从而把数字信号变换为模拟信号。该载频通常是一种适合在电话系统中传输的恒定频率的信号。因为数字信息仅由两种状态“0”和“1”组成，所以需要两种幅度，规定1的幅度比0的幅度高一些。这种调制方式有时也称“振幅键控”(ASK)。

2）调频（FM）：在这种调制方式中，用两种交替的频率代表0和1，按照数据的变化，信号的频率从一个值变到另一个值，这种调制方式有时也称为“频率键控”(FSK)。

3）调相（PM）：在这种调制方式中，如同用频率或幅度的变化能携带信息一样，一种载频信号相位的变化也能携带信息。

4）混合调制：这种调制方式让每一信号码携带一位以上的信息，而获得较高的传输速率，它是上述3种调制技术的组合，如正交调幅就是调幅与调频技术的结合。在这种技术中，波特与比特/秒的数值不同。

调幅技术是最便宜的调制方式，但抗干扰性能比其他方式差。调相技术的抗干扰性能比调幅与调频都好，但它是一种精细而复杂的技术。

经过调制以后的信号称为已调信号，根据已调信号结构的形式，数字调制又可分为线性调制和非线性调制。线性调制是一种线性变换过程，已调信号可以表示为基带信号线性函数和载波振荡的乘积。根据频谱分析，已调信号的频谱结构和基带频谱结构完全相同，只不过将原基带信号的频率搬移到较高的频率位置。在线性调制系统中可用叠加原理，双边带、正交双边带、单边带以及残余边带的振幅键控都属于线性调制。在非线性调制中，已调信号通常不能简单地表示为基带信号的线性函数和载波振荡的乘积，而必须用非线性函数表示，已调信号的频谱结构也与基带信号的频谱结构不同，除将基带信号的频谱向较高的频率位置上搬移外，还产生新的频率成分，并改变原来频谱中各频率分量之间的相对关系。移频键控、移相键控均属于非线性调制。

（5）传输速率

数据传输的速率通常用每秒传输的比特来衡量。例如2400、4800比特/秒是表示每秒传输的二进制数字的个数分别为2400和4800，比特/秒通常写为bps或者BPS。除了以比特/秒作为数据传输速率的单位外，还可以采用波特（Baud）这个单位。

一般来说，与调制解调器有关的速率包括：

- 调制解调器之间的传输速率（DCE Speed）
- 数据终端设备与调制解调器之间的传输速率（DTE Speed）
- 调制解调器本身的串口速率（Serial Port Speed）
- 调制解调器间的传输速率

一般说“2400的调制解调器”或“9600的调制解调器”，这里的“2400”或“9600”指的就是两部调制解调器在线路上传输数据时的传输速率。

一般而言，较高速的调制解调器应该包含有低速调制解调器的规格及功能，它可以自动降速来和低速的调制解调器建立连线。例如，14 400bps的调制解调器和2400bps的调制解调器互连时，14 400bps的调制解调器的速率将会降为2400bps，以便双方建立连线关系。

1）计算机系统与调制解调器的传输速率。

因为计算机系统是一种DTE，所以计算机系统经由RS-232数据连接与调制解调器相连时所达到的传输速率就称为"DTE速率"。这个DTE的速率是利用通信软件对计算机系统直接设定的。例如，在使用TELIX、PROCOMM或者其他通信软件时，会有一个画面功能来提示你设定传输速率，这时你设定的速率不是DCE的速率，而是设定的DTE的传输速率。DTE的传输速率有时可以和DCE的传输速率不一样，例如，使用14 400bps的调制解调器时，调制解调传输速率最高为14 400bps，但DTE的传输速率可以设为57 600bps。这就是说，虽然调制解调器与调制解调器间的速率是14 400bps，但计算机到调制解调器间的速率可为57 600bps。

2）调制解调器串口速率。

串口速率是指调制解调器的RS-232接口在传输数据时的数据吞吐速率。因为调制解调器的RS-232接口是连接到计算机系统的RS-232接口上的。所以，一般情况下，上面所提到的DTE速率就等于这里所提到的串口速率。但有时也会因产品设定的问题而使这两种速率不同，当它们不同时，就无法正常的传送信息。

串口速率是如何设定的？当调制解调器一开机时，调制解调器就会读取存在NVRAM（一种长期记忆IC）内的所有数值，来设定调制解调器的现状。NVRAM的数值包括了串口速率和其他的设定。另外调制解调器也读取"拨动开关"（DIP SWITCH）的设定值。而拨动开关也有DTE速率的定义，所以其中有一个拨动开关就用来定义是以NVRAM为准还是以拨动开关为准。例如，你不知道调制解调器的NVRAM的设定是什么速率，而拨动开关设定串口速率为19 200bps。若在通信软件的操作下，设定速率为9600bps（DTE）的话，那会是怎样的情形？

- 如果未对调制解调器下"AT"指令，就通过电话线和对方连线，那会因为调制解调器的串口速率和计算机系统的DTE速率不匹配，而使得发送接收的资料都不对。
- 如果对调制解调器下"AT"指令后，调制解调器会根据这两个字而判断系统的DTE速率是9600，进而将调制解调器的串口速率改为和DTE的速率一样。

综上所述，你可以不管调制解调器内拨动开关或VNRAM的串口速率的设定，只要一下"AT"指令，调制解调器的串口速率就和你事先利用通信软件所设定的速率一样。

5. 选购调制解调器时要考虑的因素

在个人计算机连网中每一条线路的两端都需要一台调制解调器，因此调制解调器在数据通信网中是最普通的设备，个人计算机连网的成功与否在很大程度上取决于调制解调器的质量。在购买之前，用户必须考虑实际的需要，例如传送的速率、传真的传输量或其他邮递功能等，这些因素对于调制解调器来说是十分重要的，故用户必须特别考虑。随着个人计算机连网进程的加快，调制解调器的市场需求量急剧增长。目前市场上销售的调制解调器品牌很多、种类繁杂。许多用户在选购调制解调器产品时，常常碰到一些问题需要咨询。选购调制解调器时需要考虑的主要问题有如下几点：

1）根据不同用途选购不同的调制解调器。

- 家庭或小办公室使用的机型体积小，一般不需具备专线功能。但至少应具有拨号线功能、安全回呼和传真功能等。
- 如果设备要用在卫星电路的场合，要选用对长时延失真的适应性强的调制解调器。这一性能好的产品在卫星电路上建立连接的可靠性好，并具有吞吐量不下降的特性。

有不少在陆上通信性能好的产品，对卫星电路的长时延不能适应，吞吐量明显下降，这是选购时应注意的。

- 办公室使用的机型不一定具备全部高档机具备的功能，如不一定要求支持 SNMP 协议和远程设备功能，但应具备异步 / 同步、拨号线功能、安全回呼、传真功能和在线帮助。
- 如果调制解调器是用做公用网或专用网在组网工程中的配套设备，宜选用性能优良的中高档机。要有高速率和高吞吐量，由于要实现网管，要求支持 SNMP 协议、远程参数设置、V.42bis 协议、异步 / 同步、2/4 线专线功能，还应有安全回呼、在线帮助。

以上各种应用，要都达到是不可能的，没有一种产品是十全十美的。用户要根据具体需要，从中选择性能有所保证、价格又较适中的产品。

2）调制解调器的 DTE（数据终端设备）速率至少应该是 DCE（数据通信设备）速率的 4 倍。如 1.44kbps 的调制解调器，其 DTE 速率应达 11.5kbps。

3）目前 14.4kbps 的调制解调器大都支持 9600bps 的传真功能，而非支持 V.17（14.4kbps）的传真。希望用户今后购买 14.4kbps 调制解调器时，购买支持 V.17 的传真功能。调制解调器设备具有传真功能并不增加额外的费用。

4）如果 Modem 仅作数据传输使用，就不要购买兼有传真的设置。有时候，仅为数据传输功能的 Modem 的价格比兼用的还要贵，但性能将得到充分的保证。

5）有一种插卡式 Modem，各种速率都有，称为 Modem 卡，插在 PC 机扩展槽中使用。由于不用外壳并由 PC 机供电，价格相对便宜。购买这类产品后注意产品性能的稳定性和软件的用户界面易用性。

6）购买产品注意版本号。同一种产品型号，版本号不同，性能有所差别，一般是版本号大的、性能好些。在购买时，请买版本号新的产品，往往有较完善的性能。

7）如果要进行同号拨号（ITU X.32）进分组网通信操作，Modem 必须能支持 V.25bis(同步、HDLC 格式)，分组网目前端口速率 9600bps。

8）在购买设备的同时，应配备优良的通信软件，软件应支持高速协议。对于网络等应用场合，请购买双向 Modem，其相应的通信软件应支持双向高速传输协议。

9）为了保证 Modem 产品的质量和在网中安全运行，请购买持有进网标志的 Modem 产品。凡经邮电部图文通信设备检测中心检测合格的均持有进网合格证和进网标志，允许在电信网中使用。市场上尚有一部分产品未经检测，有些质量较差，影响用户使用，希望用户购买有进网标志的产品，以保证产品质量。

6. 如何选购调制解调器

调制解调器品种多样、型号各异，按照接口形式可分为外置式（台式）、内置式（卡式）、PCMCIA 卡、机架式 4 类。最常见的外置式是一台独立的设备，通过一条 RS-232 电缆与主机相连，板上带有指示灯或液晶数码显示，便于监视当前状态。内置式插在微机的扩展槽中，有通用 Modem 的功能。PMCIA 是一种标准微机接口，目前主要用于便携机。机架式可以理解为把许多 Modem 集成在一个机架中，它除具有 Modem 功能外，还有网管、远程监控等功能，主要用于网络、通信枢纽等方面。

一般而言，要选择购买一台高性能价格比的 Modem，必须遵循下列主要原则。

（1）与终端设备匹配

在选择调制解调器之前，要根据网络中采用的终端特性，即传输特性，选择出与之适配的调制解调器。首先必须考虑终端传输速率，速率的划分可按前面的分级；其次是终端的工作特性，即终端是同步还是异步工作方式，是全双工还是半双工方式。

（2）终端连接方式

进行数据传输之前，终端必须要建立起通信链路，通信链路可分为交换线路与专用线路。交换线路是终端经拨号通过公用交换网络建立通信链路的方式。这种方式灵活、方便、经济，但要经过呼叫建立阶段，而且还受到交换系统的干扰，降低传输效率。这种方式比较适合于通信量少，通信双方不固定的场合。

专用线路是一种永久的连接，是某个单位向电信部门租用或自己配置的通信线路，它具有较强的抗干扰能力和稳定性，以进行较高速率的传输，但一旦专用线路出现故障，就会影响整个通信，而不像交换线路可重新拨号建立连接。在选择调制解调器时，应考虑终端的连接方式是交换线路还是专用线路。另一种连接方式是2线/4线线路。一般来说，2线调制解调器对信道质量的要求比4线制的要高。

（3）调制解调器的性能

评价调制解调器的好坏，主要有3个方面：

1）带宽利用率：每赫频带每秒能传送多少个二进制码元。

2）差错性能：通常以误码率PE与信噪比E/NO的关系曲线来表示。如果在达到要求的误码率PE时所需的信噪比低，则说明该设备在较差的环境中工作。

例如，PE=1/100 000

- 1200bps　信噪比 = 10
- 2400bps　信噪比 = 16
- 9600bps　信噪比 = 25

3）设备的复杂性：它与设备的价格有关，是一个重要的经济指标。

（4）调制解调器的兼容性

兼容性采用自动呼叫和自动应答的工作方式，不同厂家同类的调制解调器之间，高速与低速调制解调器之间的呼叫持续功能应符合CCITT V.25及V.25bis自动呼叫应答接续规程。微机上一般用的是独立式（外接）或插卡式Modem（内置）。独立式Modem的优点是连接方便、通用性好，既可连IBM PC机，也可连Apple Macintosh等微机。而插卡式Modem的优点是价格低又不占地方。

（5）调制解调器的速度、误码校正

要选购一台满足用户需要的调制解调器，还必须考虑它的速度、误码校正及其他性能。

1）速度。现在，大部分的调制解调器都可以达到V.34的标准，它比V.32bis拥有更高的稳定性、准确性及接拨性，而且允许有28 800bps的联络，比起以前14 400bps的调制解调器快一倍以上。

2）误码校正。一般低档的Modem并不支持高性能的误码校正，支持V.42或MNP4误码校正规程的Modem卡要比普通的Modem卡价格低，而且也常常包括了支持V.42bis数据压缩功能。

Modem有两种常用数据压缩标准：MNP5及V.42bis。MNP5可达到最高两倍压缩。V.42bis可达到最高4倍压缩。在Modem经过硬件优化，更可在V.42bis达至8倍压缩。若应用8倍压缩的Modem，可大大减低通信所需时间及费用。

（6）调制解调器的传真功能

除了传送文档之外，调制解调器还可以处理一般传真机应有的功能。在传真的标准方面，其主要分为两大类，一是组别（group），它主要是用来区分用户与对方的调制解调器的级别。建议用户最好能选购一种有组别 III（Group III）的调制解调器，这是因为组别 III 能拥有较大的兼容性。二是级别（class），它主要是用来设定软件与用户的调制解调器之间的控制方式，大致上可分为两个级别，即级别 1（class 1）及级别 2（class 2），而级别 2 可以支援 28 800bps 高速的传输量。

（7）自动检错与数据压缩功能

选购调制解调器的另一个考虑因素就是在资料传送时的兼容问题。一般的调制解调器都可以支持 MNP（Microcom Networking Protocol）2 至 4 及 V.42 标准的自动检错功能，而 MNP5 及 V.42bis 标准的调制解调器，将可得到更佳的传送效率。

除此以外，用户也要注意选购的调制解调器是否支持 Hayes AT 指令集，因为 Hayes 指令集已成为国际通信的标准，故在兼容性方面也有一定的重要性。

（8）电话技术功能

除了以上应有的一般功能外，有些调制解调器还会附有一些特别的电话技术功能，如对答机器（Answering Machine）及传真回复（Fax Back）等。

（9）调制解调器入网检测

为保证国家通信网的通信质量，已对接入国家通信网使用的各种用户通信终端设备实行全国统一的进网审批，颁发进网许可证和进网标志制度，凡是接入国家通信网使用的调制解调器必须具有颁发的进网许可证或进网使用批文，并在设备上必须贴有规定统一格式的进网标志。调制解调器申请入网检测的手续如下：

1）生产或经销单位在销售设备前应向电信政务司提出进网检测申请报告，并附产品鉴定合格证书、待检产品数量及其产品序号。

2）电信政务司根据收到的申请报告并综合各种情况后，向检测单位电信传输研究所发出通知，传输所根据申请报告的文件进行审查，符合要求的则与申请单位联系，进行抽样检测，检测报告上报电信政务司。

3）电信政务司审查检测报告对符合进网规定的设备核发进网许可证及进网标志。购买的调制解调器产品若能符合入网要求，可令 Modem 在国内电话网上发挥更大作用。

（10）保修及技术

在选购过程中，厂家提供的售后服务也需考虑，若厂家在国内已设有维修站，这就能提供方便的技术支持及配件更换。

3.2　数据链路层的设备

3.2.1　网卡

1. 网卡概述

网卡（Network Interface Card）是 OSI 模型中数据链路层的设备，如图 3-4 所示。

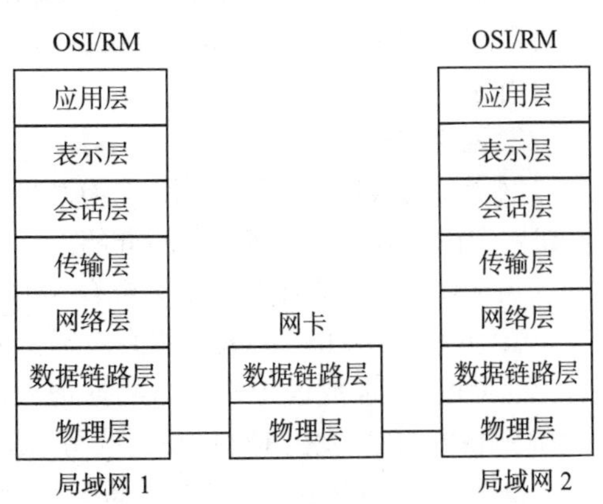

图 3-4　网卡在 OSI/RM 中的位置

网卡是 LAN 的接入设备，是单机与网络间架设的桥梁。它主要完成如下功能：

1）读入由其他网络设备（路由器、交换机、集线器或其他 NIC）传输过来的数据包，经过拆包，将其变成客户机或服务器可以识别的数据，通过主板上的总线将数据传输到所需设备中（CPU、RAM或硬盘驱动器）。

2）将PC设备（CPU、RAM或硬盘驱动器）发送的数据，打包后输送至其他网络设备中。

目前，市面上常见的网卡种类繁多。按所支持的带宽分有10M网卡、100M网卡、10/100M自适应网卡和1000M网卡。按总线类型分有PCI网卡、ISA网卡、EISA网卡及其他总线网卡。由于历史原因，以太网的传输介质并不统一，使网卡的网络接口有些复杂，按传统介质分，以太网可分为粗缆网（AUI接口）、细缆网（BNC接口）及双绞线网（RJ-45接口），网卡相应地分为RJ-45口、IPC口（RJ-45+BNC）、TPO口（RJ-45）、COMBO（RJ-45+AUI+BNC）和TP口（BNC+AUI）。其中TP口现在已经很少见到。我们在采购网卡之前应搞清楚自己的网络需要什么接口，以免买回来无法使用。一般来讲，10M网卡大多为ISA总线，100M网卡中全部是PCI总线；服务器端的网卡可能有EISA总线或其他总线。众所周知，ISA为16位总线，PCI为32位总线，PCI卡自然比ISA总线多、速度快。

由于老式的网卡上用的都是分离元件，性能不稳定且设置复杂，兼容性差。主要是采用逐帧处理技术，这种工作方式大大降低了系统的性能。之后针对这些缺点，后来进行了多方面的改进，如提高了集成度，网卡的稳定性有所增强；采用了标准软件接口；传送方面采用了多帧处理技术，即多帧缓冲技术。发送数据时，网卡在发送前一帧的同时可以接收CPU发来的下一帧数据，同样，网卡在接收端口传来数据的同时，即可向内存发送上一帧数据，但必须是整帧整帧地发送或接收数据，并非完全意义上的并行处理。

最新网卡采用ASIC和最先进的元件，大大提高了性能和集成度。另外成本也降低了许多。用网卡驱动软件优化传输操作时序，使管道任务的重叠达到最大，延时达到最小。从而得到真正并行机制，使性能平均提高了40%。在并行机制中，传送和接收是可叠加的流水过程，不再是从前的逐帧处理。在发送数据时，不等整帧装入网卡缓冲区即可开始向网络发送数据。在接收时，不等整帧进入网上缓冲区即可开始向系统内存发送数据。

并行处理技术对处理精度和定时要求非常准确，当数据帧还未完全发送完毕时，网卡缓冲区变空就称为下溢，网卡缓冲区里数据已满时，网络接口处又来数据或未传完便称为上溢。在接收端采用动态调整机制，其目的是将数据移入系统内存避免上溢。在接收数据期间，并行机制使用预测中断，即在网卡已确定了帧地址时，CPU就开始处理中断，同时，已收到足够长的字节能来预测来帧的数据量。在CPU处理完第一个预测中断时，CPU就开始将数据从网卡缓冲区送到主存，网卡在接收第一数据帧的末字节时，CPU已准备将数据移向内存。

2. 网卡的类型

网卡分有线网卡和无线网卡。有线网卡用于有线网络，无线网卡用于无线网络。下面就有线网卡的类别、总线类型进行介绍。

从工作方式上来看，网卡大致有5类：

- ❑ 主CPU用IN和OUT指令对网卡的I/O端口寻址并交换数据。这种方式完全依靠主CPU实现数据传送。当数据进入网卡缓冲区时，LAN控制器发出中断请求，调用ISR，ISR发出I/O端口的读写请求，主CPU响应中断后将数据帧读入内存。
- ❑ 网卡采用共享内存方式，即CPU使用MOV指令直接对内存和网卡缓冲区寻址。接收数据时数据帧先进入网卡缓冲区，ISR发出内存读写请求，CPU响应后将数据从网卡送至系统内存。

- ❑ 网卡采用 DMA 方式，ISR 通过 CPU 对 DMA 控制器编程，DMA 控制器一般在系统板上，有的网卡也内置 DMA 控制器。DMA 控制器收到 ISR 请求后，向主 CPU 发出总线 HOLD 请求，获 CPU 应答后即向 LAN 发出 DMA 应答并接管总线，同时开始网卡缓冲区与内存之间的数据传输。
- ❑ 主总线网卡能够裁决系统总线控制权，并对网卡和系统内存寻址，LAN 控制权裁决总线控制权后以成组方式将数据传向系统内存，IRQ 调用 LAN 驱动程序 ISR，由 ISR 完成数据帧处理，并同高层协议一起协调接收和发送操作，这种网卡由于有较高的数据传输能力，常常省去了自身的缓冲区。
- ❑ 智能网卡中有 CPU、RAM、ROM 以及较大的缓冲区。其 I/O 系统可独立于主 CPU，LAN 控制器接收数据后由内置 CPU 控制所有数据帧的处理，LAN 控制器裁决总线控制并将数据成组地在系统内存和网卡缓冲区之间传递。IRQ 调用 LAN 驱动程序 ISR，通过 ISR 完成数据帧处理，并同高层协议一起协调接收和发送操作。

一般的网卡占用主机的资源较多，对主 CPU 的依赖较大，而智能型网卡拥有自己的 CPU，可大大增加 LAN 带宽，有独立的 I/O 子系统，将通道处理移至独立的自身处理器上。

100Mbps 和 1000Mbps 高速以太网是流行的 10Mbps 以太网发展而来的，它保留了 CSMA/CD 协议，从而使得 10Mbps、100Mbps、1000Mbps 以太网在带宽上可以方便地连接起来，不需要协议转换。100Mbps 和 1000Mbps 以太网传输速率比传统的 10Mbps 以太网提高了 10 ～ 100 倍，理论上数据吞吐量可达 80 ～ 8000Mbps。

100Mbps、1000Mbps 以太网网卡的推出使以太网进入了高速网的行列，基于交换机和共享集线器实现 100Mbps/1000Mbps 共享速度。高性能的网络需要高性能的网卡，由于有了高性能的硬件、软件和算法以及先进的技术，网卡的性能得到大大的提高，使网络用户可以得到更强大、更全面的服务。

以总线类型来看，网卡主要有 ISA、EISA、PCMCIA、PCI、MC（Micro Channel，微通道）5 种类型的网卡，它们的作用分别叙述如下。

（1）ISA

工业标准体系结构 ISA 卡，ISA 卡总线作为传送为 10Mbps（在 10Mbps 交换制时）或 100 Mbps 的媒介时，应注意如下几点：

- ❑ ISA 总线只有 16 位宽。
- ❑ ISA 总线的工作时钟频率只有 8MHz。
- ❑ ISA 总线不允许猝发式数据传输。
- ❑ 大多数 ISA 总线为 I/O 映射型，从而降低数据传输速度。

ISA 适配卡具有以下性能特点：

- ❑ 支持 8 或者 6 位 ISA 插槽。
- ❑ 可利用软件进行配置。
- ❑ 与 NE2000 兼容。
- ❑ 可编程 I/O 口或者共享内存操作方式。
- ❑ 支持 RPL 标准。
- ❑ 支持 POST。
- ❑ 加电检测。

- 全双工（FDX）操作。
- 安装支持“即插即用”。
- 利用IBM的LANAID应用程序，安装过程轻松自如。
- 支持对称多处理器（SMP）以及所有在EISA、微通道或PCI插槽之外，同时带有ISA插槽的个人计算机。
- 带有RPL可选件。
- 支持POST。

（2）PCI适配卡

PCI总线外部设备互连适配卡，它不仅具有32位总线主控器，性能卓越，而且可以在UTP或AUI介质上，以高达10Mbps的速度进行操作，该适配卡具有以下性能特点：

- 性能优良，具有32位总线主控器。
- 全双工（FDX）操作。
- 安装支持“即插即用”。
- 配有外部状态LED，用来显示链路（Link）及活动（Activity）状态。
- 带有RPL可选件。
- 支持POST。

100/10 PCI以太网适配卡可以采用全双工（FDX）或半双工（HDX）工作方式，运行速率为100Mbps或10Mbps可选。该适配卡符合IEEE 802.3的高速以太网规程，可以操作于共享式或交换式以太网两种方式。100/10 PCI以太网适配卡具有以下性能特点：

- 目前支持10Mbps速率，将来可以支持100Mbps，以适应网络不断发展的需求。
- 对现有网络无需作大幅度改动，即可通过数种途径来改善网络性能。
- 利用单个RJ-45接头即可连接到速率为10Mbps或100Mbps的网络。
- 支持SMP。

（3）专为便携机设计的PCMCIA适配卡

PC存储器接口卡PCMCIA对于遵循PCMCIA Release 2.0的便携机，IBM还提供以太网信用卡型适配卡II型（用于10BASE-T或10BASE-2）。该适配卡与IEEE 802.3/Ethernet Version 2.0网络兼容。另外，同一块以太网信用卡型适配卡，既可以连接10BASE-T缆线，也可以连接10BASE-2缆线。这样就可以为那些需要使用两种网络的用户，提供一个经济有效的解决方案。

（4）专为微通道系统设计的以太网适配卡

对于那些基于微通道（MCA）体系结构的系统，IBM提供3种以太网适配卡以供选择，IBM LAN Adapter/Au for Ethernet便是其中之一。它是一种客户机适配卡，支持16位或32位。该适配卡配有接头，用于将微通道系统与所有的以太网配线系统相连。它还具有另外一些性能特性。

- 共享内存操作方式。
- 支持RPL标准。
- 支持POST。

（5）为EISA系统设计的以太网适配卡

EISA以太网适配卡是为服务器和高性能工作站提供的一种32位总线主控器适配卡。它能够减少发送和接收数据所需的主机CPU时钟数，以及增加以太网的数据吞吐量，从而极大地提高网络性能。

3. 网卡的电缆接口

网卡的不同接口适用于不同的网络类型，网卡的接口主要有RJ-45接口、光纤模块接口、细同轴电缆的BNC接口、粗同轴电AUI接口、FDDI接口、ATM接口等。BNC接口、AUI接口、FDDI接口、ATM接口比较少。

光纤模块接口分为LC、SC、FC、ST等。

3.2.2 网桥

网桥（bridge）也称为桥接器，是连接两个局域网的存储转发设备，用它可以完成具有相同或相似体系结构网络系统的连接。一般情况下，被连接的网络系统都具有相同的逻辑链路控制规程（LLC），但媒体访问控制协议（MAC）可以不同。

网桥是数据链路层的连接设备，准确地说它工作在MAC子层上。网桥在两个局域网的数据链路层（DDL）间按帧传送信息。网桥在OSI/RM中的位置如图3-5所示。

网桥是为各种局域网间存储转发数据而设计的，它对末端节点用户是透明的，末端节点在其报文通过网桥时，并不知道网桥的存在。

网桥可以将相同或不相同的局域网连在一起，组成一个扩展的局域网络。

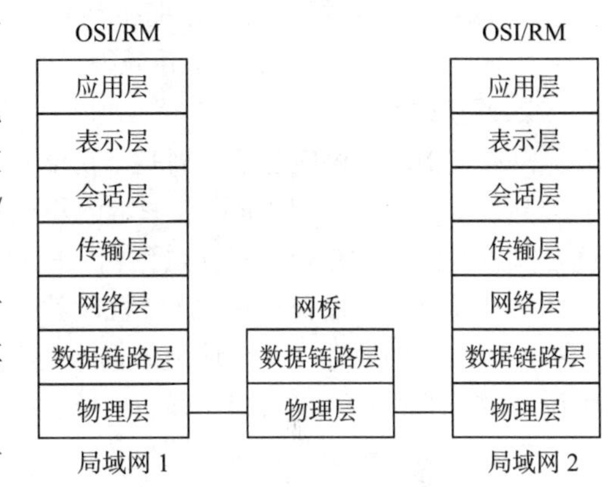

图3-5 网桥在OSI/RM中的位置

网桥的优点：

- 过滤通信量。使局域网内一个网段上各工作站之间的信息量局限在本网段的范围内。
- 扩大了物理范围，增加整个局域网上的工作站的数目。
- 可使用不同的物理层，可互连不同的局域网。
- 提高了可靠性。如果把较大的局域网分割成若干较小的局域网。

网桥的缺点：

- 由于网桥对接收的帧要先存储和查找站表，然后转发，这就增加了时延。
- 在MAC子层并没有流量控制功能。当网络上负荷很重时，可能因网桥缓冲区的存储空间不够而发生溢出，以致产生帧丢失的现象。
- 具有不同MAC子层的网段桥接在一起时，网桥在转发一个帧之前，必须修改帧的某些字段的内容，以适合另一个MAC子层的要求，增加时延。
- 网桥只适合于用户数不太多和信息量不太大的局域网，否则有时会产生较大的广播风暴。

1. 网桥的工作原理

为了说明网桥的工作原理，我们以FDDI为背景来叙述。

FDDI是一个开放式网络，它允许各种网络设备相互交换数据，网桥连接的两个局域网可以基于同一种标准，也可以基于两种不同类型的标准。当网桥收到一个数据帧后，首先将它传送到数据链路层进行差错校验，然后再送至物理层，通过物理层传输机制再传送到另一个网上，在转发帧之前，网桥对帧的格式和内容不作或只作很少的修改。网桥一般都设有足够的缓冲区，有些网桥还具有一定的路由选择功能，通过筛选网络中一些不必要的传输来减少网上的信息流量。

例如，当FDDI站点有一个报文要传到以太网IEEE 802.3 CSMA/CD网上时，需要完成下面一系列工作。

- 站点首先将报文传到LLC层，并加上LLC报头。
- 将报文传送到MAC层，再加上FDDI报头。FDDI报文最大长度为4500字节，大于此值的报文可分组传送。
- 再将报文交给PHY和PMD，经传输媒体送到FDDI-IEEE 802.3以太网桥。
- 网桥上的MAC层去掉FDDI报头，然后送交LLC层处理。
- 经过重新组帧并计算校验值，但与IEEE 802.3以太网传输速率（10Mbps）不匹配，因此，在网桥上就存在拥挤和超时问题，也就有重发的可能。如果多次重发均告失败，那么将放弃发送，并通知目的站点网络可能有故障。

2. 网桥的功能

一个FDDI网桥应包括下列基本功能：

1）源地址跟踪。网桥具有一定的路径选择功能，它在任何时候收到一个帧以后，都要确定其正确的传输路径，将帧送到相应的目的站点。网桥将帧中的源地址记录到它的转发数据库（或者地址查找表）中，该转发库就存放在网桥的内存中，其中包括了网桥所能见到的所有连接站点的地址。这个地址数据库是互联网所独有的，它指出了被接收帧的方向，或者仅说明网桥的哪一边接收到了帧。能够自动建立这种数据库的网桥称为自适应网桥。

在一个扩展网络中，所有网桥均应采用自适应方法，以便获得与它有关的所有站点的地址。网桥在工作中不断更新其转发数据库，使其渐趋完备，有些厂商提供的网桥允许用户编辑地址查找表，这样有助于网络的管理。

2）帧的转发和过滤。在相互连接的两个局域网之间，网桥起到了转发帧的作用，它允许每个LAN上的站点与其他站点进行通信，看起来就像在一个扩展网络上一样。

为了有效地转发数据帧，网桥提供了存储和转发功能，它自动存储接收进来的帧，通过地址查找表完成寻址；然后把它转发到源地址另一边的目的站点上，而源地址同一边的帧就被从存储区中删除。

过滤（filter）是阻止帧通过网桥的处理过程，有3种基本类型：

- 目的地址过滤。当网桥从网络上接收到一个帧后，首先确定其源地址和目的地址，如果源地址和目的地址处于同一局域网中，就简单地将其丢弃，否则就转发到另一局域网上，这就是所谓的目的地址过滤。
- 源地址过滤。所谓源地址过滤，就是根据需要，拒绝某一特定地址帧的转发，这个特定的地址是无法从地址查找表中取得的，但是可以由网络管理模块提供。事实上，并非所有网桥都进行源地址的过滤。
- 协议过滤。目前，有些网桥还能提供协议过滤功能，它类似于源地址过滤，由网络管理指示网桥过滤指定的协议帧。在这种情况下，网桥根据帧的协议信息来决定是转发还是过滤该帧，这样的过滤通常只用于控制流量、隔离系统和为网络系统提供安全保护。

3）生成树的演绎。生成树（spanning tree）是基于IEEE 802.1d的一种工业标准工业算法，利用它可以防止网上产生回路，因为回路会使网络发生故障。生成树有两个主要功能：

- ❑ 在任何两个局域网之间仅有一条逻辑路径。
- ❑ 在两个以上的网桥之间用不重复路径把所有网络连接到单一的扩展局域网上。

扩展局域网的逻辑拓扑结构必须是无回路的，所有连接站点之间都有一个唯一的通路。在扩展网络系统中，网桥通过名为问候帧的特殊帧来交换信息，利用这些信息来决定谁转发、谁空闲。确定了要进行转发工作的网桥还要负责帧的转发，而空闲的网桥可用作备份。

4）协议转换。早期的 FDDI 网桥结构通常是专用的封装结构，这是由于早期的 FDDI 仅与 IEEE 802 或 IEEE 802.5 子网相连，不需要和其他局域网中的节点通信。但是，在一个大型的扩展局域网中，有很多系统在一起操作，这种专用的封装式网桥就无法提供相互操作的能力。为此，采用了新的转换技术，依照与其他网络的桥接标准，形成了转换式网桥，建立可适应局域网互连的标准帧。

- ❑ 封装网桥：封装式网桥（encapsulation bridge）采用一些专用设备和技术，将 FDDI 作为一种传输管道来使用，它要求网上使用同一型号的网桥，这无疑影响了网络的互操作性能。以 FDDI-Ethernet 网桥为例，FDDI 封装式网桥使用专用协议技术，用 FDDI 报头和报尾来封装一个以太帧，然后把这个帧转发到 FDDI 网络上，目的地址也隐含在封装过的帧中。封装式网桥把这个 FDDI 帧发送到另一个封装式网桥上，由该封装式网桥使用与封装技术相对应的拆封技术将封装拆除。由于目的地址被封装过，因此只能采用广播帧的形式发送帧，这无疑会降低网络带宽的使用率。如果互联网的规模很大，包含的网桥和局域网很多，那么广播帧的数目也将增加，这样势必会造成不必要的拥挤。

  封装式网桥不能通过转换网桥发送数据，只有同一供货商提供的同一种封装式网桥才能一起工作，也不能通过其他供货商提供的封装式网桥传输数据，除非其他供货商提供的封装式网桥也同样使用这种专用协议。
- ❑ 转换式网桥：转换式网桥（translating bridge）克服了封装式网桥的弊病，将需要传输的帧转换成目的网络的帧格式，然后再上网传输。还是以 FDDI-Ethernet 网桥为例，以太网工作站要使用连在 FDDI 上的高性能服务器，必须先将 Ethernet 帧格式转换成 FDDI 格式帧，然后通过 FDDI 上传输至目的服务器，此时服务器接收到的是 FDDI 格式的帧，故不需做任何改变就可使用。可见转换式网桥是通用的。任何转换式网桥都能与其他网桥互相通信。

5）分帧和重组。网际互连的复杂程度取决于互连网络的报文、帧格式及其协议的差异程度。不同类型的网络有着不同的参数，其差错校验的算法、最大报文分组、生成周期也不尽相同。例如，FDDI 网络中允许的最大帧长度为 4500 字节，而在 IEEE 802.3 以太网中最大帧长度为 1518 字节。这样网桥在 FDDI 向 Ethernet 转发数据帧时，就必须将 FDDI 长达 4500 字节的帧分割成几个 1518 字节长度的 IEEE 802.3 协议以太网帧，然后再转发到以太网上去，这就是分帧技术。一些通用的通信协议都定义了类似的控制帧大小差异的方法（称为包分割方法）。反之，在 Ethernet 向 FDDI 转发数据帧时，必须将只有 1518 字节的以太帧组合成 FDDI 格式的帧，并以 FDDI 的格式传输，这就是帧的重组。

对于使用较长报文格式的协议和应用，帧的分割和重组是非常重要的。如果 FDDI 网桥中没有分帧和重组功能，那么通过网桥互连就无法实现。但是，在协议转换过程中，分帧和重组工作必须快速完成，否则会降低网桥的性能。

6）网桥的管理功能。网桥的另一项重要功能是对扩展网络的状态进行监督，其目的就是为了更好地调整拓扑逻辑结构，有些网桥还可对转发和丢失的帧进行统计，以便进行系统维护。网桥管理还可以间接地监视和修改转发地址数据库，允许网络管理模块确定网络用户站点的位置，以此来管理更大的扩展网络。另外，通过调整生成树演绎参数能不定期地协调网络拓扑结构的演绎过程。

3. 网桥的种类

1）内桥。内桥是通过文件服务器中的不同网卡连接起来的局域网。

2）外桥。外桥不同于内桥，外桥安装在工作站上，它实现连接两个相似的局域网络。外桥可以是专用的，也可以是非专用的。专用外桥不能做工作站使用，它只能用来建立两个网络之间的连接，管理网络之间的通信。非专用外桥既起网桥的作用，又能作为工作站使用。

3）远程桥。远程桥是实现远程网之间连接的设备，通常远程桥使用调制解调器与传输介质（如电话线）实现两个局域网的连接。

3.2.3　交换机

1993年，局域网交换机（也称为交换器）出现。1994年，国内掀起了交换网络技术的热潮。其实，交换技术是一个具有简化、低价、高性能和高端口密集特点的交换产品，体现了桥接的复杂交换技术在OSI参考模型的第2层。交换机在OSI/RM中的位置如图3-6所示，与桥接器一样，交换机按每一数据包中的MAC地址相对简单地决策信息转发，而这种转发决策一般不考虑包中隐藏的更深的其他信息。与桥接器不同的是，交换机转发延迟很小，操作接近单个局域网性能，远远超过了普通桥接互连网络之间的转发性能。

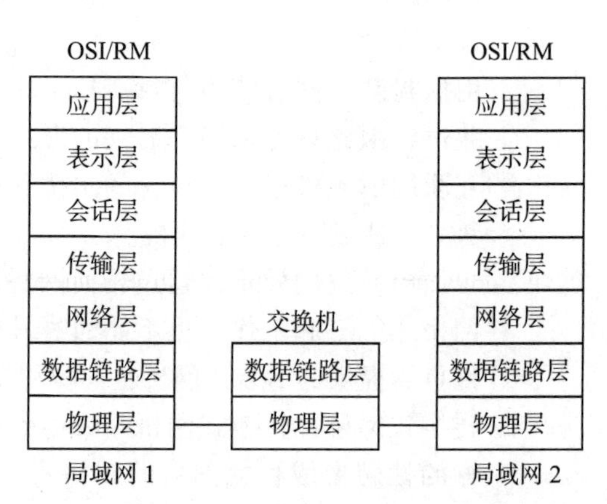

图3-6　交换机在OSI/RM中的位置

交换技术允许共享型和专用型的局域网段进行带宽调整。交换机能经济地将网络分成小的冲突网域，为每个工作站提供更高的带宽。协议的透明性使得交换机在软件配置简单的情况下直接安装在多协议网络中；交换机使用现有的电缆、中继器、集线器和工作站的网卡，不必作高层的硬件升级；交换机对工作站是透明的，这样管理开销低廉，简化了网络节点的增加、移动和网络变化的操作。

利用专门设计的集成电路可使交换机以线路速率在所有的端口并行转发信息，提供了比传统桥接器高得多的操作性能。在理论上，单个以太网端口对含有64个八进制数的数据包，可提供14 880bps的传输速率。这意味着一台具有12个端口、支持6道并行数据流的“线路速率”以太网交换器必须提供89 280bps的总体吞吐率（6道信息流 ×14 880bps/道信息流）。专用集成电路技术使得交换器在更多端口的情况下以上述性能运行，其端口造价低于传统型桥接器。交换机的传输模式有全双工、半双工、全双工/半双工自适应交换机。

1. 三种交换技术

（1）端口交换

端口交换技术是最早出现在插槽式的集线器中，这类集线器的背板通常划分有多条以太网段（每条网段为一个广播域），不用网桥或路由连接，网络之间是互不相通的。以太网主模块插入后通常被分配到某个背板的网段上，端口交换用于模块的端口在背板的多个网段之间进行分配、平衡。根据支持的程度，端口交换还可细分为以下 3 种：

- 模块交换：将整个模块进行网段迁移。
- 端口组交换：通常模块上的端口被划分为若干组，每组端口允许进行网段迁移。
- 端口级交换：支持每个端口在不同网段之间进行迁移。这种交换技术是基于 OSI 第一层上完成的，具有灵活性和负载平衡能力等优点。如果配置得当，那么还可以在一定程度上进行容错，但没有改变共享传输介质的特点，因而不能称之为真正的交换。

（2）帧交换

帧交换是目前应用最广的局域网交换技术，它通过对传统传输媒介进行微分段，提供并行传送的机制，以减小冲突域，获得高的带宽。一般来讲每个公司的产品的实现技术均会有差异，但对网络帧的处理方式一般有以下几种：

- 直通交换：提供线速处理能力，交换机只读出网络帧的前 14 字节，便将网络帧传送到相应的端口上。
- 存储转发：通过对网络帧的读取进行验错和控制。

前一种方法的交换速度非常快，但缺乏对网络帧进行更高级的控制，缺乏智能性和安全性，同时也无法支持具有不同速率的交换。因此，各厂商把后一种技术作为重点。有的厂商甚至对网络帧进行分解，将帧分解成固定大小的信元，该信元处理极易用硬件实现，处理速度快，同时能够完成高级控制功能（如美国 MADGE 公司的 LET 集线器），如优先级控制。

（3）信元交换

ATM 技术代表了网络和通信技术发展的未来方向，也是解决目前网络通信中众多难题的一剂“良药”。ATM 采用固定长度 53 字节的信元交换。由于长度固定，因而便于用硬件实现。ATM 采用专用的非差别连接，并行运行，可以通过一个交换机同时建立多个节点，但并不会影响每个节点之间的通信能力。ATM 还容许在源节点和目标节点之间建立多个虚拟链接，以保障足够的带宽和容错能力。ATM 采用了异步时分多路复用技术，因而能大大提高通道的利用率。ATM 的带宽可以达到 25Mbps、155Mbps、622Mbps 甚至数 Gbps 的传输能力。

2. 局域网交换机的种类及选择

局域网交换机根据使用的网络技术可以分为以太网交换机、令牌环交换机、FDDI 交换机、ATM 交换机及快速以太网交换机等。

如果按交换机应用领域来划分，可分为台式交换机、工作组交换机、主干交换机、企业交换机、分段交换机、端口交换机和网络交换机等。

局域网交换机是组成网络系统的核心设备。对用户而言，局域网交换机最主要的指标是端口的配置、数据交换能力、包交换速度等因素。因此，在选择交换机时要注意以下事项：

1）交换端口的数量。

2）交换端口的类型。

3）系统的扩充能力。

4）主干线连接手段。

5）交换机总交换能力。

6）是否需要路由选择能力。

7）是否需要热切换能力。

8）是否需要容错能力。

9）能否与现有设备兼容，顺利衔接。

10）网络管理能力。

3. 交换机应用中几个值得注意的问题

（1）交换机网络中的瓶颈问题

交换机本身的处理速度可以达到很高，用户往往迷信厂商宣传的Gbps级的高速背板。其实这是一种误解，连接入网的工作站或服务器使用的网络是以太网，它遵循CSMA/CD介质访问规则。在当前的客户/服务器模式的网络中多台工作站会同时访问服务器，因此非常容易形成服务器瓶颈。有的厂商已经考虑到这一点，在交换机中设计了一个或多个高速端口（如3COM LinkSwitch 1000可以配置一个或两个100Mbps端口），方便用户连接服务器或高速主干网。用户也可以通过设计多台服务器（进行业务划分）或追加多个网卡来消除瓶颈。交换机还可支持生成树算法，方便用户架构容错的冗余连接。

（2）网络中的广播帧

目前广泛使用的网络操作系统有NetWare、Windows NT等，而LAN Server的服务器是通过发送网络广播帧来向客户机提供服务的。这类局域网中广播包的存在会大大降低交换机的效率，这时可以利用交换机的虚拟网功能（并非每种交换机都支持虚拟网）将广播包限制在一定范围内。

每台交换机的端口都支持一定数目的MAC地址，这样交换机能够“记忆”住该端口一组连接站点的情况，厂商提供的定位不同的交换机端口支持MAC数也不一样，用户使用时一定要注意交换机端口的连接端点数。如果超过厂商给定的MAC数，交换机接收到一个网络帧时，只有其目的站的MAC地址不存在于该交换机端口的MAC地址表中，那么该帧会以广播方式发向交换机的每个端口。

（3）虚拟网的划分

虚拟网是交换机的重要功能，通常虚拟网的实现形式有3种：

1）静态端口分配。静态虚拟网的划分通常是网管人员使用网管软件或直接设置交换机的端口，使其直接从属某个虚拟网。这些端口一直保持这些属性，除非网管人员重新设置。这种方法虽然比较麻烦，但比较安全，容易配置和维护。

2）动态虚拟网。支持动态虚拟网的端口，可以借助智能管理软件动态确定它们的从属。端口是通过借助网络包的MAC地址、逻辑地址或协议类型来确定虚拟网的从属。当一网络节点刚连接入网时，交换机端口还未分配，于是交换机通过读取网络节点的MAC地址动态地将该端口划入某个虚拟网。这样一旦网管人员配置好后，用户的计算机可以灵活地改变交换机端口，而不会改变该用户的虚拟网的从属性，而且如果网络中出现未定义的MAC地址，则可以向网管人员报警。

3）多虚拟网端口配置。该配置支持一用户或一端口可以同时访问多个虚拟网。这样可以将一台网络服务器配置成多个业务部门（每种业务设置成一个虚拟网）都可同时访问，也可以同时访问多个虚拟网的资源，还可让多个虚拟网间的连接只需一个路由端口即可完成。但这样会带来安全上的隐患。虚拟网的业界规范正在制定中，因而各个公司的产品还谈不上互操作性。Cisco公司开发了Inter-Switch Link（ISL）虚拟网络协议，该协议支持跨骨干网

（ATM、FDDI、Fast Ethernet）的虚拟网。但该协议被认为缺乏安全性考虑。传统的计算机网络中使用了大量的共享式集线器，通过灵活接入计算机端口也可以获得好的效果。

（4）高速局域网技术的应用

快速以太网技术虽然在某些方面与传统以太网保持了很好的兼容性，但 100BASE-TX、100BASAE-T4 及 100BASE-FX 对传输距离和级连都有了比较大的限制。通过 100Mbps 的交换机可以打破这些局限，同时也只有交换机端口才可以支持双工高速传输。

3COM 的主要交换产品有 LinkSwitch 系列和 LANplex 系列；BAY 的主要交换产品有 LattisSwitch 2800，BAY STACK Workgroup 、System3000/5000（提供某些可选交换模块）；Cisco 的主要交换产品有 Gatalyst 1000/2000/3000/5000 系列。

3 家公司的产品形态看来都有相似之处，产品的价格也比较接近，除了设计中要考虑网络环境的具体需要（强调端口的搭配合理）外，还需从整体上考虑，例如网管、网络应用等。

（5）交换机产品

在组建局域网络时，对交换机产品是要考虑的，目前市场上的交换机一般分为低端产品、中端产品、高端产品。

低端产品一般不带二层交换、三层交换功能。适用于网络上连网户小于 100 的用户。

中端产品一般带二层交换、三层交换功能。带二层交换功能适用于网络上连网户小于 200 ～ 300 个用户。带三级交换功能适用于 300 ～ 500 个用户。

高端产品具有 4 层交换功能、4 ～ 7 层交换功能。适用特大型服务单位。用户组网时，应考虑具体应用情况去选择交换机产品。

3.3 网络层设备

路由器是一种典型的网络层设备。它在两个局域网之间按帧传输数据，在 OSI/RM 中称为中介系统，完成网络层中继或第 3 层中继的任务。路由器负责在两个局域网的网络层间按帧传输数据，转发帧时需要改变帧中的地址。它在 OSI/RM 中的位置如图 3-7 所示。

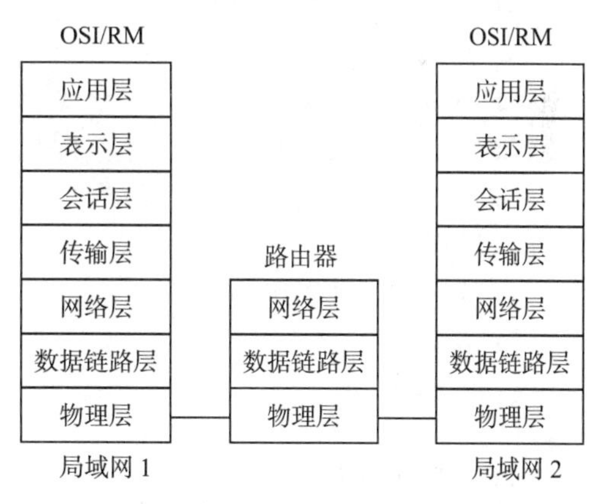

图 3-7 路由器在 OSI/RM 中的位置

3.3.1 路由器的原理与作用

路由器（router）是用于连接多个逻辑上分开的网络，所谓逻辑网络是代表一个单独的网络或者一个子网。当数据从一个子网传输到另一个子网时，可通过路由器来完成。因此，路由器具有判断网络地址和选择路径的功能，它能在多网络互连环境中，建立灵活的连接，可用完全不同的数据分组和介质访问方法连接各种子网，路由器只接受源站或其他路由器的信息，属网络层的一种互连设备。路由器不关心各子网使用的硬件设备，但要求运行与网络层协议相一致的软件。路由器分本地路由器和远程路由器，本地路由器是用来连接网络传输介质的，如光纤、同轴电缆、双绞线；远程路由器是用来连接远程传输介质，并要求相应的设备，如电话线要配调制解调器，无线要通过无线接收机、发射机。

一般说来，异种网络互连与多个子网互连都应采用路由器来完成。路由器的主要工作就是为经过路由器的每个数据帧寻找一条最佳传输路径，并将该数据有效地传送到目的站点。

由此可见，选择最佳路径的策略即路由算法是路由器的关键所在。为了完成这项工作，在路由器中保存着各种传输路径的相关数据——路由表（routing table），供路由选择时使用。路由表中保存着子网的标志信息、网上路由器的个数和下一个路由器的名字等内容。路由表可以是由系统管理员固定设置好的，也可以由系统动态修改，可以由路由器自动调整，也可以由主机控制。

1. 静态路由表

由系统管理员事先设置好固定的路由表称之为静态（static）路由表，一般是在系统安装时就根据网络的配置情况预先设定的，它不会随未来网络结构的改变而改变。

2. 动态路径表

动态（dynamic）路由表是路由器根据网络系统的运行情况而自动调整的路径表。路由器根据路由协议（routing protocol）提供的功能，自动学习和记忆网络运行情况，在需要时自动计算数据传输的最佳路径。

3.3.2 路由器的优缺点

1. 优点

- ❑ 适用于大规模的网络。
- ❑ 复杂的网络拓扑结构，负载共享和最优路径。
- ❑ 能更好地处理多媒体。
- ❑ 安全性高。
- ❑ 隔离不需要的通信量。
- ❑ 节省局域网的频宽。
- ❑ 减少主机负责。

2. 缺点

- ❑ 它不支持非路由协议。
- ❑ 安装复杂。
- ❑ 价格高。

3.3.3 路由器的功能

路由器的主要功能有：

1）在网络间截获发送到远地网段的报文，起转发的作用。

2）选择最合理的路由，引导通信。为了实现这一功能，路由器要按照某路由通信协议，查找路由表。路由表中列出整个互连网络中包含的各个节点，以及节点间的路径情况和与它们相联系的传输费用。如果到特定的节点有一条以上路径，则基于预先确定的准则选择最优（最经济）的路径。由于各种网络段和其相互连接情况可能发生变化，因此路由情况的信息需要及时更新，这是由所使用的路由信息协议规定的定时更新或者按变化情况更新来完成。网络中的每个路由器按照这一规则动态地更新它所保持的路由表，以便保持有效的路由信息。

3）路由器在转发报文的过程中，为了便于在网络间传送报文，按照预定的规则把大的数据包分解成适当大小的数据包，到达目的地后再把分解的数据包包装成原有形式。多协议的路由器可以连接使用不同通信协议的网络段，作为不同通信协议网络段通信连接的平台。

4）路由器的主要任务是把通信引导到目的地网络，然后到达特定的节点站地址。后一项功能是通过网络地址分解完成的。例如，把网络地址部分的分配指定成网络、子网和区域的一组节点，其余的用来指明子网中的特别站。分层寻址允许路由器对有很多个节点站的网络存储寻址信息。

在广域网范围内的路由器按其转发报文的性能可以分为两种类型，即中间节点路由器和边界路由器。尽管在不断改进的各种路由协议中，对这两类路由器所使用的名称可能有很大的差别，但所发挥的作用却是一样的。

中间节点路由器在网络中传输时，提供报文的存储和转发。同时根据当前的路由表所保持的路由信息情况，选择最好的路径传送报文。由多个互连的 LAN 组成的公司或企业网络一侧和外界广域网相连接的路由器，就是这个企业网络的边界路由器。它从外部广域网收集向本企业网络寻址的信息，转发到企业网络中有关的网络段；另一方面集中企业网络中各个 LAN 段向外部广域网发送的报文，对相关的报文确定最好的传输路径。

事实上，路由器除了上述的路由选择这一主要功能外，还具有网络流量控制功能。有的路由器仅支持单一协议，但大部分路由器可以支持多种协议的传输，即多协议路由器。由于每一种协议都有自己的规则，要在一个路由器中完成多种协议的算法，势必会降低路由器的性能。因此，我们认为，支持多协议的路由器性能相对较低。用户购买路由器时，需要根据自己的实际情况，选择自己需要的网络协议的路由器。

近年来出现了交换路由器产品，从本质上来说它不是什么新技术，而是为了提高通信能力，把交换机的原理组合到路由器中，使数据传输能力更快、更好。

3.4 应用层设备

3.4.1 网关的基本概念

网关（gateway）是连接两个协议差别很大的计算机网络时使用的设备，它可以将具有不同体系结构的计算机网络连接在一起。在 OSI/RM 中，网关属于最高层（应用层）的设备，如图 3-8 所示。

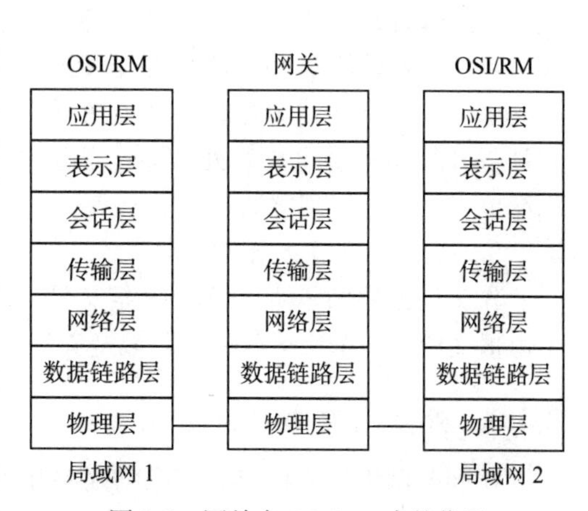

图 3-8　网关在 OSI/RM 中的位置

在 OSI 中有两种网关：一种是面向连接的网关，另一种是无连接的网关。当两个子网之间有一定距离时，往往将一个网关分成两半，中间用一条链路连接起来，我们称之为半网关。

网关提供的服务是全方位的。例如，若要实现 IBM 公司的 SNA 与 DEC 公司的 DNA 之间的网关，则需要完成复杂的协议转换工作，并将数据重新分组后才能传送。网关的实现非常复杂，工作效率也很难提高，一般只提供有限的几种协议的转换功能。常见的网关设备都是用在网络中心的大型计算机系统之间的连接上，为普通用户访问更多类型的大型计算机系统提供帮助。

当然，有些网关可以通过软件来实现协议转换操作，并能起到与硬件类似的作用。但它是以损耗机器的运行时间来实现的。

有关网关的问题，在众多的文章、资料中提到第三层网关、第四层网关的问题，我们认为这只是一种叫法。但是网关还有人分为内部网关和外部网关。第三层网关是讨论网关怎样获得路由；第四层网关是讨论网关在传输层所能发挥的作用。

网关可分为核心网关和非核心网关。核心网关（core gateway）由网络管理操作中心进行控制，而受各个部门控制的被称为非核心网关。

网关的协议主要有：

- 网关 – 网关协议（Gateway to Gateway Protocol, GGP）：它主要进行路由选择信息的交换。
- 外部网关协议（Exterior Gateway Protocol, EGP）：它是用于两个自治系统（局域网）之间选择路径信息的交换。自治系统采用 EGP 向 GGP 通报内部路径。
- 内部网关协议（Routing Information Protocol, RIP）：HELLO 协议、gated 协议是讨论自治系统内部各网络路径信息的机制。

3.4.2 网关 – 网关协议简述

1. GGP 协议的使用

最初的 Internet 核心系统利用 GGP 可以在不用人为修改现有核心网关寻径表的情况下增加新的核心网关，当新网关加入核心系统时，分配到若干核心邻机（core neighbour，即与新网关相邻的核心网关）。各邻机已广播过各自的路径信息，新机加入后，向邻机广播报文，告知本机所能直接到达的网络。各邻机收到该报文后，刷新各自的寻径表，并在下次周期性的路径广播中，将新网关的信息向其他网关广播出去。

2. GGP 协议的距离计量

在 GGP 协议广播的报文中，距离 D 按路径上的驿站数计，这是 GGP 协议不甚精确的地方。按理说，一条 IP 路径的长短应该按它的正常传输延迟（无拥塞、无重传、无等待）计算，驿站数跟传输延迟可以说是两码事。比如一条驿站数为 3 的以太网路径传输延迟显然比驿站数为 3 甚至 2 的串行线路径传输延迟小，而按照 GGP 协议，结论却恰恰相反。当然以对站数计算路径长也有好处，那就是简单、易于实现。GGP 作为早期的路径广播协议，做得简单一点是可以理解的。

3. GGP 协议报文格式

作为网络层的子协议，GGP 报文是封装在 IP 数据报中传输的。GGP 报文分为 4 种，类型由报文中第一个字节“类型”域定义。最重要的 GGP 报文是 GGP 路径刷新报文。

3.4.3 外部网关协议简述

在网际网中，交换寻径信息的网关互为“邻机”（neighbor），同属一个自治系统的邻机互为“内部邻机”（interior neighbor），分属不同自治系统的邻机互为“外部邻机”（exterior neighbor）。确切地说，EGP 是用于外部邻机间交换路径信息的协议。EGP 采用 V-D 算法，所以一般情况下，EGP 邻机位于同一网络上，这个网络本身同属于两个自治系统。要强调的是，所谓“邻机”仅就寻径信息交换而言，与是否位于同一物理网络没有关系。

EGP 的三大功能是：第一，邻机获取，网关可以请求另一自治系统中的某网关作为自己的外部邻机（叫作 EGP 邻机），以便互换路径信息；第二，邻机测试，网关要不断测试其 EGP 邻机是否可以到达；第三，与 EGP 邻机交换寻径信息，通过周期性的路径刷新报文交换来实现。

3.4.4 内部网关协议族

内部网关协议（IGP）用于自治系统内部的路径信息交换。IGP提供网关了解本自治系统内部各网络路径信息的机制。

在计算机网络技术中，无论任何操作，一旦通过协议描述出现，就意味着两点：第一，这些协议针对的是大量的或变化迅速的，或既大量又变化迅速的对象，这些对象很难用人工的方式进行处理；第二，这些协议描述的操作可以通过软件自动实现。

对内部网关协议的需求也不外乎出自上述两点。在小型的变化不大的网间网中，完全可以由管理员人为地构造和刷新网关寻径表，但在大型、变化剧烈的网间网中，人工方式远远满足不了需要。随着网间网规模的扩大，内部网关协议应运而生。

与外部网关协议EGP不同的是，内部网关协议不止一个，而是一族，它们的区别在于距离制式（Distance Metric，距离度量标准）不同，或在于路径刷新算法不同。为简便计，我们把这些内部网关协议统称为IGP（Interior Gateway Protocol）。

出现不同的IGP既有技术上的原因，也有历史的原因。从技术方面看，不同的自治系统的拓扑结构和所采用的技术不同。这种差别为不同IGP的出现提供可能。从历史的角度看，在网间网发展的早期，没有出现一种良好的广为接受的IGP协议，造成了目前IGP协议纷呈的局面。在现在的网间网中，大多数自治系统都使用自己的IGP进行内部路径信息广播，有些甚至采用EGP代替IGP。

3.5 防火墙

3.5.1 防火墙的作用

网络面临的安全威胁大体可分为两种：一是对网络数据的威胁；二是对网络设备的威胁。这些威胁可能来源于各种各样的因素；可能是有意的，也可能是无意的；可能是来源于企业外部的，也可能是内部人员造成的，也可能是自然力造成的。总结起来，大致有以下几种主要威胁：

1）非人为、自然力造成的数据丢失、设备失效、线路阻断。

2）非人为属于无意的操作人员无意的失误造成的数据丢失。

3）来自外部和内部人员的恶意攻击和入侵。

前面两种的预防与传统电信网络基本相同。最后一种是当前Internet所面临的最大的威胁，是电子商务、政府上网工程等顺利发展的最大障碍，也是企业网络安全策略最需要解决的问题。目前解决网络安全最有效方法是采用防火墙。

由于Internet的迅速发展，提供了发布信息和检索信息的场所，但它也带来了信息污染和信息破坏的危险，人们为了保护其数据和资源的安全，出现了防火墙。那么防火墙是什么呢？

防火墙从本质上说是一种保护装置。它保护什么呢？它保护的是数据、资源和用户的声誉。

❑ 数据——是指用户保存在计算机里的信息，需要保护的数据有三个典型的特征：

◆保密性：是用户不需要被别人知道的。

◆ 完整性：是用户不需要被别人修改的。

◆ 可用性：是用户希望自己能够使用的。

❑ 资源——是指用户计算机内的系统资源。

❑ 声誉——作为用户的计算机本身并不存在什么声誉的事情，问题在于一个入侵者冒充你的身份出现在 Internet 上，做一些不是你做的事，或者冒充你的身份在 Internet 上遍游世界，调阅需要付费的资料，这些费用由你来负责清算。特别是软件盗版和色情描写，这是用户很难讲清的。国内外的资料表明，入侵者一般有这几种类型：寻欢作乐者、破坏者、间谍等。

为确保网络系统的安全性，人们研究并使用了多种解决方法，特别是近年来，由于对安全问题的广泛关注，网络技术的开发应用取得了长足的发展，但是它仍然制约着网络应用的进一步发展。具有关报告显示，“黑客”事件的发生每年都在增加，仅在美国就造成了 150 亿美元的损失，而且目前这种情况还在加剧。同类事件在我国也是逐年增多，这足以说明当今的网络安全问题，尤其是较大型的网络系统，有必要建立一个立体完整安全体系。从空间上（包括网络内安全，网关或网际以及外部安全的统一），从时序上（应当有事前防御、即时防御），事后审查三者结合，从而保护网络的安全。

3.5.2 Internet 防火墙

防火墙原是建筑物大厦设计来防止火灾从大厦的一部分传播到另一部分。从理论上讲 Internet 防火墙服务也属于类似目的。

它防止 Internet 上的危险（病毒、资源盗用等）传播到网络内部。而事实上 Internet 防火墙不像一座现代化大厦中的防火墙，更像北京故宫的护城河，它服务于多个目的：

1）限制人们从一个特别的控制点进入。

2）防止侵入者接近你的其他防御设施。

3）限定人们从一个特别的点离开。

4）有效阻止破坏者对你的计算机系统进行破坏。

因特网防火墙常常被安装在受保护的内部网络连接到因特网的点上，如图 3-9 所示。

从图 3-9 可以看出，所有来自 Internet 的传输信息或从你的内部网发出的信息都必须穿过防火墙。因此，防火墙能够确保如电子信件、文件传输、远程登录或特定的系统间信息交换。

从逻辑上讲，防火墙是分离器、限制器、分析器。从物理角度看，各站点防火墙的物理实现的方式有所不同。通常防火墙是一组硬件设备——路由器、主计算机或者是路由器、计算机和配有适当软件的网络的多种组合，有各种各样方法配置这种设备。

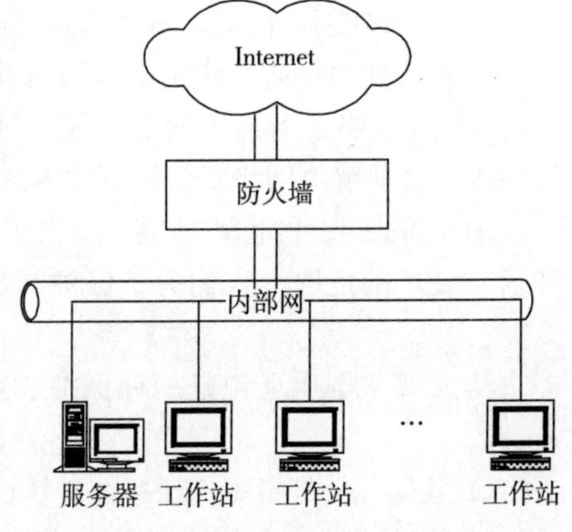

图 3-9　防火墙在因特网与内部网中的位置

防火墙能够做些什么呢？这是大家所关心的，下面我们来讨论这个问题。

（1）防火墙能强化安全策略

因为 Internet 上每天都有上百万人在那里收集信息、交换信息、不可避免地会出现个别品德不良的人，或违反规则的人，防火墙是为了防止不良现象发生的“交通警察”，它执行站点的安全策略，仅仅容许“认可的”和符合规则的请求通过。

（2）防火墙能有效地记录 Internet 上的活动

因为所有进出信息都必须通过防火墙，所以防火墙非常适用收集关于系统和网络使用和误用的信息。作为访问的唯一点，防火墙能在被保护的网络和外部网络之间进行记录。

（3）防火墙限制暴露用户点

防火墙能够用来隔开网络中一个网段与另一个网段。这样，能够防止影响一个网段的问题通过整个网络传播。

（4）防火墙是一个安全策略的检查站

所有进出的信息都必须通过防火墙，防火墙便成为安全问题的检查点，使可疑的访问被拒绝于门外。

上面我们叙述了防火墙的优点，但它还是有缺点的，主要表现在以下几方面：

1）不能防范恶意的知情者。防火墙可以禁止系统用户经过网络连接发送专有的信息，但用户可以将数据复制到磁盘、磁带上，放在公文包中带出去。如果入侵者已经在防火墙内部，防火墙是无能为力的。内部用户偷窃数据，破坏硬件和软件，并且巧妙地修改程序而不接近防火墙。对于来自知情者的威胁只能要求加强内部管理，如主机安全和用户教育等。

2）防火墙不能防范不通过它的连接。防火墙能够有效地防止通过它进行传输信息，然而不能防止不通过它而传输的信息。例如，如果站点允许对防火墙后面的内部系统进行拨号访问，那么防火墙绝对没有办法阻止入侵者进行拨号入侵。

3）防火墙不能防备全部的威胁。防火墙被用来防备已知的威胁，如果是一个很好的防火墙设计方案，可以防备新的威胁，但没有一个防火墙能自动防御所有的新的威胁。

4）防火墙不能防范病毒。防火墙不能消除网络上的 PC 的病毒。虽然许多防火墙扫描所有通过的信息，以决定是否允许它通过内部网络。但扫描是针对源、目标地址和端口号的，而不扫描数据的确切内容。即使是先进的数据包过滤，在病毒防范上也是不实用的，因为病毒的种类太多，有许多种手段可使病毒在数据中隐藏。

检测随机数据中的病毒穿过防火墙是十分困难的，它要求：

1）确认数据包是程序的一部分。

2）决定程序看起来像什么。

3）确定病毒引起的改变。

事实上大多数防火墙采用不同的可执行格式保护不同类型的机器。程序可以是编译过的可执行程序或者是一个副本，数据在网上传输时要分包，并经常被压缩，这样便给病毒带来了可乘之机。无论防火墙多么安全，用户只能在防火墙后面清除病毒。

3.5.3 为什么要用防火墙

在 3.5.2 节中已经讨论了 Internet 防火墙的优点与缺点，但是作为 Internet 的本身存在的缺陷容易被人利用，对网络安全带来很大的威胁，所以就在网络安全中采用防火墙技术是非常有用的，这是因为：

- Internet 是普遍依赖于 TCP/IP 协议的，这是一种在一种机型间的通信协议，它本身就很安全。
- Internet 所提供的各种服务，如电子邮件、文件传输、远程登录、万维网等都存在着安全隐患。

- Internet 上使用了薄弱的认证环节，薄弱的、静态的口令；一些 TCP 或 UDP 服务只能对主机地址进行认证，而不能对指定的用户进行认证。
- 在 Internet 上存在着 IP 地址欺骗（伪装）。
- 有缺陷的局域网服务（NIS 和 NFS）和主机之间存在着有缺陷的相互信任关系。特别是近几年掀起的电子商务、电子政务热潮，使用防火墙就显得相当重要了。

3.5.4　防火墙的产品分类

目前，防火墙产品大致分为软件防火墙、硬件防火墙和工业标准服务器形式的防火墙三类。

1. 软件防火墙

软件防火墙一般运行在操作系统以上，以 Checkpoint Fire wall/NAI Gauntlet 产品为例分别介绍。

1）Checkpoint Fire wall 的主要特点如下：

Fire Wall-1 主要的功能是在安全区域支持 Entrust 技术的数位证明（digital certificate）解决方案；以公用密钥为基础，使用 X.509 的认证机制 IKE。Fire Wall-1 支持 LDAP 目录管理，可帮助使用者定义包罗广泛的安全政策。

Fire Wall-1 提供顾客包含远端的使用者使用多种安全的认证机制，以存取企业资源。在通信被允许进行之前，Fire Wall-1 认证服务可安全地确认他们身份的有效性，而不需要修改本地客户端应用软件，认证服务是完全地被集成到企业整体的安全政策内，并能由 Fire Wall-1 图形使用者界面集中管理。所有的认证能经由防火墙日志浏览（log viewer）来监视和追踪。Fire Wall-1 提供三种认证方法：使用者认证，提供以使用者为基础的 FTP、TELNET、HTTP 和 RLOGIN 的存取权限，跟使用者的 IP 位址无关；客户端认证能够使管理者授予存取的特权给予在特定 IP 位址的特定使用者；会话认证可以认证基于会话的任何一种服务。目前该产品支持的平台有 Windows NT、Window9x/2000、sun Solaris IBM AIX、HP-UX 等。

2）NAI Gauntlet 的主要特点如下：

作为最高类型—基于应用层网关的 Gauntlet 防火墙，集成了 NT 的性能管理和易用性；应用层安全按照安全策略检查双向的通信。具有用户透明、集成管理、强力加密和内容安全、高吞吐量的特性。可应用于 Internet、企业内部网和远程访问。Gauntlet 防火墙具有友好和管理界面，其基于 Java 或 NT 环境，可以运行在 Web 浏览器中，支持远程管理和配置，如可从网络管理平台上监控和配置，如 NT Server 和 HP Open View Gauntlet 还支持通过服务器、企业内部网、Internet 来存取和管理 SNMP 设备。Gauntlet 防火墙支持流行的多媒体实时服务，如 Real Audio/ Video、Microsoft。

Gauntlet 支持众多的标准协议如终端服务（TELNET、rlogin)、文件传送（FTP)、电子邮件（SMTP、POP3）、WWW（HTTP、SHTTP、SSL、Gopher)、Usenet 新闻（NNTP)、域名服务（DNS)、简单网络管理协议（SNMP)、Oracle SQL* Net Show、VDOLive、LDAP、PPTP。

2. 硬件防火墙

硬件防火墙带有特殊的硬件，通常软件较少活动。

Net Screen 公司的 Net Screen 防火墙产品是一种硬件防火墙 Net Screen 产品完全基于硬件 ASLC 芯片，它就像个盒子一样安装使用起来很简单。同时它还是一种集防火墙、VPN、流量控制三种能于一体的网络产品。应用场合如下：

1）Net Screen 10 适用于 10Mbps 以太网。

2）Net Screen 100 适用于 10Mbps 以太网。

3）Net Screen 1000 则可以支持千以太网，适应不同场合的需要。

硬件防火墙的主要特点为：

Net Screen 把多种安全功能集成在一个 ASIC 芯片上、将防火墙、虚拟专用网（VPN），网络流量控制和宽带接入这些功能全部集成在专有的一体硬件中，该项技术能有效消除传统防火墙实现数据加密时的性能瓶颈，能实现最高级别的 IPsec。

Net Screen 防火墙的配置可在网络上任何一台带有浏览器的机器上完成 Net Screen 的优势之一是采用了新的体系结构，可以有效地消除传统防火墙实现数据加盟时的性能瓶颈，能实现最高级别的 IP 安全保护。

3. 工业标准服务器防火墙

所谓工业标准服务器防火墙，即凡是符合工业标准的、大批量生产的、机架式服务器，无论是 IA 架构的，还是像 IBM 的 ISA 架构那样的，只要符合上述标准都可以称为标准服务器。因此，在这种平台上的安装、运行防火墙软件形成的防火墙系统，都可以称为工业标准服务器的防火墙。

工业标准服务器防火墙由于性能价格比非常高，而受到用户的欢迎，主要原因有以下 6 点。

（1）速度快、性能高

防火墙的性能取决于两个方面：软件和硬件。工业标准服务器，由于生产的批量大，产品更新换代快，所以总能保证使用最新的技术和硬件，如最快的 CPU、内存，更大容量的硬盘，最新的总线结构等，从而为防火墙的性能提高提供了较好的外部条件。

硬件并不是决定性能的唯一因素，防火墙软件的设计，体系结构的变革也同样重要。计算机网络升级（从 10Mbps 到 100Mbps，从 100Mbps 到 1000Mbps、10 000Mbps），因为即使硬件满足了需求，软件却处理不了如此大的数据量。目前世界上数据吞吐率最高的防火墙为部署于 Nortel 平台上的 Check Point NG 产品，高达 3.2Gbps。

（2）批量大、价格低

工业标准服务器的生产批量非常大，所以单位成本较低。因此，这种形式的防火墙可以为用户提供具有高性能价格比的网络安全解决方案。相对于硬件防火墙，无论在产品的安全性，还是价格上，工业标准服务器形式的防火墙，都具有很大的优势。

工业标准服务器与软件防火墙、硬件防火墙在安装、安全性、性能、管理、维护费用、扩展性、配置灵活性、价格等方面的对照如表 3-1 所示。

表 3-1 软件防火墙、硬件防火墙和工业标准服务器防火墙对照表

因素	软件防火墙	硬件防火墙	工业标准服务器防火墙
安装	较复杂	简单	简单
安全性	高	较高	高
性能	依赖硬件平台	高	高
管理	简单	较复杂	简单

（续）

因素	软件防火墙	硬件防火墙	工业标准服务器防火墙
维护费用	低	高	低
扩展性	高	低	高
配置灵活性	高	低	高
价格	低	高	较低

（3）工业标准服务器的特点

防火墙必须要有合格证，7×24 小时不间断地运行，以保护网络资源，避免未经授权的访问。一方面，防火墙软件应提供热备份的功能，包括网关之间和管理服务器之间的高可用性，以避免单点故障的发生；另一方面，作为防火墙载体的硬件设备，也应提供可靠的性能保障，因为它是防火墙的基础。工业标准服务器具有下特点：

1）采用服务器主板和专心芯片组。

2）具有纠错功能的 ECC 内存，而不是普通 SDRAM，可消除数据杂音带来的系统不稳定因素。

3）有 RAID 技术提高了系统可靠性。

4）采用通过认证的软硬件，能保证良好的系统兼容性、确保整个系统的稳定。

5）对于易出现故障的部件采用冗余的热插拔，能显著减少因硬件导致的服务故障。

6）管理芯片固化在主板上，集成了丰富的服务器管理功能；提供主动的监控、报警和远程管理功能。

（4）维护费用低、扩展性好

一些用户喜欢硬件防火墙，很大一部分原因是由于它节省空间，可以直接安装在机架上。现在，工业标准服务器形式的防火墙同样可以提供 IU、2U 等标准尺寸，可以使用户在有限的空间里放置最大数量的设备，易于管量和维护，同时它的配置更加灵活，适应范围也更宽广。

工业标准服务器厂商一般都提供集中化的管理工具，使管理员可以从一个控制台访问所有的服务器，维护服务器的正常运行；另外，用户可通过 LED 指示灯快速浏览服务器状态，迅速得知出故障的机器方位，从而实现快速预警。免工具机箱设计使管理人员不需要借助工具就可以打开机箱，拆卸任何可以拆卸的部件，从而实现了快速升级和部件更换；同时，由于所有部件均采用工业标准，所以价格低，数量足，更换起来方便快捷；由于基于工业标准服务器的防火墙，系统扩充性能好，可以随时根据需求，对硬件平台（CPU、内存、硬盘等）及操作系统和防火墙软件版进行升级，从而保护了用户的前期投资。

（5）配置灵活，集成不同应用

用户是产品最终的使用者，他们的操作意愿和对系统的熟悉程度是厂商必须考虑的问题。所以一个好的防火墙不但本身要有良好的执行效率，也应该提供多平台的执行方式给用户选择。因为如果用户不了解如何正确地管理一种系统，就不可能保护系统的安全。硬件防火墙采用专有操作系统，需要用户来适应产品。而采用工业标准服务器，用户则有更多的选择机会。用户可以选择熟悉、喜爱的操作系统，如 Windows NT/2000、Linux 和 UNIX 等，实践表明对一种产品的熟悉程度可以提高其安全性。并且硬件防火墙只能实现单一功能，而采用标准服务器的防火墙则可以在上面安装除防火墙壁之外的不同的应用，如 VPN、流量管理等，从而节省投资，提高效率。

（6）体现系统集成商的增值作用

其实，对用户来说，并不十分关心防火墙采用何种形式，他们只关心防火墙是否能满足自己的安全需求？运行是否稳定可靠？维护起来是否简单易行？对系统集成商来讲，单纯的销售硬件防火墙，很难体现增值作用，所获得的利润较低，同时也体现不出自己的技术优势。而采用工业标准服务器，系统集成商可以在上边安装用户熟悉的操作系统，并对它进行加固和优化，同时可以在上面安装防火墙、VPN、流量管理等软件，提供给用户一个完整的网络安全解决方案。这样，一方面体现了系统集成商的技术实力和增值能力，使其得到了更高的利润；另一方面用户可以得到一站式服务，减少了负担。

综上所述，软件防火墙虽然安全性高、易管理、价格低、配置灵活，但在性能上对硬件依赖程度较高。硬件防火墙性能高，但从投资角度考虑，这种实现安全功能的单一方式限制了产品的灵活性以及升级底层硬件的能力，不利于保护用户的前期投资。而且硬件防火墙最大的缺陷在于把企业用户限制在一家厂商完成其整个安全系统的窄路上，这与使用模块化系统“选择所有最佳部件”的努力是相悖的，即很难把最好的操作系统与最好的防火墙结合起来，再接入最好的分析检测系统，并且将其部署在最可靠的平台上，因为同一家厂商不可能在这几个领域同时做到最好。

3.5.5 防火墙在 OSI/RM 中的位置

防火墙是设置在被保护的网络和外部网络之间的一道屏障，以防止发生不可预测的、潜在破坏性的侵入，它可通过监测、限制、更改跨越防火墙的数据源，尽可能地对外部屏蔽网络内部信息、结构和运行状况，以此来保护内部网络的安全。

在 OSI/RM 参考模型中，数据包过滤方式如图 3-10 所示。代理服务方式如图 3-11 所示。

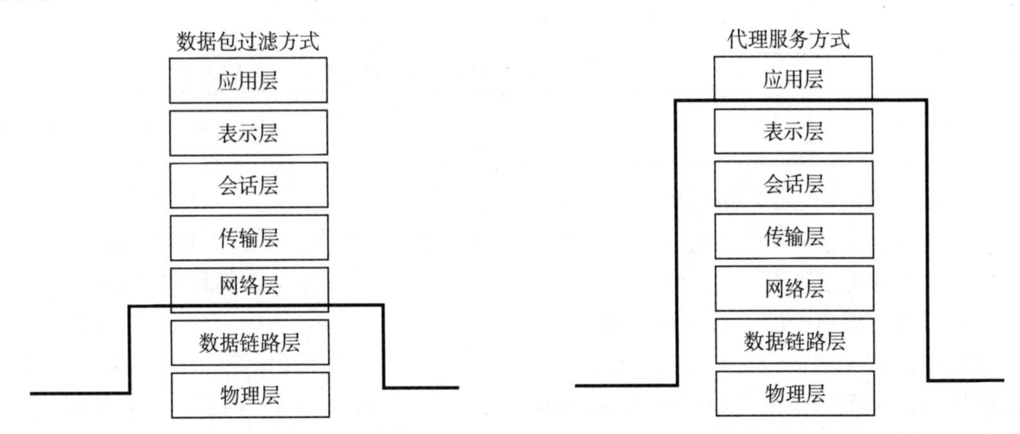

图 3-10　数据包过滤防火墙实现原理示意图　　图 3-11　代理服务防火墙实现原理示意图

3.5.6 防火墙的发展史

目前，防火墙的发展过程大致分为 5 代。

- 第一代防火墙：第一代防火墙技术几乎与路由器同时出现，采用了包过滤（packet filter）技术。
- 第二、三代防火墙：1989 年，贝尔实验室的 Dave Presotto 和 Howard Trickey 推出了

第二代防火墙，即电路层防火墙，同时提出了第三代防火墙—应用层防火墙（代理防火墙）的初步结构。

- 第四代防火墙：1992 年，USC 信息科学学院的 Bob Braden 开发出了基于动态包过滤（dynamic packet filter）技术第四代防火墙，后业演变为目前所说的状态监视（stateful inspection）技术。1994 年，以色列的 CheckPoint 公司开发出了第一个基于这种技术的商业化的产品。
- 第五代防火墙：1998 年，NAI 公司推出了一种自适应代理（adaptive proxy）的技术，并在其产品 Gauntlet Firewall for NT 中得以实现，给代理类型的防火墙赋予了全新的意义，可以称为第五代防火墙。

从发展过程来看：防火墙从包过滤方式到今天的状态检测。

从技术角度来看：防火墙是作为一种连接内部网络和公众网的网关，提供对内部网络连接的访问控制能力。它能根据预先定义的安全策略，允许合法连接进入内部网，阻止非法连接。防火墙的基本功能包括：访问控制、数据过滤、身份验证、告警、日志和审计。防火墙技术经历了以下几个方面。

1）包过滤防火墙（packet filter firewall）。

包过滤防火墙是最早的防火墙技术，它根据数据包头信息和过滤规则阻止或允许数据包通过防火墙。当数据包到达防火墙时、防火墙检查数据包包头的源地址、目的地址、源端口、目的端口及其协议类型。若是可信连接，就允许通过；否则丢弃数据包。但它有自身的弱点，因此它一般用于对安全性要求不高、要求高速处理数据的网络路由器上，如表 3-2 所示。

表 3-2　包过滤防火墙的优缺点

优点	缺点
高速度	低安全性
对用户透明	过滤规则复杂难配置，且其完备性难以得到检验
若过滤规则简单，则容易配置	不能检查应用层数据
	没有用户和应用验证

2）应用代理防火墙（application proxy firewall）。

应用代理防火墙检查数据包的应用数据，并且保持完整的连接状态，它能够分析不同协议的完整的命令集，根据安全规则禁止或允许某些特殊的协议命令；还具有其他像 UPL 过滤、数据修改、用户验证、日志等功能。

应用代理防火墙包含三个模块：代理服务器、代理客户和协议分析模块。这种防火墙在通信中执行二传手的角色，很好地从 Internet 中隔离出受信网络，不允许受信网络和不受信网络之间的直接通信，获得很高的安全。但是由于所有的数据包都要经过防火墙 TCP/IP 协议栈并返回，因此处理速度较慢，其优缺点如表 3-3 所示。

表 3-3　应用代理防火墙的优缺点

优点	缺点
较高的安全性	低速度
要检查应用层数据	不能检测未知攻击
具有完整的用户和应用验证	
有效地隔离了内外网的直接通信	

3）入侵状态检测防火墙（stateful inspection firewall）。

入侵状态检测防火墙也叫自适应防火墙，或动态包过滤防火墙，CheckPoint公司的FireWall-1就是基于这种技术。它根据过去的通信信息和其他应用程序获得的状态信息来动态生成过滤规则，根据新生成的过滤规则过滤新的通信。当新的通信结束时，新生成的过滤规则将自动从规则表中被删除。这种类型防火墙的主要优缺点如表3-4所示。

表3-4 状态检测防火墙的优缺点

优点	缺点
高速度	不能完全检查应用层数据
保存数据包的状态信息，提高了安全性	不能检测未知攻击

4）自适应代理防火墙（adaptive proxy firewall）。

自适应代理防火墙整合了动态包过滤防火墙技术和应用代理技术，本质上是状态检测防火墙。它通过应用层验证新的连接，若新的连接是合法的，它可以被重定向到网络层。因此这种防火墙同时具有代理防火墙和状态检测防火墙的特性，其优缺点如表3-5所示。

表3-5 自适应代理防火墙的优缺点

优点	缺点
处理数据包的速度较应用代理防火墙快	不能完全检查应用层数据
安全性比包过滤防火墙好	不能检测未知攻击
可以进行相应的用户和应用论证	

作为入侵检测防火墙采用的协议分析技术表现为以下内容。

协议分析技术不同于传统的基于已知攻击特征的模式匹配技术，而一种智能、全面地检查网络通信的技术。它能够知道各种不同的协议是如何工作的，并且能全面分析这些协议的通信情况，发现可疑或异常的行为。对于每个应用，防火墙能够根据RFC和工业标准来验证所有的通信行为，只要发现它不能满足期望就报警。它分析网络行为是否违反了标准或期望来判断是否会危害网络安全，因此它具有很高的安全性。

比如很多攻击都用到的FTP命令“ SITE EXEC”，它用来执行Shell命令。若使用特征匹配技术，它仅仅进行字符串的完全匹配，而攻击者就可以在命令SITE与参数EXEC中插入多余空格来逃避检查。而协议分析技术知道如何去分析这个命令，很容易发现存在的攻击。对于像著名的Unicode攻击，协议分析能够像服务器那样识别出攻击，同时，还能识别缓冲区溢出攻击，因此协议分析技术在检查攻击的性能上比传统的特征匹配技术高得多。

（1）基于状态的协议分析技术

协议分析技术是对单个数据包进行分析的技术，虽然它很大程度上能够有效阻止行为，但是由于现在的很多攻击是碎片攻击，若仅检查单个数据包，无法发现攻击行为，只有将前后的信息联系起来才能发现攻击。因此防火墙应该保存前面通信的有用信息，以供后面的协议分析用，这就基于状态的协议分析技术。

基于状态的协议分析技术能够监控和分析一个完整的通信或者会话保所发生的事件，且能记录有效的信息，这就允许防火墙能发现一个会话过程的不同事件之间的相关性，检测出其他技术无法发现的攻击。

使用该技术可以为无连接的UDP协议设置一个虚拟的连接，保存状态信息，这样就可以验证以后连接的有效性，发现非法连接。同样，它也可以跟踪RPC的端口以及FTP数据端口信息，保证连接的合法性。

（2）基于协议分析的状态检测防火墙体系结构

基于协议分析的状态检测防火墙从网络层读取数据包，根据已有的过滤规则（或基于包头的攻击特征库）过滤异常的连接，产生相应的报警和日志。然后调用协议分析引擎，根据RFC、工业标准和连接状态对通信进行验证，产生相应的安全行为返回给网络层。网络层根据返回的安全行为对应的通信产生动作，并在状态 Hash 表中保存相应的状态，产生适当的报警信息和日志。

基于协议分析的状态检测防火墙，采用协议分析技术及状态信息检测已知的和未知的攻击，提高了安全性。使用协议分析引擎减少了传统应用代理防火墙的数据要穿过所有的协议栈，然后到达应用层，应用层对数据进行分析、重组后，穿过所有的协议栈返回后的时间延迟。它直接从网络层拷贝数据，根据状态信息和相应的协议进行分析，返回相应的策略。网络层根据此策略做相应的动作，提高系统处理数据包的性能。这样很好地解决了性能与安全之间的矛盾，达到性能与安全的统一。

第 4 章　线槽规格和品种以及线缆的敷设

布线系统中除了线缆外，槽管是一个重要的组成部分，金属槽、PVC 槽、金属管、PVC 管是综合布线系统的基础性材料，一名合格的布线工程师要熟悉和掌握线槽规格和品种。

4.1　金属槽和金属桥架

4.1.1　金属槽

金属槽由槽底和槽盖组成，每根槽一般长度为 2m，槽与槽连接时使用相应尺寸的铁板和螺钉固定，槽的外型如图 4-1 所示。

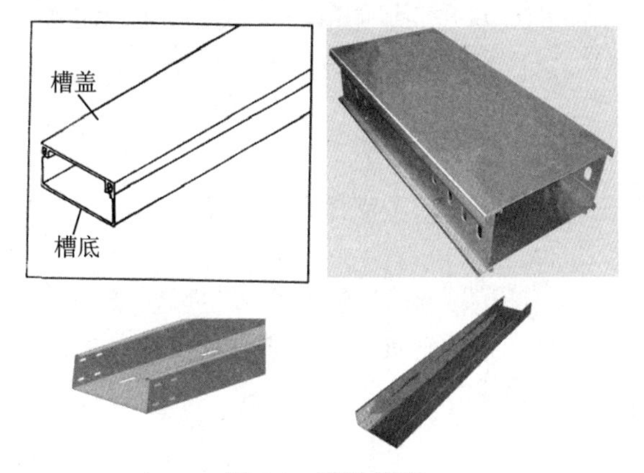

图 4-1　槽的外型

在综合布线系统中，一般使用的金属槽的规格有 50mm × 100mm、100mm × 100mm、100mm × 200mm、100mm × 300mm、200mm × 400mm 等。

金属线槽主要品种有：镀锌金属线槽、防火金属线槽、铝合金金属线槽、不锈钢金属线槽、静电喷塑金属线槽等。

4.1.2　金属线槽的各种附件

金属线槽的附件如图 4-2 所示。

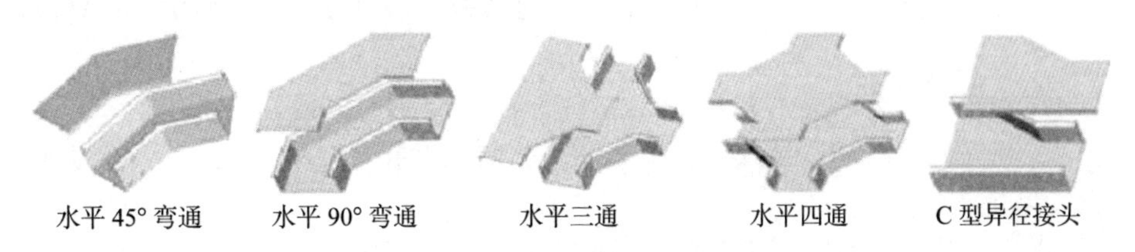

图 4-2　金属线槽的各种附件

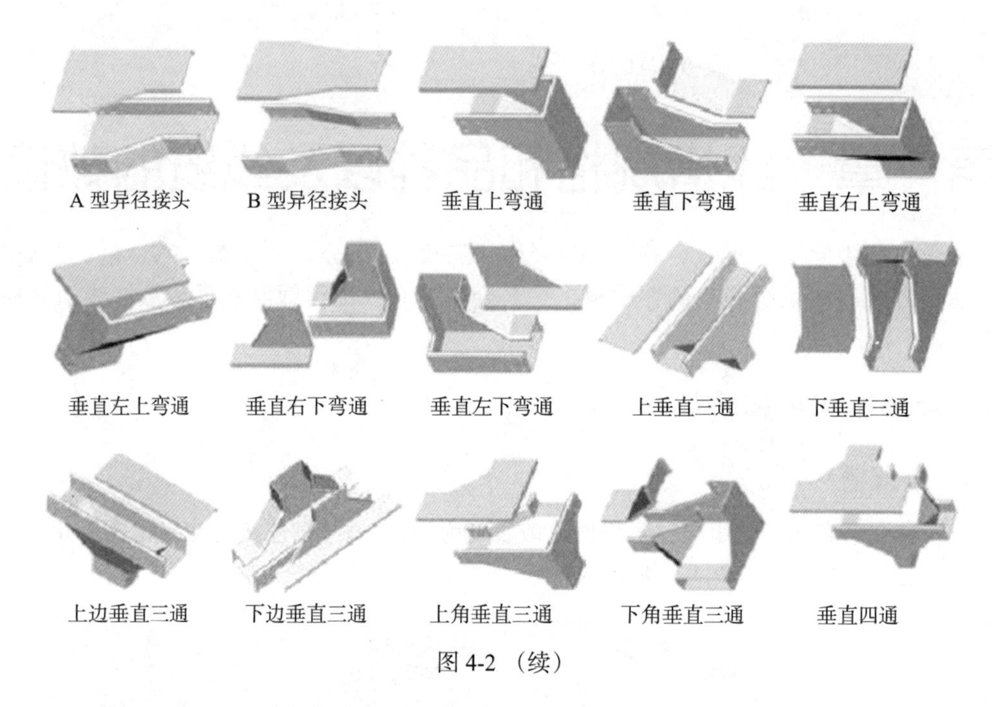

图4-2（续）

4.1.3　金属桥架

桥架是布线行业的一个术语，是一个支撑和放电缆的支架。它是建筑物内布线不可缺少的一个部分。

在布线工程中，由于线缆桥架具有结构简单，造价低，施工方便，配线灵活，安全可靠，安装标准，整齐美观，防尘防火，能延长线缆使用寿命，方便扩充、维护检修等特点，所以广泛应用于建筑物内主干管线的安装施工。

1. 电缆桥架分类

电缆桥架按功能可分为：多孔U形钢走线架、汇线桥架、铝合金走线架、机房走线架、电缆竖井桥架、电缆沟桥架、扁钢走线架。

电缆桥架按外表处理可分为：热浸塑电缆桥架、静电喷涂电缆桥架、防火漆桥架、热浸锌电缆桥架。

电缆桥架按结构形式可分为：钢网式桥架、网格式桥架、大跨距桥架、组合式桥架、梯式桥架、托盘式桥架、槽式桥架、金属线槽。

电缆桥架按材质可分为：铝合金电缆桥架、防火阻燃电缆桥架、不锈钢桥架、玻璃钢电缆桥架。

桥架分为普通桥架、重型桥架、槽式桥架。普通桥架还可分为普通型桥架、直边普通型桥架。

在普通型桥架中，有以下主要配件供组合：梯架、弯通、三通、四通、多节二通、凸弯通、凹弯通、调高板、端向联结板、调宽板、垂直转角联接件、联结板、小平转角联结板、隔离板等。

在直边普通型桥架中有以下主要配件供组合：梯架、弯通、三通、四通、多节二通、凸弯通、凹弯通、盖板、弯通盖板、三通盖板、四通盖、凸弯通盖板、凹弯通盖板、花孔托盘、花孔弯通、花孔四通托盘、联结板垂直转角联接扳、小平转角联结板、端向联接板护扳、隔离板、调宽板、端头挡板等。

重型桥架、槽式桥架在网络布线中很少使用，故不再叙述。

2. 综合布线系统中主要使用的桥架

（1）卡博菲网格式桥架

卡博菲网格式桥架虽然轻便，但并不牺牲最重要的承载性能，网格式桥架如图 4-3 所示。

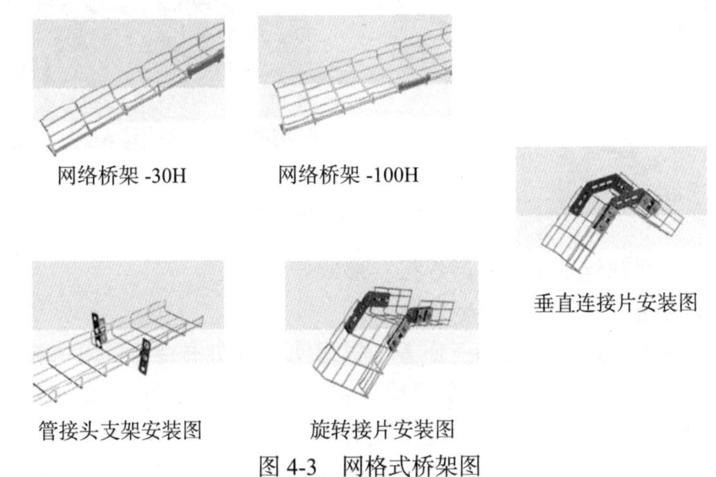

图 4-3　网格式桥架图

（2）卡博菲网格式桥架系列

1）概述。卡博菲网格式桥架按照高度可分为四个系列，分别为 CF30 系列、CF54 系列、CF105 系列和 CF150 系列，每段卡博菲直线段的标准长度为 3m（实际标准长度为 3.05m）。电缆桥架原材料为钢丝，经焊接后成型，最后进行表面处理。

表面处理：

- 电镀锌（GS）适用于室内安装；
- 热镀锌（DC），热镀锌锌层厚度（BS 729）在 60 ～ 80μm 之间；
- 304L（304 不锈钢）；
- 316L（316 不锈钢）不锈钢。

2）网格式电缆桥架的宽度和高度。

- 电缆桥架的宽度和高度是指桥架内部宽度和高度。
- 桥架高度为 30mm、54mm、105mm 和 150mm。
- 桥架高度为 30mm 和 54mm；其宽度为 50mm、100mm、150mm、200mm、300mm、400mm、450mm、500mm 和 600mm。
- 桥架高度为 105mm 和 150mm；其宽度为 100mm、150mm、200mm、300mm、400mm 和 500mm。
- 所有电缆桥架的标准长度为 3005mm。

3）规格。

①金属网格式电缆桥架由纵横两向钢丝组成，如图 4-4 所示。

最小钢丝直径为：

- 4mm 直径用于宽度不超过 150mm 的桥架；
- 4.5mm 直径用于宽度为 200mm 的桥架；

❑ 5mm 直径用于宽度为 300mm 的桥架；

❑ 6mm 直径用于宽度为 400mm、450mm、500mm、600mm 的桥架。

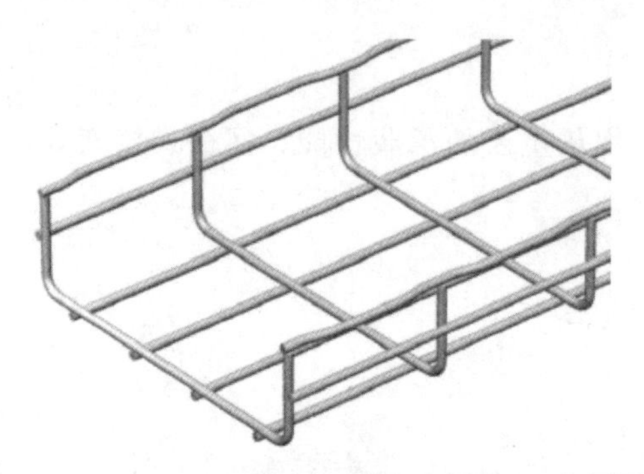

图 4-4　金属网格式电缆桥架

②桥架两侧的顶部钢丝采用“T 形焊接”形成安全边缘。

③桥架的每个网格尺寸为 50mm × 100mm。

④所有桥架的水平弯通、变径和三通等，根据使用说明书，都可以由客户结合现场情况就地制作完成，所需工具为卡博菲的专用剪线钳，并采用连接件 CE25/CE30 和 M6 螺栓加以固定，连接附件的表面处理类型需和电缆桥架相同。

⑤卡博菲电缆桥架可以由快速连接件或普通连接件拼接，或者是这些连接件的组合（例如宽度大于 300mm 的桥架，需使用 CE25、ED275 附件）。桥架的安装方式分为吊装、墙侧安装、地板下或电缆沟安装。

⑥支撑件最大安装间隔为 2.5m，并且不得超过厂商所规定的电缆桥架最大承载负荷。卡博菲网格式桥架能够支持每米 100 多千克的重型铠装电缆，并且在支架间距 1.5m 的情况下，桥架变形量仅是间距的 1/200。

⑦所有焊接处的平均最小抗拉强度为 500 千克。

4）CF30 系列。CF：代表 Cablofil。30 代表 30mm，指桥架的高度。

如 CF30/100，30 代表 30mm，指桥架的高度；100 代表 100mm，指桥架的宽度，如图 4-5 所示。

CF30 系列分 9 个品种：CF30/50、CF30/100、CF30/150、CF30/200、CF30/300、CF30/400、CF30/450、CF30/500、CF30/600。

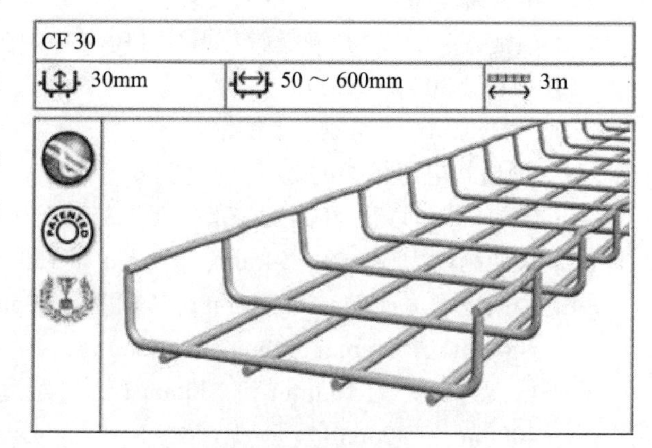

图 4-5　CF30 系列

5）CF54 系列。54 代表 54mm，指桥架的高度。

CF54 系列分 8 个品种：CF54/50、CF54/100、CF54/200、CF54/300、CF54/400、CF54/450、CF54/500、CF54/600。

6）CF105 系列。105 代表 105mm，指桥架的高度。

7）CF150 系列。150 代表 150mm，指桥架的高度。

（3）梯式电缆桥架

梯式电缆桥架特点适用于变电站、户外等大型电缆的敷设，散热性好，承载力高。梯式电缆桥架如图 4-6 所示。

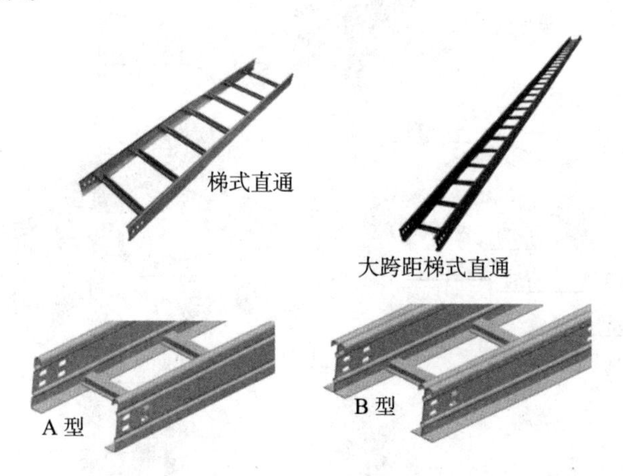

图 4-6 梯式电缆桥架

梯式电缆桥架的各种弯通形状及名称如图 4-7 所示。

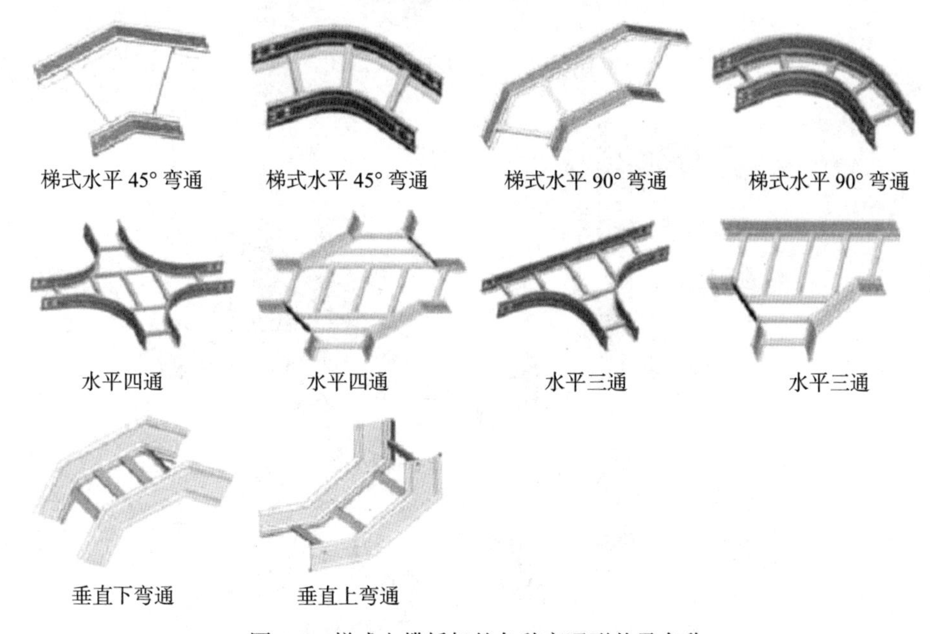

图 4-7 梯式电缆桥架的各种弯通形状及名称

（4）玻璃钢桥架

玻璃钢桥架采用不饱和聚脂树脂和中碱无捻粗纱通过加热的模具拉制成型，如图 4-8 所示。

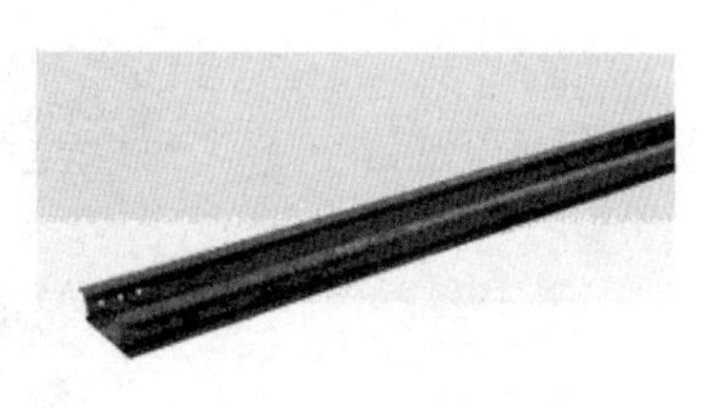

图 4-8 玻璃钢桥架

（5）不锈钢系列桥架

不锈钢系列桥架应用于冶金、石油、化工、车辆船舶、液压机械等设备制造业及装备自动化生产线工业的电缆桥架。不锈钢系列桥架如图 4-9 所示。

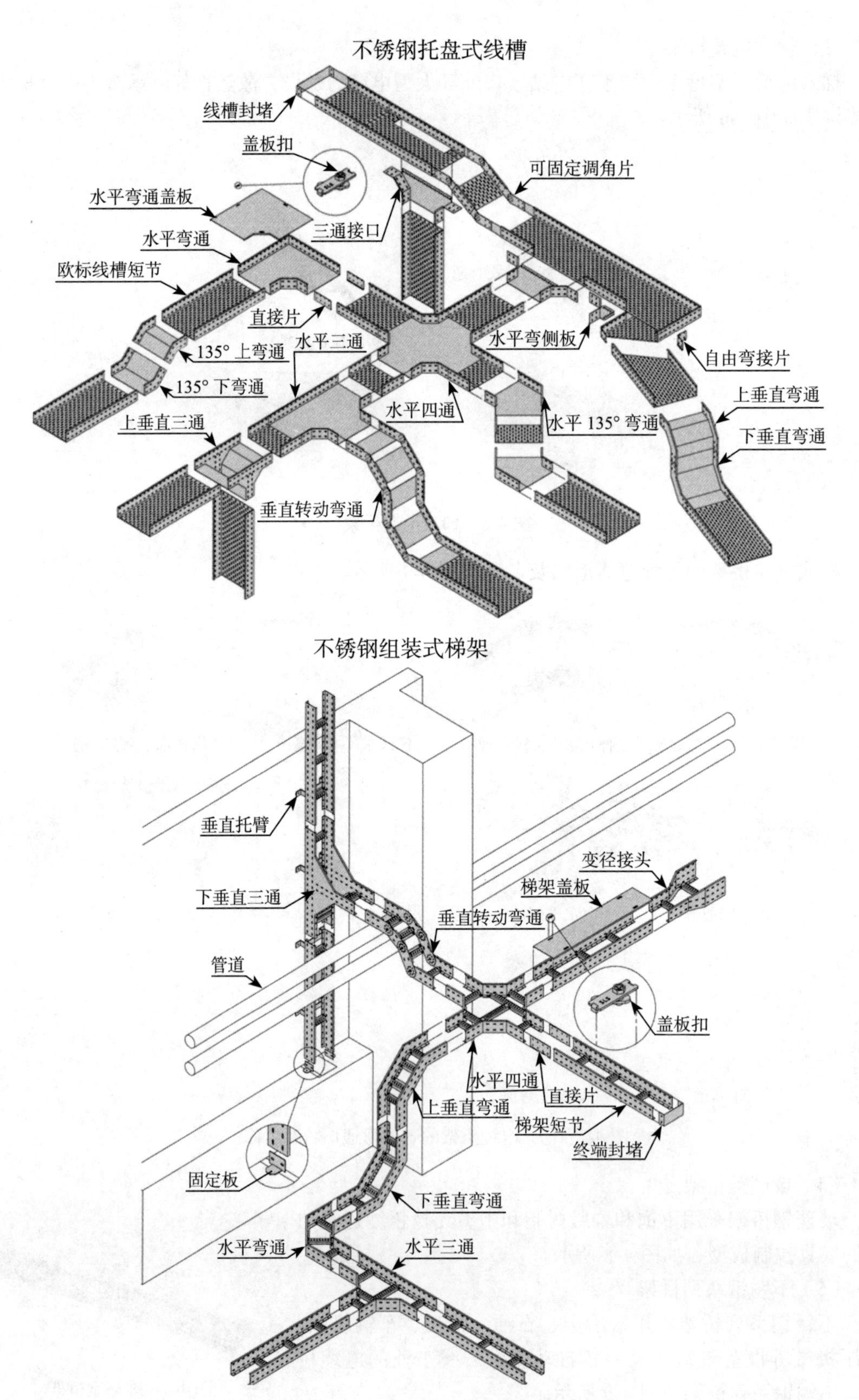
不锈钢托盘式线槽
线槽封堵
盖板扣
可固定调角片
水平弯通盖板
三通接口
水平弯通
欧标线槽短节
直接片
水平三通
水平弯侧板
135° 上弯通
自由弯接片
135° 下弯通
上垂直弯通
水平四通
水平 135° 弯通
下垂直弯通
上垂直三通
垂直转动弯通
不锈钢组装式梯架
垂直托臂
变径接头
梯架盖板
下垂直三通
垂直转动弯通
管道
盖板扣
水平四通
直接片
上垂直弯通
梯架短节
终端封堵
固定板
下垂直弯通
水平弯通
水平三通

图 4-9　不锈钢系列桥架

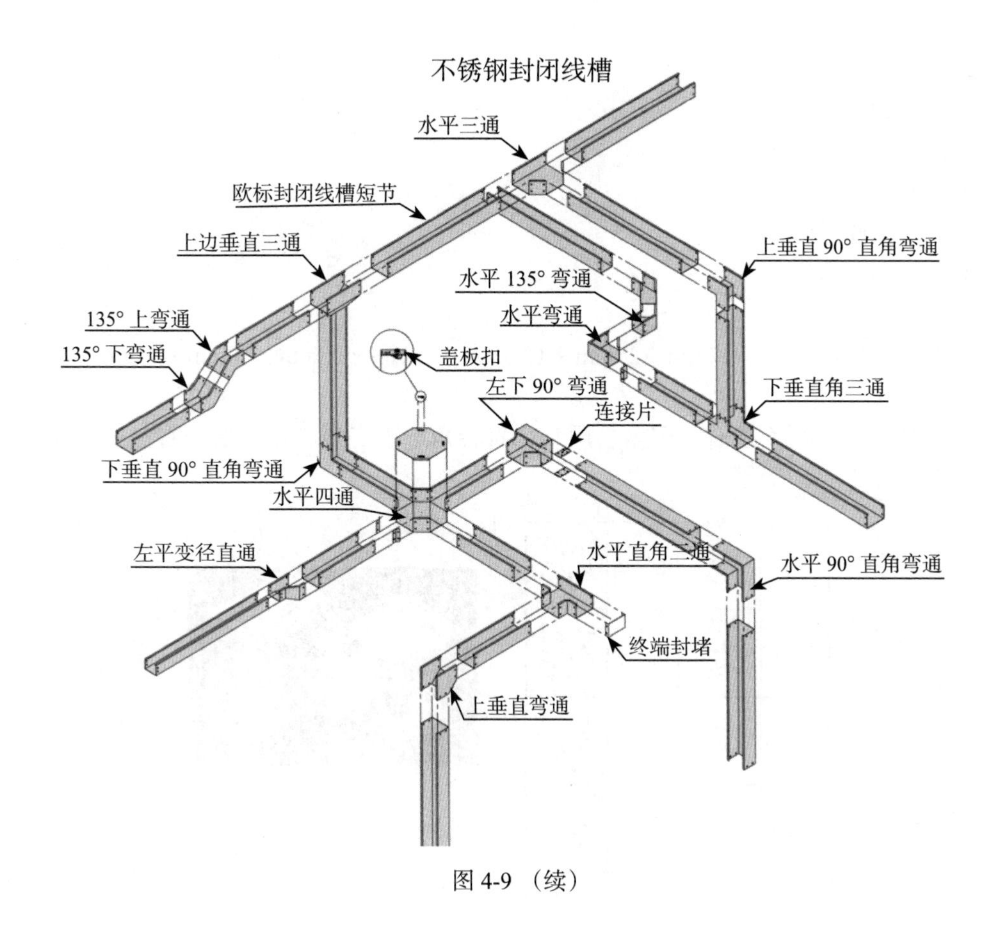

图 4-9 （续）

4.1.4 托臂支架

电缆桥架安装时的支托是通过立柱和托臂来完成的。立柱是支撑电缆桥架的主要部件，而桥架的荷重是通过托臂传递给立柱的。因此立柱和托臂是电缆桥架安装的两个主要部件。托臂支架如图 4-10 所示。

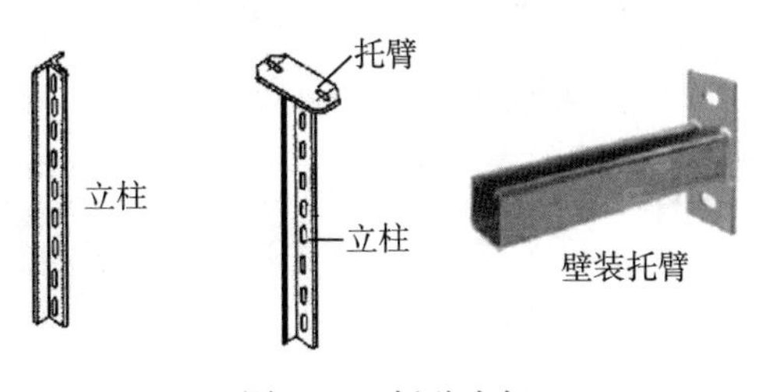

图 4-10 托臂支架

4.2 塑料槽

PVC 塑料槽是综合布线工程明敷管路广泛使用的一种材料，它是一种带盖板的线槽，盖板和槽体通过卡槽合紧，塑料槽的形状与图 4-1 类似，但它的品种规格更多，从型号上讲有：

- PVC-20 系列；
- PVC-25 系列；

- ❏ PVC-25F 系列；
- ❏ PVC-30 系列；
- ❏ PVC-40 系列；
- ❏ PVC-50 系列；
- ❏ PVC-100 系列；
- ❏ PVC-200 系列；
- ❏ PVC-400 系列等。

从规格上讲有 20mm × 12mm、25mm × 12.5mm、25mm × 25mm、30mm × 15mm、40mm × 20mm 等。

与 PVC 槽配套的附件有：阳角、阴角、直转角、平三通、左三通、右三通、连接头、终端头等，如图 4-11 所示。

图 4-11　各种 PVC 塑料附件

4.3　金属管和金属软管

金属管是用于分支结构或暗埋的线路，它的规格也有多种，以外径 mm 为单位：工程施工中常用的金属管有 D16、D20、D25、D32、D40、D50、D63、D25、D110 等规格。

在金属管内穿线比线槽布线难度更大一些，在选择金属管时要注意管径选择大一点，一般管内填充物占 30% 左右，以便于穿线。金属管和金属管的连接件如图 4-12 所示。

金属管还有一种是软管（俗称蛇皮管），供弯曲的地方使用，如图 4-13 所示。

图 4-12 金属管和金属管的连接件

图 4-13 金属软管

4.4 塑料管和塑料软管

在非金属管路中，应用最广泛的是塑料管。塑料管种类很多，塑料管产品分为两大类：PE 阻燃导管和 PVC 阻燃导管。

PE 阻燃导管是一种塑制半硬导管，按外径有 D16、D20、D25、D32 这 4 种规格。外观为白色，具有强度高、耐腐蚀、挠性好、内壁光滑等优点，明、暗装穿线兼用，它还以盘为单位，每盘重为 25 公斤。

PVC 阻燃导管是以聚氯乙稀树脂为主要原料，加入适量的助剂，经加工设备挤压成型的刚性导管，小管径 PVC 阻燃导管可在常温下进行弯曲。便于用户使用，按外径有 D16、D20、D25、D32、D40、D45、D63、D25、D110 等规格，如图 4-14 所示。

与 PVC 管安装配套的附件有：接头、螺圈、弯头、弯管弹簧；一通接线合、二通接线合、三通接线合、四通接线合、开口管卡、专用截管器、PVC 粗合剂等，如图 4-15 所示。

图 4-14 塑料管

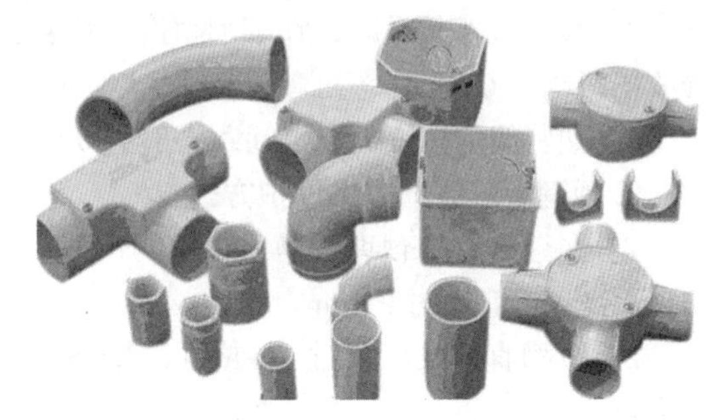

图 4-15 塑料管附件

塑料管还有一种是塑料软管，供弯曲的地方使用。

4.5 线缆的槽、管敷设方法

线缆槽的敷设一般有 4 种方法。

1. 采用电缆桥架或线槽和预埋钢管结合的方式

1）电缆桥架宜高出地面 2.2m 以上，桥架顶部距顶棚或其他障碍物不应小于 0.3m，桥架宽度不宜小于 0.1m，桥架内横断面的填充率不应超过 50%。

2）在电缆桥架内缆线垂直敷设时，在缆线的上端应每间隔 1.5m 左右固定在桥架的支架上；水平敷设时，在缆线的首、尾、拐弯处每间隔 2 ～ 3m 处进行固定。

3）电缆线槽宜高出地面 2.2m。在吊顶内设置时，槽盖开启面应保持 80mm 的垂直净空，线槽截面利用率不应超过 50%。

4）水平布线时，布放在线槽内的缆线可以不绑扎，槽内缆线应顺直，尽量不交叉，缆线不应溢出线槽，在缆线进出线槽部位，拐弯处应绑扎固定。垂直线槽布放缆线应每间隔1.5m固定在缆线支架上。

5）在水平、垂直桥架和垂直线槽中敷设线时，应对缆线进行绑扎。绑扎间距不宜大于1.5m，扣间距应均匀，松紧适度。

预埋钢管如图4-16所示，它结合布放线槽的位置进行。

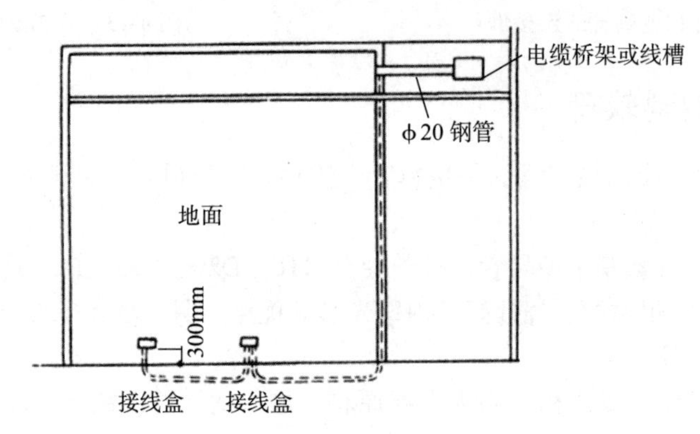

图4-16　预埋钢管的方式

设置缆线桥架和缆线槽支撑保护要求：

1）桥架水平敷设时，支撑间距一般为1～1.5m，垂直敷设时固定在建筑物体上的间距宜小于1.5m。

2）金属线槽敷设时，在下列情况下设置支架或吊架：线槽接头处，间距1～1.5m，离开线槽两端口0.5m处，拐弯转角处。

3）塑料线槽槽底固定点间距一般为0.8～1m。

2. 预埋金属线槽支撑保护方式

1）在建筑物中预埋线槽可视不同尺寸，按一层或两层设置，应至少预埋两根以上，线槽截面高度不宜超过25mm。

2）线槽直埋长度超过6m或在线槽路由交叉、转变时宜设置拉线盒，以便于布放缆线和维修。

3）拉线盒盖应能开启，并与地面齐平，盒盖处应采取防水措施。

4）线槽宜采用金属管引入分线盒内。

5）预埋金属线槽方式如图4-17所示。

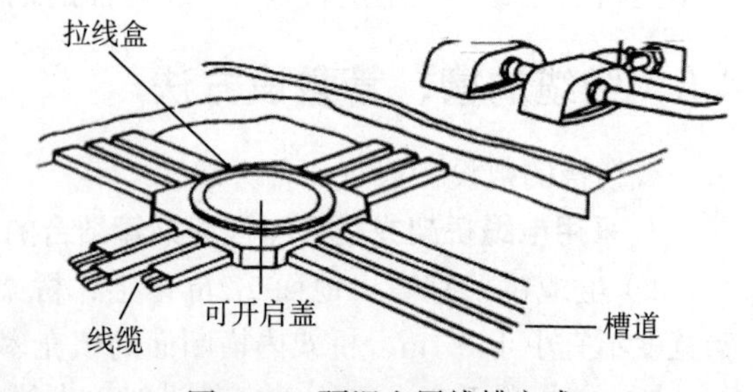

图4-17　预埋金属线槽方式

3. 预埋暗管支撑保护方式

1）暗管宜采用金属管，预埋在墙体中间的暗管内径不宜超过50mm；楼板中的暗管内径宜为15～25mm。在直线布管30m处应设置暗箱等装置。

2）暗管的转弯角度应大于90℃，在路径上每根暗管的转弯点不得多于两个，也不应有“S”和“Z”弯出现。在弯曲布管时，在每间隔15m处应设置暗线箱等装置。

3）暗管转变的曲率半径不应小于该管外径的6倍，如暗管外径大于50mm时，不应小于10倍。

4）暗管管口应光滑，并加有绝缘套管，管口伸出部位应为 25 ～ 50mm。管口伸出部位要求如图 4-18 所示。

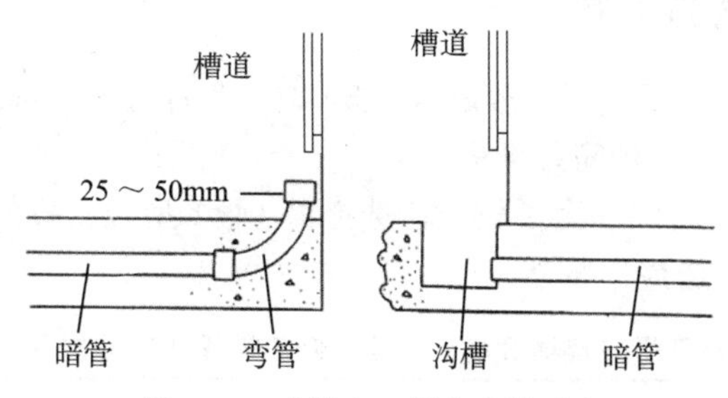

图 4-18　暗管出口部位安装示意

4. 格形线槽和沟槽结合的保护方式

1）沟槽和格形线槽必须勾通。

2）沟槽盖板可开启，并与地面齐平，盖板和插座出口处应采取防水措施。

3）沟槽的宽度宜小于 600mm。

4）格形线槽与沟槽的构成如图 4-19 所示。

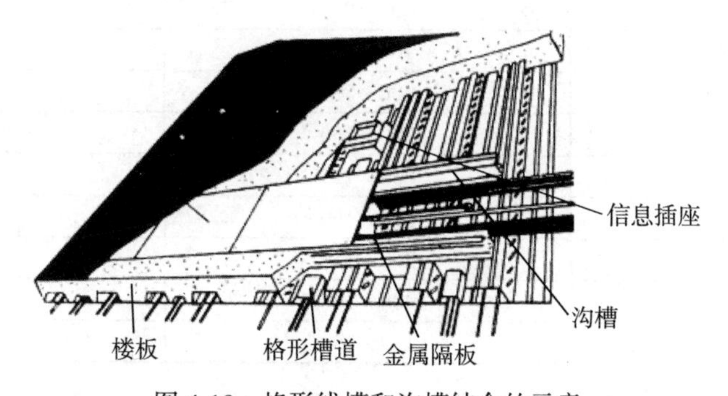

图 4-19　格形线槽和沟槽结合的示意

5）敷设活动地板敷设缆线时，活动地板内净空不应小于 150mm，活动地板内如果作为通风系统的风道使用时，地板内净高不应小于 300mm。

6）采用公用立柱作为吊顶支撑时，可在立柱中布放缆线，立柱支撑点宜避开沟槽和线槽位置，支撑应牢固。公用立柱布线方式如图 4-20 所示。

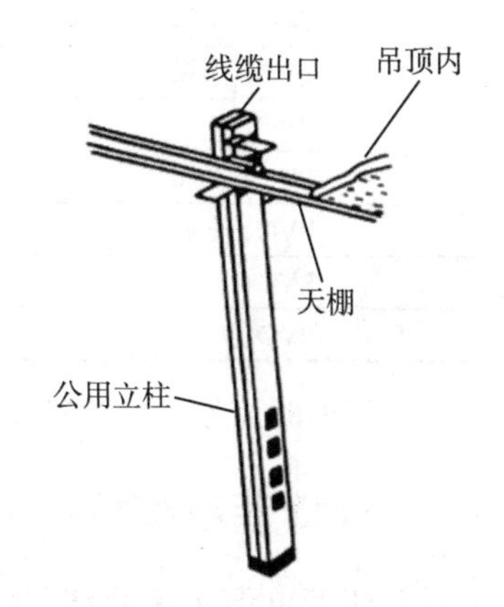

图 4-20　公用立柱布线方式示意

7）不同种类的缆线布线在金属槽内时，应同槽分隔（用金属板隔开）布放。金属线槽接地应符合设计要求。

干线子系统缆线敷设支撑保护应符合下列要求：

❑ 缆线不得布放在电梯或管道竖井中。
❑ 干线通道间应沟通。
❑ 竖井中缆线穿过每层楼板孔洞宜为矩形或圆形。矩形孔洞尺寸不宜小于 300mm × 100mm。

圆形孔洞处应至少安装三根圆形钢管，管径不宜小于 100mm。

8）在工作区的信息点位置和缆线敷设方式未定的情况下，或在工作区采用地毯下布放缆线时，在工作区宜设置交接箱，每个交接箱的服务面积约为80cm^2。

4.6 槽管可放线缆的条数

在工作区、水平干线、垂直干线敷设槽（管）时，怎样选择、选择什么规格的槽（管）？作者在本书5.2节中将给出一种简易算法。

计算一般来说较浪费时间，为了较快速选择槽（管）型号，我们提供表4-1和表4-2的选择表，供工程技术人员选择、参考。

表4-1　槽规格型号与容纳3类、5类、超5类线4对非屏蔽双绞线的条数

槽类型	槽规格（mm）	容纳双绞线条数
PVC	20×12	2
PVC	25×12.5	4
PVC	30×16	7
金属、PVC	50×25	18
金属、PVC	60×30	23
金属、PVC	75×50	40
金属、PVC	80×50	50
金属、PVC	100×50	60
金属、PVC	100×80	80
金属、PVC	200×100	150
金属、PVC	250×125	230
金属、PVC	300×100	280
金属、PVC	300×150	330
金属、PVC	400×100	380
金属、PVC	150×75	100

表4-2　管规格型号与容纳3类、5类、超5类线4对非屏蔽双绞线的条数

管类型	管规格（mm）	容纳双绞线条数
PVC、金属	16	2
PVC	20	3
PVC、金属	25	5
PVC、金属	32	7
PVC	40	11
PVC、金属	50	15
PVC、金属	63	23
PVC	80	30
PVC	100	40

选用槽时，作者建议宽高之比为2∶1，这样布出的线槽较为美观、大方。

4.7 卡博菲电缆桥架容线量

卡博菲电缆桥架容线量分卡博菲电缆桥架弱电容线量和卡博菲电缆桥架电力电缆容线量。

（1）卡博菲电缆桥架弱电容线量

卡博菲电缆桥架弱电容线量如表 4-3 所示。

表 4-3 卡博菲电缆桥架弱电容线量表

卡博菲电缆桥架容线量——弱电线缆							
序号	产品编号	产品名称	高度（mm）	宽度（mm）	6 类 UTP	6 类 FTP	其他线缆
	直径（mm）	以康普为例			6	7.01	1
1	000 011	CF30/50EZ	30	50	25	19	900
2	000 021	CF30/100EZ	30	100	50	37	1800
3	000 031	CF30/150EZ	30	150	75	55	2700
4	000 041	CF30/200EZ	30	200	100	74	3600
5	000 051	CF30/300EZ	30	300	150	110	5400
6	000 061	CF54/50EZ	54	50	45	33	1620
7	000 071	CF54/100EZ	54	100	90	66	3240
8	000 081	CF54/150EZ	54	150	135	99	4860
9	000 091	CF54/200EZ	54	200	180	132	6480
10	000 101	CF54/300EZ	54	300	270	198	9720
11	000 201	CF54/400EZ	54	400	360	264	12 960
12	000 251	CF54/450EZ	54	450	405	297	14 580
13	000 301	CF54/500EZ	54	500	450	330	16 200
14	000 401	CF54/600EZ	54	600	540	396	19 440
15	000 891	CF105/100EZ	105	100	175	129	6300
16	000 901	CF105/150EZ	105	150	263	193	9450
17	000 911	CF105/200EZ	105	200	350	257	12 600
18	000 921	CF105/300EZ	105	300	525	385	18 900
19	000 931	CF105/400EZ	105	400	700	513	25 200
20	001 931	CF105/450EZ	105	450	788	577	28 350
21	000 941	CF105/500EZ	105	500	875	642	31 500
22	001 031	CF105/600EZ	105	600	1050	770	37 800
23	000 951	CF150/200EZ	150	200	500	367	18 000
24	000 961	CF150/300EZ	150	300	750	550	27 000
25	000 971	CF150/400EZ	150	400	1000	733	36 000
26	001 011	CF150/450EZ	150	450	1125	825	40 500
27	001 021	CF150/500EZ	150	500	1250	916	45 000

注：1. 以上数据仅供参考，具体项目具体分析。

2. 以上数据的弱电容线量按照桥架的填充率 60% 计算，规格大的桥架建议用 50% 来选择（考虑承重以及现场施工等因素）。

（2）卡博菲电缆桥架电力电缆容线量

卡博菲电缆桥架电力电缆容线量如表 4-4 所示。

表 4-4 卡博菲电缆桥架电力电缆容线量表

卡博菲电缆桥架容线量——电力电缆								
序号	产品编号	产品名称	高度（mm）	宽度（mm）	ZRVVP2-3×6	ZRVVP2-4×35＋1×16	ZRVVP2-4×240＋1×120	其他电缆
	外径（mm）				16	28	58	1

（续）

卡博菲电缆桥架容线量——电力电缆								
序号	产品编号	产品名称	高度（mm）	宽度（mm）	ZRVVP2-3×6	ZRVVP2-4×35＋1×16	ZRVVP2-4×240＋1×120	其他电缆
1	000 011	CF30/50EZ	30	50	3	1	1	600
2	000 021	CF30/100EZ	30	100	5	2	1	1200
3	000 031	CF30/150EZ	30	150	8	3	1	1800
4	000 041	CF30/200EZ	30	200	10	4	1	2400
5	000 051	CF30/300EZ	30	300	15	5	2	3600
6	000 061	CF54/50EZ	54	50	5	2	1	1080
7	000 071	CF54/100EZ	54	100	9	3	1	2160
8	000 081	CF54/150EZ	54	150	13	5	1	3240
9	000 091	CF54/200EZ	54	200	17	6	2	4320
10	000 101	CF54/300EZ	54	300	26	9	2	6480
11	000 201	CF54/400EZ	54	400	34	12	3	8640
12	000 251	CF54/450EZ	54	450	38	13	3	9720
13	000 301	CF54/500EZ	54	500	43	14	4	10 800
14	000 401	CF54/600EZ	54	600	51	17	4	12 960
15	000 891	CF105/100EZ	105	100	17	6	2	4200
16	000 901	CF105/150EZ	105	150	25	9	2	6300
17	000 911	CF105/200EZ	105	200	33	11	3	8400
18	000 921	CF105/300EZ	105	300	50	17	4	12 600
19	000 931	CF105/400EZ	105	400	66	22	5	16 800
20	001 931	CF105/450EZ	105	450	74	25	6	18 900
21	000 941	CF105/500EZ	105	500	83	27	7	21 000
22	001 031	CF105/600EZ	105	600	99	33	8	25 200
23	000 951	CF150/200EZ	150	200	47	16	4	12 000
24	000 961	CF150/300EZ	150	300	71	23	6	18 000
25	000 971	CF150/400EZ	150	400	94	31	8	24 000
26	001 011	CF150/450EZ	150	450	106	35	9	27 000
27	001 021	CF150/500EZ	150	500	118	39	9	30 000

注：1. 以上数据仅供参考，具体项目具体分析。

2. 以上数据的弱电容线量按照桥架的填充率50%计算，规格大的桥架建议用40%来选择（考虑承重以及现场施工等因素）。

第 5 章　布线系统标准的有关要求与系统设计技术

虽然我国对计算机的信息、网络布线方面的标准制定比国外晚几年，但现在也逐步在各行业中建立起标准或条例。为了使读者在工程施工过程中把握尺度，作者依据当前最新布线技术、数据中心布线系统的设计技术，结合《综合布线系统工程设计规范》（GB 50311—2016）的要求，介绍布线系统的设计技术。

5.1　布线系统标准的有关要求

1）综合布线系统应是开放式结构，应能支持语音、数据、图像、多媒体等业务信息传递的应用，支持电话及多种计算机数据系统，还应能满足会议电视、弱电系统等系统的需要。

设计综合布线系统应采用星形拓扑结构，该结构下的每个分支子系统都是相对独立的单元，对每个分支单元系统的改动都不影响其他子系统。只要改变节点连接就可在星形、总线型、环形等各种类型网络间进行转换。综合布线系统应采用开放式的结构并应能支持当前普遍采用的各种局部网络及计算机系统，主要有 RS-232-C（同步 / 异步）、星形网（Star）、局域 / 广域网（LAN/WAN）、王安网（Wang OIS/VS）、令牌网（Token Ring）、以太网（Ethernet）、光缆分布数据接口（FDDI）等。

2）参考 GB 50311—2016 版标准的规定，将建筑物综合布线系统分为工作区子系统、配线（水平干线）子系统、干线（垂直干线）子系统、设备间（设备间子系统）、电信间（管理间子系统）、建筑群子系统（楼宇（建筑群）子系统）、进线间 7 个子系统和技术管理。

工作区子系统由终端设备连接到信息插座的连线（软线）组成，它包括装配软线、连接器和连接所需的扩展软线，并在终端设备和输入 / 输出（I/O）之间搭接，相当于电话配线系统中连接话机的用户线及话机终端部分。在智能楼宇布线系统中，工作区用术语服务区（coverage area）替代，通常服务区大于工作区。

配线子系统将干线子系统线路延伸到用户工作区，相当于电话配线系统中配线电缆或连接到用户出线盒的用户线部分。

干线子系统提供建筑物的干线电缆的路由。该子系统由布线电缆组成，或者由电缆和光缆以及将此干线连接到相关的支撑硬件组合而成，相当于电话配线系统中干线电缆。

电信间把中继线交叉连接处和布线交叉连接处连接到公用系统设备上。由设备间的电缆、连接器和相关支撑硬件组成，它把公用系统设备的各种不同设备互连起来，相当于电话配线系统中的站内配线设备及电缆、导线连接部分。

管理间子系统由交叉连接、互连和输入 / 输出（I/O）组成，为连接其他子系统提供连接手段，相当于电话配线系统中每层配线箱或电话分线盒部分。

建筑群子系统由一个建筑物中的电缆延伸到建筑群的另外一些建设物中的通信设备和装置上，它提供楼群之间通信设施所需的硬件。其中，有电缆、光缆和防止电缆的浪涌电压进入建筑物的电气保护设备，相当于电话配线中的电缆保护箱及各建筑物之间的干线电缆。

进线间是建筑物外部通信和信息管线的入口部位，建筑群主干电缆和光缆、公用网和专用网电缆、天线馈线等室外缆线进入建筑物时，应在进线间转换成室内电缆、光缆。进线间转换的缆线类型与容量应与配线设备相一致。

技术管理可参照EIA/TIA-606执行。综合布线系统技术管理的主要内容有：

- 信息端口、配线架、双绞线电缆交接处必须有清晰、永久的编号。信息端口与它在相应楼层配线架内交接处的编号必须一致，应给定唯一的标识符。
- 设备间、电信间、进线间和工作区的配线设备、缆线、信息点等设施应按一定的模式进行标识和文档记录，并予以保存。
- 简单且规模较小的综合布线系统工程可按图纸资料等纸质文档进行管理，并做到记录准确、及时更新、便于查阅。
- 综合布线系统的文档包括系统图、信息端口分布图、各配线架布局图、路由图以及传输性能自测报告等。
- 综合布线系统图反映整个布线系统的基本情况，如光缆的数量、类别、路由，每根光缆的芯数，垂直双绞线电缆的数量、类别、路由，每楼层水平双绞线电缆的数量、类别、信息端口数，各配线架在建筑中的楼层位置，连接硬件的数量、类别，系统的接地位置和每楼层配线间的接地位置。
- 自测报告应反映每个信息端口的水平布线电缆（信息点）、垂直电缆的每一对以及光缆布线的每芯光纤测试通过与否的情况。
- 综合布线系统的文档资料必须按有关技术档案管理规定进行管理。

3）智能建筑与智能建筑园区的工程设计，应根据实际需要，选择适当的综合布线系统，还应符合下列要求：

- 基本型：适用于综合布线系统中配置标准较低的场合，用铜芯对绞电缆组网。
- 增强型：适用于综合布线系统中中等配置标准的场合，用铜芯对绞电缆组网。
- 综合型：适用于综合布线系统中配置标准较高的场合，用光缆和铜芯对绞电缆混合组网。综合型综合布线系统配置应在基本型和增强型综合布线的基础上增设光缆系统。

所有基本型、增强型、综合型综合布线系统都能支持话音/数据等系统，能随工程的需要转向更高功能的布线系统。它们之间的主要区别在于：

- 支持话音和数据服务所采用的方式。
- 在移动和重新布局时实施线路管理的灵活性。

基本型综合布线系统大多数能支持话音/数据，其特点为：

- 这是一种富有价格竞争力的综合布线方案，能支持所有话音和数据的应用。
- 应用于语音、数据或高速数据。
- 便于技术人员管理。
- 能支持多种计算机系统数据的传输。

增强型综合布线系统不仅具有增强功能，而且还可提供发展余地。它支持语音和数据应用，并可按需要利用端子板进行管理。

增强型综合布线系统的特点如下：

- 每个工作区有两个信息插座，不仅机动灵活，而且功能齐全。

❑ 任何一个信息插座都可提供语音和高速数据应用。

❑ 可统一色标，按需要可利用端子板进行管理。

❑ 是一个能为多个数据设备创造部门环境服务的经济有效的综合布线方案。

综合型综合布线系统的主要特点是引入了光缆，可适用于规模较大的智能大楼，其余特点与基本型或增强型相同。

4）综合布线系统应能满足所支持的数据系统的传输速率要求，并应选用相应等级的缆线和传输设备。

计算机系统传输速率要求见表 5-1 所示。

表 5-1 传输速率要求

规程	传输速率要求（bit/s）	规程	传输速率要求（bit/s）
RS-232	≤ 20K	10BASE-T	10M
DCP	100K	16M Token Ring	16M
Star LAN1	1M	TP-PMD/CDDI	100M
IBM3270	1M ～ 10M	100BASE-T	100M
4MToken Ring	4M	ATM	155M/622M

5）综合布线系统应能满足所支持的电话、数据、电视系统的传输标准要求。

6）综合布线系统的分级和传输距离限值应符合表 5-2 所列的规定。

表 5-2 系统分级和传输距离限值

系统分级	最高传输频率	对绞电缆传输距离（m）				光缆传输距离（m）		应用举例
		100Ω 3 类	100Ω 4 类	100Ω 5 类	150Ω	多模	单模	
A	100MHz	2000	3000②	3000②				PBX X.21/V.11
B	1MHz	200	260	260	400			N-ISDN CSDA/CD1BASE5
C	16MHz	100①	150③	160③	250③			CSMA/CD1BASE-T Token Ring 4Mbps Token Ring 16Mbps
D	100MHz			100①	150③			Token Ring 16Mbps B-ISDN（ATM） TP-PMD
光缆	100MHz					2000	3000②	CAMA/CD/FOIRL CSMA/CD 10BASE-F Token Ring FDDI LCF FDDI HIPPI ATM PC

① 100m 距离包括连接软线 / 跳线、工作区和设备区接线在内的 10m 允许总长度，链路的技术条件按 90m 水平电缆、7.5m 长的连接电缆及同类的 3 个连接器来考虑；如果采用的综合性的工作区和设备区，电缆附加总长度不大于 7.5m，则此类用途是有效的。

② 3000m 是国际标准范围规定的极限，不是介质极限。

③关于距离大于水平电缆子系统中的长度为 100m 对绞电缆，应协商可行的应用标准。

5.2　布线系统的设计

综合布线应优先考虑保护人和设备不受电击和火灾危害，严格按照规范考虑照明电线、动力电线、通信线路、暖气管道、冷热空气管道、电梯之间的距离、绝缘线、裸线以及接地与焊接，其次才能考虑线路的走向和美观程度。

5.2.1　综合布线系统设计的步骤

对于一个综合布线系统工程，用户单位总是要有自己的使用目的和需求，但用户单位不设计、不施工此工程，因此设计人员要认真、详细地了解工程项目的实施目标和要求。应根据建筑工程项目范围来设计，建议做法如下：

- ❑ 用户需求分析。
- ❑ 了解地理布局。
- ❑ 尽可能全面地获取工程相关的资料。
- ❑ 系统结构设计。
- ❑ 布线路由设计。
- ❑ 安装设计。
- ❑ 工程经费投资。
- ❑ 可行性论证。
- ❑ 绘制综合布线施工图。
- ❑ 施工的材料设备清单。
- ❑ 施工和验收。

1. 用户需求分析

一个单位或一个部门要建设计算机网络，总是要有自己的目的，也就是说要解决什么样的问题。用户的问题往往是实际存在的问题或是某种要求，那么专业技术人员应根据用户的要求用网络工程的语言描述出来，使用户能理解你所做的工程。要使用户理解你所做的工程，建议做法如下。

1）确定工程实施的范围，主要包括：

- ❑ 实施综合布线工程的建筑物的数量。
- ❑ 各建筑物的各类信息点数量及分布情况。
- ❑ 各建筑物配线间和设备间的位置。
- ❑ 整个建筑群的中心机房的位置。

2）确定系统的类型：确定本工程是否包括计算机网络通信、电话语音通信、有线电视系统、闭路视频监控等系统，并要求统计各类系统信息点的分布及数量。

3）确定系统各类信息点接入要求，主要包括：

- ❑ 信息点接入设备类型。
- ❑ 未来预计需要扩展的设备数量。
- ❑ 信息点接入的服务要求。

4）确定系统业务范围，包括：

- ❑ 确定用户需要一个多大容量的服务器，并估算该部门的信息量，从而确定服务器。
- ❑ 确定网络操作系统。

- 确定网络服务软件，如 email 等。

2. 了解地理布局

对于地理布局，工程施工人员必须到现场查看，其中要注意的要点如下。

- 用户数量及其位置。
- 任何两个用户之间的最大距离。
- 在同一楼内，用户之间的从属关系。
- 楼与楼之间布线走向，楼层内布线走向。
- 用户信息点数量和安装的位置。
- 建筑物预埋的管槽分布情况。
- 建筑物垂直干线布线的走向。
- 配线（水平干线）布线的走向。
- 有什么特殊要求或限制。
- 与外部互连的需求。
- 设备间所在位置。
- 设备间供电问题与解决方式。
- 电信间所在位置。
- 电信间供电问题与解决方式。
- 进线间所在位置。
- 交换机或集线器供电问题与解决方式。
- 对工程施工的材料要有所要求。

3. 尽可能全面地获取工程相关的资料

要尽可能全面地获取工程相关的资料，包括如下几方面。

1）了解用户设备类型：要确定用户有多少，目前个人计算机有多少台，将来最终配置多少个人计算机，需要配些什么设备，数量等问题。

2）了解网络服务范围，包括：

- 数据库，应用程序共享程度。
- 文件的传送存取。
- 用户设备之间的逻辑连接。
- 网络互连。
- 电子邮件。
- 多媒体服务要求程度。

3）通信类型，包括：

- 数字信号。
- 视频信号。
- 语音信号（电话信号）。
- 通信是否是 X.25 分组交换网。
- 通信是否是数字数据网（DDN）。
- 通信是否是综合业务数字网（ISDN）。
- 通信是否是帧中继网。
- 是否包括多服务访问技术虚拟专用网（VPN）。

4）网络拓扑结构：选用星形结构、总线型结构或其他结构。

5）网络工程经费投资，包括：

- 设备投资（软件、硬件）。
- 网络工程材料费用投资。
- 网络工程施工费用投资。
- 安装、测试费用投资。
- 培训与运行费用投资。
- 维护费用投资。

4. 网络工程的分析与设计

在了解网络工程后，应对网络工程进行分析和设计。在这一步骤一般应注意以下几点。

1）选用成熟的产品，其优点有：

- 减少开发时间。
- 用户能够得到长期的支持。
- 价格便宜。
- 有完备的技术资料。

2）选择厂家与施工单位，包括：

- 制定出功能需求说明书（供厂家、施工单位用）。
- 厂家、施工单位投标竞选。
- 评议标书（投标单位进行答辩）。
- 签订合同。
- 保证售后和施工后的服务支持。

3）网络工程工作清单，包括：

- 微机、服务器、UPS清单。
- 网络设备材料清单。
- 施工工程材料费清单。
- 网络工程施工费用清单。
- 网络工程施工进度表。

建立一个网络工程不是一件简单的事，要考虑上述要求。事实上，你必须具备网络的基本知识，知道网络的构成部件，以及建网时可能遇到的问题。

5. 建网时需要解决的问题

建网时需要解决的问题如下。

1）网络规划，包括：

- 网络系统使用什么样的软件？
- 网络使用的重点是什么（办公自动化、文件传输、电子邮件等）？
- 与Internet有什么联系？

要根据业务需求来选择一个能够符合需求的软件和网络体系，并做好网络规划。

2）网络的用户个数。用户分布状态如何？各业务部门与网络之间的关系要如何规划？

3）设备需求分析，包括：

- 选择什么样的网络产品？
- 原有设备需做何种改变？

- ❏ 需要新购什么样的设备？
- ❏ 需要多少网络共享资源？服务器的选择和分布位置如何？
- ❏ 局域网与远程网或其他网络怎样连接？它们又需要购买什么样的设备？
- ❏ 网络布线计划。布线配置必须有详细的网络节点图、设备安装地点。
- ❏ 经费预算。
- ❏ 今后扩展计划。

4）信息安全性考虑，信息的备份系统、信息保密系统、计算机病毒的防范。

5）网络管理：网络管理分为人工管理和智能型网络管理。人工管理需要一个网络管理者，专门负责整个网络的运行、维护、规划以及不同网络的协调。智能型网络管理需要购买网管软件。

6）网络系统设备选型，原则上要考虑以下四点：

- ❏ 适用性与先进性相结合。千兆交换机价格较高，但不同品牌的产品差异极大，功能也不一样，因此选择时不能只看品牌或追求高价，也不能只看价钱低的，应该根据应用的实际情况，选择性价比高，既能满足目前需要，又能适应未来几年网络发展需要的交换机，以避免重复投资或超前投资。
- ❏ 选择市场主流产品的原则。选择千兆交换机时，应选择在国内市场上有相当的份额，具有高性能、高可靠性、高安全性、可扩展性、可维护性的产品。高端产品如思科、3Com、华为等公司的产品，中低端产品如锐捷（实达）、华为、联想等公司的产品。
- ❏ 安全可靠的原则。交换机的安全决定了网络系统的安全，选择交换机时这一点是非常重要的。交换机的安全主要表现在 VLAN 的划分、交换机的过滤技术上。
- ❏ 产品与服务相结合的原则。选择交换机时，既要看产品的品牌，又要看生产厂商和销售商品是否有强大的技术支持、良好的售后服务，否则当买回来的交换机出现故障时，既没有技术支持又没有产品服务，会使企业蒙受损失。

7）安装设计：在完成规划工作后，要考虑安装设计，综合利用网络用户的业务和环境位置，进行初步的布线结构设计。

8）招标、施工和验收：在网络工程招标时，应慎重选择经验丰富、售后服务良好的厂家。现在各种各样的公司很多，选择厂家时主要看：

- ❏ 它的技术力量如何？它有什么背景（指技术支持）？
- ❏ 做过什么工程？有必要进行实地考察。
- ❏ 服务质量如何（包括维护服务）？
- ❏ 价格问题（价格问题不是决定一切的因素，主要取决于价格质量比。一个高素质的厂家当然要比名声小的厂家要价高，应允许高出 10% ～ 15%）。
- ❏ 厂家在理论研究和应用方面具有什么样的特色？

9）网络的使用和教育培训：网络系统建立后，首要任务是使用。一个网络系统建设成功与否，主要看用户的使用情况。使用的前提是教育培训，培训一般分为四种情况：

- ❏ 管理阶层的培训（领导层）。
- ❏ 管理人员的培训。
- ❏ 网络软件开发人员的培训。
- ❏ 一般用户的培训。

10）网络接口板的选择：在组网拓扑结构确定以后，选择网络接口板将是一个很重要的问题。这是因为不同的网络接口板支持不同的网络拓扑结构，其网络性能也不完全相同（对下是兼容的）。

对于总线型拓扑结构，使用Novell网络接口板时，可选用支持主机16位ISA总线的NE-2000或支持32位EISA总线的NE-3200。市场上流行多种接口板，选择时注意你的工作站机器是16位的还是32位的。

市场上流行的网卡有诸多厂家，大多是兼容的。如果你设计的是高速光纤系统，那你必须使用同一厂商的卡。

11）配套产品的订购：配套产品主要包括集线器、机柜、线缆、线槽、使用工具的订购等，均需与有关供货商确定供货品种、数量、日期和支付方式。

6. 网络传输介质的选择

传输介质的选择和介质访问控制方法有极其密切的关系。传输介质决定了网络的传输速率，网络段的最大长度、传输可靠性（抗电磁干扰能力）、网络接口板的复杂程度等，对网络成本也有巨大影响。随着多媒体技术的广泛应用，宽带局域网络支持数据、图像和声音在同一传输介质中传输是今后局域网络的应用发展方向。

网络传输介质的选择，就是根据性能价格比要求，在非屏蔽、屏蔽双绞线电缆，基带同轴电缆以及光缆之间进行选择，以确定采用何种传输介质，使用何种介质访问方法更合适。

（1）双绞线

双绞线的传输速率比较高，能支持各种不同类型的网络拓扑结构，控制共模干扰能力强，可靠性高。双绞线有屏蔽和非屏蔽两类。目前，一般用户都喜欢选用4对线的双绞线（每对双绞线在每英寸中互绞的次数不同，互绞可以消除来自相邻双绞线和外界电子设备的电子噪声）。

使用双绞线作为基带数字信号的传输介质成本较低，是一种廉价的选择。但双绞线受网段最大长度的限制，只能适应小范围的网络。一般双绞线的最大长度为100m，双绞线的每端需要一个RJ-45接头。

（2）同轴电缆

同轴电缆的抗干扰能力优于双绞线。在同轴电缆中有粗同轴电缆（直径为10mm，阻抗为50W）和细同轴电缆（信号衰减较大，抗干扰能力低）。IEEE 802.3物理层关于粗细电缆网络的技术参数标准如表5-3所示。

表5-3　IEEE 802.3物理层关于粗细电缆网络的技术参数

技术参数	10BASE2（细电缆）	10BASE5（粗电缆）
传输媒体	同轴电缆（50Ω）	同轴电缆（50Ω）
信号技术	基带（曼彻斯特码）	基带（曼彻斯特码）
数据速率（Mbps）	10	10
最大段长（m）	185	500
网络跨度（m）	925	2500
每段节点数	100	30
节点间距（m）	2.5	0.5
电缆直径（mm）	10	5
Slottime（bit）	512	512
帧间间隙（ms）	9.6	9.6

（续）

技术参数	10BASE2（细电缆）	10BASE5（粗电缆）
重传尝试次数极限	16	16
避极限	10	10
JAM 信号长度（bit）	32	32
最大帧长（8 位组）	1518	1518
最小帧长（8 位组）	64	64

（3）光缆

光缆是利用全内反射光束传输编码信息。它的特点是频带宽，衰减小，传输速率高，传输距离远，不受外界电磁干扰。目前，千兆、万兆以太网的应用采用光缆方案。

上述 3 种材料各有特点，从应用的发展趋势来看，小范围的局域网选择双绞线较好，大范围的选择光缆较好。

7. 系统结构设计

系统结构设计要重点注意 7 点内容，下面分别介绍。

（1）工作区配置设计

在综合布线系统中，一个独立的需要安装终端设备的区域称为工作区。工作区是由终端设备、与水平子系统相连的信息插座以及连接终端设备的软跳线构成的。工作区配置设计应注意如下内容。

1）工作区适配器的选用规定，包括：

- 设备的连接插座应与连接电缆的插头匹配，不同的插座与插头之间应加装适配器。
- 在连接使用信号的数模转换，光、电转换，数据传输速率转换等相应的装置时，采用适配器。
- 对于网络规程的兼容，采用协议转换适配器。
- 各种不同的终端设备或适配器均安装在工作区的适当位置，并应考虑现场的电源与接地。

2）每个工作区的服务面积应按不同的应用功能确定。

（2）配线子系统配置设计

配线子系统配置设计应注意如下内容：

1）根据工程提出的近期和远期终端设备的设置要求，用户性质、网络构成及实际需要确定建筑物各层需要安装信息插座模块的数量及其位置，配线应留有扩展余地。

2）配线子系统缆线应采用非屏蔽或屏蔽 4 对对绞电缆，在需要时也可采用室内多模或单模光缆。

3）电信间与电话交换配线及计算机网络设备之间的连接方式要求包括：

- 电话交换配线的连接方式应符合电话交换配线的要求。
- 计算机网络设备连接方式应符合电话交换配线的要求。

4）每一个工作区信息插座模块（电、光）的数量不宜少于两个，并满足各种业务的需求。

5）底盒数量应以插座盒面板设置的开口数确定，每一个底盒支持安装的信息点数量不宜大于两个。

6）光纤信息插座模块安装的底盒大小应充分考虑到水平光缆（2 芯或 4 芯）终接处的光缆盘留空间，并满足光缆对弯曲半径的要求。

7）工作区的信息插座模块应支持不同的终端设备接入，每一个8位模块通用插座应连接一根4对对绞电缆；对每一个双工或两个单工光纤连接器件及适配器连接一根2芯光缆。

8）从电信间至每一个工作区，水平光缆宜按2芯光缆配置。光纤至工作区域满足用户群或大客户使用时，光纤芯数至少应有2芯备份，按4芯水平光缆配置。

9）连接至电信间的每一根水平电缆/光缆应终接于相应的配线模块，配线模块与缆线容量相适应。

10）电信间FD主干侧各类配线模块应按电话交换机、计算机网络的构成及主干电缆/光缆所需的容量要求及选用的模块类型和规格进行配置。

11）电信间FD采用的设备缆线和各类跳线宜按计算机网络设备的使用端口容量和电话交换机的实装容量、业务的实际需求或信息点总数的比例进行配置，比例范围为25%～50%。

（3）干线子系统配置设计

干线子系统配置设计应注意如下内容：

1）干线子系统所需要的电缆总对数和光纤总芯数应满足工程的实际需求，并留有适当的备份容量。主干缆线应设置电缆与光缆，并互相作为备份路由。

2）干线子系统主干缆线应选择较短的安全的路由。主干电缆应采用点对点终接，也可采用分支递减终接。

3）如果电话交换机和计算机主机设置在建筑物内不同的设备间，宜采用不同的主干缆线来分别满足语音和数据的需要。

4）在同一层若干电信间之间宜设置干线路由。

5）主干电缆和光缆所需的容量要求及配置应符合以下规定：

- 对语音业务，大对数主干电缆的对数应按每个电话8位模块通用插座配置1对线，并在总需求线对的基础上至少预留约10%的备用线对。
- 对于数据业务应以集线器（hub）或交换机（sw）群（按4个集线器或交换机组成1群），或以每个集线器或交换机设备设置1个主干端口配置。每1群网络设备或每4个网络设备应考虑1个备份端口。主干端口为电端ICl时，应按4对线容量配置；为光端口时，则按2芯光纤容量配置。
- 当工作区至电信间的水平光缆延伸至设备间的光配线设备（BD/CD）时，主干光缆的容量应包括所延伸的水平光缆光纤的容量在内。
- 建筑物与建筑群配线设备处各类设备缆线和跳线的配备按计算机网络设备的使用端口容量和电话交换机的实装容量、业务的实际需求或信息点总数的比例进行配置，比例范围为25%～50%。

（4）建筑群子系统配置设计

建筑群子系统配置设计应注意如下内容：

1）CD宜安装在进线间或设备间，并可与入口设施或BD合用场地。

2）CD配线设备内、外侧的容量应与建筑物内连接BD配线设备的建筑群主干缆线容量及建筑物外部引入的建筑群主干缆线容量相一致。

（5）设备间配置设计

设备间配置设计应注意如下内容：

1）在设备间内安装的BD配线设备干线侧容量应与主干缆线的容量相一致。设备侧的容量应与设备端口容量相一致或与干线侧配线设备容量相同。

2）BD 配线设备与电话交换机及计算机网络设备的连接方式应符合电信间与电话交换配线及计算机网络设备之间的连接方式要求。

（6）进线间配置设计

进线间配置设计应注意如下内容：

1）建筑群主干电缆和光缆、公用网和专用网电缆、光缆及天线馈线等室外缆线进入建筑物时，应在进线间终端转换成室内电缆、光缆，并在缆线的终端处可由多家电信业务经营者设置入口设施，入口设施中的配线设备应按引入的电、光缆容量配置。

2）电信业务经营者在进线间设置安装的入口配线设备应与 BD 或 CD 之间敷设相应的连接电缆、光缆，实现路由互通。缆线类型与容量应与配线设备相一致，满足接入业务及多家电信业务经营者缆线接入的需求，并应留有 2 ～ 4 孔的余量。

（7）电信间配置设计

电信间配置设计应注意如下内容：

1）电信间的数量应按所服务的楼层范围及工作区面积来确定。如果该层信息点数量不大于 400 个，水平缆线长度在 90m 范围以内，宜设置一个电信间；当超出这一范围时，宜设置两个或多个电信间；在每层的信息点数量较少，且水平缆线长度不大于 90m 的情况下，宜几个楼层合设一个电信间。

2）电信间应与强电间分开设置，电信间内或其紧邻处应设置缆线竖井。

3）电信间的使用面积不应小于 5m^2，也可根据工程中配线设备和网络设备的容量进行调整。

4）电信间的设备安装和电源要求应符合本规范的规定。

5）电信间应采用外开丙级防火门，门宽大于 0.7m。电信间内温度应为 10℃～ 35℃，相对湿度宜为 20% ～ 80%。安装信息网络设备时，应符合相应的设计要求。

（8）技术管理

技术管理应注意如下内容：

1）对设备间、电信间、进线间和工作区的配线设备、缆线、信息点等设施应按一定的模式进行标识和记录，并符合下列规定：

- 综合布线系统工程宜采用计算机进行文档记录与保存，简单且规模较小的综合布线系统工程可按图纸资料等纸质文档进行管理，并做到记录准确、及时更新、便于查阅；文档资料应实现汉化。
- 综合布线的每个电缆、光缆、配线设备、端接点、接地装置、敷设管线等组成部分均应给定唯一的标识符，并设置标签。标识符应采用相同数量的字母和数字等标明。
- 电缆和光缆的两端均应标明相同的标识符。
- 设备间、电信间、进线间的配线设备宜采用统一的色标来区别各类业务与用途的配线区。

2）所有标签应保持清晰、完整，并满足使用环境要求。

3）对于规模较大的布线系统工程，为提高布线工程维护水平与网络安全性，宜采用电子配线设备对信息点或配线设备进行管理，以显示与记录配线设备的连接、使用及变更状况。

4）综合布线系统相关设施的工作状态信息应包括：设备和缆线的用途、使用部门、组成局域网的拓扑结构、传输信息速率、终端设备配置状况、占用器件编号、色标、链路与信道的功能和各项主要指标参数及完好状况、故障记录等，还应包括设备位置和缆线走向等内容。

5.2.2　布线系统的信道

1. 综合布线系统铜线缆的信道

综合布线系统铜线缆的信道最长为100m，配线（水平）缆线最长为90m，跳线最长为10m。布线连接方式分为信道和永久链路。信道和永久链路划分如图5-1所示。

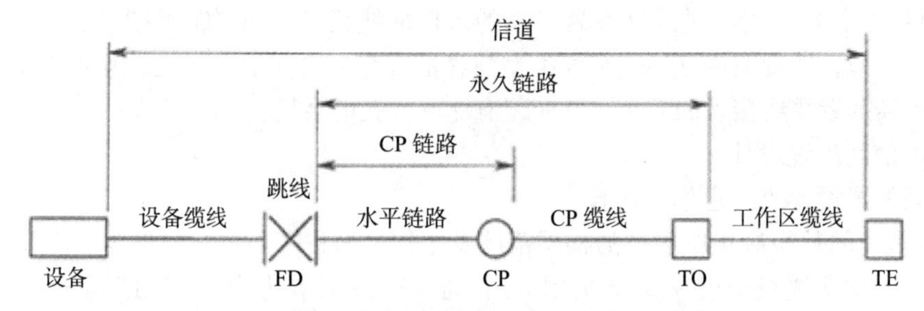

图5-1　综合布线系统铜线缆的信道和永久链路划分

2. 光纤信道和连接

光纤信道和连接应符合以下要求：

1）配线（水平）光缆和主干光缆至楼层电信间的光纤配线设备应经光纤跳线连接。光纤跳线连接如图5-2所示。

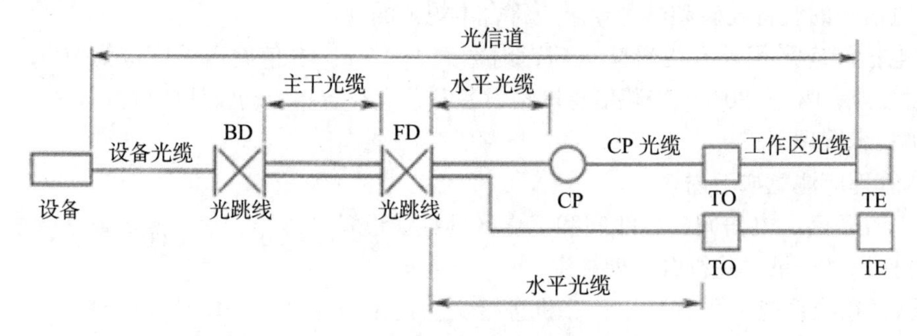

图5-2　光纤跳线连接

2）水平光缆和主干光缆应在楼层电信间端接。光缆在电信间端接如图5-3所示。

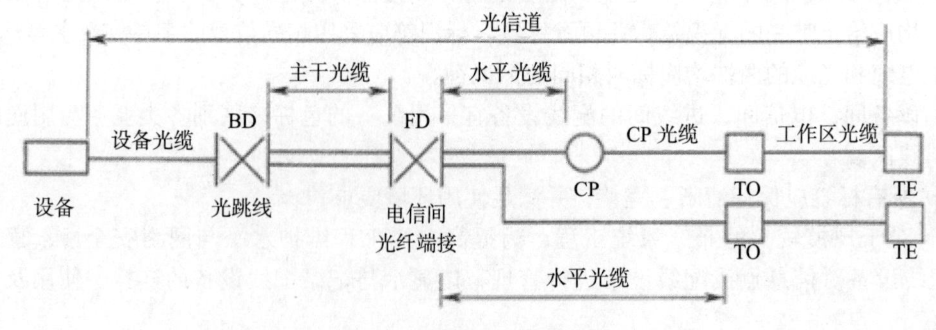

图5-3　光缆在电信间端接

3）水平光缆经过电信间直接连接大楼设备间。水平光缆直接连接设备间端接如图 5-4 所示。

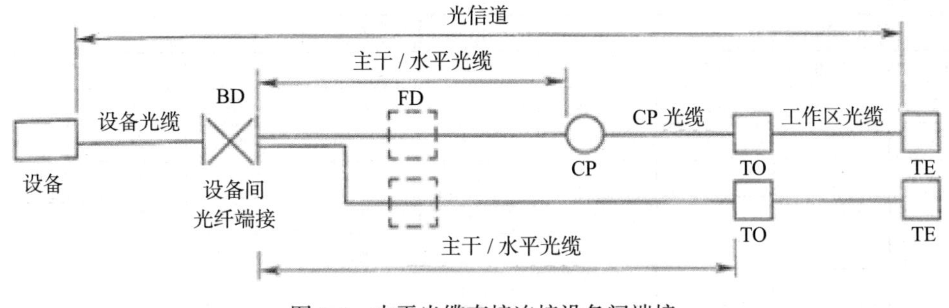

图 5-4　水平光缆直接连接设备间端接

5.2.3　布线系统设计的系统指标

综合布线系统设计的系统指标重点是指信道、永久链路、光缆的指标，包括如下 13 点内容：

1）综合布线系统的产品技术指标要考虑机械性能指标（如缆线结构、直径、材料、承受拉力、弯曲半径等）。

2）100Ω 对绞电缆组成的布线系统信道和永久链路、CP 链路的具体指标项目应包括下列内容：

- 3 类、5 类布线系统应考虑指标项目为衰减、近端串扰（NEXT）。
- 5e 类、6 类、7 类布线系统应考虑指标项目为插入损耗、近端串扰、衰减串扰比、等电平远端串扰、近端串扰功率和、衰减串扰比功率和、等电平远端串扰功率和、回波损耗、时延、时延偏差等。
- 屏蔽的布线系统还应考虑非平衡衰减、传输阻抗、耦合衰减及屏蔽衰减。

3）综合布线系统工程设计中，信道要重点注意 11 项指标值，具体内容如下：

- 信道回波损耗（RL）。布线系统信道的最小回波损耗值应符合表 5-4 的要求。

表 5-4　信道回波损耗值

频率（MHz）	最小 RL 值（dB）					
	等级					
	C	D	E	EA	F	FA
1	15.0	19.0	21.0	21.0	21.0	21.0
16	15.0	19.0	20.0	20.0	20.0	20.0
100	—	12.0	14.0	14.0	14.0	14.0
250	—	—	10.0	10.0	10.0	10.0
500	—	—	—	8.0	10.0	10.0
600	—	—	—	—	10.0	10.0
1000	—	—	—	—	—	8.0

- 信道的插入损耗（IL）。布线系统信道的最大插入损耗值应符合表 5-5 的规定。

表 5-5 信道插入损耗值

频率（MHz）	最大 IL 值（dB）							
	等级							
	A	B	C	D	E	EA	F	FA
0.1	16.0	5.5	—	—	—	—	—	—
1	—	5.8	4.0	4.0	4.0	4.0	4.0	4.0
16	—	—	12.2	7.7	7.1	7.0	6.9	6.8
100	—	—	—	20.4	18.5	17.8	17.7	17.3
250	—	—	—	—	30.7	28.9	28.8	27.7
500	—	—	—	—	—	42.1	42.1	39.8
600	—	—	—	—	—	—	46.6	43.9
1000	—	—	—	—	—	—	—	57.6

❑ 信道近端串扰（NEXT）。线对与线对之间的近端串扰在布线的两端均应符合 NEXT 值的要求，信道的近端串扰值应符合表 5-6 的规定。

表 5-6 信道近端串扰值

频率（MHz）	最小 NEXT 值（dB）							
	等级							
	A	B	C	D	E	EA	F	FA
0.1	27.0	40.0	—	—	—	—	—	—
1	—	25.0	40.1	64.2	65.0	65.0	65.0	65.0
16	—	—	21.1	45.2	54.6	54.6	65.0	65.0
100	—	—	—	32.3	41.8	41.8	65.0	65.0
250	—	—	—	—	35.3	35.3	60.4	61.7
500	—	—	—	—	—	29.2 27.9①	55.9	56.1
600	—	—	—	—	—	—	54.7	54.7
1000	—	—	—	—	—	—	—	49.1 47.9①

①为有 CP 点存在的永久链路指标。

❑ 信道近端串扰功率和（PS NEXT）。信道近端串扰功率和只应用于布线系统的 D、E、F 级。D、E、F 级布线系统信道的 PS NEXT 值应符合表 5-7 的规定。

表 5-7 信道近端串扰功率和值

频率（MHz）	最小 PS NEXT 值（dB）				
	等级				
	D	E	EA	F	FA
1	57.0	62.0	62.0	62.0	62.0
16	42.2	52.2	52.2	62.0	62.0
100	29.3	39.3	39.3	62.0	62.0
250	—	32.7	32.7	57.4	58.7
500	—	—	26.4 24.8①	52.9	53.1
600	—	—	—	51.7	51.7

（续）

频率（MHz）	最小 PS NEXT 值（dB）				
	等级				
	D	E	EA	F	FA
1000	—	—	—	—	46.1 44.9①

①为有 CP 点存在的永久链路指标。

❑ 信道衰减串扰比（ACR）。线对与线对之间的衰减串扰比只应用于布线系统的 D、E、F 级。D、E、F 级布线系统信道的 ACR 值应符合表 5-8 的规定。

表 5-8 信道衰减串扰比值

频率（MHz）	最小 ACR-N 值（dB）				
	等级				
	D	E	EA	F	FA
1	60.2	61.0	61.0	61.0	61.0
16	37.5	47.5	47.6	58.1	58.2
100	11.9	23.3	24.0	47.3	47.7
250	—	4.7	6.4	31.6	34.0
500	—	—	14.2	13.8	16.4
600	—	—	—	8.1	10.8
1000	—	—	—	—	−8.5 −9.7①

①为有 CP 点存在的永久链路指标。

❑ 信道 ACR 功率和（PS ACR）。ACR 功率和只应用于布线系统的 D、E、F 级。D、E、F 级布线系统信道的 ACR 功率和值应符合表 5-9 的规定。

表 5-9 信道 ACR 功率和

频率（MHz）	最小 PS ACR-N 值（dB）				
	等级				
	D	E	EA	F	FA
1	53.0	58.0	58.0	58.0	58.0
16	34.5	45.1	45.2	55.1	55.2
100	8.9	20.8	21.5	44.3	44.7
250	—	2.0	3.8	28.6	31.0
500	—	—	−15.7 −16.3①	10.8	13.4
600	—	—	—	5.1	7.8
1000	—	—	—	—	−11.5 −12.7①

①为有 CP 点存在的永久链路指标。

❑ 信道等电平远端串扰（ELFEXT）。线对与线对之间等电平远端串扰只应用于布线系统的 D、E、F 级。D、E、F 级等电平远端串扰数值应符合表 5-10 的规定。

表 5-10 信道等电平远端串扰值

频率(MHz)	最小 ACR-F 值(dB)				
	等级				
	D	E	EA	F	FA
1	58.6	64.2	64.2	65.0	65.0
16	34.5	40.1	40.1	59.3	64.7
100	18.6	24.2	24.2	46.0	48.8
250	—	16.2	16.2	39.2	40.8
500	—	—	10.2	34.0	34.8
600	—	—	—	32.6	33.2
1000	—	—	—	—	28.8

❑ 信道直流环路电阻(d.c.)。布线系统信道的直流环路电阻应符合表 5-11 的规定。

表 5-11 信道直流环路电阻

最大直流环路电阻(Ω)							
等级							
A	B	C	D	E	EA	F	FA
530	140	34	21	21	21	21	21

❑ 信道传播时延。布线系统信道的传播时延应符合表 5-12 的规定。

表 5-12 信道传播时延

频率(MHz)	最大传播时延(μs)							
	等级							
	A	B	C	D	E	EA	F	FA
0.1	19.4	4.4	—	—	—	—	—	—
1	—	4.4	0.521	0.521	0.521	0.521	0.521	0.521
16	—	—	0.496	0.496	0.496	0.496	0.496	0.496
100	—	—	—	0.491	0.491	0.491	0.491	0.491
250	—	—	—	—	0.490	0.490	0.490	0.490
500	—	—	—	—	—	0.490	0.490	0.490
600	—	—	—	—	—	—	0.489	0.489
1000	—	—	—	—	—	—	—	0.489

❑ 信道传播时延偏差。布线系统信道的传播时延偏差应符合表 5-13 的规定。

表 5-13 信道传播时延偏差

等级	频率 f(MHz)	最大时延偏差(μs)
A	$f=0.1$	—
B	$0.1 \leqslant f \leqslant 1$	—
C	$1 \leqslant f \leqslant 16$	0.044①
D	$1 \leqslant f \leqslant 100$	0.044①
E	$1 \leqslant f \leqslant 250$	0.044①
EA	$1 \leqslant f \leqslant 500$	0.044①
F	$1 \leqslant f \leqslant 600$	0.026②
FA	$1 \leqslant f \leqslant 1000$	0.026②

①为 $0.9 \times 0.045+3 \times 0.00125$ 计算结果。

②为 $0.9 \times 0.025+3 \times 0.00125$ 计算结果。

❑ 信道最大不平衡衰减。一个信道的最大不平衡衰减应符合表 5-14 的规定。

表 5-14 信道不平衡衰减

等级	频率（MHz）	最大不平衡衰减（dB）
A	f：0.1	30
B	f：0.1 和 1	在 0.1MHz 时为 45；在 1MHz 时为 20
C	$1 \leqslant f<16$	30 ～ 5 lg（f）f.f.S.
D	$1 \leqslant f \leqslant 100$	40 ～ 10 lg（f）f.f.S.
E	$1 \leqslant f \leqslant 250$	40 ～ 10 lg（f）f.f.S.
F	$1 \leqslant f \leqslant 600$	40 ～ 10 lg（f）f.f.S.

4）对于信道的电缆导体的指标要求应符合以下规定：

❑ 在信道每一线对中两个导体之间的不平衡直流电阻针对各等级布线系统不应超过 3%。

❑ 在各种温度条件下，布线系统 D、E、F 级信道线针对每一导体最小的传送直流电流应为 0.175A。

❑ 在各种温度条件下，布线系统 D、E、F 级信道的任何导体之间应支持 72V 直流工作电压，每一线对的输入功率应为 10W。

5）永久链路的各项指标的规定。永久链路要重点注意 12 项指标值，具体内容如下：

❑ 永久链路的最小回波损耗值。布线系统永久链路的最小回波损耗值应符合表 5-15 的规定。

表 5-15 永久链路最小回波损耗值

频率（MHz）	最小 RL 值（dB）					
	等级					
	C	D	E	EA	F	FA
1	15.0	19.0	21.0	21.0	21.0	21.0
16	15.0	19.0	20.0	20.0	20.0	20.0
100	—	12.0	14.0	14.0	14.0	14.0
250	—	—	10.0	10.0	10.0	10.0
500	—	—	—	8.0	10.0	10.0
600	—	—	—	—	10.0	10.0
1000	—	—	—	—	—	8.0

❑ 永久链路的最大插入损耗值。布线系统永久链路的最大插入损耗值应符合表 5-16 的规定。

表 5-16 永久链路最大插入损耗值

频率（MHz）	最大 IL 值（dB）							
	等级							
	A	B	C	D	E	EA	F	FA
0.1	16.0	5.5	—	—	—	—	—	—
1	—	5.8	4.0	4.0	4.0	4.0	4.0	4.0
16	—	—	12.2	7.7	7.1	7.0	6.9	6.8
100	—	—	—	20.4	18.5	17.8	17.7	17.3

（续）

频率（MHz）	最大 IL 值（dB）							
	等级							
	A	B	C	D	E	EA	F	FA
250	—	—	—	—	30.7	28.9	28.8	27.7
500	—	—	—	—	—	42.1	42.1	39.8
600	—	—	—	—	—	—	46.6	43.9
1000	—	—	—	—	—	—	—	57.6

❑ 永久链路的最小近端串扰值。布线系统永久链路的最小近端串扰值应符合表 5-17 的规定。

表 5-17　永久链路最小近端串扰值

频率（MHz）	最小 NEXT 值（dB）							
	等级							
	A	B	C	D	E	EA	F	FA
0.1	27.0	40.0	—	—	—	—	—	—
1	—	25.0	40.1	64.2	65.0	65.0	65.0	65.0
16	—	—	21.1	45.2	54.6	54.6	65.0	65.0
100	—	—	—	32.3	41.8	41.8	65.0	65.0
250	—	—	—	—	35.3	35.3	60.4	61.7
500	—	—	—	—	—	29.2 27.9①	55.9	56.1
600	—	—	—	—	—	—	54.7	54.7
1000	—	—	—	—	—	—	—	49.1 47.9①

①为有 CP 点存在的永久链路指标。

❑ 永久链路最小近端串扰功率和。布线系统永久链路的最小近端串扰功率和值应符合表 5-18 的规定。

表 5-18　永久链路最小近端串扰功率和值

频率（MHz）	最小 PS NEXT 值（dB）				
	等级				
	D	E	EA	F	FA
1	57.0	62.0	62.0	62.0	62.0
16	42.2	52.2	52.2	62.0	62.0
100	29.3	39.3	39.3	62.0	62.0
250	—	32.7	32.7	57.4	58.7
500	—	—	26.4 24.8①	52.9	53.1
600	—	—	—	51.7	51.7
1000	—	—	—	—	46.1 44.9①

①为有 CP 点存在的永久链路指标。

❑ 永久链路的最小 ACR 值。布线系统永久链路的最小 ACR 值应符合表 5-19 的规定。

表 5-19　永久链路最小 ACR 值

频率（MHz）	最小 ACR-N 值（dB）				
	等级				
	D	E	EA	F	FA
1	60.2	61.0	61.0	61.0	61.0
16	37.5	47.5	47.6	58.1	58.2
100	11.9	23.3	24.0	47.3	47.7
250	—	4.7	6.4	31.6	34.0
500	—	—	−12.9 −14.2①	13.8	16.4
600	—	—	—	8.1	10.8
1000	—	—	—	—	−8.5 −9.7①

❑ 永久链路的最小 PS ACR 值。布线系统永久链路的衰减近端串扰比功率和（PS ACR-N）值应符合表 5-20 的规定。

表 5-20　永久链路最小 PS ACR 值

频率（MHz）	最小 PS ACR-N 值（dB）				
	等级				
	D	E	EA	F	FA
1	53.0	58.0	58.0	58.0	58.0
16	34.5	45.1	45.2	55.1	55.2
100	8.9	20.8	21.5	44.3	44.7
250	—	2.0	3.8	28.6	31.0
500	—	—	−15.7 −16.3①	10.8	13.4
600	—	—	—	5.1	7.8
1000	—	—	—	—	−11.5 −12.7①

①为有 CP 点存在的永久链路指标。

❑ 永久链路的最小等电平远端串扰值。布线系统永久链路的线对与线对之间的衰减远端串扰比（ACR-F）在布线的两端均应符合 ACR-F 值要求，最小等电平远端串扰值应符合表 5-21 的规定。

表 5-21　永久链路线对与线对之间最小等电平远端串扰值

频率（MHz）	最小 ACR-F 值（dB）				
	等级				
	D	E	EA	F	FA
1	58.6	64.2	64.2	65.0	65.0
16	34.5	40.1	40.1	59.3	64.7
100	18.6	24.2	24.2	46.0	48.8
250	—	16.2	16.2	39.2	40.8
500	—	—	10.2	34.0	34.8
600	—	—	—	32.6	33.2
1000	—	—	—	—	28.8

❑ 永久链路的最大直流环路电阻（d.c.）。布线系统永久链路的最大直流环路电阻应符合表5-22的规定。

表5-22 永久链路的最大直流环路电阻

最大直流环路电阻（Ω）							
等级							
A	B	C	D	E	EA	F	FA
530	140	34	21	21	21	21	21

❑ 永久链路的最大传播时延。布线系统永久链路的最大传播时延应符合表5-23的规定。

表5-23 永久链路最大传播时延值

频率（MHz）	最大传播时延（μs）							
	等级							
	A	B	C	D	E	EA	F	FA
0.1	19.4	4.4	—	—	—	—	—	—
1	—	4.4	0.521	0.521	0.521	0.521	0.521	0.521
16	—	—	0.496	0.496	0.496	0.496	0.496	0.496
100	—	—	—	0.491	0.491	0.491	0.491	0.491
250	—	—	—	—	0.490	0.490	0.490	0.490
500	—	—	—	—	—	0.490	0.490	0.490
600	—	—	—	—	—	—	0.489	0.489
1000	—	—	—	—	—	—	—	0.489

❑ 永久链路的最大传播时延偏差。布线系统永久链路的最大传播时延偏差应符合表5-24的规定。

表5-24 永久链路传播时延偏差

等级	频率 f（MHz）	最大时延偏差（μs）	等级	频率 f（MHz）	最大时延偏差（μs）
A	$f=0.1$	—	E	$1 \leqslant f \leqslant 250$	0.044①
B	$0.1 \leqslant f \leqslant 1$	—	EA	$1 \leqslant f \leqslant 500$	0.044①
C	$1 \leqslant f \leqslant 16$	0.044①	F	$1 \leqslant f \leqslant 600$	0.026②
D	$1 \leqslant f \leqslant 100$	0.044①	FA	$1 \leqslant f \leqslant 1000$	0.026②

①为 $0.9 \times 0.045+3 \times 0.00125$ 计算结果。

②为 $0.9 \times 0.025+3 \times 0.00125$ 计算结果。

❑ 永久链路的近端串扰功率和（PS ANEXT）值。布线系统永久链路近端串扰功率和在布线的两端均应符合PS ANEXT值要求，即符合表5-25的规定。

表5-25 永久链路的PS ANEXT值

频率（MHz）	最小PS ANEXT值（dB）	
	等级	
	EA	FA
1	67.0	67.0
100	60.0	67.0
250	54.0	67.0

（续）

频率（MHz）	最小 PS ANEXT 值（dB）	
	等级	
	EA	FA
500	49.5	64.5
1000	—	60.0

- 永久链路的外部 ACR-F 功率和（PS AACR-F）值。永久链路的外部 ACR-F 功率和在布线的两端均应符合表 5-26 的规定。

表 5-26　永久链路的 PS ANEXT 值

频率（MHz）	最小 PS AACR-F 值（dB）	
	等级	
	EA	FA
1	67.0	67.0
100	37.0	52.0
250	29.0	44.0
500	23.0	38.0
1000	—	32.0

6）各等级的光纤信道衰减值应符合表 5-27 的规定。

表 5-27　信道衰减值（dB）

信道	多模		单模	
	850nm	1300nm	1310nm	1550nm
OF-300	2.55	1.95	1.80	1.80
OF-500	3.25	2.25	2.00	2.00
OF-2000	8.50	4.50	3.50	3.50

7）光缆标称的波长，每千米的最大衰减值应符合表 5-28 的规定。

表 5-28　最大光缆衰减值

项目	OM1、OM2 及 OM3 多模		OS1 单模	
波长	850nm	1300nm	1310nm	1550nm
衰减（dB/km）	3.5	1.5	1.0	1.0

8）多模光纤的最小模式带宽。多模光纤的最小模式带宽应符合表 5-29 的规定。

表 5-29　多模光纤模式带宽

光纤类型	光纤直径（μm）	最小模式带宽（MHz · km）		
		过量发射带宽		有效光发射带宽
		波长（nm）		
		850	1300	850
OM1	50 或 62.5	200	500	—
OM2	50 或 62.5	500	500	—
OM3	50	1500	500	2000

9）综合布线系统光缆波长窗口的各项参数应符合表 5-30 的规定。

表 5-30　光缆波长窗口参数

光纤模式，标称波长（nm）	下限（nm）	上限（nm）	基准试验波长（nm）	谱线最大宽度 FWHM（nm）
多模 850	790	910	850	50
多模 1300	685	1330	1300	150
单模 1310	688	1339	1310	10
单模 1550	1525	1575	1550	10

注：1. 多模光纤：

❑ 芯线标称直径为 62.5/125μm 或 50/125μm；

❑ 并应符合《通信用多模光纤系列》(GB/T 6357）规定的 A1b 或 A1a 光纤；

❑ 850nm 波长时最大衰减为 3.5dB/km（20℃）；

❑ 最小模式带宽为 200 MHz · km（20℃）；

❑ 1300nm 波长时最大衰减为 1dB/km（20℃）；

❑ 最小模式带宽为 500 MHz · km（20℃）。

2. 单模光纤：

❑ 芯线应符合《通信用单模光纤系列》(GB/T 9771）标准的 B1.1 类光纤；

❑ 1310nm 和 1550nm 波长时最大衰减为 1dB/km；截止波长应小于 680nm。

❑ 1310nm 时色散应≤ 6PS/km · nm；1550nm 时色散应≤ 20PS/km · nm。

3. 光纤连接硬件：

❑ 最大衰减 0.5dB；

❑ 最小回波损耗：多模 20dB，单模 26dB。

10）综合布线系统的光缆布线链路，在规定各项参数的条件下的衰减限值应符合表 5-31 的规定。

表 5-31　光缆布线链路的最大衰减限值

光缆应用类别	链路长度（m）	多模衰减值（dB）		单模衰减值（dB）	
		850（nm）	1300（nm）	1310（nm）	1550（nm）
配线（水平）子系统	100	2.5	2.2	2.2	2.2
干线（垂直）子系统	500	3.9	2.6	2.7	2.7
建筑群子系统	1500	7.4	3.6	3.6	3.6

11）综合布线系统多模光缆布线链路的最小光学模式带宽应符合表 5-32 的规定。

表 5-32　多模光缆布线链路的最小模式带宽

标称波长（nm）	最小模式带宽（MHz）
850	100
1300	250

12）综合布线系统光缆布线链路任一接口的光回波损耗限值应符合表 5-33 的规定。

表 5-33　最小的光回波损耗限值

光纤模式，标称波长（nm）	最小的光回波损耗限值（dB）
多模 850	20
多模 1300	20
单模 1310	26
单模 1550	26

13）综合布线系统的缆线与设备之间的相互连接应注意阻抗匹配和平衡与不平衡的转换适配。特性阻抗应符合 100Ω 标准，在频率大于 1MHz 时偏差值应为 ±15Ω。

5.3 工作区子系统设计

5.3.1 工作区子系统设计概述

工作区子系统是办公室、写字间、作业间、技术室等需用电话、计算机终端、电视机等设施的区域和相应设备的统称。

一个独立需要设置终端设备的区域宜划分为一个工作区，工作区子系统由计算机设备、语音点、数据点、信息插座、底盒、模块、面板和连接到信息插座的跳线组成。一个工作区的服务面积可按 8 ～ 10m^2 估算，每个工作区设置电话机或计算机终端设备，或按用户要求设置。工作区应安装足够的信息插座，以满足计算机、电话机、传真机、电视机等终端设备的安装使用。

一个独立的工作区通常有一部电话机和一台计算机终端设备。设计的等级为基本型、增强型、综合型。目前普遍采用增强型设计等级为语音点与数据点互换奠定基础。

1）设备的连接插座应与连接电缆的插头匹配，不同的插座与插头互通时应加装适配器。

2）在连接使用信号的数模转换、光电转换、数据传输速率转换等相应的装置时，应采用适配器。

3）各种不同的终端设备或适配器均应安装在工作区的适当位置，并应考虑现场的电源与接地。

4）每个工作区的服务面积应按不同的应用功能确定。

5）不同的插座与插头互通时，适配器的选用应符合下列要求：

- 在设备连接器处采用不同信息插座的连接器时，可以用专用电缆或适配器；
- 当在单一信息插座上开通 ISDN 业务时，宜用网络终端适配器；
- 在配线（水平）子系统中选用的电缆类别（介质）不同于设备所需的电缆类别（介质）时，宜采用适配器；
- 在连接使用不同信号的数模转换或数据速率转换等相应的装置时，宜采用适配器；
- 对于网络规程的兼容性，可用配合适配器；
- 根据工作区内不同的电信终端设备可配备相应的终端适配器。

6）每个工作区的服务面积应按不同的应用功能确定。

5.3.2 工作区设计要点

工作区设计要点如下。

1）工作区内信息插座要与建筑物内装修相匹配，工作区内线槽要布得合理、美观。

2）工作区的信息插座分为暗埋式和明装式两种方式，暗埋方式的插座底盒嵌入墙面，明装方式的插座底盒直接在墙面上安装。用户可根据实际需要选用不同的安装方式以满足不同的需要。通常情况下，新建建筑物采用暗埋方式安装信息插座；已有的建筑物增设综合布线系统则采用明装方式安装信息插座。安装信息插座时应符合以下安装要求：

- 安装在地面上的信息插座应采用防水和抗压的接线盒；
- 安装在墙面或柱子上的信息插座底部离地面的高度宜为 30cm 以上；
- 每 1 个工作区至少应配置 1 个 220V 交流电源插座；
- 工作区的电源插座应选用带保护接地的单相电源插座，保护接地与零线应严格分开。
- 信息插座附近有电源插座的，信息插座应距离电源插座 30cm 以上。

3）信息插座要设计在距离地面 30cm 以上。

4）信息插座与计算机设备的距离保持在 5m 范围内。

5）购买的网卡类型接口要与线缆类型接口保持一致。

6）所有工作区所需的信息模块、信息插座、面板的数量。

7）RJ-45 所需的数量。

RJ-45 头的需求量一般用下述方式计算：

$$m = n \times 4 + n \times 4 \times 15\%$$

- m：表示 RJ-45 的总需求量。
- n：表示信息点的总量。
- $n \times 4 \times 15\%$：表示留有的富余量。

信息模块的需求量一般为：

$$m = n + n \times 3\%$$

- m：表示信息模块的总需求量。
- n：表示信息点的总量。
- $n \times 3\%$：表示富余量。

面板有一口、二口、四口之分，根据需求决定购买量。

信息插座的需求量一般按实际需要计算，一个信息插座通常可容纳一个点、两个点或四个点。

工作区使用的槽通常采用 25 × 12.5 规格，较为美观，槽的使用量一般按以下公式计算：

- 1 个信息点状态：槽的使用量计算为 1 × 10（m）。
- 2 个信息点状态：槽的使用量计算为 2 × 8（m）。
- 3 ～ 4 个信息点状态：槽的使用量计算为（3 ～ 4）× 6（m）。

5.3.3　信息插座连接技术要求

每个工作区至少要配置一个插座盒。对于难以再增加插座盒的工作区，要至少安装两个分离的插座盒。

信息插座是终端（工作站）与水平子系统连接的接口。

每个 4 对线电缆必须都终接在工作区的一个 8 脚（针）的模块化插座（插头）上。

综合布线系统可采用不同厂家的信息插座和信息插头。这些信息插座和信息插头基本上都是一样的。在终端（工作站），将带有 8 针的 RJ-45 插头跳线插入网卡；在信息插座一端，跳线的 RJ-45 头连接到插座上。

8 针模块化信息输入 / 输出（I/O）插座是为所有的综合布线系统推荐的标准 I/O 插座。它的 8 针结构为单一 I/O 配置提供了支持数据、语音、图像或三者的组合所需的灵活性。8 针模块分 T568A、T568B 两种方式。

1）按照 T568B 标准布线的 8 针模块化 I/O 引线与线对的分配如图 5-5 所示。

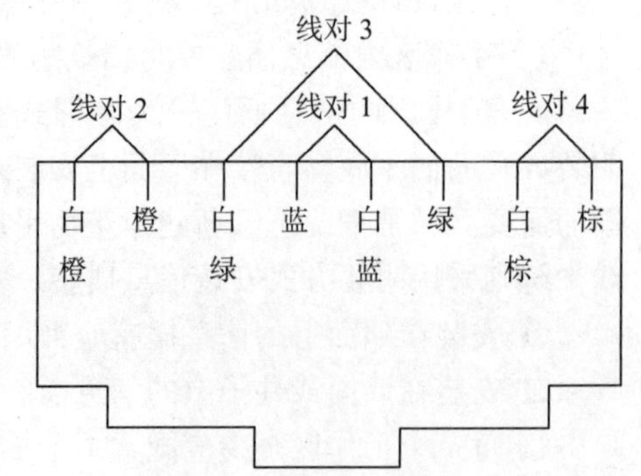

图 5-5　按照 T568B 标准布线的信息插座 8 针引线 / 线对安排正视图

2）按照 T568A（ISDN）标准布线的 8 针模块化

引针与线对的分配如图 5-6 所示。

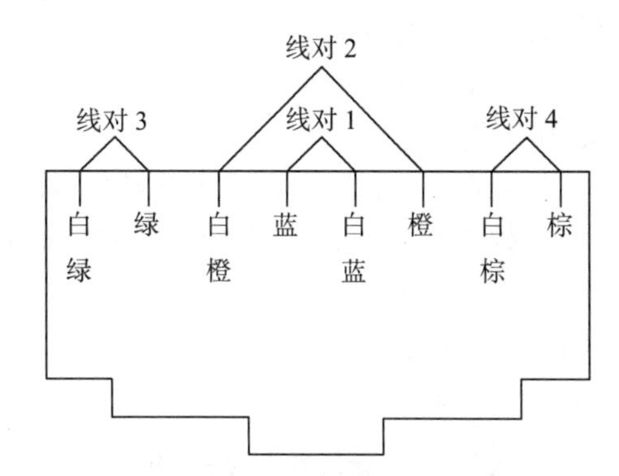

图 5-6 按照 T568A 标准布线的信息插座 8 针引线 / 线对安排

T568A 和 T568B 线对颜色标准如表 5-34 所示。

表 5-34 颜色标准

导线种类	颜色	缩写
线对 1	白色 – 蓝色 * 蓝色	W-BLBL
线对 2	白色 – 橙色 * 橙色	W-OO
线对 3	白色 – 绿色 * 绿色	W-GG
线对 4	白色 – 棕色 * 棕色	W-BRBR

注：线的绝缘层是白色的，以与其他颜色区分。对于密封的双绞线对电缆（4 对双绞线的绕距周期小于 38.1mm)，与白色导体搭配的导体作为它的标记。

5.4 配线（水平）子系统设计

配线子系统是综合布线系统的一部分，从工作区的信息插座延伸到楼层配线间管理子系统。配线子系统由与工作区信息插座相连的水平布线电缆或光缆等组成，配线子系统线缆沿楼层平面的地板或房间吊顶布线。

5.4.1 配线子系统设计要求

配线子系统的设计要求如下：

1）配线子系统是用于每层配线电缆的统称。

2）配线子系统应考虑下列问题：

- 根据工程提出近期和远期的终端设备要求。
- 每层需要安装的信息插座数量及其位置。
- 终端将来可能产生移动、修改和重新安排的详细情况。

3）配线子系统宜采用 4 对对绞电缆。配线子系统在有高速率应用的场合，宜采用光缆。配线子系统根据整个综合布线系统的要求，应在二级交接间、交接间或设备间的配线设备上进行连接，以构成电话、数据、电视系统并进行管理。

4）配线系统宜选用普通型铜芯对绞电缆。

5）综合布线系统的信息插座宜按下列原则选用：

- 单个连接的 8 芯插座宜用于基本型系统。

❑ 双个连接的8芯插座宜用于增强型系统。

一个给定的综合布线系统设计可采用多种类型的信息插座。

6）配线子系统电缆长度应为90m以内。

7）信息插座应在内部做固定线连接。

8）配线子系统缆线宜采用在吊顶、墙体内穿管或设置金属密封线槽及开放式（电缆桥架、吊挂环等）敷设，当缆线在地面布放时，应根据环境条件选用地板下线槽、网络地板、高架（活动）地板布线等安装方式。

9）缆线应远离高温和电磁干扰的场地。

10）管线的弯曲半径应符合表5-35的要求。

表5-35 管线敷设弯曲半径

缆线类型	弯曲半径（mm）/倍
2芯或4芯水平光缆	>25mm
其他芯数和主干光缆	不小于光缆外径的10倍
4对非屏蔽电缆	不小于电缆外径的6倍
4对屏蔽电缆	不小于电缆外径的8倍
大对数主干电缆	不小于电缆外径的10倍
室外光缆、电缆	不小于缆线外径的10倍

注：当缆线采用电缆桥架布放时，桥架内侧的弯曲半径不应小于300mm。

11）缆线布放在管与线槽内的管径与截面利用率，应根据不同类型的缆线做不同的选择。管内穿放大对数电缆或4芯以上光缆时，直线管路的管径利用率应为50%～60%，弯管路的管径利用率应为40%～50%。管内穿放4对对绞电缆或4芯光缆时，截面利用率应为30%～40%。布放缆线在线槽内的截面利用率应为40%～60%。

5.4.2 配线子系统设计概述

配线子系统设计涉及配线子系统的传输介质和部件集成，主要有7点：

1）确定线路走向。

2）确定线缆、槽、管的数量和类型。

3）确定电缆的类型和长度。

4）订购电缆和线槽。

5）如果打吊杆走线槽，则需要用多少根吊杆。

6）如果不用吊杆走线槽，则需要用多少根托架。

7）语音点、数据点互换时，应考虑语音点的水平干线线缆同数据点线缆类型。

确定线路走向一般要由用户、设计人员、施工人员到现场根据建筑物的物理位置和施工难易度来确立。

信息插座的数量和类型、电缆的类型和长度一般在总体设计时便已确立，但考虑到产品质量和施工人员的误操作等因素，在订购时要留有余地。

订购电缆时，必须考虑：

1）确定介质布线方法和电缆走向。

2）确认到管理间的接线距离。

3）留有端接容差。

电缆的计算公式有 3 种，现将 3 种方法提供给读者参考：

1）订货总量（总长度 m）= 所需总长 + 所需总长 $\times 10\% + n \times 6$。

其中所需总长指 n 条布线电缆所需的理论长度，所需总长 $\times 10\%$ 为备用部分，$n \times 6$ 为端接容差。

2）整幢楼的用线量 = ΣNC。

- ❑ N——楼层数。
- ❑ C——每层楼用线量，$C = [0.55 \times (L+S) + 6] \times n$。
- ❑ L——本楼层离水平间最远的信息点距离。
- ❑ S——本楼层离水平间最近的信息点距离。
- ❑ n——本楼层的信息插座总数。
- ❑ 0.55——备用系数。
- ❑ 6——端接容差。

3）总长度 = $(A+B)/2 \times n + ((A+B)/2 \times n) \times 10\%$。

- ❑ A——最短信息点长度。
- ❑ B——最长信息点长度。
- ❑ N——楼内需要安装的信息点数。
- ❑ $((A+B)/2 \times n) \times 10\%$——余量参数（富余量）。

用线箱数 = 总长度（m）/305+1

双绞线一般以箱为单位订购，每箱双绞线长度为 305m。设计人员可用这 3 种算法之一来确定所需线缆长度。

在水平布线通道内，关于电信电缆与分支电源电缆要说明以下几点：

1）屏蔽的电源导体（电缆）与电信电缆并线时不需要分隔。

2）可以用电源管道障碍（金属或非金属）来分隔电信电缆与电源电缆。

3）对非屏蔽的电源电缆，最小的距离为 10cm。

4）在工作站的信息口或间隔点，电信电缆与电源电缆的距离最小应为 6cm。

5）确定配线与干线接合配线管理设备。

6）打吊杆走线槽时吊杆需求量计算。打吊杆走线槽时，一般是间距 1m 左右打一对吊杆。吊杆的总量应为水平干线的长度（m）× 2（根）。

7）托架需求量计算。使用托架走线槽时，一般是 1 ～ 1.5m 安装一个托架，托架的需求量应根据水平干线的实际长度去计算。

托架应根据线槽走向的实际情况来选定。一般有两种情况：

1）水平线槽不贴墙，则需要定购托架。

2）水平线贴墙走，则可购买角钢的自做托架。

5.4.3 水平干线子系统布线线缆种类

在水平干线布线系统中常用的线缆有 4 种：

1）100W 非屏蔽双绞线（UTP）电缆。

2）100W 屏蔽双绞线（STP）电缆。

3）50W 同轴电缆。

4）62.5/125mm 光纤电缆。

这4种电缆的种类、规格、性能在本书的第2章已做了叙述，这里就不再赘述。在欧洲水平布线主张用120W或150W的双绞线，并趋向于屏蔽的。

5.4.4 配线子系统布线方案

配线子系统布线，是将电缆线从管理间子系统的配线间接到每一楼层的工作区的信息输入/输出（I/O）插座上。设计者要根据建筑物的结构特点，从路由（线）最短、造价最低、施工方便、布线规范等几个方面考虑。

配线子系统是在室内（楼道内）布线，配线子系统布线是一个综合管网布线的子系统，由于建筑物中的管线比较多（信息网络、通信、卫星接收及有线电视、安全技术防范、火灾自动报警、消防联动、公共广播及会议等各弱电系统），往往要遇到一些矛盾，所以设计配线子系统时必须折中考虑，优选最佳的配线布线方案。

1. 解决好弱电线槽架的位置

综合管网布线必须要解决好弱电线槽架与管道在空间位置上的合理安置，并配合楼道内弱电综合管网布线设计，如图5-7a、b所示。

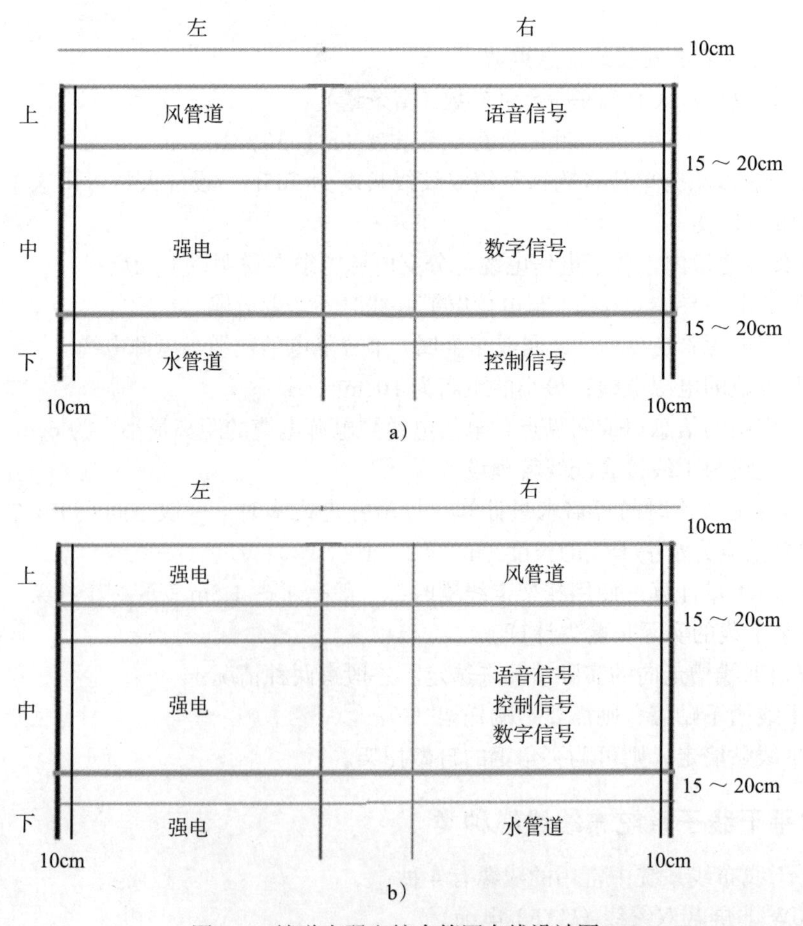

图5-7　楼道内弱电综合管网布线设计图

经过统一的设计，综合在一套配线系统上，以方便用户在需要时穿线，并应有一定的备用空位，以便今后扩容。实现楼道内有限空间共享，充分利用有限的空间。

系统的深化设计由承包商负责，并与其他系统的接口协调事宜。设计人员应根据管线协调会上的要求对设计图进行修改和调整，并在设计内容上进一步深化，达到施工图的设计要求。

2. 信息网络配线子系统布线设计方案

信息网络配线子系统布线设计方案一般可采用 3 种类型：

1）直接埋管式。

2）先走吊顶内线槽，再走支管到信息出口的方式。

3）适合大开间及后打隔断的地面线槽方式。

其余都是这 3 种方式的改良型和综合型。现对上述方式进行讨论。

（1）直接埋管线槽方式

直接埋管布线方式如图 5-8 所示。它是由一系列密封在现浇混凝土里的金属布线管道或金属馈线走线槽组成的。这些金属管道或金属线槽从水平间向信息插座的位置辐射。根据通信和电源布线的要求、地板厚度和占用的地板空间等条件，直接埋管布线方式可能要采用厚壁镀锌管或薄型电线管。这种方式在老式的设计中非常普遍。

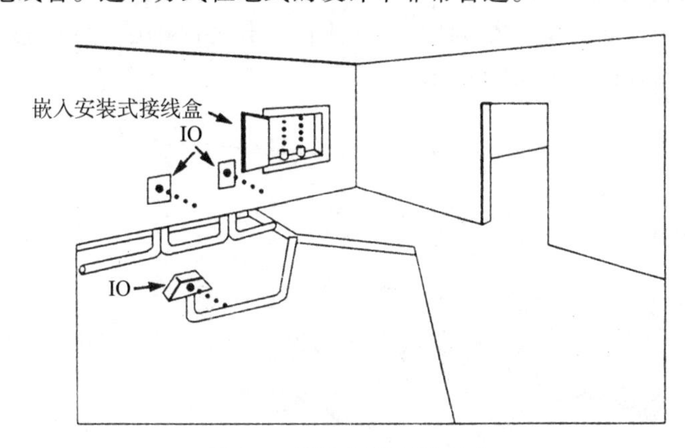

图 5-8　直接埋管布线方式

现代楼宇不仅有较多的电话语音点和计算机数据点，而且语音点与数据点可能还要求互换，以增加综合布线系统使用的灵活性。因此综合布线的水平线缆比较粗，如 3 类 4 对非屏蔽双绞线外径为 1.7mm，截面积为 17.34mm^2，5 类 4 对非屏蔽双绞线外径为 5.6mm，截面积为 24.65mm^2，对于目前使用较多的 SC 镀锌钢管及阻燃高强度 PVC 管，建议容量为 60%。

对于新建的办公楼宇，要求面积为 8 ～ 10m^2 便拥有一对语音、数据点，要求稍差的是 10 ～ 12m^2 便拥有一对语音、数据点。设计布线时，要充分考虑到这一点。

（2）先走线槽再走支管方式

线槽由金属或阻燃高强度 PVC 材料制成，有单件扣合方式和合式两种类型。

线槽通常悬挂在天花板上方的区域，用在大型建筑物或布线系统比较复杂而需要有额外支持物的场合。用横梁式线槽将电缆引向所要布线的区域。由弱电井出来的缆线先走吊顶内的线槽，到各房间后，经分支线槽从横梁式电缆管道分叉后将电缆穿过一段支管引向墙柱或墙壁，贴墙而下到本层的信息出口（或贴墙而上，在上一层楼板钻一个孔，将电缆引到上一层的信息出口）；最后端接在用户的插座上，如图 5-9 所示。

在设计、安装线槽时应多方考虑，尽量将线槽放在走廊的吊顶内，并且去各房间的支管应适当集中至检修孔附近，便于维护。如果是新楼宇，应赶在走廊吊顶前施工，这样不仅减少布线工时，还利于已穿线缆的保护，不影响房内装修；一般走廊处于中间位置，布线的平均距离最短，节约线缆费用，提高综合布线系统的性能（线越短传输的质量越高），尽量避免线槽进入房间，否则不仅费钱，而且影响房间装修，不利于以后的维护。

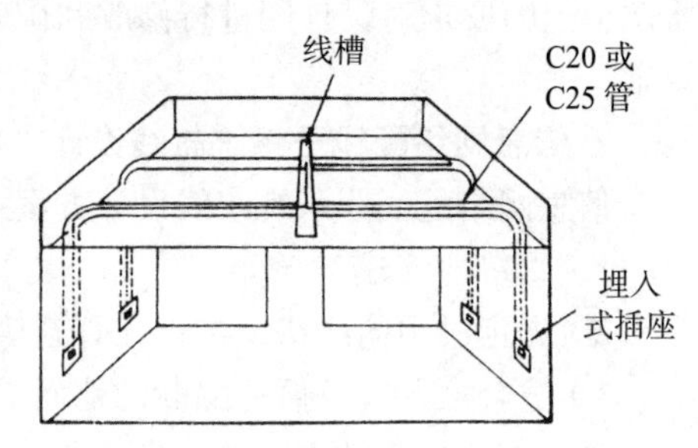

图 5-9　先走线槽后分支管布线方式

弱电线槽能走综合布线系统、公用天线系统、闭路电视系统（24V 以内）及楼宇自控系统信号线等弱电线缆。这可降低工程造价。同时由于支管经房间内吊顶贴墙而下至信息出口，在吊顶与其他的系统管线交叉施工，减少了工程协调量。

（3）地面线槽方式

地面线槽方式就是弱电井出来的线走地面线槽到地面出线盒或由分线盒出来的支管到墙上的信息出口。由于地面出线盒或分线盒或柱体直接走地面垫层，因此这种方式适用于大开间或需要打隔断的场合，如图 5-10 所示。

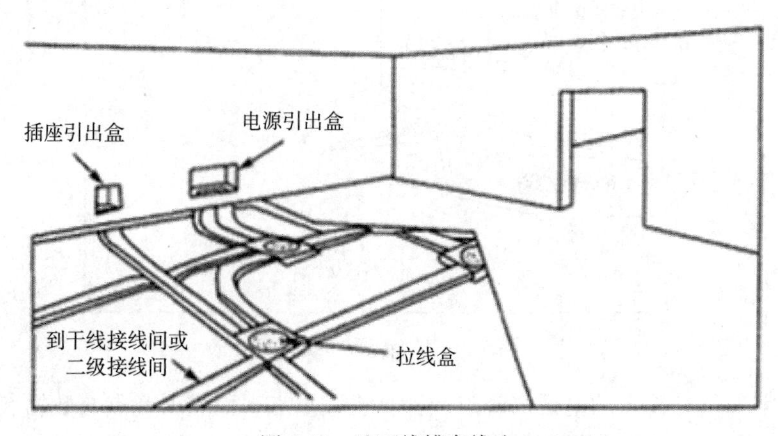

图 5-10　地面线槽布线法

地面线槽方式就是将长方形的线槽打在地面垫层中，每隔 4 ～ 8m 拉一个过线盒或出线盒（在支路上出线盒起分线盒的作用），直到信息出口的出线盒。线槽有两种规格：70 型外形尺寸 70mm × 25mm，有效截面积 1470mm^2，占空比取 30%，可穿 24 根线（3、5 类混用）；50 型外形尺寸 50mm × 25mm，有效截面积 960mm^2，可穿插 15 根线。分线盒与过线盒均由两槽或三槽分线盒拼接。

地面线槽方式有如下优点：

1）用地面线槽方式，信息出口离弱电井的距离不限。地面线槽每 4 ～ 8m 接一个分线盒或出线盒，布线时拉线非常容易，因此距离不限。

强、弱电可以同路由。强、弱电可以走同路由相邻的地面线槽，而且可接到同一线盒内的各自插座。当然地面线槽必须接地屏蔽，产品质量也要过关。

2）适用于大开间或需打隔断的场合。如交易大厅面积大，计算机离墙较远，用较长的线接墙上的网络出口及电源插座，显然是不合适的。这时在地面线槽的附近留一个出线盒，联网及取电都解决了。又如一个楼层要出售，需视办公家具确定房间的大小与位置来打隔断，这时离办公家具搬入和住人的时间已经比较近了，为了不影响工期，使用地面线槽方式是最好的方法。

3）地面线槽方式可以提高商业楼宇的档次。大开间办公是现代流行的管理模式，只有高档楼宇才能提供这种无杂乱无序线缆的大开间办公室。

地面线槽方式的缺点也是很明显的，主要体现在如下几个方面：

1）地面线槽做在地面垫层中，需要 6.5cm 以上的垫层厚度，这对于尽量减少挡板及垫层厚度是不利的。

2）地面线槽由于做在地面垫层中，如果楼板较薄，有可能在装潢吊顶过程中被吊杆打中，影响使用。

3）不适合楼层中信息点特别多的场合。如果一个楼层中有 500 个信息点，按 70 号线槽穿 25 根线算，需 20 根 70 号线槽，线槽之间有一定空隙，每根线槽大约占 100mm 的宽度，20 根线槽就要占 2.0m 的宽度，除门可走 6 ～ 10 根线槽外，还需开 1.0 ～ 1.4m 的洞，但弱电井的墙一般是承重墙，开这样大的洞是不允许的。另外地面线槽多了，被吊杆打中的机会相应增大。因此我们建议超过 300 个信息点，应同时用地面线槽与吊顶内线槽两种方式，以减轻地面线槽的压力。

4）不适合石质地面。地面出线盒宛如大理石地面长出了几只不合时宜的眼睛，地面线槽的路径应避免经过石质地面或不在其上放出线盒与分线盒。

5）造价昂贵。如地面出线盒为了美观，盒盖是铜的，一个出线槽盒的售价为 300 ～ 400 元。这是墙上出线盒所不能比拟的。总体而言，地面线槽方式的造价是吊顶内线槽方式的 3 ～ 5 倍。目前地面线槽方式大多数用在资金充裕的金融业楼宇中。

在选型与设计中还应注意以下几点：

1）选型时，应选择那些有工程经验的厂家，其产品要通过国家电气屏蔽检验，避免强、弱电同路对数据产生影响；敷设地面线槽时，厂家应派技术人员现场指导，避免打上垫层后再发现问题而影响工期。

2）应尽量根据甲方提供的办公家具布置图进行设计，避免地面线槽出口被办公家具挡住。无办公家具时，地面线槽应均匀地布放在地面出口；对有防静电地板的房间，只需布放一个分线盒即可，出线走敷设静电地板下。

3）地面线槽的主干部分尽量打在走廊的垫层中。楼层信息点较多，应同时采用地面管道与吊顶内线槽两种相结合的方式。

5.5 干线（垂直干线）子系统设计

干线子系统是用于楼层之间垂直干线电缆的统称。

5.5.1 干线子系统设计要求

干线子系统设计要求如下：

1）干线子系统应由设备间的配线设备和跳线以及设备间至各楼层配线间的连接电缆组成。

2）在确定干线子系统所需要的电缆总对数之前，必须确定电缆中话音和数据信号的共享原则。基本型的每个工作区可选定 2 对，增强型的每个工作区可选定 3 对对绞线，综合型的每个工作区可在基本型或增强型的基础上增设光缆系统。

3）应选择干线电缆最短、最安全和最经济的路由。宜选择带门的封闭型通道敷设干线电缆。

建筑物有两大类型的通道：封闭型和开放型。封闭型通道是指一连串上下对齐的交接间，每层楼都有一间，利用电缆竖井、电缆孔、管道电缆、电缆桥架等穿过这些房间的地板层。每个交接间通常还有一些便于固定电缆的设施和消防装置。开放型通道是指从建筑物的地下室到楼顶的一个开放空间，中间没有任何楼板隔开，例如：通风通道或电梯通道，不能敷设干线子系统电缆。

4）干线电缆可采用点对点端接，也可采用分支递减端接以及电缆直接连接方法。

点对点端接是最简单、最直接的接合方法，干线子系统每根干线电缆直接延伸到指定的楼层和交接间。

分支递减端接是用1根大容量干线电缆足以支持若干个交接间或若干楼层的通信容量，经过电缆接头保护箱分出若干根小电缆，它们分别延伸到每个交接间或每个楼层，并端接于目的地的连接硬件。

而电缆直接连接方法是特殊情况下使用的技术。一种情况是一个楼层的所有水平端接都集中在干线交接间，另一种情况是二级交接间太小，在干线交接间完成端接。

5）如果设备间与计算机机房处于不同的地点，而且需要把话音电缆连至设备间，把数据电缆连至计算机房，则宜在设计中选取不同的干线电缆或干线电缆的不同部分来分别满足不同路由话音和数据的需要。当需要时，也可采用光缆系统予以满足。

6）确定干线线缆类型及线对。

干线线缆主要有铜缆和光缆两种类型，具体选择要根据布线环境的限制和用户对综合布线系统设计等级的考虑来决定。计算机网络系统的主干线缆可以选用4对双绞线电缆或光缆，电话语音系统的主干电缆可以选用3类大对数双绞线电缆，有线电视系统的主干电缆一般采用75W同轴电缆。主干电缆的线对要根据水平布线线缆对数以及应用系统类型来确定。

7）干线线缆的交接。

为了便于综合布线的路由管理，干线电缆、干线光缆布线的交接不应多于两次。从楼层配线架到建筑群配线架之间只应通过一个配线架，即建筑物配线架（在设备间、电信间内）。当综合布线只用一级干线布线进行配线时，放置干线配线架的二级交接间可以并入楼层配线间。

8）干线线缆的端接。

干线电缆可采用点对点端接，也可采用分支递减端接以及电缆直接连接。点对点端接是最简单、最直接的接合方法。干线子系统每根干线电缆直接延伸到指定的楼层配线间或二级交接间。分支递减端接是用一根足以支持若干个楼层配线间或若干个二级交接间的通信容量的大容量干线电缆，经过电缆接头保护箱分出若干根小电缆，再分别延伸到每个二级交接间或每个楼层配线间，最后端接到目的地的连接硬件上。

5.5.2　垂直干线子系统设计简述

垂直干线子系统的任务是通过建筑物内部的传输电缆，把各个服务接线间的信号传送到设备间，直到传送到最终接口，再通往外部网络。它必须满足当前的需要，又要适应今后的发展。干线子系统包括：

1）供各条干线接线间之间的电缆走线用的竖向或横向通道。

2）主设备间与计算机中心间的电缆。

设计时要考虑以下几点：

1）确定每层楼的干线要求。

2）确定整座楼的干线要求。

3）确定从楼层到设备间的干线电缆路由。

4）确定干线接线间的接合方法。

5）选定干线电缆的长度。

6）确定敷设附加横向电缆时的支撑结构。

在敷设电缆时，对不同的介质电缆要区别对待。

1. 光纤电缆

1）光纤电缆敷设时不应该绞结。

2）光纤电缆在室内布线时要走线槽。

3）光纤电缆在地下管道中穿过时要用 PVC 管。

4）光纤电缆需要拐弯时，其曲率半径不能小于 30cm。

5）光纤电缆的室外裸露部分要加铁管保护，铁管要固定牢固。

6）光纤电缆不要拉得太紧或太松，并要有一定的膨胀收缩余量。

7）光纤电缆埋地时，要加铁管保护。

2. 同轴粗电缆

1）同轴粗电缆敷设时不应扭曲，要保持自然平直。

2）粗缆在拐弯时，其弯角曲率半径不应小于 30cm。

3）粗缆接头安装要牢靠。

4）粗缆布线时必须走线槽。

5）粗缆的两端必须加终接器，其中一端应接地。

6）粗缆上连接的用户间隔必须在 2.5m 以上。

7）粗缆室外部分的安装与光纤电缆室外部分安装相同。

3. 双绞线

1）双绞线敷设时线要平直，走线槽，不要扭曲。

2）双绞线的两端点要标号。

3）双绞线的室外部要加套管，严禁搭接在树干上。

4）双绞线不要拐硬弯。

4. 同轴细电缆

同轴细缆的敷设与同轴粗缆有以下几点不同：

1）细缆弯曲半径不应小于 20cm。

2）细缆上各站点距离不小于 0.5m。

3）一般细缆长度为 183m，粗缆为 500m。

5.5.3　垂直干线子系统的结构

垂直干线子系统的结构是一个星形结构，如图 5-11 所示。

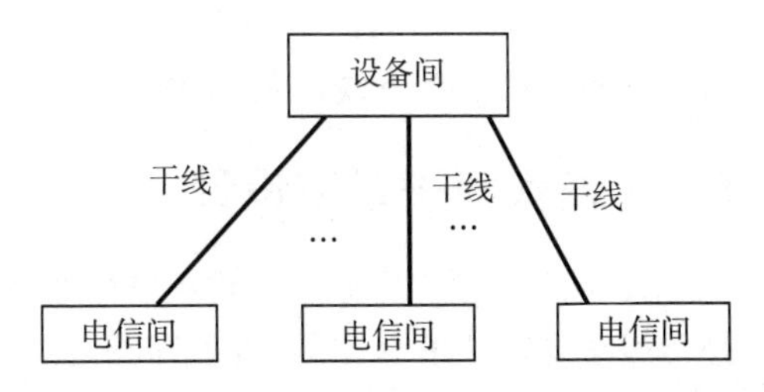

图 5-11　干线子系统星形结构

垂直干线子系统负责把各个管理间的干线连接到设备间。

5.5.4　垂直干线子系统设计方法

确定从管理间到设备间的干线路由，应选择干线段最短、最安全和最经济的路由，在大楼内通常有如下两种方法。

1. 电缆孔方法

干线通道中所用的电缆孔是很短的管道，通常用直径为 10cm 的钢性金属管做成。它们嵌在混凝土地板中，这是在浇注混凝土地板时嵌入的，比地板表面高出 2.5 ～ 10cm。电缆往往捆在钢绳上，而钢绳又固定到墙上已铆好的金属条上。当配线间上下都对齐时，一般采用电缆孔方法，如图 5-12 所示。

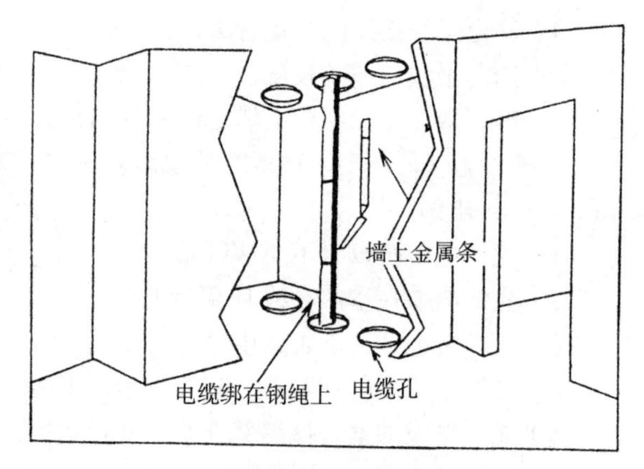

图 5-12　电缆孔方法

2. 电缆井方法

电缆井方法常用于干线通道。电缆井是指在每层楼板上开出一些方孔，使电缆可以穿过这些电缆并从某层楼伸到相邻的楼层，如图 5-13 所示。电缆井的大小依所用电缆的数量而定。与电缆孔方法一样，电缆也是捆在或箍在支撑用的钢绳上，钢绳靠墙上金属条或地板三脚架固定住。在离电缆井很近的墙上，立式金属架可以支撑很多电缆。电缆井的选择性非常灵活，可以让粗细不同的各种电缆以任何组合方式通过。电缆井方法虽然比电缆孔方法灵活，但在原有建筑物中开电缆井安装电缆造价较高，并且它使用的电缆井很难防火。如果在安装过程中没有采取措施去防止损坏楼板支撑件，则楼板的结构完整性将受到破坏。

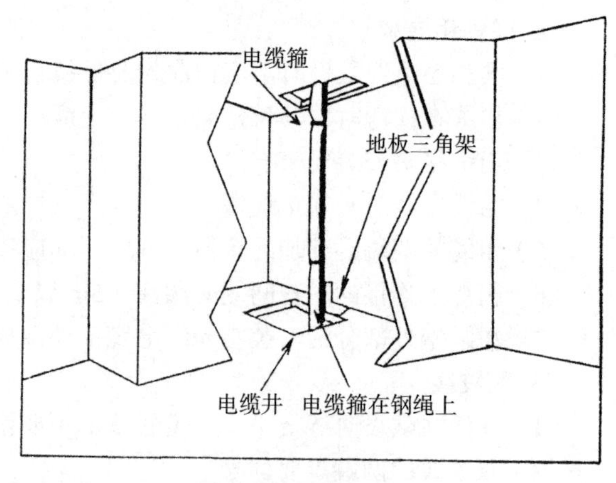

图 5-13　电缆井方法

在多层楼房中，经常需要使用干线电缆的横向通道才能从设备间连接到干线通道，以及在各个楼层上从二级交接间连接到任何一个配线间。请记住，横向走线需要寻找一个易于安装的方便通道，因而两个端点之间很少是一条直线。在水平干线、垂直干线子系统布线时，应考虑数据线、语音线以及其他弱电系统共槽问题。

5.6　设备间子系统设计

设备间是建筑物综合布线系统的线路汇聚中心，各房间内信息插座经水平线缆连接，再经干线线缆最终汇聚连接至设备间。设备间还安装了各应用系统相关的管理设备，为建筑物各信息点用户提供各类服务，并管理各类服务的运行状况。

5.6.1 设备间设计要求

设备间设计要求如下：

1）设备间位置应根据设备的数量、规模、网络构成等因素，综合考虑确定。

2）如果电话交换机与计算机网络设备分别安装在不同的场地或考虑到安全需要，也可设置两个或两个以上设备间，以满足不同业务的设备安装需要。

3）建筑物综合布线系统与外部配线网连接时，应遵循相应的接口标准要求。

4）设备间的设计应符合下列规定：

❑ 设备间宜处于干线子系统的中间位置，并考虑主干缆线的传输距离与数量。

❑ 设备间宜尽可能靠近建筑物线缆竖井位置，有利于主干缆线的引入。

❑ 设备间的位置宜便于设备接地。

❑ 设备间应尽量远离高低压变配电、电机、X射线、无线电发射等有干扰源存在的场地。

❑ 设备间室温应为18～25℃，相对湿度应为20%～80%，并应有良好的通风条件。

❑ 设备间内应有足够的设备安装空间，其使用面积不应小于$10m^2$，该面积不包括程控用户交换机、计算机网络设备等设施所需的面积在内。

❑ 设备间梁下净高不应小于2.5m，采用外开双扇门，门宽不应小于1.5m。

5）设备间应防止有害气体（如氯、碳水化合物、硫化氢、氮氧化物、二氧化碳等）侵入，并应有良好的防尘措施，尘埃含量限值宜符合表5-36的规定。

表5-36　尘埃限值

尘埃颗粒的最大直径（μm）	0.5	1	3	5
灰尘颗粒的最大浓度（粒子数/m^3）	1.4×10^7	7×10^5	2.4×10^5	1.3×10^5

注：灰尘粒子应是不导电、非铁磁性和非腐蚀性的。

6）在地震区的区域内，设备安装应按规定进行抗震加固。

7）设备安装宜符合下列规定：

❑ 机架或机柜前面的净空不应小于800mm，后面的净空不应小于600mm。

❑ 壁挂式配线设备底部离地面的高度不宜小于300mm。

8）设备间应提供不少于两个220V带保护接地的单相电源插座，但不作为设备供电电源。

9）设备间如果安装电信设备或其他信息网络设备时，设备供电应符合相应的设计要求。

5.6.2 设备间子系统设计要点

1. 设备间子系统的考虑

设备间有服务器、交换机、路由器、稳压电源等设备。在高层建筑内，设备间可设置在2～n-1层。在设计设备间时应注意：

1）设备间应设在位于干线综合体的中间位置。

2）设备间应可能靠近建筑物电缆引入区和网络接口。

3）设备间应在服务电梯附近，便于装运笨重设备。

4）设备间内要注意：

❑ 室内无尘土，通风良好，要有较好的照明亮度。

❑ 要安装符合机房规范的消防系统。

- 使用防火门，墙壁使用阻燃漆。
- 提供合适的门锁，至少要有一个安全通道。

5）防止可能的水害（如暴雨成灾、自来水管爆裂等）带来的灾害。

6）防止易燃易爆物的接近和电磁场的干扰。

7）设备间空间（从地面到天花板）应保持2.5m高度的无障碍空间，门高为2.1m，宽为1.5m，地板承重压力不能低于500kg/m^2。

因此，设备间设计时，要把握下述要素：

- 最低高度
- 房间大小
- 照明设施
- 地板负重
- 电气插座
- 配电中心
- 管道位置
- 楼内气温控制
- 门的大小、方向与位置
- 端接空间
- 接地要求
- 备用电源
- 保护设施
- 消防设施
- 防雷击，设备间不宜放置在楼宇的四个边角上

2. 设备间使用面积

设备间的主要设备有数字交换机、程控交换机、计算机等，对于它的使用面积，必须有一个通盘的考虑。目前，对设备间的使用面积有两种方法来确定。

方法一：$S=K\Sigma S_i$，i=1，2，…，n

- S——设备间使用的总面积，单位为m^2。
- K——系数，每一个设备预占的面积，一般K为5、6或7这三个数之一（根据设备大小来选择）。
- Σ——求和。
- S_i——代表设备件。
- i——变量i=1，2，…，n，n代表设备间内共有设备总数。

方法二：$S=KA$

- S——设备间使用的总面积，单位为m^2。
- K——系数，同方法一。
- A——设备间所有设备的总数。

3. 设备间子系统设计的环境考虑

设备间子系统设计时要对环境问题进行认真考虑。

（1）温度和湿度

网络设备间对温度和湿度是有要求的，一般将温度和湿度分为A、B、C三级，设备间

可按某一级执行，也可按某些级综合执行。具体指标见表 5-37。

表 5-37　设备间温度和湿度指标

项目 \ 指标 \ 级别	A 级		B 级	C 级
	夏季	冬季		
温度（℃）	22±4	18±4	12 ~ 30	8 ~ 35
相对湿度（%）	40 ~ 65	35 ~ 70	30 ~ 80	
温度变化率（℃ /h）	<5 要不凝露		>5 要不凝露	<15 要不凝露

（2）尘埃

设备对设备间内的尘埃量是有要求的，一般可分为 A、B 二级。具体指标见表 5-38。

设备间的温度、湿度和尘埃对微电子设备的正常运行及使用寿命都有很大的影响，过高的室温会使元件失效率急剧增加，使用寿命下降；过低的室温又会使磁介等发脆，容易断裂。温度的波动会产生“电噪声”，使微电子设备不能正常运行。相对湿度过低，容易产生静电，对微电子设备造成干扰；相对湿度过高会使微电子设备内部焊点和插座的接触电阻增大。尘埃或纤维性颗粒积聚时，微生物的作用还会使导线被腐蚀断掉。所以在设计设备间时，除了按《计算站场地技术条件》执行外，还应根据具体情况选择合适的空调系统。

（3）热量

热量主要是由如下几个方面所产生的：

1）设备发热量。

2）设备间外围结构发热量。

3）室内工作人员发热量。

4）照明灯具发热量。

5）室外补充新鲜空气带入的热量。

计算出上列总发热量再乘以系数 1.1，就可以作为空调负荷，据此选择空调设备。

表 5-38　尘埃量度表

项目 \ 指标 \ 级别	A 级	B 级
粒度（℃）	>0.5	>0.5
个数（粒 /dm^3）	<10 000	<18 000

注：A 级相当于 30 万粒 /dm^3，B 级相当于 50 万粒 /dm^3。

（4）照明

设备间内在距地面 0.8m 处，照度不应低于 200lx。还应设事故照明，在距地面 0.8m 处，照度不应低于 5lx。

（5）噪声

设备间的噪声应小于 70dB。如果长时间在 70 ~ 80dB 噪声的环境下工作，不但影响人的身心健康和工作效率，还可能造成人为的噪声事故。

（6）电磁场干扰

设备间无线电干扰场强在频率为 0.15 ~ 1000MHz 范围内不大于 120dB。设备间内磁场干扰场强不大于 800A/m（相当于 10W）。

（7）供电

设备间供电电源应满足下列要求：

❑ 频率：50Hz。

❑ 电压：380V/220V。

❑ 相数：3 相 5 线制或 3 相 4 线制 / 单相 3 线制。

依据设备的性能允许以上参数的变动范围见表 5-39。

表 5-39　设备的性能允许电源变动范围

项目 \ 指标 \ 级别	A 级	B 级	C 级
电压变动（%）	−5 ～ +5	−10 ～ +7	−15 ～ +10
频率变化（Hz）	−0.0 ～ +0.2	−0.5 ～ +0.0	−1 ～ +1
波形失真率（%）	<±5	<±5	<±10

设备间内供电容量：将设备间内存放的每台设备用电量的标称值相加后，再乘以系数。从电源室（房）到设备间使用的电缆，除应符《电气装置安装工程施工及验收规范》（GBJ 232—1982）中的配线工程规定外，载流量应减少 50%。设备间内设备用的配电柜应设置在设备间内，并应采取防触电措施。

设备间内的各种电力电缆应为耐燃铜芯屏蔽的电缆。各电力缆如空调设备、电源设备等，供电电缆不得与双绞线走向平行，交叉时，应尽量以接近于垂直的角度交叉，并采取防延燃措施。各设备应选用铜芯电缆，严禁铜、铝混用。

（8）安全

设备间的安全可分为三个基本类别：

1）对设备间的安全有严格的要求，有完善的设备间安全措施。

2）对设备间的安全有较严格的要求，有较完善的设备间安全措施。

3）对设备间有基本的要求，有基本的设备间安全措施。

设备间的安全要求详见表 5-40。

表 5-40　设备间的安全要求

项目 \ 指标 \ 级别	C 级	B 级	A 级
场地选择	无要求	有要求或增加要求	有要求或增加要求
防火	有要求或增加要求	有要求或增加要求	有要求或增加要求
内部装修	无要求	有要求或增加要求	要求
供配电系统	有要求或增加要求	有要求或增加要求	要求
空调系统	有要求或增加要求	有要求或增加要求	要求
火灾报警及消防设施	有要求或增加要求	有要求或增加要求	要求
防水	无要求	有要求或增加要求	要求
防静电	无要求	有要求或增加要求	要求
防雷电	无要求	有要求或增加要求	要求
防鼠害	无要求	有要求或增加要求	要求
电磁波的防护	无要求	有要求或增加要求	要求

根据设备间的要求，设备间的安全可按其一类执行，也可按某些类综合执行。

（9）建筑物防火与内部装修

A 类，其建筑物的耐火等级必须符合 GBJ 45 中规定的一级耐火等级。

B 类，其建筑物的耐火等级必须符合《高层民用建筑设计防火规范》（GBJ 45—1982）中规定的二级耐火等级。

与 A、B 类安全设备间相关的工作房间及辅助房间，其建筑物的耐火等级不应低于 TJ16 中规定的二级耐火等级。

C 类，其建筑物的耐火等级应符合《建筑设计防火规范》中规定的二级耐火等级。

与C类设备间相关的其余基本工作房间及辅助房间，其建筑物的耐火等级不应低于TJ16中规定的三级耐火等级。

内部装修：根据A、B、C三类等级要求，设备间进行装修时，装饰材料应符合《建筑设计防火规范》中规定的难燃材料或非燃材料，应能防潮、吸噪、不起尘、抗静电等。

（10）地面

为了方便表面敷设电缆线和电源线，设备间地面最好采用抗静电活动地板，其系统电阻应在1～10W之间。具体要求应符合《计算机机房用活动地板技术条件》（GB 6650—1986）标准。

带有走线口的活动地板称为异形地板。其走线应做到光滑，防止损伤电线、电缆。设备间地面所需异形地板的块数可根据设备间所需引线的数量来确定。

设备间地面切忌铺地毯。其原因为：一是容易产生静电，二是容易积灰。

放置活动地板的设备间的建筑地面应平整、光洁、防潮、防尘。

（11）墙面

墙面应选择不易产生尘埃，也不易吸附尘埃的材料。目前大多数是在平滑的墙壁上涂阻燃漆，或在平滑的墙壁覆盖耐火的胶合板。

（12）顶棚

为了吸噪及布置照明灯具，设备顶棚一般在建筑物梁下加一层吊顶。吊顶材料应满足防火要求。目前，我国大多数采用铝合金或轻钢作龙骨，安装吸声铝合金板、难燃铝塑板、喷塑石英板等。

（13）隔断

根据设备间放置的设备及工作需要，可用玻璃将设备间隔成若干个房间。隔断可以选用防火的铝合金或轻钢作龙骨，安装10mm厚的玻璃，或从地板面至距地板面1.2m处安装难燃塑板，距地板面1.2m以上安装10mm的厚玻璃。

（14）火灾报警及灭火设施

A、B类设备间应设置火灾报警装置。在机房内、基本工作房间内、活动地板下、吊顶地板下、吊顶上方、主要空调管道中及易燃物附近部位应设置烟感和温感探测器。

- A类设备间内设置卤代烷1211、1301自动灭火系统，并备有手提式卤代烷1211、1301灭火器。
- B类设备间在条件许可的情况下，应设置卤代烷1211、1301自动消防系统，并备有卤代烷1211、1301灭火器。
- C类设备间应备置手提式卤代烷1211或1301灭火器。
- A、B、C类设备间除纸介质等易燃物质外，禁止使用水、干粉或泡沫等易产生二次破坏的灭火剂。

5.6.3 数据中心设计要求

1. 数据中心有关知识

数据中心是各类信息的中枢，通常它是信息系统的核心所在，因为它包括了该信息系统中的几乎全部的信息资产。它在信息系统中占有重要地位，因为它包括了该企业网中的几乎全部的信息资产和大多数的物理资产。一个企业网络的主要设备，如各种专用和通用服务器、大量的数据资源、主干路由器、主干交换机、防火墙、UPS等现代企业网络必不可少的设备和资产，都安置在此。同时，它也是数据中心管理维护人员长期工作的地方。

数据中心工程是一个集电工、电子、建筑装饰、暖通净化、计算机网络、弱电控制、消防等多学科、多领域的综合工程，并涉及网络工程，综合布线系统等专业技术的工程。机房对供配电方式、空气净化、安全防范措施以及防静电、防电磁辐射、抗干扰、防水、防雷、防火、防潮、防鼠诸多方面给予高度重视，以确保计算机系统长期正常运行工作。

数据中心有关知识重点讨论如下10点内容。

（1）数据中心（机房）等级

数据中心（机房）等级我国分为A、B、C三级，ANSI/TIA分为1、2、3、4级。

我国《电子信息系统机房设计规范》（GB 50174—2008），数据中心可根据使用性质、管理要求及由于场地设备故障导致电子信息系统运行中断在经济和社会上造成的损失或影响程度，分为A、B、C三级。

- A级为容错型，在系统需要运行期间，其场地设备不应因操作失误、设备故障、外电源中断、维护和检修而导致电子信息系统运行中断。
- B级为冗余型，在系统需要运行期间，其场地设备在冗余能力范围内，不应因设备故障而导致电子信息系统运行中断。
- C级为基本型，在场地设备正常运行情况下，应保证电子信息系统运行不中断。

A级是最高级别，主要是涉及国计民生的机房。国家气象台、国家级信息中心、计算中心、重要的军事指挥部门、大中城市的机场、广播电台、电视台、应急指挥中心、银行总行、国家和区域电力调度中心等电子信息系统机房和重要的控制室等属A级机房。

科研院所、高等院校、三级医院、大中城市的气象台、信息中心、疾病预防与控制中心、电力调度中心、交通（铁路、公路、水运）指挥调度中心、国际会议中心、大型博物馆、档案馆、会展中心、国际体育比赛场馆、省部级以上政府办公楼、大型工矿企业等电子信息系统机房和重要的控制室等属B级机房。

C级机房中的电子信息系统运行中断不会造成太大损失。各单位建设机房的标准可以根据自身需求，参考机房分级标准，确定本单位电子信息系统机房的技术要求。

ANSI/TIA数据中心（机房）分为4个等级，级别越高，提供的可用性和安全性就越高。

- 1级数据中心（机房）
- 1级机房为基础型。机房是易受有计划的行为影响，它有计算机的电力配电和空调装置，不一定有架空地板、UPS或发电机。
- 2级数据中心（机房）
- 2级机房有冗余部件，对比1级机房有架空地板、UPS和发电机，不过它们的容量设计是“基本的加一”（N+1），从始端到末端只有一个配电回路，关键电力回路和场地基础设施等其他部分的维护能正常运行。
- 3级数据中心（机房）
- 3级机房是不间断维护的，允许场地基础设施在任何情况下的任何有计划的操作，都不会中断计算机硬件运行。有计划的操作包括预防性和程序性的维护、修理和替换组件，增加或移除组件，测试组件或系统等。对使用水冷方式的大型场地，采用2套独立的水管。在维护或测试某一回路时，另一回路必须有足够的能力和配送来提供能力。
- 4级数据中心（机房）

- 4 级机房是容错的，场地基础设施的容量和能力能够允许任何操作而不导致关键设备破坏。容错功能性给场地基础设施提供在一个无计划的故障或事故的最坏情况下能够不影响重要负载的故障而维持工作的能力，这要求同时有工作的配送回路，特别是系统 + 系统的配置。在电力方面意味着 2 个独立的 UPS 系统，每个系统是 *N*+1 冗余。因为火灾和电力的安全、火警或人为的紧急断电仍然有失效的危险。4 级要求所有电子计算机硬件有两路电源输入，遵照 Uptime instritute 容错性的电源规范。4 级的场地基础设施和高可用度 IT 概念是相通的，就是使用 CPU 集群、RAID DSAD，冗余通信回路达到高可靠性、可用性和可服务性。

（2）数据中心（机房）的布局要求

机房位置要有利于人员进出和设备搬运。机房应包括：主机区、第一类辅助房间、第二类辅助房间及第三类辅助房间等。

- 主机区，计算机主机、网络设备、操作控制台和主要外部设备（磁盘机、磁带机、通信控制器、监视器等）的安装场地。
- 第一类辅助房间，直接为计算机硬件维修、软件研究服务的处所。其中包括：硬件维修室、软件分析修改室、仪器仪表室、备件库、随机资料室、未记录磁介质库、未记录纸介质库、硬件人员办公室、软件人员办公室、上机准备室和外来用户工作室等。
- 第二类辅助房间，为保证机房达到各项工艺环境要求所必需的各公用专业技术用房。其中包括：变压器室、高低压配电室、不间断电源室、蓄电池室、发电机室、空调器室、灭火器材室和安全保卫控制室等。
- 第三类辅助房间，用于生活、卫生等目的的辅助部分。包括：更衣室、休息室、盥洗室等。

（3）设备间内所有设备应有足够的安装空间，其中包括计算机主机、网络连接设备等。机架前后至少留有 1.2m 的空间，以方便设备的安装、调试及维护。

（4）数据中心机房工程组成

数据中心机房工程是一项复杂的系统工程。具体有：

1）机房装修工程。其中还包括机房地面工程、机房天花工程、机房隔断工程和机房门窗工程、保温。

2）机房动力供配电系统工程。其中还包括机动力供配电系统、UPS 供配电系统、辅助供配电系统、照明系统、应急照明系统。

3）机房空调新风系统工程。其中还包括空调、新风系统、漏水检测。

4）消防系统工程。其中还包括气体灭火系统和火灾自动报警系统。

5）弱电工程：其中还包括机房综合布线系统、机房监控系统、门禁、各类动力电缆和配电电缆的敷设防雷和接地系统。

6）屏蔽系统工程。其中还包括机房屏蔽，能够防止各种电磁干扰对机房设备和信号的损伤，常见的屏蔽方法有：金属网状屏蔽和金属板式屏蔽。

（5）数据中心工程技术发展趋势

近年来，随着云计算技术的发展和网络应用的普及，数据中心由小规模、封闭式、单一功能，向大规模、开放式、多功能方向发展，具体表现在工程技术方面和机房管理方面。

1）工程技术方面

机房工程技术向安全、节能、高效、绿色、环保、高可用性、高灵活性等方面迈进。

- 高可用性：提高平均无故障时间（MTBF），降低平均修复时间（MTTR），提高运维管理水平，把可用性提高到“5个9”的可用性水平，即年停机时间仅有5分钟，达到99.999%。
- 高灵活性：要能够保证随需应变，扩展、升级容易，并且占地面积小。

2）数据中心管理方面

第三方托管、弹性的IT资源、服务器虚拟化、开放、易用、适用于各种规模企业业务需求；确保电子信息系统设备安全、稳定、可靠地运行。在机房管理方面，向多样化、开放性、大型化、智能化和强化管理的方向发展。

（6）数据中心布线的物理设计

数据中心布线的物理设计主要有以下四个因素：

1）每台服务器的多网络连接要求——有些要用铜缆，有些要用光纤；

2）网络交换机更高端口密度要求；

3）不同厂商和协议对存储拓扑的要求；

4）为满足更高速度需求而不断变化的网线标准，要事先确定在每个机柜里安装多少网线；以及服务器接入整合交换机的尺寸和价格。

（7）数据中心布线方法

数据中心网络布线是支持业务需求的基石，是数据中心基础设施的环节之一，要关注数据中心网络布线。数据中心布线系统的铜缆最低类别规定为6类，光缆类别规定为万兆多模OM3、OM4或者单模。

从未来布线系统的发展趋势来看，它将和铜缆布线系统相辅相成，这基于以下几点考虑：

1）全部部署光纤系统，网络整体成本远高于铜缆；

2）光纤接口的有源设备能耗较高，建议光、铜结合；

3）铜缆布线系统速度上可以满足万兆需求；

4）支持高速率传输性能，满足当前和未来需求；

5）高密度、模块化、预连接；

6）智能化管理，可远程监控；

7）优化的线缆管理。

数据中心布线的两种方法：点对点布线和网络列头柜布线。

1）点对点布线，是数据中心采用多年的布线方法。点对点意味着在地板下、空中（无论是否有线槽）或穿过服务器机柜，只要有需要，就牵拉网线。线缆通常是当场制作或直接使用已有链路。旧缆线通常不会移除或标记，导致数据中心人员维护追踪与寻找更加困难，服务器与跳线会使线缆分布混乱，点对点模式已无法很好服务于数据中心和基于云计算的数据中心。

2）网络列头柜布线，是近年来数据中心常用的布线方式，也称为区域汇聚或行尾汇聚架构的布线。网络列头柜布线有专门用于放置配线架与汇聚交换机的地方，通常是位于同一行的末尾机柜（也有放在中间的），便于连接整组服务器机柜。配线架安装在网络列头柜的插槽中。网络列头柜布线简化了添加硬件的难度，只需将服务器与所需连接的配线架连接，再将配线架连接至对应的汇聚层交换机即可。每个连接需要两条短跳线，这同样利于今后安装与维护。

（8）数据中心机房使用面积

机房使用面积由主机房、支持区和辅助房间等功能区组成。

1）主机房使用面积，等同于设备间使用面积的方法来确定。

2）支持区和辅助房间使用面积，宜等于或大于主机房面积的2倍。

3）用户工作室、硬件及软件人员办公室使用面积，可按每人3.5～4m^{2}计算。

（9）云计算的数据中心机房的要求

云计算是随着处理器技术、虚拟化技术、分布式存储技术、宽带互联网技术和自动化管理技术的发展而产生的，云计算应用是在网络上而不是在本机上运行，这种转变将数据中心放在网络的核心位置，而所有的应用需要的计算能力、存储、带宽、电力，都由数据中心提供。因此，云计算环境下的数据中心机房提出了如下要求：

1）面积非常大。云计算数据中心机房的面积非常大。

2）高密度。云计算是一种集中化的部署方式，要在有限空间内支持高负载、服务器等高密度。

3）灵活快速扩展。“云”的规模可以动态伸缩，满足应用和用户规模增长的需要。其数据中心必须具有良好的伸缩性，同时，为了节省投资，最好能边成长边投资。

4）降低运维成本。由于云计算是收费服务，必然存在市场与竞争，如要想在市场竞争中胜出，云计算服务必须具有良好的性价比。因此，好的云计算数据中心必须是低运维成本的数据中心。

5）自动化资源监控和测量。云计算数据中心应是24×7无人值守、可远程管理的，这种管理涉及整个数据中心的自动化运营，它不仅仅是监测与修复设备的硬件故障，而是要实现从机房风、水电环境、服务器和存储系统到应用的端到端的基础设施统一管理。

6）高可靠性。云计算要求其提供的云服务连续不中断，“云”使用了数据多副本容错、计算节点同构可互换等措施来保障服务的高可靠性，使用云计算比使用本地计算机更可靠。同样，在机房环境设施方面，也提出了对机房环境高可靠性的要求。

云计算数据中心机房环境设计需要做一些相应的调整和考虑，要点如表5-41所示。

表5-41 云计算数据中心机房环境设计考虑的要点

序号	云计算要求	机房规划对策
1	超大规模	1. 由于机房供电容量的巨大，采用高压供电和高压发电机系统 2. 采用水冷中央空调设计
2	高密度	1. 采用冷热通道封闭方案 2. 抬高架空地板到800～1000mm 3. 机柜采用液体冷却 4. 采用航天制冷－就近制冷方式
3	灵活快速扩展	1. 采用各种标准化的组件 2. 机房采用模块化设计 3. 集装箱式数据中心
4	降低运维成本	1. 自然冷却制冷 2. 备用机组水蓄冷，削峰填谷 3. 机房直流供电 4. 采用智能照明系统 5. 数据中心放置在低土地和能源成本的地区 6. 其他绿色节能技术

（续）

序号	云计算要求	机房规划对策
5	自动化资源监控和测量	1. 采用数据中心资产监控系统，监控数据中心机房各类资源的情况 2. 机房环境和 IT 系统统一监控 3. 自动化应用软件
6	高可靠性	1. 数据多副本容错 2. 计算节点同构可互换

（10）数据中心网络扁平化

现在的数据中心网络基础架构正在快速地变化，支持虚拟化、云计算和聚合技术，以最少的过载实现灵活且有弹性的服务。数据中心网络结构的扁平化成了热门话题。

传统的数据中心网络架构分为接入层、汇聚层和核心层（三层架构），层次越多，所使用的设备就越多，延迟也会增加，当然，性能效率也会降低。在大规模采用服务器虚拟化技术的新一代数据中心里，数据流量将主要集中在本地服务器之间的通信，如能减少网络层级，不必再经过汇聚层交换机，势必会大大减少交换机之间的交互次数，并减少延迟。只要减少一层，对于应用性能的提升都将是巨大的。扁平化就是减少层次，从三层架构迁移到两层或更少层的扁平化架构。

如果决定采用扁平网络，就需要购买新的数据中心交换机。要想采用扁平网络，就得考虑全新的设备、新的数据中心交换机，网络必须从根本上进行变化。

数据中心网络的架构是两层、三层，还是更多层，一定要着重关注成本问题。不能仓促做出决定，要认真比较各种方案，设定合理的目标，网络要不要扁平化归结为对性价比的评估。总体来说，当前数据中心实际组网建设中，这两种方式谁都没占据到绝对优势，采用哪种结构完全看规划者的考量重点是在哪个方面。网络规划师也正密切关注着这种变化。

数据中心的成本计算方式：

- 年平均成本 =（成本 1+ 成本 2+ 设备端口总成本 +……）/ 使用年限；
- 成本 1= 服务器 ABC+ 光纤卡 +4 通道 + 安装 + 设备 +4 交换机端口（switch port）；
- 成本 2= 维护 + 电能损耗 + 冷却 +（升级成本 × 升级次数）+ 停机时间成本；
- 设备端口总成本 =（本机架成本 + 管理模块 + 冗余供电）/ 端口总数 + 每端口刀片成本；
- 每端口服务器总成本 = 通道成本 + 成本 1+（维护成本 × 服务年限）。

如果不考虑整个环节、年平均成本，就决定让网络扁平化，那就有可能不是“仓促投资，就是投错了方向”。

Tom Nolle 说：“我们在考虑数据中心网络扁平化时，应根据具体项目来决定要不要这么做，但我们在做决定时往往脱离了实际情况。如果预计某个项目会引起性能问题，那么考虑让网络扁平化，以解决那些问题，这也许是个合理的决定。但如果就因为网络扁平化很时髦而贸然行事，这就好比买汽车是因为觉得拥有汽车让你更像个成功人士一样不靠谱。”

网络扁平化需要在新设备方面有大量投入。网络主管们必须能说清楚成本和效益方面的情况，表明网络扁平化会如何增加收入或降低成本。Tom Nolle 补充说：“要是无法证明所能带来的效益，扁平网络项目就会被中止。”

Jim Metzler 说：“说到底，我不关心数据中心网络的架构是两层、三层还是多少层，而一定要着重关注成本问题。”Robin Layland 说：“我们一定要记住当初为什么采用三层架构，那是因为使用两层架构，我们无法得到所需的密度，而且成本太高了，所以采用了三层。这是我们获得所需性能的成本最低的办法，倒不是说三层架构天生优良。”

Robin Layland 说：“如果两层网络能够带来卓越性能，成本又比三层设计来得划算，那它就胜出，因为从理论上来说，两层架构的延迟更低，而且可靠性更高。”

2. 卡博菲桥架系统

卡博菲桥架是一种网格式桥架，是一家法国公司于 1970 年发明并推广网格式金属线型电缆桥架，它广泛应用于数据中心、政务机关、金融行业、大型企业等领域。

目前主流的数据中心散热送风系统采用机房专用空调地板下送风、上回风系统。卡博菲网格式桥架独有的网格式镂空结构，具有 90% 的外露面积，上走线安装方式不占用地板下的空间，可保证昂贵的空调设备的较高的制冷效率。网格式桥架的开放结构有利于空气流动，有利于电缆的散热，从而减少电力损失，提供供电效率，且方便于日后的线缆维护，是地板下线缆管理的理想选择。目前已经在中石油、石油勘探院等多个数据中心项目上得到了应用，并受到了用户的好评。

在 2009 年 6 月 1 日实施的中国国家标准《电子信息系统机房设计规范》（GB 50174—2008）建议采用卡博菲网格式桥架。

卡博菲网格式桥架安装简单，灵活多变，各种角度的折弯、三通、四通、标高变化、变径等都可以在施工现场采用直段桥架直接加工而成，无需定制；高度的灵活性能够轻松应对工程中出现的各种突发变化，特别是在转弯多、起伏大的复杂安装环境中更显优势。

卡博菲桥架施工质量检验的重点是卡博菲桥架连接系统、卡博菲桥架支撑系统、卡博菲布线辅助系统、卡博菲桥架路由调整系统。

3. 卡博菲桥架产品特点

卡博菲桥架的产品特点如下：

（1）美观

由于线缆可见，施工时线缆顺序摆放，且卡博菲桥架做工精细，整个系统在安装完毕后显得很美观。另外，卡博菲可以根据客户的要求提供不同颜色的桥架。

（2）整洁

卡博菲开放式线性的桥架，灰尘不容易堆积，便于清理和打扫，可以有效防止老鼠等对线缆产生破坏的动物在桥架上久待，感官上非常的整洁和整齐，一些对整洁度要求比较高的厂房都会考虑采用这种桥架，著名的食品生产厂商雀巢集团在全球的生产厂都用这种开放式线性桥架，包括中国的生产基地。

（3）安全性能

卡博菲已申请专利特制的带弧度的光滑边缘设计，可以使桥架的边缘成为钝角的形式，保护电缆在安装时不被划伤。

（4）快捷、灵活

再也不会耽误工程进度，省时设计。CABLOFIL 提供的解决方案有着无与伦比的灵活性，可以减少多达 50% 的设计和安装时间：CABLOFIL 网格式桥架可用于各种不利情况以及突发的变更。

（5）安全、可靠

CABLOFIL 的桥架应用广泛，因为它是世界上通过测试、获得认证最多的桥架。

（6）耐用

对于任何环境（普通或极端情况）CABLOFIL，都可以相应提供高强度表面处理或不锈钢系列的网格式桥架及其配件。

（7）坚固

CABLOFIL 桥架其独特的结构拥有专利权，焊接牢固，重量轻，强度高。

（8）清洁

CABLOFIL 网格式桥架的开放式结构无灰尘积聚，更干净，减轻用户的清洁卫生维护工作量。

（9）易于维护和管理

CABLOFIL 桥架的开放式结构和快装配件方便维护和安装升级。

（10）保证电缆性能

CABLOFIL 桥架的结构充分保护线缆，而且具有良好的通风性能，可以保障线缆的信号传输质量。

（11）环保

CABLOFIL 产品是 100% 环保产品。资源消耗少、无毒副产品。“做得更好，用得更少”。

4. 卡博菲桥架系统的内容

卡博菲桥架系统由卡博菲桥架主体系统、卡博菲桥架连接系统、卡博菲桥架支撑系统、卡博菲布线辅助系统、卡博菲桥架路由调整系统组成，现分别叙述。

（1）卡博菲桥架主体系统

卡博菲桥架主体系统（标准规定）的动力电缆和数据电缆必须分开安装。例如，欧洲标准规定非屏蔽动力电缆和非屏蔽双绞线安装的最小间隔是 200mm；如果是屏蔽双绞线，则最小间隔可到 50mm；如果是屏蔽动力电缆，则最小间隔可到 30mm。动力电缆的电磁干扰会降低数据电缆的性能，特别是影响数据传输的速度。

（2）卡博菲桥架连接系统

为便于运输和加工，卡博菲桥架的直线段的标准长度为 3m，如果敷设的桥架的长度超过 3m，就需要把几段直线段桥架连接起来。卡博菲桥架连接系统分 KITASSTR 两侧连接、CEFAS- 底部连接、EDRN- 两侧连接件。

1）KITASSTR 两侧连接，如图 5-14 所示。

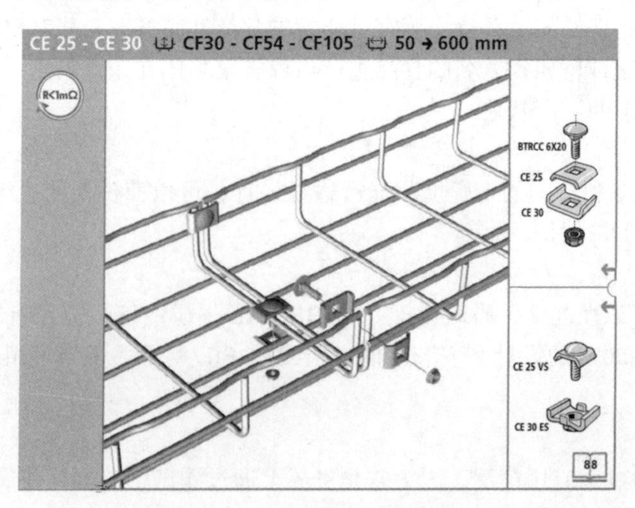

图 5-14　KITASSTR 两侧连接图

注：KITASSTR = CE25+CE30+BTRCC6 × 20。

2）CEFAS- 底部连接，如图 5-15 所示。

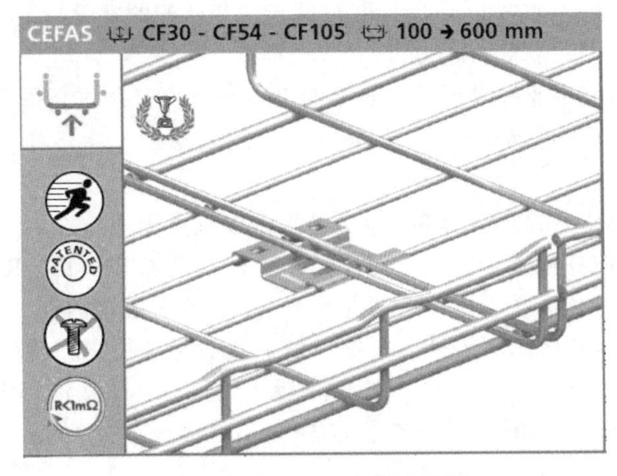

图 5-15　CEFAS- 底部连接图

3）EDRN- 两侧连接，如图 5-16 所示。

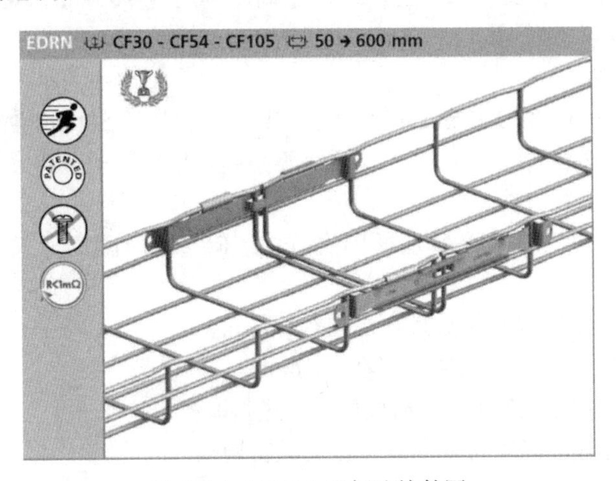

图 5-16　EDRN- 两侧连接件图

采用 CEFAS- 底部连接和 EDRN- 两侧连接时，每段桥架连接处的 EDRN 和 CEFAS 的数量严格按照卡博菲指导手册。

5. 卡博菲桥架安装方式

卡博菲桥架安装方式一般分为 4 种：

- 天花板吊装方式；
- 架空地板下安装方式；
- 机柜顶面吊装方式；
- 墙壁安装方式。

（1）天花板吊装方式

天花板吊装方式分 RCSN 吊装、R41 吊装、AS 吊装、SF50/100 吊装。

1）RCSN 吊装

一般适用于高度不超过 105mm，宽度不超过 400mm 的桥架，建议支撑间隔为 1.5m。

因 RCSN 底部吊装孔径为 8mm×25mm，故在配置钢丝吊杆时，吊杆外径不得超出 Φ8。RCSN 为 3 米 / 根，RCSN 的实际使用长度根据卡博菲桥架的宽度情况来切割，以满足工程需要，RCSN 的长度为桥架宽度 +100mm。

另外，根据卡博菲企业标准要求，桥架与 RCSN 支撑必须进行固定，其方法是将齿状牙片下按直至锁住桥架底部钢丝。

2）R41 吊装

一般使用于 RCSN 不能使用的重型承载情况，建议支撑间隔为 1.5m。因 R41 底部吊装孔径为 13×30mm，故在配置钢丝吊杆时，吊杆外径不得超出 Φ13。R41 为 3 米 / 根，R41 的实际使用长度根据卡博菲桥架的宽度情况来切割，以满足工程需要，RCSN 的长度为桥架宽度 +100mm，如图 4-9 所示。另外，根据卡博菲企业标准要求，桥架与 R41 支撑必须进行固定，其方法是使用 FASTRUT 41 卡锁件将桥架钢丝与 R41 边沿锁定。每个支撑点配置 FASTRUT 41 数量为：宽 600mm 为 5 个；宽 500mm 为 4 个；宽 400mm 为 3 个；宽 300mm 为 2 个；宽 200mm 为 1 个。

3）卡博菲桥架 AS 吊装

AS 吊装方式为轻型安装方式，主要适用于高度不超过 105mm，宽度不超过 300mm 的卡博菲桥架安装，建议支撑间隔为 1.5m。

4）SF50/100 吊装

SF50/100 是宽 50mm 和 100mm 桥架的专用方式，尤其宽 50mm 桥架吊装一般情况下建议采用此方式！建议安装间隔为 1.5m，且承重不得超过规定数值。

（2）架空地板下安装方式

架空地板下安装方式分 RCSN 地面固定方式、R55 地面固定方式、UFC+RCSN 方式、UFC+CSN 方式。

1）RCSN 地面固定方式，桥架离地高度为 16mm。

2）R55 地面固定方式，桥架离地高度为 16mm。

3）UFC+RCSN 方式，高度可根据现场需要进行调整。

4）UFC+CSN 方式，高度可根据现场需要进行调整。

（3）机柜顶面吊装方式

机柜顶面吊装方式分 UFS150+RCSN 方式、R55 方式。

1）UFS150+RCSN 方式，高度可根据现场需要进行调整。

2）R55 方式，桥架离机柜顶面高度为 55mm。

（4）墙壁安装方式

墙壁安装方式有如下几种：

1）RCSN 沿墙面安装方式（适用于宽 100 ～ 600mm 的桥架）

2）UC50 沿墙面安装方式（专用于宽 50mm 的桥架）

3）CSN 垂直墙面安装方式

4）CU 垂直墙面安装方式

5）C41S 垂直墙面安装方式

6）CM50XL 垂直墙面安装方式（专用于宽 50mm、100mm 的桥架）

6. 卡博菲桥架布线辅助系统

（1）卡博菲桥架接地

接地是指与大地的直接连接，电气装置或电气线路带电部分的某点与大地连接、电气装置或其他装置正常时不带电部分某点与大地的人为连接都叫接地。接地分为正常接地、故障接地和保护接地。

- ❑ 正常接地：人为接地。
- ❑ 故障接地：电气装置或电气线路的带电部分与大地之间意外的连接。
- ❑ 保护接地：为了防止电气设备外露的不带电导体意外带电造成危险，将该电气设备经保护接地线与深埋在地下的接地体紧密连接起来的做法叫保护接地。

保护接地和保护接零是维护人身安全的两种技术措施，其不同之处是：

1）保护原理不同

低压系统保护接地的基本原理是限制漏电设备对地电压，使其不超过某一安全范围；高压系统的保护接地，除限制对地电压外，在某些情况下，还有促成系统中保护装置动作的作用。

保护接零的主要作用是借接零线路使设备潜心电形成单相短路，促使线路上保护装置迅速动作。

2）适用范围不同

- ❑ 保护接地适用于一般的低压不接地电网及采取其他安全措施的低压接地电网；
- ❑ 保护接地也能用于高压不接地电网。不接地电网不必采用保护接零。

3）线路结构不同

保护接地系统除相线外，只有保护地线。保护接零系统除相线外，必须有零线；必要时，保护零线要与工作零线分开；其重要的装置也应有地线。

系统接地是为了保证系统的零电势，一般要求接地电阻小于4Ω。保护接地是当有短路或漏电的情况可以保护系统和人身安全。

如果接地系统处理不当，将会影响系统设备的稳定性，引起故障，甚至会烧毁系统设备，危害操作人员生命安全，故可靠地接地至关重要。

安装时要求保障桥架良好的接地，有效减少外界的电磁波对数据电缆的干扰，平均每隔15m桥架安装一个接地端子，用6mm^{2}的接地线把桥架连接起来，并引入大楼的专用接地铜排。

对于一般客户来讲，核对导线编号，接地线只要采用40mm × 40mm × 2500mm的角钢，用机械打入的方式垂直打入地下0.6m，就能满足接地电阻的阻值要求。然后用直径≥ ϕ8的圆钢焊接后引出地面0.6m，再同引入的电源相线同等材质和型号的导线连接到配电盘的保护线（PEE）上。

（2）接地端子GRIFEQUIP

每间隔10 ～ 15m安装一个接地端子，接地端子一端与桥架侧边钢丝固定，另一端卡接6 ～ 35mm^2 接地线。

（3）下线板DEV100

为保证线缆自桥架下引时的弯曲半径（50mm），所有向下引线处均应配备下线板。

（4）布线导管与桥架对接件SBDN

适用于 ϕ20mm和 ϕ25mm的导线管。

（5）卡博菲专用剪线钳COUPFILGM

在剪切时，务请使钳口与被剪对象保持45°倾角，这样可以避免出现尖锐剪口，并保证剪口为齐平口。

（6）PA 转角支架

PA 转角支架能有效减轻施工强度，并取得极为美观的效果。

（7）防火过墙件

卡博菲桥架通过消防分区时应该安装卡博菲专用过墙件。

7. 卡博菲桥架路由调整系统

卡博菲桥架路由调整系统有以下几种：

1）“T”型斜角连接

2）“T”型直角连接

3）桥架直角或其他任意角度对接

4）直角弯头

5）大圆弧弯

6）绕过路由障碍

7）变径

5.6.4 数据中心卡博菲桥架方案

网络布线桥架系统的建设规模和标准应满足数据中心中长期信息化发展的需求，建设的系统选用技术成熟和先进的产品或设备，以经济实用为原则，提供充分的可扩展性，具有较高的性能价格比，确保成为技术先进、质量可靠、经济合理实用的网络布线桥架系统。

1. 工程概况（省略）

2. 客户需求分析（省略）

3. 设计目标

4. 设计依据

（1）国际设计、施工、验收标准

标准覆盖范围	标准名称	标准编号	批准发布组织
美国国家标准	数据中心标准 2005 年 4 月颁布	EIA/TIA-942	电子工业协会
国际标准	信息技术——用户房屋的综合布线	ISO/IEC 11801	国际标准化组织
国际标准	数据中心标准 2009 年颁布	ISO/IEC 24764	国际标准化组织
欧洲标准	信息技术网络布线桥架系统	EN50173	电工技术标准化欧洲委员会
欧洲标准	数据中心标准 2007 年 5 月颁布	EN50173-5	电工技术标准化欧洲委员会
美国国家标准	商业建筑物电信布线标准	EIA/TIA-568A/B	TIA 长途电信工业协会
美国国家标准	电信通道和空间的商业建筑物标准	EIA/TIA-569	电子工业协会
美国国家标准	金属电缆桥架系统	NEMA VE1/CSA 22.2	美国电气制造商协会
欧洲标准	线缆支架系统和线缆梯架系统	IECEN61537:2007	国际电工技术委员

（2）国家设计、施工、验收标准

❑《建筑与建筑群综合布线系统工程设计规范》(GB 50311—20016)；

❑《通信用多模光纤系列》(GB 12357—1990)；

❑《电子信息系统机房设计规范》(GB 50174—2008)。

5. 卡博菲网络布线桥架系统方案描述

（1）系统配置原则

1）网络布线桥架系统应满足本工程信息通信网络的布线要求，应能支持数据、图像等业务信息传输的要求。

2）网络布线桥架系统是信息通信网络的基础传输通道，应满足本工程近期的实际使用和中远期发展的需求。

3）网络布线桥架系统应具有开放性、灵活性、可扩展性、实用性、安全可靠性和经济性。

4）本次网络布线桥架系统采用光铜分离，上下双层敷设结构，光缆和铜缆分别采用独立布线桥架，并且采用同一组吊杆安装。

5）根据平面图纸，充分考虑并提供实施过程中所需的所有光缆、铜缆桥架所需的安装连接件、下线口、接地部件等附件。

（2）设计范围

数据中心机房分普通机房、云计算机房、ERP 机房、屏蔽机房和运营商机房。机房项目的卡博菲网络布线桥架系统包括两部分：一部分是光缆桥架系统，另一部分是铜缆桥架系统。

网络布线桥架系统采用光缆、铜缆分离，上下双层敷设结构，光缆和铜缆分别采用独立布线桥架，并且采用同一组吊杆安装，铜缆 / 光缆配线架安装于桥架侧方。

考虑到以后的扩容，铜缆桥架系统统一采用 CF150/400 的卡博菲桥架，光缆卡博菲网格式桥架主干采用 CF105/300 的桥架，分支采用 CF105/150 的卡博菲桥架。设备机柜与机柜之间的跳线连接通过 CF105/300 桥架来完成，CF105/300 的桥架与铜缆桥架在一个标高上。

光缆桥架和铜缆桥架共用一组吊挂，采用卡博菲的 R41 吊挂系统，上下双层敷设，铜缆 / 光缆配线架安装于桥架的侧方。

（3）铜缆桥架设计依据

根据实际需求，铜缆桥架采用卡博菲网格式桥架。机房有多排机柜，每排均设置有列头柜，考虑到以后的扩容量，机房的分支和主干均采用 CF150/400 的电镀锌网格式桥架，屏蔽机房和运营商机房的铜缆走线采用 CF105/400 的电镀锌网格式桥架。

方案采用铜缆桥架和光缆桥架共用一套吊挂系统，采用同一套吊杆，下层桥架是铜缆桥架，上层桥架是光缆桥架。

铜缆桥架的托架采用 R41 的方式，用 Φ12 的吊杆每隔 1.5m 一个支撑，吊挂在楼顶板上，R41 为 3m 一段，R41 的实际使用长度根据卡博菲桥架的宽度情况来切割，以满足工程需要，R41 的长度为桥架宽度 +100mm。

6. 卡博菲网络布线光缆桥架设计方案

根据项目的实际情况，光缆桥架采用吊顶螺杆吊装方式。在同一垂直方向上，光缆桥架和铜缆桥架上下结构堆叠，以形成整齐的安装效果，可大大节省有限的空间。

卡博菲桥架对光缆进行独立路由系统的管理，防止光纤在桥架内被挤压折损的风险，所有转弯点、过渡点、溢出装置和落线装置，都采用弯曲半径保护装置，保证提供最小 50mm 弯曲半径，防止由于光缆过度弯曲产生的信号损失而影响数据传输的可靠性。

（1）光缆桥架设计依据

光缆卡博菲网格式桥架由三种桥架规格组成，MDA 模块采用 CF105/600 的桥架，各 POD 模块的主干采用 CF105/300 的桥架，分支采用 CF105/150 的卡博菲桥架。

（2）光缆桥架容积率分析

❑ 卡博菲的 CF105/600 桥架的内部填充面积大于 60 000mm^2。

- 卡博菲的CF105/300桥架的内部填充面积大于30 000mm²。
- 卡博菲的CF105/150桥架的内部填充面积大于15 000mm²。

CF105/600、CF105/300和CF105/150的预端接光缆容积表如表5-42所示。原则上容积率的比值只做到70%。

表5-42　CF105/600、CF105/300和CF105/150的预端接光缆容积表

桥架规格	线缆占桥架的容积率	12芯预端接OM3光缆数量（根）	48芯预端接OM3光缆数量（根）	备注
CF105/600	10%	209	38	理论上70%的容积率
	20%	417	75	
	30%	625	112	
	40%	834	150	
	50%	1042	187	
	60%	1250	224	
	70%	1458	261	
CF105/300	10%	105	19	理论上70%的容积率
	20%	209	38	
	30%	313	56	
	40%	417	75	
	50%	521	94	
	60%	625	112	
	70%	729	131	
CF105/150	10%	53	10	理论上70%的容积率
	20%	105	19	
	30%	157	28	
	40%	209	38	
	50%	261	47	
	60%	313	56	
	70%	365	214	

7. 卡博菲桥架接地系统

卡博菲桥架安装时要求保障桥架接地良好，有效减少外界的电磁波对数据电缆的干扰，光缆桥架上的接地端子向下通过6mm²的接地线与铜缆桥架的接地端子连接起来，引入大楼的专用接地铜排。

5.6.5　数据中心KVM技术设计要求

1. KVM技术

KVM（Keyboard Video Mouse）是键盘（Keyboard）、显示器（Video）、鼠标（Mouse）的缩写，是网络中的管理设备，通过直接连接键盘、视频和鼠标（KVM）端口，能够访问和控制计算机。

KVM的正式名称为多计算机切换器，它是一个独立的硬件集中管理系统，是现代服务器监管的关键设备。

KVM多计算机切换器对于企业机房或数据中心的空间及信息环境能创造广大的效益，不仅能降低能源消耗、节省机架与机房空间，还能避免多余的键盘、显示器与鼠标所造成

的杂乱。而且通过KVM多计算机切换器的集中管理，可协助企业信息人员大幅简化工作流程，强化企业生产力。

2. KVM切换器分类

- 按工作模式可分为：模拟KVM和数字KVM；
- 按网络环境可分为：基于IP KVM和非IP KVM；
- 按设备环境可分为：手动和自动KVM；
- 按安装方式可分为：台式和机架式KVM；
- 按应用范围可分为：高、中、低三类KVM。

（1）模拟KVM和数字KVM

1）模拟KVM

模拟KVM主要是早期的一些产品，应用于距离不远的机房或者本地单一机柜，价格也比较低，对中小企业来说具较高的性价比。

模拟KVM适用于用户和受控设备处于同一位置的环境，是访问集中化多PC和多机架环境的理想技术。但它的缺点是受控距离短，不能实现远距离操控，在网络发展迅速的今天，已经远远不能满足机房管理的需要。

模拟KVM切换器不能实现远距离操控，如果要在机房之外设立操控间，或者在多个地方操控中心机房设备，模拟KVM不能满足需求。如果用户需要在一个中心操控不同地域的机房设备，则只有基于IP的数字KVM才能满足要求。

2）数字KVM

数字KVM则是对模拟KVM的升级，因为我们要管理的主机可能分布在各个地方，因此数字KVM整合了IP网络技术，只要网络畅通，那么网管人员就可以对任意地点的服务器进行治理，包括Internet上的主机。

KVMoverIP是通过将键盘、显示器和鼠标的数据数字化，并使用IP技术传输KVM数据。该技术利用了现有网络基础设施，支持本地和远程用户。它不受管理距离限制，只要网络可达即可管理，实现远距离操控，是远距离管理的理想技术。

数字KVM是将键盘、显示器和鼠标的数据数字化，并使用IP技术传输KVM数据。该技术利用了现有网络基础设施，支持本地和远程用户。它不受管理距离限制，只要网络可达即可管理，实现了远距离操控，是远距离管理的理想技术。

3）数字KVM功能特点

- 基于KVM OVER IP交换技术，不受距离限制，IP所到之处，都能远程操控受控设备。
- 不同的受控设备使用不同的接口模块统一接入，模块与KVM端口任意连接。
- 接口模块直接连接到受控设备上，通过CAT5线缆连接到KVM交换机上，布线简单、规范。
- 串口管理设备无需接口模块，直接采用CAT5线缆连接受控设备。
- 每台KVM（或串口管理设备）单独分配一个IP地址，只要网络可达，即可实现对受控设备的远程操控。
- 每台KVM提供本地端口，用于连接键盘、鼠标、显示器组成本地控制台。本地控制台采用GUI图形界面。
- 可以检测受控设备运行状态，掉电、宕机控制台实时告警。
- 单台KVM提供多达8名远程操作用户同时操控，完全满足控制需要。

- ❑ 远程控制台提供全屏方式，用户操作更方便。
- ❑ 独特的“退出宏”功能，确保受控设备安全退出，增强安全性。

4）数字 KVM 实施要点

- ❑ 在受控设备端需要安装相应的接口模块，接口模块和 KVM 之间使用 5 类网线连接，此段线缆连接传输的是模拟视频信号，容易受到干扰，为了保证最好的信号传输质量，建议使用带屏蔽的高质量网线及水晶头。
- ❑ KVM 的信号传输要占用系统带宽，也要占用客户的 IP 地址资源，可以考虑 KVM 之间的连接、KVM 与操作主机之间的连接使用独立的网络布线，分配独立的 IP 地址来解决这个问题。
- ❑ 为了在远程操控台实现最好的操控效果，例如鼠标同步、显示分辨率等，在某些服务器操作系统内需要进行必要的配置。这方面的信息请参见相关安装文档。

3. 高、中、低端 KVM

（1）低端 KVM

从应用范围上来看，低端 KVM 的端口比较少，能够控制的主机数量也只有几个，适用于 SOHO 和一些小型网络。一般价格也比较便宜，只要几百块。

（2）中端 KVM

中端 KVM 切换器被广泛应用于中小企业网络之中，它们一般有 8 ～ 16 个连接端口，能够较好地满足应用的需求，而且能够在不同的操作系统平台之间自由切换。

（3）高端 KVM

拥有 32 个以上连接端口的 KVM 则属于高端 KVM，同时大多数是基于网络 IP 地址管理主机的，具有高密度、高端口数和多用户同时操作的特点，因此一般都应用于大型网络。

4. KVM 技术的核心思想

KVM 技术的核心思想是：

1）通过适当的键盘、鼠标、显示器的配置，实现系统和网络的集中管理；

2）提高系统的可管理性，提高系统管理员的工作效率；

3）节约机房的面积，降低网络工程和服务器系统的总体拥有成本；

4）避免使用多显示器产生的辐射，营建健康环保的机房；

5）利用 KVM 多主机切换系统，系统管理员可以通过一套键盘、鼠标、显示器在多个不同操作系统的主机或服务器之间进行切换并实施管理。

5. KVM 技术要求和基本功能要求

（1）KVM 技术要求

1）支持 Wi-Fi、3G 无线网络，手机有信号的地方就可以实现 KVM 功能；

2）BIOS 级远程管理设备，提供开机画面到操作系统整个开机过程的画面管理；

3）免客户端，支持所有主流浏览器；

4）纯硬件设计，支持所有操作系统；

5）免驱动，即插即用，支持热拔插；

6）提高高质量音像的同时，鼠标键盘同步操控；

7）支持虚拟存储，远程完成操作系统的安装；

8）支持串口 overIP，远程调试各种串口设备。

（2）KVM 基本功能要求

KVM 的解决方案必须满足以下基本功能要求：

1）利用带外管理技术确保网络的设备的管理和维护都具有实时、可靠的连通性；

2）管理手段必须保证数据传输的安全性，不能采用明文传输方式，避免安全隐患；

3）具备审计功能，确保系统对所有用户操作都有据可查，保障其可追溯性；

4）远程管理被授权的管理员支持任何时间、地点接入内部系统，快速地进行系统级别的故障修复及系统管理，降低故障解决时间及成本；

5）整个系统架构完成后能为电信网管基础架构提供极为安全的访问、控制及管理。管理平台能够对所有操作人员进行集中权限管理，对操作人员进行安全的访问控制，可拒绝无权用户的访问。可以对用户进行分组、分级管理，以便按任务或部门分配操作人员权限。

6）能够对所有服务器及网络设备进行集中管理，不管这些设备的具体安装位置如何，都能够按其任务进行分组，以便按任务或部门进行设备管理。

7）具有统一的系统管理界面，无论被管理的设备安装位置如何分散，是何种异构硬件平台或是何种操作系统，操作人员都能在同一界面上很方便地进行切换，以提高工作效率。

8）具有较高的安全强度。具备完整安全系统的三大要素：访问控制、数据传输和存储的安全性与完整性，事后审计。

6. KVM 的 8 个特性

使用 KVM 要重点注意它的 8 个特性：安全性、可靠性、可管理性、可用性、易用性、扩展性、兼容性、先进性。

（1）安全性

1）充分保证系统的安全性，使用的产品、技术方案在设计和实现的过程中应有具体的措施来充分保证其安全性；

2）采用集中认证体系，所有用户登录系统时必须经过中央集中认证，需通过多层安全认证并支持多种外部认证方式，对所有服务器设备的访问必须先经过集中认证系统，不允许对 KVM 设备直接访问；

3）考虑系统的安全性，所有登录系统时必须中央集权认证，多层安全验证。支持 LDAP、NT Domain、Raduis、AD、TACAS+、RSA secureID 双因素认证、X.509 标准的 Ukey 证书等各种认证体系；

4）所有服务器和网络设备的信息、用户信息及权限信息皆需放置于集中认证系统中，当单台 KVM 设备发生故障时，只需换上备份设备即可，无需对诸多权限进行一一手动添加；

5）IP 方式进行 KVM 控制时，可以根据需要进行相应的加密认证，以实现键盘、鼠标及视频信号的加密传输。数据传输支持 128 位 DES、3DES、SSL 和 256 位 AES 加密技术，并且要求数据传输的格式是特殊不可窃取的，视频信号应是差异传输；

6）支持服务器的退出宏功能（操作员关闭 KVM 窗口时，系统能自动向服务器发出锁屏信号，其他人访问服务器时，始终要输入用户名和密码）；

7）集中管理平台须采用硬件的体系。其中的嵌入试软件系统为专有系统，而不是在公用系统上安装软件，保证系统整体的安全性和稳定性；

8）系统必须支持标准的 SYSLOG、统一的日志及报表，以保证全系统的审计功能；

9）支持操作人员基于时间的任务管理和权限访问，即可以定义某个操作员在某个时间段可以访问控制（或者不可访问控制）某组设备；

10）集中远程管理必须有本地验证机制，并且要支持ACA认证或其他指定的认证系统；

11）所有设备必须支持ACL（访问控制列表）功能，要求提供ACL与用户组捆绑功能；

12）每台服务器放置一个接口转换器，其内置的键盘、鼠标仿真功能，确保服务器开机时不会出现死机和键盘、鼠标丢失，并可根据需要在切换器本地连接键盘、鼠标和显示器；

13）当集中管理平台与切换系统出现通信故障时，可以直接登录主切换设备，保障管理正常进行。

（2）可靠性

KVM采用纯硬件的解决方案和专有系统，保证产品质量的可靠性，对项目实施过程实现严格的技术管理和设备的冗余配置，保证系统的安全可靠。

（3）可管理性

1）管理方式

所有用户通过集中管理设备提供的统一界面，以点选的方式访问所有IT设备。

2）管理能力

集中管理设备具备自定义策略、群组及属性的功能，让使用者能以集体操作的方式控制或拒绝存取，操作便捷；可设置不同用户权限管理相应的服务器；当操作人员的位置或职责权限变化，或设备位置变动或增加时，无需对布线系统做任何结构化的调整，只需简单地通过操作软件来实现（分组、鼠标拖拉等）。

3）管理界面支持多屏同步显示功能。

4）任务定制管理

管理员可以定义系统任务，如定时备份数据、定时重起或关闭服务器。

5）统一的操作日志

控制台服务器上的串口数据统一保存到集中认证管理服务器中（无须另外配置NFS服务器）。串口数据中包含了重要的目标设备的系统信息，以及通过串口对目标设备的操作或配置过程。

6）集中认证管理

集中认证管理服务器可以对来自控制台的串口数据按照用户定义的关键字进行过滤。过滤的结果作为事件被存放在数据库中，并可以以SNMPtrap、email或短信的形式发送出去。

7）信息通知管理

系统管理员可以对关注的事件设定通知功能，当系统有相关事件生成时，系统会以email和短信形式通知管理员。

8）配置智能电源管理

配置智能电源管理设备用来实现服务器和网络设备的远程电源控制。要求电源管理设备和KVM以及控制台服务器一样，能被整合到统一的集中控管界面中。

9）系统应具备在线安全监控和管理模式；提供7×24不间断的网络监控。KVM系统建设目标配置要求根据需要监控的服务器和网络设备数量，建立一套能使各个机房的服务器和网络服务器进行集中管理控制的KVM系统。

- 集中管理系统必须采用纯硬件解决方案，集中管理平台支持双网卡、镜像硬盘设计，并支持双机异地冗余设计。
- 集中管理设备及主切换器支持双网络接口设计，保证系统正常运行。

- ❑ 系统采用模块化设计，单点故障不会影响整套系统的运行，需要具有连接带本地KVM接口的服务器接口模块的能力。
- ❑ 系统在支持集中远程管理的同时，提供本地管理方式，以便在网络出现问题时，保证本地正常的操作。要求当远程通道被全部占满时，本地管理端口仍可使用。
- ❑ 每台设备内部支持独立验证机制，单台使用时无须通过外部验证服务器。
- ❑ 远程管理设备支持 Modem 拨号访问，在网络中断时，通过 Modem 拨号访问。
- ❑ 系统支持基于多种硬件平台、多种操作系统的服务器（如 NT 或 UNIX 之上的 Sun、HP、DELL、COMPAQ、IBM 等）和串口控制类设备（路由器 /PBX），并在多种平台间“无缝”切换。

10）集中认证系统必须为备份冗余方案，能实现实时的失败转移功能；考虑到数据中心服务器数量众多，应提供支持 1 个 HUB 认证服务器和 1 个 SPOKE 认证服务器，考虑到将来的扩展性，集中控管平台需要能够支持 3 套以上的异地部署能力，它们之间数据保持同步，做到负载平衡，减轻对网络和服务器的负担。

11）集中控制系统需具有良好的兼容性，实现 BIOS 诊断及系统重启动等深层次功能，数字 KVM 交换机直接支持连接串口设备管理及远程电源管理，无须另接其他型号产品。

12）需有数据库管理的系统日志记录，可以详尽记录用户的登录、操作及退出情况，并可导出至 Excel 做定期备份。

（4）可用性

1）系统需支持多种操作模式，支持多屏幕和屏幕缩放以提高维护方便性；

2）本地 KVM 操作支持图形界面操作：滚轮及多键鼠标操作。

3）操作用户端视频信号分辨率需能达到 1280 × 1024，画面色彩需达到 16 位真彩，且在连接的不同分辨率服务器之间切换时，自动调节视频大小，无须人工手动调节。

（5）易用性

1）集中控制系统需具有良好的兼容性，实现 BIOS 诊断及系统重启动等深层次功能，并能支持串口设备管理和远程电源管理应用以及远程开关机；

2）访问远程管理设备无须安装专用软件，通过 IE 等浏览器进行访问；

3）集中控制管理平台的用户操作界面必须支持中文界面，并可根据使用者的习惯方便在中文和英文界面之间切换，无须更改管理平台的设置；

4）即插即用，拆开包装，通电即可使用；

5）KVM 集中管理设备支持多种通道颜色，可以显示每个通道不同的连接状态；

6）KVM 系统需要支持鼠标自动同步功能，无须手动调整服务器鼠标配置。

（6）扩展性

1）支持企业级的模拟 KVM 和数字 KVM 的统一整合，可以在集中控制系统中对模拟 KVM 和数字 KVM 上连接的设备进行混合管理，包括分组定义；

2）整个系统一个 IP 地址入口，统一界面，扩充简单；

3）如果要增加服务器或网路设备，只需要增加相应的主切换设备；

4）由于目前技术的发展和变化非常迅速，方案采用的技术应具有良好的可扩展性，充分保护当前的投资和利益。考虑到今后机房升级时，无须对 KVM 系统原有的软件和硬件进改动，只要增加相应的 KVM 切换设备，简单配置，即可投入应用；

5）所有 KVM 和控制台服务器均可以做本地或者远程升级。

（7）兼容性

系统的标准化程度高，可以做到不同厂商的产品混用、不同应用系统间的兼容。

（8）先进性

采用业界先进的纯数字技术，保证整个系统技术先进并持续发展。

5.6.6　数据中心列头柜技术设计要求

列头柜是用来对同一机房内一列或多列机柜进行分配和管理，并具备保护功能的机柜。在电力机房、通信设备机房、大型网络机房中，列头柜是必要的，也是必需的。

1. 列头柜的基本概念

列头柜是一列机柜设备最顶端（第一个位置，相当于头）的一个机柜，通常叫列头柜。一般由柜体和附属部件组成，其中柜体由骨架、前后门（单面列柜无后门，但应有背板）、侧板、顶板、底板等组成。列头柜是具备保护功能的机柜。

列头柜按安装位置可分为列头柜、列中柜、列尾柜。列头柜分强电列头柜和弱电列头柜。

列头柜的环境条件和外观要求具体如下：

1）环境条件

❑ 工作温度：−5 ～ +40℃。

❑ 相对湿度：≤ 85%RH（25±5℃时）。

❑ 海拔高度：≤ 1000m。当海拔高度＞ 1000m 时，应按半导体变流器通用要求和电网换相变流器规定降额使用。

❑ 垂直倾斜度：≤ 2°。

2）外观要求

❑ 机柜涂覆层应表面光洁、色泽均匀、无流挂、无露底；金属件无毛刺、无锈蚀。

❑ 机柜门板、侧板平整，无扭曲、无变形，也不明显抖动；门板开孔均匀。

❑ 机柜标志应齐全、清晰、色泽均匀、耐久可靠。机柜正面和背面上方应设有用以标注序号的标签或位置，列头、列尾机柜朝外的侧板上应设有用以标注列号的位置。

❑ 机柜及其附属部件、涂覆层、标志、饰物等均应采用难燃或不燃材料。

2. 弱电列头柜

弱电列头柜可分为网络列头柜、KVM 列头柜、服务器列头柜等。

（1）网络列头柜

网络列头柜用于放置计算机设备、数据网络设备或相关设备，并提供设备运行所需的信息网络、电源、冷却等环境条件的全封闭或半封闭柜体，也称为服务器机柜或机柜。通常采用 19 英寸标准机柜，即柜体宽度为 600mm，所放置的设备面板宽度为 19 英寸（482.6mm）、高度为 1U（44.45mm）的整数倍的规格系列。极少数情况也采用 23 英寸标准机柜。特殊情况可根据用户需求尺寸定制机柜。机柜外形如图 5-17 所示。

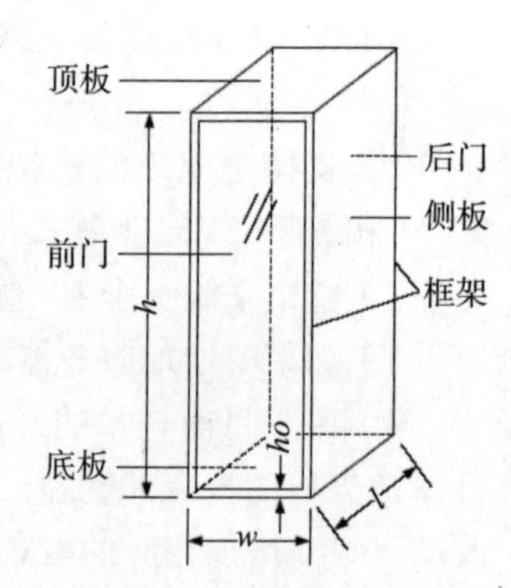

图 5-17　机柜外形示意图

1）网络列头柜特点

❑ 以合理的结构，大众化的需求为主导设计思路；

❑ 有良好的通风性能，通风孔前门和通风孔对开后门；

- ❑ 主要为通信、数据而设计的；
- ❑ 全部采用优质冷轧钢板精工制作，受力分配均匀；
- ❑ 整机静电粉末喷塑；
- ❑ 焊接的框架结构，承重性更佳；
- ❑ 可拆装式全开放式结构，运输安装检修方便，造型美观曲线流畅，拆装方便。

2）网络列头柜产品组成

网络列头柜的主要框架结构是采用优质冷轧钢板整体焊接制造而成，外观大方，可上、下进线，顶部配有散热电扇，利于有源设备散热，按容量不同有 6U、9U、12U、16U、18U、20U 等。

网络机柜一般由柜体和附属部件组成，其中柜体由骨架、安装立柱、前后门、侧板、顶板、底板及层板等构成，附属部件包括配电单元、网络接口、走线槽、门锁、导流罩、密封组件、风扇等。

3）网络列头柜产品分类

- ❑ 按机房空调送风冷却方式不同，网络列头柜可分为前进风、下进风和上进风网络列头柜。
- ❑ 按网络列头柜门的有无和密封程度不同，网络列头柜可分为封闭式、半封闭式和敞开式列头柜。
- ❑ 按所采用电源类型不同，网络列头柜可分为交流 220V 网络列头柜、交流 380V 网络列头柜、直流 48V 网络列头柜和直流 240V 网络列头柜。
- ❑ 按通信线缆和电源线缆进入机柜位置的不同，网络列头柜可分为上走线、下走线和上下走线列头柜。

4）网络列头柜尺寸、结构和配置

①网络列头柜外形尺寸

- ❑ 机柜高度一般分为 2000mm、2200mm、2400mm、2600mm 四种，推荐选用 2200mm，下进风机柜高度不宜大于 2200mm。
- ❑ 机柜宽度推荐选用 19 英寸（600mm），特殊情况可选用 23 英寸（800mm）。
- ❑ 机柜深度一般分为 800mm、900mm、1000mm、1100mm、1200mm 五种，下进风机柜深度应不少于 1100mm，推荐使用 1100mm；前进风机柜深度应不大于 1100mm，推荐使用 1000mm。

②网络列头柜基本结构

- ❑ 网络列头柜基本结构由框架、前后门、侧板、顶板、底板及相应定位、紧固件组成。机柜内部可设置安装立柱、层板及进排风、供配电装置等。下进风机柜基本结构如图 5-18 所示，前进风机柜、上进风机柜的基本结构与下进风机柜类似，也可参照图 5-18。

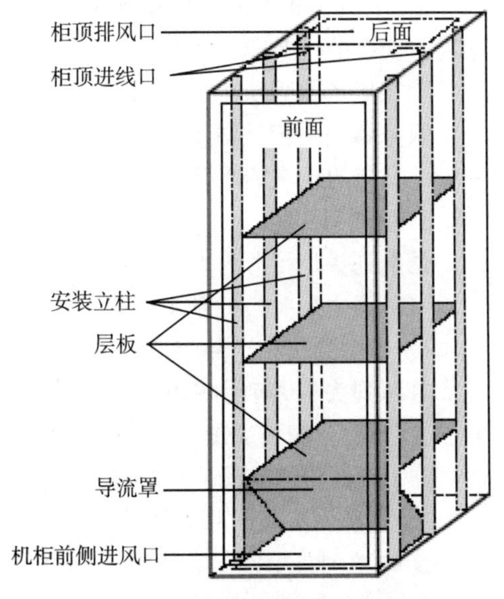

图 5-18 下进风机柜基本结构示意图

- 网络列头柜结构应牢固，底部和顶部可上下固定，应能承受顶部线缆及结构件的负载；各零部件以及内外部整体结构具有足够的刚性和韧性，不会在设备安装后出现晃动和结构件变形。柜体结构及其内部安装立柱、层板等组成部件，应满足抗震要求。
- 网络列头柜框架采用冷轧钢板或铝合金型材加工，侧板、前后门、层板及加固顶底结构采用冷轧钢板或性能更优的材质。
- 网络列头柜装配应具有一致性和互换性，零部件应最大限度地采用标准件和通用件，紧固件无松动。外露和操作部位的零部件应光滑，无锐棱毛刺。
- 网络列头柜门和侧板为可拆卸式结构，门的开合转动灵活、锁定可靠、施工安装和维护方便。
- 网络列头柜门的开启角应不小于110°；侧板的拆装不应影响机柜整体宽度。
- 网络列头柜前后门均应采用外开门方式，其中前门为单开门，后门为单开门或对称双开门；前后门带锁，也可根据用户需要更换为独立门锁。
- 网络列头柜可以并列安装，随机应配有并柜连接件。

③网络列头柜内部结构

- 网络列头柜内部应设置4根或6根安装立柱，用于安装设备和固定层板。安装立柱能够前后移动调节。安装立柱的间距、孔距等机柜内部尺寸结构应满足用户的要求。
- 网络列头柜内部层板深度为600mm±5mm，标准型层板承重≥40kg，加强型层板承重≥80kg。层板应便于安装和拆卸，其安装高度和前后位置可以调节。层板的固定方式可根据用户需求，使用螺丝或弹性插销、卡接部件等固定方式。
- 网络列头柜内部设备的有效安装深度≥720mm。

④网络列头柜附属配置

- 网络列头柜后部左右两侧各设置一条侧边扎线板或走线槽，分别用于通信线缆和电源线的布放与绑扎；所有线缆管理件设置应合理、充分、方便操作。

（2）KVM列头柜

KVM列头柜类同于网络列头柜特点、产品组成、产品分类、技术要求、尺寸、结构及配置，安装的是KVM设备。

（3）服务器列头柜

服务器列头柜类同于网络列头柜特点、产品组成、产品分类、技术要求、尺寸、结构及配置，安装的是KVM服务器。

3. 强电列头柜

强电列头柜可分为普通电源列头柜、交直流列头柜、精密配电列头柜等。

（1）强电列头柜的基本概念

1）电源列头柜产品组成

电源列头柜一般由柜体和附属部件组成，其中柜体由骨架、前后门（单面列柜无后门，但应有背板）、侧板、顶板、底板等构成，附属部件包括输入配电模块、分路输出模块、中性线排、地线排、信号输出接口、电量计量模块、数据显示装置、门锁及机墩等。

2）电源列头柜产品分类

- 电源列头柜按安装位置可分为列头柜、列中柜、列尾柜。
- 电源列头柜按操作面及柜门的方向和数量可分为单面列柜和双面列柜。电源列头柜作为列头柜或列尾柜时，宜选用单面列柜。

❑ 电源列头柜按所输入和分配的独立电源回路的数量可分为单回路列柜和双回路列柜。

3）电源列头柜工作原理

380V（或 220V）交流输入电源进入柜体后，火线通过“窥口铜接线端头”连接总断路器，然后经总断路器→电流互感器→汇流排→若干个支路断路器→出线模块上的相应接线端子→用户负载；工作地线进入柜体后，通过“窥口铜接线端头”连接总断路器，接着经总断路器→出线模块上的工作地铜排，然后经工作地铜排，出线模块上的相应接线端子→用户负载，完成交流电源的分配功能。自出线模块上的若干个接线端子入口处，采集相应的若干个支路断路器的通、断电信号，送至集中采样盒，再到电气控制板，实现各支路的通、断电告警与指示功能。

4）电源列头柜主要特点

❑ 电源列头柜柜体采用优质冷轧钢板制作，表面静电喷涂，美观大方。

❑ 电源列头柜的电源分配采用模块化、标准化设计，配置灵活，生产方便。

❑ 电源列头柜柜体内部布线方便、可靠、美观。

❑ 电源列头柜具有方便客户的进、出线管理及全正面操作的优点。

❑ 特别的设计可实现带电扩容。

❑ 具有交流输入短路保护功能。

❑ 具有防雷装置。

❑ 声光告警功能：分路告警、过压告警、欠压告警、防雷告警。

❑ 显示功能：LCD 液晶显示、支路双色指示灯显示、告警灯显示、工作指示灯显示。

❑ 各支路均设有对应的支路标识号、指示灯及方便客户用的标识牌。

❑ 信息的保存：当设备发生断电故障时，发生故障前电源柜的所有设置、状态参数可自动保存。设备重新供电后，电源柜的设置、状态参数自动恢复。

❑ 设有 RS232 接口，实现电源柜的集中监控。

5）电源列头柜环境条件要求

① 电源列头柜总体要求

电源列头柜机柜配置一整套可拆卸、可更换的固定式配电单元（PDU），用于机柜设备电源的引入、分配、保护、分合、接插（插座或端子）等。同一个机柜内，交流配电和直流配电不应混用（机柜散热风扇配电除外）。

② 电源列头柜结构及安装要求

❑ 电源列头柜配电单元推荐采用竖条形一体化结构，将配电、保护、接插集成在一起，且其正面可拆装，便于安装、更换接插模块和接插（接线）；

❑ 电源列头柜采用将电源的引入、分配、保护部分与接插部分分开的分体结构，其中电源的引入、分配、保护部分置于设备顶部或底部的配电单元，而接插部分仍作竖条形单元结构。

③电源列头柜环境条件

❑ 工作温度：−5 ～ +40℃。

❑ 相对湿度：≤ 85%RH（25±5℃时）。

❑ 海拔高度：≤ 1000m。当海拔高度＞ 1000m 时，应按半导体变流器通用要求和电网换相变流器规定降额使用。

- ❑ 垂直倾斜度：≤ 25%。
- ❑ 大气压力：70 ～ 106kPa。

④电源列头柜基本要求

- ❑ 电源列头柜应符合 YD/T 585 的相关技术要求，要求参照 YD/T 585 中相关条款。
- ❑ 电源列头柜采用的材料和器件（紧固件、密封件），其机械、化学、电气等性能的检测方式均应符合中国国家标准、通信行业标准及 IEC 的有关标准。
- ❑ 电源列头柜中各带电回路之间以及带电零部件或接地零部件之间的爬电距离和电气间隙应符合 GB/T 3797—2005 的规定。
- ❑ 当电源列头柜通入额定电流时，各电气元件和部件的温升应符合 YD/T 585 的相关要求。
- ❑ 电源列头柜应具有抗雷击、抗浪涌保护装置，防雷等级应达到 YD/T 944 中防雷分级第 2 级的要求。

⑤电源列头柜外观结构

- ❑ 电源列头柜的外形尺寸应与网络机柜协调统一，主要决定于网络机柜的外形尺寸和输出容量大小。
- ❑ 电源列头柜的结构设计应保证操作、运行安全可靠，维修和检查方便，各电气元件工作时产生的热量、电弧、冲击、振动、磁场或电场不得影响其他电器元件的正常工作。
- ❑ 电源列头柜应采用全封闭结构，具有侧板、底板、顶板和前后门（单面列柜无后门，但应有背板）。
- ❑ 电源列头柜结构件外形应平整，所有的焊接处应均匀、牢固、无裂缝、无残渣、无明显变形或烧穿等缺陷。
- ❑ 电源列头柜电缆的进、出线方式要求上进上出（或上进下出），顶部应开进线孔，至少有一个 80mm × 500mm 的长方形进线口。
- ❑ 电源列头柜宜采用上下双开门结构（列柜宽度 850mm 以内可选择单开或双开门；列柜宽度为 850mm 以上时，上下门均应采用双开门设计），并且门应开启灵活，每扇门开启的角度不小于 90°。
- ❑ 电源列头柜表面应喷涂无眩目反光的覆盖层，表面光洁、色泽均匀、无流挂、无露底，金属件无毛刺、无锈蚀。
- ❑ 电源列头柜布线合理，各带电线端头的连接要合理，并有明显的危险标志。
- ❑ 电源列头柜及其附属部件、涂覆层、标志、饰物等均应采用难燃或不燃材料。

⑥电源列头柜配电要求

- ❑ 电源列头柜应满足给一列或多列网络机柜提供完全独立双回路供电的要求。
- ❑ 对于双回路列柜，每个回路应单独设置中性线排，不得互连或共用。
- ❑ 电源列头柜输出分路数量的设置应能满足其所分配网络机柜数量和容量的要求。

额定值：

- ❑ 额定电压：交流三相五线制 380V
- ❑ 额定频率：50Hz
- ❑ 单路输入（总）额定电流（A）：（50）、63、80、100、160、（225）、（250）
- ❑ 输出分路额定电流（A）：（10）、16、20、25、（32）

注意：括号内数值表示一般不推荐，特殊情况下也可选用。

6）电源列头柜电气性能

- 绝缘电阻：配电设备中，各带电回路导体之间及任一导体与机壳（或地）之间的绝缘电阻≥30MΩ。
- 电强度：AC2500V，50Hz，1min，不击穿，无飞弧。
- 交流电源分配设备额定电压：380V或220V。

7）电源列头柜结构

- 电源列头柜正面电气元器件。柜体正面中上部的面板上装有四种告警指示灯（支路、过压、欠压及防雷）、LCD液晶显示模块及薄膜按键开关，蜂鸣器及电源指示灯安装于柜体顶框正面。
- 电源列头柜监控系统组成。电源列头柜监控系统由采样板、整流板、控制板、液晶显示模块、薄膜开关、LCD指示灯板、电源工作指示灯板、告警采样线、蜂鸣器组成。
- 电源列头柜电源进线。电源进线一般选用双电源进线，当一路电源系统故障断电时，另一路电源自动投入以保证供电连续性。为实现短路、过载保护，在双电源前使用塑壳断路器，提供短路、过载保护，还具备隔离功能，方便检修。
- 电源列头柜的智能监控系统可对配电系统开关状态与负载情况进行监测、告警、统计，可监控的输入部分电气参数有：电量、有功功率、无功功率、视在功率、功率因数、三相电压、电流、频率等，可监控的输出支路电气参数有：额定电流、实际电流、负载百分比、负载电流谐波百分比、负载电量、功率因数等。这些监测信息能让用户掌握各设备的运行情况，及时调整负载分布，清楚了解每一个机柜的耗电量，对能效管理、降低能耗提供可靠依据。

（2）普通电源列头柜

普通电源列头柜主要用于通信机房及站传输设备机房，安装在设备的列头或列尾，为通信、网络设备进行电源配电。

普通列头柜的特点：

1）机柜柜体内部采用单元化设计，整齐美观。普通列头柜采用玻璃门设计，直观可靠。机柜顶部和底部均进缆孔，以便从机房走线槽道上进缆或从电缆沟下进缆。

2）采用高可靠性的断路器，摆脱了熔丝保护的缺点，极大限度的缩短了故障处理时间，使设备使用安全可靠。

3）列头柜为各分支路配有过载、短路保护功能，其性能稳定可靠。

4）标准电源分配柜最大可提供96个支路，采用端子输出。

5）内设统一零排、地排，可以有效保证接地。

（3）交直流列头柜

交直流列头柜是机房关键的物理设施，也是机房分层分列供电的主要组成部分，在制定总体技术方案和设备选型时应遵循近期建设规模与远期发展规划协调一致的原则，以满足未来数据业务发展的需要。

交直流列头柜的设计、安装必须符合国家技术政策与现行相关消防、安全、抗震、环保节能等标准规定。

1）交直流列头柜基本要求

交流列头柜技术要求适用于额定电压为380V、工作频率为50Hz的三相五线制交流低压电源设备。直流列头柜技术要求适用于直流 −48V 供电，范围 −40 ～ −57V，工作地排和保护地排明确分开。

2）交直流列头柜环境条件与安装要求

- 环境温度为 0 ～ 40℃，24h 内的平均温度不得高于 35℃；相对湿度≤ 90%（20±5℃时）。
- 海拔高度≤ 2000m。
- 设备安装在室内无剧烈振动和冲击的地方，安装时与地面倾斜度不超过 5°。
- 工作环境应无导电爆炸尘埃、腐蚀金属和破坏绝缘的气体或蒸汽。
- 对输入电网的要求：频率变化≤ 5%；电压波形正弦畸变率≤ 5%，电压允许变动范围为额定电压值的 85% ～ 110%。
- 用户应根据实际情况选择机柜安装位置。需要预留空间保证机柜前后门能打开，保证足够的维修、接线操作空间。

3）交直流列头柜技术要求

- 设备应由钣金等能承受一定的机械、电和热应力的材料构成，这些材料应具有防腐性能或进行适当的表面处理。
- 在正常负荷条件下，频率在额定频率的 98% ～ 102% 范围内变化时，设备应能正常工作。
- 设备内的电器元件应符合各自有关规定，并在正常使用条件下按规定能保持其电气间隙和爬电距离。
- 外接导线端子：不论在正常工作还是在短路情况下，端子都应能与外接铜导线或铝导线可靠连接；接线用的有效空间应允许连接规定材料的外接导线。导线不允许承受减少其正常寿命的应力。
- 当交流配电柜通入额定电流时，各电气元件和部件的温升不得超过表 5-43 的规定。

表 5-43　各电气元件和部件的温升

部件		温升（℃）
连接外部绝缘导线的接头		70
铜母线的接头	接触处无被覆盖层	60
	接触处搪锡	65
	接触处镀银或镀镍	70
熔断器接头	接触处镀锡	55
	接触处镀银或镀镍	80
可能会触及的壳体	金属表面	30
	绝缘表面	40
	塑料绝缘导线表面	20
电阻发热件（涂有珐琅的表面）		135

4）交直流列头柜电气性能

交直流列头柜电气性能如表 5-44 所示。

表 5-44　交直流列头柜电气性能

指标项目	技术指标	测试条件	备注
绝缘电阻	≥ 10MΩ	不与任何负载和输入电源连接	交流供电回路两导体及任一导体与机壳之间

（续）

指标项目	技术指标	测试条件	备注
抗电强度	1min 作用无击穿或闪络现象	试验电压：1000V、50Hz 不与任何负载和输入电源连接	交流供电回路两导体及任一导体与机壳之间
过压告警	+10% 额定电压	默认值	
欠压告警	−15% 额定电压	默认值	
过流告警	＞额定电流	默认值	
输入电压	380V		总输入为三相五线制
输出电压	380V/220V		输出各分路电压

5）交直流列头柜电源类型

① 交流电源

- 交流电源：输入 380V，输出 380V 或 220V。
- 电流容量：交流分配列柜总电源电流容量配置及分路电源容量配置符合规范要求。
- 总（主路）电源断路器的相线 L1、L2、L3 输出端的每一相端分别与分路模块的输入端连接，总（主路）电源的零线端（N 端）直接与设备的零线端（N 端）分配端子的输入端连接（共接在工作地铜排组件上）。
- 分路电源模块（支路开关组件）由小容量的空气开关组成（分主备），左右排列，其输入端以纯铜排的形式，一端连接接线耳，对应到总（主路）电源断路器三相中的其中一个输出端，另一端则连通主路或备路内的全部空气开关的输入端。分路模块设有防脱落装置，防止开关面板脱落可能引起的开关失误动作。
- 机柜设两个独立的零牌（工作地铜排组件），保证两路交流输入不会互相干扰。
- 机柜的电源分配系统具备两级断路的保护功能，主路断路器为第一级保护，分路模块的空气开关为第二级保护；主路断路器的输入端配置的接线耳连接线缆；分路电源（L 端）的输出端可根据实际容量配置。
- 依电路选择导线颜色。交流三相五线制的颜色为——A 相：黄色，B 相：绿色，C 相：红色，零线或中性线：淡蓝色，安全用的接地线：黄绿双色。

②直流电源

直流电源供电为 48V，直流电源范围为 40 ～ 57V，工作地排和保护地排与交流电源明确分开。

6）交直流列头柜告警功能

- 电源分配柜在过流、过压、欠压、熔丝断、开关断等时，应有相应的可闻可见告警信号。
- 应具有重复性告警不阻塞功能，即原已发出的告警信号未消除而人为地关断了告警声信号期间，又产生新的告警信号时，电源柜会再次自动发出声光告警信号。
- 监测功能：具备 RS485 通信接口，实现远程监控。电源分配柜告警系统可向上级监控中心发送告警数据，同时发出声光告警。其通信接口和通信协议应符合 YDN023 的有关规定。
- 遥测：交流三相电压，总负载电流。
- 遥信：交流输出电压过压 / 欠压，分路空开通断开关故障。

7）交直流列头柜防雷功能

交直流列头柜具有防雷保护功能。

8）交直流列头柜接地要求

机柜应具有中性线装置和保护接地装置，保护接地装置与电源分配列柜的金属柜及柜门的接地螺钉之间应具有可靠的电气连接，其连接电阻值≤ 0.1Ω。

电源分配柜接地端子具体要求如下：

- ❑ 金属柜体上焊有不小于 M8 的铜质接地端子；
- ❑ 保护接地端子不少于 3 个；
- ❑ 具有电源工作地接线端子；
- ❑ 具有电源的保护接地（PE）端子；
- ❑ 各种接地端子在产品出厂时应互不连接，相互间是绝缘的，连接方法由工程设计决定。

9）交直流列头柜监测与告警

① 基本要求

- ❑ 交直流列头柜配置电流监测与告警装置，该装置应能提供智能通信接口及相应管理软件，以便机房集中监控管理。
- ❑ 接口的具体监控内容至少应包括总输入电流、总输入电压、各分路电流、输入电源故障、分路开关状态、各分路电量计量（可选）以及电力质量情况（可选）。
- ❑ 所有监控信息及告警数据应具备本地存储功能，历史数据在系统完全无电状况下应能继续保存。

②交直流列头柜电流监测功能

交直流列头柜能对每个回路的总输入电流以及每个输出分路电流进行监测，并以形象直观方式（如 LCD、LED 等）集中显示。显示值包括各网络机柜 A 路电流（功率）、B 路电流（功率）、A+B 总电流（功率）以及电度计量（可选）等。显示值精确到 0.1A（0.01kVA），刷新频率不低于 1 次 / 秒，其中用于电流测量的互感器、霍尔传感器或分流器精度应不低于 2 级。

③交直流列头柜告警功能

交直流列头柜能够根据监测电流值产生一级或两级过流（过载）告警，并以屏幕显示、指示灯和声音（可选）形式输出告警；若具有声音告警功能，则必须同时具有手动关闭告警音的功能。电流值恢复正常后，告警应能自动恢复。告警门限应能根据需要进行设置。

④交直流列头柜显示与操作

电流监测及告警显示屏可以安装在柜门上或柜内上方便观察操作处，告警指示灯应安装在柜门上或柜门上方柜体框架上。当无告警指示灯时，电流监测及告警显示屏宜安装在柜门上。

10）交直流列头柜配电的分级配合

从 UPS 输出电源，分配到列柜、网络机柜内设备分路的 UPS 全程输出回路上的各级断路器（熔断器），它们必须统一规划设计、正确安装、合理整定，保证各级过载和短路保护具有良好、可靠的选择性匹配特性。有条件的应尽可能选用同一品牌同一系列（或厂商推荐系列）的产品，并在厂商技术指导下选用。

11）交直流列头柜接地、电缆与母线

- ❑ 交直流列头柜具有中性线排和保护接地排，两者应单独设置。

- 保护接地装置与电源列柜的金属柜及内部各金属部件之间应具有可靠的电气连接，其连接电阻值≤ 0.1Ω。
- 交直流列头柜内所有电缆均应符合 YD/T 1173 的要求，各连接电缆的线径应满足设计载流量的要求。电缆和母线的绝缘层或外护套颜色应符合 YD/T 585 的要求。

12）交直流列头柜电气防护性能

- 绝缘电阻。交直流列头柜内各带电回路（该回路不直接接地）对地（或柜体）绝缘电阻应≥ 10MΩ（500V 兆欧表测量 1min 后读数）。
- 绝缘强度。电源列柜内各带电回路对地（或柜体）以及两个非电气连接的带电回路之间，应能承受 2500V、50Hz 正弦试验电压 1min，不出现击穿或飞弧现象，漏电流≤ 10mA。
- 防护等级。在正常使用条件下，交直流列头柜内电气部分防护等级应不低于 IP2X。

（4）精密配电列头柜

1）精密配电柜工作原理和特点

①精密配电柜工作原理

在 UPS 输出配电柜后端，为每一个服务器机柜提供配电、安全管理、电量计量、主开关和每一个支路出线回路重要电参量数据采集和存储的功能。

②精密列头柜的特点

- 精密列头柜能时时监控各输出分路的电流，并可设定各输出分路电流异常的预告警值；可预先发现故障或人为操作隐患，避免过载时，断路器切断电源，造成整个机柜设备断电；输出分路选用热插拔断路器，具备取电相位的调整能力，实现三相不平衡的灵活调整；也可在不断电的情况下，在线增加输出分路，进行开关更换。
- 精密配电柜的优势在于一体化设计，它集市电输入柜、市电输出柜、UPS 输入柜和 UPS 输出柜 UPS 旁路柜于一体，大大减少了系统整体的复杂性，节约了投资，在原厂完成组装调试，通过严格的系统测试，确保整个配电系统安全可靠。

2）精密配电柜技术指标要求

①精密配电柜产品配电性能要求

- 为每一台服务器机柜提供灵活可靠的配电输出回路，出现回路采用可热插拔可调相的开关，回路开关 10A、16A、20A、25A、32A、40A、50A、63A 单极或者 3 极，可根据需求清单灵活配置。实现不断电的系统扩容、开关更换、重新配电方案的调整。
- 每一台精密配电柜的配电柜标准回路可以达到 72 路，最多可达到 120 路（折算为单极）。
- 安全防护功能打开前门可以进行全部主回路和支路开关的分合操作。打开二层防护门可进行出线电缆的连接和维护。
- 开关和出线端子全部采用模数化标准化设计，选用卡簧端子或者无孔连接端子，开关出线到端子的导线要求标准化设计具有统一的尺寸和互换性。
- 识别系统：二层防护门上有反映实际电气连接关系的模拟图。开关和接线端子有清晰的回路编号，回路编号与模拟盘中的编号一致。
- 隔离变压器：H 级绝缘，K 因数 =13。

②精密配电柜的安全管理功能

- 要求对输入总开关的开关电流大小、电压大小、开关工作状态、故障状态进行监控，并提供两级告警，可设置阀值。

- ❑ 对每一路输出开关的开关电流大小、电流百分比、开关工作状态进行监控，并提供两级告警，可设置阀值。
- ❑ 频率检测、频率异常报警。
- ❑ 零地电压检测、零地电压异常报警。
- ❑ 主开关欠电压报警、过电压报警。
- ❑ 电压和电流报警延时时间可以灵活调整。

③精密配电柜的供电质量监控功能

- ❑ 要求对输入总开关的电流有效值、电压有效值、有功功率、无功功率、谐波功率、功率因数、有功电度、无功电度、频率、零地电压供电质量参数监控。
- ❑ 对每一路输出开关的分合闸状态、电流有效值、电压有效值、有功功率、无功功率、谐波功率、有功电度、无功电度、功率因数等供电质量参数监控。

④精密配电柜的电量计量功能

- ❑ 对输入总开关、每一路输出开关提供电量的计量，可以提供任何一路开关任何一段时间内的有功电度和无功电度。

⑤精密配电柜的监控通信功能

- ❑ 要求提供一个 RS232、一个 RS485 和一个 SNMP 网络监控接口，可以支持两个通信同时工作，分别为配电部门和 IT 部门提供监控通信功能，其中网络监控接口接受多个访问终端同时访问。
- ❑ 大屏幕的智能化人机界面（HMI）：普通电工也能看得懂的模拟盘显示功能，可以在一个界面实时显示全部主开关和支路开关的主要运行状况和主要参数，包括全部支路的分合闸状态、支路的额定电流、支路的实际工作电流、支路的回路号和所连接设备的名称。
- ❑ 海量的数据处理能力：重要电参量的实时刷新（1s 内采集所有电参量），重要数据的海量存储，标配 20G 存储空间，实现本地存储 1 ～ 3 年的历史数据；数据可以为 CFD 仿真等数据挖掘提供足够的数据。

⑥所招标范围的配电柜需要提供 10 年以上，但不限于 10 年的长期质保（其中第一年为免费质保）。

⑦提供首年每季度一次的安全巡检，并提供巡检报告（第一季度每月一次）。

⑧具体开关容量和配电柜数量。

⑨服务级别为 7×24 小时响应，并在 2 小时内修复。

⑩含中标后的配电柜器件的图纸 / 需求校对、标准安装服务和开机检测服务。

3）精密配电柜测量精度

当交流配电柜通入额定电流时，各电气元件和部件的温升不得超过表 5-43 的规定。

4）精密配电柜电气性能

精密配电柜电气性能如表 5-44 所示。

5.7　技术管理

1.《综合布线系统工程设计规范》(GB 50311—2007）对技术管理的规定

对设备间、电信间、进线间和工作区的配线设备、缆线、信息点等设施应按一定的模式进行标识和记录，并应符合下列规定。

1）综合布线系统工程的技术管理涉及综合布线系统的工作区、电信间、设备间、进线间、入口设施、缆线管道与传输介质、配线连接器件及接地等各方面，根据布线系统的复杂程度分为以下4级：

- 一级管理：针对单一电信间或设备间的系统。
- 二级管理：针对同一建筑物内多个电信间或设备间的系统。
- 三级管理：针对同一建筑群内多栋建筑物的系统，包括建筑物内部及外部系统。
- 四级管理：针对多个建筑群的系统。

2）管理系统的设计应使系统可在无需改变已有标识符和标签的情况下升级和扩充。

3）综合布线系统工程宜采用计算机进行文档记录与保存，简单且规模较小的综合布线系统工程可按图纸资料等纸质文档进行管理，并做到记录准确、更新及时、便于查阅，文档资料应实现汉化。

4）综合布线的每一个电缆、光缆、配线设备、端接点、接地装置、敷设管线等组成部分均应给定唯一的标识符，并设置标签。标识符应采用相同数量的字母和数字等标明。

5）电缆和光缆的两端均应标明相同的标识符。

6）设备间、电信间、进线间的配线设备宜采用统一的色标区别各类业务与用途的配线区。

7）所有标签应保持清晰、完整，并满足使用环境要求。

8）对于规模较大的布线系统工程，为提高布线工程维护水平与网络安全，宜采用电子配线设备对信息点或配线设备进行管理，以显示与记录配线设备的连接、使用及变更状况。

9）综合布线系统相关设施的工作状态信息应包括：设备和缆线的用途、使用部门、组成局域网的拓扑结构、传输信息速率、终端设备配置状况、占用器件编号、色标、链路与信道的功能和各项主要指标参数及完好状况、故障记录等，还应包括设备位置和缆线走向等内容。

2. 综合布线系统的标识

在综合布线系统设计规范中强调了管理，要求对设备间、管理间和工作区的配线设备、线缆、信息插座等设施按照一定的模式进行标识和记录。电缆和光缆的两端应采用不易脱落和磨损的不干胶条标明相同的编号。TIA/EIA-606标准对布线系统各个组成部分的标识管理做了具体的要求。综合布线系统使用三种标识：电缆标识、场标识和插入标识。

（1）电缆标识

电缆标识主要用来标明电缆的来源和去处，在电缆连接设备前电缆的起始端和终端都应做好电缆标识。电缆标识由背面为不干胶的白色材料制成，可以直接贴到各种电缆表面上，其规格尺寸和形状根据需要而定。

（2）场标识

场标识又称为区域标识，一般用于设备间、配线间和二级交接间的管理器件之上，以区别管理器件连接线缆的区域范围。它也是由背面为不干胶的材料制成的，可贴在设备醒目的平整表面上。

（3）插入标识

插入标识一般用于管理器件上，如110配线架、BIX安装架等。插入标识是硬纸片，可以插在1.27cm×20.32cm的透明塑料夹里，这些塑料夹可安装在两个110接线块或两根BIX

条之间。每个插入标识都用色标来指明所连接电缆的源发地，这些电缆端接于设备间和配线间的管理场。对于插入标识的色标，不同颜色的配线设备之间应采用相应的跳线进行连接，色标的规定及应用场合应符合下列要求：

- 橙色——用于分界点，连接入口设施与外部网络的配线设备。
- 绿色——用于建筑物分界点，连接入口设施与建筑群的配线设备。
- 紫色——用于与信息通信设施PBX、计算机网络、传输等设备连接的配线设备。
- 白色——用于连接建筑物内主干缆线的配线设备（一级主干）。
- 灰色——用于连接建筑物内主干缆线的配线设备（二级主干）。
- 棕色——用于连接建筑群主干缆线的配线设备。
- 蓝色——用于连接水平缆线的配线设备。
- 黄色——用于报警、安全等其他线路。
- 红色——预留备用。

综合布线系统使用的区分不同服务的标识的色标如表5-45所示。

通过不同色标可以很好地区别各个区域的电缆，方便管理子系统的线路管理工作。

表5-45 综合布线系统标识的色标

色标	设备间	配线间	二级交接间
蓝	设备间至工作区或用户终端线路	连接配线间与工作区的线路	自交换间连接工作区线路
橙	网络接口、多路复用器引来的线路	来自配线间多路复用器的输出线路	来自配线间多路复用器的输出线路
绿	来自电信局的输入中断线或网络接口的设备侧		
黄	交换机的用户引出线或辅助装置的连接线路		
灰		至二级交接间的连接电缆	来自配线间的连接电缆端接
紫	来自系统公用设备（如程控交换机或网络设备）连接线路	来自系统公用设备（如程控交换机或网络设备）连接线路	来自系统公用设备（如程控交换机或网络设备）连接线路
白	干线电缆和建筑群间连接电缆	来自设备间干线电缆的端接点	来自设备间干线电缆的点到点端接
红	预留备用		

3. 综合布线系统的标识管理

综合布线系统应在需要管理的各个部位设置标签，分配由不同长度的编码和数字组成的标识符，以表示相关的管理信息。

1）标识符可由数字、英文字母、汉语拼音或其他字符组成，布线系统内各同类型的器件与缆线的标识符应具有同样特征（相同数量的字母和数字等）。

2）标签的选用应符合以下要求：

- 选用粘贴型标签时，缆线应采用环套型标签，标签在缆线上至少应缠绕一圈或一圈半，配线设备和其他设施应采用扁平型标签。
- 标签衬底应耐用，可适应各种恶劣环境；不可将民用标签应用于综合布线工程；插入型标签应设置在明显位置、固定牢固。

综合布线系统的管理使用色标来区分配线设备的性质，标识按性质排列的接线模块，标明端接区域、物理位置、编号、容量、规格等，以便维护人员在现场一目了然地加以识别。

布线系统中有五个部分需要标识：线缆（电信介质）、通道（走线槽 / 管）、空间（设备间）、端接硬件（电信介质终端）和接地。五者的标识相互联系，互为补充，而每种标识的方法及使用的材料又各有各的特点。像线缆的标识，要求在线缆的两端都进行标识，严格来说，每隔一段距离都要进行标识，而且要在维修口、接合处、牵引盒处的电缆位置进行标识。空间的标识和接地的标识要求清晰、醒目，让人一眼就能注意到。配线架和面板的标识除应清晰、简洁易懂外，还要美观。从材料上和应用的角度讲，线缆的标识，尤其是跳线的标识要求使用带有透明保护膜（带白色打印区域和透明尾部）的耐磨损、抗拉的标签材料，乙烯基是最好的材料。乙烯基对线缆弯曲变形或经常磨损也不会使标签脱落或字迹模糊不清。另外，套管和热缩套管也是线缆标签的很好选择。面板和配线架的标签要使用连续的标签，材料以聚酯的为好，可以满足外露的要求。

管理标识的编制、使用应按下列原则进行：

1）规模较大的综合布线系统应采用计算机进行标识管理，简单的综合布线系统应按图纸资料进行管理，并应做到记录准确、更新及时、便于查阅。

2）系统中所使用的区分不同服务的色标应保持一致，对于不同性能缆线级别所连接的配线设备，可加强颜色或用适当的标记加以区分。

3）综合布线系统的每条电缆、光缆、配线设备、端接点、安装通道和安装空间均应给定唯一的标志。标志中可包括名称、颜色、编号、字符串或其他组合。

4）记录信息包括所需信息和任选信息，各部位相互间接口信息应统一。

- 管线记录包括管道的标识符、类型、填充率、接地等内容。
- 缆线记录包括缆线标识符、缆线类型、连接状态、线对连接位置、缆线占用管道类型、缆线长度、接地等内容。
- 连接器件及连接位置记录包括相应标识符、安装场地、连接器件类型、连接器件位置、连接方式、接地等内容。
- 接地记录包括接地体与接地导线标识符、接地电阻值、接地导线类型、接地体安装位置、接地体与接地导线连接状态、导线长度、接地体测量日期等内容。

5）配线设备、线缆、信息插座等硬件均应设置不易脱落和磨损的标识，并应有详细的书面记录和图纸资料。

6）设备间、电信间的配线设备宜采用统一的色标区别各类用途的配线区。

7）由于各厂家的配线规格不同，所留标识的宽度也不同，所以选择标签时，对宽度和高度都要多加注意。

8）在做标识管理时要注意，电缆和光缆的两端均应标明相同的编号。

9）报告可由一组记录或多组连续信息组成，以不同的格式介绍记录中的信息。报告应包括相应记录、补充信息和其他信息等内容。

10）综合布线系统工程竣工图纸应包括说明及设计系统图，反映各部分设备安装情况的施工图。竣工图纸应表示以下内容：

- 安装场地和布线管道的位置、尺寸、标识符等。
- 设备间、电信间、进线间等安装场地的平面图或剖面图及信息插座模块安装位置。
- 缆线布放路径、弯曲半径、孔洞、连接方法及尺寸等。

5.8 建筑群子系统设计

建筑群子系统也称楼宇管理子系统。一个企业或某政府机关可能分散在几幢相邻建筑物或不相邻建筑物内办公，但彼此之间的语音、数据、图像和监控等系统可用传输介质和各种支持设备（硬件）连接在一起。连接各建筑物之间的传输介质和各种支持设备（硬件）组成一个建筑群综合布线系统。连接各建筑物之间的缆线组成建筑群子系统。

5.8.1 建筑群子系统设计要求

建筑群子系统的设计要求如下：

1）建筑群子系统由两个及以上建筑物的电话、数据、电视系统组成一个建筑群综合布线系统，其连接各建筑物之间的缆线和配线设备（CD）组成建筑群子系统。

2）建筑群子系统宜采用地下管道敷设方式。管道内敷设的铜缆或光缆应遵循电话管道和入孔的各项设计规定。此外安装时至少应预留 1 ～ 2 个备用管孔，以供扩充之用。

3）建筑群子系统采用直埋沟内敷设时，如果在同一沟内埋入了其他的图像、监控电缆，应设立明显的共用标志。

4）电话局来的电缆应进入一个阻燃接头箱，再接至保护装置。

5.8.2 AT&T 推荐的建筑群子系统的设计步骤

建筑群子系统布线时，AT&T 推荐的设计步骤分为 9 步，下面分别介绍。

（1）确定敷设现场的特点

- 确定整个工地的大小。
- 确定工地的地界。
- 确定共有多少座建筑物。

（2）确定电缆系统的一般参数

- 确认起点位置。
- 确认端接点位置。
- 确认涉及的建筑物和每座建筑物的层数。
- 确定每个端接点所需的双绞线对数。
- 确定有多个端接点的每座建筑物所需的线缆总对数。

（3）确定建筑物的电缆入口

1）对于现有建筑物，要确定各个入口管道的位置；每座建筑物有多少入口管道可供使用；入口管道数目是否满足系统的需要。

2）如果入口管道不够用，则要确定在移走或重新布置某些电缆时是否能腾出某些入口管道；在不够用的情况下应另装多少入口管道。

3）如果建筑物尚未建起来，则要根据选定的电缆路由完善电缆系统设计，并标出入口管道的位置；选定入口管理的规格、长度和材料；在建筑物施工过程中安装好入口管道。

（4）确定明显障碍物的位置

1）确定土壤类型：砂质土、黏土、砾土等。

2）确定电缆的布线方法。

3）确定地下公用设施的位置。

4）查清拟定的电缆路由中沿线各个障碍物位置或地理条件：

❑ 铺路区
❑ 桥梁
❑ 铁路
❑ 树林
❑ 池塘
❑ 河流
❑ 山丘
❑ 砾石土
❑ 截留井
❑ 人孔（人字形孔道）
❑ 其他

5）确定对管道的要求。

（5）确定主电缆路由和备用电缆路由

❑ 对于每一种待定的路由，确定可能的电缆结构。
❑ 所有建筑物共用的电缆。
❑ 对所有建筑物进行分组，每组单独分配的电缆。
❑ 每座建筑物单用的电缆。
❑ 查清在电缆路由中哪些地方需要获准后才能通过。
❑ 比较每个路由的优缺点，从而选定最佳路由方案。

（6）选择所需电缆类型和规格

❑ 确定电缆长度。
❑ 画出最终的结构图。
❑ 画出所选定路由的位置和挖沟详图，包括公用道路图或任何需要经审批才能动用的地区草图。
❑ 确定入口管道的规格。
❑ 选择每种设计方案所需的专用电缆。
❑ 参考有关电缆部分，线号、双绞线对数和长度应符合有关要求。
❑ 应保证电缆可进入口管道。
❑ 如果需用管道，应选择其规格和材料。
❑ 如果需用钢管，应选择其规格、长度和类型。

（7）确定每种选择方案所需的劳务成本

1）确定布线时间：

❑ 包括迁移或改变道路、草坪、树木等所花的时间。
❑ 如果使用管道区，应包括敷设管道和穿电缆的时间。
❑ 确定电缆接合时间。
❑ 确定其他时间，例如拿掉旧电缆、避开障碍物所需的时间。

2）计算总时间（1）项 +2）项 +3）项）。

3）计算每种设计方案的成本。

4）总时间乘以当地的工时费。

（8）确定每种选择方案的材料成本

1）确定电缆成本：

- 确定每米（或英尺）的成本。
- 参考有关布线材料价格表。
- 针对每根电缆查清每100米的成本。
- 将每米（或英尺）的成本乘以米（或英尺）数。

2）确定所有支持结构的成本：

- 查清并列出所有的支持结构。
- 根据价格表查明每项用品的单价。
- 将单价乘以所需的数量。

3）确定所有支撑硬件的成本。

对于所有的支撑硬件，重复确定所有支持结构的成本项所列的三个步骤。

（9）选择最经济、最实用的设计方案

- 把每种选择方案的劳务费成本加在一起，得到每种方案的总成本。
- 比较各种方案的总成本，选择成本较低者。
- 确定该比较经济的方案是否有重大缺点，以致抵消了经济上的优点。如果发生这种情况，应取消此方案，考虑经济性较好的设计方案。

注：如果涉及干线电缆，应把有关的成本和设计规范也列进来。

5.8.3　电缆布线方法

在建筑群子系统中电缆布线设计方案有4种。

1. 架空电缆布线

架空安装方法通常只用于现成的电线杆，而且电缆的走法不是主要考虑内容的场合，从电线杆至建筑物的架空进线距离不超过30m为宜。建筑物的电缆入口可以是穿墙的电缆孔或管道。入口管道的最小口径为50mm。建议另设一根同样口径的备用管道，如果架空线的净空有问题，可以使用天线杆型的入口。该天线的支架一般不应高于屋顶1200mm。如果再高，就应使用拉绳固定。此外，天线型入口杆高出屋顶的净空间应有2400mm，该高度正好使工人可摸到电缆。

通信电缆与电力电缆之间的距离必须符合我国室外架空线缆的有关标准。

架空电缆通常穿入建筑物外墙上的U形钢保护套，然后向下（或向上）延伸，从电缆孔进入建筑物内部，如图5-19所示。电缆入口的孔径一般为50mm，建筑物到最近处的电线杆通常相距应小于30m。

2. 挖沟直埋电缆布线

挖沟直埋布线法优于架空布线法，影响选择此法的主要因素如下：

1）初始价格

2）维护费

3）服务可靠

4）安全性

5）外观

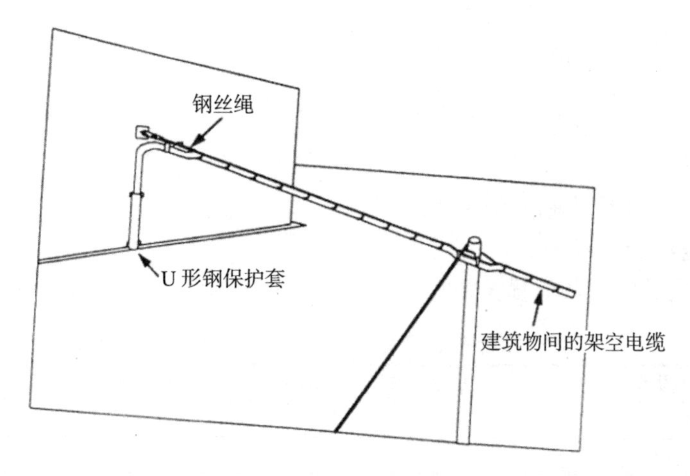

图 5-19　架空布线法

切不要把任何一个直埋施工结构的设计或方法看做是提供直埋布线的最好方法或唯一方法。在选择某个设计或几种设计的组合时，重要的是采取灵活的、思路开阔的方法。这种方法既要适用，又要经济，还能可靠地提供服务。挖沟直埋布线法根据选定的布线路由在地面上挖沟，然后将线缆直接埋在沟内。直埋布线的电缆除了穿过基础墙的那部分电缆有管保护外，电缆的其余部分直埋于地下有管保护，如图 5-20 所示。

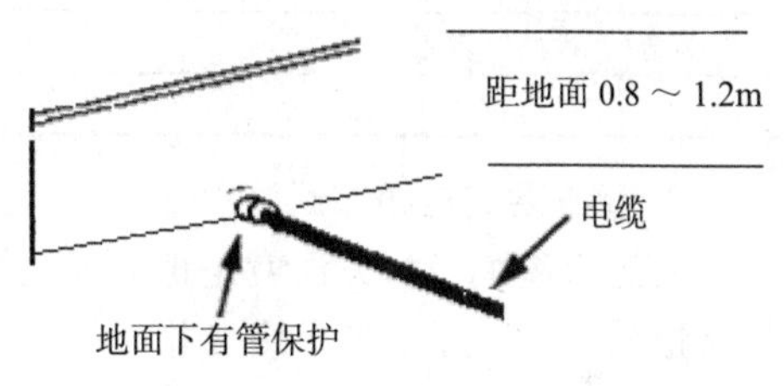

图 5-20　地下有管保护

直埋电缆通常应埋在距地面 0.8 ～ 1.2m 以下的地方（直埋深度通常为：淮河以南 0.8m；淮河以北 1.0m ；长城以北 1.2m，确保电缆在寒冷时处于 0℃层，不结冰），或按照当地城管等部门的有关法规去施工。如果在同一土沟内埋入了通信电缆和电力电缆，应设立明显的共用标志。

直埋布线的选取地址和布局实际上是针对每项作业对象专门设计的，而且必须对各种方案进行工程研究后再作出决定。工程的可行性决定了何者为最实际的方案。

在选择直埋布线时，主要考虑的物理因素如下：

1）土质和地下状况。

2）天然障碍物，如树林、石头以及不利的地形。

3）其他公用设施（如下水道、水、气、电）的位置。

4）现有或未来的障碍，如游泳池、表土存储场或修路。

5）按照当地城管等部门的有关法规去施工。

6）如果在同一土沟内埋入了通信电缆和电力电缆，应设立明显的共用标志。

由于市政、市容的发展趋势是让各种设施不在人的视野里，所以，话音电缆和电力电缆埋在一起将日趋普遍，这样的共用结构要求有关部门从筹划阶段直到施工完毕，以至未来的维护工作中密切合作。这种协作会增加一些成本。但是，这种共用结构也日益需要用户的合作。PDS 为改善所有公用部门的合作而提供的建筑性方法将有助于使这种结构既吸引人，又很经济。

有关直埋电缆所需的各种许可证书应妥善保存，以便在施工过程中可立即取用。

需要申请许可证书的事项如下：

1）挖开街道路面。

2）关闭通行道路。

3）把材料堆放在街道上。

4）使用炸药。

5）在街道和铁路下面埋设的钢管。

6）电缆穿越河流。

综合布线埋设管线与其他管线之间的间距如表5-46所示。

表5-46 综合布线埋设管线与其他管线之间的间距表

接近的管线类型	与管线水平布设时的最小间距（mm）	与管线交叉布设时的最小间距（mm）
保护地线	50	20
市话管道边线	75	25
给排水管	150	20
煤气管	300	20
避雷引下线	1000	300
天然气管道	10 000	500
热力管道	1000	500

3. 管道系统电缆布线

管道系统的设计方法就是把直埋电缆设计原则与管道设计步骤结合在一起。当考虑建筑群管道系统时，还要考虑接合井。

在建筑群管道系统中，接合井的平均间距约180m，或者在主结合点处设置接合井。接合井可以是预制的，也可以是现场浇筑的。应在结构方案中标明使用哪一种接合井。

预制接合井是较佳的选择。现场浇筑的接合井只在下述几种情况下才允许使用：

1）该处的接合井需要重建。

2）该处需要使用特殊的结构或设计方案。

3）该处的地下或头顶空间有障碍物，因而无法使用预制接合井。

4）作业地点的条件（如沼泽地或土壤不稳固等）不适于安装预制接合井。

4. 隧道内电缆布线

在建筑物之间通常有地下通道，大多是供暖供水的，利用这些通道来敷设电缆不仅成本低，而且可利用原有的安全设施。如考虑到暖气泄漏等条件，电缆安装时应与供气、供水、供暖的管道保持一定的距离，安装在尽可能高的地方，可根据民用建筑设施的有关条例进行施工。

管道系统电缆布线、直埋、架空、隧道4种建筑群布线方法的优缺点如表5-47所示。

表5-47 4种建筑群布线方法的优缺点

方法	优点	缺点
管道内	提供最佳的机构保护 任何时候都可敷设电缆 电缆的敷设、扩充和加固都很容易 保持建筑物的外貌	挖沟、开管道和入孔的成本很高
直埋	提供某种程度的机构保护 保持建筑物的外貌	挖沟成本高 难以安排电缆的敷设位置 难以更换和加固

（续）

方法	优点	缺点
架空	如果本来就有电线杆，则成本最低	没有提供任何机械保护 灵活性差 安全性差 影响建筑物美观
隧道	保持建筑物的外貌，如果本来就有隧道，则成本最低、安全	热量或泄漏的热水可能会损坏电缆，电缆可能被水淹没

设计师在设计时，不但自己要有一个清醒的认识，还要把这些情况向用户方说明。

5.8.4　电缆线的保护

当电缆从一个建筑物到另一个建筑物时，要考虑易受到雷击、电源碰地、电源感应电压或地电压上升等因素，必须用保护器去保护这些线对。如果电气保护设备位于建筑物内部（不是对电信公用设施实行专门控制的建筑物），那么所有保护设备及其安装装置都必须有UL安全标记。

有些方法可以确定电缆是否容易受到雷击或电源的损坏，也知道有哪些保护器可以防止建筑物、设备和连线因火灾和雷击而遭到毁坏。

当发生下列任何情况时，线路就被暴露在危险的境地：

1）雷击所引起的干扰。

2）工作电压超过300V而引起的电源故障。

3）地电压上升到300V以上而引起的电源故障。

4）60Hz感应电压值超过300V。

如果出现上述所列的情况时就都应对其进行保护。

确定被雷击的可能性。除非下述任一条件存在，否则电缆就有可能遭到雷击：

1）该地区每年遭受雷暴雨袭击的次数只有5天或更少，而且大地的电阻率小于100Ω·m。

2）建筑物的直埋电缆小于42m，而且电缆的连续屏蔽层在电缆的两端都接地。

3）电缆处于已接地的保护伞之内，而此保护伞是由邻近的高层建筑物或其他高层结构所提供的，如图5-21所示。

因此，电信间、设备间要考虑接地问题，接地要求单个设备接地要小于1Ω，整个系统设备互连接地要求小于4Ω。

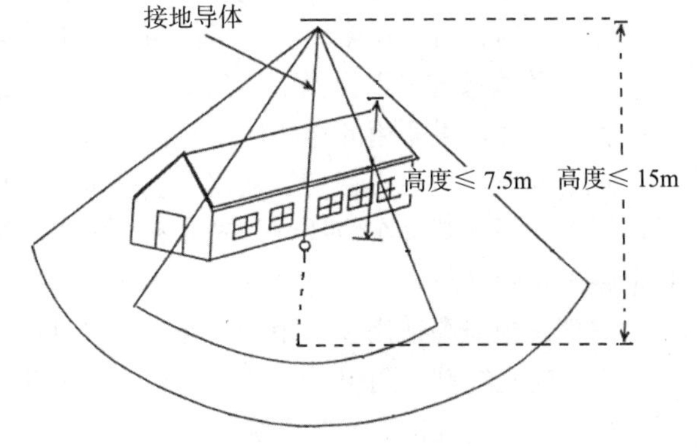

图5-21　保护伞示意图

5.9　进线间设计

进线间是建筑物之间，建筑物配线系统与电信运营商和其他信息业务服务商的配线网络互连互通及交接的场所，也是大楼外部通信和信息管线的入口部位，并可作为入口设施和建筑群配线设备的安装场地。

进线间设计要注意如下内容：

1）建筑群主干电缆、光缆，公用网和专用网电缆、光缆及天线馈线等室外缆线进入建筑物进线间时，应在进线间成端转换成室内电缆、光缆，在缆线的终端处应设置入口设施，并在外线侧配置必要的防雷电保护装置。入口设施中的配线设备应按引入的电缆、光缆容量配置。

2）进线间应设置管道入口。

3）进线间应满足缆线的敷设路由、端接位置及数量、光缆的盘长空间和缆线的弯曲半径、维护设备、配线设备安装所需要的场地空间和面积。

4）进线间的大小应按进线间的进局管道最终容量及入口设施的最终容量设计，同时应考虑满足多家电信业务经营者安装入口设施等设备的面积。

5）进线间宜靠近外墙和在地下设置，以便于缆线引入。进线间设计应符合下列规定：

- 进线间应防止渗水，应设有抽排水装置。
- 进线间应与布线系统垂直竖井沟通。
- 进线间应采用相应防火级别的防火门，门向外开，宽度不小于1000mm。
- 进线间应设置防有害气体措施和通风装置，排风量按每小时不小于5m³容积计算。

6）与进线间无关的管道不应通过。

7）进线间入口管道口所有布放缆线和空闲的管孔应采取防火材料封堵，做好防水处理。

8）进线间如安装配线设备和信息通信设施时，应符合设备安装设计的要求。

5.10 光缆传输系统

光缆传输系统的特点如下：

1）当综合布线系统需要一个建筑群之间的长距离线路传输，建筑内线路将电话、计算机、集线器、专用交换机和其他信息系统组成高速率网络，或者外界与其他网络特别与电力电缆网络一起敷设电抗电磁干扰要求时，宜采用光缆数字复用设备作为传输媒介。光缆传输系统应能满足建筑与建筑群环境对电话、数据、计算机、电视等综合传输要求，当用于计算机局域网络时，宜采用多模光缆；作为公用电话或数据网的一部分，采用单模光缆。

光缆传输系统可以提供更高的速率，传输更多的信息量，适合大规模的综合布线系统使用。目前已能提供实用的光缆传输设备、器件及光缆。

综合布线系统综合话音、数据、会议电视、监视电视等多种信息系统，使用光缆可增长传输距离，因此综合布线系统是光缆和铜缆组成的集成分布网路系统。光缆传输系统可组成抗电磁干扰的网路。

一般多模光缆适用于短距离的计算机局域网络，如果用于公用电话网或数据网时，由于长距离传输光缆都采用单模光纤，为了连接方便，综合布线的光缆系统应与公用电话网或数据网采用相适应规格的光缆系统为好。

2）综合布线系统的交接硬件采用光缆部件时，设备间可作为光缆主交接场的设置地点。干线光缆从这个集中的端接和进出口点出发延伸到其他楼层，在各楼层经过光缆及连接装置沿水平方向分布光缆。

3）光缆传输系统应使用标准单元光缆连接器，连接器可端接于光缆交接单元，陶瓷头的连接应保证每个连接点的衰减不大于0.4dB。塑料头的连接器每个连接点的衰减不大于0.5dB。

对于陶瓷头的STII连接器，每1000次重新连接所引起的衰减变化量小于0.2dB。对于塑料头的STII连接器，每200次重新连接所引起的衰减变化量小于0.2dB。

无论是哪种型号的STII连接器，安装一个连接器所需的平均时间约为16分钟。但同时安装12个STII连接器，则每个连接器的平均安装时间为6分钟。

4）综合布线系统宜采用光纤直径62.5mm光纤包层直径125mm的缓变增强型多模光缆，标称波长为850nm或1300nm；也可采用标称波长为1310nm或1550nm的单模光缆。

建筑物内综合布线一般用多模光缆，单模光缆一般用于长距离传输。

5）光缆数字传输系统的数字系列比特率、数字接口特性应符合下列规定：

- PDH数字系列比特率等级应符合国家标准《脉冲编码调制通信系统系列》（GB 4110—83）的规定，如表5-48所示。

表5-48 系列比特率

数字系列等级	基群	二次群	三次群	四次群
标称比特率（kbps）	2048	8448	34 368	139 264

- 数字接口的比特率偏差、脉冲波形特性、码型、输入口与输出规范等，应符合国家标准《脉冲编码调制通信系统网络数字接口参数》(GB 7611—87）的规定。

6）光缆传输系统宜采用松套式或骨架式光纤束合光缆，也可采用带状光纤光缆。

7）光缆传输系统中标准光缆连接装置硬件交接设备，除应支持连接器外，还应直接支持束合光缆和跨接线光缆。

8）各种光缆的接续应采用通用光缆盒，为束合光缆、带状光缆或跨接线光缆的接合处提供可靠的连接和保护外壳。通用光缆盒提供的光缆入口应能同时容纳多根建筑物光缆。

光缆和铜缆一样也有铠装、普通和填充等类型。

当带状光缆与带状光缆互连时，就必须使用陈列接合连接器。如果一根带状光缆中的光缆要与一根室内非带状光缆互连，应使用增强型转换接合连接器。

9）光缆布线网路可以安装于建筑物或建筑群环境中，而且可以支持在最初设计阶段没有明确的各种宽带通信服务。这样的布线系统可以用作独立的局域网（LAN）或会议电视、监视电视等局部图像传输网，也可连接到公用电话网。

5.11 电信间设计

楼层电信间是提供配线线缆（水平线缆）和主干线缆相连的场所。楼层电信间最理想的位置是位于楼层平面的中心，这样更容易保证所有的水平线缆不超过规定的最大长度90m。如果楼层平面面积较大，水平线缆的长度超出最大限值（90m），就应该考虑设置两个或更多个电信间。

通常情况下，电信间面积不应小于5m^2，如覆盖的信息插座超过200个或安装的设备较多时，应适当增加房间面积。如果电信间兼作设备间，其面积不应小于10m^2。电信间的设备安装要求与设备间的相同。

5.11.1 电信间子系统设备部件

现在，许多大楼在综合布线时都考虑在每一楼层都设立一个电信间，用来管理该层的信息点，摒弃了以往几层共享一个电信间的做法，这也是布线的发展趋势。

作为电信间，一般有以下设备：

- ❑ 机柜
- ❑ 集线器
- ❑ 信息点集线面板
- ❑ 语音点 S110 集线面板
- ❑ 集线器的整压电源线

作为电信间，应根据管理信息的实际状况安排使用房间的大小。如果信息点多，就应该考虑用一个房间来放置；如果信息点少，就没有必要单独设立一个管理间，可选用墙上型机柜来处理该子系统。

5.11.2　电信间的交连硬件部件

在电信间中，信息点的线缆是通过信息集线面板进行管理的，而语音点的线缆是通过 110 交连硬件进行管理。

电信间的交换机、集线器有 12 口、24 口、48 口等，应根据信息点的多少来配备交换机和集线器。

1. 选择 110 型硬件

1）110 型硬件有两类：

- ❑ 110A：跨接线管理类。
- ❑ 110P：插入线管理类。

2）所有的接线块每行均端接 25 对线。

3）3、4 或 5 对线的连接决定了线路的模块系数。

连接块与连接插件配合使用。连接插件有 4 对线和 5 对线之分，4 对线插件用于双绞线插件，5 对线插件用于大对数线插件。4 对线插件和 5 对线插件如图 5-22 所示。

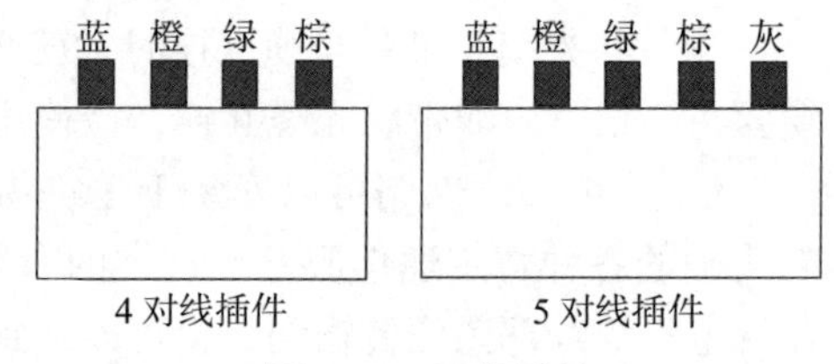

图 5-22　连接插件

110P 硬件的外观简洁，便于使用插入线而不用跨接线，因而对管理人员技术水平要求不高。但 110P 硬件不能垂直叠放在一起，也不能用于 2000 条线路以上的管理间或设备间。

2. 110 型交连（交叉连接）硬件的组成

1）100 型或 300 对线的接线块，配有或不配有安装脚。

2）3、4 或 5 对线的 110C 连接块。

3）188B1 或 188B2 底板。

4）188A 定位器。

5）188UT1-50 标记带（空白带）。

6）色标不干胶线路标志。

7）XLBET 框架。

8）交连跨接线。

3. 110 型接线块

110 型接线块是阻燃的模制塑料件，其上面装有若干齿形条，足够用于端接 25 对线。

110 型接线块正面从左到右均有色标，以区分各条输入线。这些线放入齿形的槽缝里，再与连接块结合。利用 788J12 工具，就可以把连接块的连线冲压到 110C 连接到插件上。

4. 110C 连接块

连接块上装有夹子，当连接块推入齿形条时，这些夹子就切开连线的绝缘层。连接块的顶部用于交叉连接，顶部的连线通过连接块与齿形条内的连线相连。

110C 连接块有 3 对线、4 对线和 5 对线 3 种规格。

5. 110A 用的底板

188B1 底板用于承受和支持连接块之间的水平方向跨接线。188B2 底板支脚，使线缆可以在底板后面通过。

6. 110 接线块与 66 接线块的比较

110 系统的高密度设计使得它占用的墙空间远小于类似的 66 型连接块占用的空间，使用 110 系统可以节省 53% 的墙空间。

7. 110P 硬件

110P 的硬件包括若干个 100 对线的接线块，块与块之间由安装于后面板上的水平插入线过线槽隔开。110P 型硬件有 300 对线或 900 对线的终端块，既有现场端接的，也有连接器的。110P 型终端块由垂直交替叠放的 110 型接线块、水平跨接线，过线槽位于接线之上。终端块的下部是半封闭管道。现场端接的硬件必须经过组装（把过线槽和接线块固定到后面板上），带连接器的终端块均已组装完毕，随时可安装于现场。

8. 110P 交连硬件的组成

1）安装于终端块面板上的 100 对线的 110D 型接线块。

2）188C2 和 188D2 垂直底板。

3）188E2 水平跨接线过线槽。

4）管道组件。

5）3、4 或 5 对线的连接块。

6）插入线。

7）名牌标签 / 标记带。

5.11.3 电信间交连的几种形式

在不同类型的建筑物中电信间常采用单点管理单交连、单点管理双交接和双点管理双交接 3 种方式。

1. 单点管理单交连

这种方式使用的场合较少，它的结构图见图 5-23。单点管理单交连属于集中管理型，通常线路只在设备间进行跳线管理，其余地方不再进行跳线管理，线缆从设备间的线路管理区引出，直接连到工作区，或直接连至第二个接线交接区。

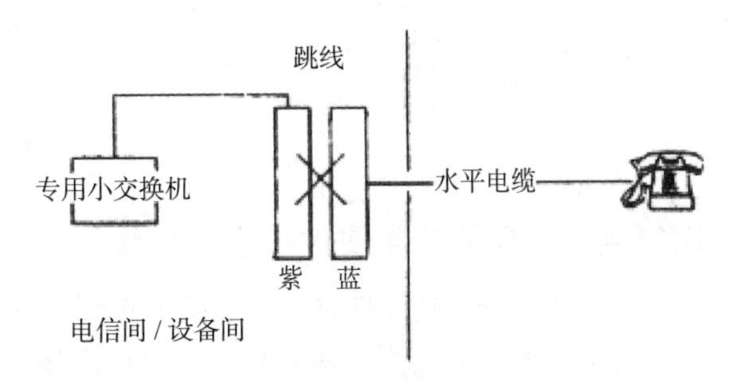

图 5-23 单点管理单交连

2. 单点管理双交接

单点管理双交接的结构图见图 5-24。

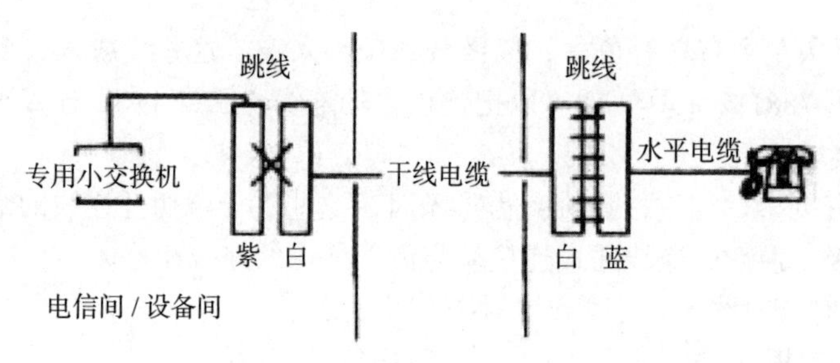

图 5-24　单点管理双交接

3. 双点管理双交接

双点管理双交接的结构图见图 5-25。

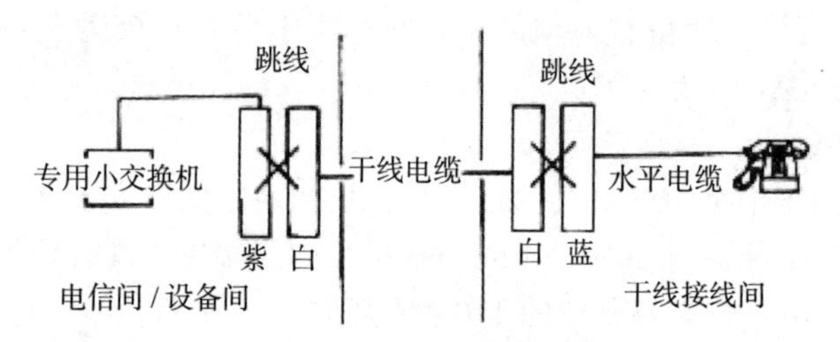

图 5-25　双点管理双交接

一般在管理规模比较大而且复杂，又有二级交接间的场合采用双点管理双交接方案。如果建筑物的综合布线规模比较大，而且结构也较复杂，还可以采用双点管理 3 交接，甚至采用双点管理 4 交接方式。

为了充分发挥水平干线的灵活性，便于语音点与数据点互换，作者建议对 110 的使用作如图 5-26 所示的安排。

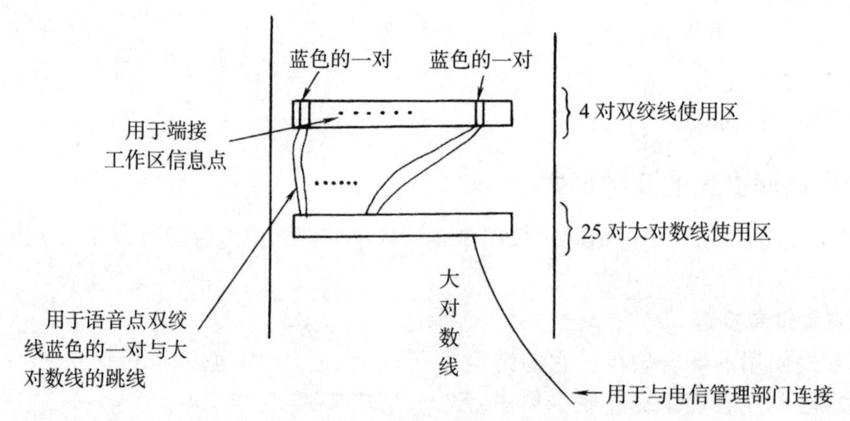

图 5-26　110 接线场的安排

5.11.4　110 型交连硬件在干线接线间和卫星接线间中的应用

应用 110 型交连硬件首先要选择 110 型硬件，确定其规模。

110A 和 110P 使用的接线块均是每行端接 25 对线。它们都使用 3 或 4 或 5 对线的连接块，具体取决于每条线路所需的线对数目。一条含 3 对线的线路（线路模块化系数为 3 对线）需要使用 3 对线的连接块；一条 4 对线的线路需要使用 4 对线的连接块；一条 2 对线的线路也可以使用 4 对线的连接块，因为 4 是 2 的整倍数。5 对线的连接块用于大对数线。

对于站的端接和连接电缆来说，确定场的规模或确定所需要的接线块数目意味着要确定线路（或 I/O）数目、每条线路所含的线对数目（模块化系数），并确定合适规模的 110A 或 110P 接线块。110A 交连硬件备有 100 对线和 300 对线的接线块。110P 接线块有 300 对线和 900 对线两种规模。

对于干线电缆，应根据端接电缆所需要的接线块数目来决定场的规模。

下面详细叙述 110 型设计步骤。

1）决定卫星接线间 / 干线接线间要使用的硬件类型。

- 110A——如果客户不想对楼层上的线路进行修改、移位或重组。
- 110P——如果客户今后需要重组线路。

2）决定待端接线路的模块化系数。

这与系统有关，例如 System85 采用的模块化系数是 3 对线的线路，应查明其他厂家的端接参数。PDS 推荐标准的规定如下：

- 连接电缆端采用 3 对线。
- 基本 PDS 设计的干线电缆端接采用 2 对线。
- 综合或增强型 PDS 设计中的干线电缆端接采用 3 对线。
- 工作端接采用 4 对线。

3）决定端接工作站所需的卫星接线数目。

工作站端接必须选用 4 对线模块化系数。

例 1　计算 100 条双绞线端接选用的接线块。

一个接线块每行可端接 25 对线。合 100 对线的接线有 4 行，300 对线的接线块每块有 12 行。

计算公式如下：

$$\frac{25\text{（线对最大数目 / 行）}}{4\text{（1 条绞线）}}=25\text{（线对 / 行）}/4\text{（1 条双绞线 4 对）}=6....1\text{（1：废弃）}$$

1 接线块行端接 6 条双绞线（一个接线块有 $4\times6=24$ 条线路，每条双绞线含 4 对线）。

$$\frac{100\text{（条双绞线）}}{6}=16....4\text{（4：废弃）}$$

100 条双绞线需要 17 个接线块，需要 100 个 4 对线插件。

例 2　已知条件如下：

增强型设计，采用 3 对线的线路模块化系数。

卫星接线间需要服务的 I/O 数 = 192。

干线电缆规格（增强型）为每个工作区配 3 对线，工作区总数 = 96。

计算公式：

$$\begin{array}{rl} 96 & \text{……工作区数} \\ \times 3 & \text{……线路模块化系数} \\ \hline 288 & \text{……所需的干线电缆所含线对的数目} \end{array}$$

取实际可购得的较大电缆规格 = 300 对线。

这就是说，用一个 300 对线的接线块就可端接 96 条 3 对线的线路。

4）决定卫星接线间连接电缆进行端接所需的接线块数目。计算时模块化系数应为每条线路含3对线。

5）决定在干线接线间端接电缆所需的接线数目。

6）写出墙场的全部材料清单，并画出详细的墙场结构图。

7）利用每个接线间地点的墙场尺寸，画出每个接线间的等比例图，其中包括以下信息：

- 干线电缆孔。
- 电缆和电缆孔的配置。
- 电缆布线的空间。
- 房间进出管道和电缆孔的位置。
- 根据电缆直径确定的干线接线间和卫星接线间的馈线管道。
- 管道内要安装的电缆。
- 硬件安装细节。
- 110型硬件空间。
- 其他设备（如多路复用器、集线器或供电设备等）的安装空间。

8）画出详细施工图之前，利用为每个配线场和接线间准备的等比例图，从最上楼层和最远卫星接线区位置开始核查以下项目：

- 主设备间、干线接线间和卫星接线间的底板区实际尺寸能否容纳线场硬件，为此，应对比一下连接块的总面积和可用墙板的总面积。
- 电缆孔的数目和电缆井的大小是否足以让那么多的电缆穿过干线接线间，如果现成电缆孔数目不够，应安排楼板钻孔工作。

5.11.5　110型交连硬件在设备间中的应用

本节重点讨论管理子系统在设备间中的端接。这包括设计间布线系统，该系统把诸如PBX或数据交换机等公用系统设备连接到建筑布线系统。公用系统设备的布局取决于具体的话音或数据系统。

设备间用于安放建筑内部的话音和数据交换机，有时还包括主计算机，里面还有电缆和连接硬件，用于把公用系统设备连接到整个建筑布线系统。

该设计过程分为三个阶段：

1）选择和确定主布线场交连硬件规模。

2）选择和确定中继线/辅助场的交连硬件规模。

3）确定设备间交连硬件的安置地点。

主布线交连场把公用系统电缆设备的线路连接到来自干线和建筑群子系统的输入线对。典型的主布线交连场包括两个色场：白场和紫场。白场实现干线和建筑群线对的端接；紫场实现公用系统设备线对的端接，这些线对服务于干线和建筑布线系统。主布线交连场有时还可能增加一个黄场，以实现辅助交换设备的端接。该设计过程决定了主布线交连场的接线总数和类型。

在理想情况下，交连场的组织结构应使插入线或跨接线可以连接该场的任何两点。在小的交连场安装中，只要把不同颜色的场一个挨着一个安装在一起，就很容易达到上述的目标。在大的交连场安装中，这样的场组织结构使得线路变得很困难。这是因为，插入线长度有限，一个较大交连场不得不一分为三，放在另一个交连场的两边，有时两个交连场都必须一分为二。

上述是语音点的应用管理，对于不同的应用应选择不同的介质。

5.11.6 电信间的设计步骤

设计电信间子系统时，一般采用下述步骤：

1）确认线路模块化系数是 2 对线、3 对线还是 4 对线。每个线路模块当做一条线路处理，线路模块化系数视具体系统而定。例如，SYSTEM85 的线路模块化系数是 3 对线。

2）确定话音和数据线路要端接的电缆对总数，并分配好话音或数据线路所需的墙场或终端条带。

3）决定采用何种 110 交连硬件：

- 如果线对总数超过 6000（即 2000 条线路），则使用 11A 交连硬件。
- 如果线对总数少于 6000，则可使用 110A 或 110P 交连硬件。
- 110A 交连硬件占用较少的墙空间或框架空间，但需要一名技术人员负责线路管理。
- 决定每个接线块可供使用的线对总数，主布线交连硬件的白场接线数目取决于 3 个因素：硬件类型、每个接线块可供使用的线对总数和需要端接的线对总数。
- 由于每个接线块端接行的第 25 对线通常不用，故一个接线块极少能容纳全部线对。
- 决定白场的接线块数目，为此，首先把每种应用（话音或数据）所需的输入线对总数除以每个接线块的可用线对总数，然后取更高的整数作为白场接线块数目。
- 选择和确定交连硬件的规模——中继线 / 辅助场。
- 确定设备间交连硬件的位置。
- 绘制整个布线系统即所有子系统的详细施工图。

4）电信间的信息点连接是非常重要的工作，它的连接要尽可能简单，主要工作是跳线。

5.12 电源、防护和接地设计

1. 电源

1）设备间内安放计算机主机时，应按照计算机主机电源要求进行工程设计。

2）设备间内安放程控用户交换机时应按照《工业企业程控用户交换机工程设计规范》（CECS 09 ：89）进行工程设计。

3）设备间、电信间应用可靠的交流 220V、50Hz 电源供电。

设备间应有可靠交流电源供电，不要用邻近的照明开关来控制这些电源插座，减少偶然断电事故发生。

2. 电气防护和接地

（1）综合布线网络应采取防护措施的情况

1）在大楼内部存在下列干扰源，且不能保持安全间隔时：

- 配电箱和配电网产生的高频干扰。
- 大功率电动机电火花产生的谐波干扰。
- 荧光灯管，电子启动器。
- 开关电源。
- 电话网的振铃电流。
- 信息处理设备产生的周期性脉冲。

2）在大楼外部存在下列干扰源，且处于较高电磁场强度的环境：

- ❑ 雷达。
- ❑ 无线电发射设备。
- ❑ 移动电话基站。
- ❑ 高压电线。
- ❑ 电气化铁路。
- ❑ 雷击区。

3）周围环境的干扰信号场强或综合布线系统的噪声电平超过下列规定时：

- ❑ 对于计算机局域网，引入10kHz至600MHz的干扰信号，其场强为1V/m；600MHz至2.8GHz的干扰信号，其场强为5V/m。
- ❑ 对于电信终端设备，通过信号，直流或交流等引入线，引入RF0.15MHz至80MHz的干扰信号，其场强度为3V（幅度调制80%，1kHz）。
- ❑ 具有模拟/数字终端接口的终端设备提供电话服务时，噪声信号电平应符合表5-49的规定。

表5-49　噪声信号电平限值表

频率范围（MHz）	噪声信号限值（dBm）
0.15～30	−40
30～890	−20①
890～915	−40
915～1000	−20①

①噪声电平超过−40dBm的带宽总和应小于200MHz。

当终端设备提供声学接口服务时，噪声信号电平应符合表5-50的规定。

4）ISDN的初级接入设备的附加要求，在10秒测试周期内，帧行丢失的数目应小于10个。

5）背景噪声最少应比基准电平小20dB。

表5-50　噪声信号电平限值表

频率范围（MHz）	噪声信号限值（dBm）
0.15～30	基准电平
30～890	基准电平+20dB①
890～915	基准电平
915～1000	基准电平+20dB②

①噪声电平超过基准电平的带宽总和应小于200MHz。
②基准电平的信号：1kHz～40dBm的正弦信号。

（2）综合布线系统的发射干线干扰波的电场强度

综合布线系统的发射干线干扰波的电场强度不应超过表5-51的规定。

表5-51　发射干扰波电场强度限值表

频率范围＼测量距离	A类设备30m	B类设备10m
30MHz～230MHz	30dBmV/m	30dBmV/m
>230MHz～1GHz	37dBmV/m	37dBmV/m

注：A类设备：第三产业；B类设备：住宅。
较低的限值适用于降低频率的情况。

综合布线系统是否需要采取防护措施的因素比较复杂，其中危害最大的莫过于防电磁干扰的电磁辐射。电磁干扰将影响综合布线系统能否正常工作；电磁辐射则涉及综合布线系统在正常运行情况下信息不被无关人员窃取的安全问题，或者造成电磁污染。在进行综合布线系统工程设计时，必须根据建设单位的要求，进行周密的安排与考虑，选用合适的防护措施。

根据综合布线的不同使用场合，应采取不同的防护措施要求，规范中列举了各种类型的干扰源，提示设计时应加以注意，现将防护要点说明如下。

1）抗电磁干扰。

对于计算机局域网，600MHz以下的干扰信号对计算机网络信号的影响较大，属于同频干扰的范畴，600MHz及以上则属于杂音干扰，相对而言，影响要小一些，因此，前者规定干扰信号场强限值为1V/m；后者规定为5V/m。

对于电信终端设备，通过信号，直流或交流等引入线，引入RF 0.15MHz至80MHz的干扰信号强度为3V、调制度为80%的1kHz正弦波干扰时，电信终端设备的性能将不受影响。例如：上海贝尔电话设备制造有限公司生产的S12数字程控交换系统能满足上述要求。

对于具有模拟或数字终端接口的终端设备，提供电话服务时，噪声信号电平的限值规定为比相对于电话接续过程中信号电平低 -40dB · m，而且限定噪音电平超过 -40dB · m的带宽总和应小于200MHz；提供声学接口服务时（例如话筒），噪声信号电平的限值规定为基准电平（定义为：1kHz ～ 40dB · m的正弦信号）或基准电平加20dB · m，同样，限定噪声电平超过基准电平的带宽总和应小于200MHz。

对于ISDN的初级接入设备，规范规定增加附加要求，在10秒测试周期内，帧行丢失的数目应少于10个。

一般来说，背景噪声最小应比基准电平小12dB。

电磁干扰标准主要参考EN5024信息技术设备的抗干扰标准，同时还参考了IEC801-2 ～ 4和EN50082-X等相关国际标准中的有关部分，现将标准附在下面，供参考。

❑ IEC801-2：ESD抗静电放电干扰标准；

❑ IEC801-3：抗辐射干扰标准；

❑ IEC801-4：EFT抗无线电脉冲干扰标准。

抗干扰标准应符合表5-52的规定。

表5-52　抗干扰标准

干扰标准 干扰类别 / 标准类别	静电放电（ESD）		辐射场强	快速瞬变的无线电脉冲（EFT）	
	空气	接触点		供电线装置	信号线
低水平EM环境	2kV	2kV	1V/m	0.5kV	0.25kV
中等EM环境	4kV	4kV	3V/m	1kV	0.5kV
恶劣EM环境	8kV	6kV	10V/m	2kV	1kV
极其恶劣EM环境	15kV	8kV	待定	4kV	2kV
特定EM环境	待定	待定	待定	待定	待定
衰减环境	B类	B类	A类	B类	B类

注：1. A类，一批设备连续运转，不允许低于制造业特定的性能降低或功能损失。

2. B类，在测试期间允许性能降低或功能损失，但在测试之后，不允许低于制造业特有的规定。

3. 辐射场强的频率范围27 ～ 500MHz。

4. 辐射场强中：低水平EM环境指无线电/电视发射机>1km。中等EM环境指手提式无线电收发机，1m范围以内。恶劣EM环境指临近的高功率无线电收发机。

EN50082-X 通用抗干扰标准应符合表 5-53 的规定。

表 5-53 居住区 / 商业区抗干扰标准

干扰类别 干扰标准 标准类别	静电放电（ESD）		辐射场强	快速瞬变的无线电脉冲（EFT）	
	空气	接触点		供电线装置	信号线
恶劣 EM 环境	8kV	6kV	3V/m	1kV	0.5kV
衰减环境	B 类	B 类	A 类	B 类	B 类

注：1. A 类，一批设备连续运转，不允许低于制造业特定的性能降低或功能损失。

2. B 类，在测试期间允许性能降低或功能损失，但在测试之后，不允许低于制造业特有的规定。

3. 辐射场强的频率范围 27 ～ 500MHz。

工业区抗干扰标准应符合表 5-54 的规定。

表 5-54 工业区抗干扰标准

干扰类别 干扰标准 标准类别	静电放电（ESD）		辐射场强	快速瞬变的无线电脉冲（EFT）	
	空气	接触点		供电线装置	信号线
恶劣 EM 环境	8kV	4kV	10V/m	2kV	1kV
衰减环境	B 类	B 类	A 类	B 类	B 类

2）防电磁辐射。

综合布线系统用于高速率传输的情况下，由于对绞电缆的平衡度公差等硬件原因，也可能造成传输信号向空间辐射。在同一大厦内，很可能存在不同的单位或部门，相互之间不希望窃取对方的信息或造成对方网络系统工作的不稳定。 因此，在设计时应根据用户要求，除了考虑抗电磁干扰外，还应该考虑防电磁辐射的要求，这是一个问题的两个方面，采取屏蔽措施后，两者都能得以解决。然而，只要用户提出抗干扰或防辐射的任何一种要求，都应采取措施。

发射干扰波电场强度的限值标准的制订，主要参考 EN55022 和 CISPR22《信息技术设备无线电干扰特征的限值和测量方法》中有关无线电干扰电场强度的限值。该标准规定分 A、B 两类。

引用 EN55022 或 CISPR22 中的上述标准，应注意下列几点：

1）如果由于高的环境噪声电平或其他理由不能在 30m 的情况下进行场强测量，可以在封闭距离内进行例如 10 m 的测量。

2）因为发生干扰的情况而要求额外的规定条款，可以协商解决。

3）A 类信息技术设备只满足 A 类干扰限值，不满足 B 类干扰限值。某些国家 A 类设备可以申请有限制地销售和采用（保护距离 30m）。

4）B 类信息技术设备满足 B 类干扰限值，此类设备将不申请限制销售，也不限制采用（保护距离 10m）。

5）通用的测量条件。

- ❑ 噪声电平最低限度应低于 6dB 特定限值。
- ❑ 信号源加上环境条件的环境噪声电平最低限度应低于 6dB。
- ❑ 环境噪声电平最低限度应低于 4.86dB 特定的限值。

综合布线系统与其他干扰源的间距应符合表 5-55 的要求。

表 5-55　与其他干扰源的间距表

其他干扰源	与综合布线接近状况	最小间距（cm）
380V 以下电力电缆 <2kVA	与缆线平行敷设 有一方在接地的线槽中 双方都在接地的线槽中	13 7
380V 以下电力电缆 2 ～ 5kVA	与缆线平行敷设 有一方在接地的线槽中 双方都在接地的线槽中	30 15 8
380V 以下电力电缆 >5kVA	与缆线平行敷设 有一方在接地的线槽中 双方都在接地的线槽中	60 30 15
荧光灯、氩灯、电子启动器或交感性设备 无线电发射设备（如天线、传输线、发射机……） 雷达设备 其他工业设备（开关电源、电磁感应炉、绝缘测试仪……）	与缆线接近 与缆线接近 （当通过空间电磁场耦合强度较大时，应按 5.1.10.2 条规定办理）	15 ～ 30 ≥ 150
配电箱	与配线设备接近	≥ 100
电梯、变电室	尽量远离	≥ 200

注：1. 双方都在接地的线槽中，且平等长度≤ 10 m 时，最小间距可以是 1cm。
2. 电话用户存在振铃电流时，不能与计算机网络在同一根对弱电缆中一起运用。

3. 综合布线系统与其他干扰源的间距

1）综合布线系统应根据环境条件选用相应的缆线和配线设备，根据各种缆线和配线设备的抗干扰能力，屏蔽后的综合布线系统平均可减少噪声 20dB。

2）当周围环境的干扰场强度很高，采用屏蔽系统已无法满足各项标准的规定时，应采用光缆系统。

3）当用户对系统有保密要求，不允许信号往外发射时，或系统发射指标不能满足标准规定时，应采用屏蔽缆线和屏蔽配线设备或光缆系统。

综合布线系统选择缆线和配线设备，应根据用户要求，并结合建筑物的环境状况进行考虑，其选用原则说明如下：

- ❑ 当建筑物还在建设或虽已建成但尚未投入运行，要确定综合布线系统的选型时，应测定建筑物周围环境的干扰场强度及频率范围；与其他干扰源之间的距离能否符合规范要求应进行摸底；综合布线系统采用何种类别也应有所预测。根据这些情况，用规范中规定的各项指标要求进行衡量，选择合适的硬件和采取相应的措施。
- ❑ 当现场条件许可，或进行改建的工程有条件测量综合布线系统的噪声信号电平时，可采用规范中规定的噪声信号电平限值来衡量，选择合适的硬件和采取相应的措施。
- ❑ 各种缆线和配线设备的抗干扰能力可参考下列数值：
- ❑ UTP 电缆（无屏蔽层）　40 dB
- ❑ FTP 电缆（纵包铝箔）　85 dB
- ❑ SFTP 电缆（纵包铝箔，加铜编织网）　90 dB
- ❑ STP 电缆（每对芯线和电缆绕包铝箔，加铜编织网）　98 dB
- ❑ 配线设备插入后恶化　≤ 30 dB
- ❑ 在选择缆线和连接硬件时，确定某一类别后，应保证其一致性。例如，选择 5 类，则缆线和连接硬件都应是 5 类；选择屏蔽，则缆线和连接硬件都就是屏蔽的，且应作良好的接地系统。

- ❑ 在选择综合布线系统时，应根据用户对近期和远期的实际需要进行考虑，不宜一刀切。应根据不同的通信业务要求综合考虑，在满足近期用户要求的前提下，适当考虑远期用户的要求，有较好的通用性和灵活性，尽量避免建成后较短时间又要进行改扩建，造成不必要的浪费；如果满足时间过长，又将造成初次投资增加，也不一定经济合理。一般来说，水平配线扩建难，应以远期需要为主，垂直干线易扩建，应以近期需要为主，适当满足远期的需要。

4）墙上敷设的综合布线缆线及管线与其他管线的间距应符合表5-56的规定。

表5-56 综合布线缆线及管线与其他管线的间距

其他管线	平行净距（mm）	垂直交叉净距（mm）
避雷引下线	1000	300
保护地线	50	20
给水管	150	20
压缩空气管	150	20
热力管（不包封）	500	500
热力管（包封）	300	300
煤气管	300	20

5）当综合布线区域内存在的电磁干扰场强低于3V/m时，宜采用非屏蔽电缆和非屏蔽配线设备。

6）当综合布线区域内存在的电磁干扰场强高于3V/m时，或用户对电磁兼容性有较高要求时，可采用屏蔽布线系统和光缆布线系统。

7）当综合布线路由上存在干扰源，且不能满足最小净距要求时，宜采用金属管线进行屏蔽，或采用屏蔽布线系统及光缆布线系统。

8）综合布线系统采用屏蔽措施时，应有良好的接地系统，并应符合下列规定：

- ❑ 保护地线的接地电阻值，单独设置接地体时，不应大于1Ω；采用联合接地体时，不应大于4Ω。
- ❑ 综合布线系统的所有屏蔽层应保持连续性，并应注意保证导线相对位置不变。
- ❑ 屏蔽层的配线设备（FD或BD）端应接地，用户（终端设备）端视具体情况宜接地，两端的接地应尽量连接同一接地体。若接地系统中存在两个不同的接地体，其接地电位差不应大于1Vr.m.s。

9）每一楼层的配线柜都应单独布线至接地体，接地导线的选择应符合表5-57的规定。

表5-57 接地导线选择表

名称	接地距离≤30m	接地距离≤100m
接入自动交换机的工作站数量（个）	≤50	>50, ≤300
专线的数量（条）	≤15	>15, ≤80
信息插座的数量（个）	≤75	>75, ≤450
工作区的面积（m^2）	≤750	>750, ≤4500
配线室或电脑室的面积（m^2）	10	15
选用绝缘铜导线的截面（mm^2）	6～16	16～50

10）信息插座的接地可利用电缆屏蔽层连至每层的配线柜上。工作站的外壳接地应单

独布线连接至接地体，一个办公室的几个工作站可合用同一条接地导线，应选用截面不小于 $2.5mm^2$ 的绝缘铜导线。

11）综合布线的电缆采用金属槽道或钢管敷设时，槽道或钢管应保持连续的电气连接，并在两端应有良好的接地。

综合布线系统采用屏蔽措施时，应有良好的接地系统，且每一楼层的配线柜都应采用适当截面的导线单独布线至接地体，接地电阻应符合规定，屏蔽层应连续且宜两端接地，若存在两个接地体，其接地电位差不应大于 1V（有效值）。这是屏蔽系统的综合性要求，每一环节都有其特定的作用，不可忽视，否则将降低屏蔽效果，严重者将造成恶果。

国外曾对非屏蔽对绞线（UTP）与金属箔对绞线（FTP）的屏蔽效果作过比较。以相同的干扰线路和被测对绞线长度，调整不同的平行间距和不同的接地方式，以误码率百分比为比较结果，如表 5-58 所示。

表 5-58　屏蔽效果比较表

对绞线型号	平行间距和接地方式	误码率（%）
UTP	零间距	37
FTP	零间距不接地	32
FTP	零间距发送端接地	30
UTP	20cm 间距	6
UTP	50cm 间距	6
UTP	100cm 间距	1
FTP	零间距排流线两端接地	1
FTP	零间距排流线屏蔽层两端接地	0

上述结果足以说明屏蔽效果与接地系统有着密切相关的联系，应予以重视接地系统的每一环节。

12）干线电缆的位置应接近垂直的地导体（例如建筑物的钢结构）并尽可能位于建筑物的网络中心部分。在建筑物的中心部分的附近雷电的电流最小，而且干线电缆与垂直地导体之间的互感作用可最大限度地减小通信线对上感应生成的电势。应避免把干线安排在外墙，特别是墙角。在这些地方，雷电的电流最大。

13）当电缆从建筑物外面进入建筑物内部容易受到雷击、电源碰地、电源感应电势或地电势上浮等外界影响时，必须采用保护器。

14）在下述的任何一种情况下，线路均属于处在危险环境之中，均应对其进行过压过流保护。

- 雷击引起的危险影响。
- 工作电压超过 250V 的电源线路碰地。
- 地电势上升到 250V 以上而引起的电源故障。
- 交流 50Hz 感应电压超过 250V。
- 满足下列任何条件中的一个，可认为遭雷击的危险影响可以忽略不计。
- 该地区年雷暴日不大于 5 天，而且土壤电阻系统数小于 100Ω/m。
- 建筑物之间的直埋电缆短于 42m，而且电缆的连续屏蔽层在电缆两端处均接地。
- 电缆完全处于已经接地的邻近高层建筑物或其他高构筑物所提供的保护伞之内，且电缆有良好的接地系统。

15）综合布线系统的过压保护宜选用气体放电管保护器。

气体放电管保护器的陶瓷外壳内密封有两个电极，其间有放电间隙，并充有惰性气体。当两个电极之间的电位差超过 250V 交流电源或 700V 雷电浪涌电压时，气体放电管开始出现电弧，为导体和地电极之间提供一条导电通路。固态保护器适合较低的击穿电压（60 ～ 90V），而且其电路不可有振铃电压，它对数据或特殊线路提供了最佳的保护。

16）过流保护宜选用能够自复的保护器。

电缆的导线上可能出现这样或那样的电压，如果连接设备为其提供了对地的低阻通路，它就不足以使过压保护器动作。而产生的电流可能会损坏设备或着火。例如，220V电力线可能不足以使过压保护器放电，有可能产生大电流进入设备，因此，必须同时采用过电流保护。为了方便维护，规定采用能自复的过流保护器，目前有热敏电阻和雪崩二极管可供选用，但价格昂贵，故也可选用热线圈或熔断器。这两种保护器具有相同的电特性，但工作原理不同，热线圈在动作时将导体接地，而熔断器在动轮船时将导体断开。

17）在易燃的区域或大楼竖井内布放的光缆或铜缆必须有阻燃护套；当这些缆线被布放在不可燃管道里，或者每层楼都采用了隔火措施时，则可以没有阻燃护套。

18）综合布线系统有源设备的正极或外壳，电缆屏蔽层及连通接地线均应接地，宜采用联合接地方式，如同层有避雷带及均压网（高于30m时每层都设置）时应与此相接，使整个大楼的接地系统组成一个笼式均压体。

联合接地方式有下列主要优点：

- 当大楼遭受雷击时，楼层内各点电位分布比较均匀，工作人员和设备的安全将得到较好的保障。同时，大楼框架式结构对中波电磁场能提供10～40dB的屏蔽效果。
- 它容易获得比较小的接地电阻值。
- 它可以节省金属材料、占地少。

5.13　环境保护设计

在环境保护方面应注意以下问题：

1）在易燃的区域和大楼竖井内布放电缆或光缆，宜采用防火和防毒的电缆；相邻的设备间应采用阻燃型配线设备，对于穿钢管的电缆或光缆可采用普通外套护套。

关于防火和防毒电缆的推广应用，考虑到工程造价的原因没有大面积抗议，只是限定在易燃区域和大楼竖井内采用，配线设备也应采用阻燃型。如果将来防火和防毒电缆价格下降，适当扩大些使用面也未必不可以，万一着火，这种电缆减少散发有害气体，对于疏散人流会起好的作用。

目前市场有以下几种类型的产品可供选择：

- LSHF-FR低烟无卤阻燃型，不易燃烧，释放CO少，低烟，不释放卤素，危害性少。
- LSOH低烟无卤型，有一定的阻燃能力，过后会燃烧，释放CO，但不释放卤素。
- LSDC低烟非燃型，不易燃烧，释放CO少，低烟，但释放少量有害气体。
- LSLC低烟阻燃型，稍差于LSNC型，情况与LSNC类同。

2）利用综合布线系统组成的网络，应防止由射频产生的电磁污染，影响周围其他网络的正常运行。

随着信息时代的高速发展，各种高频率的通信设施不断出现，相互之间的电磁辐射和电磁干扰影响也日趋严重。在国外，已把电磁影响看作一种环境污染，成立专门的机构对电信和电子产品进行管理，制订电磁辐射限值标准，加以控制。

对于综合布线系统工程而言，也有类似的情况，当应用于计算机网络时，传输频率越来越高，如果对电磁辐射的强度不加以限制，将会造成相互影响。因此，规范规定：利用综合布线系统组成的网络，应防止由射频频率产生的电磁污染，影响周围其他网络的正常运行。

第 6 章　网络工程设计方案的写作基础与样例

本书前 5 章奠定了网络工程设计方案的基础，我们通过一个设计方案把这些内容串连起来，使读者掌握写作网络工程方案的方法与技巧，达到一个网络工程师应具备的基本要求。

写出一个网络工程设计方案，可以说完成了一个网络工程 30% ~ 40% 的工作量，剩下的只是付之实现的问题。

6.1　设计方案基础：一个完整的设计方案结构

一个局域网络是由网络互联设备、传输介质加上本线系统构成的，具体表现如图 6-1 所示。

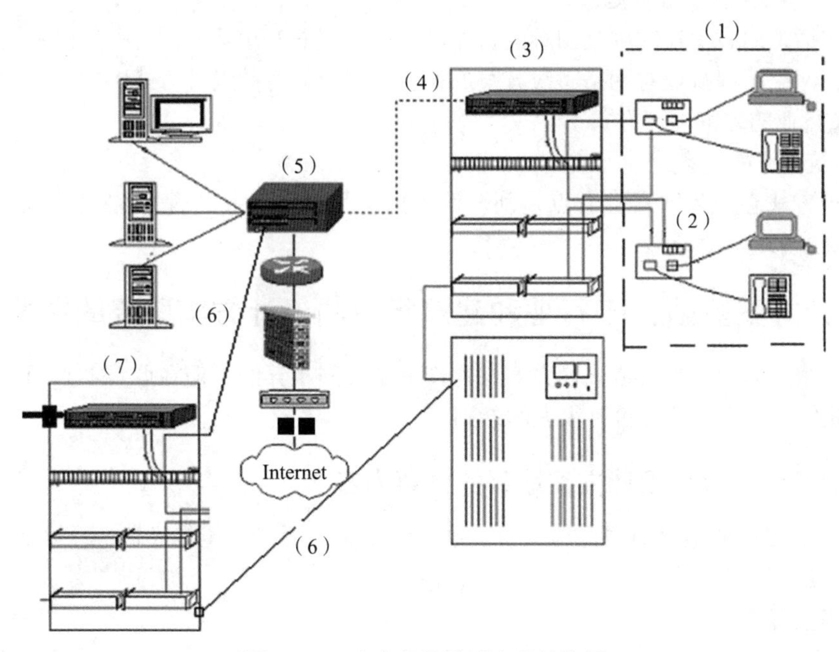

图 6-1　一个完整的设计方案结构图

1——工作区子系统
2——配线（水平干线子系统）
3——电信间（管理间子系统）
4——干线（垂直干线子系统）
5——设备间（设备间子系统）
6——楼宇子系统
7——进线间子系统

我们把图 6-1 中的电信间（管理间）部分、设备间部分、楼宇部分称为网络方案结构图

(通常的参考书中讨论网络方案的就是指这一部分)；干线（垂直干线)、配线（水平干线）部分、工作区部分称为布线方案结构图。网络方案结构图和布线方案结构图是作为网络综合布线方案的一个基本内容。

6.2　设计方案基础：网络布线设计方案的内容

网络布线设计方案主要讨论的是：

- ❑ 怎样设计布线系统？
- ❑ 这个系统有多少信息点？
- ❑ 这个系统有多少语音点？
- ❑ 怎样通过工作区子系统、配线（水平干线子系统)、电信间（管理间子系统)、干线（垂直干线子系统)、设备间（设备间子系统)、楼宇子系统、进线间子系统把它们连接起来？
- ❑ 需要选择哪些传输介质（线缆）？
- ❑ 需要选择哪些设备？
- ❑ 需要哪些线材（槽管）材料和价格？
- ❑ 与施工有关费用等问题。

用几句话来回答上述问题是困难的，作者将在本章6.3节至6.5节中具体讲述。

目前，网络工程行业对网络布线方案的设计有两套流行的设计方式。

1）IT行业的方案设计方式

2）建筑行业的方案设计方式

这两种方式在工程取费上有点差别。作者把这两套设计方式通过6.3节、6.4节的内容把它们反映出来，供读者参考。

6.3　设计方案基础：IT行业和建筑行业的设计方案取费的主要内容

针对一个具体的工程，应该说方案在写作上是大同小异的，但在取费上采用不同的取费方式，可能使网络工程的造价有很大的差别。

6.3.1　IT行业流行的设计方案取费的主要内容

IT行业取费一般是材料费、施工费、系统设备费、网络系统集成费、设计费、督导费、测试费、税金。取费方案：

1. 工程预算清单

---

①网络布线材料费X元；

②网络布线施工费X元；

③网络系统设备费X元；

④网络系统集成费（设备、软件费总和）×（2%～8%)；

⑤设计费（施工费+材料费）×（3%～10%)；

⑥督导费（施工费+材料费）×（4%～8%)；

⑦测试费（施工费+材料费）×（4%～7%)；

⑧税金（①+②+③+④+⑤+⑥+⑦）×3.3%

网络系统设备费的主要内容写在表 6-1 中。
网络布线材料费的主要内容写在表 6-2 中。
网络布线施工费的主要内容写在表 6-3 中。

2. 网络系统设备费

网络系统设备费的主要内容表，如表 6-1 所示。

表 6-1 网络系统设备费的主要内容表

序号	设备名称	单位	数量	单价（元）	合价（元）	备注
⋮						
合计						

3. 网络布线材料费

网络布线材料费的主要内容表，如表 6-2 所示。

表 6-2 网络布线材料费的主要内容表

序号	材料名称	单位	数量	单价（元）	合价（元）	备注
⋮						
合计						

4. 网络布线施工费

网络布线施工费的主要内容表，如表 6-3 所示。

表 6-3 网络布线施工费的主要内容表

序号	分项工程名称	单位	数量	单价（元）	合价（元）	备注
⋮						
合计						

6.3.2 建筑行业设计方案取费的主要内容

建筑行业流行的设计方案取费，原则上参考中华人民共和国工业和信息化部《通信建设工程概算、预算编制办法及费用定额》（2008.5）和工业和信息化部文件工信部规 [2008]75 号文要求进行。

通信建设工程项目总费用由各单项工程项目总费用构成；各单项工程总费用由工程费、工程建设其他费、预备费、建设期利息四部分构成。具体项目构成如图 6-2 所示。

弱电、通信建设工程项目总费用一般由下述内容组成：

1. 直接费

（1）人工费（人工费 = 技工费 + 普工费）;

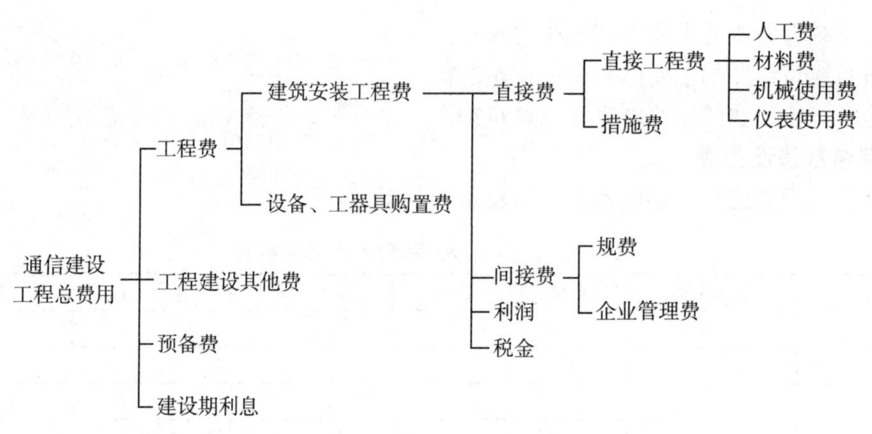

图6-2　建筑行业设计方案取费的主要内容

（2）材料费（材料费 = 主要材料费 + 辅助材料费）；

（3）机械使用费；

（4）仪表使用费。

直接费合计 =（1）(人工费）+（2）(材料费）+（3）(机械使用费）+（4）(仪表使用费)。

2. 措施费

（1）环境保护费

- 无线通信设备安装工程环境保护费 = 人工费 ×1.2；
- 通信线路工程、通信管道工程环境保护费 = 人工费 ×1.5。

（2）文明施工费

文明施工费 = 人工费 ×1.0。

（3）工地器材搬运费

- 通信设备安装工程工地器材搬运费 = 人工费 ×1.3；
- 通信线路工程工地器材搬运费 = 人工费 ×5.0；
- 通信管道工程工地器材搬运费 = 人工费 ×1.6。

（4）工程干扰费

- 通信线路工程、通信管道工程工程干扰费 = 人工费 ×6.0；
- 移动通信基站设备安装工程工程干扰费 = 人工费 ×4.0。

（5）工程点交、场地清理费

- 通信设备安装工程工程点交、场地清理费 = 人工费 ×3.5；
- 通信线路工程工程点交、场地清理费 = 人工费 ×5.0；
- 通信管道工程工程点交、场地清理费 = 人工费 ×2.0。

（6）临时设施费

临时设施费 = 人工费 × 相关费率。

相关费率见临时设施费费率如表6-4所示。

表6-4　临时设施费费率表

工程名称	计算基础	费率（%）	
		距离≤35km	距离＞35km
通信设备安装工程	人工费	6.0	12.0

（续）

工程名称	计算基础	费率（%）	
		距离≤35km	距离>35km
通信线路工程	人工费	5.0	10.0
通信管道工程	人工费	12.0	15.0

（7）工程车辆使用费

- 无线通信设备安装工程、通信线路工程工程车辆使用费 = 人工费 ×6.0；
- 有线通信设备安装工程、通信电源设备安装工程、通信管道工程工程车辆使用费 = 人工费 ×2.6。

（8）夜间施工增加费

- 通信设备安装工程夜间施工增加费 = 人工费 ×2.0；
- 通信线路工程（城区部分）、通信管道工程夜间施工增加费 = 人工费 ×3.0。

（9）冬雨季施工增加费

冬雨季施工增加费 = 人工费 ×2.0。

（10）生产工具用具使用费

- 通信设备安装工程生产工具用具使用费 = 人工费 ×2.0；
- 通信线路工程、通信管道工程生产工具用具使用费 = 人工费 ×3.0。

（11）施工用水电蒸汽费

通信线路、通信管道工程依照施工工艺要求按实计列施工用水电蒸汽费。

（12）特殊地区施工增加费

特殊地区施工增加费 = 概（预）算总共日 ×3.20 元 / 工日。

（13）已完工程及设备保护费

（14）运土费

按实计取运土费，计算依据参照地方标准。

（15）施工队伍调遣费

施工队伍调遣费按调遣费定额计算。施工现场与企业的距离在 35km 以内时，不计取此项费用。施工队伍调遣费 = 单程调遣费定额 × 调遣人数 ×2。施工队伍单程调遣费定额如表 6-5 所示。

表 6-5 施工队伍单程调遣费定额表

调遣里程（L）(km)	调遣费（元）	调遣里程（L）(km)	调遣费（元）
35 < L ≤ 200	106	2400 < L ≤ 2600	724
200 < L ≤ 400	151	2600 < L ≤ 2800	757
400 < L ≤ 600	227	2800 < L ≤ 3000	784
600 < L ≤ 800	275	3000 < L ≤ 3200	868
800 < L ≤ 1000	376	3200 < L ≤ 3400	903
1000 < L ≤ 1200	416	3400 < L ≤ 3600	928
1200 < L ≤ 1400	455	3600 < L ≤ 3800	964
1400 < L ≤ 1600	496	3800 < L ≤ 4000	1042
1600 < L ≤ 1800	534	4000 < L ≤ 4200	1071
1800 < L ≤ 2000	568	4200 < L ≤ 4400	1095

（续）

调遣里程（L）(km)	调遣费（元）	调遣里程（L）(km)	调遣费（元）
2000＜L≤2200	601	L＞4400km时，每增加200km增加	73
2200＜L≤2400	688		

施工队伍调遣人数定额如表6-6所示。

表6-6 施工队伍调遣人数定额表

通信设备安装工程			
概（预）算技工总工日	调遣人数（人）	概（预）算技工总工日	调遣人数（人）
500工日以下	5	4000工日以下	30
1000工日以下	10	5000工日以下	35
2000工日以下	17	5000工日以上，每增加1000工日增加调遣人数	3
3000工日以下	24		
通信线路、通信管道工程			
概（预）算技工总工日	调遣人数（人）	概（预）算技工总工日	调遣人数（人）
500工日以下	5	9000工日以下	55
1000工日以下	10	10 000工日以下	60
2000工日以下	17	15 000工日以下	80
3000工日以下	24	20 000工日以下	95
4000工日以下	30	25 000工日以下	105
5000工日以下	35	30 000工日以下	120
6000工日以下	40	30 000工日以上，每增加5000工日增加调遣人数	3
7000工日以下	45		
8000工日以下	50		

（16）大型施工机械调遣费

大型施工机械调遣费＝2×（单程运价 × 调遣运距 × 总吨位）。大型施工机械调遣费单程运价为：0.62元/吨·单程公里。大型施工机械调遣吨位如表6-7所示。

表6-7 大型施工机械调遣吨位表

机械名称	吨位	机械名称	吨位
光缆接续车	4	水下光（电）缆沟挖冲机	6
光（电）缆拖车	5	液压顶管机	5
微管微缆气吹设备	6	微控钻孔敷管设备	＜25
气流敷设吹缆设备	8	微控钻孔敷管设备	＞25

措施费＝（1）＋（2）＋（3）＋（4）＋（5）＋（6）＋（7）＋（8）＋（9）＋（10）＋（11）＋（12）＋（13）＋（14）＋（15）＋（16）。

3. 间接费

（1）规费

规费指政府和有关部门规定必须缴纳的费用（简称规费）。

1）工程排污费

根据施工所在地政府部门相关规定。

2）社会保障费

社会保障费包含养老保险费、失业保险费和医疗保险费三项内容。

各类通信工程社会保障费 = 人工费 ×26.81。

3）住房公积金

各类通信工程住房公积金 = 人工费 ×4.19。

4）危险作业意外伤害保险

各类通信工程危险作业意外伤害保险 = 人工费 ×1.0。

（2）企业管理费

企业管理费 = 人工费 × 相关费率。

企业管理费费率如表 6-8 所示。

表 6-8 企业管理费费率表

工程名称	计算基础	费率（%）
通信线路工程、通信设备安装工程	人工费	30.0
通信管道工程		25.0

间接费 =（1）规费 +（2）企业管理费。

4. 利润

- 通信线路、通信设备安装工程利润 = 人工费 ×30.0；
- 通信管道工程利润 = 人工费 ×25.0。

5. 税金

税金 =（直接费 + 间接费 + 利润）×3.41。

税金指按国家税法规定应计入建筑安装工程造价内的营业税、城市维护建设税及教育费附加。

6. 设备、工器具购置费

设备、工器具购置费 = 设备原价 + 运杂费 + 运输保险费 + 采购及保管费 + 采购代理服务费。

1）设备原价：供应价或供货地点价。

2）运杂费 = 设备原价 × 设备运杂费费率。

3）运输保险费 = 设备原价 × 保险费费率 0.4%。

4）采购及保管费 = 设备原价 × 采购及保管费费率。

5）采购代理服务费按实计列。

6）引进设备（材料）的国外运输费、国外运输保险费、关税、增值税、外贸手续费、银行财务费、国内运杂费、国内运输保险费、引进设备（材料）国内检验费、海关监管手续费等按引进货价计算后进入相应的设备材料费中。单独引进软件不计关税只计增值税。

设备运杂费费率如表 6-9 所示。

表 6-9 设备运杂费费率表

运输里程 L（km）	取费基础	费率（%）	运输里程 L（km）	取费基础	费率（%）
L ≤ 100	设备原价	0.8	1000 < L ≤ 1250	设备原价	2.0
100 < L ≤ 200	设备原价	0.9	1250 < L ≤ 1500	设备原价	2.2
200 < L ≤ 300	设备原价	1.0	1500 < L ≤ 1750	设备原价	2.4
300 < L ≤ 400	设备原价	1.1	1750 < L ≤ 2000	设备原价	2.6
400 < L ≤ 500	设备原价	1.2	L > 2000km 时，每增 250km 增加		
500 < L ≤ 750	设备原价	1.5			
750 < L ≤ 1000	设备原价	1.7	—	—	—

采购及保管费费率如表6-10所示。

表6-10 采购及保管费费率表

项目名称	计算基础	费率(%)
需要安装的设备	设备原价	0.82
不需要安装的设备(仪表、工器具)		0.41

7. 工程建设其他费

(1)建设用地及综合赔补费

1)根据应征建设用地面积、临时用地面积，按建设项目所在省、市、自治区人民政府制定颁发的土地征用补偿费、安置补助费标准和耕地占用税、城镇土地使用税标准计算。

2)建设用地上的建(构)筑物如需迁建，其迁建补偿费应按迁建补偿协议计列或按新建同类工程造价计算。

(2)建设单位管理费

建设单位管理费参照财政部财建[2002]394号《基建财务管理规定》执行。

如建设项目采用工程总承包方式，其总包管理费由建设单位与总包单位根据总包工作范围在合同中商定、从建设单位管理费中列支。建设单位管理费如表6-11所示。

表6-11 建设单位管理费总额控制数费率表 单位：万元

工程总概算	费率(%)	算例	
		工程总概算	建设单位管理费
1000以下	1.5	1000	1000×1.5%=15
1001～5000	1.2	5000	15+(5000−1000)×1.2%=63
5001～10 000	1.0	10 000	63+(10 000−5000)×1.0%=113
10 001～50 000	0.8	50 000	113+(50 000−10 000)×0.8%=433
50 001～100 000	0.5	100 000	433+(100 000−50 000)×0.5%=683
100 001～200 000	0.2	200 000	683+(200 000−100 000)×0.2%=883
200 000以上	0.1	280 000	883+(280 000−200 000)×0.1%=963

1)建设用地及综合赔补费

❑ 建筑安装工程造价内的营业税；

❑ 城市维护建设税；

❑ 教育费附加。

2)建设单位管理费

❑ 可行性研究费

参照《国家计委关于印发〈建设项目前期工作咨询收费暂行规定〉的通知》(计价格[1999]1283号)的规定。

❑ 研究试验费

① 根据建设项目研究试验内容和要求进行编制。

② 研究试验费不包括以下项目：

◆ 应由科技三项费用(即新产品试制费、中间试验费和重要科学研究补助费)开支的项目；

◆ 应在建筑安装费用中列支的施工企业对材料、构件进行一般鉴定、检查所发生的费用及技术革新的研究试验费。

❑ 勘察设计费

参照国家计委、建设部《关于发布〈工程勘察设计收费管理规定〉的通知》（计价格[2002]10 号）规定。

设计费 = 工程造价 ×10%。

❑ 环境影响评价费

参照国家计委、国家环境保护部《关于规范环境影响咨询收费有关问题的通知》（计价格 [2002]125 号）规定。

❑ 劳动安全卫生评价费

参照建设项目所在省（市、自治区）劳动行政部门规定的标准计算。

3）建设工程监理费

参照国家发改委、建设部 [2007]670 号文，关于《建设工程监理与相关服务收费管理规定》的通知进行计算。

4）安全生产费

参照财政部、国家安全生产监督管理总局财企 [2006]478 号文，《高危行业企业安全生产费用财务管理暂行办法》的通知：安全生产费按建筑安装工程费的 1.0% 计取。

5）工程质量监督费

参照国家发改委、财政部计价格 [2001]585 号文的相关规定。

6）工程定额测定费

工程定额测定费 = 直接费 × 费率 0.14%。

7）引进技术及进口设备其他费

8）工程保险费

9）工程招标代理费

10）专利及专用技术使用费

11）人员培训费及提前进厂费

❑ 为保证初期正常生产、生活（或营业、使用）所必需的生产办公、生活家具用具购置费；

❑ 为保证初期正常生产（或营业、使用）所必需的一套固定资产标准的生产工具、器具、用具购置费（不包括备品备件费）。

8. 预备费

1）基本预备费：

❑ 在设计技术和施工图及施工过程中，批准的初步设计和概算范围内所增加的工程费用。

❑ 由一般自然灾害所造成的损失和预防自然灾害所采取的措施费用。

❑ 竣工验收为鉴定工程质量，必须开挖和修复隐蔽工程的费用。

2）价差预备费：设备、材料的价差。

预备费 =（工程费 + 工程建设其他费）× 相关费率。

预备费费率如表 6-12 所示。

表 6-12　预备费费率表

工程名称	计算基础	费率（%）
通信设备安装工程	工程费 + 工程建设其他费	3.0
通信线路工程		4.0
通信管道工程		5.0

9. 建设期利息

这是指建设项目贷款在建设期内发生，并应计入固定资产的贷款利息等财务费用。按银行当期利率计算。

通信建设工程项目总费用 =1（直接费）+2（措施费）+3（间接费）+4（利润）+5（税金）+6（设备、工器具购置费）+7（工程建设其他费）+8（预备费）+9（建设期利息）。

6.4 建筑行业综合布线系统取费

综合布线系统取费内容多、本节为了节省篇幅、重点讨论、通信工程机械台班单价定额、通信工程仪表台班单价定额、施工测量取费、敷设线槽与管路取费、布放线缆取费、安装与调试取费、缆线终接取费、布线系统测试取费、防水取费。

6.4.1 通信工程机械台班单价定额取费

通信工程机械台班单价定额取费如表 6-13 所示。

表 6-13 通信工程机械台班单价定额取费表

编号	名称	规格（型号）	台班单价（元）
TXJ0001	光纤熔接机		168
TXJ0002	带状光纤熔接机		409
TXJ0003	电缆模块接续机		74
TXJ0004	交流电焊机	21kVA	58
TXJ0005	交流电焊机	30kVA	69
TXJ0006	汽油发电机	10kW	290
TXJ0007	柴油发电机	30kW	323
TXJ0008	柴油发电机	50kW	333
TXJ0009	电动卷扬机	3t	57
TXJ0010	电动卷扬机	5t	60
TXJ0011	汽车式起重机	5t	400
TXJ0012	汽车式起重机	8t	575
TXJ0013	汽车式起重机	16t	868
TXJ0014	汽车式起重机	25t	1052
TXJ0015	载重汽车	5t	154
TXJ0016	载重汽车	8t	220
TXJ0017	载重汽车	12t	294
TXJ0018	叉式装载车	3t	331
TXJ0019	叉式装载车	5t	401
TXJ0020	光缆接续车		242
TXJ0021	电缆工程车		574
TXJ0022	电缆拖车		69
TXJ0023	滤油机		57
TXJ0024	真空滤油机		247
TXJ0025	真空泵		120
TXJ0026	台式电钻机	ø25mm	61
TXJ0027	立式钻床	ø25mm	62

（续）

编号	名称	规格（型号）	台班单价（元）
TXJ0028	金属切割机		54
TXJ0029	氧炔焊接设备		81
TXJ0030	燃油式路面切割机		121
TXJ0031	电动式空气压缩机	$0.6m^3/min$	51
TXJ0032	燃油式空气压缩机	$6m^3/min$	326
TXJ0033	燃油式空气压缩机（含风镐）	$6m^3/min$	330
TXJ0034	污水泵		56
TXJ0035	抽水机		57
TXJ0036	夯实机		53
TXJ0037	气流敷设设备（含空气压缩机）		1449
TXJ0038	微管微缆气吹设备		1715
TXJ0039	微控钻孔敷管设备（套）	25t 以下	1803
TXJ0040	微控钻孔敷管设备（套）	25t 以上	2168
TXJ0041	水泵冲槽设备（套）		417
TXJ0042	水下光（电）缆沟挖冲机		1682
TXJ0043	液压顶管机	5t	348

6.4.2 通信工程仪表台班单价定额取费

通信工程仪表台班单价定额取费如表 6-14 所示。

表 6-14 通信工程仪表台班单价定额取费表

编号	名称	规格（型号）	台班单价（元）
TXY0001	数字传输分析仪	155M/622M	1002
TXY0002	数字传输分析仪	2.5G	1956
TXY0003	数字传输分析仪	10G	2909
TXY0004	稳定光源		72
TXY0005	误码测试仪	2M	66
TXY0006	光可变衰耗器		99
TXY0007	光功率计		62
TXY0008	数字频率计		169
TXY0009	数字宽带示波器	20G	873
TXY0010	数字宽带示波器	50G	1956
TXY0011	光谱分析仪		626
TXY0012	多波长计		333
TXY0013	信令分析仪		257
TXY0014	协议分析仪		66
TXY0015	ATM 性能分析仪		1002
TXY0016	网络测试仪		105
TXY0017	PCM 通道测试议		198
TXY0018	用户模拟呼叫器		626
TXY0019	数据业务测试仪		1193

（续）

编号	名称	规格（型号）	台班单价（元）
TXY0020	漂移测试仪		1765
TXY0021	中继模拟呼叫器		742
TXY0022	光时域反射仪		306
TXY0023	偏振模色散测试仪		626
TXY0024	操作测试终端（电脑）		74
TXY0025	音频振荡器		72
TXY0026	音频电平表		80
TXY0027	射频功率计		127
TXY0028	天馈线测试仪		193
TXY0029	频谱分析仪		78
TXY0030	微波信号发生器		149
TXY0031	微波 / 标量网络分析仪		695
TXY0032	微波频率计		145
TXY0033	噪声测试仪		157
TXY0034	数字微波分析仪（SDH）		145
TXY0035	射频 / 微波步进衰耗器		92
TXY0036	微波传输测试仪		364
TXY0037	数字示波器	350M	95
TXY0038	数字示波器	500M	121
TXY0039	微波线路分析仪		466
TXY0040	视频、音频测试仪		187
TXY0041	视频信号发生器		193
TXY0042	音频信号发生器		165
TXY0043	绘图仪		76
TXY0044	中频信号发生器		113
TXY0045	中频噪声发生器		72
TXY0046	测试变频器		145
TXY0047	TEMS 路测设备（测试手机配套使用）		1956
TXY0048	网络优化测试仪		1048
TXY0049	综合布线线路分析仪		153
TXY0050	经纬仪		68
TXY0051	GPS 定位仪		56
TXY0052	对下管线探测仪		173
TXY0053	对地绝缘探测仪		173

6.4.3 施工测量取费

工作内容：

- 直埋、架空、管道、海上光（电）缆施工测量：核对图纸、复查路由位置、施工定点划线、做标记等。
- GPS 定位：校表、测量、记录数据等。施工测量取费如表 6-15 所示。

表 6-15　施工测量取费表

定额编号			TXL1-001	TXL1-002	TXL1-003	TXL1-004	TXL1-005	TXL1-006
项目			直埋光（电）缆工程施工测量（100m）	架空光（电）缆工程施工测量（100m）	管道光（电）缆工程施工测量（100m）	海上光（电）缆工程施工测量（100m）		GPS 定位（点）
						自航船	驳船	
	名称	单位	数量					
人工	技工	工日	0.70	0.60	0.50	4.25	4.25	0.05
	普工	工日	0.30	0.20	—	—	—	—
主要材料								
机械	海缆施工自航船（5000t 以下）	艘班	—	—	—	0.02	—	—
	海缆施工驳船（500t 以下）带拖轮	艘班	—	—	—	—	0.02	—
仪表	地下管线探测仪	台班	0.10	0.05	—	—	—	—
	GPS 定位仪	台班	—	—	—	—	—	0.05

注：施工测量不分地形和土（石）质类别，为综合取定的工日。

6.4.4　敷设线槽、管路取费

1. 开挖路面、挖沟、开槽、打墙洞取费

1）开挖路面

工作内容：机械切割路面，开挖路面，渣土分类堆放在沟边不影响施工的适当地点等。开挖路面取费如表 6-16 所示。

2）挖填光（电）缆沟、接头坑取费

工作内容：

- 挖填光（电）缆沟及接头坑：挖填电缆沟、接头坑及梯坎，石沟布眼钻孔，装药放炮，弃渣清理或人工开槽等。
- 石质沟铺盖细土：运细土、撒铺（盖）细土等。
- 手推车倒运土方：装车、近距离运土、卸土等。

挖填光（电）缆沟、接头坑取费如表 6-17 所示。

3）开槽取费

工作内容：划线定位、开槽、水泥砂浆抹平等。

开槽取费如表 6-18 所示。

4）打墙洞取费

工作内容：

- 打人（手）孔墙洞：确定位置、打穿墙洞、抹水泥等。
- 打穿楼墙洞：确定位置、打穿墙洞、抹水泥等。

表 6-16 开挖路面取费表

定额编号			TXL1-007	TXL1-008	TXL1-009	TXL1-0010	TXL1-0011	TXL1-012	TXL1-013	TXL1-014	TXL1-015	TXL1-016	TXL1-017	TXL1-018	TXL1-019
项目			人工开挖路面（100m²）												
			混凝土路面（150以下）	混凝土路面（250以下）	混凝土路面（350以下）	混凝土路面（450以下）	柏油路面（150以下）	柏油路面（250以下）	柏油路面（350以下）	柏油路面（450以下）	砂石路面（150以下）	砂石路面（250以下）	混凝土砌块路面	水泥花砖路面	条石路面
	名称	单位	数量												
人工	技工	工日	6.88	16.16	25.44	34.72	3.80	6.90	10.00	13.10	1.60	3.00	0.60	0.50	4.40
	普工	工日	61.92	104.80	147.68	190.56	34.20	62.10	90.00	117.90	14.40	27.00	5.40	4.50	39.60
主要材料															
机械	燃油式路面切割机	台班	0.70	0.70	0.70	0.70	0.70	0.70	0.70	0.70	—	—	—	—	—
	燃油式空气压缩机（含风镐）6m³/分	台班	1.50	2.50	3.50	4.50	—	—	—	—	—	—	—	—	—
仪表															

表 6-17 挖填光（电）缆沟、接头坑取费表

定额编号			TXL2-001	TXL2-002	TXL2-003	TXL2-004	TXL2-005	TXL2-006	TXL2-007
项目			挖、松填光（电）缆沟、接头坑（$100m^3$）						
			普通土	硬土	砂砾土	冻土	软石	坚石（爆破）	坚石（人工）
名称		单位	数量						
人工	技工	工日	—	—	—	—	5.00	24.00	50.00
	普工	工日	42.00	59.00	81.00	150.00	185.00	217.00	448.00
主要材料	硝胺炸药	kg	—	—	—	—	33.00	100.00	—
	雷管（金属壳）	个	—	—	—	—	100.00	300.00	—
	导火索	m	—	—	—	—	100.00	300.00	—
机械	燃油式空气压缩机（含风镐）$6m^3$/分	台班	—	—	—	—	3.00	—	10.00
仪表									

定额编号			TXL2-008	TXL2-009	TXL2-010	TXL2-011	TXL2-012	TXL2-013	TXL2-014	TXL2-015	TXL2-016
项目			挖、松填光（电）缆沟、接头坑（$100m^3$）							手推车倒运土方（$100m^3$）	石质沟铺盖细土（沟千米）
			普通土	硬土	砂砾土	冻土	软石	坚石（爆破）	坚石（人工）		
名称		单位	数量								
人工	技工	工日	—	—	—	—	5.00	24.00	50.00	1.00	—
	普工	工日	45.00	62.00	84.00	160.00	197.00	227.00	458.00	16.00	6.00
主要材料	硝胺炸药	kg	—	—	—	—	33.00	100.00	—	—	—
	雷管（金属壳）	个	—	—	—	—	100.00	300.00	—	—	—
	导火索	m	—	—	—	—	100.00	300.00	—	—	—
机械	燃油式空气压缩机（含风镐）$6m^3$/分	台班	—	—	—	—	3.00	—	10.00	—	—
	夯实机	台班	0.50	0.50	0.50	—	—	—	—	—	—
仪表											

表 6-18　开槽取费表

定额编号			TXL7-001	TXL7-002
项目			开槽（m）	
			砖槽	混凝土槽
名称		单位	数量	
人工	技工	工日	—	—
	普工	工日	0.17	0.28
主要材料	水泥 c325	kg	1.00	1.00
	粗砂	kg	3.00	3.00
机械				
仪表				

注：本定额是按预埋长度为 1 米的 ф25 以下钢管取定的开槽定额工日。

❑ 打穿楼层洞：确定位置、打穿楼层板、上下抹平等。

打墙洞取费如表 6-19 所示。

表 6-19　打墙洞取费表

定额编号			TXL4-031	TXL4-032	TXL4-033	TXL4-034	TXL4-035	TXL4-036	TXL4-037	TXL4-038
项目			打人（手）孔墙洞（处）				打穿楼墙洞（个）		打穿楼层洞（个）	
			砖砌人孔		混凝土人孔		砖墙	混凝土墙	预制板楼层	混凝土楼层
			3 孔管以下	3 孔管以上	3 孔管以下	3 孔管以上				
名称		单位	数量							
人工	技工	工日	0.36	0.54	0.60	0.90	0.20	0.30	0.20	0.30
	普工	工日	0.36	0.54	0.60	0.90	0.20	0.30	0.20	0.30
主要材料	水泥 C32.5	kg	5.00	8.00	5.00	8.00	1.00	2.00	2.00	2.00
	中粗砂	kg	10.00	16.00	10.00	16.00	2.00	4.00	4.00	4.00
机械										
仪表										

注："3 孔管以上"、"3 孔管以下" 是指人（手）孔墙洞可敷设的引上管数量。

2. 敷设管路取费

1）人工敷设塑料子管、布放光（电）缆人（手）孔抽水取费

工作内容：

❑ 人工敷设塑料子管：清刷管孔、塑料管外观检查、敷设塑料管并试通、固定堵头及

塞子、管头做标记等。

- ❑ 人（手）孔抽水：装拆手动或机动抽水工具、抽水、清理现场等。

人工敷设塑料子管、布放光（电）缆人（手）孔抽水取费如表 6-20 所示。

表 6-20　人工敷设塑料子管、布放光（电）缆人（手）孔抽水取费表

定额编号			TXL4-001	TXL4-002	TXL4-003	TXL4-004	TXL4-005	TXL4-006	TXL4-007	TXL4-008
项目			人工敷设塑料子管（km）					人孔抽水（个）		手孔抽水（个）
			1 孔子管	2 孔子管	3 孔子管	4 孔子管	5 孔子管	积水	流水	
名称		单位	数量							
人工	技工	工日	7.26	9.36	11.10	12.84	14.58	—	—	—
	普工	工日	10.30	14.64	18.98	23.32	27.66	1.00	2.00	0.50
主要材料	聚乙烯塑料管	m	1010.00	2020.00	3030.00	4040.00	5050.00	—	—	—
	聚乙烯塑料管固定堵头	个	12.15	24.30	36.50	48.60	60.75	—	—	—
	聚乙烯塑料管塞子	个	24.50	49.00	73.50	98.00	122.50	—	—	—
	镀锌铁线 Ø1.5	kg	3.05	3.05	3.05	3.05	3.05	—	—	—
	镀锌铁线 Ø4.0	kg	20.30	20.30	20.30	20.30	20.30	—	—	—
机械	抽水机	台班		—	—	—	—	0.20	0.50	0.10
仪表										

2）敷设管路取费

工作内容：

- ❑ 敷设钢管：管材检查、配管、锉管内口、敷管、固定、试通、接地、伸缩及沉降处理、做标记等。
- ❑ 敷设硬质 PVC 管：管材检查、配管、锉管内口、敷管、固定、试通、做标记等。
- ❑ 敷设金属软管：管材检查、配管、敷管、连接接头、做标记等。

敷设钢管、敷设硬质 PVC 管、敷设金属软管取费如表 6-21 所示。

表 6-21　敷设钢管、敷设硬质 PVC 管、敷设金属软管取费表

定额编号			TXL7-003	TXL7-004	TXL7-005	TXL7-006	TXL7-007
项目			敷设钢管（100 米）		敷设硬质 PVC 管（100 米）		敷设金属软管（根）
			ϕ25 以下	ϕ50 以下	ϕ25 以下	ϕ50 以下	
名称		单位	数量				
人工	技工	工日	2.63	3.95	1.76	2.64	—
	普工	工日	10.52	15.78	7.04	10.56	0.40
主要材料	钢管	m	103.00	103.00	—	—	—
	塑料管	m	—	—	105.00	105.00	—
	金属软管	m	—	—	—	—	*
	配件	套	*	*	*	*	*

（续）

定额编号			TXL7-003	TXL7-004	TXL7-005	TXL7-006	TXL7-007
项目			敷设钢管（100米）		敷设硬质PVC管（100米）		敷设金属软管（根）
			ϕ25以下	ϕ50以下	ϕ25以下	ϕ50以下	
	名称	单位	数量				
机械仪表	交流电焊机（21kVA）	台班	0.60	0.90	—	—	—

3）敷设线槽取费

工作内容：

- ❑ 敷设金属线槽：线槽检查、安装线槽及附件、接地、做标记、穿墙处封堵等。
- ❑ 敷设塑料线槽：线槽检查、测位、安装线槽等。

敷设线槽取费如表6-22所示。

表6-22　敷设线槽取费表　　单位：100m

定额编号			TXL7-008	TXL7-009	TXL7-010	TXL7-011	TXL7-012
项目			敷设金属线槽			敷设塑料线槽	
			150宽以下	300宽以下	300宽以上	100宽以下	100宽以上
	名称	单位	数量				
人工	技工	工日	5.85	7.61	9.13	3.51	4.21
	普工	工日	17.55	22.82	27.38	10.53	12.64
主要材料	金属线槽	m	105.00	105.00	105.00	—	—
	塑料线槽	m	—	—	—	105.00	105.00
	配件	套	*	*	*	*	*
机械仪表							

4）安装桥架取费

- ❑ 工作内容：
- ❑ 安装桥架：固定吊杆或支架、安装桥架、墙上钉固桥架、接地、穿墙处封堵、做标记等。

安装桥架取费如表6-23所示。

表 6-23　安装桥架取费表　　单位：10m

定额编号			TXL7-013	TXL7-014	TXL7-015	TXL7-016	TXL7-017	TXL7-018	TXL7-019	TXL7-020	TXL7-021
项目			安装吊装式桥架			安装支撑式桥架			垂直安装桥架（10m）		
			100 宽以下	300 宽以下	300 宽以上	100 宽以下	300 宽以下	300 宽以上	100 宽以下	300 宽以下	300 宽以上
名称		单位	数量								
人工	技工	工日	0.37	0.41	0.45	0.28	0.31	0.34	0.17	0.22	0.29
	普工	工日	3.33	3.66	4.03	2.52	2.77	3.05	1.36	1.77	2.30
主要材料	桥架	m	10.10	10.10	10.10	10.10	10.10	10.10	10.10	10.10	10.10
	配件	套	*	*	*	*	*	*	*	*	*
机械											
仪表											

注：1. 安装桥架，包括梯形式、托盘式和槽式三种类型均执行本定额。

2. 垂直安装密封桥架，按本定额工日乘以 1.2 系数计取。

5）专用塑料管道光缆手孔取费

工作内容：

- 砖砌专用塑料管道光缆手孔：找平、夯实、浇筑底座、砌砖，制作安装上口水泥盖板，安装人孔口圈、井盖，安装托架等。
- 埋设定型手孔：检查、现场搬运、安装固定定型手孔，手孔进、出口塑管端头紧固、处理，安装堵头、塞子等。

专用塑料管道光缆手孔取费如表 6-24 所示。

表 6-24　专用塑料管道光缆手孔取费表

定额编号			TXL2-039	TXL2-040	TXL2-041	TXL2-042	TXL2-043
项目			砖砌专用塑料管道光缆手孔（个）				埋设定型手孔（个）
			Ⅰ型（1.2X0.9X1）	Ⅱ型（2.6X0.9X1）	Ⅲ型（1.2X0.9X0.7）	Ⅳ型（2.6X0.9X0.7）	
名称		单位	数量				
人工	技工	工日	6.40	8.67	5.12	6.94	1.00
	普工	工日	6.14	8.33	4.91	6.66	2.00
主要材料	水泥 c32.5	吨	0.40	0.69	0.26	0.44	—
	中粗砂	吨	1.40	1.78	0.69	1.17	—
	碎石 0.5 ～ 3.5	吨	0.75	1.48	0.62	1.13	—
	机制砖	千块	0.72	1.18	0.45	0.70	—

（续）

定额编号			TXL2-039	TXL2-040	TXL2-041	TXL2-042	TXL2-043
项目			砖砌专用塑料管道光缆手孔（个）				埋设定型手孔（个）
			Ⅰ型（1.2X0.9X1）	Ⅱ型（2.6X0.9X1）	Ⅲ型（1.2X0.9X0.7）	Ⅳ型（2.6X0.9X0.7）	
	名称	单位	数量				
主要材料	圆钢 Φ10	kg	7.21	10.83	8.01	16.02	—
	圆钢 ϕ8	kg	3.0	7.87	4.71	9.42	—
	圆钢 Φ6	kg	1.05	2.09	—	—	—
	板、方材	m^3	0.03	0.06	0.03	0.06	—
	手孔口圈（车行道）	套	1.01	1.01	—	—	—
	电缆托架 60cm	根	4.04	4.04	4.04	4.04	—
	电缆托架穿钉 M16	根	8.08	8.08	8.08	8.08	—
	定型手孔	套	—	—	—	—	1.00
机械	载重汽车（5t 以内）	台班	—	—	—	—	0.10
	汽车起重机（5t 以内）	台班	—	—	—	—	0.10

注：本定额的定型手孔是指玻璃钢整体手孔，埋在地下，手孔顶部距地面不小于 60cm。

6）人工敷设小口径塑料管管道取费

（一）平原地区

工作内容：外观检查、检查气压、配盘、清沟抄平、人工抬放塑管、外观复查、塑管接续、整理排列绑扎塑管、封堵端头等。

平原地区人工敷设小口径塑料管管道取费如表 6-25 所示。

表 6-25 平原地区人工敷设小口径塑料管管道取费表

定额编号			TXL2-044	TXL2-045	TXL2-046	TXL2-047	TXL2-048	TXL2-049	TXL2-050	TXL2-051
项目			平原地区人工敷设小口径塑料管（km）							
			1 管	2 管	3 管	4 管	5 管	6 管	7 管	8 管
	名称	单位	数量							
人工	技工	工日	6.39	11.19	17.02	21.82	27.66	32.45	37.24	42.04
	普工	工日	19.18	33.56	51.07	65.45	82.97	97.35	111.73	126.11
主要材料	塑料管	m	1010.00	2020.00	3030.00	4040.00	5050.00	6060.00	7070.00	8080.00
	标石	个	10.20	10.20	10.20	10.20	10.20	10.20	10.20	10.20
	接续器材	套	*	*	*	*	*	*	*	*
	堵头	个	*	*	*	*	*	*	*	*
	扎带	条	*	*	*	*	*	*	*	*
	油漆	kg	1.22	1.22	1.22	1.22	1.22	1.22	1.22	1.22
机械										

（续）

定额编号			TXL2-044	TXL2-045	TXL2-046	TXL2-047	TXL2-048	TXL2-049	TXL2-050	TXL2-051
项目			平原地区人工敷设小口径塑料管（km）							
			1 管	2 管	3 管	4 管	5 管	6 管	7 管	8 管
	名称	单位	数量							
仪表										

定额编号			TXL2-052	TXL2-053	TXL2-054	TXL2-055	TXL2-056	TXL2-057	TXL2-058	TXL2-059
项目			平原地区人工敷设小口径塑料管（km）							
			9 管	10 管	11 管	12 管	13 管	14 管	15 管	16 管
	名称	单位	数量							
人工	技工	工日	47.88	52.67	57.46	62.26	68.10	72.89	77.68	82.48
	普工	工日	143.63	158.01	172.39	186.77	204.29	218.67	233.05	247.43
主要材料	塑料管	m	9090.00	10 100.00	11 110.00	12 120.00	13 130.00	14 140.00	15 150.00	16 160.00
	标石	个	10.20	10.20	10.20	10.20	10.20	10.20	10.20	10.20
	接续器材	套	*	*	*	*	*	*	*	*
	堵头	个	*	*	*	*	*	*	*	*
	扎带	条	*	*	*	*	*	*	*	*
	油漆	kg	1.22	1.22	1.22	1.22	1.22	1.22	1.22	1.22
机械										
仪表										

（二）丘陵、水田地区

工作内容：外观检查、检查气压、配盘、清沟抄平、人工抬放塑管、外观复查、塑管接续、整理排列绑扎塑管、封堵端头等。

丘陵、水田地区人工敷设小口径塑料管管道取费如表 6-26 所示。

表 6-26 丘陵、水田地区人工敷设小口径塑料管管道取费表

定额编号			TXL2-060	TXL2-061	TXL2-062	TXL2-063	TXL2-064	TXL2-065	TXL2-066	TXL2-067
项目			丘陵、水田地区人工敷设小口径塑料管（km）							
			1 管	2 管	3 管	4 管	5 管	6 管	7 管	8 管
	名称	单位	数量							
人工	技工	工日	7.35	12.87	19.57	25.09	31.81	37.32	42.83	48.35
	普工	工日	22.06	38.59	58.73	75.27	95.43	111.95	128.48	145.04

（续）

定额编号			TXL2-060	TXL2-061	TXL2-062	TXL2-063	TXL2-064	TXL2-065	TXL2-066	TXL2-067
项目			丘陵、水田地区人工敷设小口径塑料管（km）							
			1管	2管	3管	4管	5管	6管	7管	8管
	名称	单位	数量							
主要材料	塑料管	m	1010.00	2020.00	3030.00	4040.00	5050.00	6060.00	7070.00	8080.00
	标石	个	10.20	10.20	10.20	10.20	10.20	10.20	10.20	10.20
	接续器材	套	*	*	*	*	*	*	*	*
	堵头	个	*	*	*	*	*	*	*	*
	扎带	条	*	*	*	*	*	*	*	*
	油漆	kg	1.22	1.22	1.22	1.22	1.22	1.22	1.22	1.22
机械										
仪表										

定额编号			TXL2-068	TXL2-069	TXL2-070	TXL2-071	TXL2-072	TXL2-073	TXL2-074	TXL2-075
项目			丘陵、水田地区人工敷设小口径塑料管（km）							
			9管	10管	11管	12管	13管	14管	15管	16管
	名称	单位	数量							
人工	技工	工日	55.06	60.57	66.08	71.60	78.32	83.82	89.33	94.85
	普工	工日	165.17	181.71	198.24	214.80	234.95	251.47	268.00	284.56
主要材料	塑料管	m	9090.00	10 100.00	11 110.00	12 120.00	13 130.00	14 140.00	15 150.00	16 160.00
	标石	个	10.20	10.20	10.20	10.20	10.20	10.20	10.20	10.20
	接续器材	套	*	*	*	*	*	*	*	*
	堵头	个	*	*	*	*	*	*	*	*
	扎带	条	*	*	*	*	*	*	*	*
	油漆	kg	1.22	1.22	1.22	1.22	1.22	1.22	1.22	1.22
机械										
仪表										

（三）山区

工作内容：外观检查、检查气压、配盘、清沟抄平、人工抬放塑管、外观复查、塑管接续、整理排列绑扎塑管、封堵端头等。

山区人工敷设小口径塑料管管道取费如表 6-27 所示。

表 6-27　山区人工敷设小口径塑料管管道取费表

定额编号			TXL2-076	TXL2-077	TXL2-078	TXL2-079	TXL2-080	TXL2-081	TXL2-082	TXL2-083
项目			山区人工敷设小口径塑料管（km）							
			1 管	2 管	3 管	4 管	5 管	6 管	7 管	8 管
名称		单位	数量							
人工	技工	工日	8.95	15.67	23.83	30.55	38.72	45.43	52.14	58.86
	普工	工日	26.84	47.00	71.48	91.64	116.17	136.29	156.41	176.57
主要材料	塑料管	m	1010.00	2020.00	3030.00	4040.00	5050.00	6060.00	7070.00	8080.00
	标石	个	10.20	10.20	10.20	10.20	10.20	10.20	10.20	10.20
	接续器材	套	*	*	*	*	*	*	*	*
	堵头	个	*	*	*	*	*	*	*	*
	扎带	条	*	*	*	*	*	*	*	*
	油漆	kg	1.22	1.22	1.22	1.22	1.22	1.22	1.22	1.22
机械										
仪表										

定额编号			TXL2-084	TXL2-085	TXL2-086	TXL2-087	TXL2-088	TXL2-089	TXL2-090	TXL2-091
项目			山区人工敷设小口径塑料管（km）							
			9 管	10 管	11 管	12 管	13 管	14 管	15 管	16 管
名称		单位	数量							
人工	技工	工日	67.03	73.74	80.44	87.16	95.34	102.05	108.75	115.47
	普工	工日	201.10	221.21	241.33	261.49	286.02	306.14	326.26	346.42
主要材料	塑料管	m	9090.00	10 100.00	11 110.00	12 120.00	13 130.00	14 140.00	15 150.00	16 160.00
	标石	个	10.20	10.20	10.20	10.20	10.20	10.20	10.20	10.20
	接续器材	套	*	*	*	*	*	*	*	*
	堵头	个	*	*	*	*	*	*	*	*
	扎带	条	*	*	*	*	*	*	*	*
	油漆	kg	1.22	1.22	1.22	1.22	1.22	1.22	1.22	1.22

（续）

定额编号			TXL2-084	TXL2-085	TXL2-086	TXL2-087	TXL2-088	TXL2-089	TXL2-090	TXL2-091
项目			山区人工敷设小口径塑料管（km）							
			9管	10管	11管	12管	13管	14管	15管	16管
名称		单位	数量							
机械										
仪表										

（四）小口径塑料管试通

工作内容：

- ❑ 试通准备、开机试通、记录、整理资料等。
- ❑ 直埋专用塑料管道充气试验。

小口径塑料管试通取费如表6-28所示。

表6-28 小口径塑料管试通取费表

定额编号			TXL2-092	TXL2-093
项目			小口径塑料管试通（孔千米）	小口径塑料管道充气试验（孔千米）
名称		单位	数量	
人工	技工	工日	1.00	0.50
	普工	工日	2.00	0.50
主要材料	塑料管充气堵头（带气门）	个	—	*
机械	气流敷设设备（含空气压缩机）	台班	0.08	—
	载重汽车（5t）	台班	0.08	0.12
	燃油式空气压缩机（6m³/分）	台班	—	0.12
仪表				

注：“*”系指每段塑料管按2个气管堵头计列。

7）顶铺管、铺水泥盖板、水泥槽取费

工作内容：

- ❑ 桥挂管、槽：打眼、固定穿钉、安装支架、钢管接续、铺钢管（槽道）、堵管头等。

❑ 顶钢管：挖工作坑、安装机具、接钢管、顶钢管、堵管孔等。
❑ 铺管：接管、铺管、堵管等。
❑ 铺砖：现场运输、铺砖等。
❑ 铺水泥盖板：现场运输、铺水泥盖板等。
❑ 铺水泥槽：现场运输、铺水泥槽、勾缝、盖盖板等。
顶铺管、铺水泥盖板、水泥槽取费如表 6-29 所示。

表 6-29　顶铺管、铺水泥盖板、水泥槽取费表

定额编号			TXL2-124	TXL2-125	TXL2-126	TXL2-127	TXL2-128	TXL2-129	TXL2-130
项目			铺管保护			铺砖保护		铺盖板、水泥槽	
			铺钢管（m）	铺塑料管（m）	铺大长度半硬塑料管（100m）	横铺砖（km）	竖铺砖（km）	铺水泥盖板（km）	铺水泥槽及盖板（m）
	名称	单位	数量						
人工	技工	工日	0.03	0.01	1.50	2.00	2.00	2.00	0.05
	普工	工日	0.10	0.10	2.50	15.00	10.00	13.00	0.10
主要材料	镀锌对缝钢管（ø50-ø100）	m	1.01	—	—	—	—	—	—
	塑料管（ø80-ø100）	m	—	1.01	—	—	—	—	—
	机制砖	m	—	—	—	8160.00	4080.00	—	—
	水泥盖板	m	—	—	—	—	—	2040.00	—
	水泥槽（带盖板）	m	—	—	—	—	—	—	1.02
	半硬塑料管（ø40-ø50）	m	—	—	101.00	—	—	—	—
	套管	个	0.17	—	—	—	—	—	—
机械									
仪表									

8）砌坡、砌坎、堵塞、封石沟、安装宣传警示牌保护取费

工作内容：

❑ 石砌坡（坎、堵塞）、封石沟、做漫水坝；挖土石方、砌石墙、勾缝等。
❑ 三七土护坎：现场运料、挖土、搅拌三七土、铺填三七土、分层夯实等。
❑ 埋设标石：埋设标石、刷色、编号等。
❑ 安装宣传警示牌：现场搬运、挖坑、安装、回土夯实。
砌坡、砌坎、堵塞、封石沟、安装宣传警示牌保护取费如表 6-30 所示。

表 6-30　砌坡、砌坎、堵塞、封石沟、安装宣传警示牌保护取费表

定额编号			TXL2-131	TXL2-132	TXL2-133	TXL2-134	TXL2-135	TXL2-136	TXL2-137	TXL2-138
项目			石砌坡、坎、堵塞（m^3）	三七土护坎（m^3）	封石沟（m^3）	做漫水坝、挡水墙（m^3）	埋设标石（个）			安装宣传警示牌（块）
							平原	丘陵、水田、城区	山区	
名称		单位	数量							
人工	技工	工日	1.00	0.20	0.90	2.00	0.06	0.07	0.09	0.10
	普工	工日	2.58	0.50	2.10	5.16	0.12	0.14	0.18	0.50
主要材料	水泥 C32.5	kg	183.00	—	202.00	183.00	—	—	—	—
	中粗砂	kg	607.00	—	836.00	607.00	—	—	—	—
	毛石	m^3	1.00	—	—	1.00	—	—	—	—
	石灰粉	吨	—	0.27	—	—	—	—	—	—
	石灰	kg	—	—	—	—	—	—	—	—
主要材料	碎石（0.5-3.2cm）	kg	—	—	1331.00	—	—	—	—	—
	宣传警示牌	套	—	—	—	—	—	—	—	1.01
	标石	个	—	—	—	—	1.02	1.02	1.02	—
	油漆	kg	—	—	—	—	0.10	0.10	0.10	—
机械										
仪表										

3. 敷设架空线路取费

1）立水泥杆取费

工作内容：打洞、清理、组接电杆、立杆、装卡盘、装 H 杆腰梁、回填夯实、号杆等。敷设架空线路立水泥杆取费如表 6-31 所示。

表 6-31　敷设架空线路立水泥杆取费表

定额编号			TXL3-001	TXL3-002	TXL3-003	TXL3-004	TXL3-005	TXL3-006	TXL3-007	TXL3-008	TXL3-009	TXL3-010	TXL3-011	TXL3-012
项目			立 9 米以下水泥杆（根）			立 11 米以下水泥杆（根）			立 13 米以下水泥杆（根）			立 13 米以下水泥 H 杆（座）		
			综合土	软石	坚石	综合土	软石	坚石	综合土	软石	坚石	综合土	软石	坚石
名称		单位	数量											
人工	技工	工日	0.61	0.64	1.18	0.88	0.94	1.76	1.26	1.38	2.59	3.02	3.09	5.68
	普工	工日	0.61	1.28	1.18	0.88	1.88	1.76	1.26	2.76	2.59	3.02	6.18	5.68
主要材料	水泥电杆	根	1.003	1.003	1.003	1.003	1.003	1.003	1.003	1.003	1.003	2.006	2.006	2.006
	H 杆腰梁（带抱箍）	套	—	—	—	—	—	—	—	—	—	1.01	1.01	1.01
	硝胺炸药	kg	—	0.30	0.70		0.40	0.80	—	0.60	1.20	—	4.00	7.50
	火雷管（金属壳）	个	—	1.00	2.00		2.00	3.00	—	2.00	3.00	—	8.00	15.00

（续）

定额编号			TXL3-001	TXL3-002	TXL3-003	TXL3-004	TXL3-005	TXL3-006	TXL3-007	TXL3-008	TXL3-009	TXL3-010	TXL3-011	TXL3-012
项目			立 9 米以下水泥杆（根）			立 11 米以下水泥杆（根）			立 13 米以下水泥杆（根）			立 13 米以下水泥 H 杆（座）		
			综合土	软石	坚石	综合土	软石	坚石	综合土	软石	坚石	综合土	软石	坚石
	名称	单位	数量											
主要材料	导火索	m	—	1.00	2.00		2.00	3.00	—	2.00	3.00	—	8.00	15.00
	水泥 C32.5	kg	0.20	0.20	0.20	0.20	0.20	0.20	0.20	0.20	0.20	0.40	0.40	0.40
机械	汽车式起重机（5t）	台班	0.04	0.04	0.04	0.04	0.04	0.04	0.06	0.06	0.06	0.12	0.12	0.12
仪表														

注：水泥杆根部需装底盘时，参看电杆加固和保护。

2）立木电杆取费

工作内容：打洞、清理、根部防护、组接电杆、立杆、装 H 杆腰梁、回填夯实、号杆等。敷设架空线路立木电杆取费如表 6-32 所示。

表 6-32　敷设架空线路立木电杆取费表　　定额单位：座

定额编号			TXL3-013	TXL3-014	TXL3-015	TXL3-016	TXL3-017	TXL3-018	TXL3-019	TXL3-020	TXL3-021
项目			立 8.5 米以下木电杆（根）			立 10 米以下木电杆（根）			立 14 米以下品接杆（座）		
			综合土	软石	坚石	综合土	软石	坚石	综合土	软石	坚石
	名称	单位	数量								
人工	技工	工日	0.36	0.43	0.84	0.52	0.63	1.25	2.35	2.17	3.92
	普工	工日	0.36	0.86	0.84	0.52	1.26	1.25	2.35	4.34	3.92
主要材料	木电杆	根	1.002	1.002	1.002	1.002	1.002	1.002	3.006	3.006	3.006
	木横木	根	*	—	—	*	—	—	2.004	2.004	2.004
	镀锌铁线 ø4.0	kg	（1.015/根横木）	—	—	（1.015/根横木）	—	—	3.50	3.50	3.50
	镀锌无头穿钉 M19×800–900	副	—	—	—	—	—	—	2.02	2.02	2.02
	硝胺炸药	kg	—	0.30	0.70	—	0.40	0.80	—	2.60	5.30
	雷管	个	—	1.00	2.00	—	2.00	3.00	—	6.00	11.00
	导火索	m	—	1.00	2.00	—	2.00	3.00	—	6.00	11.00
机械											

（续）

定额编号		TXL3-013	TXL3-014	TXL3-015	TXL3-016	TXL3-017	TXL3-018	TXL3-019	TXL3-020	TXL3-021
项目		立8.5米以下木电杆（根）			立10米以下木电杆（根）			立14米以下品接杆（座）		
		综合土	软石	坚石	综合土	软石	坚石	综合土	软石	坚石
名称	单位	数量								
仪表										

定额编号			TXL3-022	TXL3-023	TXL3-024	TXL3-025	TXL3-026	TXL3-027	TXL3-028	TXL3-029	TXL3-030	TXL3-031	TXL3-032	TXL3-033
项目			立24米以下特种品接杆			立10米以下H杆			立15米以下品接H杆			立24米以下特种品接H杆		
			综合土	软石	坚石	综合土	软石	坚石	综合土	软石	坚石	综合土	软石	坚石
名称		单位	数量											
人工	技工	工日	2.95	2.57	4.52	1.54	1.59	3.00	5.20	4.67	8.34	6.40	5.47	9.54
	普工	工日	2.95	5.14	4.52	1.54	3.18	3.00	5.20	9.34	8.34	6.40	10.94	9.54
主要材料	木电杆	根	4.008	4.008	4.008	2.004	2.004	2.004	6.012	6.012	6.012	8.016	8.016	8.016
	木横木	根	2.004	2.004	2.004	1.002	1.002	1.002	3.006	3.006	3.006	3.006	3.006	3.006
	镀锌铁线ø4.0	kg	5.40	5.40	5.40	5.00	5.00	5.00	16.00	16.00	16.00	19.80	19.80	19.80
	镀锌无头穿钉M19×800-900	副	2.02	2.02	2.02	—	—	—	4.004	4.004	4.004	4.004	4.004	4.004
主要材料	镀锌无头穿钉M16×600	副	2.02	2.02	2.02	—	—	—	—	—	—	4.004	4.004	4.004
	H杆腰梁（带穿钉）	套	—	—	—	1.001	1.001	1.001	1.001	1.001	1.001	2.02	2.02	2.02
	硝胺炸药	kg	—	2.60	5.30	—	3.00	7.00	—	4.80	8.00	—	4.00	8.00
	雷管	个	—	6.00	11.00	—	6.00	14.00	—	8.00	16.00	—	8.00	16.00
	导火索	m	—	6.00	11.00	—	6.00	14.00	—	8.00	16.00	—	8.00	16.00
机械														
仪表														

注：横木及H杆腰梁的型号由设计根据H杆的规格确定。

3）电杆根部加固取费

工作内容：

- ❑ 护桩：挖坑、固定涂油、回土夯实等。
- ❑ 围桩、石笼、护墩：编铁笼、打桩、填石、砌石墩、抹面、回土夯实等。

- 卡盘、底盘：挖坑、安装、回土夯实等。
- 帮桩：挖坑、缠扎固定（涂油）、回土夯实等。
- 打桩：搭架、拆架、打桩、接杆等。

电杆根部加固取费如表 6-33 所示。

表 6-33　电杆根部加固取费表

定额编号			TXL3-034	TXL3-035	TXL3-036	TXL3-037	TXL3-038	TXL3-039	TXL3-040	TXL3-041	TXL3-042	TXL3-043	TXL3-044
项目			护桩（处）	木围桩（处）	石笼（处）	石护墩（处）	卡盘（块）	底盘（块）	水泥帮桩（根）	木帮桩（根）	打桩单杆（处）	打桩品接杆（处）	打桩分水架（处）
名称		单位	数量										
人工	技工	工日	0.24	1.87	3.60	1.90	0.14	0.10	0.48	0.38	12.00	25.68	28.08
人工	普工	工日	0.24	3.60	3.00	3.60	0.14	0.10	0.48	0.48	16.80	35.52	42.12
主要材料	防腐横木 2m	根	1.002	32.064	—	—	—	—	—	—	—	—	—
主要材料	水泥（或木）帮桩	根	—	—	—	—	—	—	1.003	1.002	—	—	—
主要材料	镀锌铁线 ø4.0	kg	1.015	3.86	16.75	—	—	—	—	1.40	20.00	40.00	15.00
主要材料	水泥卡盘	块	—	—	—	—	1.003	—	—	—	—	—	—
主要材料	水泥底盘	块	—	—	—	—	—	1.003	—	—	—	—	—
主要材料	镀锌无头穿钉 M16×600	副	—	—	—	—	—	—	2.02	—	2.02	2.02	—
主要材料	卡盘抱箍	副	—	—	—	—	1.01	—	—	—	—	—	—
主要材料	毛石	m^3	—	—	1.74	1.74	—	—	—	—	—	—	—
主要材料	粗砂	kg	—	—	—	910.00	—	—	—	—	—	—	—

定额编号			TXL3-034	TXL3-035	TXL3-036	TXL3-037	TXL3-038	TXL3-039	TXL3-040	TXL3-041	TXL3-042	TXL3-043	TXL3-044
项目			护桩（处）	木围桩（处）	石笼（处）	石护墩（处）	卡盘（块）	底盘（块）	水泥帮桩（根）	木帮桩（根）	打桩单杆（处）	打桩品接杆（处）	打桩分水架（处）
名称		单位	数量										
主要材料	水泥	kg	—	—	—	150.00	—	—	—	—	—	—	—
主要材料	防腐木杆 8m×16cm	根	—	—	—	—	—	—	—	—	1.002	3.006	2.004
主要材料	铁桩鞋	个	—	—	—	—	—	—	—	—	1.01	2.02	2.02
主要材料	铁桩箍	个	—	—	—	—	—	—	—	—	1.01	2.02	2.02
主要材料	保护管	m	—	—	—	—	—	—	—	—	—	—	—
主要材料													
主要材料													
主要材料													
主要材料													
机械													
机械													
机械													

（续）

定额编号			TXL3-034	TXL3-035	TXL3-036	TXL3-037	TXL3-038	TXL3-039	TXL3-040	TXL3-041	TXL3-042	TXL3-043	TXL3-044
项目			护桩（处）	木围桩（处）	石笼（处）	石护墩（处）	卡盘（块）	底盘（块）	水泥帮桩（根）	木帮桩（根）	打桩单杆（处）	打桩品接杆（处）	打桩分水架（处）
名称		单位	数量										
仪表													

注：除打桩品接杆及打桩分水架外，均为单杆定额，如用于H杆时按相应定额的2倍计取。

4）装撑杆取费

工作内容：挖坑、装撑杆、装卡盘或横木、回土夯实、固定等。

装撑杆取费如表6-34所示。

表6-34　装撑杆取费表

定额编号			TXL3-045	TXL3-046	TXL3-047	TXL3-048	TXL3-049	TXL3-050
项目			装木撑杆（根）			装水泥撑杆（根）		
			综合土	软石	坚石	综合土	软石	坚石
名称		单位	数量					
人工	技工	工日	0.56	0.49	0.92	0.62	0.65	1.20
	普工	工日	0.56	0.98	0.92	0.62	1.30	1.20
	木电杆	根	1.002	1.002	1.002	—	—	—
	水泥电杆	根	—	—	—	1.002	1.002	1.002
	横木	根	1.002	—	—	—	—	—
	镀锌铁线 ø4.0	kg	1.015	1.015	1.015	—	—	—
	硝胺炸药	kg	—	0.20	0.50	—	0.20	0.50
	火雷管（金属壳）	个	—	1.00	2.00	—	1.00	2.00
	导火索	m	—	1.00	2.00	—	1.00	2.00
	拉线抱箍	副	—	—	—	2.02	2.02	2.02
	水泥卡盘	块	—	—	—	1.01	1.01	1.01
	卡盘抱箍	套	—	—	—	1.01	1.01	1.01
机械	汽车式起重机（5t）	台班	—	—	—	0.05	0.05	0.05
仪表								

5）安装附属装置取费

工作内容：

- ❑ 电杆接高装置：安装等。
- ❑ 电杆地线：挖沟、安装、引接地线、回土夯实等。
- ❑ 安装预留缆架：安装等。

❑ 安装吊线保护装置：安装保护装置、绑扎等。

安装附属装置取费如表 6-35 所示。

表 6-35 安装附属装置取费表

定额编号			TXL3-144	TXL3-145	TXL3-146	TXL3-147	TXL3-148	TXL3-149	TXL3-150
项目			电杆接高装置（处）		电杆地线（条）			安装预留缆架（架）	安装吊线保护装置（m）
			单槽钢	双槽钢	拉线式	直埋式	延伸式		
名称		单位	数量						
人工	技工	工日	0.24	0.40	0.07	0.18	0.18	0.10	0.05
	普工	工日	0.24	0.40	—	0.18	0.38	0.10	0.05
主要材料	镀锌铁线 ø4.0	kg	—	—	0.20	1.50	2.00	—	—
	保安地器棒	根	—	—	—	1.01	—	—	—
	接高装置	套	1.00	1.00	—	—	—	—	—
	地线夹板	块	—	—	—	1.00	—	—	—
	预留缆架	套	—	—	—	—	—	1.00	—
	保护管	m	—	—	—	—	—	—	1.00
	警示装置	套	—	—	—	—	—	—	*
机械									
仪表									

6.4.5 布放线缆取费

1. 管、暗槽内穿放电缆取费

工作内容：检验、抽测电缆、清理管（暗槽）、制作穿线端头（钩）、穿放引线、穿放电缆、做标记、封堵出口等。

布放线缆取费如表 6-36 所示。

表 6-36 布放线缆取费表 单位：百米条

定额编号			TXL7-033	TXL7-034	TXL7-035	TXL7-036	TXL7-037
项目			穿放 4 对对绞电缆	穿放大对数对绞电缆			
				非屏蔽 50 对以下	非屏蔽 100 对以下	屏蔽 50 对以下	屏蔽 100 对以下
名称		单位	数量				
人工	技工	工日	0.85	1.20	1.68	1.32	1.85
	普工	工日	0.85	1.20	1.68	1.32	1.85
主要材料	对绞电缆	m	102.50 / 103.00	102.50	102.50	103.00	103.00
	镀锌铁线 ø1.5	kg	0.12	0.12	0.12	0.12	0.12
	镀锌铁线 ø4.0	kg	—	1.80	1.80	1.80	1.80
	钢丝 ø1.5	kg	0.25	—	—	—	—

（续）

定额编号		TXL7-033	TXL7-034	TXL7-035	TXL7-036	TXL7-037
项目		穿放4对对绞电缆	穿放大对数对绞电缆			
			非屏蔽 50对以下	非屏蔽 100对以下	屏蔽 50对以下	屏蔽 100对以下
名称	单位	数量				
机械						
仪表						

注：1. 屏蔽电缆包括总屏蔽及总屏蔽加线对屏蔽两种形式的对绞电缆均执行本定额。
2. 以分数形式表示的材料数量，分子为非屏蔽电缆数量，分母为屏蔽电缆数量。

2. 桥架、线槽、网络地板内明布电缆取费

工作内容：检验、抽测电缆、清理槽道、布放、绑扎电缆、做标记、封堵出口等。

桥架、线槽、网络地板内明布电缆取费如表6-37所示。

表6-37 桥架、线槽、网络地板内明布电缆取费表　　单位：百米条

定额编号			TXL7-038	TXL7-039	TXL7-040
项目			明布4对对绞电缆	明布大对数对绞电缆	
				50对以下	100对以下
名称		单位	数量		
人工	技工	工日	0.51	0.96	1.35
	普工	工日	0.51	0.96	1.35
主要材料	4对对绞电缆	m	102.50/103.00	—	—
	50对以下对绞电缆	m	—	102.50/103.00	—
	100对以下对绞电缆	m	—	—	102.50/103.00
机械					
仪表					

注：以分数形式表示的材料数量，分子为非屏蔽电缆数量，分母为屏蔽电缆数量。

3. 布放光缆、光缆外护套、光纤束取费

工作内容：

❑ 管路、暗槽内穿放光缆：检验、测试光缆、清理管（暗槽）、制作穿线端头（钩）、穿

放引线、穿放光缆、出口衬垫、做标记、封堵出口等。

- 桥架、线槽、网络地板内明布光缆：检验、测试光缆、清理槽道、布放、绑扎光缆、加垫套、做标记、封堵出口等。
- 布放光缆护套：清理槽道、布放、绑扎光缆护套、加垫套、做标记、封堵出口等。
- 气流法布放光纤束：检验、测试光纤、检查护套、气吹布放光纤束、做标记、封堵出口等。

布放光缆、光缆外护套、光纤束取费如表 6-38 所示。

表 6-38 布放光缆、光缆外护套、光纤束取费表 单位：百米条

定额编号			TXL7-041	TXL7-042	TXL7-043	TXL7-044
项目			管、暗槽内穿放光缆	桥架、线槽、网络地板内明布光缆	布放光缆护套	气流法布放光纤束
名称		单位	数量			
人工	技工	工日	1.36	0.90	0.90	0.89
	普工	工日	1.36	0.90	0.90	0.13
主要材料	光缆	m	102.00	102.00	—	—
	光缆护套	m	—	—	102.00	—
	光纤束	m	—	—	—	102.00
机械	气流敷设设备（含空气压缩机）	合班	—	—	—	0.02
仪表						

4. 敷设埋式光（电）缆取费

（1）敷设埋式光缆取费

（一）平原地区

工作内容：检查测试光缆、光缆配盘、清理沟底、排除障碍、人工抬放光缆、复测光缆、加保护等。

平原地区敷设埋式光（电）缆取费如表 6-39 所示。

表 6-39 平原地区敷设埋式光（电）缆取费表

定额编号			TXL2-017	TXL2-018	TXL2-019	TXL2-020	TXL2-021	TXL2-022
项目			平原地区敷设埋式光缆（千米条）					
			12 芯以下	36 芯以下	60 芯以下	84 芯以下	108 芯以下	144 芯以下
名称		单位	数量					
人工	技工	工日	12.20	16.68	21.16	25.64	30.12	36.84
	普工	工日	35.70	37.86	40.02	42.18	44.34	47.58

（续）

定额编号			TXL2-017	TXL2-018	TXL2-019	TXL2-020	TXL2-021	TXL2-022
项目			平原地区敷设埋式光缆（千米条）					
			12 芯以下	36 芯以下	60 芯以下	84 芯以下	108 芯以下	144 芯以下
名称		单位	数量					
主要材料	光缆	m	1005.00	1005.00	1005.00	1005.00	1005.00	
机械								
仪表	光时域反射仪	台班	0.10	0.15	0.20	0.25	0.30	0.38
	偏振模色散测试仪	台班	（0.10）	（0.15）	（0.20）	（0.25）	（0.30）	（0.38）

（二）丘陵、水田、市区

工作内容：检查测试光缆、光缆配盘、清理沟底、排除障碍、人工抬放光缆、复测光缆、加保护等。

丘陵、水田、市区敷设埋式光（电）缆取费如表6-40所示。

表6-40　丘陵、水田、市区敷设埋式光（电）缆取费表

定额编号			TXL2-023	TXL2-024	TXL2-025	TXL2-026	TXL2-027	TXL2-028
项目			丘陵、水田、城区敷设埋式光缆（千米条）					
			12 芯以下	36 芯以下	60 芯以下	84 芯以下	108 芯以下	144 芯以下
名称		单位	数量					
人工	技工	工日	14.36	19.68	25.00	30.32	35.64	43.62
	普工	工日	41.37	43.89	46.41	48.93	51.45	55.23
主要材料	光缆	m	1005.00	1005.00	1005.00	1005.00	1005.00	1005.00
机械								
仪表	光时域反射仪	台班	0.10	0.15	0.20	0.25	0.30	0.38
	偏振模色散测试仪	台班	（0.10）	（0.15）	（0.20）	（0.25）	（0.30）	（0.38）

（三）山区

工作内容：检查测试光缆、光缆配盘、清理沟底、排除障碍、人工抬放光缆、复测光缆、埋标石、做标记、加保护等。

山区敷设埋式光（电）缆取费如表 6-41 所示。

表 6-41 山区敷设埋式光（电）缆取费表

定额编号			TXL2-029	TXL2-030	TXL2-031	TXL2-032	TXL2-033	TXL2-034
项目			山区敷设埋式光缆（千米条）					
			12 芯以下	36 芯以下	60 芯以下	84 芯以下	108 芯以下	144 芯以下
名称		单位	数量					
人工	技工	工日	17.94	24.66	31.38	38.10	44.82	54.90
	普工	工日	50.78	53.90	57.20	60.14	63.26	67.94
主要材料	光缆	m	1005.00	1005.00	1005.00	1005.00	1005.00	1005.00
机械								
仪表	光时域反射仪	台班	0.10	0.15	0.20	0.25	0.30	0.38
	偏振模色散测试仪	台班	（0.10）	（0.15）	（0.20）	（0.25）	（0.30）	（0.38）

注：特殊地段人工布放钢丝铠装光缆时，按相应光缆规格的人工定额乘以综合系数，材料不变。系数取定如下：（1）当钢丝拉力为 20 000N 以内时。以相应定额工日乘以 1.2；（2）当钢丝拉力为 40 000N 以内。以相应定额工日乘以 1.5。

（2）敷设埋式电缆取费

工作内容：检验测试电缆、清理沟底、敷设电缆、充气试验等。

敷设埋式电缆取费如表 6-42 所示。

表 6-42 敷设埋式电缆取费表

定额编号			TXL2-035	TXL2-036	TXL2-037	TXL2-038
			敷设埋式电缆（千米条）			
项目			200 对以下	400 对以下	600 对以下	600 对以上
名称		单位	数量			
人工	技工	工日	8.35	9.49	11.08	13.51
	普工	工日	22.85	25.91	30.23	36.76
主要材料	电缆	m	1005.00	1005.00	1005.00	1005.00
	镀锌端帽 ø2.0	kg	0.51	0.51	0.51	0.51
	热缩端帽（带气门）	个	2.02	4.04	4.04	5.05
	热缩端帽（不带气门）	个	2.02	4.04	4.04	5.05
机械						

（续）

定额编号			TXL2-035	TXL2-036	TXL2-037	TXL2-038
			敷设埋式电缆（千米条）			
项目			200对以下	400对以下	600对以下	600对以上
名称		单位	数量			
仪表						

5. 专用塑料管道内敷设光缆取费

工作内容：

- 砌砖专用塑料管道光缆手孔：找平、夯实、浇筑底座、砌砖、制作安装上口水泥盖板、安装人孔口圈、井盖和托架等。
- 埋设定型手孔：检查、现场搬运、安装固定型手孔、手孔进出口塑管端头紧固处理、安装堵头和塞子等。

专用塑料管道内敷设光缆取费如表6-43所示。

表6-43　专用塑料管道内敷设光缆取费表

定额编号			TXL2-039	TXL2-040	TXL2-041	TXL2-042	TXL2-043
			砖砌专用塑料管道光缆手孔（个）				
项目			Ⅰ型（1.2X0.9X1）	Ⅱ型（2.6X0.9X1）	Ⅲ型（1.2X0.9X0.7）	Ⅳ型（2.6X0.9X0.7）	
名称		单位	数量				
人工	技工	工日	6.40	8.67	5.12	6.94	1.00
	普工	工日	6.14	8.33	4.91	6.66	2.00
主要材料	水泥 c32.5	吨	0.40	0.69	0.26	0.44	—
	中粗砂	吨	1.40	1.78	0.69	1.17	—
	碎石 0.5～3.5	吨	0.75	1.48	0.62	1.13	—
	机制砖	千块	0.72	1.18	0.45	0.70	—
	圆钢 Φ10	kg	7.21	10.83	8.01	16.02	—
	圆钢 Φ8	kg	3.0	7.87	4.71	9.42	—
	圆钢 Φ6	kg	1.05	2.09	—	—	—
	板、方材	m^3	0.03	0.06	0.03	0.06	—
	手孔口圈（车行道）	套	1.01	1.01	—	—	—
	电缆托架 60cm	根	4.04	4.04	4.04	4.04	—
	电缆托架穿钉 M16	根	8.08	8.08	8.08	8.08	—
	定型手孔	套	—	—	—	—	1.00
机械	载重汽车（5t以内）	台班	—	—	—	—	0.10
	汽车起重机（5t以内）	台班	—	—	—	—	0.10

注：本定额的定型手孔是指玻璃钢整体手孔，埋在地下，手孔顶部距地面不小于60cm。

6. 气流法穿放光缆取费

工作内容：单盘光缆外观检查、测试单盘光缆性能指标、光缆配盘、气流机穿放光缆、封光缆端头、堵管孔头等。

气流法穿放光缆取费如表6-44所示。

表 6-44　气流法穿放光缆取费表

定额编号			TXL2-094	TXL2-095	TXL2-096	TXL2-097	TXL2-098	TXL2-099	TXL2-100	TXL2-101	TXL2-102	TXL2-103
项目			平原地区（千米条）									
			24 芯以下	48 芯以下	72 芯以下	96 芯以下	144 芯以下	24 芯以下	48 芯以下	72 芯以下	96 芯以下	144 芯以下
名称		单位	数量									
人工	技工	工日	8.94	10.01	11.08	12.16	13.23	10.27	11.51	12.75	13.99	15.21
	普工	工日	1.27	1.43	1.58	1.74	1.89	1.47	1.65	1.82	2.00	2.71
主要材料	光缆	m	1010.00	1010.00	1010.00	1010.00	1010.00	1010.00	1010.00	1010.00	1010.00	1010.00
	护缆塞	个	*	*	*	*	*	*	*	*	*	*
	润滑剂	kg	0.50	0.50	0.50	0.50	0.50	0.50	0.50	0.50	0.50	0.50
机械	气流敷设设备（含空气压缩机）	台班	0.20	0.23	0.26	0.29	0.32	0.23	0.27	0.30	0.33	0.37
	载重汽车（5t）	台班	0.20	0.23	0.26	0.29	0.32	0.23	0.27	0.30	0.33	0.37
	汽车式起重机（5t）	台班	0.20	0.23	0.26	0.29	0.32	0.23	0.27	0.30	0.33	0.37
仪表	光时域反射仪	台班	0.13	0.18	0.23	0.28	0.33	0.13	0.18	0.23	0.28	0.33
	偏振模色散测试仪	台班	（0.13）	（0.18）	（0.23）	（0.28）	（0.33）	（0.13）	（0.18）	（0.23）	（0.28）	（0.33）

定额编号			TXL2-104	TXL2-105	TXL2-106	TXL2-107	TXL2-108
项目			山区（千米条）				
			24 芯以下	48 芯以下	72 芯以下	96 芯以下	144 芯以下
名称		单位	数量				
人工	技工	工日	12.51	14.01	15.52	17.03	18.52
	普工	工日	1.79	2.00	2.22	2.43	2.65
主要材料	光缆	m	1010.00	1010.00	1010.00	1010.00	1010.00
	护缆塞	个	*	*	*	*	*
	润滑剂	kg	0.50	0.50	0.50	0.50	0.50
机械	气流敷设设备（含空气压缩机）	台班	0.28	0.32	0.36	0.41	0.45
	载重汽车（5t）	台班	0.28	0.32	0.36	0.41	0.45
	汽车式起重机（5t）	台班	0.28	0.32	0.36	0.41	0.45
仪表	光时域反射剂	台班	0.13	0.18	0.23	0.28	0.33
	偏振模色散测试仪	台班	（0.13）	（0.18）	（0.23）	（0.28）	（0.33）

7. 架空布放电缆取费

（1）水泥杆单股拉线取费

工作内容：挖地锚坑、埋设地锚、安装拉线、收紧拉线、做中、上把、清理现场等。

架空布放电缆水泥杆单股拉线取费如表6-45所示。

表6-45　架空布放电缆水泥杆单股拉线取费表

定额编号			TXL3-051	TXL3-052	TXL3-053	TXL3-054	TXL3-055	TXL3-056	TXL3-057	TXL3-058	TXL3-059
项目			夹板法装7/2.2单股拉线（条）			夹板法装7/2.6单股拉线（条）			夹板法装7/3.0单股拉线（条）		
			综合土	软石	坚石	综合土	软石	坚石	综合土	软石	坚石
	名称	单位	数量								
人工	技工	工日	0.78	0.85	1.76	0.84	0.92	1.82	0.98	1.07	1.96
	普工	工日	0.60	1.50	0.07	0.60	1.60	0.11	0.60	1.70	0.11
主要材料	镀锌钢绞线	kg	3.02	3.02	3.02	3.80	3.80	3.80	5.00	5.00	5.00
	镀锌铁线Ø1.5	kg	0.02	0.02	0.02	0.04	0.04	0.04	0.04	0.04	0.04
	镀锌铁线Ø3.0	kg	0.30	0.30	0.30	0.55	0.55	0.55	0.45	0.45	0.45
	镀锌铁线Ø4.0	kg	0.22	0.22	0.22	0.22	0.22	0.22	0.22	0.22	0.22
	地锚铁柄	套	1.003	1.003	—	1.003	1.003	—	1.003	1.003	—
	水泥拉线盘	套	1.003	1.003	—	1.003	1.003	—	1.003	1.003	—
	岩石钢地锚	套	—	—	1.01	—	—	1.01	—	—	1.01
	三眼双槽夹板	块	2.02	2.02	2.02	2.02	2.02	2.02	4.04	4.04	4.04
	拉线衬环	个	1.01	2.02	2.02	2.02	2.02	2.02	2.02	2.02	2.02
	拉线抱箍	套	1.01	1.01	10.1	1.01	1.01	1.01	1.01	1.01	1.01
	硝胺炸药	kg	—	0.70	—	—	0.70	—	—	0.70	—
	雷管	个	—	2.00	—	—	2.00	—	—	2.00	—
	导火索	m	—	2.00	—	—	2.00	—	—	2.00	—
仪表											

定额编号			TXL3-060	TXL3-061	TXL3-062	TXL3-063	TXL3-064	TXL3-065	TXL3-066	TXL3-067	TXL3-068
项目			另缠法装7/2.2单股拉线（条）			另缠法装7/2.6单股拉线（条）			另缠法装7/3.0单股拉线（条）		
			综合土	软石	坚石	综合土	软石	坚石	综合土	软石	坚石
	名称	单位	数量								
人工	技工	工日	0.86	0.94	1.76	0.92	1.07	1.82	1.08	1.18	1.96
	普工	工日	0.60	1.50	0.06	0.60	1.60	0.07	0.60	1.70	0.09
主要材料	镀锌钢绞线	kg	3.02	3.02	3.02	3.80	3.80	3.80	5.00	5.00	5.00
	镀锌铁线Ø1.5	kg	0.02	0.02	0.02	0.04	0.04	0.04	0.04	0.04	0.04
	镀锌铁线Ø3.0	kg	0.60	0.60	0.60	0.70	0.70	0.70	1.12	1.12	1.12
	镀锌铁线Ø4.0	kg	0.22	0.22	0.22	0.22	0.22	0.22	0.22	0.22	0.22
	地锚铁柄	套	1.003	1.003	—	1.003	1.003	—	1.003	1.003	—
	水泥拉线盘	套	1.003	1.003	—	1.003	1.003	—	1.003	1.003	—
	岩石钢地锚	套	—	—	1.01	—	—	1.01	—	—	1.01
	三眼双槽夹板	块	—	—	—	—	—	—	—	—	—
	拉线衬环	个	2.02	2.02	2.02	2.02	2.02	2.02	2.02	2.02	2.02
	拉线抱箍	套	1.01	1.01	1.01	1.01	1.01	1.01	1.01	1.01	1.01
	硝胺炸药	kg	—	0.70	—	—	0.70	—	—	0.70	—
	雷管	个	—	2.00	—	—	2.00	—	—	2.00	—
	导火索	m	—	2.00	—	—	2.00	—	—	2.00	—

（续）

定额编号			TXL3-060	TXL3-061	TXL3-062	TXL3-063	TXL3-064	TXL3-065	TXL3-066	TXL3-067	TXL3-068
项目			另缠法装 7/2.2 单股拉线（条）			另缠法装 7/2.6 单股拉线（条）			另缠法装 7/3.0 单股拉线（条）		
			综合土	软石	坚石	综合土	软石	坚石	综合土	软石	坚石
	名称	单位	数量								
机械											
仪表											

定额编号			TXL3-069	TXL3-070	TXL3-071	TXL3-072	TXL3-073	TXL3-074	TXL3-075	TXL3-076	TXL3-077
项目			卡固法装 7/2.2 单股拉线（条）			卡固法装 7/2.6 单股拉线（条）			卡固法装 7/3.0 单股拉线（条）		
			综合土	软石	坚石	综合土	软石	坚石	综合土	软石	坚石
	名称	单位	数量								
人工	技工	工日	0.62	0.68	1.76	0.68	0.74	1.82	0.78	0.86	1.96
	普工	工日	0.60	1.50	0.06	0.60	1.60	0.07	0.60	1.70	0.9
主要材料	镀锌钢绞线	kg	3.02	3.02	3.02	3.80	3.80	3.80	5.00	5.00	5.00
	镀锌铁线 Ø1.5	kg	0.02	0.02	0.02	0.04	0.04	0.04	0.04	0.04	0.04
	镀锌铁线 Ø4.0	kg	0.22	0.22	0.22	0.22	0.22	0.22	0.22	0.22	0.22
	地锚铁柄	套	1.003	1.003	—	1.003	1.003	—	1.003	1.003	—
	水泥拉线盘	套	1.003	1.003	—	1.003	1.003	—	1.003	1.003	—
	岩石钢地锚	套	—	—	1.01	—	—	1.01	—	—	1.01
	钢线卡子	块	6.06	6.06	6.06	6.06	6.06	6.06	6.06	6.06	6.06
	拉线衬环	个	2.02	2.02	2.02	2.02	2.02	2.02	2.02	2.02	2.02
	拉线抱箍	套	1.01	1.01	10.1	1.01	1.01	1.01	1.01	1.01	1.01
	硝胺炸药	kg	—	0.70	—	—	0.70	—	—	0.70	—
	雷管	个	—	2.00	—	—	2.00	—	—	2.00	—
	导火索	m	—	2.00	—	—	2.00	—	—	2.00	—
机械											
仪表											

（2）木杆单股拉线

工作内容：挖地锚坑、埋设地锚、安装拉线、收紧拉线、做中、上把、清理现场等。

架空布放电缆木杆单股拉线取费取费如表 6-46 所示。

表 6-46　架空布放电缆木杆单股拉线取费取费表

定额编号			TXL3-078	TXL3-079	TXL3-080	TXL3-081	TXL3-82	TXL3-83	TXL3-84	TXL3-85	TXL3-86
项目			夹板法装 7/2.2 单股拉线（条）			夹板法装 7/2.6 单股拉线（条）			夹板法装 7/3.0 单股拉线（条）		
			综合土	软石	坚石	综合土	软石	坚石	综合土	软石	坚石
	名称	单位	数量								
人工	技工	工日	0.86	0.94	1.94	0.92	0.92	2.00	1.08	1.18	2.12
	普工	工日	0.60	1.50	0.07	0.60	1.60	0.11	0.60	1.70	0.11

（续）

定额编号			TXL3-078	TXL3-079	TXL3-080	TXL3-081	TXL3-82	TXL3-83	TXL3-84	TXL3-85	TXL3-86
项目			夹板法装 7/2.2 单股拉线（条）			夹板法装 7/2.6 单股拉线（条）			夹板法装 7/3.0 单股拉线（条）		
			综合土	软石	坚石	综合土	软石	坚石	综合土	软石	坚石
名称		单位	数量								
主要材料	镀锌钢绞线	kg	3.02	3.02	3.02	4.41	4.41	4.41	5.88	5.88	5.88
	瓦形护杆板	块	2.02	2.02	2.02	2.02	2.02	2.02	2.02	2.02	2.02
	条形护杆板	块	4.04	4.04	4.04	4.04	4.04	4.04	4.04	4.04	4.04
	镀锌铁线 Ø1.5	kg	0.02	0.02	0.02	0.04	0.04	0.04	0.04	0.04	0.04
	镀锌铁线 Ø3.0	kg	0.30	0.30	0.30	0.55	0.55	0.55	0.45	0.45	0.45
	镀锌铁线 Ø4.0	kg	0.22	0.22	0.22	0.22	0.22	0.22	0.22	0.22	0.22
	地锚铁柄	套	1.003	1.003	—	1.003	1.003	—	1.003	1.003	—
	水泥拉线盘	套	1.003	1.003	—	1.003	1.003	—	1.003	1.003	—
	岩石钢地锚	套	—	—	1.01	—	—	1.01	—	—	1.01
	三眼双槽夹板	块	2.02	2.02	2.02	2.02	2.02	2.02	4.04	4.04	4.04
	拉线衬环	个	1.01	1.01	1.01	1.01	1.01	1.01	1.01	1.01	1.01
	拉线抱箍	套	—	—	—	—	—	—	—	—	—
	硝胺炸药	kg	—	0.70	—	—	0.70	—	—	0.70	—
	雷管	个	—	2.00	—	—	2.00	—	—	2.00	—
	导火索	m	—	2.00	—	—	2.00	—	—	2.00	—
机械											

定额编号			TXL3-87	TXL3-88	TXL3-89	TXL3-90	TXL3-91	TXL3-92	TXL3-93	TXL3-94	TXL3-95
项目			另缠法装 7/2.2 单股拉线（条）			另缠法装 7/2.6 单股拉线（条）			另缠法装 7/3.0 单股拉线（条）		
			综合土	软石	坚石	综合土	软石	坚石	综合土	软石	坚石
名称		单位	数量								
人工	技工	工日	0.95	1.50	1.94	1.05	1.40	2.00	1.25	1.50	2.12
	普工	工日	0.60	1.50	0.06	0.60	1.60	0.07	0.60	1.70	0.09
主要材料	镀锌钢绞线	kg	3.02	3.02	3.02	4.41	4.41	4.41	5.88	5.88	5.88
	瓦形护杆板	块	2.02	2.02	2.02	2.02	2.02	2.02	2.02	2.02	2.02
	条形护杆板	块	4.04	4.04	4.04	4.04	4.04	4.04	4.04	4.04	4.04
	镀锌铁线 Ø1.5	kg	0.02	0.02	0.02	0.04	0.04	0.04	0.04	0.04	0.04
	镀锌铁线 Ø3.0	kg	0.60	0.60	0.60	0.70	0.70	0.70	1.12	1.12	1.12
	镀锌铁线 Ø4.0	kg	0.22	0.22	0.22	0.22	0.22	0.22	0.22	0.22	0.22
	地锚铁柄	套	1.003	1.003	—	1.003	1.003	—	1.003	1.003	—
	水泥拉线盘	套	1.003	1.003	—	1.003	1.003	—	1.003	1.003	—
	岩石钢地锚	套	—	—	1.01	—	—	1.01	—	—	1.01
	三眼双槽夹板	块	—	—	—	—	—	—	—	—	—
	拉线衬环	个	1.01	1.01	1.01	1.01	1.01	1.01	1.01	1.01	1.01
	拉线抱箍	套	—	—	—	—	—	—	—	—	—
	硝胺炸药	kg	—	0.70	—	—	0.70	—	—	0.70	—

（续）

定额编号			TXL3-87	TXL3-88	TXL3-89	TXL3-90	TXL3-91	TXL3-92	TXL3-93	TXL3-94	TXL3-95
项目			另缠法装 7/2.2 单股拉线（条）			另缠法装 7/2.6 单股拉线（条）			另缠法装 7/3.0 单股拉线（条）		
			综合土	软石	坚石	综合土	软石	坚石	综合土	软石	坚石
名称		单位	数量								
主要材料	雷管	个	—	2.00	—	—	2.00	—	—	2.00	—
	导火索	m	—	2.00	—	—	2.00	—	—	2.00	—
机械											

定额编号			TXL3-96	TXL3-97	TXL3-98	TXL3-99	TXL3-100	TXL3-101	TXL3-102	TXL3-103	TXL3-104
项目			卡固法装 7/2.2 单股拉线（条）			卡固法装 7/2.6 单股拉线（条）			卡固法装 7/3.0 单股拉线（条）		
			综合土	软石	坚石	综合土	软石	坚石	综合土	软石	坚石
名称		单位	数量								
人工	技工	工日	0.70	0.76	1.76	0.75	0.83	1.82	0.88	0.96	1.96
	普工	工日	0.60	1.50	0.07	0.60	1.60	0.07	0.60	1.70	0.09
主要材料	镀锌钢绞线	kg	3.02	3.02	3.02	4.41	4.41	4.41	5.88	5.88	5.88
	瓦形护杆板	块	2.02	2.02	2.02	2.02	2.02	2.02	2.02	2.02	2.02
	条形护杆板	块	4.04	4.04	4.04	4.04	4.04	4.04	4.04	4.04	4.04
	镀锌铁线 Ø1.5	kg	0.02	0.02	0.02	0.02	0.02	0.02	0.04	0.04	0.04
	镀锌铁线 Ø3.0	kg	—	—	—	—	—	—	—	—	—
	镀锌铁线 Ø4.0	kg	0.22	0.22	0.22	0.22	0.22	0.22	0.22	0.22	0.22
	地锚铁柄	套	1.003	1.003	—	1.003	1.003	—	1.003	1.003	—
	水泥拉线盘	套	1.003	1.003	—	1.003	1.003	—	1.003	1.003	—
	岩石钢地锚	套	—	—	1.01	—	—	1.01	—	—	1.01
	钢线卡子	个	6.06	6.06	6.06	6.06	6.06	6.06	6.06	6.06	6.06
	拉线衬环	个	1.01	1.01	1.01	1.01	1.01	1.01	1.01	1.01	1.01
	拉线抱箍	套	—	—	—	—	—	—	—	—	—
	硝胺炸药	kg	—	0.70	—	—	0.70	—	—	0.70	—
	雷管	个	—	2.00	—	—	2.00	—	—	2.00	—
	导火索	m	—	2.00	—	—	2.00	—	—	2.00	—
仪表											

6.4.6 安装、调试取费

1. 安装端子箱、端子板及外部接线取费

工作内容：开箱检验、固定安装、校线、绝缘处理、压焊端子、接线。

安装、调试端子箱、端子板及外部接线取费取费表如表 6-47 所示。

表 6-47　安装、调试端子箱、端子板及外部接线取费取费表

定额编号			TSD1-065	TSD1-066	TSD1-067	TSD1-068	TSD1-069	TSD1-070	TSD1-071
项目			端子箱（台）		安装端子板（组）	无端子外部接线（10 个）		有端子外部接线（10 个）	
			室外	室内		2.5mm² 以内	6mm² 以内	2.5mm² 以内	6mm² 以内
名称		单位	数量						
人工	技工	工日	1.27	1.06	0.03	0.10	0.14	0.15	0.21
	普工	工日	—	—	—	—	—	—	—
主要材料	铜接线端子 DT-2.5mm²	个	—	—	—	—	—	10.00	—
	铜接线端子 DT-6mm²	个	—	—	—	—	—	—	10.00
	角钢（综合）	kg	9.00	2.00	—	—	—	—	—
	镀锌扁钢 25×4	kg	3.00	1.50	—	—	—	—	—
	镀锌螺栓 M10×100 以内	套	4.10	4.10	—	—	—	—	—
机械	交流电焊机（21kVA）	台班	0.06	0.13	—	—	—	—	—

2. 安装电池组及附属设施取费

（1）安装蓄电池抗震架取费

工作内容：开箱检验、清洁搬运、组装、加固、补漆等。

安装蓄电池抗震架取费如表 6-48 所示。

表 6-48　安装蓄电池抗震架取费表　　定额单位：米 / 架

定额编号			TSD3-001	TSD3-002	TSD3-003	TSD3-004	TSD3-005
项目			安装蓄电池抗震架				
			单层单列	单层双列	双层单列	双层双列	第增加一层或一列
名称		单位	数量				
人工	技工	工日	0.48	0.72	1.00	1.12	0.50
	普工	工日	—	—	—	—	—
主要材料							
机械							

（2）安装蓄电池组取费

工作内容：开箱检验、清洁搬运、安装电池、调整水平、固定连线、电池标志、清洁整理等。

安装蓄电池组取费如表 6-49 所示。

表 6-49　安装蓄电池组取费表　　定额单位：组

定额编号			TSD3-006	TSD3-007	TSD3-008	TSD3-009	TSD3-010	TSD3-011	TSD3-012
项目			安装 24V 蓄电池组						
			200Ah 以下	600Ah 以下	1000Ah 以下	1500Ah 以下	2000Ah 以下	3000Ah 以下	3000Ah 以上
名称		单位	数量						
人工	技工	工日	0.80	1.20	1.50	2.40	4.00	7.2	9.0
	普工	工日	—	—	—	—	—	—	—
主要材料									
机械	叉式装载机（3t）	台班	—	—	—	0.80	0.80	1.00	1.00

定额编号			TSD3-013	TSD3-014	TSD3-015	TSD3-016	TSD3-017	TSD3-018	TSD3-019
项目			安装 48V 蓄电池组						
			200Ah 以下	600Ah 以下	1000Ah 以下	1500Ah 以下	2000Ah 以下	3000Ah 以下	3000Ah 以上
名称		单位	数量						
人工	技工	工日	1.44	2.25	3.24	5.40	9.0	14.40	18.0
	普工	工日	—	—	—	—	—	—	—
主要材料									

（续）

定额编号			TSD3-013	TSD3-014	TSD3-015	TSD3-016	TSD3-017	TSD3-018	TSD3-019
项目			安装48V蓄电池组						
			200Ah以下	600Ah以下	1000Ah以下	1500Ah以下	2000Ah以下	3000Ah以下	3000Ah以上
名称		单位	数量						
机械	叉式装载机（3t）	台班	—	—	—	0.80	0.80	1.00	1.00

定额编号			TSD3-020	TSD3-021	TSD3-022	TSD3-023	TSD3-024	TSD3-025	TSD3-026
项目			安装300V以下蓄电池组			安装400V以下蓄电池组			
			200Ah以下	600Ah以下	1000Ah以下	200Ah以下	600Ah以下	1000Ah以下	1000Ah以上
名称		单位	数量						
人工	技工	工日	9.60	12.0	16.0	14.4	18.0	24.0	30.0
	普工	工日	—	—	—	—	—	—	—
主要材料									
机械	叉式装载机（3t）	台班	—	—	—	—	—	—	1.00

定额编号			TSD3-027	TSD3-028	TSD3-029	TSD3-030
项目			安装500V以下蓄电池组			
			200Ah以下	600Ah以下	1000Ah以下	1000Ah以上
名称		单位	数量			
人工	技工	工日	19.20	24.0	32.0	40.0
	普工	工日	—	—	—	—
主要材料						

（续）

定额编号			TSD3-027	TSD3-028	TSD3-029	TSD3-030
项目			安装 500V 以下蓄电池组			
			200Ah 以下	600Ah 以下	1000Ah 以下	1000Ah 以上
名称		单位	数量			
主要材料						
机械	叉式装载机（3t）	台班	—	—	—	2.00

3. 安装与调试交流不停电电源取费

工作内容：开箱检验、安装固定、附件拆装、容量测试记录、整理现场。

安装与调试交流不停电电源取费如表 6-50 所示。

表 6-50　安装与调试交流不停电电源取费表

定额编号			TSD3-046	TSD3-046	TSD3-046	TSD3-047	TSD3-048	TSD3-049	TSD3-050	TSD3-051
项目			安装、调试交流不停电电源							
			3kVA 以下	10kVA 以下	30kVA 以下	60kVA 以下	120kVA 以下	200kVA 以下	300kVA 以下	300kVA 以上
名称		单位	数量							
人工	技工	工日	1.50	5.00	16.00	13.30	16.10	19.60	23.10	33.00
	普工	工日	—	—	—	—	—	—	—	—
主要材料										
机械	汽车式起重机（5t 以内）	台班	—	—	—	—	0.20	0.20	0.20	0.20
	载重汽车（5t 以内）	台班	—	—	—	—	0.20	0.20	0.20	0.20
	电动卷扬机（3t 以内）	台班	—	—	—	—	0.20	0.20	0.20	0.20
仪表	仪器仪表费	元	1000.00	1000.00	1000.00	1000.00	2000.00	2000.00	3000.00	3000.00

注：安装逆变器套用此部分定额子目。

4. 安装交流不停电电源配套设备取费

工作内容：开箱检验、安装固定、附件拆装、容量测试记录、接线、接地、整理现场。

安装交流不停电电源配套设备取费如表6-51所示。

表6-51　安装交流不停电电源配套设备取费表　　定额单位：台

定额编号			TSD3-052	TSD3-053	TSD3-054
项目			安装电池开关屏	安装电池开关箱	安装与调度静态开关屏
名称		单位	数量		
人工	技工	工日	3.20	1.25	2.50
	普工	工日	—	—	—
主要材料					
机械					

定额编号			TSD3-060	TSD3-061	TSD3-062	TSD3-063
项目			安装开关电源架（架）			开关电源系统调测（系统）
			600A 以下	1200A 以下	1200A 以上	
名称		单位	数量			
人工	技工	工日	10.50	16.10	19.32	5.00
	普工	工日	—	—	—	—
主要材料						
机械						
仪表	仪表用使用费	元	—	—	—	235.00

5. 安装缆线槽道、走线架、机架、列柜取费

工作内容：

- 安装缆线槽道、走线架、机架、列柜：开箱检验、清洁搬运、组装、打孔、补漆、调整垂直于水平、安装固定等。
- 安装加固吊挂、支撑铁架：下料、钻孔、组装、安装固定。

安装缆线槽道、走线架、机架、列柜取费如表 6-52 所示。

表 6-52 安装缆线槽道、走线架、机架、列柜取费表

定额编号			TSY1-001	TSY1-002	TSY1-003	TSY1-004	TSY1-005	TSY1-006	TSY1-007	TSY1-008
项目			安装电缆槽道	安装电缆走线架	安装软光纤走线槽	安装综合架、柜	安装端机机架	增（扩）装子机框	安装列头柜	安装壁挂式小型设备
			（m）			（架）		（个）	（架）	
名称		单位	数量							
人工	技工	工日	0.50	0.40	0.30	2.50	3.00	0.25	6.00	2.50
	普工	工日	—	—	—	—	—	—	—	—
主要材料	加固角钢夹板组	套	—	—	—	2.02	2.02	—	2.02	—
机械										

定额编号			TSY1-009	TSY1-010	TSY1-011	TSY1-012	TSY1-013	TSY1-014
项目			安装电源分配柜、箱			安装加固吊挂	安装支撑铁架	列头柜或电源分配柜带电更换空气开关、熔断器
			落地式	壁挂式	架顶式			
			（架）			（处）	（个）	
名称		单位	数量					
人工	技工	工日	3.00	2.00	1.00	0.50	0.80	1.50
	普工	工日	—	—	—	—	—	—
主要材料	加固角钢夹板组	套	2.02	—	—	—	—	—

（续）

定额编号			TSY1-009	TSY1-010	TSY1-011	TSY1-012	TSY1-013	TSY1-014
项目			安装电源分配柜、箱			安装加固吊挂	安装支撑铁架	列头柜或电源分配柜带电更换空气开关、熔断器
			落地式	壁挂式	架顶式			
			（架）			（处）		（个）
名称		单位	数量					
机械								

注：1. 安装综合架、柜适用于各专业的空架、龙门架、混合架、集装架等。

2. 新装机架时已包含子机框内容，增（扩）装子机框定额仅用于增装或扩容工程。

3. 安装列头柜也适用于包括电源的尾柜。

6. 安装、调试存储设备取费

工作内容：开箱检验、清洁搬运、定位安装、互连、接口检查、加电自检、联机调试。

安装、调试存储设备取费如表6-53所示。

表6-53 安装、调试存储设备取费表 定额单位：台

定额编号			TSY4-053	TSY4-054	TSY4-055
项目			安装光纤通道交换机	安装调试磁盘阵列	
				12块磁盘以下	每增5块磁盘
名称		单位	数量		
人工	技工	工日	1.50	3.00	1.00
	普工	工日	—	—	—
主要材料					
机械					
主要仪表					

定额编号			TSY4-056	TSY4-057	TSY4-058	TSY4-059	TSY4-060
项目			安装调试磁带机	安装调试磁带库			
				200盒以下	500盒以下	1000盒以下	1000盒以上每增加50盒
名称		单位	数量				
人工	技工	工日	2.00	5.00	8.00	10.00	0.25
	普工	工日	—	—	—	—	—

（续）

定额编号		TSY4-056	TSY4-057	TSY4-058	TSY4-059	TSY4-060
项目		安装调试磁带机	安装调试磁带库			
			200 盒以下	500 盒以下	1000 盒以下	1000 盒以上每增加 50 盒
名称	单位	数量				
主要材料						
机械						
主要仪表						

7. 安装、调测网络管理系统设备取费

工作内容：开箱检验、清洁搬运、划线定位、设备安装固定、设备标志、设备自检、数字公务系统运行试验等。

安装、调测网络管理系统设备取费如表 6-54 所示。

表 6-54　安装、调测网络管理系统设备取费表

定额编号			TSY2-042	TSY2-043	TSY2-044	TSY2-045
项目			安装、配合调测网络管理系统		配合调测 ASON 控制层面（系统 / 站）	数字公务系统运行试验（方向 · 系统）
			新建工程（套）	加入原有网络系统（站）		
名称		单位	数量			
人工	技工	工日	20.00	15.00	25.00	1.00
	普工	工日	—	—	—	—
主要材料						
机械						
主要仪表						

注：1. 新建工程的网络管理系统安装包括：SNM、EM、X 终端、本地终端设备的安装、网管线、数据线、电源线的布放，不包括与外部通道相连的通信电缆。

2. ASON 系统的传送及管理层面的工作量是按 SDH 设备的相关定额计取。

8. 调测系统通道取费

工作内容：

- ❑ 统误码特性、系统抖动、系统光功率测试。
- ❑ 告警、检测、转换功能、公务操作检查、音频接口测试等。

调测系统通道取费如表 6-55 所示。

表 6-55 调测系统通道取费表

定额编号			TSY2-046	TSY2-047	TSY2-048	TSY2-049	TSY2-050
项目			线路段光端对测（方向·系统）		复用设备系统调测（端口）		系统保护（倒换）测试（环·系统）
			中继站	端站	光口	电口	
名称		单位	数量				
人工	技工	工日	2.00	3.00	1.00	0.70	5.00
	普工	工日	—	—	—	—	—
主要材料							
机械							
主要仪表	数字传输分析仪	台班	—	0.10	0.10	0.05	0.20
	光功率计	台班	0.15	0.10	0.10	—	—
	光可变衰耗器	台班	0.15	0.10	0.10	—	0.20

注：1. 光端对测仪测本站线路口。
2. 复用设备系统调测，应测本站除群路口外的各级速率支路口，但不包括未做交叉的冗余端口。

9. 安装程控交换设备取费

工作内容：

- ❑ 安装交换设备：开箱检验、清洁搬运、划线定位、安装加固机架、安装机盘及电路板、互连、设备标志、清洁整理等。
- ❑ 安装程控车载集装箱：吊装就位、设备检查等。
- ❑ 安装用户集线器（SLC）：开箱检验、清洁搬运、划线定位、安装加固机架、安装机盘、设备标志、清洁整理等。
- ❑ 安装告警设备、扩装电路板：开箱检验、清洁搬运、安装固定、互连。

安装程控交换设备取费如表 6-56 所示。

表 6-56 安装程控交换设备取费表

定额编号			TSY3-001	TSY3-002	TSY3-003	TSY3-004	TSY3-005	TSY3-006
项目			安装交换设备（架）	安装程控车载集装箱（箱）	安装用户集线器（SLC）设备（480 线/架）	安装告警设备（台）	扩装交换设备电路板（块）	布放架间及架内线缆（架）
名称		单位	数量					
人工	技工	工日	10.00	20.00	12.00	0.50	0.06	2.50
	普工	工日	—	—	—	—	—	—

（续）

定额编号			TSY3-001	TSY3-002	TSY3-003	TSY3-004	TSY3-005	TSY3-006
项目			安装交换设备（架）	安装程控车载集装箱（箱）	安装用户集线器（SLC）设备（480线/架）	安装告警设备（台）	扩装交换设备电路板（块）	布放架间及架内线缆（架）
名称		单位	数量					
主要材料								
机械	汽车式起重机（20t以内）	台班	—	1.00	—	—	—	—

注：架间、架内线缆布放指供货厂家未安装线缆的设备。

10. 调测程控交换设备取费

工作内容：

- 设备静态检查、通电、平台测试、通话测试、自环测试、PCM中继测试、连通测试、大话务量测试等。
- 安装调测操作维护中心设备（OMC）：开箱检验、清洁搬运、安装加固、电机电气性能测试、软件调测、功能测试、清理现场等。

调测程控交换设备取费如表6-57所示。

表6-57 调测程控交换设备取费表

定额编号			TSY3-007	TSY3-008	TSY3-009	TSY3-010	TSY3-011	TSY3-012	TSY3-013
项目			调测长途交换设备				市话交换设备硬件测试		
			硬件测试（千路端）			软件调测（千路端）			
			2千路端以下	10千路端以下	10千路端以上		用户线（千线）	2Mb/s中继线（系统）	155Mb/s中继线（系统）
名称		单位	数量						
人工	技工	工日	30.00	25.00	20.00	25.00	10.00	2.00	2.50
	普工	工日	—	—	—	—	—	—	—
主要材料									
机械	数字传输分析仪	台班	—	—	—	—	—	0.06	0.06
	信令分析仪	台班	0.50	0.50	0.50	—	—	0.15	0.15
	用户模拟呼叫器	台班	2.00	1.00	2.00	—	2.00	1.00	1.00
	中继模拟呼叫器	台班	1.00	2.00	3.50	—	—	1.00	1.00

（续）

定额编号		TSY3-007	TSY3-008	TSY3-009	TSY3-010	TSY3-011	TSY3-012	TSY3-013
项目		调测长途交换设备				市话交换设备硬件测试		
		硬件测试（千路端）			软件调测（千路端）			
		2千路端以下	10千路端以下	10千路端以上		用户线（千线）	2Mb/s中继线（系统）	155Mb/s中继线（系统）
名称	单位	数量						
机械 PCM呼叫分析仪	台班	—	—	—	—	1.00	—	—
机械 PCM通道测试仪	台班	—	—	—	—	—	1.50	1.50

定额编号		TSY3-014	TSY3-015	TSY3-016	TSY3-017	TSY3-018	TSY3-019
项目		市话交换设备软件调测			调测用户集线器（SLC）（千线）	调测告警设备（台）	大话务量测试（局·向）
		用户线（千线）	2Mb/s中继线（系统）	155Mb/s中继线（系统）			
名称	单位	数量					
人工 技工	工日	24.00	1.00	10.00	35.00	1.00	2.00
人工 普工	工日	—		—	—	—	—
主要材料							
主要仪表 数字传输分析仪	台班	—		—	—	—	—
主要仪表 用户模拟呼叫器	台班	—		—	—	—	2.00
主要仪表 中继线模拟呼叫器	台班	—		—	—	—	2.00

注：1. 调测基站控制器、变码器设备按照市话交换设备中继线的软、硬件调测定额计取。
2. 大话务量测试子目仅指新建工程，扩容工程不计取。

11. 调测用户交换机（PAB）取费

工作内容：通电、通话测试、连通测试（含中继测试）等。

调测用户交换机（PAB）取费如表6-58所示。

表6-58　调测用户交换机（PAB）取费表　　定额单位：门

定额编号		TSY3-020	TSY3-021	TSY3-022	TSY3-023	TSY3-024	TSY3-025	TSY3-026
项目		128门以下	300门以下	500门以下	1000门以下	2000门以下	3000门以下	4000门以下
名称	单位	数量						
人工 技工	工日	0.12	0.09	0.07	0.05	0.04	0.03	0.02
人工 普工	工日	—	—	—	—	—	—	—
主要材料								

（续）

定额编号			TSY3-020	TSY3-021	TSY3-022	TSY3-023	TSY3-024	TSY3-025	TSY3-026
项目			128 门以下	300 门以下	500 门以下	1000 门以下	2000 门以下	3000 门以下	4000 门以下
	名称	单位	数量						
主要材料									
主要仪表	用户模拟呼叫器	台班	1.00	1.00	1.00	1.50	2.00	3.00	
	中继线模拟呼叫器	台班	0.30	0.30	0.30	0.50	0.70	1.00	
	PCM 呼叫分析仪	台班	1.00	1.00	1.00	1.00	1.00	1.00	
	PCM 通道测试仪	台班	1.00	1.00	1.00	1.00	1.00	1.00	

注：本节安装设备机架工作内容按第一节套用。

12. 安装、调测路由器设备取费

工作内容：

- 安装：开箱检验、清洁搬运、定位安装机柜和机箱、装配接口板、接口检查、硬件加电自检等。
- 调测：接口正确性测试，系统综合调测。

安装、调测路由器设备取费如表 6-59 所示。

表 6-59　安装、调测路由器设备取费表

定额编号			TSY4-019	TSY4-020	TSY4-021	TSY4-022
项目			安装调测低端路由器			
			安装路由器（整机型）	安装路由器机箱及电源模块（模块化）	安装路由器接口母板	综合调测路由器
			（台）		（块）	（套）
	名称	单位	数量			
人工	技工	工日	3.00	2.50	0.50	15.00
	普工	工日	—	—	—	—
主要材料						
机械						
主要仪表						

（续）

定额编号			TSY4-023	TSY4-024	TSY4-025	TSY4-026	TSY4-027	TSY4-028
项目			安装调测中端路由器			安装调测高端路由器		
			安装路由器机箱及电源模块（模块化）	安装路由器接口母板	综合调测中端路由器	安装路由器机箱及电源模块（模块化）	安装路由器接口母板	综合调测高端路由器
			（台）	（块）	（套）	（台）	（块）	（套）
名称		单位	数量					
人工	技工	工日	3.00	0.50	40.00	3.50	0.70	60.00
	普工	工日	—	—	—	—	—	—
主要材料								
机械								
主要仪表								

13. 安装、调测局域网交换机设备取费

工作内容：

- ❑ 安装：技术准备、开箱检查、定位安装机柜、机箱、装配接口板、通电检查、清理现场等。
- ❑ 调测：硬件系统调试、综合调测。

安装、调测局域网交换机设备取费如表6-60所示。

14. 安装、调测服务器、调制解调器取费

工作内容：

- ❑ 安装：开箱检验、清洁搬运、定位安装机柜和机箱、装配接口板、加电检查等。
- ❑ 调测：硬件系统调试、综合调测。

表6-60　安装、调测局域网交换机设备取费表

定额编号			TSY4-029	TSY4-030	TSY4-031	TSY4-032	TSY4-033	TSY4-034	TSY4-035
项目			安装低端局域网交换机	安装高中端局域网交换机		调测局域网交换机		安装调测集线器	
				安装机箱及电源模块	安装接口板	低端	高中端	安装集线器	调测集线器
			（台）	（台）	（块）	（台）		（台）	
名称		单位	数量						
人工	技工	工日	2.00	150	0.50	15.00	20.00	1.00	1.50
	普工	工日	—	—	—	—	—	—	—

（续）

定额编号			TSY4-029	TSY4-030	TSY4-031	TSY4-032	TSY4-033	TSY4-034	TSY4-035
项目			安装低端局域网交换机	安装高中端局域网交换机		调测局域网交换机		安装调测集线器	
				安装机箱及电源模块	安装接口板	低端	高中端	安装集线器	调测集线器
			（台）	（台）	（块）	（台）		（台）	
名称		单位	数量						
主要材料									
机械									
主要仪表	便携式计算机	台班				?			?
	网络测试仪	台班				?			?

安装、调测服务器、调制解调器取费如表 6-61 所示。

表 6-61 安装、调测服务器、调制解调器取费表 定额单位：台

定额编号			TSY4-036	TSY4-037	TSY4-038	TSY4-039	TSY4-040	TSY4-041
项目			安装服务器			配合调测服务器		
			安装低端服务器	安装中端服务器	安装高端服务器	调测低端服务器	调测中端服务器	调测高端服务器
名称		单位	数量					
人工	技工	工日	3.00	6.00	9.00	8.00	15.00	20.00
	普工	工日	—	—	—	—	—	—
主要材料								
机械								
主要仪表								

（续）

定额编号			TSY4-042	TSY4-043	TSY4-044	TSY4-045	TSY4-046	TSY4-047
项目			安装、调测调制解调器		安装、调测光电转换器		安装 KVM 切换器	安装工控机
			台式	插板式	台式	插板式		
名称		单位	数量					
人工	技工	工日	3.50	2.00	2.50	1.00	1.00	1.00
	普工	工日	—	—	—	—	—	—
主要材料								
机械								
主要仪表	误码测试仪	台班	0.50	0.50	1.50	1.50		

15. 安装、调试网络安全设备取费

工作内容：

- 安装：技术准备、开箱检查、定位安装、互连、加电检查、清理现场等。
- 调试：硬件系统调试、联试安全保护。

安装、调试网络安全设备取费如表6-62所示。

表6-62 安装、调试网络安全设备取费表 定额单位：台

定额编号			TSY4-048	TSY4-049	TSY4-050	TSY4-051	TSY4-052
项目			安装防火墙设备		调测防火墙设备		安装、调测其他网络安全设备
			企业自用型	公共服务型	企业自用型	公共服务型	
名称		单位	数量				
人工	技工	工日	1.50	2.50	7.00	10.00	2.00
	普工	工日	—	—	—	—	—
主要材料							
机械							
主要仪表	便携式计算机	台班	3.00	3.00	3.00	3.00	3.00

6.4.7 缆线终接取费

1. 缆线终接和安装终接部件取费

工作内容：

- ❑ 卡接对绞电缆：编扎固定对绞缆线、卡线、做屏蔽、核对线序、安装固定接线模块（跳线盘）、做标记等。
- ❑ 安装光纤连接盘：安装插座及连接盘、做标记等。
- ❑ 光纤连接：端面处理、纤芯连接、测试、包封护套、盘绕、固定光纤等。
- ❑ 制作光纤连接器：制装接头、磨制、测试等。
- ❑ 安装 8 位模块式信息插座：固定对绞线、核对线序、卡线、做屏蔽、安装固定面板及插座、做标记等。
- ❑ 安装光纤信息插座：编扎固定光纤、安装光纤连接器及面板、做标记等。

缆线终接和安装终接部件取费如表 6-63 所示。

表 6-63 缆线终接和安装终接部件取费表 单位：10 个

定额编号			TXL7-045	TXL7-046	TXL7-047	TXL7-048	TXL7-049	TXL7-050	TXL7-051	TXL7-052	TXL7-053	TXL7-054	TXL7-055
项目			卡接 4 对对绞电缆（配线架侧）（条）		卡接大对数对绞电缆（配线架侧）（100 对）		安装光纤连接盘（块）	光纤连接					
								机械法（芯）		熔接法（芯）		磨制法（端口）	
			非屏蔽	屏蔽	非屏蔽	屏蔽		单模	多模	单模	多模	单模	多模
名称		单位	数量										
人工	技工	工日	0.06	0.08	1.13	1.50	0.65	0.43	0.34	0.50	0.40	0.50	0.45
	普工	工日	—	—	—	—	—	—	—	—	—	—	—
主要材料	光纤连接盘	块	—	—	—	—	1.00	—	—	—	—	—	—
	光纤连接器材	套	—	—	—	—	—	1.01	1.01	1.01	1.01	—	—
	磨制光纤连接器器材	套	—	—	—	—	—	—	—	—	—	1.05	1.05
机械	光纤熔接机	台班	—	—	—	—	—	—	—	0.03	0.03	—	—
仪表													

定额编号			TXL7-056	TXL7-057	TXL7-058	TXL7-059	TXL7-060	TXL7-061
项目			安装 8 位模块式信息插座				安装光纤信息插座	
			单口		双口		双口	四口
			非屏蔽	屏蔽	非屏蔽	屏蔽		
名称		单位	数量					
人工	技工	工日	0.45	0.55	0.75	0.95	0.30	0.40
	普工	工日	0.07	0.07	0.07	0.07	—	—
主要材料	8 位模块式信息插座（单口）	个	10.00	10.00	—	—	—	—
	8 位模块式信息插座（双口）	个	—	—	10.00	10.00	—	—
	光纤信息插座（双口）	个	—	—	—	—	10.00	—
	光纤信息插座（四口）	个	—	—	—	—	—	10.00

（续）

定额编号			TXL7-056	TXL7-057	TXL7-058	TXL7-059	TXL7-060	TXL7-061
项目			安装8位模块式信息插座				安装光纤信息插座	
			单口		双口		双口	四口
			非屏蔽	屏蔽	非屏蔽	屏蔽		
名称		单位	数量					
主要材料								
机械								
仪表								

注：安装双口以上8位模块式信息插座的工日定额在双口的基础上乘以1.6的系数。

2. 光缆接续取费

工作内容：

- 光缆接续：检验器材、确定接头位置、纤芯熔接、测试衰减、盘绕固定余纤、固定加强芯、包封外护套、安装接头盒托架或保护盒等。
- 光缆成端接头：检验器材、尾纤熔接、测试衰减、固定活接头、固定光缆等。

光缆接续取费如表6-64所示。

表6-64 光缆接续取费表

定额编号			TXL5-001	TXL5-002	TXL5-003	TXL5-004	TXL5-005	TXL5-006	TXL5-007	TXL5-008
项目			光缆接续（头）							
			12芯以下	24芯以下	36芯以下	48芯以下	60芯以下	72芯以下	84芯以下	96芯以下
名称		单位	数量							
人工	技工	工日	3.00	4.98	6.34	8.58	10.20	11.70	13.08	14.34
	普工	工日	—	—	—	—	—	—	—	—
主要材料	光缆接续器材	套	1.01	1.01	1.01	1.01	1.01	1.01	1.01	1.01
	光缆接头托架	套	(*)	(*)	(*)	(*)	(*)	(*)	(*)	(*)
机械	光缆接续车	台班	0.50	0.80	1.00	1.20	1.40	1.60	1.80	2.00
	燃油发电机（10KW）	台班	0.30	0.40	0.50	0.60	0.70	0.80	0.90	1.00
	光纤熔接机	台班	0.50	0.80	1.00	1.20	1.40	1.60	1.80	2.00
仪表	光时域反射仪	台班	1.0	1.2	1.4	1.6	1.8	2.0	2.1	2.2

（续）

定额编号			TXL5-009	TXL5-010	TXL5-011	TXL5-012	TXL5-013	TXL5-014	TXL5-015
项目			光缆接续（头）						光缆成端接头（芯）
			108 芯以下	132 芯以下	144 芯以下	168 芯以下	192 芯以下	216 芯以下	
名称		单位	数量						
人工	技工	工日	15.48	15.60	16.20	17.82	19.20	20.34	0.25
	普工	工日	—	—	—	—	—	—	—
主要材料	光缆接续器材	套	1.01	1.01	1.01	1.01	1.01	1.01	—
	光缆接头托架	套	(*)	(*)	(*)	(*)	(*)	(*)	—
	光缆成端接头材料	套	—	—	—	—	—	—	1.01
机械	光缆接续车	台班	2.00	2.20	2.20	2.40	2.40	2.60	—
	燃油发电机（10W）	台班	1.00	1.10	1.10	1.20	1.20	1.30	—
	光纤熔接机	台班	2.00	2.20	3.20	2.40	2.40	2.60	0.03
仪表	光时域反射仪	台班	2.4	2.60	2.70	2.80	2.80	3.00	0.05

定额编号			TXL5-016	TXL5-017	TXL5-018	TXL5-019	TXL5-020	TXL5-021	TXL5-022	TXL5-023	TXL5-024
项目			8 芯带以下带状光缆接续（头）								
			48 芯以下	72 芯以下	96 芯以下	108 芯以下	120 芯以下	144 芯以下	192 芯以下	240 芯以下	288 芯以下
名称		单位	数量								
人工	技工	工日	3.94	5.09	6.10	6.28	6.48	6.96	8.11	8.88	9.27
	普工	工日	—	—	—	—	—	—	—	—	—
主要材料	光缆接续器材	套	1.01	1.01	1.01	1.01	1.01	1.01	1.01	1.01	1.01
	光缆接头托架	套	(*)	(*)	(*)	(*)	(*)	(*)	(*)	(*)	(*)
机械	光缆接续车	台班	0.98	1.33	1.67	1.69	1.79	2.26	2.84	3.04	3.36
	燃油发电机（10W）	台班	0.49	0.67	0.84	0.85	0.90	1.13	1.42	1.52	1.93
	带状光纤熔接机	台班	0.98	1.33	1.87	1.69	1.79	2.26	2.84	3.04	3.86
仪表	光时域反射仪	台班	1.60	2.00	2.20	2.40	2.50	2.60	2.80	3.00	3.20

（续）

定额编号			TXL5-025	TXL5-026	TXL5-027	TXL5-028	TXL5-029	TXL5-030	TXL5-031	TXL5-032	TXL5-033	TXL5-034	TXL5-035	TXL5-036	TXL5-037
项目			8芯带以上带状光缆接续（头）												
			48芯以下	72芯以下	96芯以下	108芯以下	120芯以下	144芯以下	192芯以下	240芯以下	288芯以下	384芯以下	480芯以下	576芯以下	带状光缆成端接头（带）
	名称	单位	数量												
人工	技工	工日	2.57	3.15	3.65	3.79	3.90	4.30	5.14	5.88	6.53	7.92	9.12	10.13	0.25
人工	普工	工日	—	—	—	—	—	—	—	—	—	—	—	—	—
主要材料	光缆接续器材	套	1.01	1.01	1.01	1.01	1.01	1.01	1.01	1.01	1.01	1.01	1.01	1.01	—
主要材料	光缆连接器材	套	(*)	(*)	(*)	(*)	(*)	(*)	(*)	(*)	(*)	(*)	(*)	(*)	—
主要材料	热熔管	个	—	—	—	—	—	—	—	—	—	—	—	—	*
主要材料															
机械	光缆接续车	台班	0.90	1.20	1.53	1.56	1.65	2.04	2.61	2.79	3.47	4.45	4.75	5.90	—
机械	燃油发电机（10W）	台班	0.45	0.60	0.77	0.78	0.83	1.02	1.31	1.40	1.74	2.23	2.38	2.95	—
机械	燃油光纤熔接机	台班	0.90	1.20	1.53	1.56	1.65	2.04	2.61	2.79	3.47	4.45	4.75	5.90	0.03
仪表	光时域反射仪	台班	1.60	2.00	2.20	2.40	2.50	2.60	2.80	3.00	3.20	3.60	4.00	4.50	0.05
仪表															
仪表															

注：1.“*”号光纤接头托架仅限于管道光缆，数量由设计根据实际情况确定。

2. 光缆成端接头如果采用光缆成端接头盒，设计应按一条成端光缆补列一只接头盒。

3. 制作跳线取费

工作内容：量裁缆线、制作跳线连接器、检验测试等。

制作跳线取费如表6-65所示。

表6-65　制作跳线取费表　　单位：条

定额编号			TXL7-062	TXL7-063	TXL7-064
项目			电缆路线	光纤路线	
				单模	多模
	名称	单位	数量		
人工	技工	工日	0.08	0.95	0.81
人工	普工	工日	—	—	—
主要材料	4对对绞线	m	*	—	—
主要材料	光缆	m	—	*	*
主要材料	端线连接器	个	2.20	2.20	2.20
主要材料					

（续）

定额编号			TXL7-062	TXL7-063	TXL7-064
项目			电缆路线	光纤路线	
				单模	多模
名称		单位	数量		
主要材料					
机械					
仪表					

6.4.8 布线系统测试取费

1. 综合布线系统测试取费

工作内容：测试、记录、编制测试报告等。

综合布线系统测试取费如表 6-66 所示。

表 6-66 综合布线系统测试取费表 单位：链路

定额编号			TXL7-065	TXL7-066	TXL7-067
项目			电缆链路测试	光纤路线测试	
				单光纤	双光纤
名称		单位	数量		
人工	技工	工日	0.10	0.10	0.10
	普工	工日	—	—	—
主要材料					
机械					
仪表	光源	台班	—	0.02	0.02
	光功率计	台班	—	0.02	0.02
	综合布线线路分析仪	台班	0.05	—	—

2. 光缆中继段测试取费

工作内容：光纤特性的测试、记录、整理测试资料等。

光缆中继段测试取费如表6-67所示。

表6-67　光缆中继段测试取费表

定额编号			TXL5-038	TXL5-039	TXL5-040	TXL5-041	TXL5-042	TXL5-043	TXL5-044	TXL5-045	TXL5-046	TXL5-047	TXL5-048	TXL5-049
项目			40km以上中继段光缆测试（中继段）											
			12芯以下	24芯以下	38芯以下	48芯以下	60芯以下	72芯以下	84芯以下	96芯以下	108芯以下	132芯以下	144芯以下	168芯以下
	名称	单位	数量											
人工	技工	工日	6.72	11.76	16.80	19.32	21.84	25.20	28.00	31.08	32.76	34.44	36.12	38.64
	普工	工日	—	—	—	—	—	—	—	—	—	—	—	—
主要材料														
机械														
仪表	光时域反射仪	台班	0.96	1.68	2.28	2.88	3.36	3.84	4.20	4.56	4.80	5.04	5.28	5.52
	稳定光源	台班	0.96	1.68	2.28	2.88	3.36	3.84	4.20	4.56	4.80	5.04	5.28	5.52
	光功率计	台班	0.96	1.68	2.28	2.88	3.36	3.84	4.20	4.56	4.80	5.04	5.28	5.52
	偏振模色散测试仪	台班	（0.96）	（1.68）	（2.28）	（2.88）	（3.36）	（3.84）	（4.20）	（4.56）	（4.80）	（5.04）	（5.28）	（5.52）

定额编号			TXL5-050	TXL5-051	TXL5-052	TXL5-053	TXL5-054	TXL5-055	TXL5-056	TXL5-057	TXL5-058	TXL5-059	TXL5-060	TXL5-061	TXL5-062
项目			40km以上光缆中继段测试（中继段）												
			192芯以下	216芯以下	240芯以下	264芯以下	288芯以下	312芯以下	336芯以下	360芯以下	384芯以下	408芯以下	432芯以下	456芯以下	480芯以下
	名称	单位	数量												
人工	技工	工日	40.32	42.00	43.68	45.36	47.04	48.72	50.40	52.08	53.76	55.44	57.12	58.80	60.48
	普工	工日	—	—	—	—	—	—	—	—	—	—	—	—	—
主要材料															
机械															
仪表	光时域反射仪	台班	5.76	6.00	6.36	6.60	6.96	7.44	7.80	8.16	8.40	8.64	8.76	8.88	9.12
	稳定光源	台班	5.76	6.00	6.36	6.60	6.96	7.44	7.80	8.16	8.40	8.64	8.76	8.88	9.12
	光功率计	台班	5.76	6.00	6.36	6.60	6.96	7.44	7.80	8.16	8.40	8.64	8.76	8.88	9.12
	偏振模色散测试仪	台班	（5.76）	（6.00）	（6.36）	（6.60）	（6.96）	（7.44）	（7.80）	（8.16）	（8.40）	（8.64）	（8.76）	（8.88）	（9.12）

（续）

定额编号			TXL5-063	TXL5-064	TXL5-065	TXL5-066	TXL5-067	TXL5-068	TXL5-069	TXL5-070	TXL5-071	TXL5-072	TXL5-073	TXL5-074
项目			40km 以上光缆中继段测试（中继段）				40km 以下光缆中继段测试（中继段）							
			504 芯以下	528 芯以下	552 芯以下	576 芯以下	12 芯以下	24 芯以下	36 芯以下	48 芯以下	60 芯以下	72 芯以下	84 芯以下	96 芯以下
	名称	单位	数量											
人工	技工	工日	62.16	65.52	67.20	68.88	5.60	9.80	14.00	16.10	18.20	21.00	23.33	25.90
	普工	工日	—	—	—	—	—	—	—	—	—	—	—	—
主要材料														
机械														
仪表	光时域反射仪	台班	9.24	9.36	9.48	9.60	0.80	1.40	1.90	2.40	2.80	3.20	3.50	3.80
	稳定光源	台班	9.24	9.36	9.48	9.60	0.80	1.40	1.90	2.40	2.80	3.20	3.50	3.80
	光功率计	台班	9.24	9.36	9.48	9.60	0.80	1.40	1.90	2.40	2.80	3.20	3.50	3.80
	偏振模色散测试仪	台班	(9.24)	(9.36)	(9.48)	(9.60)	(0.80)	(1.40)	(1.90)	(2.40)	(2.80)	(3.20)	(3.50)	(3.80)

定额编号			TXL5-075	TXL5-076	TXL5-077	TXL5-078	TXL5-079	TXL5-080	TXL5-081	TXL5-082	TXL5-083	TXL5-084	TXL5-085	TXL5-086
项目			40km 以下光缆中继段测试（中继段）											
			108 芯以下	132 芯以下	144 芯以下	168 芯以下	192 芯以下	216 芯以下	240 芯以下	264 芯以下	288 芯以下	312 芯以下	336 芯以下	360 芯以下
	名称	单位	数量											
人工	技工	工日	27.30	28.70	30.10	32.30	33.60	35.00	36.40	37.80	39.20	40.60	42.00	43.40
	普工	工日	—	—	—	—	—	—	—	—	—	—	—	—
主要材料														
机械														
仪表	光时域反射仪	台班	4.00	4.20	4.40	4.60	4.80	5.00	5.30	5.50	5.80	6.20	6.50	6.80
	稳定光源	台班	4.00	4.20	4.40	4.60	4.80	5.00	5.30	5.50	5.80	6.20	6.50	6.80
	光功率计	台班	4.00	4.20	4.40	4.60	4.80	5.00	5.30	5.50	5.80	6.20	6.50	6.80
	偏振模色散测试仪	台班	(4.00)	(4.20)	(4.40)	(4.60)	(4.80)	(5.00)	(5.30)	(5.50)	(5.80)	(6.20)	(6.50)	(6.80)

（续）

定额编号			TXL5-087	TXL5-088	TXL5-089	TXL5-090	TXL5-091	TXL5-092	TXL5-093	TXL5-094	TXL5-095	TXL5-096	TXL5-097	TXL5-098	TXL5-099
项目			40km以下光缆中继段测试（中继段）									用户光缆测试（段）			
			384芯以下	408芯以下	432芯以下	456芯以下	480芯以下	504芯以下	528芯以下	552芯以下	576芯以下	12芯以下	24芯以下	38芯以下	48芯以下
	名称	单位	数量												
人工	技工	工日	44.80	46.20	47.60	49.00	50.40	51.80	54.60	56.00	57.40	2.40	4.30	6.10	7.60
	普工	工日	—	—	—	—	—	—	—	—	—	—	—	—	—
主要材料															
机械															
仪表	光时域反射仪	台班	7.00	7.20	7.30	7.40	7.60	7.70	7.80	7.90	8.00	0.30	1.40	1.90	2.40
	稳定光源	台班	7.00	7.20	7.30	7.40	7.60	7.70	7.80	7.90	8.00	—	—	—	—
	光功率计	台班	7.00	7.20	7.30	7.40	7.60	7.70	7.80	7.90	8.00	—	—	—	—
	偏振模色散测试仪	台班	（7.00）	（7.20）	（7.30）	（7.40）	（7.60）	（7.70）	（7.80）	（7.90）	（8.00）	—	—	—	—

定额编号			TXL5-100	TXL5-101	TXL5-102	TXL5-103	TXL5-104	TXL5-105	TXL5-106	TXL5-107	TXL5-108	TXL5-109	TXL5-110	TXL5-111
项目			用户光缆测试（段）											
			60芯以下	72芯以下	84芯以下	96芯以下	108芯以下	132芯以下	144芯以下	168芯以下	192芯以下	216芯以下	240芯以下	264芯以下
	名称	单位	数量											
人工	技工	工日	9.00	10.10	10.90	11.50	11.90	12.74	13.08	13.92	15.05	16.02	16.81	17.90
	普工	工日	—	—	—	—	—	—	—	—	—	—	—	—
主要材料														
机械														
仪表	光时域反射仪	台班	2.80	3.20	3.50	3.80	4.00	4.20	4.40	4.60	4.80	5.00	5.30	5.50

（续）

定额编号			TXL5-112	TXL5-113	TXL5-114	TXL5-115	TXL5-116	TXL5-117	TXL5-118	TXL5-119	TXL5-120	TXL5-121	TXL5-122	TXL5-123	TXL5-124
项目			用户光缆测试（段）												
			288芯以下	312芯以下	336芯以下	360芯以下	384芯以下	408芯以下	432芯以下	456芯以下	480芯以下	504芯以下	528芯以下	552芯以下	576芯以下
名称		单位	数量												
人工	技工	工日	18.37	19.78	20.59	21.33	21.98	22.55	23.03	23.43	23.74	24.15	24.49	24.75	24.96
	普工	工日	—	—	—	—	—	—	—	—	—	—	—	—	—
主要材料															
机械															
仪表	光时域反射仪	台班	5.80	6.20	6.50	6.80	7.00	7.20	7.30	7.40	7.60	7.70	7.80	7.90	8.00

注：1. 本定额是按单窗口测试取定的工日：如果按双窗口测试时，其定额工日调增80%。

2. 本定额是按单窗口（1330nm）测试取定的工日：如果按双窗口（增列1550nm）测试时，其定额工日调增80%。

6.4.9 防水取费

工作内容：

- 防水砂浆抹面法：运料、清扫墙面、拌制砂浆、抹平压光、调制、涂刷素水泥浆、掺氯化铁、养护等。
- 油毡防水法：运料、调制、涂刷冷底子油、熬制沥青、涂刷沥青贴油毡、压实养护等。
- 玻璃布防水法：运料、调制、涂刷冷底子油、浸铺玻璃布、压实养护等。
- 聚氨酯防水法：运料、调制、水泥砂浆找平、涂刷聚氨酯、浸铺玻璃布、压实养护等。

防水取费如表6-68所示。

表 6-68　防水取费表

定额编号			TGD4-001	TGD4-002	TGD4-003	TGD4-004	TGD4-005	TGD4-006	TGD4-007	TGD4-008	TGD4-009	TGD4-010
项目			防水砂浆抹面法（五层）(m^2)		油毡防水法（m^2）			玻璃布防水法（m^2）			聚氨酯防水（m^2）	
			混凝土墙面	砖砌墙	二油一毡	三油一毡	增一油一毡	二油一布	三油二布	增一油一布	一布一面	增一布一面
名称		单位	数量									
人工	技工	工日	0.08	0.08	0.103	0.14	0.073	0.214	0.278	0.137	0.48	0.28
	普工	工日	0.24	0.24	—	—	—	—	—	—	—	—

（续）

定额编号			TGD4-001	TGD4-002	TGD4-003	TGD4-004	TGD4-005	TGD4-006	TGD4-007	TGD4-008	TGD4-009	TGD4-010
项目			防水砂浆抹面法（五层）(m^2)		油毡防水法（m^2）			玻璃布防水法（m^2）			聚氨脂防水（m^2）	
			混凝土墙面	砖砌墙	二油一毡	三油一毡	增一油一毡	二油一布	三油二布	增一油一布	一布一面	增一布一面
	名称	单位	数量									
主要材料	水泥 c32.5	kg	20.89	21.49	—	—	—	—	—	—	18.00	—
	粗砂	kg	29.00	30.00	—	—	—	—	—	—	29.00	—
	防水添加剂	kg	*	*	—	—	—	—	—	—	—	—
	油毡	m^2	—	—	1.209	2.42	1.209	—	—	—	—	—
	沥青	kg	—	—	4.14	6.46	2.32	4.96	6.58	1.62	—	—
	玻璃布	m^2	—	—	—	—	—	1.22	2.44	1.22	1.22	1.22
	石粉	kg	—	—	—	—	—	0.85	1.13	0.28	—	—
	聚氨脂	kg	—	—	—	—	—	—	—	—	2.00	2.00
机械												
仪表												

上述取费表（表 6-4 ～表 6-68）的取费可上调，上调取费乘系数 1.5。

本节内容是根据原《通信建设工程概算、预算编制办法及定额费用》及原邮部[1995]626 号、《通信建设工程预算定额》中华人民共和国原信息产业部 [2008.3] 等参考许多技术资料、内部刊物编写的，作者对此表示感谢。供方案设计者参考。

6.5 综合布线方案设计模版

网络工程布线方案一般写作三个部分，工程布线方案设计模版如下。

第一部分　某信息系统网络工程项目设计方案

第 1 章　工程项目与用户需求

1.1　工程项目名称与概况

（1）工程名称：某网络系统工程

（2）工程概况

❑ 用户现场环境

（描述用户需要进行综合布线系统的建筑物环境）

❑ 信息点分布情况

（描述用户需要布线的信息点分布情况）

此次综合布线项目规划实施某个信息点，这些信息点的分布如下表所示：

楼层	房间号	信息点数量	合计	备注

1.2　网络系统框架

❑ 该网络系统的框架图

（描述用户网络系统的框架）

1.3 用户需求

（描述用户的需求）

（1）网络技术需求

（2）网络布线需求

（3）硬件选择原则

（4）软件选择和设计原则

1.4 技术要求

（一）硬件要求

（描述用户的硬件要求）

（1）交换机

（2）服务器

（3）网络操作系统

（4）传输介质

（5）安全性

（6）可靠性

（7）数据备份

（二）系统软件要求

（描述用户的系统软件要求）

第 2 章 建网原则

（描述建网原则）

（1）标准化及规范化

（2）先进性与成熟性

（3）安全性与可靠性

（4）可管理性及可维护性

（5）灵活性及可扩充性

（6）实用性

（7）优化性能价格比

第 3 章 网络工程总体方案

（描述用户网络工程的总体方案）

3.1 网络系统拓扑结构图

3.2 网络通信协议

3.3 连网技术

（1）本方案采用的连接技术

（2）楼内局域网连接技术

（3）与外网连接技术

3.4 网络总体结构

3.5 网络信息系统网络工程的构件组成

3.6 网络传输介质

3.7 网络管理

3.8　网络信息系统网络综合布线设计的标准

第二部分　网络工程项目实施方案

第1章　用户网络工程项目实施方案

（描述用户网络工程项目实施方案）

1.1　工程进度安排

1.2　系统调研与需求分析

1.3　工程方案设计

（1）网络总体工程设计

1）网络方案结构图

2）布线方案结构图

（2）楼内布线系统工程设计

1）工作区子系统设计

2）配线子系统设计

3）干线子系统设计

4）建筑群子系统设计

5）设备间设计

6）电信间设计

7）进线间设计

8）技术管理设计

（3）网络服务系统方案设计

（4）布线系统施工

（5）安装与配线

1.4　系统测试与验收

（1）布线系统的测试

（2）布线系统验收

1.5　网络系统的安装调试

（1）网络整体联调

（2）网络服务器的安装

（3）路由器安装调试

（4）专线调试

1.6　系统验收

（1）用户与集成商共同组建工程验收小组

（2）确定验收标准

（3）系统验收

（4）文档验收

第2章　测试与验收

2.1　测试组的组成

2.2　测试方法和仪器

测试方法分为仪器测试与人工测试两种。凡需要给出电气性能指标的使用仪器测试，凡是有形的可以现场观测的由人工观测测试。

（1）布线系统测试

（2）网络系统测试

（3）工程项目文档

要求所有技术文件内容完整、数据准确、外观整洁。

- ❏ 项目设计书
- ❏ 布线平面设计图
- ❏ 布线系统逻辑图
- ❏ 机柜连线图
- ❏ 计算机配线表
- ❏ 网络系统总体结构图
- ❏ 网络系统设备配置手册
- ❏ 网络地址分配表、域名表
- ❏ 测试报告
- ❏ 竣工报告

第 3 章　项目进度安排

（1）现场调研和需求分析

（2）方案设计

（3）线缆敷设

（4）连通性测试

（5）信息插座打线安装

（6）配线架打线安装

（7）RJ-45 跳线和设备线制作

（8）线缆测试

（9）整理资料

（10）验收

（11）系统试运行

（12）系统验收

第三部分　网络信息系统网络工程项目培训方案

（描述本项目培训方案）

（1）现场培训

（2）课程培训

第四部分　技术能力

（简要介绍本公司的技术能力）

第 1 章　项目定义与管理

1.1　项目定义

1.2　项目组织机构

1.3　项目管理人员职能

第五部分　同类项目业绩

（简要介绍本公司的同类项目业绩）

第六部分　设备清单一览表

（描述本项目的设备、工程清单）

第七部分　网络工程综合布线材料清单

（描述本项目的布线材料清单）

第八部分　售后服务与人员培训

（描述本项目的售后服务与人员培训）

8.1　售后服务保证

8.2　保修期内的服务条款

（1）保修期起始的定义

（2）保修期的期限

（3）服务响应时间的限定

（4）服务费用

8.3　保修期外服务条款

8.4　人员培训

（1）现场培训

（2）课程培训

附录1　工程预算清单

附录2　计算所网络研究开发中心简介

附录3　参加项目技术人员简介

附录4　资格证书

6.6　网络工程设计方案实例：中国某中心某信息系统网络工程设计方案

本节介绍一个完整的网络工程方案的样例（IT行业流行的设计方案），也可作为中小型网络工程标书，供读者参考。

中国某中心某信息系统网络工程设计方案

中国科学院计算技术研究所（二部）网络研究开发中心

第一部分　中国某中心某信息系统网络工程项目设计方案

第1章　工程项目与用户需求

1.1　工程项目名称与概况

（1）工程名称：中国某中心网络系统工程

（2）工程概况

中国某中心建设某信息系统包括某系统和网络工程两大部分。某管理系统对某进行集体管理，网络工程是上述信息系统的工作平台。该平台有三方面的任务：第一，与外部网（Internet）连接；第二，供外部网100个用户同时访问该系统；第三，供内部28个房间（每房间3～5个用户）用户上网工作。拥有打印服务器、数据库服务器、一级交换机一台、防火墙、路由器、微机工作站30台、磁盘阵列、磁带机、UPS不间断电源一台。

网络工程项目范围包括计算机网络系统的设计、设备安装（不包括终端设备）、网络综合布线，网络综合布线主要集中在二层楼内，共28个房间，每个房间需配置3～5个信息点。

1.2　网络系统框架

该网络系统的框架如图6-3所示。

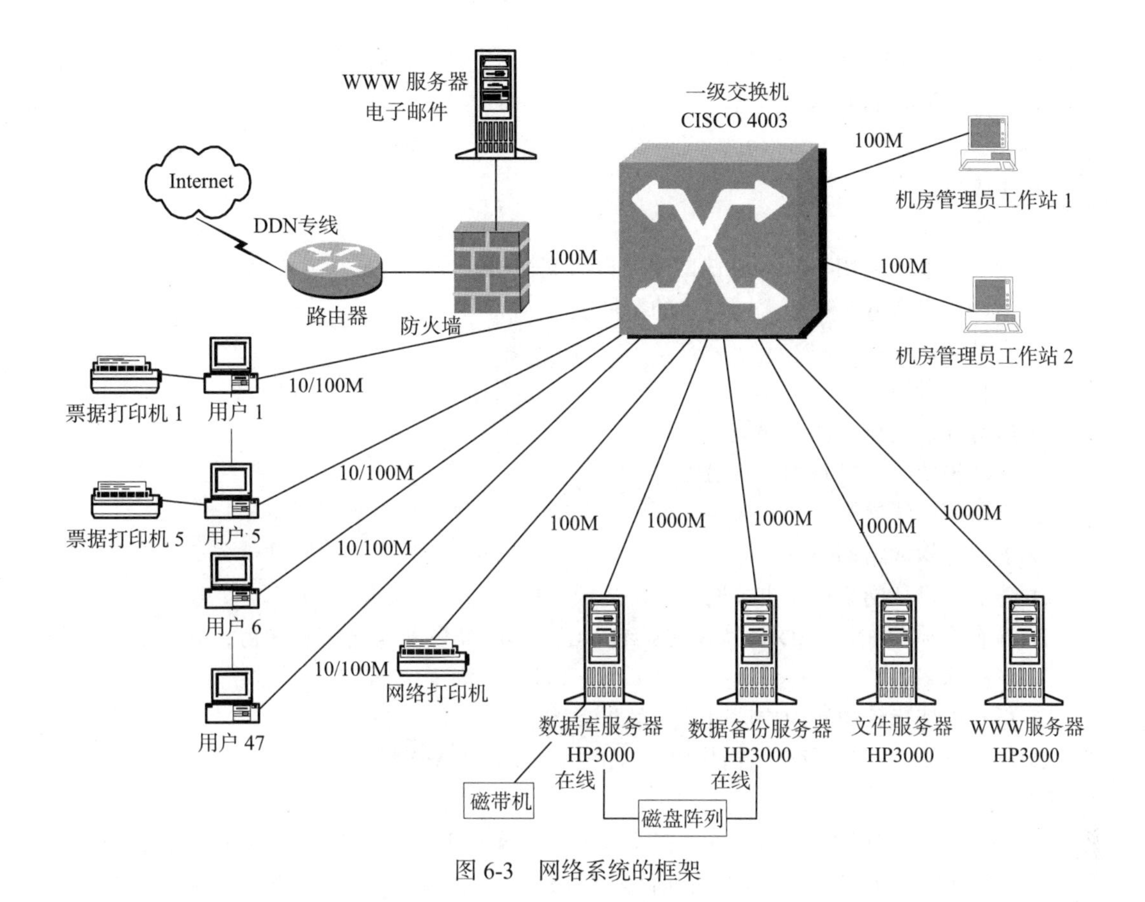

图 6-3 网络系统的框架

1.3 用户建网要求

用户对网络的时间特性要求是 30 个内部网用户同时访问系统时，系统响应时间不超过 3s，100 个外部网用户同时访问系统时，在正常的网络条件下，系统响应时间不超过 10s。因此，我们建网时考虑如下 4 点。

（1）网络技术

在网络总体设计上，干线网采用千兆以太网技术，网络结构采用星形拓扑结构，10/100M 到桌面，用户共有两层办公室区域，直接与一级交换机的 48 个百兆口相连。若大于 47 个用户，加一台二级交换机扩充 24 个 10/100M 用户。整个网络要求具有完善的网络管理、备份冗余办法以及多级安全认证措施，数据库系统采用双机热备份，同时提供磁带机数据备份。

（2）网络布线

按照招标书有关要求，局域网和互联网网站采用防火墙、路由器，我们在防火墙间设一个外部 WWW 服务器（包括电子邮件），供外部访问用户使用，外连 Internet 时，通过 DDN E1 线路，确保用户所需的带宽和工作速率。

（3）硬件选择原则

系统硬件应选择技术成熟、系统功能和性能先进、扩充性能好的知名硬件厂商的产品，交换机、服务器及布线均要采用各种产品（Cisco、HP）。

（4）软件选择和设计原则

软件系统的选择和设计要综合考虑产品的先进、成熟性和发展潜力，以及生产该产品的公司所能够提供的技术支持与服务，同时还要考虑系统的开放性或兼容性，另外也要考虑软件功能集成性和扩展性。

1.4 技术要求

（一）硬件要求

（1）交换机

- 中心交换机采用 Cisco 4003 的千兆以太交换机，应该满足以下要求：
- 至少应具有 6 千兆以太网接口的扩展能力。
- 支持 ATM 接口。
- 支持多种协议。
- 所有模板支持带电热插拔。
- 交换模块必须是互为热备份的。
- 支持第三层交换。
- 支持虚拟网组网。
- 能够提供从网络边缘贯穿网络核心的级别服务和质量服务（QoS）。
- 具有广域 DDN、ISDN、VSAT、ADSL、SDH 等多种连接扩展能力，并具有较高的连接速率。
- 具有支持远程访问用户同时接入的扩展能力。
- 10/100M 交换到桌面。保证 47 个用户享受 10/100M 到桌面。

（2）服务器

对不同的网络功能配备单独的服务器（如数据库服务器、Web 服务器等），以保证网络系统信息管理的高效性、安全性和快速修复性。

主要服务器要配备 HP PC-Server 系列，采用双 CPU 并要求 P4800 以上，内存 1G 以上，2 级缓存 2M 以上，硬盘容量 20G 以上，支持 DVD，具备双机热备、硬盘热插拔扩展功能及 1G 网卡接口，至少 4 个以上的硬盘扩展槽。

（3）网络操作系统

网络操作系统采用 Windows 2000、NT 或 UNIX、Linux

（4）传输介质

用户桌面与楼层配线间之间采用进口超 5 类双绞线相连。

（5）安全性

1）系统通过 WWW 提供服务，保证互联网和局域网之间设立防火墙机制。

2）虚拟网络划分。整个网络要求可在任意两个信息点间跨交换机进行虚拟网络划分，并可在特定的连接线上指定 VLAN。

（6）可靠性

采用具有自动备份、灾难恢复等多种容错功能和集群技术的服务器及网络设备，保证出现故障时能够迅速地进行在线恢复。

系统主要设备（如交换机、服务器等）在正常的工作环境下的平均无故障工作时间（MTBF）应大于 1 年。

（7）数据备份

数据备份是很重要的，需要建立一个双机热备份系统。根据标书中的数据估计量，发展的速度是非常快，数据量也非常大，我们制定高、低档次的双机热备份磁盘阵列方案供甲方考虑，考虑到目前的经济投入和技术发展的状态。本方案报价为低档数据备份方案。方案的结构是：在两个数据库服务器间建立磁盘阵列（在线），由两个数据库服务器分别加入一块SISC模块与磁带机相连，进行数据备份。

- 设备磁盘阵列柜 ESCORT DA—8424P2
- 处理器 CPU：64 位 POWER PC RISC
- 控制器：1 个
- RAID 级别：0，1，3，5，0+1，10，30，50
- 标配内存：128MB（可扩充至 1GB）
- 主机 / 阵列接口：LVD ULTRA2 SCSI（80M/s）
- 通道数（Host+Drive）：4+4
- 热插拔硬盘盒：24 个，最大容量 180GB × 24=4320GB
- 风扇数：8 个
- 电源数：4 个

这是基于 Java 的 GUI 软件可实现远端监控管理盘阵。数据备份采用磁带库方式选择 Exabyte M2 磁带机。

（二）系统软件要求

软件系统除需要满足各种功能要求外，还应该满足以下技术要求：

1）具有支持多平台操作系统的能力。

2）系统采用浏览器 / 服务器方式，具有支持多媒体和 Web 发布的工具和能力。

3）定制的、完全可编辑（支持二次开发）的信息交换与发布。

第 2 章 建网原则

我单位集多年的系统集成经验，形成了自己的一整套网络建设的原则。其中集中体现了我们对用户网络技术和服务上的全面支持。这些原则是以用户为中心的，具体原则如下所述：

（1）标准化及规范化

采用开放的标准网络通信协议，选择符合工业标准的网络设备、通信介质、网络布线连接件及其相关器件器材。工程实施遵照国家电信工程实施标准进行。

（2）先进性与成熟性

按照生命周期的原则，系统设计的基本思想符合技术发展的基本潮流，使布线系统在其整个生命周期内保持一定的先进性；选择合理的网络拓扑结构，网络工程中所用的设备、器材、材料以及软件平台应选择与网络技术发展潮流相吻合的、先进的、有技术保证的、得到广大用户认可的厂家产品。

（3）安全性与可靠性

为了保证整个网络系统安全、可靠地运行，首先必须在总体设计中整体考虑系统的安全性和可靠性。在网络设计阶段以及工程实施各个阶段，都必须考虑到所有影响系统安全、可靠性的各种因素。工程实施完成后，必须按照标准进行严格的测试。

（4）可管理性及可维护性

计算机网络是一个比较复杂的系统，在设计、组建一个网络时，除了要保证联网设备便于管理与维护外，网络布线系统也必须做到走线规范、标记清楚、文档齐全，以便提高对整个系统的可管理性与可维护性。

（5）灵活性及可扩充性

为了保证用户的已有投资以及用户不断增长的业务需求，网络和布线系统必须具有灵活的结构并留有合理的扩充余地，以便用户根据需要进行适当的变动与扩充。

（6）实用性

应根据用户的应用需求，科学地、合理地、实事求是地组建一个实用的网络系统。

（7）优化性能价格比

在满足系统性能、功能以及考虑到在可预见期间内仍不失其先进性的前提下，尽量使得整个系统所需投资合理。

第3章　网络工程总体方案

3.1　网络系统拓扑结构图

网络拓扑结构是决定网络性能的主要技术之一，同时在很大程度也决定了网络系统的可靠性、传输速度、通信效率。网络拓扑结构与网络布线系统有着密切的关系，将对整个网络系统的工程投资产生重要的影响。

计算机网络的拓扑结构是指网络节点与链路的几何排列。通过对网络进行拓扑分析，可初步确定物理网络的选择。计算机网络拓扑结构主要有星形、树形、总线形、环形及网状拓扑。

近年来，由于网络技术发展以及新型网络设备的不断出现，使得在大多数局域网中采用星形拓扑结构。根据用户应用需求以及对网络总体性能和可靠性的考虑，建议省级网络系统拓扑结构如图6-4所示。

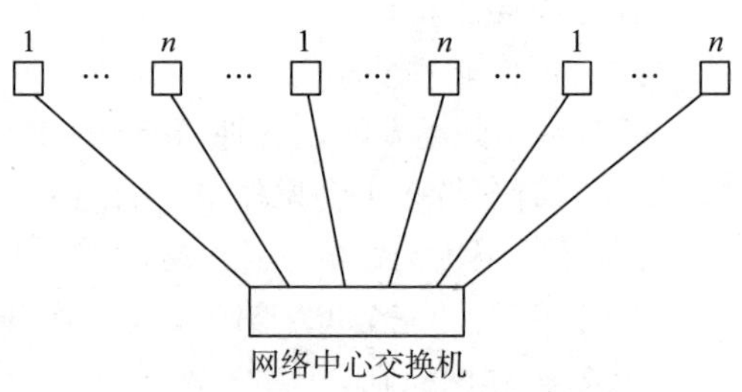

图6-4　网络拓扑结构示意图

用户接入端采用星形拓扑结构是因为它与其他拓扑结构相比具有如下优点：

- 网络结构简单、明了，易于管理、维护。
- 网络可靠性高，不会由于一个节点（中心节点除外）出现故障，导致全网瘫痪。
- 星形结构特别适合于当前流行的、先进的网络结构化布线。已成为成熟的技术。
- 系统容易扩展，可实现带电接入与拆除，并且对整个网络运行无任何影响。
- 特别适合于交换器、集线器等设备的连接。
- 容易通过增加主干设备端口连接数，实现扩展主干线的带宽。
- 适用于星形结构的设备技术成熟，种类多，选择余地大。

3.2　网络通信协议

为了最大程度地支持操作平台和应用软件，得到最优的性能/价格比，以及和Internet实现连接，我们选择了以TCP/IP为中心的、开放的、标准的网络通信协议。

TCP/IP协议是一个成熟且功能完备的网络协议体系。TCP/IP对现有的几乎所有通信介质都提供支持，同时有大量的应用软件和操作系统是以TCP/IP为基础的。Windows NT、Windows 98/95、NetWare 3.12及其高版本、所有UNIX和Linux版本均内置了TCP/IP协议。在Windows 3.x上加载WinSock模块即可实现TCP/IP功能。DOS下也有许多实现TCP/IP功能的软件。

低层传输协议建议采用IEEE 802.3（ISO 8802.3）标准。该标准中的802.3（10M以太网）、802.3u（100M以太网）、802.3z（1000M以太网）都是兼容的，能够实现真正无缝连接。

802.3是局域网中使用得最多的物理层、数据链路层以太网标准。绝大多数网络设备、网卡支持802.3标准。

路由器支持的接口有V.35、RS-232等，支持的广域网协议有PPP、Frame Relay、X.25、ISDN等。

3.3 连网技术

（1）本方案采用的连接技术

本方案采用双绞线到桌面结构的方案，采用交换式1000M以太网连接技术。在该方案中，网络中心节点通过1000M交换技术进行连接，即保证了主干线的1000M带宽。

（2）楼内局域网连接技术

楼内局域网采用快速交换式以太网（10/100M自适应）通过超5类双绞线按照星形拓扑结构进行连接，保证了用户的100M交换到桌面的要求。

（3）与外网连接技术

本方案与外网连接通过DDN E1专线用路由器实现与Internet连接。路由器选用Cisco 2620，防火墙Cisco TIX515R，确保与外网100个用户同时访问该系统所需要的带宽。

3.4 网络总体结构

根据用户要求，网络工程由外部网和内部局域网组成，主干网和用户接入网都采用星形拓扑结构。主干线带宽均为1000Mbps，节点到主干线的接入带宽为1000Mbps，用户接入节点到主干线的接入带宽为10/100Mbps。

3.5 网络信息系统网络工程的构件组成

局域网由一台一级1000M交换机（内带6台千兆口模块，48个百兆口模块）、4台服务器（千兆口）、路由器一台（百兆口）、网络中心工作站2台（百兆口）、防火墙一台（百兆口）、数据备份磁带机一台、支持数据热备份的磁盘阵列一台。

3.6 网络传输介质

楼内网络传输介质为双绞线。布线系统按照结构化布线规范EIA/TIA 568B设计，采用超5类非屏蔽双绞线和连接件，按星形拓扑布线。这种布线设计可保证网络主干跑千兆、百兆到桌面的要求，并且可以使将来系统升级千兆到桌面时无须重新布线，只是更换一下网卡、交换机等网络设备就能实现。

采用DDN E1（带宽2048K）与Internet连接，DDN专线与路由器接口是通过DDN Modem池实现的，DDN初装费2615元，Modem池每个20 000，线路费每月2000元，网络费每月30 000元。初装费、Modem池、线路均由电信部门解决（电信不让系统集成商做这一块工作）。

3.7 网络管理

网络系统分为外网和内网两个独立的系统，为了保证网络系统更加有效地、可靠地运行，建议各自配置一台网络管理工作站，以便更加有效地进行管理。网管工作站上建议运行Cisco Works 2000 for Windows NT/98企业版网管软件，Cisco Works 2000是该公司最新的基于Web界面的网管产品，该网管软件的主要功能如下：

- 提供网络内Cisco交换器、路由器的自动识别和自动拓扑结构图；
- 提供系统级的VLAN拓扑结构图；
- 通过简单单击鼠标提供链路信息；
- VLAN的管理功能（路径、增/删/改名称、故障检查等）；

- ❏ 性能管理：性能监视分析、性能趋势分析、报警等；
- ❏ 远程网络配置功能；
- ❏ 网络设备管理：建立维护网络设备数据库。

3.8　网络信息系统网络结构化布线系统与标准

结构化布线是近年来在网络工程和综合布线系统中比较流行的、先进的布线结构，它的最大特点是相对于所连设备无关，灵活、易改、易扩以及易于管理和维护。所以我们建议网络布线采用结构化布线系统（PDS）。

根据本工程所提出的要求以及我们一贯严格遵守的建网原则、设计思想，并严格遵守国家和行业有关部门制定的各项标准和规范，主要的标准和规范为：

- ❏ 商用建筑布线标准 EIA/TIA 568B
- ❏ 国际布线标准 ISO/IEC 11801
- ❏ 商用建筑电信通道和空间标准 EIA/TIA 569A
- ❏ 商用建筑通信管理标准 EIA/TIA 606
- ❏ 建筑与建筑群综合布线系统工程设计规范 CECS 72:97
- ❏ 建筑与建筑群综合布线系统工程施工与验收标准 CECS 82:97
- ❏ 民用建筑电器设计规范 JGJ/T 16-92
- ❏ 中国电器装置安装工程施工及验收规范 GBJ 232-82
- ❏ 中华人民共和国国家标准 GB 50311-2016 建筑与建筑群综合布线系统工程设计规范
- ❏ 中华人民共和国国家标准 GB 50312-2016 建筑与建筑群综合布线系统工程验收规范
- ❏ 城市住宅区和办公楼电话通信设施设计规范 YD/T 2008-93

将该结构化布线系统划分为三个子系统，分别是：设备间子系统、水平干线子系统、工作区子系统。

现将各个子系统的组成描述如下：

（1）设备间子系统

设备间子系统位于网络中心所在的主机房内，该子系统主要包括网络系统中的服务器、交换机、网络系统的 UPS 电源、机房内的工作站、打印机等，可直接连接到交换机或者集线器上。

设备间子系统既是计算机主机、服务器的所在地，也是网络管理的中心，对整个网络的日常管理、维护工作均在这里进行。

（2）水平干线子系统

水平干线采用超 5 类 4 对非屏蔽双绞线电缆，水平干线从各楼层通过楼道上的桥架连接到各房间的超 5 类信息插座上。入室电缆封装在固定在墙壁上的 PVC 槽内，并端接在信息插座上。

（3）工作区子系统

工作区子系统由固定在室内适当位置的超 5 类 RJ-45 信息插座、网卡以及用于连接入网终端设备（微机、工作站等）的两端装有 RJ-45 插头的超 5 类非屏蔽双绞线组成。信息插座明装在墙壁上，距地面 30cm 处。

本工程信息插座的压接遵从 EIA/TIA 568B 标准，引脚顺序与 UTP 线缆各芯线颜色对应关系如图 6-5 所示。贵单位自行制作 RJ-45 跳接线或设备线时，应严格按照图中顺序压接。

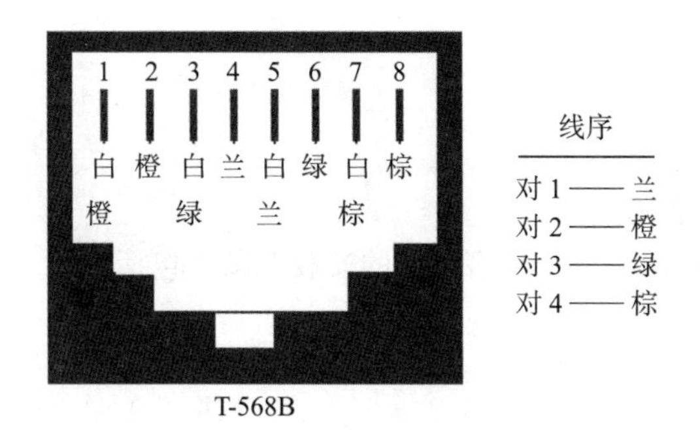

图 6-5 引脚顺序与 UTP 线缆各芯线颜色对应关系

第二部分 网络工程项目实施方案

第 1 章 工程进度安排

本项工程实施方案可划分为如下几个阶段：系统调研与需求分析、工程方案设计、布线施工、布线系统测试与验收、网络系统设备的安装与调试、网络服务软件的安装与调试、网络系统验收、用户培训。

1.1 系统调研与需求分析

系统调研与需求分析是工程建设过程的第一个阶段，是一切从实际出发，以用户为中心的集中体现。系统调研与需求分析工作从合同生效之日开始启动。本阶段工作基本上以现场调研为主，搞清用户工程建设的所有相关问题。现场调研与需求分析、收集资料包括：

- ❑ 各楼平面图、立面图，了解大楼建筑物布局。
- ❑ 计算机网络系统的要求。
- ❑ 原有网络的拓扑结构、连接设备、网络协议、操作系统等。
- ❑ 确定信息点需求，包括信息点类型、数量、分布和具体位置。
- ❑ 确定网络对外接入条件及约束条件。
- ❑ 现场调查机房、网络间，包括位置、面积、与竖井的距离、电源、地板、天花板、照明等情况。
- ❑ 竖井的位置，水平干线路由有无障碍、墙壁和楼板是否需要打洞。
- ❑ 电磁干扰源的分布情况，包括：电梯、配电室、电源干线等。
- ❑ 综合布线器材存放地点。

1.2 工程方案设计

在调查研究的基础上，可以进行工程方案设计工作。方案设计阶段的工作将在中科院计算所（二部）网络研究开发中心进行。其内容主要有：

（1）楼内结构化布线系统工程设计

（2）网络总体工程设计

（3）主干网工程设计

（4）楼内网络工程设计

（5）网络服务系统方案设计

1.3 布线系统施工

（1）结构化布线系统施工

（2）安装与配线

1.4 系统测试与验收

（1）结构化布线系统的测试

（2）布线系统验收

1.5 网络系统的安装调试

综合布线验收合格以后，进行网络系统的安装调试，包括：

- ❑ 网络整体联调
- ❑ 网络服务器的安装
- ❑ 路由器安装调试
- ❑ DDN E1专线调试

1.6 系统验收

（1）用户与集成商共同组建工程验收小组

（2）确定验收标准

（3）系统验收

（4）文档验收

第2章 测试与验收

2.1 测试组的组成

测试组应由用户方、设计施工方两方组成。各方派出有关技术人员共同完成测试工作。测试中发现的问题由施工方立即纠正。测试组负责人一般可由用户方担任。

2.2 测试方法和仪器

测试方法分为仪器测试与人工测试两种。凡需要给出电气性能指标的使用仪器测试，凡是有形的、可以现场观测的由人工观测测试。

（1）布线系统测试

- ❑ 线缆测试仪 WireScope 100。
- ❑ 测试参数：

1）连通性——防止线缆在穿线时断裂；

2）接线图——超5类非屏蔽双绞线与插头 / 插座的针脚连接正确性检测；

3）长度——使用双绞线的干线长度，不得超过90m；

4）衰减——信号在双绞线中传输时从发出信号到接收信号时，信号强度的衰减程度应小于20dB；

5）近端串扰——发送信号的线对，对接收信号的线对的电磁偶合抗干扰能力应大于29dB。

（2）网络系统测试

- ❑ 网络交换器设备设置
- ❑ 网络路由器设置
- ❑ 网络服务器的设置：DNS、EMS、Web、FTP、Telnet 等
- ❑ VLAN 设置
- ❑ 网络管理工作站的设置
- ❑ 内部网络通信
- ❑ 外部网络通信

（3）工程项目文档

要求所有技术文件内容完整、数据准确、外观整洁。

- ❑ 项目设计书
- ❑ 布线平面设计图
- ❑ 布线系统逻辑图
- ❑ 机柜连线图
- ❑ 计算机配线表
- ❑ 网络系统总体结构图
- ❑ 网络系统设备配置手册
- ❑ 网络地址分配表、域名表
- ❑ 测试报告
- ❑ 竣工报告

第3章　项目进度安排

根据网络项目的要求，该工程项目计划在中标合同签订后一个月内完成工程施工。为实现这一目标，我们将按照下列进度表安排工程施工进度。

（1）现场调研和需求分析	3天
（2）方案设计	3天
（3）线缆敷设	10天
（4）连通性测试	1天
（5）信息插座打线安装	1天
（6）配线架打线安装	1天
（7）RJ-45跳线和设备线制作	3天
（8）线缆测试	3天
（9）整理资料	7天
（10）布线验收	1天
（11）系统试运行	30天
（12）系统验收	2天

项目起止日期为：

1）现场调研和需求分析：从合同生效起3天内启动，最迟3天完成。

2）方案设计：现场调研和需求分析结束后，3天内完成。

3）线缆敷设：10天内完成。

4）连通性测试：1天内完成。与线缆敷设同期进行，随敷随测，最多延迟1天。

5）信息插座打线安装：3天内完成。

6）配线架打线安装：信息插座打线安装结束后，1天内完成。

7）RJ-45跳线和设备线制作：3天内完成。

8）线缆测试：3天内完成线缆仪器测试。

9）整理资料：线缆测试结束后，7天内完成。

10）布线验收：资料整理工作结束后，1天内完成。

11）网络系统设备安装调试：布线系统验收后，30天内完成。

注意：其中部分工作穿插进行，是同步进行的。

第三部分　网络信息系统网络工程项目培训方案

为使用户能更深入地了解和掌握本项工程所涉及的设备和技术，更有效地管理建成后的系统，我公司根据厂家建议和自身经验向用户提供本培训方案。

（1）现场培训

在工程建设过程中，我公司为用户方技术人员提供以下免费培训，内容包括：布线设计和施工、布线、打线压线技术和注意问题、线缆测试技术等以及对用户方技术人员提出的问题的解答。

（2）课程培训

学员：要求学员为用户方参加此项工程的技术人员和有高中以上文化程度的工人技术骨干。网络系统学员要求大学毕业以上，且具有一定计算机和网络使用管理基础。

人数：学员数量3～5人为宜。

时间：3天。

第四部分　技术能力

在第一部分已简要介绍了本公司的情况，现着重叙述我们对工程建设过程中的技术管理。

第1章　项目定义与管理

1.1　项目定义

对于该网络系统工程，我公司专为该项目成立了《某信息系统网络系统工程》项目组，我们非常重视该项目，深知该项目的重要性，决心成立最好的项目领导班子，调集最优秀的工程技术力量，组织一支强有力的项目队伍，其目的是要确保该项目能够完满完成，保证工程的进度和质量，并在施工质量、工程进度、工程验收上进行不定期的检验以及将报告提交双方领导。

1.2　项目组织机构

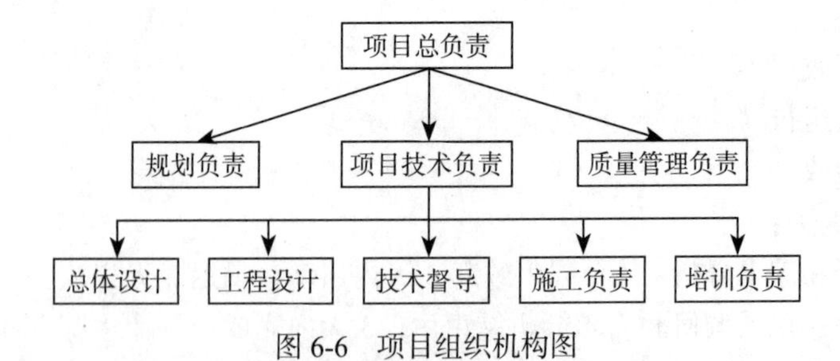

图6-6　项目组织机构图

1.3　项目管理人员职能

（1）项目负责人

姓名：黎连业

公司职位：负责本项目的网络施工与组织协调工作。

（2）规划负责：姓名：xxx

项目组职位：规划负责人

公司职位：总工程师

在项目组中的职能：项目规划负责人，负责系统分析、子系统功能划分、总体方案设计、工程进度规划、技术力量调度安排。

（3）办公自动化项目技术负责人

姓名：xxx

项目组职位：项目技术负责人

公司职位：开发部经理

在项目组中的职能：具体负责项目设计、施工、测试和验收过程中的有关问题；协调督导与施工方的关系；工程进度安排；

（4）工程设计

姓名：黎连业

项目组职位：工程设计

公司职位：总工程师

在项目组中的职能：负责计算机网络和电话通信系统综合布线方案设计。设计书制作、平面设计图制作、分项工程所需器材清单和报价。

（5）技术督导

姓名：黎连业

公司职位：总工程师

在项目组中的职能：工程现场负责人；协调与施工队的关系；及时发现和解决现场出现的所有相关问题；发现重大问题及时上报。

（6）施工负责

姓名：xxx

项目组职位：施工负责人

公司职位：高级工程师

在项目组中的职能：与督导人员一起负责施工现场的技术问题和进度安排等有关问题。

（7）培训负责人

姓名：黎连业

公司职位：培训部经理

在项目组中的职能：方案设计、对用户方技术人员的业务培训工作；综合布线基础、布线标准和规范、综合布线设计、施工、测试和验收；网络系统设备安装调试、服务器软件安装调试、路由器设置等。

1.4　项目主要技术负责人员简历

以上为我公司参与工程设计与施工的主要人员。还有许多其他相关工作人员，因篇幅所限，不再详述。

总工及副总工参与所有项目的设计与指导，具体项目不再赘述。

第五部分　同类项目业绩

我们在系统集成与网络工程方面有着雄厚的实力与丰富的经验，十几年来我们完成了许多网络工程项目：

（1）项目名称：中关村教育与科研示范网络工程

用户单位：中科院

工程概况：在 80 年代末、90 年代初参加了世界银行贷款的“中关村教育与科研示范网络工程”的投标，以其雄厚的科研实力与高水平的设计方案一举中标，成功地完成了这一当时全国最大的、最复杂的区域网络，而且这一网络也是当时全国最早接入 Internet 的大型网络。

（2）……（*N*）(略)

第六部分　设备、工程清单一览表

北京某公司投标于某中心网络工程，所需设备、费用做如下叙述（设备价格应根据供货商供货时的价格为准，这里仅作参考，对于数据备份选的是磁带机，如选用高档磁盘阵列数据备份，请见报价单）。

一、本项目所购设备：

1. Cisco 网络设备清单

产品型号	产品描述	数量	价格（元）	折扣价（元）	成交价（元）
ws-c4003-s1	4003 的机箱 +1300W 电源	1	10 493 × 4.8	4.6	4.3
ws-x4008/2	4000 的交流电源	1	1493 × 4.8	4.6	4.3
ws-x4306-GB	6 口千兆模块（GBIC）	1	4993 × 4.8	4.6	4.3
ws-x4148-Rj	48 口 10/100Rj45	1	6743 × 4.8	4.6	4.3
ws-G5484	1000base-sxGBIC 卡	6	750 × 4.8	4.6	4.3
cisco2620	1×10/1002 × wan 1 × nm	1	3443 × 4.4	4.3	3.9
NM-1CE1U	1 口多路 E1 模块	1	3900 × 4.8	4.6	4.3
pix-515-R	2×10/100 防火墙	1	7500 × 4.8	4.6	4.3
PIX-1FE	10/100 网络模块	1	400 × 4.8	4.6	4.3
合计					

2. HP 服务器清单

产品型号	产品描述	数量	价格（元）	成交价（元）
LH3000	PIIII 双 4P1G 内存、30G 硬盘、6 个硬盘槽位、1000M 网卡 DVD	1	89 000	80 000.00

注：以上价格如有变动，以成交时的实际市场价格为准。

3. 磁盘阵列

（1）磁盘阵列柜

Power5960RN

Ultra2-to-Ultra2 dual Host RAID Subsystem LVD/SE

（传输速率 80MB/s）

RAID Level 0,1,3,5,0+1（试用 80 针接口的硬盘）

4 Ultra 2Channel:2 for Host Channel, 2 for Device Channel

intel 1960RN 64bit RISC CPU 100MHz

8 Hot-swap Metal Mobile Racks

Ultra 2 SCA-II BackPlane interface

2 RS232 ports for the Monitoring & remote Notification

64MB Cahe Memory

4 Hot-swap Cooling Fan

2 External Ultra 2 Cable

2 Hot-swap 300W Power Supply

2 × 16 LCD Display 4 Control key

（含 Turbo Linux DataServer plus Oracle Turbo HA 双机热备软件）

报价：人民币 125 000.00 元，折扣：10%

成交价：人民币 112 500.00 元

（2）硬盘

IBM SCSI 硬盘 18GB，报价：3200 元 / 块，折扣：4%。

（3）HP 磁带机

HP DAT24X6E（外置，含 1 盘 40G 磁带），报价：人民币 24 000.00 元，折扣：5%。

4. 设备清单报价一览表

序号	名称	说明	单位	数量	报价	成交价	合计（人民币）
1	ws-c4003-s1	4003 的机箱 +1300W 电源	台	1	$ 10 493 × 4.8	4.3	45 119.90
2	ws-x4008/2	4000 的交流电源	台	1	$ 1493 × 4.8	4.3	6419.90
3	ws-x4306-GB	6 口千兆模块（GBIC）	块	1	$ 4993 × 4.8	4.3	21 469.90
4	ws-x4148-Rj	48 口 10/100Rj45	块	1	$ 6743 × 4.8	4.3	28 994.90
5	ws-G5484	1000base-sx GBIC 卡	块	6	$ 750 × 4.8	4.3	19 350.00
6	cisco2620	1 × 10/1002 × wan 1 × nm	台	1	$ 3443 × 4.4	3.9	13 427.70
7	NM-1CE1U	1 口多路 E1 模块	块	1	$ 3900 × 4.8	4.3	16 770.00
8	pix-515-R	2 × 10/100 防火墙	台	1	$ 7500 × 4.8	4.3	32 250.00
9	PIX-1FE	10/100 网络模块	块	1	$ 400 × 4.8	4.3	1720.00
10	磁盘阵列柜	Power5960RN	台	1	￥125 000	112 500	112 500.00
11	硬盘	IBM SCSI 18G	块	5	￥3200	3072	15 360.00
12	HP 磁带机	HP DAT24X6E（外置，含 1 盘 40G 磁带）	台	1	￥24 000	22 800	22 800.00
13	50 帧适配卡	用于服务器与磁带机连接	块	2	￥22 000	20 000	40 000.00
14	数据库服务器 数据备份服务器 文件服务器 WWW 服务器	HPLH3000 双 4P、1G 内存、30G 硬盘、6 个硬盘槽位、1000M 网卡 DVD	台	4	￥89 000	80 000	320 000.00
15	外部 WWW 服务器	供外部用户访问	台	1	￥19 500	17 500	17 500.00
16	UPS 3C20KS	10K 自备 2 小时	台	1	￥93 000	83 000	83 000.00
17	激光打印机	A3 16 页 / 分 1200P	台	1	￥15 200	12 200	12 200.00
18	票据打印机		台	5	￥3900	3600	18 000.00
	合计				￥920 832.00		826 882.30

二、工程项目汇总（人民币）：

- ❑ 网络设备费：826 882.30 元
- ❑ 网络综合布线材料费：55 137.50 元
- ❑ 网络综合布线施工费：43 400.00 元
- ❑ 网络综合布线设计费：4926.875 元
- ❑ 网络综合布线测试费：6897.625 元
- ❑ 系统集成费：37 016.79 元
- ❑ 税金：32 150.62 元
- ❑ 工程总报价：1 006 411.71 元

三、高档存储备份系统报价单

高档存储磁盘阵列、数据备份，目前市场上价格高，用户经济投入大，我们在本方案中提供两种方案。第一种方案是低档磁盘阵列加磁带机备份方案，其设备构成在数据备份中已做说明，待系统运行几年后，再更新为高档的方案。第二种方案是高档的磁盘阵列存储备份方案，需要投入2600多万人民币，现将高档磁盘阵列存储备份系统方案用表6-69、表6-70表现出来，供用户参考选用。

表6-69 存储设备解决方案

产品名称	设备名称	数量
DKC4101-5.P	Disk Controller	1
DKC-F4101-R1C.P	DEV I/F Cable 0（DKC-R1 DKU）	1
DKC-F4101-1EC.P	Power Cable Kit（Single Phase Europe）	1
DKC-F4101-1PS.P	AC Box Kit for Single Phase	1
041-100028-01.P	HDS Logo 9900	1
DKU-F4051-72J4.P	4 HDD Canisters（DKR1C-J72FC0）	92
DKU-F4051-72J1.P	1 HDD Canister（DKR1C-J72FC）	4
DKU-F4101-80.P	Additional Power Supply	1
DKU4051-14.P	Disk Array Unit	4
DKU-F4051-B4.P	Platform for Canister Mount	4
DKU-F4051-1PS.P	AC Box Kit for Single Phase	4
DKU-F4051-1EC.P	Power Cable Kit（Single Phase Europe）	4
DKC-F4101-L1C.P	DEV I/F Cable 0（DKC-L1 DKU）	1
DKU-F4051-EXC.P	DEV I/F Cable 2（DKU-DKU）	1
DKC-F4101-100.P	Additional Disk Adapter	3
DKC-F4101-S256.P	Additional Shared Memory Module（256MB）	5
DKC-F4101-1024.P	Additional Cache Memory Module（1024MB）	28
DKC-F4101-20.P	Additional Cache Board	1
DKC-F4101-4GS.P	Fibre 4-Port Adapter for Short Wavelength	3
JZ-050SS031.P	Fibre Cable for Tachyon-31m	12
DKC-F4101-SNMP.P	SNMP Support Kit	1
IP 1000-2CD.P	PCAnywhere CD ROM	1
IP0807-4.P	Hi-Track PCMCIA Modem Kit	1
IP0806-1.P	Hi-Track Ethernet Connect Kit	1
041-100029-01.P	Ethernet Thinnet Cable	1
041-100034-01.P	9900 Microcode Kit	1
044-100209-01A.P	9900 Resource Manager 1TB Lic	1
044-100210-01B.P	9900 Resource Manager 2～3TB Lic	2
044-100211-01C.P	9900 Resource Manager 4～7TB Lic	4
044-100212-01D.P	9900 Resource Manager 8～15TB Lic	8
044-100213-01E.P	9900 Resource Manager 16～31TB Lic	12
044-100040-01.P	9900 Resource Mgr Base	1

可用容量：40T

总金额（含三年现场）：19 349 394.00元

表6-70 备份系统报价

	序号	产品编号	产品名称	单价（元）	数量	合计（元）
硬件	1	P6000 8-652	P6000磁带库库体，8驱动器，非压缩容量65.2TB	404 917	1	404 917

（续）

	序号	产品编号	产品名称	单价（元）	数量	合计（元）
硬件	2	SDLT-S220	SuperDLT 磁带	700	652	456 400
	3	FC-230	光纤卡	25 704	1	25 704
	4	EC100	光纤卡配件	25 704	1	25 704
			硬件价格小计	912 725		
			硬件折扣（off）	53%	483 744	
			硬件折扣后小计	428 981		

	序号	产品编号	产品名称	单价（元）	数量	合计（元）
软件	1	5102-1Y	Networker Power Edition for UNIX	46 800	1	46 800
	2	2154-1Y	Networker Module for Oracle, on UNIX	16 174	2	32 348
	3	2043-1Y	Autochanger Software Module Unlimited slots	26 713	1	26 713
	4	2114-1Y	Cluster Client Connections	5217	2	10 434
	5	2004-1Y	Networker Network Edition SAN Storage Node for UNIX	8348	5	41 740
	6	2107-1Y	Dynamic Drive sharing option	6261	8	50 088
	7	3304-1Y	Client Pak for UNIX	4320	1	4320
	8	2088	Media	200	1	200
			软件价格小计	212 643		
			软件折扣（off）	65%	13 8218	
			软件折扣后小计	74 425		
			软硬件价格合计	503 406		
服务			安装及培训费用		5688	
			7×24 小时技术支持	一年	12 690	
			汇率	10.8		
			系统人民币总金额	5 636 265		

高档的磁盘阵列，数据备份的投入为

19 349 394.00 元 + 5 636 265.00 元 = 24 985 659.00 元。

第七部分　网络工程综合布线材料清单

综合布线材料清单

序号	名称	品牌	单位	数量	报价（元）	成交价（元）	成交价合计（元）
1	超 5 类双绞线	安普	箱	41	660	610	25 010.00
2	超 5 类模块	安普	个	150	33.5	30	4500.00
3	RJ-45	安普	只	620	2.5	2.2	1364.00
4	墙上插座面板	安普	个	75	9.2	8	600.00
5	墙上底座	安普	个	75	9.5	8.1	607.50
6	机柜 19"（2m）	腾跃公司 TY-2000C.D	台	1	3600	3200	3200.00
7	配线架 48 口	安普	个	4	2260	1900	7600.00
8	理线器	安普	个	4	440	400	1600.00
9	PVC 槽（50×100）	北京电缆桥架厂（合资）	米	220	13.2	11.8	2596.00
10	PVC 槽（25×12.5）	北京电缆桥架厂（合资）	米	800	2.4	2.1	1680.00

（续）

序号	名称	品牌	单位	数量	报价（元）	成交价（元）	成交价合计（元）
11	双绞线跳线		条	300	20	15	4500.00
12	光跳线 SC-SC		条	4	240	220	880.00
13	工程施工小件消耗					1000	1000.00
	合计				61 221.50		55 137.50

工程施工费：每个信息点施工费 310.00 元，140 × 310 = 43 400.00 元。

第八部分　售后服务与人员培训

项目验收并投入运行，对于一个工程项目来说，这只是万里长征走完了第一步，更漫长和艰苦的任务是售后技术支持与服务。要使用户在资金投入后用得放心、顺心，就必须给用户提供一个良好的售后服务政策和措施，而且这种政策和措施必须落实到行动上。这就是我们的一贯宗旨，是我们一切以用户为中心的指导方针的体现，我们要求公司员工在售后服务工作中一定要做到：反应迅速、技术一流、解决问题、用户满意。

8.1　售后服务保证

中科院计算所（二部）网络研究开发中心以良好的售后服务而闻名于世。公司设有管理严格的售后服务机构，拥有一支经验丰富、技术精良的售后服务政策和组织。

中科院计算所网络中心的工程技术人员，都分别接受过各种机构、国外著名公司等部门的正规技术培训，如 Cisco、Sun、Digital、IBM、西蒙、通贝等，因此有一支训练有素的队伍。并且得到国内外多家著名网络专业公司和机构的技术支持，遇有疑难问题时可随时得到支持，例如美国 AMP、Cisco 公司技术部门等。

8.2　保修期内的服务条款

（1）保修期起始的定义

中国某中心某网络工程的保修期从通过验收之日起计算。

（2）保修期的期限

布线系统服务保修期为 20 年。网络系统的设备服务保修期与销售商相同。

（3）服务响应时间的限定

中科院计算所（二部）网络研究开发中心提供 2 小时内的服务响应时间，即在接到用户要求服务的通知后，一定会以电话或传真方式在 2 小时内将此次服务计划及行动安排通知给用户，并在规定的时间内到达现场。

（4）服务费用

在保修期内由非人为因素（地震、战争、火灾、洪水、雷击等不可抗力除外）造成的设备故障，给予免费更换。因用户使用不当造成的故障，用户只需承担设备的成本费和我方人员的差旅费。

8.3　保修期外服务条款

1）我公司向用户提供与保修期内同等质量的服务，包括服务响应时间、到达现场时间、处理问题能力等。具体内容参见保修期内服务条款。

2）对需更换的设备，我公司只收成本费，不加任何利润。服务费一项也只收成本费（包括交通费、住宿费及每人每天 300 元人民币的运行开销费）。

8.4　人员培训

为使用户能更深入地了解和掌握本项工程所涉及的设备和技术，更有效地管理建成后的系统，我们根据厂家建议和自身经验向用户提供培训方案。

（1）现场培训

在工程建设过程中，我们为用户方技术人员提供以下培训，内容包括：网络设计和施工、布线、打线、压线技术和注意问题、光纤 ST 头制作技术、线缆测试技术等以及对用户方技术人员提出的问题的解答。

（2）课程培训

学员：要求学员为用户方参加此项工程的技术人员和有高中以上文化程度的工人技术骨干。网络系统学员要求大学毕业以上，且具有一定计算机和网络使用管理基础。

人数：学员数量 5 ～ 8 人为宜。

时间：5 天。

培训地点：中科院计算所（北京市海淀区科学院南路 6 号）。

第 7 章　网络工程施工实用技术

本章围绕网络工程施工过程中各阶段的要点，并结合网络拓扑结构（总线型、星形、环形）叙述网络工程施工过程中的实用技术。

7.1　网络工程布线施工技术要点

7.1.1　布线工程开工前的准备工作

网络工程经过调研、设计确定方案后，下一步就是工程的实施，而工程实施的第一步是开工前的准备工作，要求做到以下几点。

1）设计综合布线实际施工图，确定布线的走向位置，供施工人员、督导人员和主管人员使用。

2）备料。网络工程施工过程需要许多施工材料，这些材料有的必须在开工前就备好，有的可以在开工过程中备料。主要有以下几种：

- 光缆、双绞线、插座、信息模块、服务器、稳压电源、集线器、交换机、路由器等落实购货厂商，并确定提货日期。
- 不同规格的塑料槽板、PVC 防火管、蛇皮管、自攻螺丝等布线用料就位。
- 如果集线器是集中供电，则准备好导线、铁管并制订好电器设备安全措施（供电线路必须按民用建筑标准规范进行）。
- 制订施工进度表（要留有适当的余地，施工过程中意想不到的事情随时可能发生，若发生应要求立即协调）。

3）向工程单位提交开工报告。

7.1.2　施工过程中要注意的事项

1）技术交底。技术交底是工程项目施工的关键环节，要重点注意如下两点内容：

① 技术交底应在合同的基础上进行，主要依据有施工合同、施工图设计、施工规范、各项技术指标、管理的要求、业主或监理工程师的其他书面要求等。

② 技术交底的内容包括施工方案、安全措施、关键工序、特殊工序（如果有的话）和质量控制点、施工工艺及注意事项。

2）施工现场督导人员要认真负责，及时处理施工进程中出现的各种情况，协调处理各方意见。

3）如果现场施工碰到不可预见的问题，应及时向工程单位汇报，并提出解决办法供工程单位当场研究解决，以免影响工程进度。

4）对工程单位计划不周的问题，要及时妥善解决。

5）对工程单位新增加的点要及时在施工图中反映出来。

6）对部分场地或工段要及时进行阶段检查验收，确保工程质量。

7）制订工程进度表。

在制订工程进度表时要留有余地，还要考虑其他工程施工时可能对本工程带来的影响，避免出现不能按时完工、交工的问题。因此，建议使用督导指派任务表、工作间施工表，见表 7-1 和表 7-2。督导人员对工程的监督管理则依据表 7-1 和表 7-2 进行。

表 7-1　工作间施工表

楼号	楼层	房号	联系人	电话	备注	施工 / 测试日月
			⋮			

注：此表一式 4 份，领导、施工、测试、项目负责人各一份。

表 7-2　督导指派任务表

施工名称	质量与要求	施工人员	难度	验收人	完工日期	是否返工处理
⋮	⋮	⋮	⋮	⋮	⋮	⋮

7.1.3　测试

测试所要做的事情有：

1）工作间到设备间的连通状况。

2）主干线的连通状况。

3）信息传输速率、衰减率、距离接线图、近端串扰等因素。

有关测试的具体内容将在第 9 章中叙述。

7.1.4　工程施工结束时的注意事项

工程施工结束时的注意事项如下：

1）清理现场，保持现场清洁、美观。

2）对墙洞、竖井等交接处要进行修补。

3）各种剩余材料汇总，并把剩余材料集中放置在一处，并登记还可使用的数量。

4）做总结材料。

总结材料主要包括以下内容：

1）开工报告

2）布线工程图

3）施工过程报告

4）测试报告

5）使用报告

6）工程验收所需的验收报告

7.1.5 安装工艺要求

1. 设备间

1）设备间的设计应符合下列规定：

- ❑ 设备间应处于干线综合体的最佳网络中间位置。
- ❑ 设备间应尽可能靠近建筑物电缆引入区和网络接口。电缆引入区和网络接口之间的间隔宜≤ 15m。
- ❑ 设备间的位置应便于接地装置的安装。
- ❑ 设备间室温应保持为 10 ～ 27℃，相对温度应保持为 60% ～ 80%。这里未分长期温度、湿度工作条件与短期温度、湿度工作条件。长期工作条件的温度、湿度是在地板上 2m 和设备前方 0.4m 处测量的数值；短期工作定为连续不超过 48 小时和每年累计不超过 15 天，也可按生产厂家的标准来要求。短期工作条件可低于条文规定数值。
- ❑ 设备间应安装符合法规要求的消防系统，应使用防火防盗门，至少能耐火 1 小时。
- ❑ 设备间内所有设备应有足够的安装空间，其中包括：程控数字用户电话交换机、计算机主机、整个建筑物用的交接设备等。设备间内安装计算机主机，其安装工艺要求应按照计算机主机的安装工艺要求进行设计。设备间安装程控用户交换机，其安装工艺要求应按照程控用户电话交换机的安装工艺进行设计。

2）设备间的室内装修、空调设备系统和电气照明等安装应在装机前进行。设备间的装修应满足工艺要求，经济适用。容量较大的机房可以结合空调下送风、架间走缆和防静电等要求，设置活动地板。设备间的地面面层材料应能防静电。

3）设备间应防止有害气体（如 SO_2、H_2O、NH_3、NO_2 等）侵入，并应有良好的防尘措施，允许尘埃含量限值参见表 7-3 的规定。

表 7-3　允许尘埃限值表

灰尘颗粒的最大直径（μm）	0.5	1	3	5
灰尘颗粒的最大浓度（粒子数 /m³）	1.4×10^7	7×10^5	2.4×10^5	1.3×10^5

注：灰尘粒子应是不导电、非铁磁性和非腐蚀性的。

4）至少应为设备间提供离地板 2.55m 高的空间，门的高度应大于 2.1m，门宽应大于 90cm，地板的等效分布载荷应大于 5kN/m2。凡是安装综合布线硬件的地方，墙壁和天棚应涂阻燃漆。

5）设备间的一般照明，最低照明度标准应为 150lx，规定照度的被照面，水平面照度指距地面 0.8m 处，垂直面照度指距地面 1.4m 处的规定。

2. 交接间

1）确定干线通道和交接间的数目，应从所服务的可用楼层空间来考虑。如果给定楼层所要服务的信息插座都在 75m 范围以内，宜采用单干线接线系统。凡超出这一范围的，可采用双通道或多个通道的干线系统，也可采用经过分支电缆与干线交接间相连接的二级交接间。

2）干线交接间兼作设备间时，其面积不应小于 $10m^2$。干线交接间的面积为 $1.8m^2$（$1.2m \times 1.5m$）时，可容纳端接 200 个工作区所需的连接硬件和其他设备。如果端接的工作区超过 200 个，则应在该楼层增加 1 个或多个二级交接间，其设置要求应符合表 7-4 的规定，或可根据设计需要确定。

表 7-4　交接间的设置表

工作区数量（个）	交接间数量和大小（个，m^2）	二级交接间数量和大小（个，m^2）
≤ 200	1，≥ 1.2 × 1.5	0
201 ～ 400	1，≥ 1.2 × 2.1	1，≥ 1.2 × 1.5
401 ～ 600	1，≥ 1.2 × 2.7	1，≥ 1.2 × 1.5
＞ 600	2，≥ 1.2 × 1.7	

注：任何一个交接间最多可以支持两个二级交接间。

3. 电缆

1）配线子系统电缆在地板下的安装方式，应根据环境条件选用地板下桥架布线法、蜂窝状地板布线法、高架（活动）地板布线法、地板下管道布线法等 4 种安装方式。

2）配线子系统电缆宜穿钢管或沿金属电缆桥架敷设，并应选择最短捷的路径，目的是适应防电磁干扰要求。

3）干线子系统垂直通道有电缆孔、管道、电缆竖井 3 种方式可供选择：

- 电缆孔方式通常用一根或数根直径为 10cm 的金属管预埋在地板内，金属管高出地坪 2.5 ～ 5cm，也可直接在地板上预留一个大小适当的长方形孔洞。
- 管道方式：包括明管或暗管敷设。
- 电缆竖井方式：在原有建筑物中开电缆井很花钱，且很难防火。如果在安装过程中没有采取措施防止损坏楼板支撑件，则楼板的结构完整性将遭到破坏。

4）一根管道宜穿设一条综合布线电缆。管内穿放大对数电缆时，直线管路的管径利用率宜为 50% ～ 60%，弯管路的管径利用率宜为 40% ～ 50%。管内穿放 4 对对绞电缆时，截面利用率宜为 25% ～ 30%。4 对对绞电缆不作为电缆处理，条文规定按截面利用率计算管道的尺寸。

5）允许综合布线电缆、电视电缆、火灾报警电缆、监控系统电缆合用金属电缆桥架，但与电视电缆宜用金属隔板分开。用金属隔板分开是为了防电磁干扰。

6）建筑物内暗配线一般可采用塑料管或金属配线材料。

7.2　网络布线路由选择技术

两点间最短的距离是直线，但对于布线缆来说，这不一定就是最好、最佳的路由。在选择最容易布线的路由时，要考虑便于施工、便于操作，即使花费更多的线缆也要这样做。对一个有经验的安装者来说，“宁可多使用额外的 1000m 线缆，而不使用额外的 100 工时”，因为通常线缆要比人工费用便宜。

如果我们要把“25 对”线缆从一个配线间牵引到另一个配线间，若采用直线路由，要经天花板布线，路由中要多次分割、钻孔才能使线缆穿过并吊起来；而另一条路由是将线缆通过一个配线间的地板，然后再通过一层悬挂的天花板，再通过另一个配线间的地板向上，如图 7-1 所示。采用何种方式？这就要我们来选择。

有时，如果第一次所做的布线方案并不是很好，则可以选择另一种布线方案。但在某些场合，又没有更多的选择余地。例如，一个潜在的路径可能被其他的线缆塞满了，第二个路径要通过天花板，也就是说，这两种路径都不是我们希望的。因此，考虑较好的方案是安装新的管道，但由于成本费用问题，用户又不同意，这时只能采用布明线，将线缆固定在墙上和地板上。总之，如何布线要根据建筑结构及用户的要求来决定。选择好的路径时，布线设计人员要考虑以下几点。

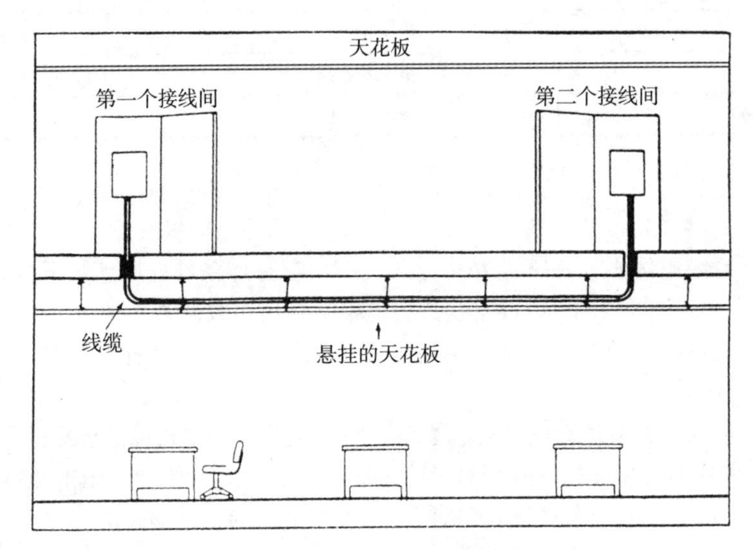

图 7-1　路由选择

1. 了解建筑物的结构

对布线施工人员来说，需要彻底了解建筑物的结构，由于绝大多数线缆是走地板下或天花板内，故对地板和吊顶内的情况了解得要很清楚。也就是说，要准确地知道什么地方能布线，什么地方不易布线，并向用户方说明。

现在绝大多数建筑物设计是规范的，并为强电和弱电布线分别设计了通道，利用这种环境时，也必须了解走线的路径，并用粉笔在走线的地方做出标记。

2. 检查拉（牵引）线

在建筑物中安装任何类型的线缆之前，必须先检查有无拉线。拉线是某种细绳，它沿着要布线缆的路由（管道）安放，必须是路由的全长。绝大多数的管道安装者要给后继的安装者留下一条拉线，使布线容易进行，如果没有，则要考虑穿一条拉线。

3. 确定现有线缆的位置

如果布线的环境是一座旧楼，则必须了解旧线缆是如何布放的，用的是什么管道（如果有的话），这些管道是如何走的。了解这些有助于为新的线缆建立路由。在某些情况下可以使用原来的路由。

4. 提供线缆支撑

根据安装情况和线缆的长度，要考虑使用托架或吊杆，并根据实际情况决定托架吊杆，使其加在结构上的重量不至于超重。

5. 拉线速度的考虑

从理论上来讲，线缆的直径越小，则拉线的速度越快。但是，有经验的安装者会采取慢速而又平稳的拉线，而不是快速地拉线，因为快速拉线可能会造成线被缠绕或被绊住。

6. 最大拉力

拉力过大到线缆变形时，将引起线缆传输性能下降。线缆最大允许的拉力如下：

- 一根 4 对线电缆，拉力为 100N。
- 两根 4 对线电缆，拉力为 150N。
- 三根 4 对线电缆，拉力为 200N。
- n 根线电缆，拉力为 $n \times 50+50$N。
- 不管多少根线对电缆，最大拉力不能超过 400N。

7.3 网络布线线槽敷设技术

在布线路由确定以后，综合布线工程首先要考虑线槽敷设，线槽根据使用材料可分为金属槽、管和塑料（PVC）管。

从布槽范围来看，可分为工作间线槽、配线（水平干线）线槽和干线（垂直干线）线槽。用什么样的材料则根据用户的需求、投资来确定。

7.3.1 金属管的敷设

1. 金属管的加工要求

综合布线工程使用的金属管应符合设计文件的规定，表面不应有穿孔、裂缝和明显的凹凸不平，内壁应光滑，不允许有锈蚀。在易受机械损伤的地方和在受力较大处直埋时，应采用足够强度的管材。

金属管的加工应符合下列要求：

1）为了防止在穿电缆时划伤电缆，管口应无毛刺和尖锐棱角。

2）为了减小直埋管在沉陷时管口处对电缆的剪切力，金属管口宜做成喇叭形。

3）金属管在弯制后，不应有裂缝和明显的凹瘪现象。弯曲程度过大将减小金属管的有效管径，造成穿设电缆困难。

4）金属管的弯曲半径不应小于所穿入电缆的最小允许弯曲半径。

5）镀锌管锌层剥落处应涂防腐漆，以延长使用寿命。

2. 金属管切割套丝

在配管时，应根据实际需要长度对管子进行切割。管子的切割可使用钢锯、管子切割刀或电动机切管机，严禁用气割。

管子和管子连接，管子和接线盒、配线箱的连接，都需要在管子端部进行套丝。焊接钢管套丝可用管子绞板（俗称代丝）或电动套丝机。硬塑料管套丝可用圆丝板。

套丝时，先将管子固定压紧，然后再套丝。若利用电动套丝机，可提高工效。套完丝后，应随时清扫管口，将管口端面和内壁的毛刺用锉刀锉光，使管口保持光滑，以免割破线缆绝缘护套。

3. 金属管弯曲

在敷设金属管时应尽量减少弯头。每根金属管的弯头不应超过 3 个，直角弯头不应超过 2 个，并不应有“S”“Z”弯出现。弯头过多，将造成穿电缆困难。对于较大截面的电缆不允许有弯头。当实际施工中不能满足要求时，可采用内径较大的管子或在适当部位设置拉线盒，以利线缆的穿设。

金属管的弯曲一般都用弯管器进行。先将管子需要弯曲部位的前段放在弯管器内，焊缝放在弯曲方向背面或侧面，以防管子弯扁，然后用脚踩住管子，手扳弯管器进行弯曲，并逐步移动弯管器，便可得到所需要的弯度，弯曲半径应符合下列要求。

1）明配时弯曲，一般不小于管外径的6倍；只有一个弯时，可不小于管外径的4倍；整排钢管在转弯处宜弯成同心圆的弯儿。

2）暗配时弯曲，不应小于管外径的6倍，敷设于地下或混凝土楼板内时，不应小于管外径的10倍。

为了穿线方便，水平敷设的金属管路超过下列长度并弯曲过多时，中间应增设拉线盒或接线盒，否则应选择大一级的管径。

4. 金属管的接连应符合的要求

金属管连接应牢固，密封应良好，两管口应对准。套接的短套管或带螺纹的管接头的长度不应小于金属管外径的2.2倍。金属管的连接采用短套接时，施工简单方便；采用管接头螺纹连接则较为美观，可保证金属管连接后的强度。无论采用哪一种方式均应保证牢固、密封。

金属管进入信息插座的接线盒后，暗埋管可用焊接固定，管口进入盒的露出长度应小于5mm。明设管应用锁紧螺母或管帽固定，露出锁紧螺母的丝扣为2～4扣。

引至配线间的金属管管口位置，应便于与线缆连接。并列敷设的金属管管口应排列有序，便于识别。

5. 金属管敷设

1）金属管的暗设应符合下列要求：

- 预埋在墙体中间的金属管内径不宜超过50mm，楼板中的管径宜为15～25mm，直线布管30m处设置暗线盒。
- 敷设在混凝土、水泥里的金属管，其地基应坚实、平整，不应有沉陷，以保证敷设后的线缆安全运行。
- 金属管连接时，管孔应对准，接缝应严密，不得有水和泥浆渗入。管孔对准无错位，以免影响管路的有效管理，保证敷设线缆时穿设顺利。
- 金属管道应有不小于0.1%的排水坡度。
- 建筑群之间金属管的埋没深度不应小于0.8m；在人行道下面敷设时，不应小于0.5m。
- 金属管内应安置牵引线或拉线。
- 金属管的两端应有标记，表示建筑物、楼层、房间和长度。

2）金属管明铺时应符合下列要求：

金属管应用卡子固定。这种固定方式较为美观，且在需要拆卸时方便拆卸。金属的支持点间距，有要求时应按照规定设计。无设计要求时不应超过3m。在距接线盒0.3m处，用管卡将管子固定。在弯头的地方，弯头两边也应用管卡固定。

3）光缆与电缆同管敷设时，应在暗管内预置塑料子管。将光缆敷设在子管内，使光缆和电缆分开布放。子管的内径应为光缆外径的2.5倍。

7.3.2　金属线槽的敷设

金属桥架多由厚度为0.4～1.5mm的钢板制成。与传统桥架相比，具有结构轻、强度高、外形美观、无需焊接、不易变形、连接款式新颖、安装方便等特点，它是敷设线缆的理想配套装置。

金属桥架分为槽式和梯式两类。槽式桥架是指由整块钢板弯制成的槽形部件；梯式桥架是指由侧边与若干个横档组成的梯形部件。桥架附件是用于直线段之间，直线段与弯通之间连接所必需的连接固定或补充直线段、弯通功能部件。支、吊架是指直接支承桥架的部件，包括托臂、立柱、立柱底座、吊架以及其他固定用支架。

为了防止金属桥架腐蚀，其表面可采用电镀锌、烤漆、喷涂粉末、热浸镀锌、镀镍锌合金纯化处理或采用不锈钢板。我们可以根据工程环境、重要性和耐久性，选择适宜的防腐处理方式。一般腐蚀较轻的环境可采用镀锌冷轧钢板桥架；腐蚀较强的环境可采用镀镍锌合金纯化处理桥架，也可采用不锈钢桥架。综合布线中所用线缆的性能对环境有一定的要求。为此，我们在工程中常选用有盖无孔型槽式桥架（简称金属线槽）。

（1）金属线槽安装要求

安装金属线槽应在土建工程基本结束以后，与其他管道（如风管、给排水管）同步进行，也可比其他管道稍迟一段时间安装。但应尽量避免在装饰工程结束以后进行安装，造成敷设线缆困难。安装金属线槽应符合下列要求。

1）金属线槽安装位置应符合施工图规定，左右偏差视环境而定，最大不超过 50mm。

2）金属线槽水平度每米偏差不应超过 2mm。

3）垂直金属线槽应与地面保持垂直，并无倾斜现象，垂直度偏差不应超过 3mm。

4）金属线槽节与节间用接头连接板拼接，螺丝应拧紧。两线槽拼接处水平偏差不应超过 2mm。

5）当直线段桥架超过 30m 或跨越建筑物时，应有伸缩缝，其连接宜采用伸缩连接板。

6）线槽转弯半径不应小于其槽内的线缆最小允许弯曲半径的最大值。

7）盖板应紧固，并且要错位盖槽板。

8）支吊架应保持垂直、整齐牢固、无歪斜现象。

为了防止电磁干扰，宜用辫式铜带把线槽连接到其经过的设备间，或楼层配线间的接地装置上，并保持良好的电气连接。

（2）水平子系统线缆敷设支撑保护要求

1）预埋金属线槽（金属管）支撑保护要求。

- 在建筑物中预埋线槽（金属管）可为不同的尺寸，按一层或二层设备，应至少预埋两根以上，线槽截面高度不宜超过 25mm。
- 线槽直埋长度超过 15m 或在线槽路由交叉、转弯时宜设置拉线盒，以便布放线缆和维护。
- 接线盒盖应能开启，并与地面齐平，盒盖处应采取防水措施。
- 线槽宜采用金属引入分线盒内。

2）设置线槽支撑保护要求。

- 水平敷设时，支撑间距一般为 1.5 ～ 2m，垂直敷设时固定在建筑物构体上的间距宜小于 2m。
- 金属线槽敷设时，在下列情况下应设置支架或吊架：线槽接头处；间距 1.5 ～ 2m；离开线槽两端口 0.50m 处；转弯处。
- 塑料线槽底固定点间距一般为 1m。

3）在活动地板下敷设线缆时，活动地板内净空不应小于 150mm。如果活动地板内作为通风系统的风道使用时，地板内净高不应小于300mm。

4）采用公用立柱作为吊顶支撑柱时，可在立柱中布放线缆。立柱支撑点宜避开沟槽和线槽位置，支撑应牢固。

5）在工作区的信息点位置和线缆敷设方式未定的情况下，或在工作区采用地毯下布放线缆时，在工作区宜设置交接箱，每个交接箱的服务面积约为80cm^2。

6）不同种类的线缆布放在金属线槽内，应同槽分开（用金属板隔开）布放。

7）采用格形楼板和沟槽相结合时，敷设线缆支槽保护要求：

❑ 沟槽和格形线槽必须沟通。

❑ 沟槽盖板可开启，并与地面平齐，盖板和信息插座出口处应采取防水措施。

❑ 沟槽的宽度宜小于600mm。

（3）干线子系统的线缆敷设支撑保护要求

1）线缆不得布放在电梯或管道竖井中。

2）干线通道间应沟通。

3）弱电间中线缆穿过每层楼板孔洞宜为方形或圆形。长方形孔尺寸不宜小于300mm×100mm，圆形孔洞处应至少安装三根圆形钢管，管径不宜小于100mm。

4）建筑群干线子系统线缆敷设支撑保护应符合设计要求。

（4）槽管大小选择的计算方法

根据工程施工的体会，对槽、管的选择可采用以下简易方式：

$$n=\frac{\text{槽（管）截面积}}{\text{线缆截面积}}\times 70\%\times(40\%\sim 50\%)$$

式中 n——表示用户所要安装的线数（已知数）

槽（管）截面积——表示要选择的槽管截面积（未知数）

线缆截面积——表示选用的线缆面积（已知数）

70%——表示布线标准规定允许的空间

40%～50%——表示线缆之间浪费的空间

上述算法是作者在施工过程中的总结，供读者参考。

（5）管道敷设线缆

在管道中敷设线缆时，有以下3种情况：

1）小孔到小孔。

2）在小孔间进行直线敷设。

3）沿着拐弯处敷设。

可用人和机器来敷设线缆，到底采用哪种方法依赖于下述因素：

1）管道中有没有其他线缆。

2）管道中有多少拐弯。

3）线缆有多粗和多重。

由于上述因素，很难确切地说是应该用人力还是应该用机器来牵引线缆，只能根据具体情况来解决。

7.3.3 塑料槽的敷设

塑料槽的规格有多种，在第4章中已做了叙述，这里就不再赘述。塑料槽的敷设从理论上讲类似金属槽，但操作上还有所不同。具体表现为以下 4 种方式：

1）在天花板吊顶打吊杆或托式桥架。

2）在天花板吊顶外采用托架桥架敷设。

3）在天花板吊顶外采用托架加配定槽敷设。

4）在天花板吊顶使用“J”形钩敷设。

使用“J”形钩敷设是在天花板吊顶内水平布线最常用的方法。具体施工步骤如下：

1）确定布线路由。

2）沿着所设计的路由，打开天花板，用双手推开每块镶板。多条线很重，为了减轻压在吊顶上的重量，可使用“J”形钩、吊索及其他支撑物来支撑线缆。

3）在离管理间最远的一端开始，拉到管理间。

采用托架时的一般方法：

1）在石膏板（空心砖）墙壁 1m 左右安装一个托架。

2）在砖混结构墙壁 1.5m 左右安装一个托架。

不用托架时，采用固定槽的方法把槽固定，根据槽的大小我们有以下建议。

1）25mm × 20mm ～ 25mm × 30mm 规格的槽，一个固定点应有 2 ～ 3 个固定螺丝，呈梯形状排列。

- 在石膏板（空心砖）墙壁固定点应每隔 0.5m 左右一个（槽底应刷乳胶）。
- 在砖混结构墙壁固定点应每隔 1m 左右一个。

2）25mm × 30mm 以上的规格槽，一个固定点应有 3 ～ 4 个固定螺丝，呈梯形状，使槽受力点分散分布。

- 在石膏板（空心砖）墙壁固定点应每隔 0.3m 左右一个（槽底应刷乳胶）。
- 在砖混结构墙壁固定点应每隔 1m 左右一个。

3）除了固定点外应每隔 1m 左右，钻 2 个孔，用双绞线穿入，待布线结束后，把所布的双绞线捆扎起来。

4）水平干线、垂直干线布槽的方法一样，差别在于，一个是横布槽一个是竖布槽。

5）在水平干线与工作区交接处不易施工时，可采用金属软管（蛇皮管）或塑料软管连接。

6）在水平干线槽与竖井通道槽交接处要安放一个塑料的套状保护物，以防止不光滑的槽边缘擦破线缆的外皮。

7）在工作区槽、水平干线槽转弯处，为保持美观，不宜用 PVC 槽配套的附件阳角、阴角、直转角、平三通、左三通、右三通、连接头、终端头等。

在墙壁上布线槽一般遵循下列步骤：

1）确定布线路由。

2）沿着路由方向放线（讲究直线美观）。

3）线槽要安装固定螺钉。

4）布线（布线时线槽容量为 70%）。

在工作区槽、水平干线槽布槽施工结束时的注意事项如下：

1）清理现场，保持现场清洁、美观。

2）盖塑料槽盖，槽盖应错位盖。

3）对墙洞、竖井等交接处要进行修补。

4）当工作区槽、水平干线槽与墙有缝隙时要用腻子粉补平。

7.3.4　暗道布线

暗道布线是在浇筑混凝土时已把管道预埋好，管道内有牵引电缆线的钢丝或铁丝，安装人员只需索取管道图纸来了解地板的布线管道系统，确定“路径在何处”，就可以做出施工方案了。

对于老的建筑物或没有预埋管道的新的建筑物，要向业主索取建筑物的图纸，并到要布线的建筑物现场查清建筑物内电、水、气管路的布局和走向，然后详细绘制布线图纸，确定布线施工方案。

对于没有预埋管道的新建筑物，施工可以与建筑物装修同步进行，这样既便于布线，又不影响建筑物的美观。

管道一般从配线间埋到信息插座安装孔。安装人员只要将 4 对线缆固定在信息插座的拉线端，从管道的另一端牵引拉线就可将线缆拉到配线间。

7.3.5　线缆牵引技术

线缆牵引是指用一条拉线（通常是一条绳）或一条软钢丝绳将线缆牵引穿过墙壁管路、天花板和地板管路。所用的方法取决于要完成作业的类型、线缆的质量、布线路由的难度（例如：在具有硬转弯的管道布线要比在直管道中布线难），还与管道中要穿过的线缆的数目有关，在已有线缆的拥挤的管道中穿线要比空管道难。

不管在哪种场合都应遵循一条规则：拉线与线缆的连接点应尽量平滑，所以要采用电工胶带紧紧地缠绕在连接点外面，以保证平滑和牢固。

1. 牵引“4 对”线缆

标准的“4 对”线缆很轻，通常不要求做更多的准备，只要将它们用电工带子与拉绳捆扎在一起就行了。

如果牵引多条“4 对”线穿过一条路由，可用下列方法：

1）将多条线缆聚集成一束，并使它们的末端对齐。

2）用电工带或胶布紧绕在线缆束外面，在末端外绕 50 ～ 100mm 长就行了，如图 7-2 所示。

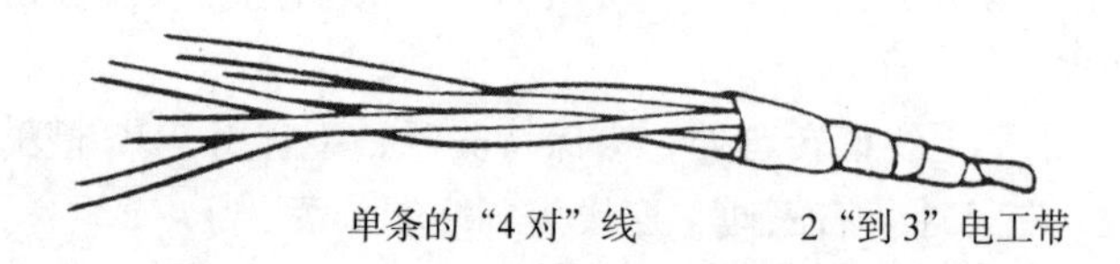

图 7-2　牵引线——将多条“4 对”线缆的末端缠绕在电工带上

3）将拉绳穿过电工带缠好的线缆，并打好结，如图 7-3 所示。

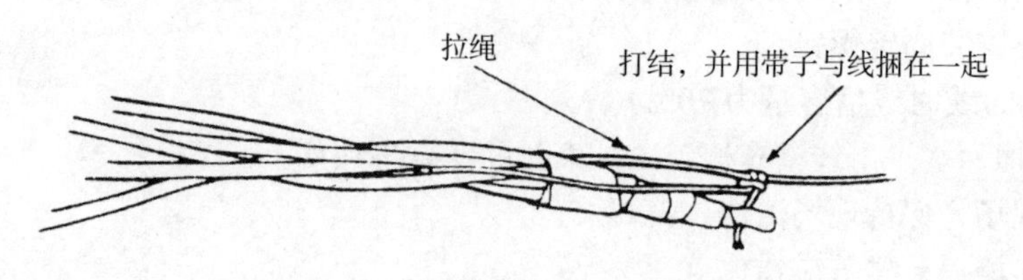

图 7-3　牵引线缆——固定拉绳

如果在拉线缆过程中，连接点散开了，则要收回线缆和拉绳重新制作更牢固的连接，为此，可以采取下列一些措施：

1）除去一些绝缘层以暴露出 50 ～ 100mm 的裸线，如图 7-4 所示。

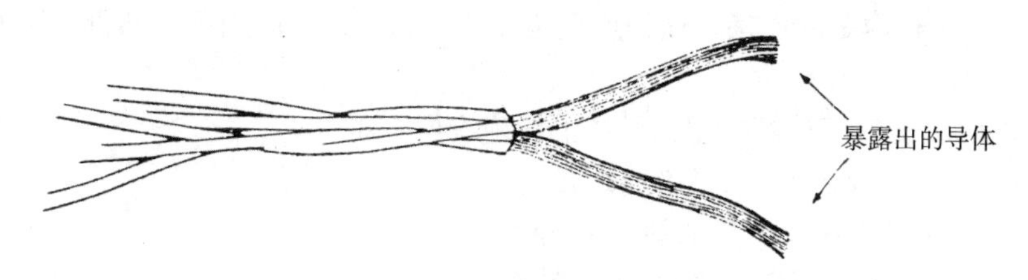

图 7-4　牵引线缆——留出裸线

2）将裸线分成两条。

3）将两条导线互相缠绕起来形成环，如图 7-5 所示。

4）将拉绳穿过此环，并打结，然后将电工带缠到连接点周围，要缠得结实和不滑。

2. 牵引单条“25 对”线缆

对于单条的“25 对”线缆，可用下列方法：

1）将线缆向后弯曲以便建立一个环，直径约 150 ～ 300mm，并使线缆末端与线缆本身绞紧，如图 7-6 所示。

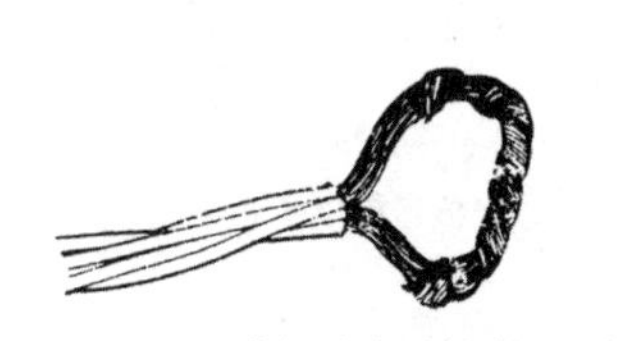

图 7-5　牵引线缆——编织导线以建立一个环供连接拉绳用

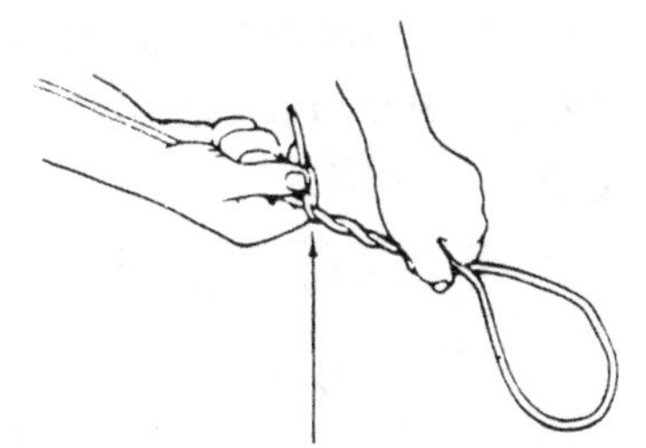

图 7-6　牵引单条的线缆——建立 6 ～ 112 英寸的环

2）用电工带紧紧地缠在绞好的线缆上，以加固此环，如图 7-7 所示。

3）把拉绳拉接到线缆环上，如图 7-8 所示。

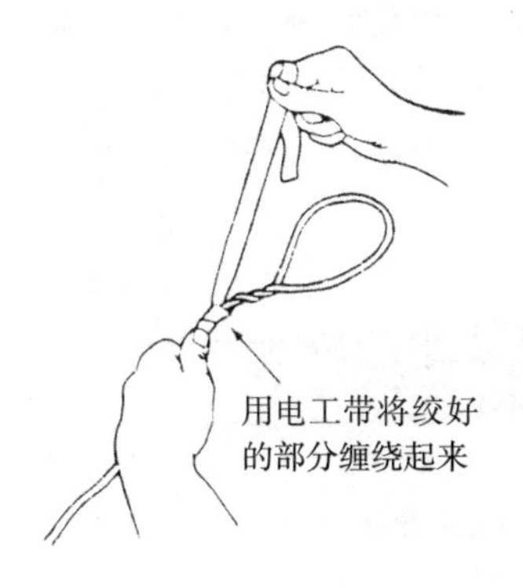

图 7-7　牵引单条的线缆——用电工带加固环

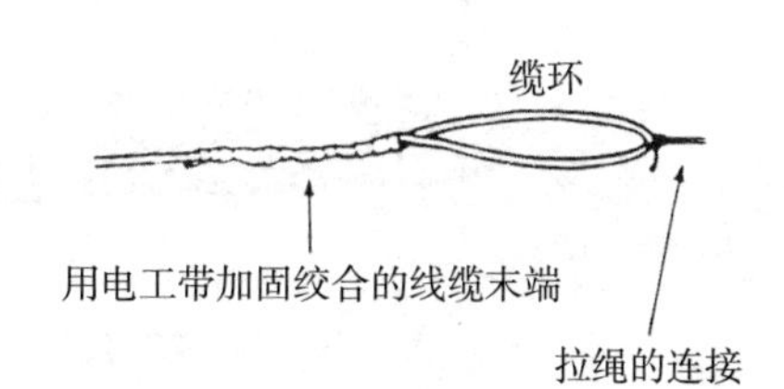

图 7-8　牵引单条的线缆——将拉绳连接到缆环上去

4）用电工带紧紧地将连接点包扎起来。

3. 牵引多条“25对”或“更多对”线缆

可以采用一种称为芯的连接，这种连接是非常牢固的，它能用于“几百对”的缆上，为此执行下列过程：

1）剥除约30cm的缆护套，包括导线上的绝缘层。

2）使用针口钳将线切去，留下约12根（一打）。

3）将导线分成两个绞线组，如图7-9所示。

4）将两组绞线交叉地穿过拉绳的环，在缆的那边建立一个闭环，如图7-10所示。

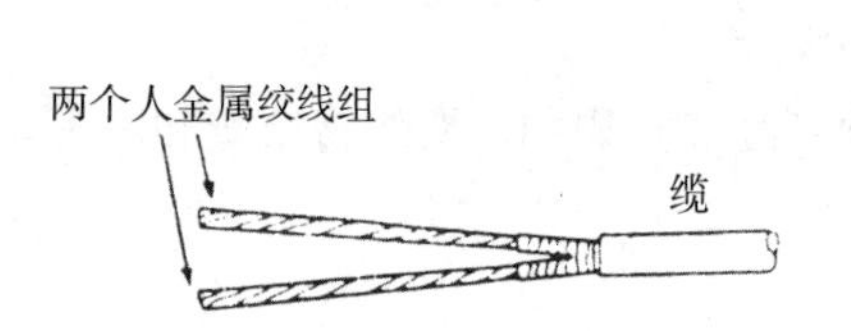

图7-9　用一个芯套/钩牵引电缆——将线缆导线分成两个均匀的绞线组

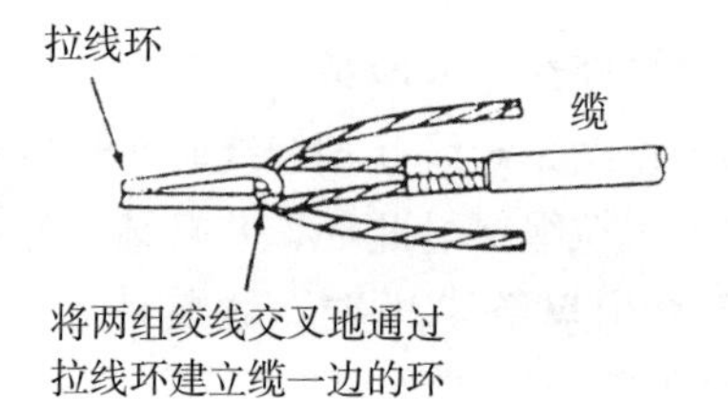

图7-10　用一个芯套/钩牵引缆——通过拉线环馈送绞线组

5）将缆一端的线缠绕在一起以使环封闭，如图7-11所示。

6）用电工带紧紧地缠绕在线缆周围，覆盖长度约是环直径的3～4倍，然后继续再绕上一段，如图7-12所示。

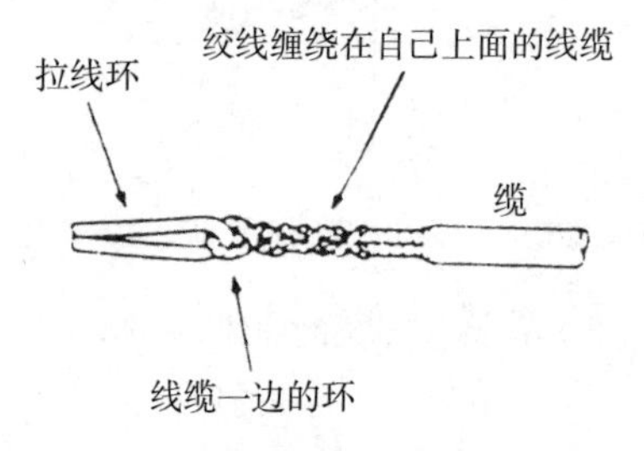

图7-11　用一个芯套/钩牵引缆——用将绞线缠绕在自己上面的方法来关闭缆环

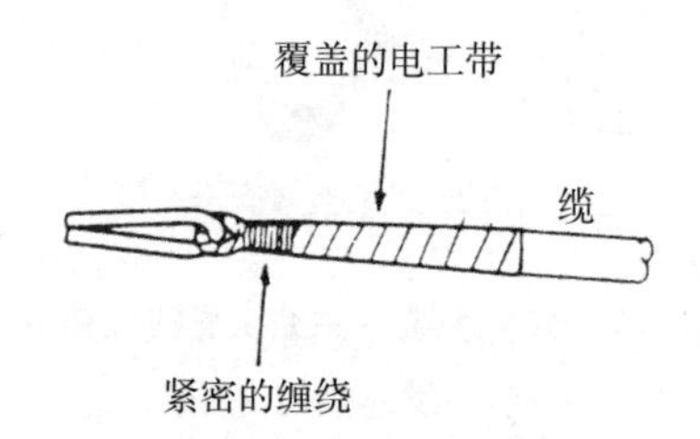

图7-12　用一个芯套/钩牵引电缆——用电工带紧密缠绕建立的芯套/钩

在某些重缆上装有一个牵引眼：在线缆上制作一个环，以使拉绳固定在它上面。对于没有牵引眼的主缆，可以使用一个芯/钩或一个分离的缆夹，如图7-13所示。将夹子分开并缠到线缆上，在分离部分的每一半上各有一个牵引眼。当吊缆已经缠在线缆上时，可同时牵引两个眼，使夹子紧紧地保持在线缆上。

图7-13　牵引缆——用于将牵引缆的分离吊缆夹

7.3.6　建筑物主干线电缆连接技术

主干缆是建筑物的主要线缆，它为从设备间到每层楼上的管理间之间传输信号提供通路。在新的建筑物中，通常有竖井通道。

在竖井中敷设主干缆一般有两种方式：

1）向下垂放线缆。

2）向上牵引线缆。

相比较而言，向下垂放比向上牵引容易。

1. 向下垂放线缆

向下垂放线缆的一般步骤如下：

1）首先把线缆卷轴放到最顶层。

2）在离房子的开口处（孔洞处）3 ～ 4m 处安装线缆卷轴，并从卷轴顶部馈线。

3）在线缆卷轴处安排所需的布线施工人员（数目视卷轴尺寸及线缆质量而定），每层上要有一个工人以便引寻下垂的线缆。

4）开始旋转卷轴，将线缆从卷轴上拉出。

5）将拉出的线缆引导进竖井中的孔洞，在此之前先在孔洞中安放一个塑料的套状保护物，以防止孔洞不光滑的边缘擦破线缆的外皮，如图 7-14 所示。

6）慢慢地从卷轴上放缆并进入孔洞向下垂放，请不要快速地放缆。

7）继续放线，直到下一层布线工人员能将线缆引到下一个孔洞。

8）按前面的步骤，继续慢慢地放线，并将线缆引入各层的孔洞。

如果要经由一个大孔敷设垂直主干线缆，就无法使用一个塑料保护套了，这时最好使用一个滑车轮，通过它来下垂布线，为此需求做如下操作：

1）在孔的中心处装上一个滑车轮，如图 7-15 所示。

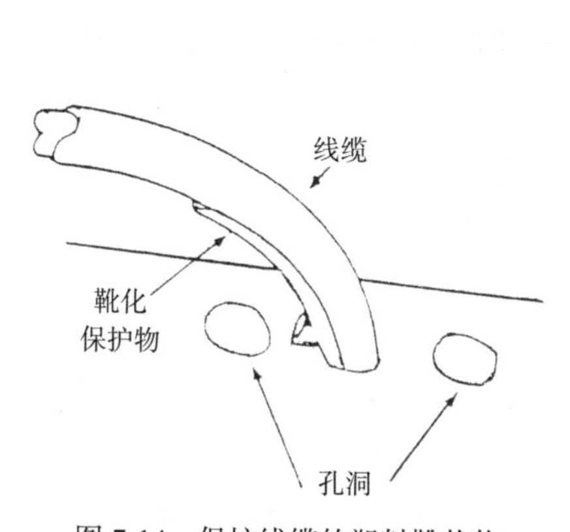

图 7-14　保护线缆的塑料靴状物

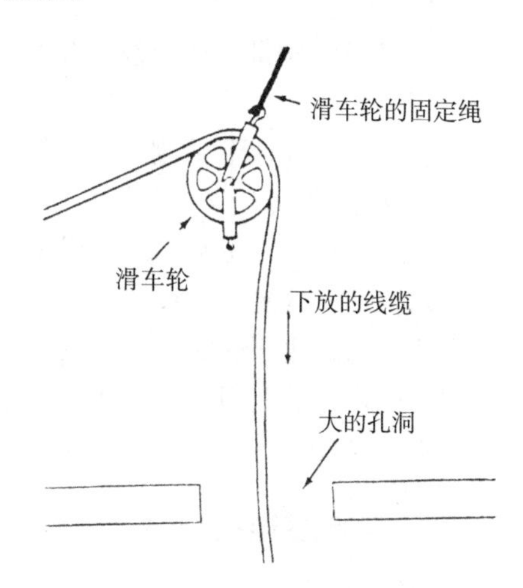

图 7-15　用滑车轮向下布放线缆通过大孔

2）将线缆拉出绕在滑车轮上。

3）按前面所介绍的方法牵引缆穿过每层的孔，当线缆到达目的地时，把每层上的线缆绕成卷放在架子上固定起来，等待以后的端接。

在布线时，若线缆要越过弯曲半径小于允许的值（双绞线弯曲半径为 8 ～ 10 倍于线缆的直径，光缆为 20 ～ 30 倍于线缆的直径），可以将线缆放在滑车轮上，解决线缆的弯曲问题。方法如图 7-16 所示。

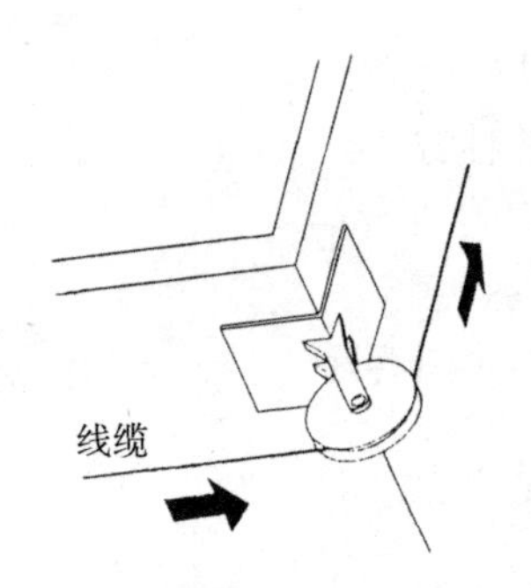

图 7-16　用滑车轮解决线缆的弯曲半径

2. 向上牵引线缆

向上牵引线缆可用电动牵引绞车，如图 7-17 所示。

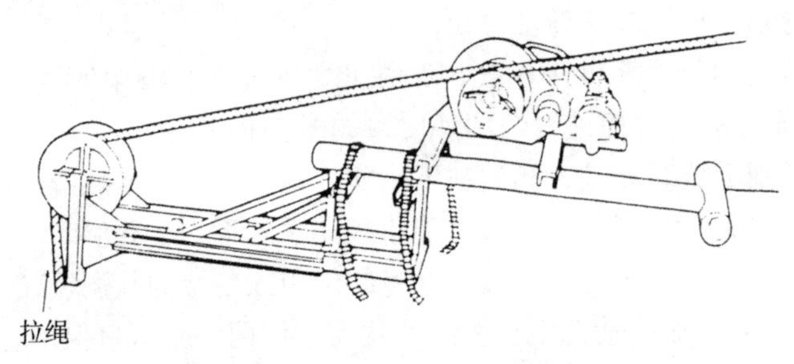

图 7-17　典型的电动牵引绞车

向上牵引线缆的一般步骤如下：

1）按照线缆的质量，选定绞车型号，并按绞车制造厂家的说明书进行操作，先往绞车中穿一条绳子。

2）启动绞车，并往下垂放一条拉绳（确认此拉绳的强度能保护牵引线缆），拉绳向下垂放直到安放线缆的底层。

3）如果缆上有一个拉眼，则将绳子连接到此拉眼上。

4）启动绞车，慢慢地将线缆通过各层的孔向上牵引。

5）缆的末端到达顶层时，停止绞车。

6）在地板孔边沿上用夹具将线缆固定。

7）当所有连接制作好之后，从绞车上释放线缆的末端。

7.3.7　建筑群电缆连接技术

在建筑群中敷设线缆，一般采用 3 种方法，即直埋电缆布线、地下管道敷设和架空敷设。

1. 管道内敷设线缆

在管道中敷设线缆时，有 4 种情况：

1）小孔到小孔。

2）在小孔间的直线敷设。

3）沿着拐弯处敷设。

4）线缆用 PVC 阻燃管。

可用人和机器来敷设线缆，到底采用哪种方法依赖于下述因素：

1）管道中有没有其他线缆。

2）管道中有多少拐弯。

3）线缆有多粗和多重。

由于上述因素，很难确切地说是用人力还是用机器来牵引线缆，只能依照具体情况来解决。

2. 架空敷设线缆

架空线缆敷设时，一般步骤如下：

1）电杆以 30 ～ 50m 的间隔距离为宜。

2）根据线缆的质量选择钢丝绳，一般选 8 芯钢丝绳。

3）先接好钢丝绳。

4）每隔 0.5m 架一挂钩。

5）架设光缆。

6）净空高度≥ 4.5m。

架空敷设时，与共杆架设的电力线（1kV 以下）的间距不应小于 1.5m，与广播线的间距不应小于 1m，与通信线的间距不应小于 0.6m。

在电缆端做好标志和编号。

3. 直埋电缆布线

1）挖开路面。

2）拐弯设人井。

3）埋钢管。

4）穿电缆。

7.3.8　建筑物内水平布线技术

建筑物内水平布线，可选用天花板、暗道、墙壁线槽等形式，在决定采用哪种方法之前，到施工现场，进行比较，从中选择一种最佳的施工方案。

1. 暗道布线

暗道布线是在浇筑混凝土时已把管道预埋好地板管道，管道内有牵引电缆线的钢丝或铁丝，安装人员只需索取管道图纸来了解地板的布线管道系统，确定“路径在何处”，就可以做出施工方案了。

对于老的建筑物或没有预埋管道的新的建筑物，要向业主索取建筑物的图纸，并到要布线的建筑物现场，查清建筑物内电、水、气管路的布局和走向，然后，详细绘制布线图纸，确定布线施工方案。

对于没有预埋管道的新建筑物，施工可以与建筑物装修同步进行，这样既便于布线，又不影响建筑物的美观。

管道一般从配线间埋到信息插座安装孔。安装人员只要将 4 对线电缆线固定在信息插座的拉线端，从管道的另一端牵引拉线就可将线缆达到配线间。

2. 天花板顶内布线

水平布线最常用的方法是在天花板吊顶内布线。具体施工步骤如下：

1）确定布线路由。

2）沿着所设计的路由，打开天花板，用双手推开每块镶板，如图 7-18 所示。

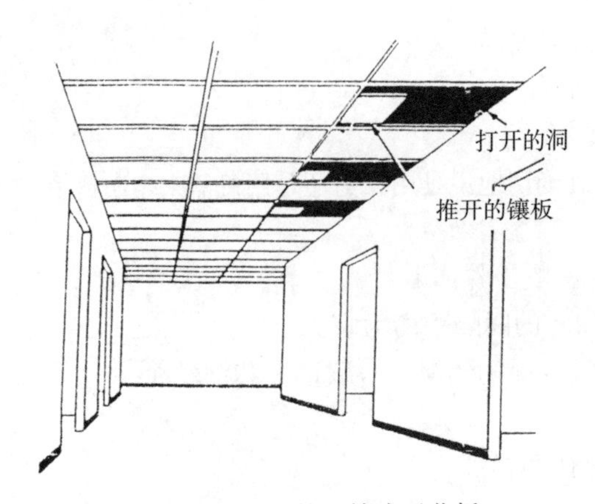

图 7-18　移动镶板的悬挂式天花板

多条 4 对线很重，为了减轻压在吊顶上的压力，可使用 J 形钩、吊索及其他支撑物来支撑线缆。

3）假设要布放 24 条 4 对的线缆，到每个信息插座安装孔有 2 条线缆。

可将线缆箱放在一起并使线缆接管嘴向上，24 个线缆箱按图 7-19 所示的那样分组安装，每组有 6 个线缆箱，共有 4 组。

4）加标注，在箱上写标注，在线缆的末端注上标号。

5）在离管理间最远的一端开始，拉到管理间。

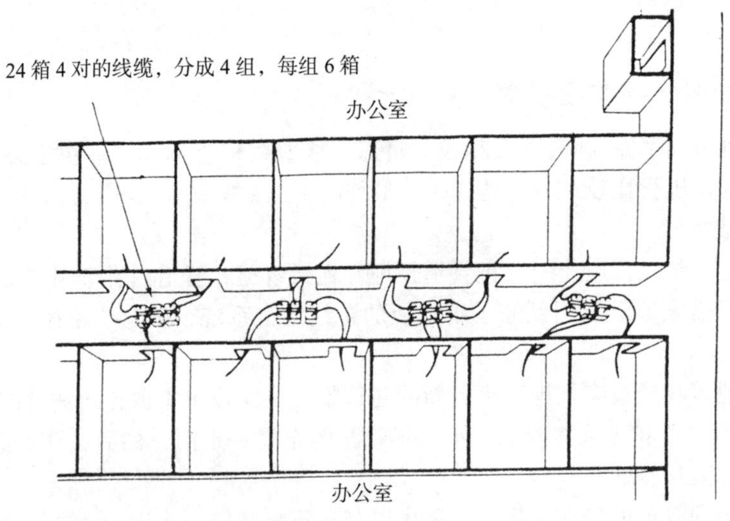

图 7-19　共布 24 条 24 对线缆，每一信息点布放一条 4 对的线

3. 墙壁线槽布线

在墙壁上布线槽一般遵循下列步骤：

1）确定布线路由。

2）沿着路由方向放线（讲究直线美观）。

3）线槽每隔 1m 要安装固定螺钉。

4）布线（布线时线槽容量为 70%）。

5）盖塑料槽盖。盖槽盖应错位盖。

7.3.9 建筑物中光缆布线技术

在新建的建筑物中，通常有一竖井，沿着竖井方向通过各楼层敷设光缆，需要提供防火措施。在许多老式建筑中，可能有大槽孔的竖井。通常在这些竖井内装有管道，以供敷设气、水、电、空调等线缆。若利用这样的竖井来敷设光缆时，光缆必须加以保护。也可将光缆固定在墙角上。

在竖井中敷设光缆有两种方法：

- 向下垂放光缆。
- 向上牵引光缆。

通常向下垂放比向上牵引容易些。但如果将光缆卷轴机搬到高层上去很困难，则只能由下向上牵引。布线时应注意以下事项。

1）敷设光缆前，应检查光纤有无断点、压痕等损伤。

2）根据施工图纸选配光缆长度，配盘时应使接头避开河沟、交通要道和其他障碍物。

3）光缆的弯曲半径不应小于光缆外径的 20 倍，光缆可用牵引机牵引，端头应做好技术处理，牵引力应加于加强芯上，牵引力大小不应超过 150kg，牵引速度宜为 10m/min，一次牵引长度不宜超过 1km。

4）光缆接头的预留长度不应小于 8m。

5）光缆敷设一段后，应检查光缆有无损伤，并对光缆敷设损耗进行抽测，确认无损伤时，再进行接续。

6）光缆接续应由受过专门训练的人员操作，接续时应用光功率计或其他仪器进行监视，使接续损耗最小。接续后应做接续保护，并安装好光缆接头护套。

7）光缆端头应用塑料胶带包扎，盘成圈置于光缆预留盒中，预留盒应固定在电杆上。地下光缆引上电杆，必须穿入金属管。

8）光缆敷设完毕时，需测量通道的总损耗，并用光时域反射计观察光纤通道全程波导衰减特性曲线。

9）光缆的接续点和终端应做永久性标志。

向下垂放光缆的步骤如下：

1）在离建筑层槽孔 1 ～ 1.5m 处安放光缆卷轴（光缆通常是绕在线缆卷轴上，而不是放在纸板箱中），以使在卷筒转动时能控制光缆，要将光缆卷轴置于平台上以便保持在所有时间内都是垂直的，放置卷轴时要使光缆的末端在其顶部，然后从卷轴顶部牵引光缆。

2）使光缆卷轴开始转动，只有它转动时，将光缆从其顶部牵出。牵引光缆时要保证不超过最小弯曲半径和最大张力的规定。

3）引导光缆进入槽孔中去，如果是一个小孔，则首先要安装一个塑料导向板，以防止光缆与混凝土边侧产生摩擦导致光缆的损坏。

如果通过大的开孔下放光缆，则在孔的中心上安装一个滑车轮，然后把光缆拉出缠绕到车轮上去。

4）慢慢地从光缆卷轴上牵引光缆，直到下面一层楼上的人能将光缆引入到下一个槽孔中去为止。

5）每隔 2m 左右打一线夹。

7.4 数据中心安装施工

7.4.1 卡博菲桥架配线线路施工

1. 走线通道敷设要求

走线通道敷设应符合以下要求：

1）走线通道安装时应做到安装牢固，横平竖直，沿走线通道水平走向的支吊架左右偏差应不大于10mm，其高低偏差不大于5mm；

2）走线通道与其他管道共架安装时，走线通道应布置在管架的一侧；

3）走线通道内缆线垂直敷设时，在缆线的上端和每间隔1.5m处应固定在通道的支架上，水平敷设时，在缆线的首、尾、转弯及每间隔3～5 m处进行固定；

4）布放在电缆桥架上的线缆必须绑扎。绑扎后的线缆应互相紧密靠拢，外观平直整齐，线扣间距均匀，松紧适度；

5）要求将交、直流电源线和信号线分架走线，或金属线槽采用金属板隔开，在保证线缆间距的情况下，同槽敷设；

6）线缆应顺直，不宜交叉。在线缆转弯处应绑扎固定；

7）线缆在机柜内布放时不宜绷紧，应留有适当余量，绑扎线扣间距均匀，力度适宜，布放顺直、整齐，不应交叉缠绕；

8）6A UTP线缆敷设通道填充率不应超过40%，尽管最小弯曲半径仍是安装时不得小于8倍线缆外径及固定时不得小于4倍线缆外径，但由于6A UTP线缆外径一般大于8mm，对线缆敷设和固定还是有一定的影响。

2. 线缆端接

1）设备线缆与跳线端接

- 完成交叉连接时，尽量减少跳线的冗余；
- 保证配线区域的双绞线及光纤跳线与设备线缆满足相应的弯曲半径要求；
- 线缆应端接到性能级别相一致的连接硬件上；
- 进入同一机柜或机架内的主干线缆和水平线缆应被端接在不同的配线架上。

2）为了保证因线缆在插座端接时的质量而影响对阻抗的完好匹配，使得平衡破坏而造成串扰（包括NEXT和ELFEXT）、回损参数不达标，必须注意以下几点：

- 在完成双绞线端接时，应剥除最少长度的线缆外护套；
- 正确按照制造商规范进行线缆准备、端接、定位和固定；
- 由于端接而产生的线对开绞距离在超5类或更高级别线缆中不能超过13mm；
- 机柜内6A类UTP固定不宜采用过紧的捆扎工艺，并保证其最小弯曲半径。

3. 通道安装

1）开放式网格桥架的安装施工

- 地板下安装

地板下安装，桥架在与大楼主桥架导通后，在相应的机柜列下方，每隔1.5m安装一个桥架地面托架；安装时，配以M6法兰螺栓、垫圈、螺母等紧固件进行固定。

一般情况下可采用支架，托架与支架离地高度也可以根据用户现场的实际情况而定，不受限制，底部至少距地50mm安装。

❑ 天花板安装

根据用户承重等的实际需求，可选择不同的吊装支架。通过槽钢支架或者钢筋吊杆，再结合水平托架和 M6 螺栓将主桥架固定，吊装于机柜上方。在对应机柜的位置处，将相应的线缆布放到相应的机柜中，通过机柜中的理线器等对其进行绑扎、整理归位。

2）开放式网格桥架的安装方式

❑ 分层布线可以满足敷设更多线缆的需求，便于维护和管理，也能使现场更美观；
❑ 机柜安装，机柜安装代替了传统的吊装和天花板安装。采用这种新的安装方式，安装人员不用在天花板上钻孔，不会破坏天花板，而且安装和布线时工人无须爬上爬下，省时省力，非常方便。再加上网格式桥架开放的特点，用户不仅能对整个安装工程有更直观的控制，线缆也能自然通风散热，减少能耗，节约能源；机房日后的维护升级也很简便。

3）将配线架（配线模块）直接安装在网格式桥架上，通过简单安装，配线架可以固定网格式桥架上，水平线缆的整理和路由在桥架上进行，而配线架自带的环形理线器可以正常管理跳线，当机柜需要进行增减变更时，只需插拔跳线即可，非常方便。

7.4.2 KVM 系统施工安装

1. KVM 系统施工安装要求

（1）实施原则

在整个工程建设过程中，将严格遵循以下原则：

❑ 对用户全面负责，一切从用户利益出发，按用户要求，按时高质量地完成。
❑ 项目的建设过程同时是完整的技术转移过程。
❑ 抓好过程控制和工程质量管理。
❑ 安装操作前先行参阅安装手册。
❑ 安装前请确认所有设备的电源均已关闭，用户必须将所有具备键盘电源开启功能的计算机电源线拔掉。

（2）施工内容

❑ KVM 各项任务的实现需具备相应的前提条件；
❑ KVM 业务需求是明确的、稳定的、可确认的；
❑ 确定每个 KVM 产品的放置地点（机架位置）；
❑ 确定每个 KVM 产品的 IP 地址及网路设置；
❑ 确定每个 KVM 产品所需连接的服务器及接口类型；
❑ 确定所需安装相关软件的服务器，并安装好软件；
❑ 确定每个用户的管理权限及端口名称；
❑ 用户须指定专人全程配合安装工程；
❑ 环境设施、通信设施、设备等状况满足应用系统的安装和运行条件；
❑ 结构化布线基本完成，每线缆接口都必须通接触良好；
❑ 主机运行良好；
❑ 网络连接通畅；
❑ 安装在服务器上的 KVM 控制软件与 KVM 通信良好。

2. KVM 安装方法

（1）KVM 堆栈安装方法

IP KVM 切换器可以放置在任何适当的平面上，但平面必须足以安全支撑设备及附加连接线的重量；放置切换器或堆栈与其串联的切换器之前，请先移除包装中塑料脚垫下的衬物，然后将脚垫粘贴在切换器底部的 4 个圆面上。

堆栈安装要注意：为了确保适当的通风及线缆管理空间，至少应该留出各边 5.1cm，背面 12.7cm 空间给电源线及连接线缆。

（2）KVM 机架安装方法

IP KVM 切换器可以安装在任何标准的 19" 机架上，仅占用 1U 高度的机架空间；由于安装的托架可水平锁紧在本切换器的前端或后端，因此可将切换器安装在机架的前方或后方。

（3）KVM 单层级安装

KVM 单层级安装步骤操作，按安装联机图中对应的号码即为指示步骤的顺序操作。

号码 1：将作为近端控制的键盘、显示器及鼠标插入切换器的近端控制连接端口中，每一个连接端口以颜色区分并标以适当的图形。注意：IP KVM 切换器与近端显示器之间的距离不能超过 20m。

号码 2：使用 CAT5 线缆连接任何可用的 KVM 端口与 KVM 转换线提供的 RJ-45 端口。注意：CAT5/IP KVM 切换器到 KVM 转换线之间的距离不能超过 40m。

号码 3：将 KVM 转换线连接至用户正在安装的计算机上对应的端口。

号码 4：将 CAT5 线缆连接至切换器上的网络连接端口。

号码 5：将电源线连接至切换器的电源插座。

开启切换器电源。在切换器正常通电后，用户即可开启计算机。

KVM 计算机端安装图如图 7-20 所示。

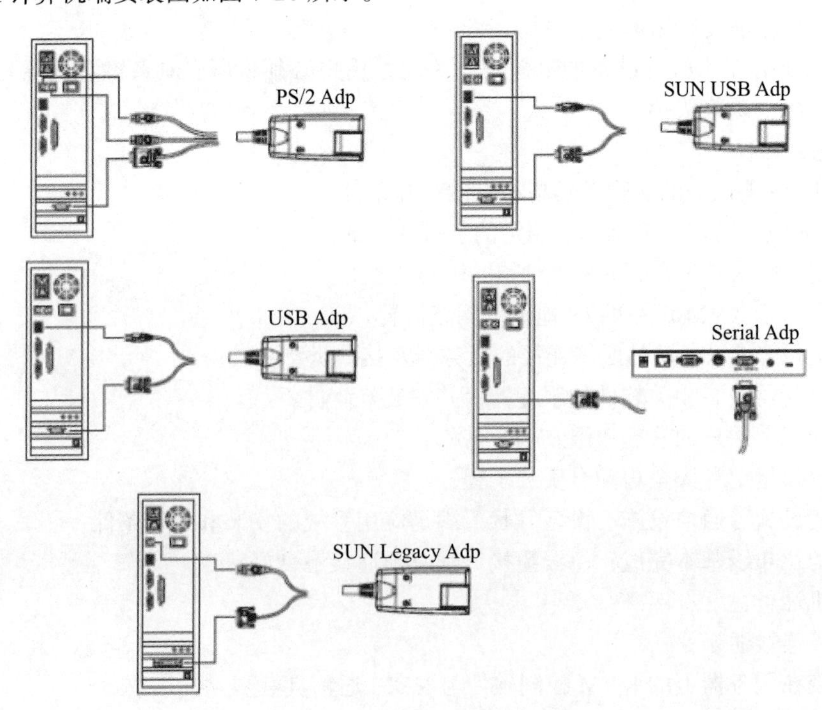

图 7-20　KVM 计算机端示意图

（4）KVM 菊链串接安装

为了控制更多计算机，IP KVM 切换器允许用户通过其串联端口连接最多 15 台额外的子切换器，从而在完整的安装环境下实现由源切换器管理多达 256 台计算机。

菊链串接安装如图 7-21 所示。

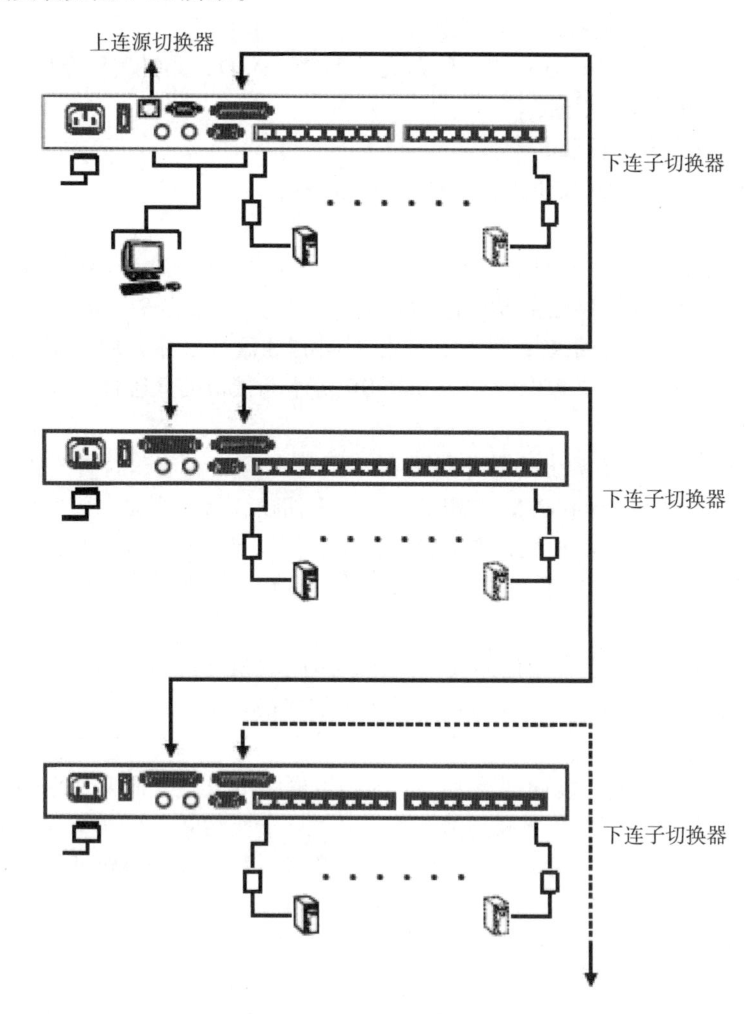

图 7-21　菊链串接安装图

安装一个菊链串接，按以下步骤操作：

1）使用一组菊链串接线，从母端设备的串出端口连接至子端设备的串入端口（从第一台串出，由第二台串入，再从第二台串出，由第三台串入，以此类推）。注意：

❑ 由于 IP KVM 切换器仅可作为源切换器，因此不提供串入端口。

❑ 菊链串接线需额外购买，请洽询经销商。

❑ IP KVM 切换器支持从第一层到最后一层的串接设备之间的距离不得超过 100m。

2）KVM 端口与 KVM 转换使用 CAT5 线缆连接，IP KVM 切换器到 KVM 转换线间的距离不能超过 40m。

3）将 KVM 转换线连接到计算机上。

4）菊链串接请按照下面步骤开启电源：

- ❑ 将第一台切换器的电源线接上，等待该切换器确认 ID 编号后，会显示在该台的 ID LED 指示灯上（第一台的 ID 显示为 01，第二台为 02，第三台则为 03，以此类推）。
- ❑ 将各台切换器依次通电（第二台之后第三台，以此类推），请等待前一台 ID 编号确认并显示在指示灯上后，再开启下一台的电源。
- ❑ 各切换器开启后，再接通计算机电源。

IP KVM 切换器的安装架构提供三种方式：手动、OSD、热键。KVM 切换器的操作请参阅厂商的用户手册或操作手册。

3. KVM 系统施工安装验收

KVM 系统施工安装验收要重点注意如下 6 点内容：

（1）兼容性

兼容性是所有软、硬件采购中必不可少的一项重要因素。对 KVM 切换器来说这一点显得更为重要。KVM 的兼容性主要考虑两个方面：首先要兼容 Windows、UNIX、Linux、Novell 等在内的各种类型的系统；其次还要与不同的键盘、鼠标、显示器之间实现硬件兼容，对于键盘、鼠标，还需要考虑到 PS/2 和 USB 等不同接口的兼容性。

（2）易用性

不同厂商推出的 KVM 系统的操作是有所不同的。因此在选购时首先需要选择一种适合自己切换的方法，例如有的 KVM 是用键盘热键来切换，有的则是通过 OSD 菜单来切换。在切换时还需要考查按键的舒适性，切换是否灵敏，按键是否有弹性。另外易用性还表现在是否支持热插拨上，因为在整理过程中增加或减少一些设备是经常出现的事情。

（3）信号衰弱

对于中低端 KVM，都是直接使用线缆连接，因此电缆质量的好坏直接影响着信号的传输，尤其是在较长距离里传输时，对线缆的要求更加严格。

（4）可拓展

KVM 切换器的可拓展性能同样重要，因为随着网络的发展，需要治理的主机设备也越来越多，假如现有的设备不支持级联功能，那么就意味着需要重新购买，这样会增加很多成本。而支持级联的切换器，只需要根据增加的主机数量进行升级拓展即可满足日常的需要。

（5）KVM 指标项的验收

KVM 指标项验收的内容如表 7-5 所示。

表 7-5　KVM 指标项验收的内容表

指标项	指标要求
集中管控	能在单一的控制台上完成对数据中心内所有服务器和网络设备的操作
服务器管控	对 PC 服务器的操作方式为到达服务器键盘、鼠标和 VGA 端口的带外管理方式，操作能力不受服务器运行状态和健康状况的影响
带外管理	对网络设备的操作方式为到达设备串行 console 端口的带外管理方式，操作能力不受设备的运行状态和健康状况的影响
身份认证	具备完善的认证系统，支持系统内部认证和与第三方认证系统的集成，目前支持 NT、AD、LDAP、Radius、TACASC+、RSA token 和目前银行也普遍采用的 X.509 证书认证
管理操作功能	对 VMWare、XEN 等异构的虚拟机和虚拟系统进行集中管理，实现虚拟机资产信息查看、执行电源操作、开启或恢复虚拟机、停止或挂起虚拟机、发起 RDP/VNC 连接等管理操作功能
系统日志	具备详尽的系统日志
冗余备份	集中控管系统必须支持多点冗余备份，能实现实时的失败转移功能；考虑到数据中心服务器数量众多，应提供支持多个认证服务器，而且认证服务器可以异地部署，它们之间数据保持同步，做到负载平衡，减轻对网络和服务器的负担。同时认证服务器上存储的用户身份权限、拓扑结构和每个设备的联系信息，所有系统的详细信息都可以通过 email 或信息转发给管理员

（续）

指标项	指标要求
认证系统	多个认证系统必须能同时对外提供服务，能够异地分布，从而达到真正灾备级别的冗余
API 接口	集中控管系统平台要求是开放平台，能提供 API 接口
配置	本次集中控管系统采用的 KVM 硬件，要求单台设备支持远程或远端访问并发用户数≥ 1，本地用户数≥ 1，管理服务器端口≥ 16。 配置 10 个 USB 2.0 口，支持虚拟媒体，用于 Windows/ 高版 Linux 服务器的服务器 KVM 转换器
Web 方式访问	KVM 硬件在无软件平台情况下，也支持远程 Web 方式访问。对 PC 服务器的操作方式为到达服务器键盘、鼠标和 VGA 端口的带外管理方式，操作能力不受服务器运行状态和健康状况的影响
可扩展性	集中控管系统支持未来弹性扩容，可随时增加或扩充软件平台及其容量，可随时增加硬件扩充
支持分辨率	最大分辨率本地端可达 1600 × 1280 @ 75Hz，IP 端可达 1280 × 1024 @ 75Hz。画面色彩支持 16 位真彩，且在连接的不同分辨率服务器之间切换时，自动调节视频大小，无需人工手动调节
系统可靠性	集中控管系统，无论是软件还是硬件，要求具有较高的可靠性以及稳定性，系统的 MTBF ＞ 20 000 小时
系统升级	所有控制台服务器均可以做本地或者远程升级

（6）KVM 操作验收

KVM 操作验收要重点注意如下 4 点内容：

1）检查对每台服务器的 KVM 控制功能。

2）测试同时可控制几台服务器，是否与设计方案一致。

3）测试可同时几人在线操作服务器，对同一台服务器同时多人访问时，只能允许一人进行操作。

4）访问权限设置。

7.4.3 列头柜施工安装

1. 列头柜安装

1）打开包装箱，清点箱内物品；

2）取掉机柜内最上部和最下部两块假面板，以便固定机柜顶部和底部；

3）在选定机房安装位置的地面上将机柜底部固定在地面上；

4）将机柜顶部与机房内上走线架相固定。

2. 列头柜质量检验验收要求

列头柜列头柜质量检验验收要求要重点注意如下 10 点内容。

（1）外观要求

1）列头柜涂覆层应表面光洁、色泽均匀、无流挂、无露底；金属件无毛刺、无锈蚀。

2）列头柜门板、侧板平整、无扭曲、无变形，也不明显抖动；门板开孔均匀。

3）列头柜标志应齐全、清晰、色泽均匀、耐久可靠。机柜正面和背面上方应设有用以标注序号的标签或位置，列头、列尾机柜朝外的侧板上应设有用以标注列号的位置。

（2）基本要求

1）交流列头柜技术要求适用于额定电压为 380V、工作频率为 50Hz 的三相五线制交流低压电源设备。

2）直流列头柜技术要求适用于直流 −48V 供电，范围 −40 ～ −57V，工作地排和保护地排明确分开。

（3）总体要求

用于机房的交直流交流列头柜，其采用的材料和器件，紧固件、密封件，其机械、化学、电气性能以及各种性能检测方式均应符合中国国家标准、通信行业标准及IEC的有关标准。

（4）设备安装在室内无剧烈振动和冲击的地方时，与地面倾斜度不超过2%。

（5）要预留空间保证机柜前后门的打开，保证足够的维修、接线操作空间。

（6）连接外部绝缘导线的接头

连接外部绝缘导线的接头，如表7-6所示。

表7-6 连接外部绝缘导线的接头

连接外部绝缘导线的接头	
铜母线的接头	接触处无被覆盖层
	接触处搪锡
	接触处镀银或镀镍
熔断器接头	接触处镀锡
	接触处镀银或镀镍
可能会触及的壳体	金属表面
	绝缘表面
	塑料绝缘导线表面
电阻发热件（涂有珐琅的表面）	

（7）对触电的防护措施

1）对直接触电的防护

应将可能直接触电的带电部位用绝缘材料完全包封，绝缘材料只有在遭到破坏后才能除去，绝缘材料应能耐受使用中可能遇到的机械、电和应力。此绝缘材料至少应与有关器件的最大绝缘电压等级一样。（油漆、搪瓷或类似绝缘材料不能做此用途。）

2）对间接触电的防护

❑ 采用保护电路进行的防护

对于门、盖板、覆板和类似部件，如果其上没有安装电气设备，一般金属连接或金属铰链连接就可满足要求；如果其上装有电压值超过安全低压范围的电气设备时，应采用保护导体将这些部件和保护电路连接，此保护导线的截面积应不小于从电源到所属电器最大引线的截面积，允许为此专门设计其他的电连接方式（例如防腐蚀铰链等）。

设备内保护电路的所有部件的设计应能使它们足以耐受装置在安装场所可能遇到的最大热应力和电动应力。

❑ 各级交流配电主要参数宜按表7-7选择。

表7-7 各级交流配电的额定值选择

配电位置	上级配电柜		电源列柜		网络机柜	
	输入	输出	输入	输出	输入	输出
保护开关类型	塑壳式空气断路器	塑壳式或微型空气断路器	隔离开关或与上级配电柜输出开关相同；也可不设置	微型空气断路器（空气开关）	隔离开关	宜设置微型空气断路器（空气开关）
相数	三相	三相	三相	单相	单相	单相
额定电压 U_e(V)	380	380	380	220	220	220
额定电流 I_n 或 I_u(A)	100～630	100～400	50～250	16～32	16～32	6～10

一般装置的保护电路不应包含分断器件（如开关、隔离器等）。设备中保护导体（PE）的截面应按表7-8的规定。

表7-8 设备中保护导体（PE）的截面

装置的相导线的截面积（S）	相应的保护导体的最小截面积（mm^2）
$S \leqslant 16$	S
$16 < S \leqslant 35$	16
$S > 35$	$S/2$

用于连接出线保护导线导体或进线保护导体的端子应是裸露的，并适合于连接铜导体。

3）短路保护和短路强度

- 装置的结构应能耐受设计规定的额定短路电流产生的热应力和电动应力；
- 装置必须采用断路器等作为短路保护电器；
- 装置内的短路保护电器间具有保护选择性，即进行分级保护，以使发生在一个支路中的短路由安装在该支路中的保护电器的动作来消除，而不使短路影响到其他支路；
- 辅助电路一般应装设短路保护电器，但如果短路保护电器的动作可能引起危险，就不应装设短路保护电器，在这种情况下辅助电路导线的布置应使其在正常工作条件下不会发生短路；
- 辅助电路的导线必须采用铜芯绝缘导线，其最小截面积为 1.5mm^2（单股铜芯绝缘导线）和 1.0mm^2（多股铜芯绝缘导线）。

（8）元件的安装

1）安装在同一支架上的电器、功能单元和外部接线用的接线端子应使其在安装、接线、维修和更换时易于接近，尤其是外部接线端子应安装在装置基础面上方至少 0.2m 高度处，并且为连接电缆提供必要的空间；

2）需要在装置内部调整操作，复位的元件应易于接近；

3）对于地面上安装的装置，需要操作者观看的指示仪表的安装高度一般不得高出装置基础 2m，操作器件（如手柄、按钮等）的中心高度一般不得高出装置基础面 2m；

4）紧急操作器件应装在基础地面 0.8 ～ 1.6 m 范围内。

（9）告警功能

1）电源分配柜应在过流、过压、欠压、熔丝断、开关断等应有相应的可闻可见告警信号。

2）应具有重复性告警不阻塞功能，即原已发出的告警信号未消除而人为地关断了告警声信号期间，又产生新的告警信号时，电源柜会再次自动发出声光告警信号。

3）监测功能：具备 RS485 通信接口，实现远程监控。电源分配柜告警系统可向上级监控中心发送告警数据，同时发出声光告警。其通信接口和通信协议应符合 YDN023 的有关规定。

- 遥测：交流三相电压，总负载电流。
- 遥信：交流输出电压过压 / 欠压，分路空开通断开关故障。

4）接地要求

机柜应具有中性线装置和保护接地装置，保护接地装置与电源分配列柜的金属柜及柜门的接地螺钉之间应具有可靠的电气连接，其连接电阻值≤ 0.1Ω。

电源分配柜接地端子具体要求如下：

- 金属柜体上焊有不小于 M8 的铜质接地端子；
- 保护接地端子不少于 3 个；
- 具有电源工作地接线端子；
- 具有电源的保护接地（PE）端子；
- 各种接地端子在产品出厂时应互不连接，相互间是绝缘的，连接方法由工程设计决定。

（10）测试项目

1）温升试验。

2）介电强度试验。

3）短路强度试验。

4）保护电路路连续性试验。

5）测量电气间隙和爬电距离。

7.5 双绞线布线技术

7.5.1 双绞线布线方法

目前有3种双绞线布线方法：

- 从管理局向工作区布线（一层中信息点较少的情况下）。
- 从中间向两端布线（中间有隔断的情况下）。
- 从工作区向管理间布线（信息点多的情况下）。

双绞线布线时要做标记。做标记的方法有4种：

- 用打号机打号。
- 用塑料的字号套号。
- 用标签号。
- 用油墨笔记号。

建议用油墨笔记号。

双绞线布线时要注意：

- 要对线缆端记号。
- 要注意节约用线。
- 布线的线缆不能有扭结，要平放。

7.5.2 双绞线布线缆线间的最小净距要求

1. 双绞线布线缆线与电源线的要求

双绞线布线缆线与电源线应分隔布放，并应符合表7-9的要求。

表7-9 双绞线电缆与电力电缆最小净距

干扰源类别	线缆与干扰源接近的情况	间距（mm）
小于2kVA的380V电力线缆	与电缆平行敷设 其中一方安装在已接地的金属线槽或管道 双方均安装在已接地的金属线槽或管道	130 70 10
2～5kVA的380V电力线缆	与电缆平行敷设 其中一方安装在已接地的金属线槽或管道 双方均安装在已接地的金属线槽或管道	300 150 80
大于5kVA的380V电力线缆	与电缆平行敷设 其中一方安装在已接地的金属线槽或管道 双方均安装在已接地的金属线槽或管道	600 300 150
荧光灯等带电感设备	接近电缆线	150～300
配电箱	接近配电箱	1000
电梯、变压器	远离布设	2000

2. 双绞线布线与配电箱、变电室、电梯机房、空调机房之间最小净距要求

双绞线布线与配电箱、变电室、电梯机房、空调机房之间最小净距应符合表7-10的要求。

表 7-10 双绞线布线与配电箱、变电室、电梯机房、空调机房之间最小净距表

名称	最小净距（m）	名称	最小净距（m）
配电箱	1	变电室	2
电梯机房	2	空调机房	2

3. 建筑物内电、光缆暗管敷设与其他管线最小净距

建筑物布线常用以下 6 种线缆：

- ❑ 4 对双绞线电缆（UTP 或 STP）。
- ❑ 2 对双绞线电缆。
- ❑ 100Ω 大对数对绞电缆（UTF 或 STP）。
- ❑ 62.5/125 μm 多模光缆。
- ❑ 9/125 μm、10/125 μm 单模光缆。
- ❑ 75Ω 有线电视同轴电缆。

建筑物内电、光缆暗管敷设与其他管线最小净距应符合表 7-11 的要求。

表 7-11 电、光缆暗管敷设与其他管线的间距

管线种类	平行净距（mm）	垂直交叉净距（mm）
避雷引下线	1000	300
保护地线	50	20
热力管（不包封）	500	500
热力管（包封）	300	300
给水管	150	20
煤气管	300	20
市话管道边线	75	25
压缩空气管	150	20

7.6 布线压接技术

网络布线压接技术通过如图 7-22 所示的 7 种安装方式来讨论。

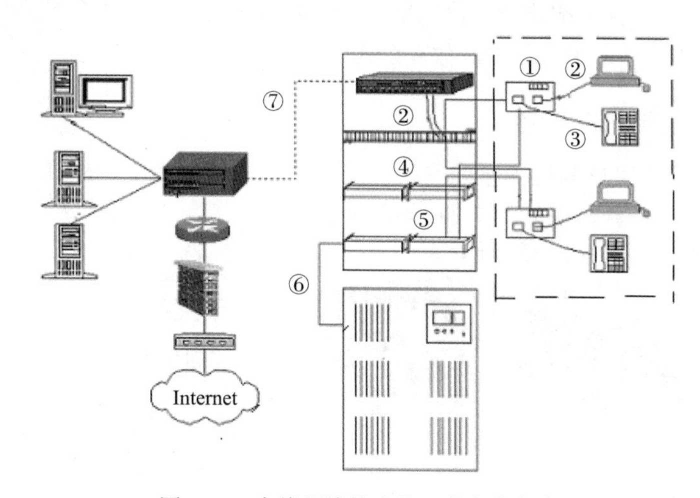

图 7-22 布线压接技术的 7 种安装方式

注：①为用户信息插座的安装，②为用户信息跳线制作，③为用户电话跳线，④为用户信息的双绞线在配线架压线，⑤为 S110 配线架电话压线，⑥为 S110 配线架电话跳线，⑦为用户信息的垂直干线子系统连接交换机的跳线。

7.6.1 压线工具

在布线压接的过程中，我们必须要用到一些辅助工具，压线工具如图 7-23 所示。

1）压线钳。目前市面上有好几种类型的压线钳，而其实际的功能以及操作都是大同小异。压线钳工具不仅用于压线，钳上还具备 3 种不同的功能：

- ❑ RJ-45 和 RJ11 压线。
- ❑ 剥线口。

❑ 刀片，用于切断线材。

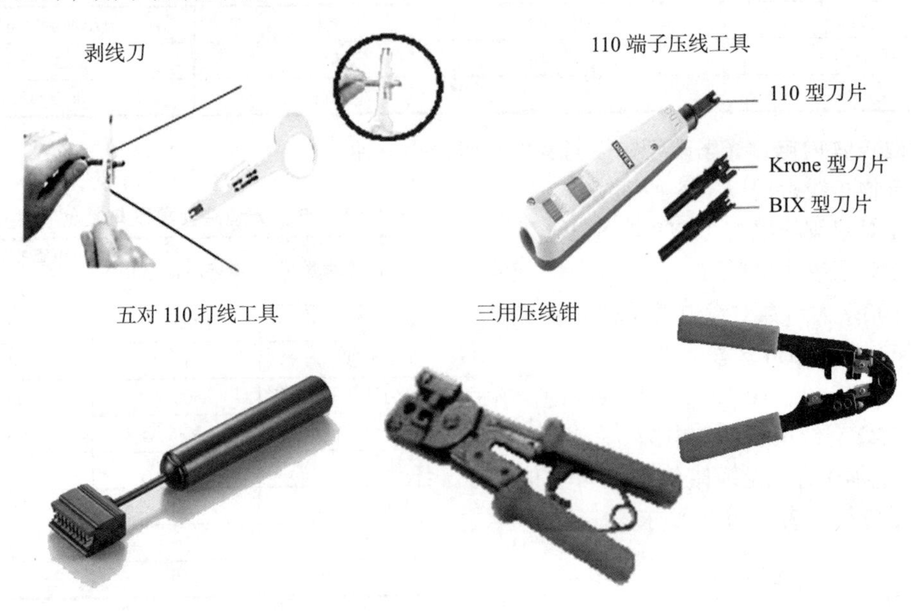

图 7-23　压线工具

2）S110 压线工具，为配线架和信息模块的压线钳工具。

3）5 对线压线工具，用于压大对数双绞线。

7.6.2　用户信息插座的安装

图 7-22 中的①是用户信息插座的安装。安装信息插座要做到一样高、平、牢固。信息插座中有信息模块。信息模块如图 7-24 所示。

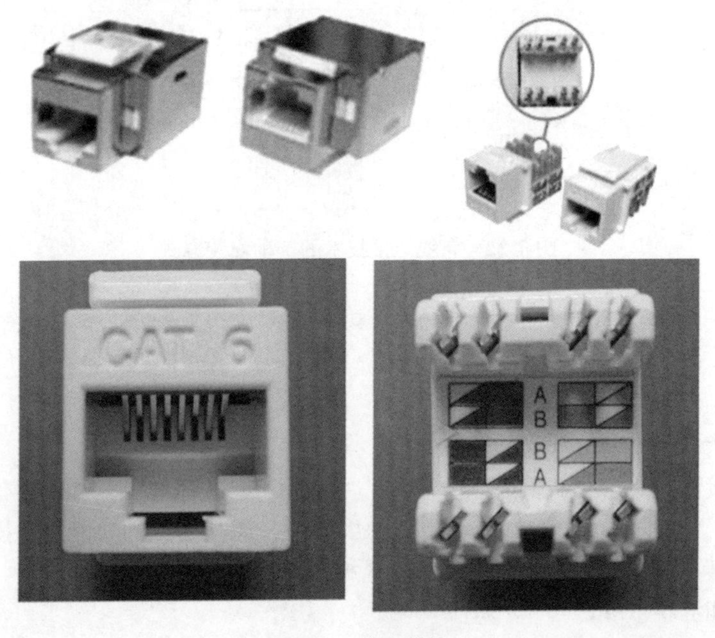

图 7-24　信息模块

（1）信息模块压接时一般有两种方式：

1）用打线工具压接。

2）不用打线工具，直接压接。

根据作者工程中的经验，一般采用打线工具压接模块。

（2）模块压接的具体操作步骤如下：

1）使用剥线工具，在距线缆末端 5cm 处剥除线缆的外皮。

2）剪除线缆的抗拉线。

3）按色标顺序将 4 个线对分别插入模块的各个槽位内。

4）使用打线工具对各线对打线，与插槽连接。

目前，信息模块的国外供应商有 IBM、西蒙等，国内的上海天诚、南京普天等公司产品的结构都类似，只是排列位置有所不同。有的面板注有双绞线颜色标号，与双绞线压接时，注意颜色标号配对就能够正确地压接。

（3）对信息模块压接时应注意的要点：

1）双绞线是成对相互拧在一处的，按一定距离拧起的导线可提高抗干扰的能力，减小信号的串扰，压接时一对一对拧开双绞线，分别放入与信息模块相对的端口上。

2）在双绞线压接处不能拧、撕开，防止有断线的伤痕。

3）使用压线工具压接时，要压实，不能有松动的地方。

4）双绞线开绞不能超过要求。

模块端接完成后，接下来就要安装到信息插座内，以便工作区内终端设备的使用。各厂家信息插座安装方法有相似性，具体可以参考厂家说明资料。

信息模块的压接分为 EIA/TIA 568A 和 EIA/TIA 568B 两种方式。

EIA/TIA 568A 信息模块的物理线路分布如图 7-25 所示。

EIA/TIA 568B 信息模块的物理线路分布如图 7-26 所示。

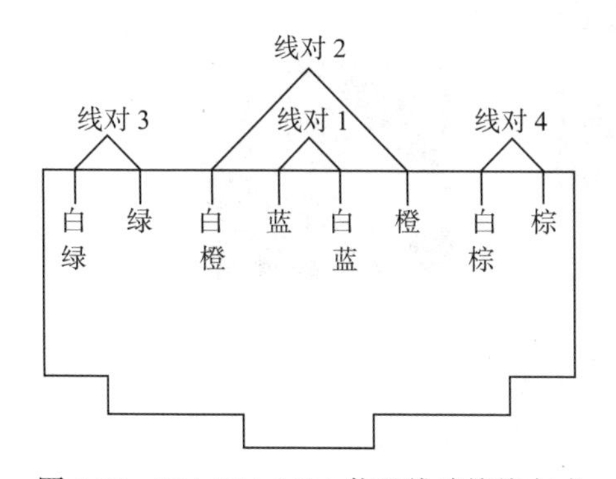

图 7-25　EIA/TIA 568A 物理线路接线方式

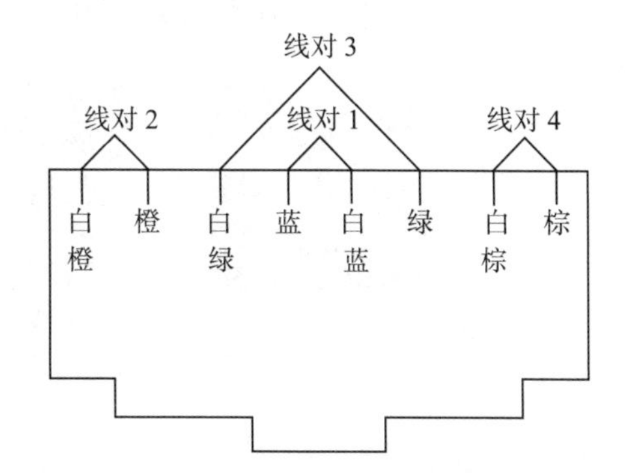

图 7-26　EIA/TIA 568B 物理线路接线方式

无论是采用 568A 还是采用 568B，均在一个模块中实现，但它们的线对分布不一样，减少了产生的串扰对。在一个系统中只能选择一种，即要么是 568A，要么是 568B，不可混用。

568A 第 2 对线（568B 第 3 对线）把 3 和 6 颠倒，可改变导线中信号流通的方向排列，使相邻的线路变成同方向的信号，从而减少串扰对，如图 7-27 所示。

在现场施工过程中，有时遇到 5 类线或 3 类线，与信息模块压接时出现 8 针或 6 针模块。

例如，要求将 5 类线（或 3 类线）一端压在 8 针的信息模块（或配线面板）上，另一端在 6 针的语音模块上，如图 7-28 所示。

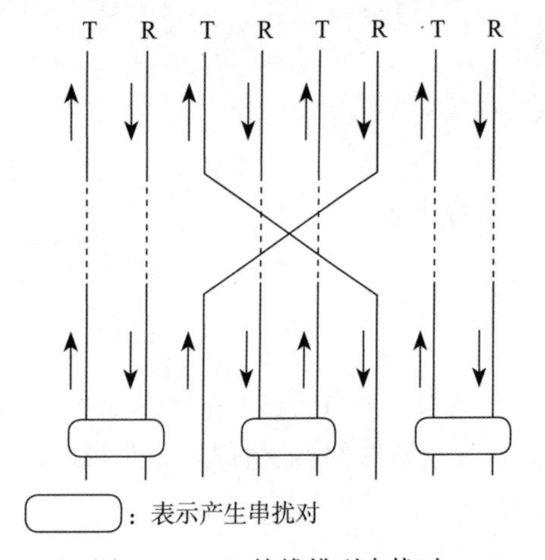

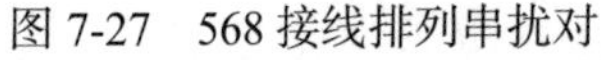

图 7-27　568 接线排列串扰对

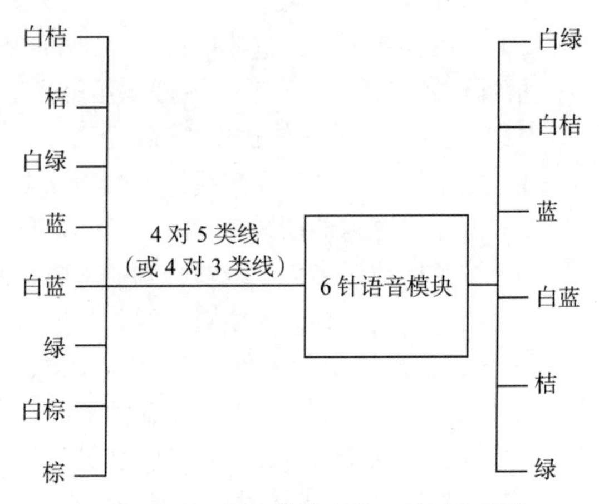

图 7-28　8 针信息模块连接 6 针语音模块

对于这种情况，无论是 8 针信息模块，还是 6 针语音模块，它们在交接处是 8 针，只在输出时有所不同。所以按 5 类线 8 针压接方法压接，6 针语音模块将自动放弃不用的一对棕色线。

7.6.3　用户信息跳线制作

图 7-22 中的②是用户信息跳线。用户制作信息跳线时采用的连接器（水晶头）有 RJ11 连接器（水晶头）和 RJ-45 连接器（水晶头）。RJ11 结构采用 2 线位（用于电话）、4 线位或 6 线位，常用于语音通信和低速率数据传输 (Modem)。RJ-45 是计算机网络标准 8 位模块化接口。每条双绞线两头通过安装 RJ-45 连接器（俗称水晶头）与网卡、集线器、交换机的接口上进行网络通讯。连接器（水晶头）如图 7-29 所示。

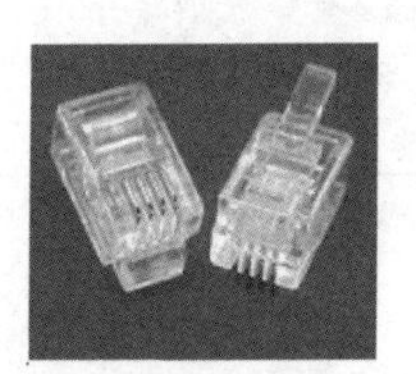

4 线位水晶头

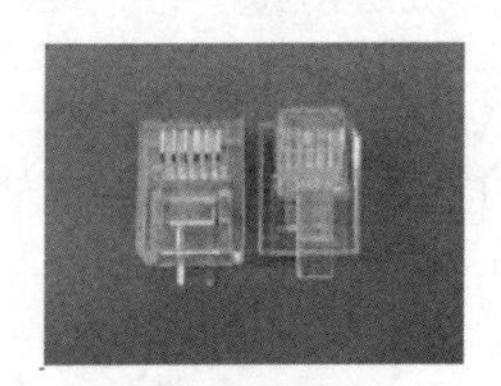

6 线位水晶头

RJ-45 8 线位水晶头

图 7-29　连接器（水晶头）

RJ-45 跳线如图 7-30 所示。

1. 双绞线与 RJ-45 头的连接技术

RJ-45 的连接也分为 568A 与 568B 两种方式，采用 568A（或 568B）必须与信息模块采用的方式相同。

对于 RJ-45 插头与双绞线的连接，需要了解以下事宜。我们以 568A 为例简述。

1）首先将双绞线电缆套管自端头剥去大于 20mm，露出 4 对线。剥线如图 7-31 所示。

2）定位电缆线，使它们的顺序为 1&2、3&6、4&5、7&8，如图 7-32 所示。为防止插头弯曲时对套管内的线对造成损伤，导线应并排排列至套管内至少 8mm 形成一个平整部分，平整部分之后的交叉部分呈椭圆形。

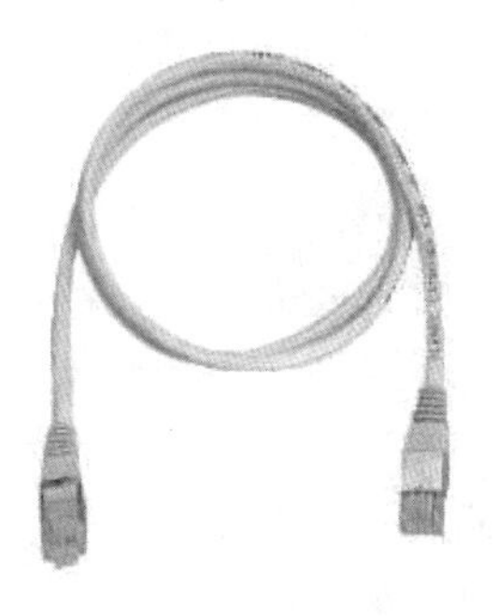

图 7-30 RJ-45 跳线

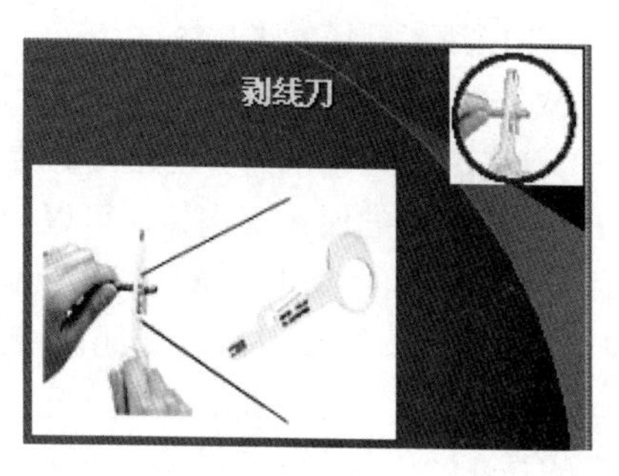

图 7-31 剥线

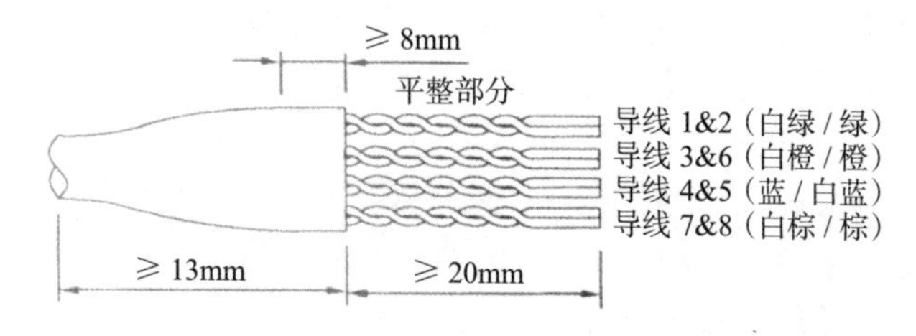

图 7-32 RJ-45 连接剥线示意图

3）为绝缘导线解扭，使其按正确的顺序平行排列，导线 6 是跨过导线 4 和 5 在套管里不应有未扭绞的导线。

4）导线经修整后（导线端面应平整，避免毛刺影响性能）距套管的长度 14mm，从线头（见图 7-33）开始，至少 10mm ± 1mm 之内导线之间不应有交叉，导线 6 应在距套管 4mm 之内跨过导线 4 和 5。

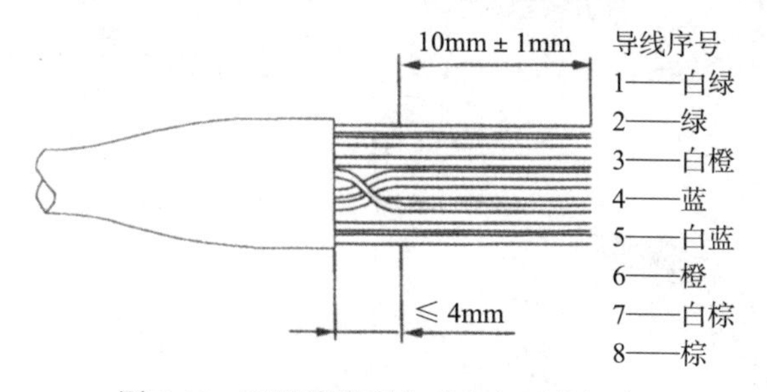

图 7-33 双绞线排列方式和必要的长度

5）将导线插入 RJ-45 头，导线在 RJ-45 头部能够见到铜芯，套管内的平坦部分应从插塞后端延伸直至初张力消除（见图 7-34），套管伸出插塞后端至少 6mm。

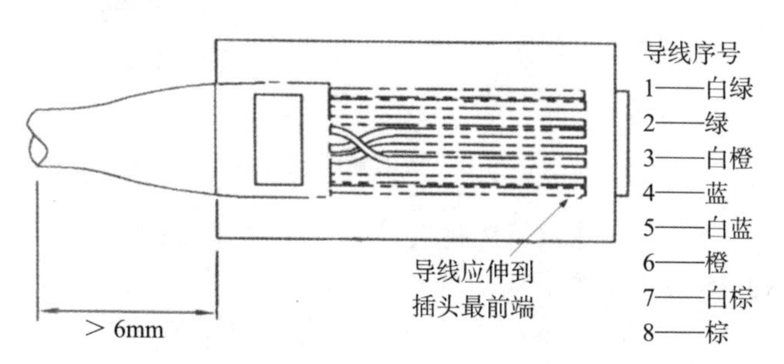

图 7-34 RJ-45 跳线压线的要求

6）用压线工具压实 RJ-45。

2. 双绞线跳线制作过程

1）首先利用压线钳的剪线刀口剪裁出计划需要用到的双绞线长度，如图 7-35a 所示。

2）把双绞线的保护层剥掉，可以利用压线钳的剪线刀口将线头剪齐，再将线头放入剥线专用的刀口，稍微用力握紧压线钳慢慢旋转，让刀口划开双绞线的保护胶皮。需要注意的是，压线钳档位离剥线刀口长度通常恰好为水晶头长度，这样可以有效避免剥线过长或过短。若剥线过长，双绞线的保护层不能被水晶头卡住，容易松动；若剥线过短，则因有保护层塑料的存在，不能完全插到水晶头底部，造成水晶头插针不能与网线芯线完好接触，会影响到线路的质量，如图 7-35b 所示。

3）为绝缘导线解扭，将 4 个线对的 8 条细导线逐一解开、理顺、扯直，使其按正确的顺序平行排列，导线 6 是跨过导线 4 和 5 在套管里不应有未扭绞的导线，如图 7-35c 所示。

4）修整导线，如图 7-35d 所示。

5）将裸露出的双绞线用剪刀或斜口钳剪下只剩约 11mm 的长度。

6）将双绞线放入 RJ-45 接头的引脚内，如图 7-35e 所示；从水晶头的顶部检查，看看是否每一组线缆都紧紧地顶在水晶头的末端。

7）用压线钳压实，用力握紧压线钳，可以用双手一起压，这样使得水晶头凸出在外面的针脚全部压入水晶头内，受力之后听到轻微的“啪”的一声即可，如图 7-35f 所示。

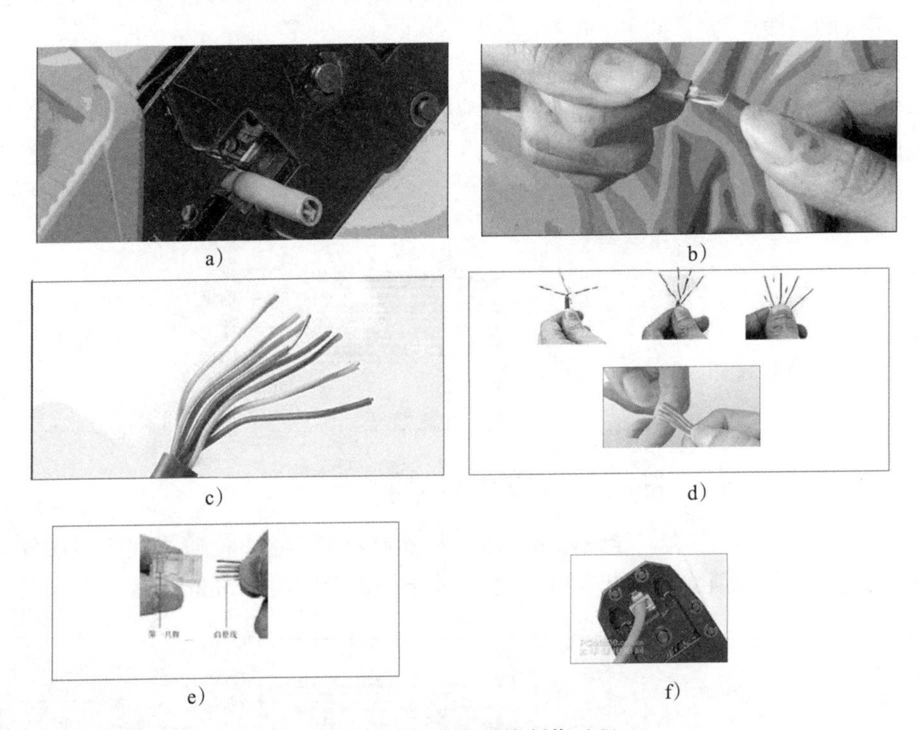

图 7-35　双绞线跳线制作过程

8）重复步骤 1 ～ 7，再制作双绞线跳线另一端的 RJ-45 接头。

3. 双绞线与 RJ-45 头连接的要求

不管是哪家公司生产的 RJ-45 插头，它们的排列顺序都是 1、2、3、4、5、6、7、8，端接时可能是 568A 或 568B。

■	■	■	■	■	■	■	■	
1	2	3	4	5	6	7	8	RJ-45 接头引脚
白橘	橘	白绿	蓝	白蓝	绿	白棕	棕	双绞线色标（568B）

将双绞线与 RJ-45 连接时应注意的要求如下：

1）按双绞线色标顺序排列，不要有差错。

2）与 RJ-45 接头点压实。

3）用压力钳压实。

RJ-45 与信息模块的关系如图 7-36 所示。

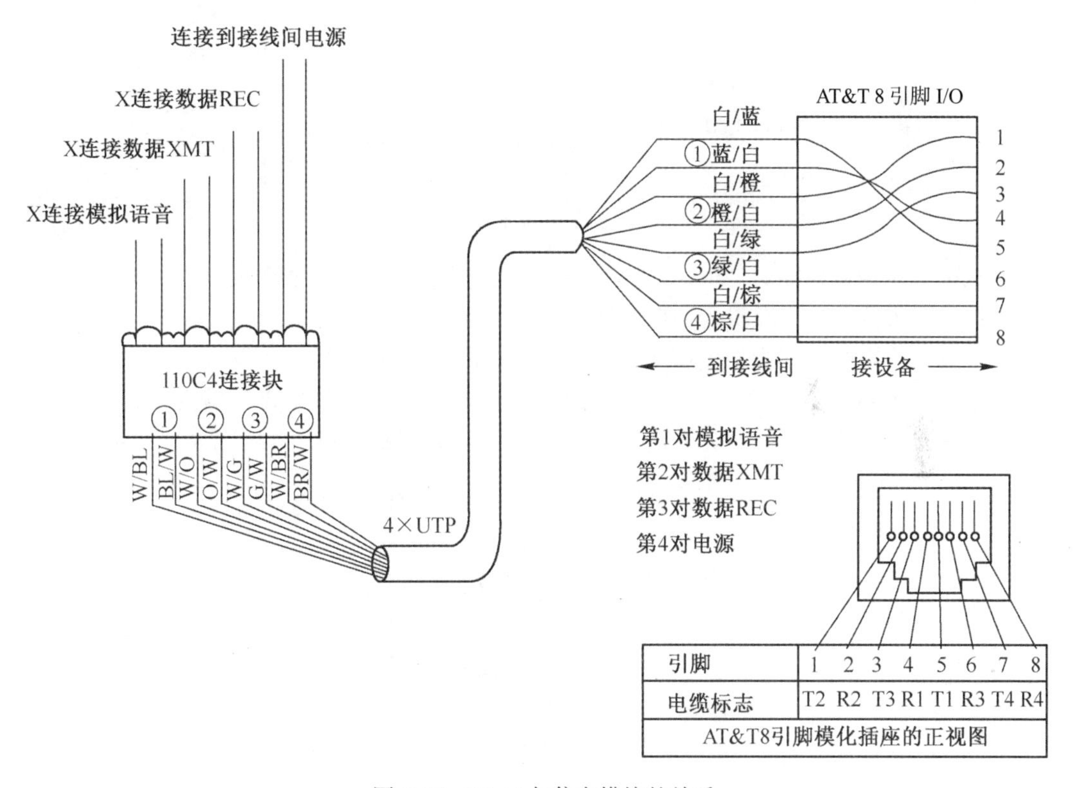

图 7-36　RJ-45 与信息模块的关系

其他跳线介绍如下：

（1）在网络配线架压线

图 7-22 中的④是在网络配线架上压线，如图 7-37 所示。

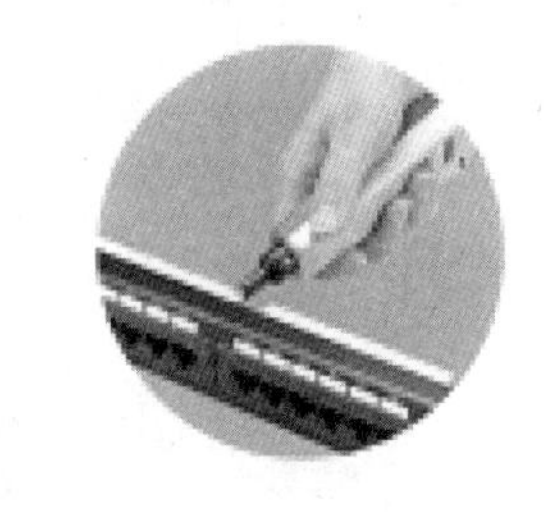

图 7-37　在网络配线架上压线

网络配线架双绞线压线时一般应注意如下要点：

- 以表格形式写清楚信息点分布编号和配线架端口号，如表 7-12 所示。
- 按楼层顺序分配配线架，画出机柜中配线架信息点分布图，便于安装和管理。如图 7-38 所示。
- 以楼层信息点为单位分线，理线，从机柜进线处开始整理电缆。

表 7-12　网络配线架表格形式

配线架端口号	1	2	3	4	5	6	7	8	9	10	11	12	13	14	15	16	17	18	19	20	21	22	23	24
信息点编号	101-1	101-2	101-3	101-4	102-1	102-2	102-3	102-4	103-1	103-2	103-3	103-4	104-1	104-2	104-3	104-4	104-5	104-6	105-1	105-2	105-3	105-4	105-5	105-6

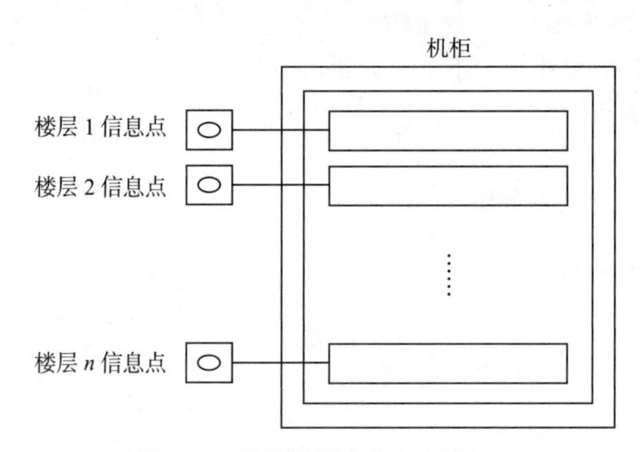

图 7-38　按楼层顺序分配配线架

- 根据选定的接线标准，将 T568A 或 T568B 标签压入模块组插槽内。
- 以配线架为单位，在机柜内部进行整理。
- 根据每根电缆在配线架接口的位置，测量端接电缆应预留的长度。
- 根据标签色标排列顺序，将对应颜色的线对逐一压入配线架接口槽内，然后使用打线工具固定线对，同时将伸出槽位外多余的导线截断，如图 7-39 所示。

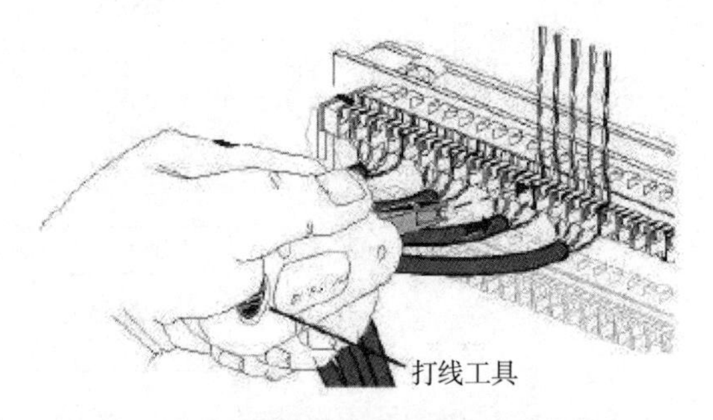

图 7-39　根据标签色标排列顺序压线打线

- 整理并绑扎固定线缆，如图 7-40 所示。机柜内部示意图如图 7-41 所示。

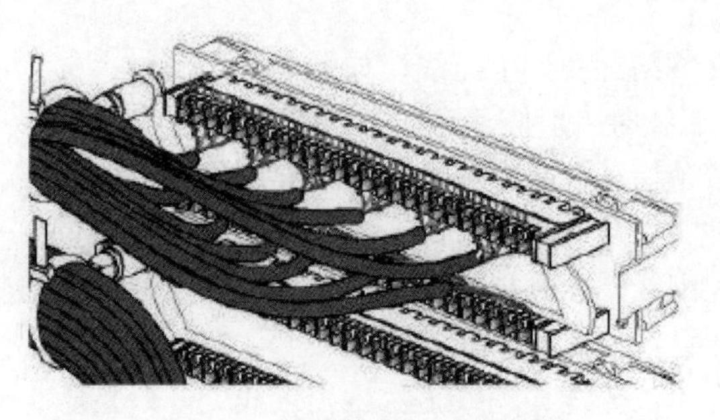

图 7-40　整理并绑扎固定线缆

编好标签并贴在配线架前面板（以表 7-12 的形式）。

（2）S110 配线架电话压线

图 7-22 中的⑤是用户信息的双绞线在 S110 配线架上压电话跳线。S110 配线架如图 7-42 所示。

图 7-41 整理并绑扎固定线缆线架端接后机柜内部示意图

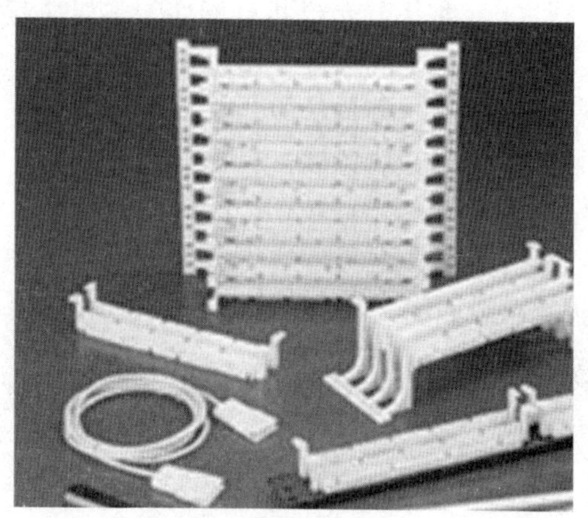

图 7-42 S110 配线架

双绞线向 S110 配线架压线，按双绞线色标的蓝、橙、绿、棕顺序排列，不要有差错。25 对线的 S110 配线架压 6 条双绞线，用 4 对连接块连接。

（3）图 7-22 中的⑥是电信间（或设备间）电话跳线。压 4 对双绞线的 S110 配线架向压 25 对大对数 S110 配线架电话跳线，一部电话用 1 对跳线。电信间或设备间用的 1 对普通电话跳线如图 7-43 所示。

图 7-43 电信间或设备间用的电话跳线

（4）S110 配线架压 25 对大对数

图 7-22 中的⑥是用户在 S110 配线架压 25 对大对数线。

安装 110 配线架：

- 将配线架固定到机柜合适位置。
- 把 25 对线从机柜进线处进机柜，把 25 对线固定在机柜上。
- 从机柜进线处开始整理电缆，电缆沿机柜两侧整理至配线架处，并留出大约 25cm 的大对数电缆，用电工刀或剪刀把大对数电缆的外皮剥去，用剪刀把线撕裂绳剪掉，使用绑扎带固定好电缆，将电缆穿110语音配线架左右两侧的进线孔，摆放至配线架打线处。

- 25对线缆进行线序排线，先按主色排列，再按主色里的配色排列，排列后把线卡入相应位置。
- 根据电缆色谱排列顺序，将对应颜色的线对逐一压入槽内，然后使用5对打线刀打线，刀口向外，用力要垂直，听到“喀”的一声后，模块外多余的线会被剪断。
- 安装5对连接块。
- 安装语音跳线。
- 贴上编号标签。

（5）图7-22中的⑦是用户信息的垂直干线子系统连接交换机的跳线。垂直干线子系统连接跳线如图7-44所示。

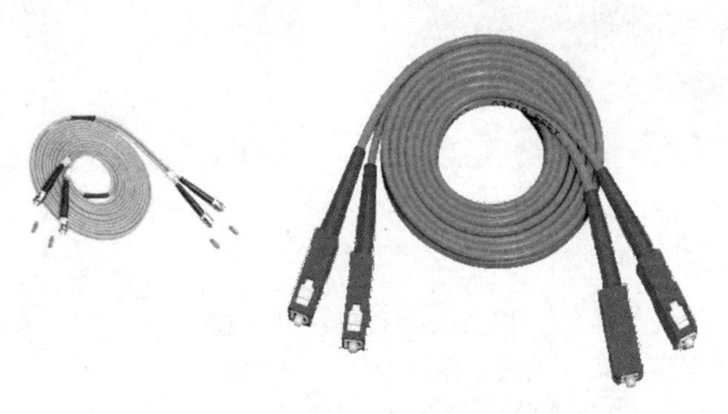

图7-44 垂直干线子系统连接跳线

7.7 长距离光缆布线技术

7.3.9节介绍了建筑物中光缆布线技术，本节介绍长距离光缆布线技术。长距离光缆布线主要用于高速公路、通信系统、电力系统、铁路系统、城域光传送网。光缆的敷设方式主要有管道敷设、直埋敷设、架空敷设。

7.7.1 长距离光缆施工的准备工作

长距离光缆线路施工工序复杂，工序之间必须衔接恰当，具体包括光缆线路施工进行的作业程序，计划实施工程日期，确定具体路由位置、距离、保护地段等，这对按期完成工程的施工任务起到保证作用。

长距离光缆施工大致分为以下几个步骤：

1）准备工作。

2）路由工程。

3）光缆敷设。

4）光缆接续。

5）工程验收。

1. 准备工作

（1）检查设计资料、原材料、施工工具和器材是否齐全

1）检查资料。应首先检查光缆出厂质量合格证，并检查厂方提供的单盘测试资料是否

齐全，其内容包括光缆的型号、芯数、长度、端别、衰减系数、折射率等，看其是否符合订货合同的规定要求。其次检查线路资料，包括杆塔资料、导线分布资料、线路与施工地理环境资料等。

2）外观检查。主要检查光缆盘包装在运输过程中是否损坏，光缆的外皮有无损伤，缆皮上打印的字迹是否清晰、耐磨，光缆端头封装是否完好。

3）技术指标测试。用活动连接器把被测光纤与测试尾纤相连，然后用 OTDR 测试光纤的长度、平均损耗，看其是否符合订货合同的规定要求。整条光缆里只要有一根光纤出现断纤、衰减超标，就应视为不合格产品。

4）电气特性检查。对光缆的物理特性、机械特性和光学特性进行较全面的检验，检查光缆的电气特性指标是否符合国家标准。

5）对地绝缘电阻检查。检查光缆的对地绝缘电阻是否符合出厂标准和国家标准。

6）检查光缆的施工工具和器材是否齐全。

（2）组建一支高素质的施工队伍

组建一支高素质的施工队伍，正确分配施工人员岗位，责任到人。

2. 路由工程

1）光缆敷设前首先要对光缆经过的路由做认真的现场勘察（现场勘察分为市区、郊区和开阔区。一般市区、郊区的工程施工较为复杂，开阔区相对容易一些），了解当地道路建设和规划，尽量避开坑塘、加油站等存在隐患的地方。确定路由后，对其长度做实际测量，精确到 20m 之内，还要加上布放时的自然弯曲和各种预留长度，各种预留还包括插入孔内弯曲、杆上预留、接头两端预留、水平面弧度增加等其他特殊预留。为了使光缆在发生断裂时再接续，应在每百米处留有一定的富余量，富余量长度一般为 1% ～ 2%，根据实际需要的长度订购。

2）画路径施工图。在电杆或地下管道上编号，画出路径施工图，并说明每根电杆或地下管道出口电杆的号码以及管道长度，并定出需要留出富余量的长度和位置，合理配置，使熔接点尽量减少。

3）两根光纤接头处最好安设在地势平坦、地质稳固的地点，避开水塘、河流、沟渠及道路，最好设在电杆或管道出口处，架空光缆接头应落在电杆旁 0.5 ～ 1m。在施工图上还应说明熔接点位置，当光缆发生断点时，便于迅速用仪器找到断点进行维修。

4）光缆配盘是光缆施工前的重要工作。光缆配盘合理，则既可节约光缆、提高光缆敷设效率，又可减少光缆接头数量、便于维护。特别是长途管道线路，光缆的合理配盘可以减少浪费，否则，要么光缆富余量太大，要么光缆长度不够。光缆配盘依据是人孔之间硅芯管的长度，而不是人孔间距，二者有时相差较小，有时相差较大。光缆配盘在地势起伏、环绕较大区域时容易出错。光缆在出厂时，考虑到生产工艺以及测试的需要，一般光缆出厂长度超出订货长度 3 ～ 10m，但这一富余量随生产厂商的不同而不确定，并非为一个准确数据，因此，在做光缆配盘时不应考虑。

5）长距离光缆线路扩容的速度快、灵活性高，应考虑管道资源有限，对光缆芯数的预测可相对保守些。

6）按设计要求核定光缆路由走向，选择敷设方式。

7）核定中继段至另一终端的距离，提供必要的数据资料。

8）核定各路障、河道等障碍物的技术措施，并制定出具体实施的措施。

限于篇幅，光缆敷设、光缆接续、工程验收将在后面的有关章节中再介绍。

7.7.2　长距离光缆布线架空敷设的施工技术

1. 光缆架空的要求

架空光缆主要有钢绞线支承式和自承式两种。自承式不用钢绞吊线，造价高、光缆下垂、承受风力负荷较差。因此，我国基本都是采用钢绞线支承式这种结构，通过杆路吊线托挂或捆绑架设。

光缆架空的要求主要有如下内容：

1）架空线路的杆间距离，市区为30～40m，郊区为40～50m，其他地段最大不超过60～70m。

2）架空光缆的吊线应采用规格为8/2.2mm（或7/2.2mm）的镀锌钢绞线，对于采用铠式光缆，挂设时可采用7/2.0mm或/1.8mm的钢绞线。

3）架空光缆的垂度要考虑架设过程中和架设后受到最大负载时产生的伸长率。

4）架空光缆可适当地在杆上作伸缩余留。

5）光缆挂钩的卡挂间距要求为50cm，光缆卡挂应均匀。

6）光缆转弯时弯曲半径应大于或等于光缆外径的10～15倍，施工布放时弯曲半径应大于或等于20倍。

7）吊线与光缆要接地良好，要有防雷、防电措施，并有防震、防风的机械性能。

8）架空吊线与电力线的水平与垂直距离要在2m以上，离地面最小高度为5m，离房顶最小距离为1.5m。

9）架空杆路选定：

- ❑ 架空杆路基本上沿各条公路的一侧敷设，部分沿途有当地的广电、邮电及其他的杆路敷设。
- ❑ 架空杆路跨越较大的公路时，公路的两边应加立高杆，视现场情况可立6m、7m、8m、9m、10m及12m杆。

10）架空杆材料的选用。

① 水泥杆选用：

- ❑ 在山区不通公路时，可选用6m、7m杆。
- ❑ 在开阔区可选用7m、8m杆。
- ❑ 在郊区可选用8m、9m杆。
- ❑ 在市区可选用9m、10m杆。
- ❑ 在路跨公路时，可选用10m、11m及12m杆。

② 铁件杆选用：铁件杆全部采用热镀锌材料。杆路跨越较大的河流或特殊地段时，应做特殊处理。当杆档大于80m时，应做辅助吊线。当杆子定在河床里时，应做护墩进行有效的保护。当杆子定在山谷下或河床里时，地面起伏比较大，吊线仰视与杆稍的夹角呈45度或小于45度，高低落差大于15m时，应做双向拉线。

11）竖立电杆应达到下列要求：

① 直线线路的电杆位置应在线路路由的中心线上。电杆中心线与路由中心线的左右偏差应不大于50mm，电杆本身应上下垂直。

② 角杆应在线路转角点内移。水泥电杆的内移值为100～150mm，因地形限制或装支

撑杆的角杆可不内移。

③ 终端杆竖立后应向拉线侧倾斜 100 ～ 200mm。

④ 电杆与拉线地锚坑的埋深：

- 6m 杆：普通土埋深 1.2m，石质 1.0m。
- 7m 杆：普通土埋深 1.3m，硬土 1.2m，水田、湿地 1.4m，石质 1.0 m。
- 8m 杆：普通土埋深 1.5m，硬土 1.4m，水田、湿地 1.6m，石质 1.2m。
- 9m 杆：普通土埋深 1.6m，硬土 1.5m，石质 1.4m。
- 10m 杆：普通土埋深 1.7m，硬土 1.6m，石质 1.6m。
- 12m 杆：普通土埋深 2.1m，硬土 2.0m，石质 2.0m。

12）杆路保护：河滩及塘边杆根缺土的电杆，应做护墩保护。在路边易被车辆碰撞的地方立杆，应加设护杆桩，加高为 40 ～ 50cm。

13）杆路净距要求：杆路吊线架设应满足净距要求，在跨越主要公路缆路间净距应不小于 5.5m，跨越土路缆路间净距应不小于 4.5m，跨越铁路缆路间净距应不小于 7m。

14）标志牌：架空光缆路跨越公路河流时设置标志牌。缆路设置标志牌尺寸为 250mm × 100mm × 5mm 的铝制片，每隔 300m 间距点加挂标志牌，标志牌牢固固定于钢绞线上，面对观看方向。

15）吊线的抱箍距杆梢 40 ～ 60cm 处。

电杆与其他建筑物间隔的最小净距表如表 7-13 所示。

表 7-13　电杆与其他建筑物间隔的最小净距表

序号	建筑物名称	说明	最小水平净距（m）	备注
1	铁路	电杆间距铁路最近钢轨的水平距离	11	
2	公路	电杆间距视公路情况可以增减	H	或满足公路部门的要求
3	人行道边沿	电杆与人行道边平行时的水平距离	0.5	或根据城市建设部门的批准位置
4	通信线路	电杆与电杆的距离	H	H 为电杆在地面的杆高
5	地下管线	地下管线（煤气管等）	1.0	电杆与地下管线平行的距离
6	地下管线	地下管线（电信管道，直埋电缆）	0.75	电杆与它们平行时的距离
7	房屋建筑	电杆与房屋建筑的边缘距离	1.50	

架空线路最低线缆跨越其他障碍物的最少垂直距离表如表 7-14 所示。

表 7-14　架空线路最低线缆跨越其他障碍物的最少垂直距离表

序号	障碍物名称	最少垂直距离（m）	备注
1	距铁路铁轨	7.5	指最低导线最大垂直处
2	公路、市区马路（行驶大型汽车）	7.5	或满足公路部门的要求
3	距一般道路路面	5.5	或根据城市建设部门的批准位置
4	距通航河流航帆顶点	1.0	在最高的水位
5	距不通航河流顶点	2.0	在最高水位及漂浮物上
6	距房屋屋顶	1.50	
7	与其他通信线交越距离	0.6	
8	距树枝距离	1.5	
9	沿街坊架设时距地面的距离	4.0	
10	高农作物地段	0.6	最低缆线与农作物和农机械的最高点间的净距

2. 光缆吊线架设方法

在长距离架空敷设光缆时采用导向滑轮，采用牵引绳（用直径为13mm的绳套绑扎光缆）将一端用线预先装入吊线线槽内；在架杆和吊线上预先挂好滑轮，每隔20～30m安装1个导引小滑轮，在另一端电杆部位安装1个大号滑轮，将牵引绳按顺序通过滑轮，直至到达光缆所要牵引的另一端头。施工中一般光缆分多次牵引。

光缆牵引完毕后，用挂钩将光缆托挂于吊线上，通常采用滑板车操作较快较好。也可以采用其他方法。

长距离架空敷设光缆展放过程中要重点注意以下内容：

- 光缆施工要严格按照施工的规范进行。
- 操作人员要集中精力，听从指挥，令行禁止。
- 各塔位、跨越物、转角滑车等监护人员应坚守岗位，按要求随时报告情况。
- 光缆必须离空，不得与地面、跨越架和其他障碍物相摩擦。
- 展放速度宜控制在30 m/min左右，不宜太快。
- 牵引走板通过滑车时，应放慢牵引速度，使走板顺利通过滑车，防止光缆跳槽卡线而损伤光缆。
- 塔上护线人员应报告走板离滑车的距离，以便牵引光缆的司机心中有数。
- 光缆转弯时，其转弯半径要大于光缆自身直径的20倍，如架空光缆在上下杆塔时，应当尽量减小弯曲的角度，同时给光缆盘施加助力，以减少光缆的拉力。
- 布缆时的拉力应小于80%额定拉力。
- 每个杆上要余留一段用于伸缩的光缆。
- 应安排相关人员分布在光缆盘放线处（光缆盘“∞”字处）、穿越障碍点、地形拐弯处和光缆前端引导等处，以便及时发现问题，排除故障，控制放线中的速度，并减小放线盘的拉力。
- 光缆布放过程如遇到障碍，应停止拖放，及时排除。不能用大力拖过，否则会造成光缆损伤。
- 光缆放线时，拉力要稳定，不能超过光缆标准的要求拉力。
- 光缆布放时工程技术人员应配备必要的通信设备，如对讲机、喇叭。
- 打“∞”字时，应选择合适的地形，将“∞”字尽量打大。为避免解“∞”字时产生问题，应在情况允许的前提下尽量少打“∞”。
- 光缆钩间距为50cm±3cm，挂钩与光缆搭扣一致，挂钩托板齐全、平整。
- 光缆接头盒两侧余线10～20m为宜，将余线用预留架固定接头杆相邻两杆的反侧，把反线盘在余线架上，绑扎牢固整齐。
- 对施工复杂、超越障碍多的地段或山区极难施工地段，适当选用小盘光缆。

在长距离架空敷设光缆时可采用从中间向两端布线。从中间向两端布线时光缆的配盘长度一般为2～3km，施工布放时受人员及地形等因素的影响，放缆时把光缆放置在路段中间，把光缆从光缆盘上放下来，按“∞”字型方式做盘处理，向两端反方向架设。光缆将逆着“∞”的方向字放（打），顺着“∞”字的方向布放（解开），先做盘“∞”字，然后布放。

7.7.3 长距离光缆布线直埋敷设的施工技术

1. 光缆布线直埋敷设的要求

光缆布线直埋敷设的要求主要有如下内容：

1）光缆布放前，应对施工及相关人员就施工应注意的事项进行适当的培训，如放线方法要领和安全等内容，并确保施工人员服从指挥。

2）核定光缆路由的具体走向、敷设方式、环境条件及接头的具体地点是否符合施工图设计。

3）核定地面距离和中继段长度。

4）核定光缆穿越障碍物需要采取防护措施地段的具体位置和处理措施。

5）核定光缆沟坎、护坎、护坡、堵塞等光缆保护的地点、地段和数量。

6）光缆与其他设施、树木、建筑物及地下管线等最小距离要符合验收技术标准。

7）光缆的路由走向、敷设位置及接续点应保证安全可靠，便于施工、维护。

8）开挖缆沟前，施工单位应依据批准的施工图设计沿路由撒放灰线，直线段灰线撒放应顺直，不应有蛇形弯或脱节现象。

9）直埋光缆沟深度要按标准要求进行挖掘，如表 7-15 所示。

表 7-15 直埋光缆埋深标准要求

敷设地段或土质	埋深（m）	备注
普通土（硬土）	≥ 1.2	
砂砾土质（半石质土、沙砾土、风化石）	≥ 1.0	沟底应平整，无碎石和硬土块等有碍于施工的杂物
全石质	≥ 0.8	从沟底加垫 10cm 细土或沙土
流沙	≥ 0.8	
市郊、村镇的一般场合	≥ 1.2	不包括车行道
市内人行道	≥ 1.0	包括绿化地带
穿越铁路、公路	≥ 1.2	距道渣底或距路面
沟、渠、塘	≥ 1.2	
农田排水沟	≥ 0.8	

10）不能挖沟的地方可以架空或钻孔预埋管道敷设。

11）由于爬坡直埋光缆较重，且布放地形复杂，因此施工比较困难，所需人工较多，应配备足够人员。

12）沟底应平缓坚固，需要时可预填一部分沙子、水泥或支撑物。

13）光缆布放时，工程技术人员应配备必要的通信设备，如对讲机、喇叭等。

14）光缆的弯曲半径应小于光缆外径的 15 倍，施工过程中不应小于 20 倍。

15）敷设时可用人工或机械牵引，但要注意导向和润滑。

16）机械牵引时，进度调节范围应在 3 ～ 15m/min、调节方式应为无级调速，并具有自动停机性能。牵引时应根据牵引长度、地形条件、牵引张力等因素选用集中牵引、中间辅助牵引、分散牵引等方式。

17）光缆布放完毕，光缆端头应做密封防潮处理，不得浸水。

18）敷设完成后，应尽快回土覆盖并夯实。

❑ 直埋光缆必须经检查确认符合质量验收标准后，方可全沟回填。

❑ 光缆铺放完毕后，检查光缆排列顺序无交叉、重叠，光缆外皮无破损，可以首先回填 30cm 厚的细土。对于坚石、软石沟段，应外运细土回填，严禁将石块、砖头、硬土推入沟内。

- 待 72 小时后，测试直埋光缆的护层对地绝缘电阻合格，可进行全沟回填，回填土应分层夯实并高出地面形成龟背形式，回填土应高出地面 10 ～ 20cm。
- 直埋光缆沿公路排水沟敷设，遇石质沟时，光缆埋深≥ 0.4m，回填土后用水泥砂浆封沟，封层厚度为 15cm。

2. 直埋光缆与其他管线及建筑物间的最小净距

直埋光缆的敷设位置，应在统一的管线规划综合协调下进行安排布置，以减少管线设施之间的矛盾。直埋光缆与其他管线及建筑物间的最小净距如表 7-16 所示。

表 7-16　直埋光缆与其他管线及建筑物间的最小净距表

序号	其他管线及建筑物间	最小净距（m）	备注
1	市话通信电缆管道平行时 市话通信电缆管道交叉时	0.75 0.25	不包括人孔或手孔 不包括人孔或手孔
2	同沟敷设的直埋通信电缆平行时 非同沟敷设的直埋通信电缆平行时	0.50 0.50	
3	直埋电力电缆＜ 35kV 平行时 直埋电力电缆＜ 35kV 交叉时 直埋电力电缆＞ 35kV 平行时 直埋电力电缆＞ 35kV 交叉时	0.50 0.50 2.00 0.50	
4	给水管管径＜ 30cm 平行时 给水管管径＜ 30cm 交叉时 给水管管径为 30 ～ 50cm 平行时 给水管管径为 30 ～ 50cm 交叉时	0.50 0.50 0.50 1.00	光缆采用钢管保护时，最小净距可降为 0.15m
5	高压石油天然气管平行时 高压石油天然气管交叉时	10.00 0.50	
6	树木灌木 乔木	0.75 2.00	
7	燃气管压力小于 3kg/cm2 平时行 燃气管压力小于 3kg/cm2 交叉行 燃气管压力 3 ～ 8kg/cm2 平时行 燃气管压力 3 ～ 8kg/cm2 交叉时	1.00 0.50 2.00 0.50	
8	热力管或下水管平行时 热力管或下水管交叉时	1.00 0.50	
9	排水管平行时 排水管交叉时	0.80 0.50	
10	建筑红线（或基础）	1.0	

3. 布线直埋敷设的方法

光缆布线直埋敷设的方法主要是人工抬放敷设光缆。

采用人工抬放敷设光缆要重点注意如下 7 点内容：

1）敷设时不允许光缆在地上拖拉，也不得出现急弯、扭转等现象。

2）光缆不应出现小于规定曲率半径的弯曲（光缆的弯曲半径应不小于光缆外径的 20 倍），不允许光缆拖地铺放和牵拉过紧。

3）在布放过程中或布放后，应及时检查光缆的排列顺序，如有交叉重叠要立即理顺，当光缆穿越各种预埋的保护管时，尤应注意排列顺序。要随时检查光缆外皮，如有破损，应立即予以修复。敷设后应检查每盘光缆护层对地绝缘电阻是否符合要求，若不符合则应进行更换。

4）直埋光缆布放时必须清沟，沟内有水时应排净，光缆必须放于沟底，不得腾空和拱起。

5）直埋光缆敷设在坡度大于 30 度、坡长大于 30m 的斜坡上时，宜采用“S”形敷设或按设计要求的措施处理。

6）待光缆穿放完毕后，其钢管、塑管及子管应采用油麻沥青封堵，防腐、防鼠等，子管与光缆采用 PVC 胶带缠扎密封，备用子管安装塑料塞子。

7）直埋光缆的接头处、拐弯点或预留长度处以及与其他地下管线交越处，应设置标志，以便今后维护检修。

7.7.4 长距离光缆管道布线的施工技术

1. 长距离光缆管道布线的施工要求

长距离光缆管道布线施工应注意如下 12 点：

1）在敷设光缆前，应根据设计文件和施工图纸对选用光缆穿放的管孔大小、占用情况和其位置进行核对，如所选管孔孔位需要改变时，应取得设计单位的同意。

2）敷设光缆前，应逐段将管孔清刷干净和试通。清扫时应用专制的清刷工具，清扫后应用试通棒试通检查，检查合格后，才可穿放光缆。

3）管道所用的器材规格、质量在施工使用前要进行检验，严禁使用质量不合格的器材。

4）PVC 管、蜂窝管其管身应光滑无伤痕，管孔无变形。

5）安放塑料子管，同时放入牵引线。

6）计算好布放长度，一定要有足够的预留长度：

- 自然弯曲增加长度（m/km）5m。
- 人孔内拐弯增加长度（m/ 孔）0.5 ～ 1m。
- 接头重叠长度（m/ 侧）8 ～ 10m。
- 局内预留长度（m）15 ～ 20m。

7）布放塑料子管的环境温度应在 −5℃～ 35℃之间，在过低或过高的温度时，尽量避免施工，以保证塑料子管的质量不受影响。

8）连续布放塑料子管的长度不宜超过 300m，塑料子管不得在管道中间有接头。

9）牵引塑料子管的最大拉力不应超过管材的抗拉强度，在牵引时的速度要均匀。

10）在穿放塑料子管的水泥管管孔中，应采用塑料管堵头，在管孔处安装，使塑料子管固定，塑料子管布放完毕，应将子管口临时堵塞，以防异物进入管内。

11）如果采用多孔塑料管，可免去对子管的敷设要求。

12）光缆的牵引端头可现场制作。为防止在牵引过程中发生扭转而损伤光缆，在牵引端头与牵引索之间应加装转环。

2. 光缆管道布线的方法

光缆管道布线施工的方法应注意如下 15 点内容：

1）布线时应从中间开始向两边牵引，一次布放光缆的长度不要太长，光缆配盘的长度一般为 2 ～ 3km。

2）布缆牵引力一般不大于 120kg，而且应牵引光缆的加强心部分。

3）做好光缆头部的防水加强处理。

4）光缆引入和引出处需加顺引装置，不可直接拖地。

5）城市 Φ90mm 标准管孔，可容纳 3 ～ 4 寸塑料子管 3 根，1 寸子管适合于直径小于 20mm 的光缆，其他种类光缆应选用合适的子管。

6）管道光缆敷设要通过人孔的入口、出口，路由上出现拐弯、曲线以及管道人孔高差等情况适时配置导引装置减少光缆的摩擦力，降低光缆的牵引拉力。

7）光缆的端头应余留适当长度，盘圈后挂在人孔壁上，不要浸泡于水中。

8）放管前应将管外凹状定位筋朝上放置，并严格按照管外箭头标志方向顺延，不可颠倒方向。

9）在放管时，严禁泥沙混入管内。

10）布放 2 根以上的塑料子管，如管材已有不同颜色可以区别时，其端头可不必做标志；对于无颜色的塑料子管，应在其端头做好有区别的标志。

11）光缆采用人工牵引布放时，每个人孔或手孔应有人帮助牵引；机械布放光缆时，不需每个孔均有人，但在拐弯处应有专人照看。整个敷设过程中，必须严密组织，并有专人统一指挥。

12）光缆一次牵引长度一般不应大于 1000m。超长距离时，应将光缆采取盘成倒 8 字形分段牵引或在中间适当地点增加辅助牵引，以减少对光缆的拉力和提高施工效率。

13）在光缆穿入管孔或管道拐弯处与其他障碍物有交叉时，应采用导引装置或喇叭口保护光缆。

14）根据需要可在光缆四周加涂中性润滑剂等材料，以减少牵引光缆时的摩擦阻力。

15）光缆敷设后，应逐个在人孔或手孔中将光缆放置在规定的托板上，并应留有适当余量。

7.7.5 光缆布线施工工具

在光缆施工工程建设中常用的工具如表 7-17 所示。

表 7-17 在光缆施工中常用的工具

序号	工具名称	数量	用途	序号	工具名称	数量	用途
1	光纤剥皮钳	1 把	剥离光纤表面涂覆层	13	记号笔	1 支	做终端标号
2	横向开缆刀	1 把	横向开剥光缆	14	酒精泵瓶	1 个	清洗光纤
3	刀具	1 把	切割物体	15	微型螺丝刀	1 套	紧固螺钉
4	剪刀	1 把	剪断跳线内纺纶纤维	16	松套管剥皮钳	1 支	
5	断线钳	1 把	开剥光缆	17	卷尺	1 把	测量光缆开剥长度
6	老虎钳	1 把	剪断光缆加强芯	18	工具箱	1 个	装置工具
7	组合螺丝批	1 套	紧固螺钉	19	斜口钳	1 把	剪光缆加强芯
8	组合套筒扳手	1 套	紧固六方螺钉	20	尖嘴钳	1 把	辅助开剥光缆
9	活动扳手	1 把	开剥光缆	21	试电笔	1 个	测试线路带电情况
10	内六角扳手	1 套	紧固螺钉	22	手电筒	1 个	施工照明
11	洗耳球	1 个	吹镜头表面浮层	23	手工锯	1 把	锯光缆及铁锯
12	镊子	1 个	镊取细小物件	24	备用锯条	1 套	锯光缆及铁锯

光纤熔接工具箱如图 7-45 所示。

光纤熔接工具箱说明如表 7-18 所示。

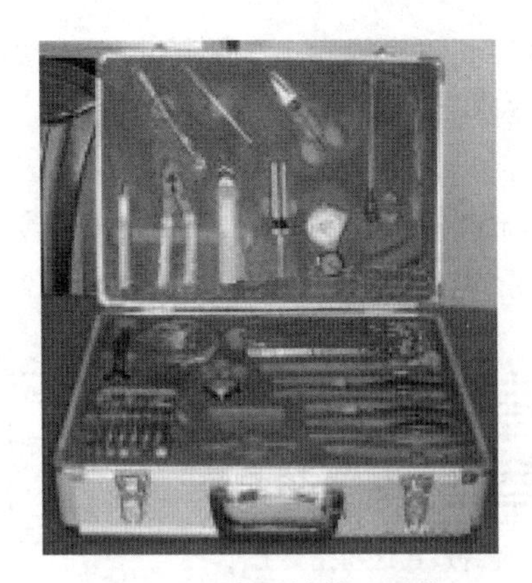

图 7-45 光纤熔接工具箱

表 7-18 光纤熔接工具箱说明

名称	用途	名称	用途
光纤剥涂钳	用于剥光纤涂覆层	绝缘胶带	耐高压、防水、经久耐用
管子割刀	用于光电缆外皮开剥，可深度进刀	斜口钳	用于光缆接头盒的安装
光缆松套钳	开剥光缆	尖嘴钳	用于光缆接头盒的安装
光缆纵剥刀	用于光缆纵向开剥	一字改锥	用于光缆接头盒的安装
酒精泵	用于清洁光纤、熔接机专用	十字改锥	用于光缆接头盒的安装
钢丝钳	用于兴光缆接头盒的安装	试电笔	普通型
强力剪钳	用于铠装光缆及加强芯切断	活动扳手	用于光缆接头盒的安装
卷 尺	用于裸光纤长度的测量	组合旋具	用于光缆接头盒的安装
钢 锯	用于光缆的开剥	电工刀	用于光缆施工
内六角	用于光缆终端盒的安装	工具箱（箱体）	
热缩套管	单芯套管		

7.8 光缆光纤连接技术

7.8.1 光缆光纤连接技术概述

在网络综合布线系统和城域光传送网中，光缆的应用越来越广泛，但是它的连接件的制作技术的确不易普及，需要一定程度的训练，有些技术只有熟练的技术人员才能掌握。

光纤连接技术可分为端接技术和熔接技术。

（1）端接技术

端接是指把连接器连接到每条光纤的末端。端接技术可分为磨光技术和压接技术。磨光技术熔接技术环氧树脂型端接技术，压接技术是指免磨压接的非环氧树脂型端接技术。

（2）熔接技术

熔接技术是对同一种光纤类型的接续或机械连接。磨光技术、压接技术和熔接技术在光缆光纤工程中广泛使用，为此，本章 7.8.3 节、7.8.4 节和 7.8.5 节将用较大的篇幅来讨论它，详细介绍如何运用这项技术和操作过程。

7.8.2 光纤连接器和光纤耦合器

在光纤连接的过程中，主要有光纤连接器和光纤耦合器。光纤连接器连接插头用于光纤的端点，此时光缆只有单根光纤的交叉连接或互连的方式连接到光电设备上。光纤耦合器用于光纤连接器和光纤连接器的对接。

1. 光纤连接器

在所有的光缆光纤工程单工终端应用中，均使用光纤连接器。单光纤连接线和光纤连接器如图 7-46 所示。

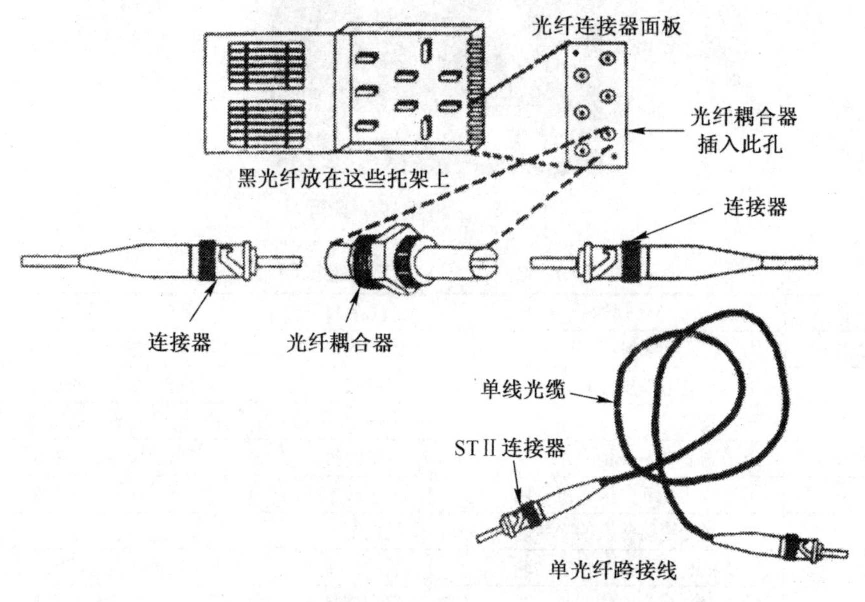

图 7-46　单光线连接

连接器的部件有：

❑ 连接器体。

❑ 用于 2.4mm 和 3.0mm 直径的单光纤缆的套管。

❑ 缓冲器光纤缆支撑器（引导）。

❑ 带螺纹帽的扩展器。

❑ 保护帽。

连接器的部件和组装如图 7-47 所示。

（1）连接器插头的结构和规格

1）ST Ⅱ光纤连接器的结构有：

❑ 陶瓷结构。

❑ 塑料结构。

2）ST Ⅱ光纤连接插头的物理和电气规格为：

❑ 长度：22.6mm。

❑ 运行温度：−40 ～ 85℃（具有 ±0.1 的平均性能变化）。

❑ 耦合次数：500 次（陶瓷结构）。

（2）常见的连接器

常见的连接器如图 7-48 所示。

2. 光纤耦合器

耦合器起对准套管的作用。另外，耦合器多配有金属或非金属法兰，以便于连接器的安装固定。常见的连接器如图 7-49 所示。

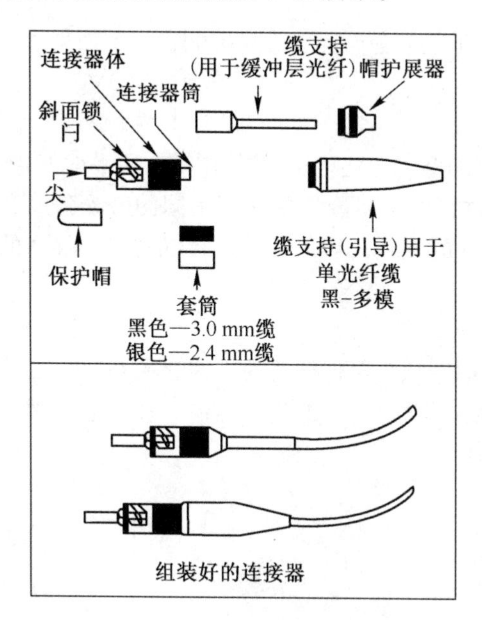

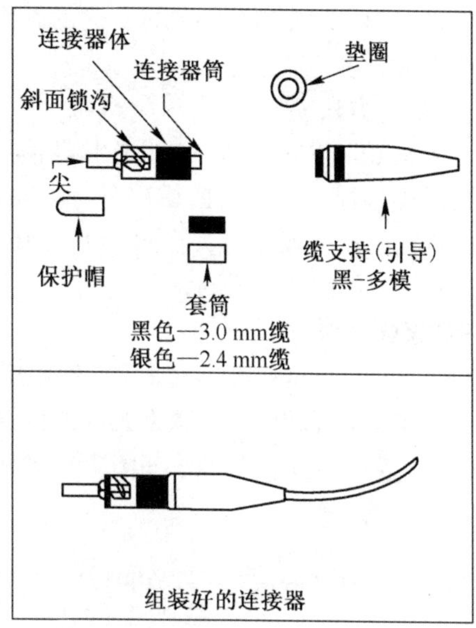

图 7-47　连接器的部件与组装

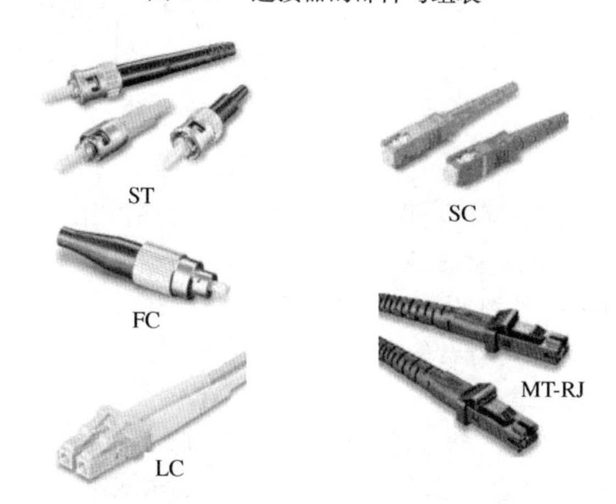

图 7-48　常见的连接器

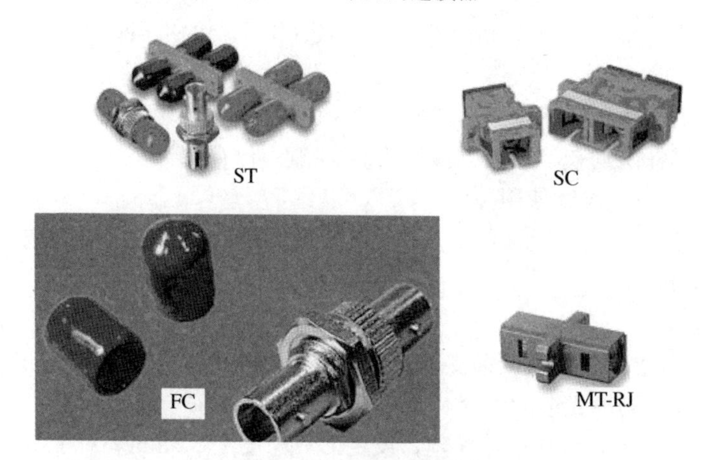

图 7-49　常见的连接器

7.8.3　光纤连接器端接磨光技术

连接器有陶瓷和塑料两种质材，它的制作工艺分为磨光、金属圈制作。下面就磨光、金属圈制作方法简述其工艺。

1. PF 磨光方法

PF（Protruding Fiber）是 ST Ⅱ连接器使用的磨光方法。ST Ⅱ使用铅陶质平面的金属圆，必须将光纤连接器磨光直至陶质部分。不同材料的金属圈需要使用不同的磨光程序和磨光纸。经过正确的磨光操作后，将露出 1 ～ 3mm 的光纤，当连接器进行耦合时，唯一的接触部分就是光纤，如图 7-50 所示。

2. PC 磨光方法

PC(Pcgsica Contact）是 ST Ⅱ连接器使用的圆顶金属连接器的交接。在 PC 磨光方法中，圆顶的顶正部位恰好配合金属圈上光纤的位置，当连接器交接时，唯一产生接触的地方在圆顶的部位，并构成紧密的接触，如图 7-51 所示。

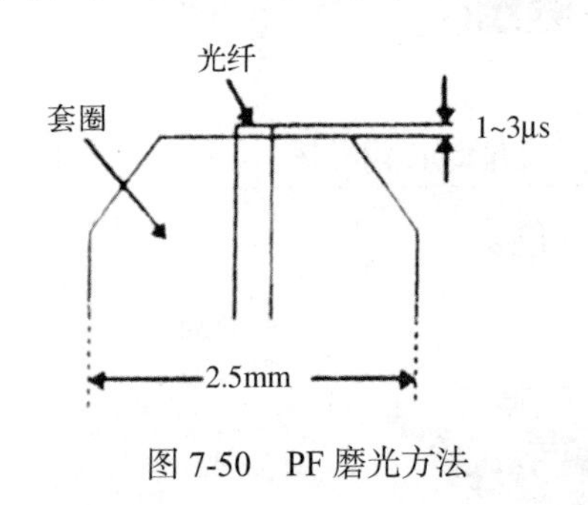

图 7-50　PF 磨光方法

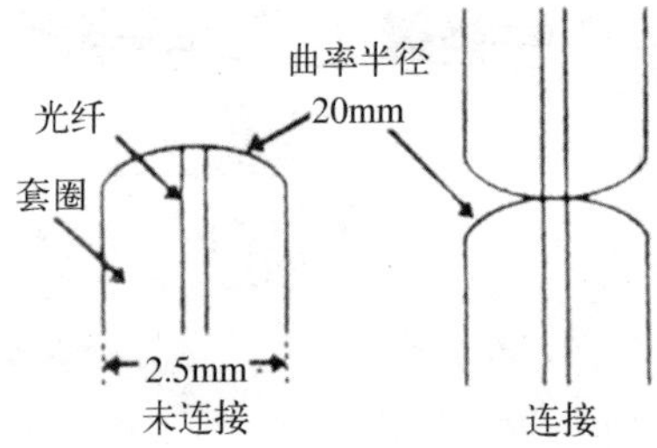

曲率半径 20mm
光纤
套圈
2.5mm
未连接
连接

图 7-51　PC 磨光方法

PC 磨光方法可得到较佳的回波耗损（Return Loss）。目前，在工程上常常采用这种方法。

3. 光纤连接器磨光连接的具体操作

在光纤连接器的具体操作过程中，一般来讲分为：SC 连接器安装和 ST 连接器安装。它们的操作步骤大致相同，不再分开叙述。

（1）工作区操作准备

1）在操作台上打开工具箱，工具箱内的工具有：胶和剂、ST/SC 两用压接器、ST/SC 抛光工具、光纤剥离器、抛光板、光纤划线器、抛光垫、剥线钳、抛光相纸、酒精擦拭器和干燥擦拭器、酒精瓶、Kevlar 剪刀、带 ST/SC 适配器的手持显微镜、注射器、终接手册。

2）在操作台上，放一块平整光滑的玻璃，做好工作台的准备工作（即从工具箱中取出并摆放好必要的工具）。

3）将塑料注射器的针头插在注射器的针管上。

4）拔下注射器针头的盖，装入金属针头。（注意：保存好针头盖，以便注射器使用完毕后，再次盖上针头，以后继续使用。）

5）把磨光垫放在一个平整的表面上，使其带橡胶的一面朝上，然后把砂纸放在磨光垫上，光滑的一面朝下。

（2）光缆的准备

剥掉外护套，套上扩展帽及线缆支持，具体操作有 5 步：

1）用环切工具来剥掉光缆的外套。

2）使用环切工具上的刀片调整螺丝，设定刀片深度为 5.6mm。对于不同类型的光缆刀切要求如表 7-19 所示。环切光缆外护套如图 7-52 所示。

表 7-19 各类光缆刀切要求

光缆类型	刀切的深度	准备的护套长度
LGBC-4	5.08mm	965mm
LGBC-6	5.08mm	965mm
LGBC-12	5.62mm	965mm

3）在光缆末端的 96.5cm 处环切外护套（内层）。将内外护套滑出，如图 7-53 所示。

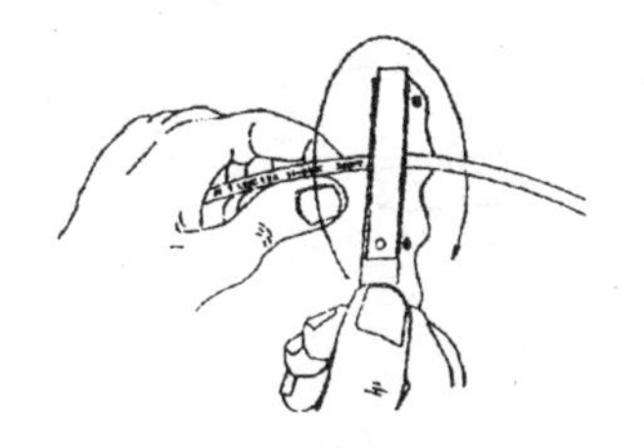

图 7-52 环切光缆外护套

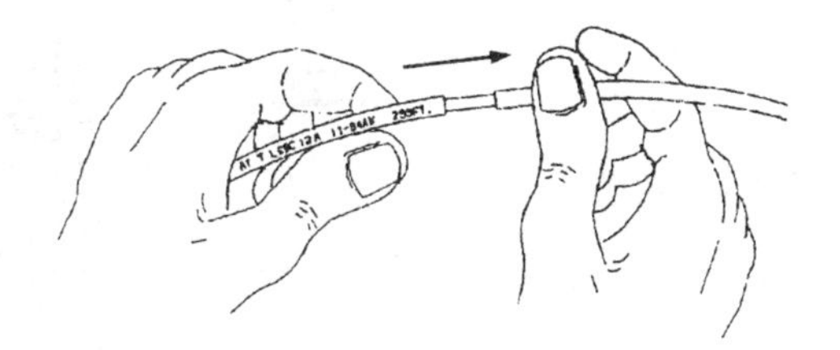

图 7-53 将内层外护套滑出

4）对光缆装上缆支撑、扩展帽操作。

5）先从光纤的末端将扩展帽套上（尖端在前）向里滑动，再从光纤末端将缆支持套上（尖端在前）向里滑动，如图 7-54 所示。

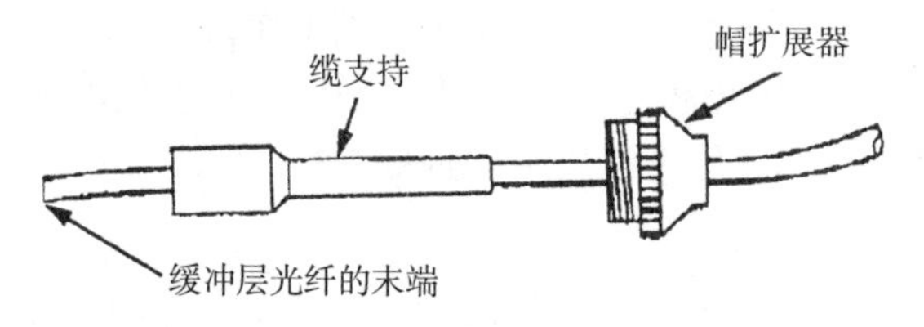

图 7-54 缆支持及提高扩展器帽的安装

（3）用模板上规定的长度时需要安装插头的光纤作标记

对于不同类型的光纤及不同类型的 STII 插头长度规定不同，如图 7-55 和表 7-20 所示。

表 7-20 不同类型的光纤和 STII 插头对长度的规定

	陶瓷类型	塑料类型
缓冲层光纤（缓冲层和光纤外衣准备的长度）	16.5 ～ 19.1mm	6.5 ～ 7.6mm
	（0.65 ～ 0.75in）	（0.25 ～ 0.30in）
SBJ 光纤（缓冲层的准备长度）	18.1 ～ 20.6mm	7.9 ～ 9.2mm
	（0.71 ～ 0.81in）	（0.31 ～ 0.36in）

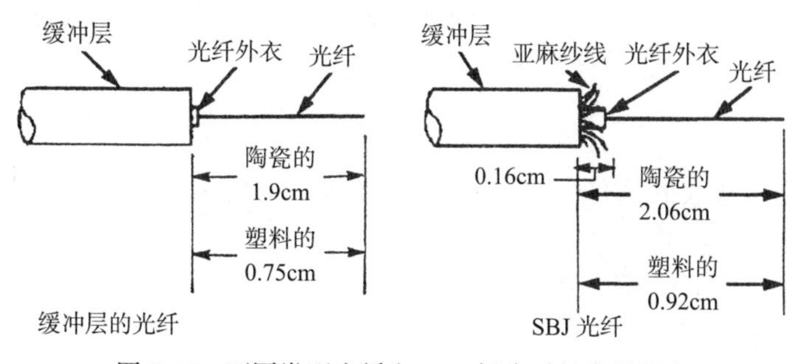

图 7-55 不同类型光纤和 STII 插头对长度的规定

使用SC模板，量取光纤外套的长度，用记号笔按模板刻度所示位置在外套上作记号。

（4）准备好剥线器，用剥线器将光纤的外衣剥去

注意：

1）使用剥线器前要用刷子刷去刀口处的粉尘。

2）对有缓冲层的光纤使用“5B5机械剥线器”，对有纱线的SBJ光纤要使用“线剥线器”。利用“5B5机械剥线器”剥除缓冲器光纤的外衣，如图7-56所示。

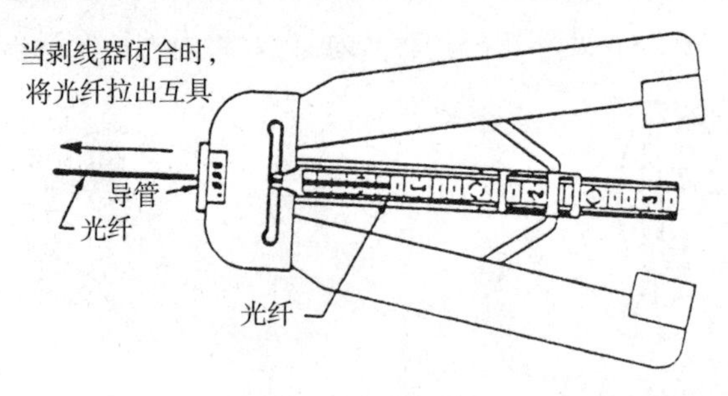

图7-56　机械剥线器

具体操作有7步：

1）将剥线器深度按要求长度置好。打开剥线器手柄，将光纤插入剥线器导管中，用手紧握两手柄使它们牢固地关闭，然后将光纤从剥线器中拉出。（注意：每次用5B5剥线器剥光纤的外衣后，要用与5B5一起提供的刷子把刀口刷干净。）

2）用浸有酒精的纸/布从缓冲层向前擦拭，去掉光纤上残留的外衣，要求至少要细心擦拭两次才合格，且擦拭时不能使光纤弯曲，如图7-57所示。

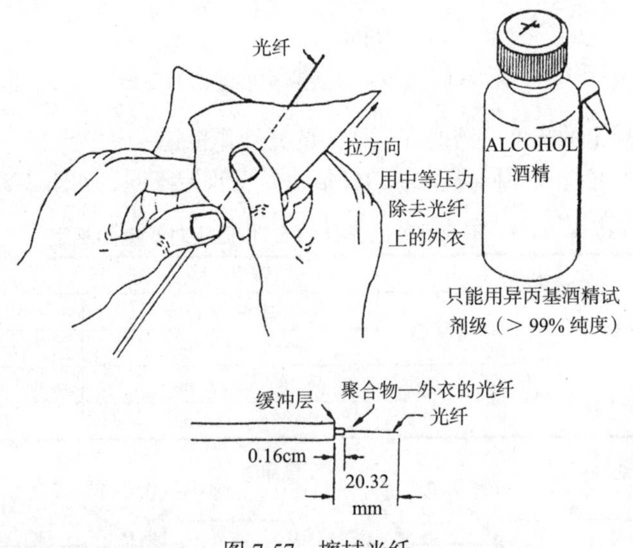

图7-57　擦拭光纤

切记：不要用干布去擦没有外衣的光纤，这会造成光纤表面缺陷，不要去触摸裸露的光纤或让光纤与其他物体接触。

3）利用“线剥线器”剥除SBJ光纤的外衣。

4）使用6in刻度尺测量并标记合适的光纤长度（用模板亦可）。

5）用“线剥线器”上的2号刻槽去一小段一小段地剥去外衣，剥时用直的拉力，切勿弯曲光缆直到剥到标记外为止，如图7-58所示。

6）对于SBJ光纤，还要在离标记1.6mm处剪去纱线。

7）用浸有酒精的纸/布细心擦光纤两次，如图7-57所示。

（5）将准备好的光纤存放在“保持块”上

1）存放光纤前要用罐气将“保持块”吹干净。

2）将光纤存放在槽中（有外衣的部分放在槽中），裸露的光纤部分悬空，保持块上的小槽用来存放缓冲层光纤，大槽存放单光纤光缆，如图7-59所示。

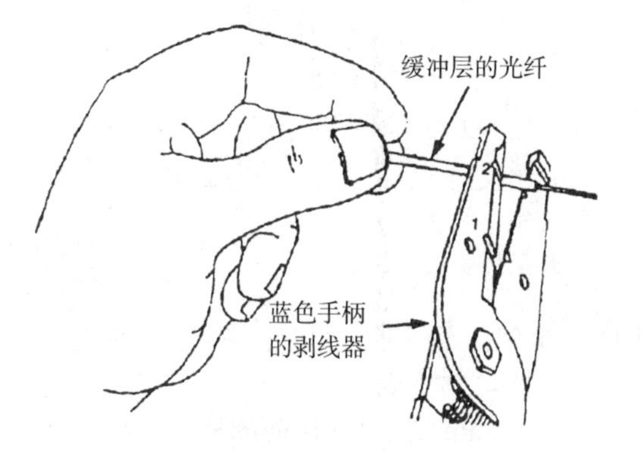

图7-58 剥去光纤的缓冲层

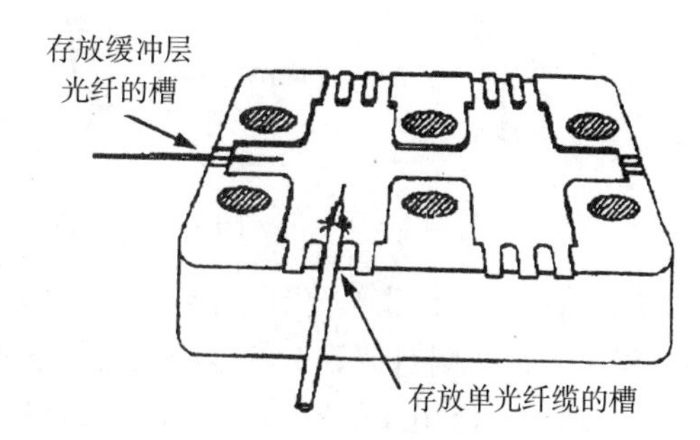

图7-59 将光纤存放在保护块中

3）将依次准备好的12根光纤全存于此块上。

4）若准备好的光纤在脏的空间中放过，则继续加工前再用酒精纸/布细心擦两次。

（6）环氧树脂和注射器的准备

要特别小心：切勿将环氧树脂弄到你的皮肤上和眼睛中。

1）取出装有环氧树脂的塑料袋（有黄白两色的胶体，中间用分隔器分开），撤下分隔器，然后在没有打开的塑料袋上用分隔器来回摩擦，以使两种颜色的胶体混合均匀成同一颜色。

2）取出注射器拿下帽子，将注射器针头安装到注射器上，并拧转它到达锁定的位置。

3）将注射器塞拉出，以便装入准备好的塑料袋中的环氧树脂。

4）将环氧树脂塑料剪去一角，并将混合好的环氧树脂从注射器后部孔中加入（挤压袋子），约19mm的环氧树脂足够做12个STII连接器插头。

5）从后部将注射器塞插入。

6）从针管中除去气泡。方法是：将注射器针头向上（垂），压后部的塞子，使环氧树脂从注射器针头中出来（用纸擦去），直到环氧树脂是自由清澈的。

（7）在缓冲层的光纤上安装STII连接器插头

1）从连接器袋取出连接器，对着光亮处从后面看到连接器中的光纤孔通还是不通。

如果通过该孔不能看到光，则从消耗器材工具箱中取出music线试着插入孔中去掉阻塞物，将music线从前方插入并推进，可以把阻塞物推到连接器后边打开的膛中去，再看有光否。如果通过该孔能看到光，则检查准备好的光纤是否符合标准，然后将准备好的光纤从连接器的后部插入，并轻轻旋转连接器，以感觉光纤与洞孔的关系是否符合标准。

若光纤通过整个连接器的洞孔，则撤出光纤，并将其放回到保持块上去；若光纤仍不能通过整个连接器的洞孔，请再用music线从尖头的孔中插入，以去掉孔中的阻塞物。

2）将装有环氧树脂的注射器针头插入 STII 连接器的背后，直到其底部，压注射器塞，慢慢地将环氧树脂注入连接器，直到一个大小合适的泡出现在连接器陶瓷尖头上平滑部分为止。

当环氧树脂在连接器尖头上形成了一个大小合适的泡时，立即释放在注射器塞上的压力，并拿开注射器。

对于多模的连接器，小泡至少应覆盖连接器尖头平面的一半，如图 7-60 所示。

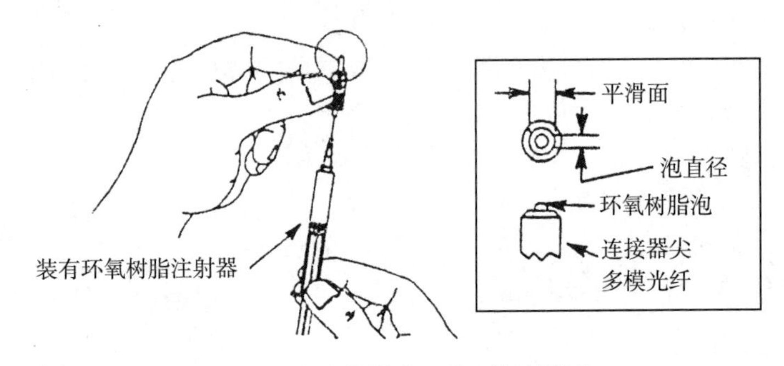

图 7-60　在连接器尖上的环氧树脂泡

3）用注射器针头给光纤上涂上一薄层环氧树脂外衣，大约到缓冲器外衣的 12.5mm 处。若为 SBJ 光纤，则对剪剩下的纱线末端也要涂上一层环氧树脂。

4）同样，使用注射器的针头对连接器筒的头部（3.2mm）提供一层薄的环氧树脂外衣。

5）通过连接器的背部插入光纤，轻轻地旋转连接器，仔细地"感觉"光纤与孔（尖后部）的关系。如图 7-61 所示。

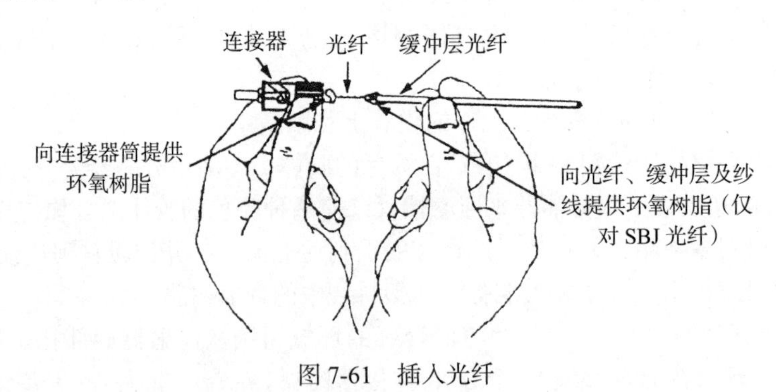

图 7-61　插入光纤

6）当光纤被插入并通过连接器尖头伸出后，从连接器后部轻轻地往回拉光纤以检查它的运动（该运动用来检查光纤有没有断，是否位于连接器孔的中央），检查后重新把光纤插好。

7）观察连接器的尖头部分以确保环氧树脂泡沫未被损坏。

对于单模连接器，它只是覆盖了连接器顶部的平滑面。对于多模连接器，它大约覆盖了连接器尖平滑面的一半。如果需要的话，小心地用注射器重建环氧树脂小泡。

8）将缓冲器光纤的"支撑（引导）"滑动到连接器后部的筒上去，旋转"支撑（引导）"以使提供的环氧树脂在筒上均匀分布，如图 7-62 所示。

9）往扩展器帽的螺纹上注射一滴环氧树脂，将扩展帽滑向缆"支撑（引导）"，并将扩展器帽通过螺纹拧到连接器体中去，确保光纤就位，如图 7-63 所示。

10）往连接器上加保持器，如图 7-64 所示。

将连接器尖端底部定位的小突起与保持器的槽对成一条线（同时将保持器上的突起与连

接器内部的前沿槽对准)。将保持器拧锁到连接器上去，压缩连接器的弹簧，直到保持器的突起完全锁进连接器的切下部分。

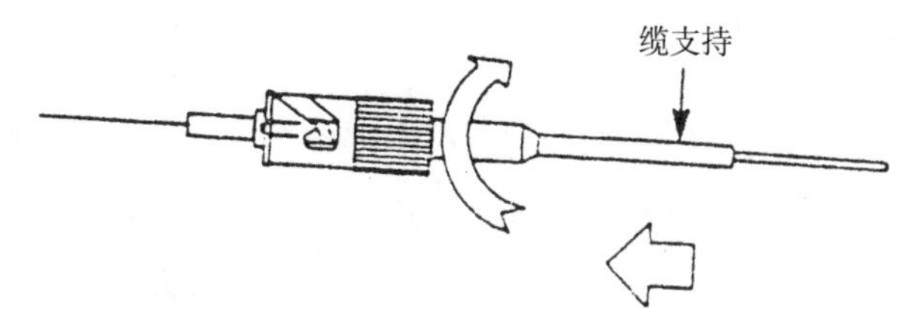

图 7-62　组装缆支撑

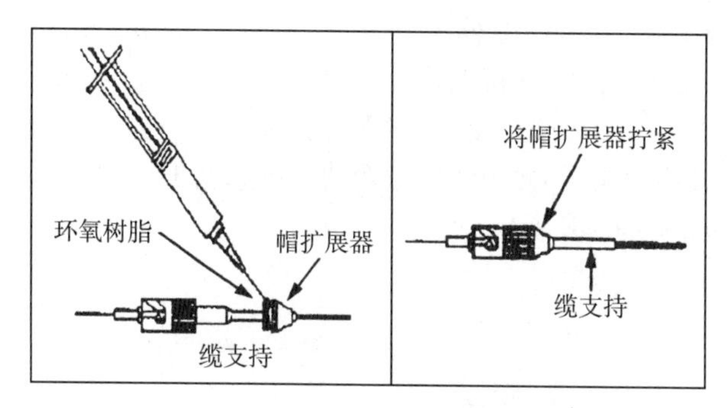

图 7-63　加上扩展器帽

11）要特别小心不要弄断从尖伸出的光纤，若保持器与连接器装好后光纤从保持器中伸出，则使用剪子把光纤剪去掩埋掉，否则当将保持器及连接器放入烘烤炉时会把光纤弄断。

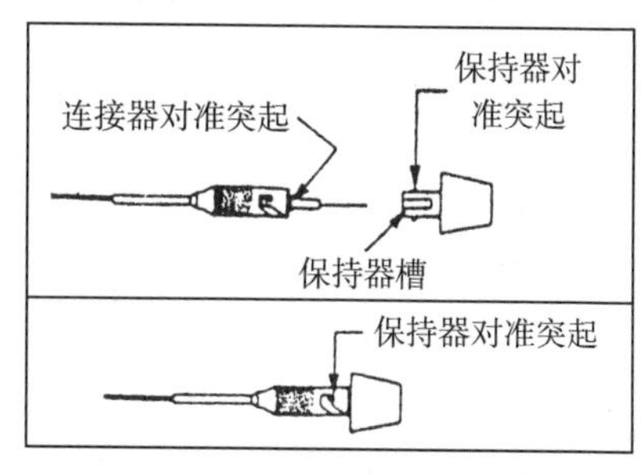

图 7-64　将保持器锁定到连接器上去

（8）烘烤环氧树脂

1）将烘烤箱放在远离易燃物的地方。把烘烤箱的电源插头插到一组 220V 的交流电源插座上，将 ON/OFF 开关按到 ON 位置，并将烘烤箱加温直到 READY 灯亮（约 5min)。

2）将“连接器和保持器组件”(切勿将光纤部分）放到烘烤箱的一个端口（孔）中，并用工具箱中的微型的固定架（不能用手）夹住连接器组件的支撑（引导）部分，如图 7-65 所示。

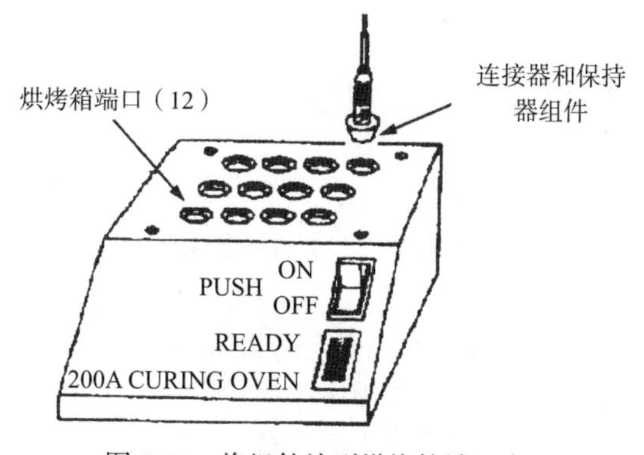

图 7-65　将组件放到烘烤箱端口中

3）在烘烤箱中烤 10min 后，拿住连接器的“支撑（引导）”部分（切勿拿光纤）将连接器组件从烘烤箱上撤出，再将其放入保持块的端口（孔）中去进行冷却，如图 7-66 所示。

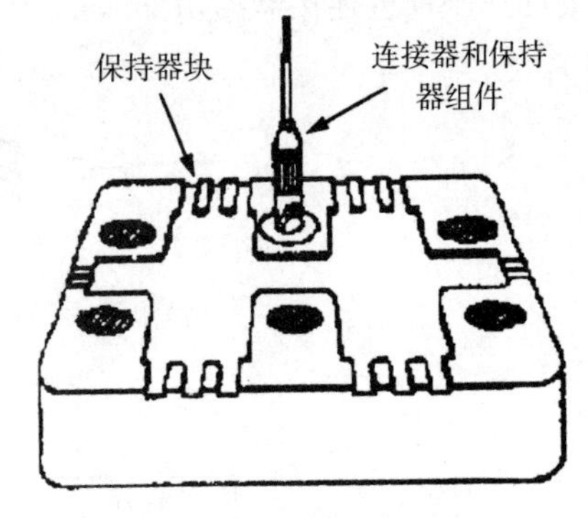

图 7-66　冷却连接器组件（在保持块中）

（9）切断光纤

1）确定连接器保持器组件已冷却，从连接器上对保持器解锁，并取下保持器，小心不要弄断光纤。

2）用切断工具在连接器尖上伸出光纤的一面上刻痕（对着灯光、看清在环氧树脂泡上靠近连接器尖的中位轻轻地来回刻痕）。

3）刻痕后，用刀口推力将连接器尖外的光纤点去，如果光纤不容易被点断，则重新刻痕并再试。要使光纤末端的端面能成功地磨光，光纤不能在连接器尖头断开（即断到连接器尖头中），切勿通过弯曲光纤来折断它。如果动作干净利索，则会大大提高成功效率。如图 7-67 所示。

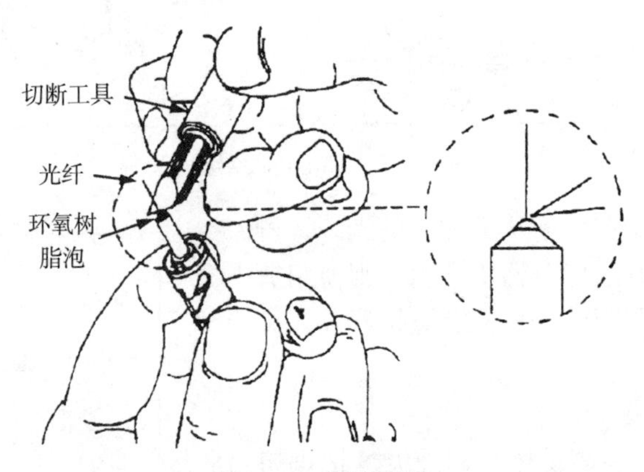

图 7-67　刻痕光纤

（10）除去连接器尖头上的环氧树脂

检查连接器，看有没有环氧树脂在其外面，尤其不允许环氧树脂留在连接器尖头，有残留的环氧树脂会妨碍后续的加工步骤，且不能获得低损耗的连接。

1）如果在连接器的陶瓷尖头上发现有环氧树脂，则可用一个干净的单边剃须刀片除去它，使用轻的力量及一个浅工作角向前移动刀片以除去所有的环氧树脂痕迹，切勿刻和抓连接器的尖头。

2）如果有的是塑料尖头的连接，若塑料尖头上有环氧树脂，也可用单边的剃须刀片除去它，但尖头容易损坏。

（11）磨光

应注意，对多模光纤只能用在 D102938 或 D182038 中提供的磨光纸，一粒灰尘就能阻碍光纤末端的磨光。

1）准备工作：清洁所有用来进行磨光工作的物品。

- ❑ 用一块沾有酒精的纸 / 布将工具表面擦净。
- ❑ 用一块沾有酒精的纸 / 布将磨光盘表面擦净。

- 用罐气吹去任何残存的灰尘。
- 用罐气将磨光纸两面吹干净。
- 用罐气连接器表面和尖头以使其清洁。
- 用沾有酒精的棉花将磨光工具的内部擦拭干净。

2）初始磨光：在初始磨光阶段，先将磨光砂纸放手掌心中，对光纤头轻轻地磨几下。不要对连接器尖头进行过分磨光，通过对连接器端面的初始检查后，初始磨光就完成。

- 将一张 type A 磨光纸放在磨光盘的 1/4 位置上。
- 轻轻地将连接器尖头插到 400B 磨光工具中去，将工具放在磨光纸上，特别小心不要粉碎了光纤末端。
- 开始时需要用非常轻的压力进行磨光，用大约 80mm 高的 8 字形来进行磨光运动。

当继续磨光时，逐步增加压力，磨光的时间根据环氧树脂泡的大小而不同，但平均是移动 20 个 8 字形，如图 7-68 所示。不磨时要将磨光工具拿开，并用罐气吹工具和纸上的砂粒。

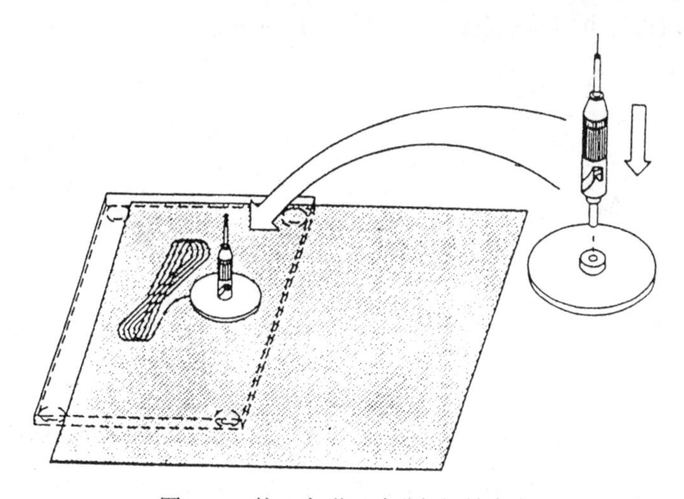

图 7-68　按 8 字形运动进行初始磨光

3）初始检查。

在进行检查前，必须确定光纤上有没有接上光源，为了避免损坏眼睛，永远不要使用光学仪器去观看有激光或 LED 光的光纤。

- 从磨光工具上拿下连接器，用一块沾有酒精的纸 / 布清洁连接器尖头及磨光工具。
- 用一个 7 倍眼睛放大镜检查对连接器尖头上不滑区的磨光情况。如果有薄的环氧树脂层，则连接器尖头的表面就不能被彻底地磨光，在初始磨光阶段，如果磨过头了，则可能产生一个高损耗的连接器。
- 对于陶瓷尖头的连接器，初始磨光的完成标志是：在连接器尖头的中心部分保留有一个薄的环氧树脂层，且连接器尖头平滑区上有一个陶瓷的外环暴露出来，将能看到一个发亮的晕环绕在环氧脂层的周围。
- 对于塑料尖头的连接器，初始磨光的完成标志是：直到磨光的痕迹刚刚从纸上消失为止，并在其尖头上保留一层薄的环氧树脂层。
- 如果磨光还没有满足条件，继续按“8”字形磨光，要频繁地用眼睛放大镜来检查连接器尖头的初始磨光标志，如图 7-69 所示。

❑ 当初始磨光满足条件后，从磨光工具上取下连接器，并用沾有酒精的纸 / 布清洗磨光工具和连接器，再用罐气对连接器吹气。

4）最终磨光（先要用酒精和罐气对工具和纸进行清洁工作）。

❑ 将 type C 磨光纸的 1/4（有光泽的面向下）放在玻璃板上。

❑ 开始用轻的压力，然后逐步增加压力，以约 100mm 高的“8”字形运动进行磨光。

❑ 磨光多模陶瓷尖头的连接器直到所有的环氧树脂被除掉。

❑ 磨光多模塑料尖头的连接器直到尖头的表面与磨光工具的表面平齐。

5）最终检查。

❑ 从磨光工具上取下连接器，用一块沾有酒精的纸 / 布清洗连接器尖头、被磨光的末端及连接器头。

❑ 将连接器钮锁到显微镜的底部，打开（分开）显微镜的镜头管（接通电源）以照亮连接器的尖头，并用边轮去聚集，用高密的光回照光纤的相反的一端，如果可能，照亮核心区域以便更容易发现缺陷，如图 7-70 所示。

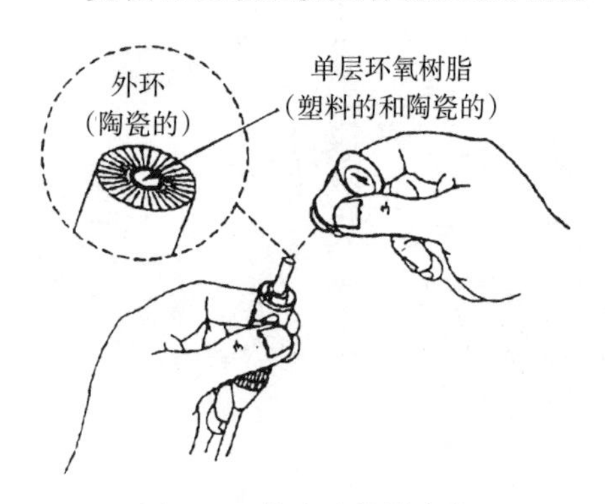

图 7-69　检查连接器尖头

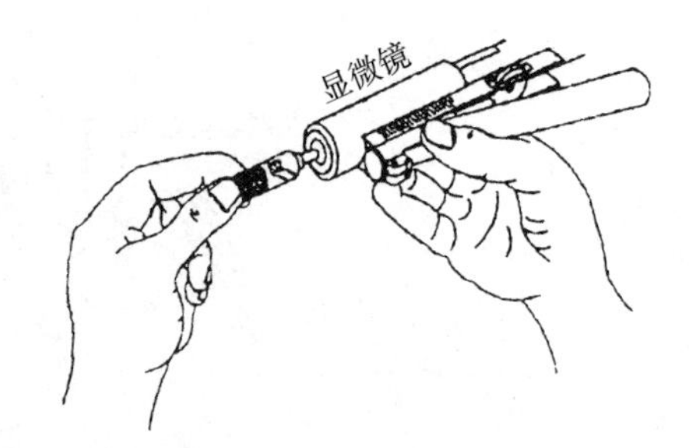

图 7-70　将连接器插入显微镜

❑ 一个可接收或可采用的光纤 ST 头末端是在核心区域中没有“裂开的口”“空隙”或“深的抓痕”，或在包层中的深的缺口，如图 7-71 所示。

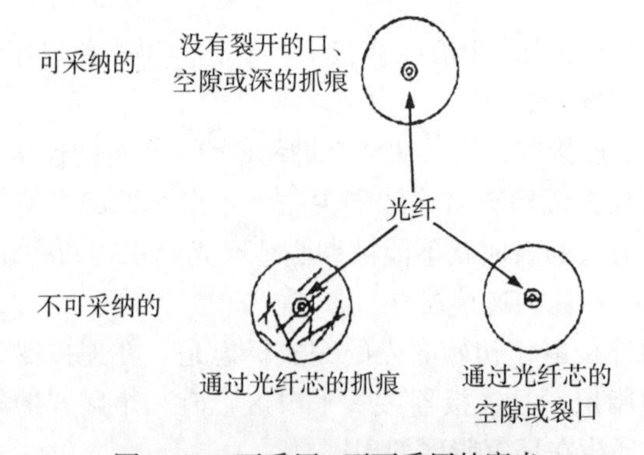

图 7-71　可采用 / 不可采用的磨光

❑ 如果磨的光纤末端是可采用的，于是连接器就可使用了，如果不是立即使用此连接器，则可用保护帽把末端罩起来。

❑ 如果光纤 ST 头末端不能被磨光达到可采用的条件，则需要重新端接它。

（12）光纤的安装

Siemon 公司对光纤的安装（使用黏结剂）有如下叙述：

1）用注射器吸入少量黏结剂。

2）将几滴黏接剂滴在一块软亚麻布上，在滴有黏结剂的地方擦拭并摩擦连接器的下端，这一步操作可以保证不发生氧化。

3）将装有粘黏结的注射器金属针头插入连接器的空腔内，直至针头完全插入到位，将黏结剂注入直接连接器的腔内，直至有一小滴从连接器下端溢出。

4）将暴露的光纤插入连接器腔内，直到光纤从内套的底端到达连接器（在进行下面的步骤 5、6 操作时要拿好光纤）。

当光纤插入时，用手指来回转动连接器，这有助于光纤进入连接器的洞内。对于带有护套的光纤，光纤应插入到使它的尼龙丝完全展开，并在连接器底部形成一圈。

5）对穿入连接器的光纤用黏结剂黏结（连接器底部滴上一两滴黏结剂）。

6）握住光缆，用一块干燥的软布擦掉光纤周围多余的黏结剂。

等粘接剂干燥后，再进入下一步操作。

7）用光纤刻刀，在光纤底部轻轻划一道刻痕，刻划时不要用过大的压力，以防光纤受损。

8）将伸出连接器的多余光纤去掉，拔掉时用力方向要沿着光纤的方向，不要扭动，并把多余的光纤放在一个安全的地方。

9）将护套光纤围在连接器下端，并用金属套套上，然后用钳子夹一下金属套。

10）为了保证护套完全装好，对护套光纤，还要再一次夹一下金属套，在金属套的下部（大约 4mm），用钳子再夹一下金属套。

11）对于护套光纤，将护套上移，套在连接器上。

12）对于缓冲光纤将护套上移，套在连接器上。

磨光等操作类似于前述。

4. 光纤连接器的互连

光纤连接器的互连比较简单，下面以 ST 连接器为例，说明其互连方法。

（1）什么是连接器的互连

1）对于互连模块，要进行互连的两条半固定的光纤通过其上的连接器与此模块嵌板上的耦合器互连起来。做法是将两条半固定光纤上的连接器从嵌板的两边插入其耦合器中。

2）对于交叉连接模块，一条半固定光纤上的连接器插入嵌板上的耦合器插入要交叉连接的耦合器的一端，该耦合器的另一端中插入要交叉连接的另一条半固定光纤的连接器。

交叉连接就是在两条半固定的光纤之间使用跳线作为中间链路，使管理员易于对线路进行重布线。

（2）ST 连接器互连的步骤

1）清洁 ST 连接器。

拿下 ST 连接器头上的黑色保护帽，用沾有酒精的医用棉花轻轻擦拭连接器头。

2）清洁耦合器。

摘下耦合器两端的红色保护帽，用沾有酒精杆状清洁器穿过耦合孔擦拭耦合器内部以除去其中的碎片，如图 7-72 所示。

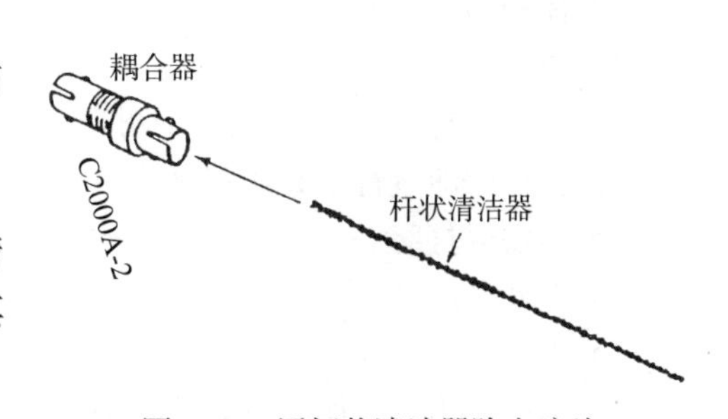

图 7-72　用杆状清洁器除去碎片

3）使用罐装气，吹去耦合器内部的灰尘，

如图 7-73 所示。

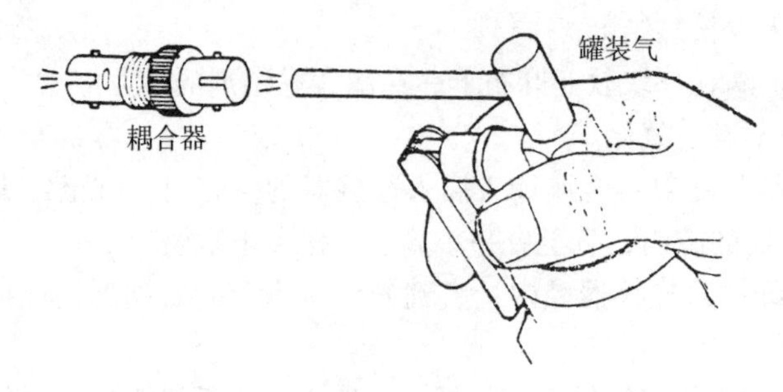

图 7-73　用罐装气吹除耦合器中的灰尘

4）将 ST 连接器插到一个耦合器中。

将连接器的头插入耦合器一端，耦合器上的突起对准连接器槽口，插入后扭转连接器以使锁定，如经测试发现光能量损耗较高，则需摘下连接器并用罐装气重新净化耦合器，然后再插入 ST 连接器。在耦合器端插入 ST 连接器，要确保两个连接器的端面与耦合器中的端面接触上，如图 7-74 所示。

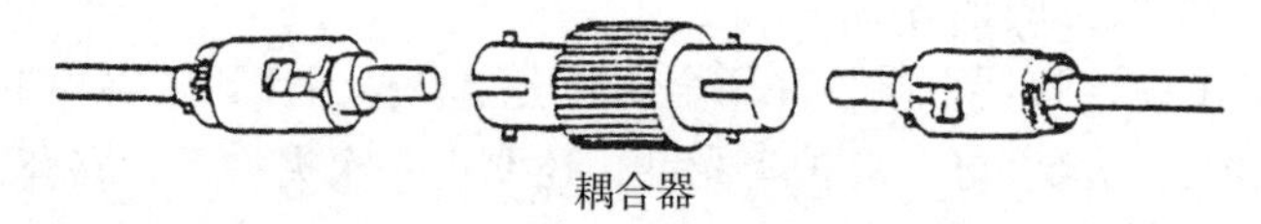

图 7-74　将 ST 连接器插入耦合器

注意：每次重新安装时要用罐装气吹去耦合器的灰尘，并用沾有酒精的棉花擦净 ST 连接器。

5）重复以上步骤，直到所有的 ST 连接器都插入耦合器为止。

应注意，若一次来不及装上所有的 ST 连接器，则连接器头上要盖上黑色保护帽，而耦合器空白端或一端（有一端已插上连接器头的情况）要盖上保护帽。

7.8.4　光纤连接器端接压接式技术

1. 光纤连接器压接式技术概述

压接式光纤连接头技术是安普公司的专利压接技术，它使光纤端口与安装过程变得快速、整洁和简单，而有别于传统的繁琐过程，被称为 Light Crimp Plus 接头的特性如下：

- 最简单，最快的光纤端口。
- 易于安装。
- 体积小（仅为 SC 连接器的一半）。
- 快速连接。
- 不需要打磨，只需剥皮、切断、压接。
- 出厂时即进行了高质打磨。
- 不需要打磨。
- 高性能。
- 无源。
- 不需要热固式加工或紫外处理。

- 多模 SC、ST 接头。
- 无损健康、无环境污染。
- 直接端接、不要工作站。
- 人工成本低。
- 与 TIA/EIA、IEC、CECC 及 EN 标准兼容。
- 提供工具升级。

需要的环境为预先打磨的光纤。因为 AMP Light Crimp Plus 连接头是在工厂打磨好的，因此，你所要做的就是：剥开线缆，切断光纤，压好接头。

Light Crimp Plus 接头提供始终如一的压接性能，而且与热固式接头具有相同的性能，并能适应较宽的温度范围。

Light Crimp Plus 满足相应的 TIA/EIA，IEC，CECC 及 EN 的要求，适用于 −10 ～ +60℃环境温度。

用于 Light Crimp Plus 的工具也可以用于 Light Crimp Plus 接头。对使用 Light Crimp 和预先打磨接头的用户，安普提供工具升级，从而使 Light Crimp Plus 端接更简单，且更具成本效益。

安普公司的压接光纤头技术，正在受到用户的重视，能否成气候还需要市场来回答这个问题。

2. 免磨压接工具和 SC 光纤连接器的部件

安普免磨压接型光纤连接器是一种非常方便光纤端接的连接器产品，使得光纤端成为一种快速、方便和简单的机械过程。操作人员只需经过很少的培训，并且使用的工具数量有限。使用这种连接器端接光纤，不需要使用胶水和加热炉，不需要等待胶水凝固的过程，也不需要使用砂纸进行研磨，只需经过 3 个简单的步骤——剥除光缆外皮、劈断光纤和压接，就可以完成全部端接过程。安普免磨压接型 SC 光纤连接器端接如图 7-75 所示。

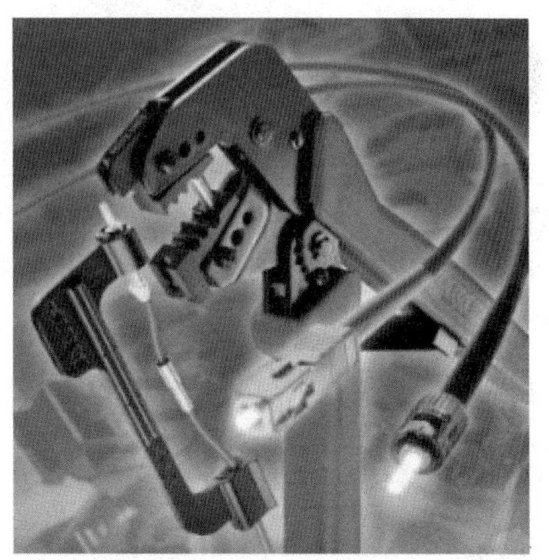

图 7-75　安普免磨压接型 SC 光纤连接器端接

（1）免磨压接工具

端接安普免磨压接型 SC 光纤连接器需要以下工具：外皮剥离工具、光纤剥离工具、剪刀、光纤装配固定器、光纤切断工具、手工压接工具及清洁光纤用酒精棉，这些工具都包含在安普光纤连接器专用工具包中。

（2）免磨压接型 SC 光纤连接器的部件

压接型 SC 光纤连接器的部件如图 7-76 所示。

3. 端接缓冲层直径为 900 μm 光纤连接器的具体操作

（1）剥掉光纤的外套

剥掉光纤的外套，具体操作有 4 步：

1）首先将 900 μm 光纤用护套穿在光纤的缓冲层外，如图 7-77 所示。

2）取下连接器组件底端的防尘帽。

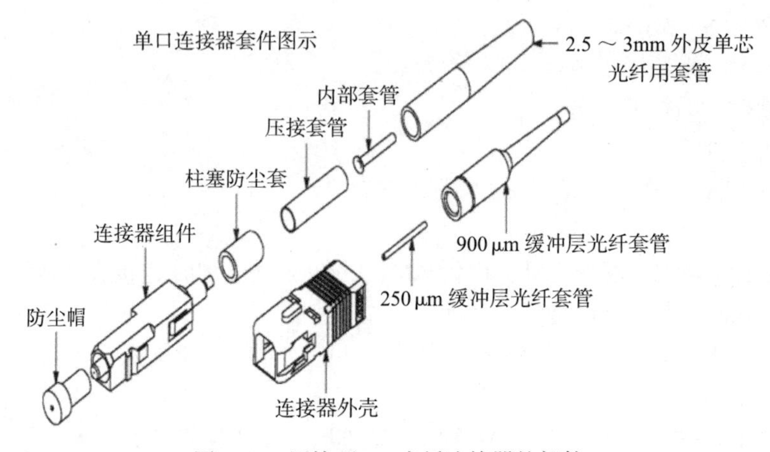

图 7-76　压接型 SC 光纤连接器的部件

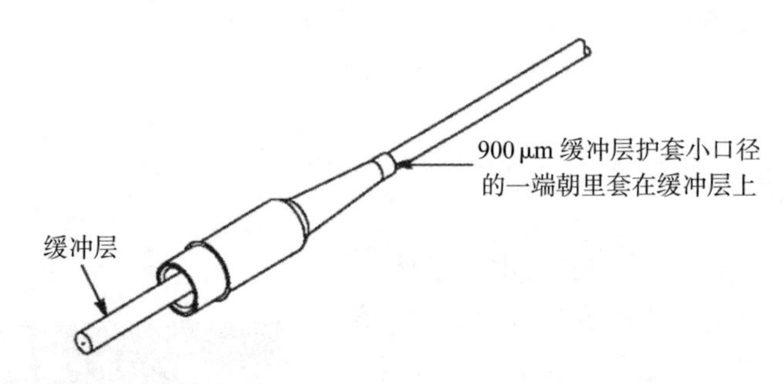

图 7-77　将 900 μm 光纤用护套穿在光纤的缓冲层外

3）将连接器的插芯朝外固定在模板上，并确认连接器已经放置平稳，平稳地将光纤放置到刻有“BUFFER”字样的线槽中，确认光纤顶端与线槽末端完全接触（即线缆放入线槽并完全顶到头）。根据线槽的每一个十字缺口的位置在线缆上做标记，如图 7-78 所示。做完标记后将线缆从线槽中拿开。

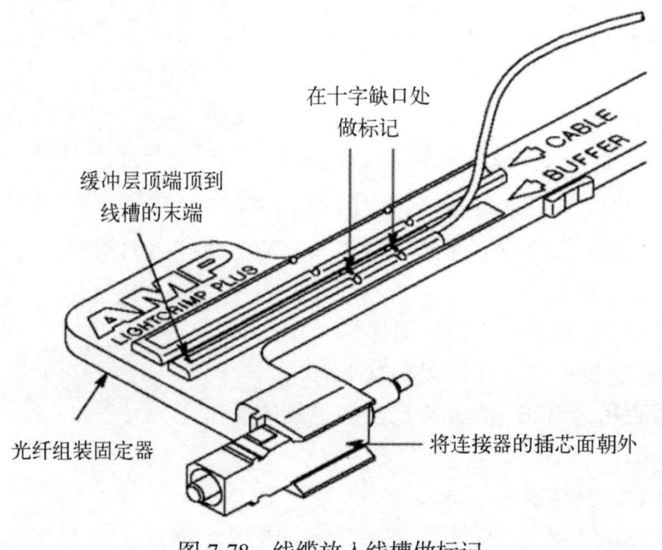

图 7-78　线缆放入线槽做标记

4）使用光纤剥离工具（黄色手柄）在第一个标记处进行剥离。根据建议的剥离角度，将光纤外皮剥开成 3 个部分，如图 7-79 所示。用酒精棉清洁光纤，除去残留的光纤外皮。

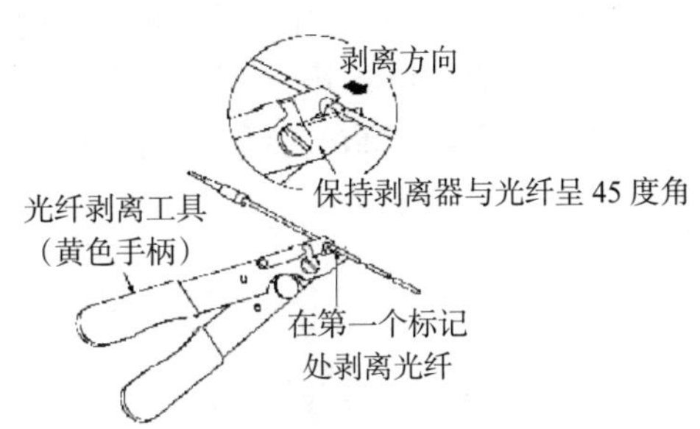

图 7-79 光纤在第一个标记处进行剥离

（2）使用光纤切断工具切断光纤

在使用光纤切断工具前请先确认工具的“V”形开口处是否清洁，不清洁容易使光纤断裂。若不清洁，使用酒精棉清洁工具，用浸有酒精的纸或布擦拭“V”形开口。

使用光纤切断工具切断光纤，具体操作有 3 步：

1）将光纤放入工具前臂的沟槽中。按住切断工具的后臂，使工具夹头张开，将光纤放入工具前臂的沟槽中，光纤顶端位于工具前臂标尺的 8mm 刻度处（±0.5mm），如图 7-80 所示。

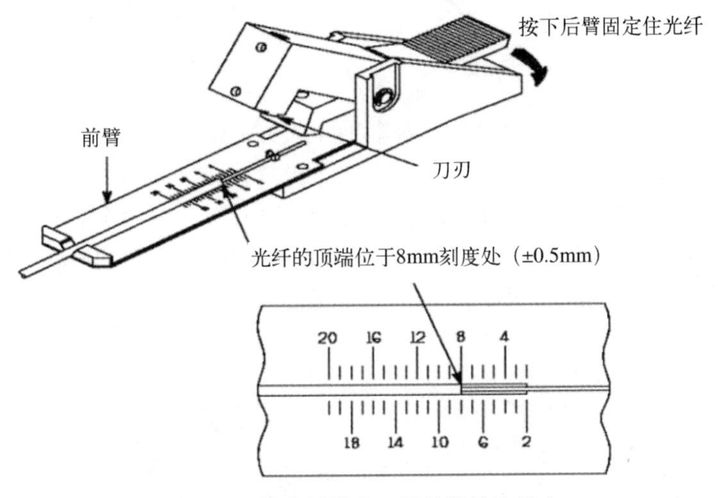

图 7-80 将光纤放入工具前臂的沟槽中

2）在光纤上做出切断。保持住光纤所在的位置不动，松开工具后臂使光纤被压住并且牢固，保持工具前臂平稳，轻轻地按压刀头在光纤上做出刻痕，再松开刀头，如图 7-81 所示。

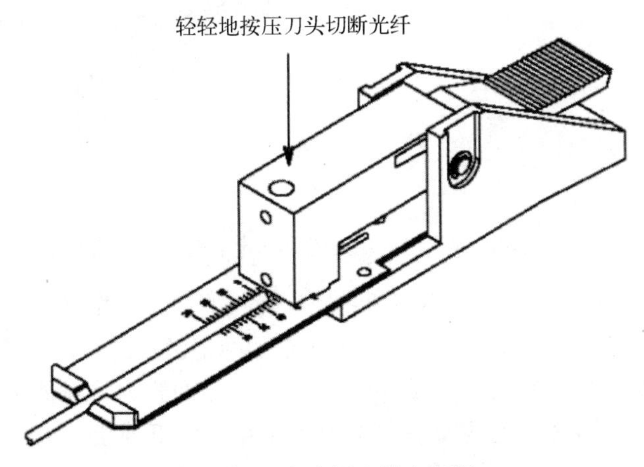

图 7-81 在光纤上做出切断

为避免光纤受损，不要过于用力地按压刀头。刀刃部边缘只能接触到光纤。

3）断开切断的光纤末端。保持住光纤的位置不动，慢慢地弯曲工具前臂，使光纤在已经做出的刻痕部位断开。如图 7-82 所示，注意不要触摸切断的光纤末端，否则光纤会被污染，也不要清洁切断的光纤末端。为避免工具受损，不要弯曲工具前臂超过 45 度角。

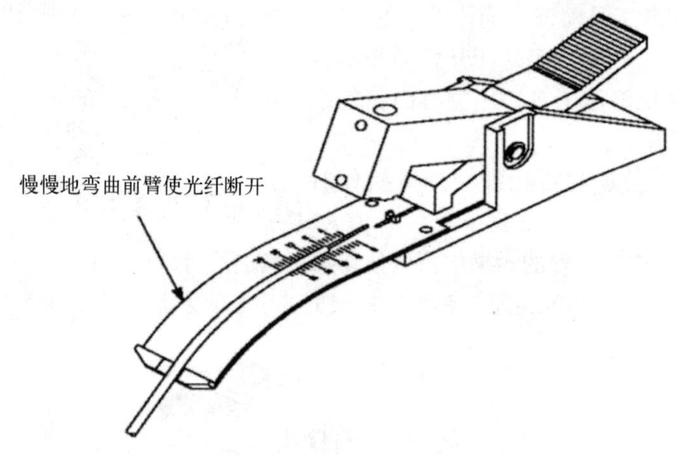

图 7-82　断开切断的光纤末端

（3）做压接工作

1）使被切断的光纤末端与光纤固定器的前端保持水平对齐。首先张开光纤固定器的夹子，将光纤放到夹子里，拉动光纤，使被切断的光纤末端与光纤固定器的前端保持水平对齐，保持住光纤的位置，松开夹子，如图 7-83 所示。

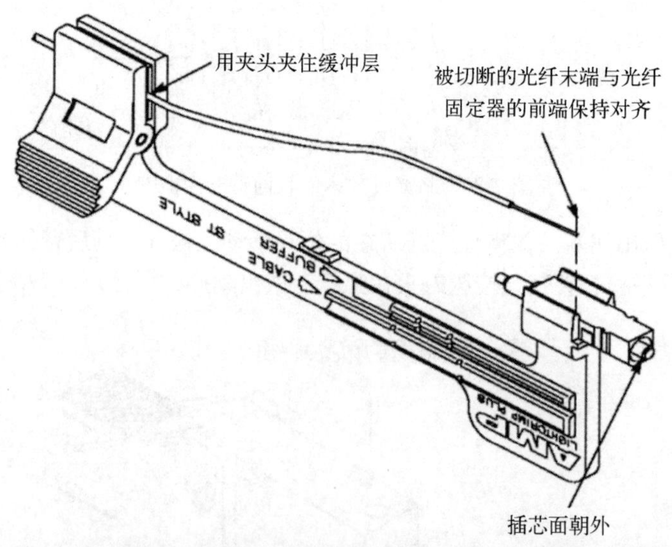

图 7-83　使被切断的光纤末端与光纤固定器的前端保持水平对齐

2）将光纤插入连接器的尾部。小心地将光纤插入连接器的尾部，直到光纤完全进入其中不能再深入为止。确认曾经在光纤缓冲层上留下的标记已经进入到连接器中（如果标记没有进入到其中，必须重新切断光纤）。因光纤弯曲而产生的张力将对插头内的光纤产生一个向前的推力，如图 7-84 所示。注意要保持光纤后部给予前部连接器内的光纤一个向前的推力是很重要的，要确保在任何时候光纤都不会从插头中滑出。

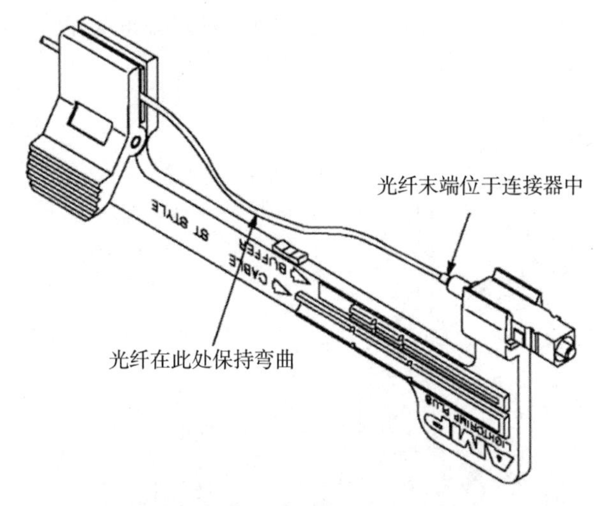

图 7-84　将光纤插入连接器的尾部

3）将光纤固定器中的连接器组件前端放在压接钳前端的金属小孔凹陷处。握住压接钳的手柄，直到钳子的棘轮变松，让手柄完全张开，慢慢地闭合钳子，直到听到了两声从棘轮处发出的咔嗒声；将光纤固定器中的连接器组件前端放在压接钳前端的金属小孔凹陷处的上面，如图 7-85 所示。为了避免光纤受损，必须保持位置的精确和遵从箭头的指示。

4）压接。轻轻地朝连接器方向推动光纤，确认光纤仍然在连接器底部的位置，然后慢慢地握紧压接钳的手柄直到棘轮变松，再让手柄完全张开，从压接钳上拿开连接器组件。

将连接器柱塞放置刀压接钳前端第一个（最小的）小孔里，柱塞的肩部顶在钳子沟槽的边缘，朝向箭头所指的方向，如图 7-85 和图 7-86 所示。慢慢地握紧压接钳的手柄，直到钳子的棘轮变松，让手柄完全张开，再从钳子上拿开连接器组件。

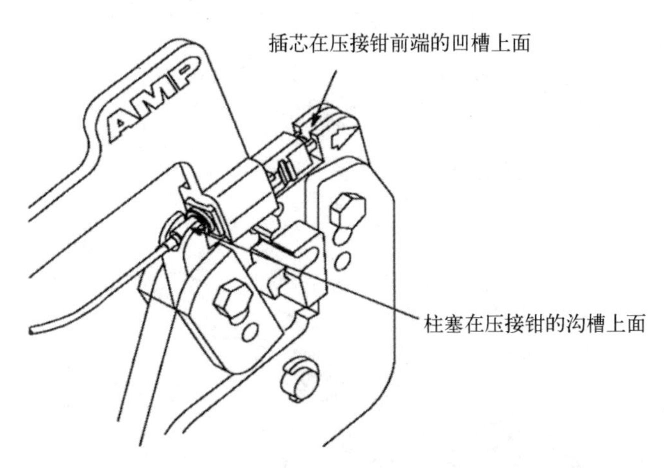

图 7-85　将光纤固定器中的连接器组件前端放在压接钳前端的金属小孔凹陷处

（4）压接过程完成后安装防尘帽

安装上防尘帽，平稳地向前推动护套使其前端顶住连接器，如图 7-87 所示。

（5）安装连接器外壳

从线缆固定模板上拿开连接器组件。保持连接器外壳与连接器组件斜面的边缘水平，平稳地将外壳套在组件上直到听到发出啪的一声为止，如图 7-88 所示。不要用很大的力量将这些组件强行连接在一起，它们是专门针对这一种安装方法而设计的。对于双口连接器，使用插入工具可以轻松地将外壳安装在连接器组件上。

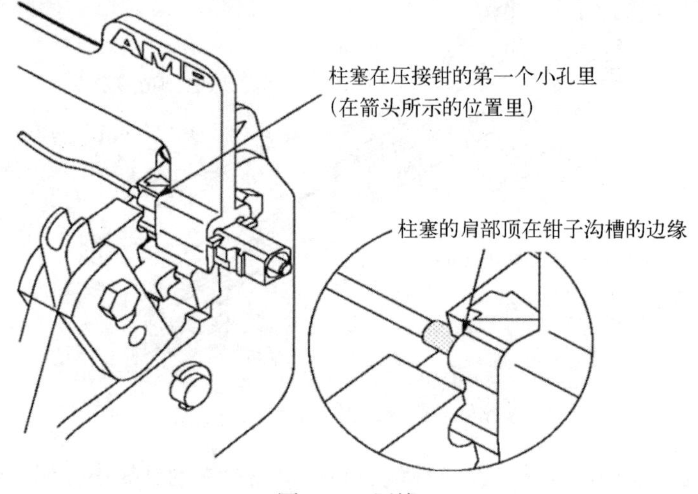

图 7-86　压接

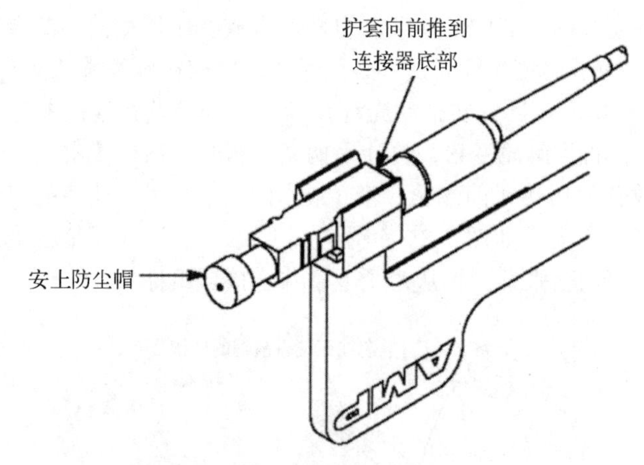

图 7-87　压接过程完成后安装防尘帽

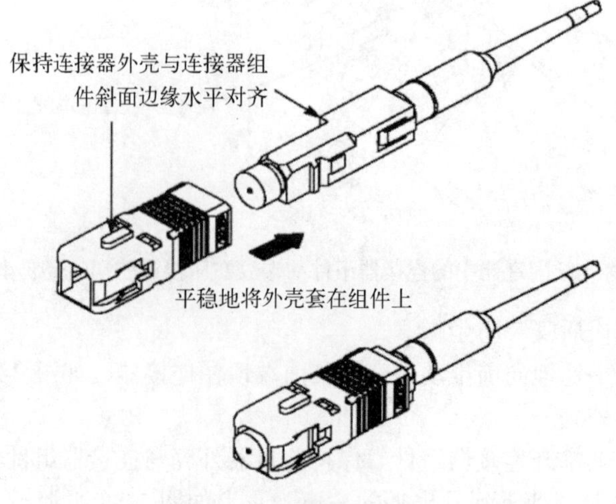

图 7-88　安装连接器外壳

端接缓冲层直径为 900 μm 光纤连接器、外皮直径为 2.5 ～ 3mm 的单芯光缆连接器的具体压接过程即告完成。

7.8.5　光纤熔接技术

1. 光纤熔接概述

光纤熔接（光纤接续）是一种相当成熟的技术，已被广泛应用，但熔接的基本技术未曾改变，只是在其他方面已经取得了极大进展，变得更简单、更快速、更经济。熔接机的功能就是把两根光纤准确地对准光芯，然后把它们熔接在一起，形成一根无缝的长光纤。光纤熔接机的外观如图 7-89 所示。

光纤熔接工作不仅需要专业的光纤熔接机，还需要熔接工具。熔接工具的工具箱如图 7-90 所示。

图 7-89　熔接机

2. 光纤熔接工作的环节

光纤熔接工作需要以下 3 个环节。

1）光纤熔接前的预备工作。光纤熔接前，首先要预备好光纤熔接机、光纤熔接工具箱、熔接的光纤等必要材料。

2）光纤熔接。将光纤放置在光纤熔接器中熔接。

3）放置固定。通过光纤箱来固定熔接后的光纤。

3. 光纤熔接机熔接光纤的具体操作

（1）光纤熔接的准备工作

光纤熔接的准备工作需要重点注意如下 5 点内容：

1）预备好光纤熔接机、光纤熔接工具箱、熔接的光纤等必要材料。

2）开剥光缆去皮，分离光纤。

开剥光缆去皮，长度取 1m 左右，如图 7-91 所示。对开剥去皮的光缆用卫生纸将油膏擦拭干净，将光缆穿入接续盒内，固定时一定要压紧，不能有松动。

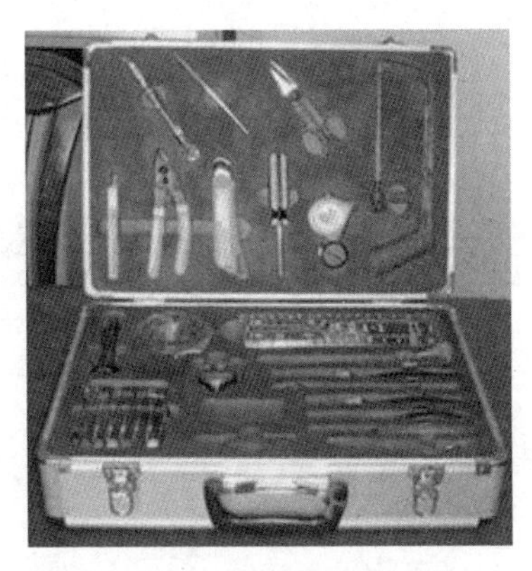

图 7-90　光纤熔接工具箱

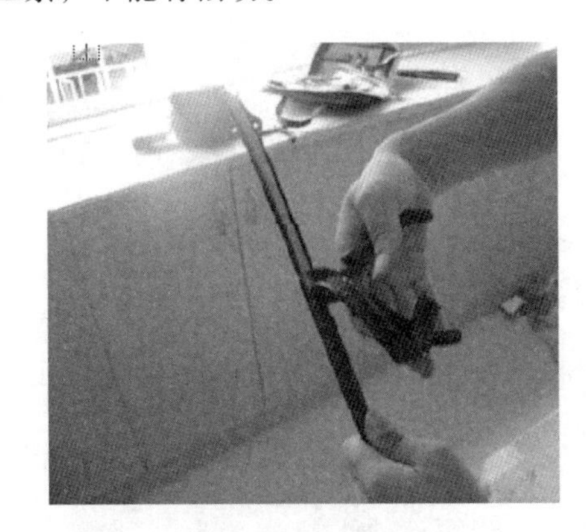

图 7-91　光缆开剥

对开剥的光缆去皮后，分离光纤，接着使用去保护层光纤工具将光纤内的保护套去掉。

3）光纤护套的剥除。

剥除光纤护套，操作时要“平、稳、快”。

❑ “平”，要求持纤要平。左手拇指和食指捏紧光纤，使之呈水平状，所露长度以 5cm

为准，余纤在无名指、小拇指之间自然打弯，以增加力度，防止打滑。

- "稳"，要求剥纤钳要握得稳，不能打颤、晃动。
- "快"，要求剥纤要快，剥纤钳应与光纤垂直，上方向内倾斜一定角度，然后用钳口轻轻卡住光纤右手，随之用力，顺光纤轴向平向外推出去，尽量一次剥覆彻底，如图 7-92 所示。

观察光纤剥除部分的护套是否全部剥除，若有残留，应重新剥除。如有极少量不易剥除的护套，可用棉球沾适量酒精，一边浸渍，一边逐步擦除。然后用纸巾沾上酒精，擦拭清洁每一根光纤，如图 7-93 所示。

图 7-92　剥除光纤的护套

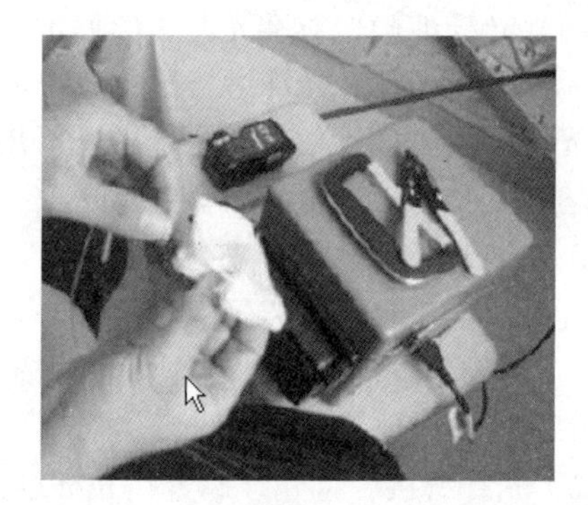

图 7-93　擦拭清洁第一根光纤

4）对光纤套热缩管。清洁完毕后，要给需要熔接的两根光纤各自套上光纤热缩管。

5）打开熔接机电源，选择合适的熔接方式，熔接机系统待机。

打开熔接机电源后，出现的"Install Program"界面提示安装程序，如图 7-94 所示。

操作：

① 在熔接程序中按△或▽来显示画面。

② 按 + 或 - 将熔接程序切换到加热程序。然后按△或▽切换到加热程序。

③ 按▶或√来确认选择。

④ 机器重置到初始状态，准备开始操作。

⑤ 一旦 S176 型光纤熔接机开机，电弧检查程序结束后，就会出现系统待机画面。重置操作完成后，机器发出嘟嘟声，同时 LCD 监视器上显示"READY"，如图 7-95 所示。

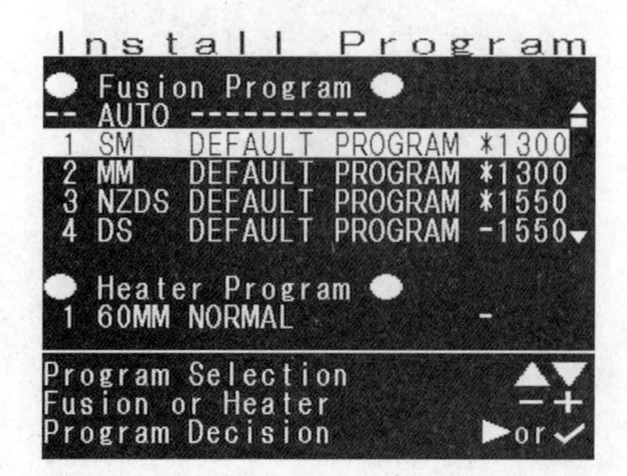

图 7-94　熔接机出现的"Install Program"界面提示安装程序

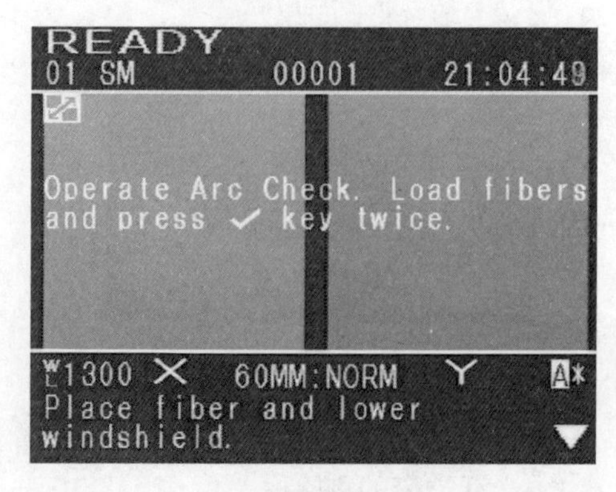

图 7-95　待机画面

❏ 快捷键：

▣键是标记一项功能的快捷键，按一下就可以跳到此功能。× 键也是快捷键，可以直接从当前屏幕返回系统待机画面。对一项功能作了标记后，在系统待机画面上就会出现标志。在标记一项新的功能之前要删除此功能。

❏ 如何删除一项功能：

按住▣键直到在系统待机画面上出现。这需要 6 秒钟。

❏ 如何标记一项功能：

用△键、▽键找到希望标记的功能。

如果当前功能可以被标记，▽标志就会出现在屏幕的右下角。

按△键，如果听到蜂鸣声表示此功能已经被标记成功。

（2）光纤熔接工作

光纤熔接工作需要重点注意如下 3 点内容：

1）裸纤的切割。

裸纤的切割是光纤端面制备中最为重要的环节，切刀有手动和电动两种。熟练的操作者在常温下进行快速光缆接续或抢险，宜采用手动切刀。手动切刀的操作简单，操作人员应清洁光纤后，用切割刀切割光纤。注意：

❏ 用切割刀切割 f0.25mm 的光纤：切割长度为 8 ～ 16mm。

❏ 用切割刀切割 f0.9mm 的光纤：切割长度为 16mm。

❏ 切割后绝不能清洁光纤。

电动切刀切割质量较高，适宜在野外严寒条件下作业，但操作较复杂，要求裸纤较长，初学者或在野外较严寒条件下作业时，宜采用电动切刀。裸纤的切割，首先清洁切刀和调整切刀位置，切刀的摆放要平稳，切割时，动作要自然、平稳、勿重、勿轻，避免断纤、斜角、毛刺及裂痕等不良端面产生。

2）放置光纤。

将切割后的光纤放在熔接机的 V 型槽中，放置时光纤端面应处于 V 型槽（V-groove）端面和电极之间。注意：

❏ 不要使用光纤的尖端穿过 V 型凹槽。

❏ 确保光纤尖端被放置在电极的中央、V 型凹槽的末端。

❏ 只在使用 900mm 厚度覆层的光纤时使用端面板。250 μm 厚度覆层的光纤不使用端面板。

❏ 熔接两种不同类型的光纤时，不需要考虑光纤的摆放方向，也就是说每种光纤都可以摆放在 S176 熔接机的左边或者右边。

❏ 轻轻地盖上光纤压板，然后合上光纤压脚。

❏ 盖上防风罩。

3）按▶键开始熔接。

（3）取出熔接的光纤

1）取出光纤前先抬起加热器的两个夹具。

2）抬起防风罩，对光纤进行张力测试（200g）。测试过程中，屏幕上会出现“张力测试”。

3）等到张力测试结束后，在移除已接合光纤之前会显示出“取出光纤”字样。两秒后“取出光纤”会变为“放置光纤”。同时，S176 熔接机会自动为下一次接合重设发动机。

4）取出已接合光纤，轻轻牵引光纤，将其拉紧。

注意：小心处理已接合光纤，不要将光纤扭曲。

熔接光纤要随时观察熔接中有无纤芯轴向错位，纤芯角度错误，V型槽或者光纤压脚有灰尘，光纤端面质量差，纤芯台阶，纤芯弯曲光纤端面质量差，预放电强度低或者预放电时间短，气泡，过粗、过细，虚熔，分离等不良现象，注意OTDR测试仪表跟踪监测结果，及时分析产生上述不良现象的原因，建议重新熔接。

产生不良现象的原因，大体可分为光纤因素和非光纤因素。

光纤因素是指光纤自身因素，主要有4点：

- 光纤模场直径不一致。
- 两根光纤芯径失配。
- 纤芯截面不圆。
- 纤芯与包层同心度不佳。

其中光纤模场直径不一致影响最大，单模光纤的容限标准如下：

- 模场直径：（9～10μm）±10%，即容限约 ±1μm。
- 包层直径：125±3μm；
- 模场同心度误差≤6%，包层不圆度≤2%。
- 非光纤因素即接续技术非光纤因素，主要有6点：
- 轴心错位：单模光纤纤芯很细，两根对接光纤轴心错位会影响接续损耗。当错位1.2μm时，接续损耗达0.5dB。
- 轴心倾斜：当光纤断面倾斜1°时，约产生6dB的接续损耗，如果要求接续损耗≤0.1dB，则单模光纤的倾角应为≤0.3°。
- 端面分离：活动连接器的连接不好，很容易产生端面分离，造成连接损耗较大。当熔接机放电电压较低时，也容易产生端面分离，此情况一般在有拉力测试功能的熔接机中可以发现。
- 端面质量：光纤端面的平整度差时也会产生损耗，甚至出现气泡。
- 接续点附近光纤物理变形：光缆在架设过程中的拉伸变形、接续盒中夹固光缆压力太大等，都会对接续损耗有影响，甚至熔接几次都不能改善。
- 其他因素的影响：接续人员操作水平、操作步骤、盘纤工艺水平、熔接机中电极清洁程度、熔接参数设置、工作环境清洁程度等均会有影响。

不良现象原因和解决办法如表7-21所示。

表7-21　不良现象原因和解决办法

现象原因	解决办法
纤芯轴向错位	V型槽或者光纤压脚有灰尘，清洁V型槽和光纤压脚
纤芯角度错误	V型槽或者光纤压脚有灰尘，清洁V型槽和光纤压脚
光纤端面质量差	检查光纤切割刀是否工作良好
纤芯台阶	V型槽或者光纤压脚有灰尘，清洁V型槽和光纤压脚
纤芯弯曲光纤端面质量差	检查光纤切割刀是否工作良好
预放电强度低或者预放电时间短	增大预放电强度或增大预放电时间
模场直径失配放电强度太低	增大放电强度或放电时间
灰尘燃烧光纤端面质量差	检查切割刀的工作情况

（续）

现象原因	解决办法
在清洁光纤或者清洁放电之后灰尘依然存在	彻底地清洁光纤或者增加清洁放电时间
气泡	光纤端面质量差，检查光纤切割刀是否工作良好
预放电强度低或者预放电时间短	增大预放电强度或增大预放电时间
光纤分离	光纤推进量太小做马达校准实验
预放电强度太高或者预放电时间太长	降低预放电强度或减少预放电时间
过粗	光纤推进量太大，降低重叠量并做马达校准实验
过细	放电强度不合适做放电校正
放电参数不合适	调整预放电强度、预放电时间或者光纤推进量

（4）套热缩管

在确保光纤熔接质量无问题后，套热缩管。

1）将热缩管中心移至光纤熔接点，然后放入加热器中。检查：

❑ 要确保熔接点和热缩管都在加热器中心。

❑ 要确保金属加强件处于下方。

❑ 要确保光纤没有扭曲。

2）用右手拉紧光纤，压下接合后的光纤以使右边的加热器夹具可以压下去。

3）关闭加热器盖子。

4）加热。

❑ 按〰按钮激活加热器。

LCD 监视器在加热程序中会显示出加热的过程，如图 7-96 所示。当加热和冷却操作结束后就会听到嘟嘟声。

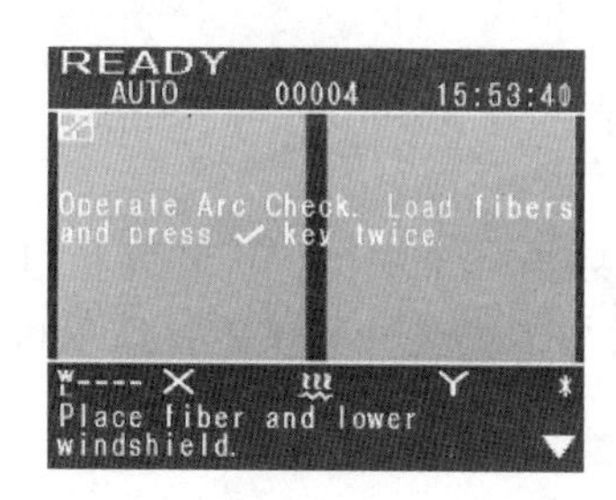

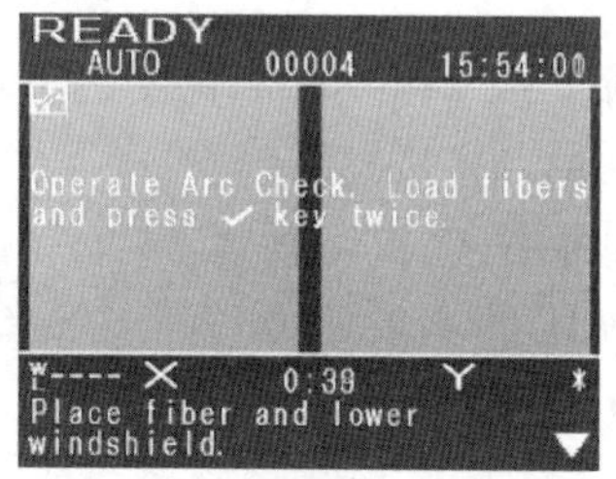

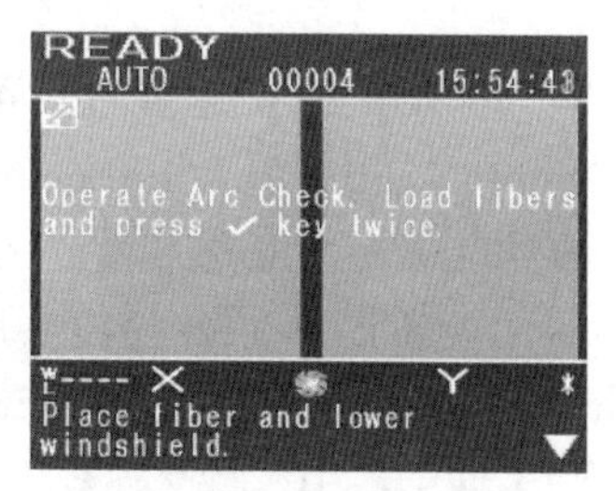

Heating up ⟶ Heating time count down ⟶ Cooling down

图 7-96　热缩管加热过程

❑ 加热指示灯是亮着的时，按〰按钮，加热过程就会停止，冷却过程立刻开始。再次按按钮，冷风扇也会停止。当环境温度低于 −5°时，加热时间就会自动延长 30s。

❑ 从加热器中移开光纤，检查热缩管以查看加热结果。

加热时，热缩管一定要放在正中间，加一定张力，防止加热过程出现气泡、固定不充分等现象。要强调的是，加热过程和光纤的熔接过程可以同时进行，加热后拿出热缩管时，不要接触加热后的部位，温度很高。

（5）整理碎光纤头

（6）放置固定

将套好光纤热缩管的光纤放置固定在光纤箱中。

目前，市场上最快的熔接机能在大约 9 ～ 10s 内完成纤芯熔接，加热收缩保护层大约需要 30 ～ 35s，熔接的总时间减少到 40 ～ 45s 左右。而 4 ～ 5 年前的上一代设备每次熔接需要 12 ～ 15s，加热保护层通常要用 1 分多钟。

7.9 光纤连接安装技术

7.9.1 光纤布线的元件：线路管理件

光纤布线元件中的线路管理件主要包括：

1）交连硬件。

2）光纤交连场。

3）光纤交连部件管理 / 标记。

4）推荐的跨接线长度。

5）光纤互连场。

6）其他机柜附件。

现分别叙述如下。

1. 交连硬件

光纤互连装置（LIU）硬件是 SYSTIMAX PDS 中的标准光纤交连设备，该设备除支持连接器，还直接支持束状光缆和跨接线光缆设计。

LIU 硬件包括以下部件：

1）100A 光纤互连装置（LIU）：可完成 12 个光纤端接。该装置宽为 190.5mm(7.5in)，长为 222.2mm(8.75in)，深为 76.2mm(3.0in)。

2）10A 光纤连接器面板：可安装 6 个 ST 耦合器。该面板安装在 100A LIU 上开挖的窗口上。

3）200A 光纤互连装置：可完成 24 个光纤端接。该装置宽为 190.5mm(7.5in)，长为 222.2mm(8.75in)，深为 100mm(4in)。

4）400A 光纤互连装置：可容纳 48 根光纤或 24 个绞接和 24 个端接。该装置利用 ST 连接器面板来提供 STII 连接器所需的端接能力。其门锁增加了安全性。该装置高 280mm（11in），宽 430mm(17in)，深 150mm（6in）。

为了便于使用，将交连硬件归纳于表 7-22。

表 7-22 LIU 硬件表

光纤互连部件类型		连接器			交连		物理尺寸		
	面板	数量	类型	数量	每面垂直过线槽	每面水平过线槽	宽 (cm(in))	高 (cm(in))	深 (cm(in))
100A	10A	（2）	STII	（6）	1A4 或 1A8	1A6 或 1A8	19.05	22.22	7.6
	10SC1	（2）	SG（SGL）	（6）	1A4 或 1A8	1A6 或 1A8	（7.5）	（8.75）	（3.0）
	10SC2	（2）	SC(Duplex)	（3）	1A4 或 1A8	1A6 或 1A8			
	ESCON	（2）	ESCON	（3）	A4F	A6F			
	FDDI	（2）	FDDI	（3）	A4F	A6F			
200A	10A	（4）	STII	（12）	2A4 或 2A8	2A6	19.05	22.22	4.0
	10SC1	（4）	SG（SGL）	（12）	2A4 或 2A8	2A6	（7.5）	（8.75）	（10）
	10SC2	（4）	SC(Duplex)	（6）	2A4 或 2A8	2A6			
	ESCON	（4）	ESCON	（6）	A4F	A6F			
	FDDI	（4）	FDDI	（6）	A4F	A6F			

（续）

光纤互连部件类型		连接器			交连			物理尺寸	
	面板	数量	类型	数量	每面垂直过线槽	每面水平过线槽	宽 (cm(in))	高 (cm(in))	深 (cm(in))
200B	1000ST	（4）	STII	（12）			43.18	32	13.34
	1000SC	（4）	SC	（12）			（17）	（12.6）	（5.25）
	2000ESCON	（4）	ESCON	（6）					
	2000FDDI	（4）	FDDI	（6）					
400A	1000ST	（8）	STII	（48）			28	43	15
	1000SC	（8）	SC	（48）			（11）	（17）	（6）
	2000ESCON	（8）	ESCON	（24）					
	2000FDDI	（8）	FDDI	（24）					

100A LIU 光纤互连装置如图 7-97 所示。

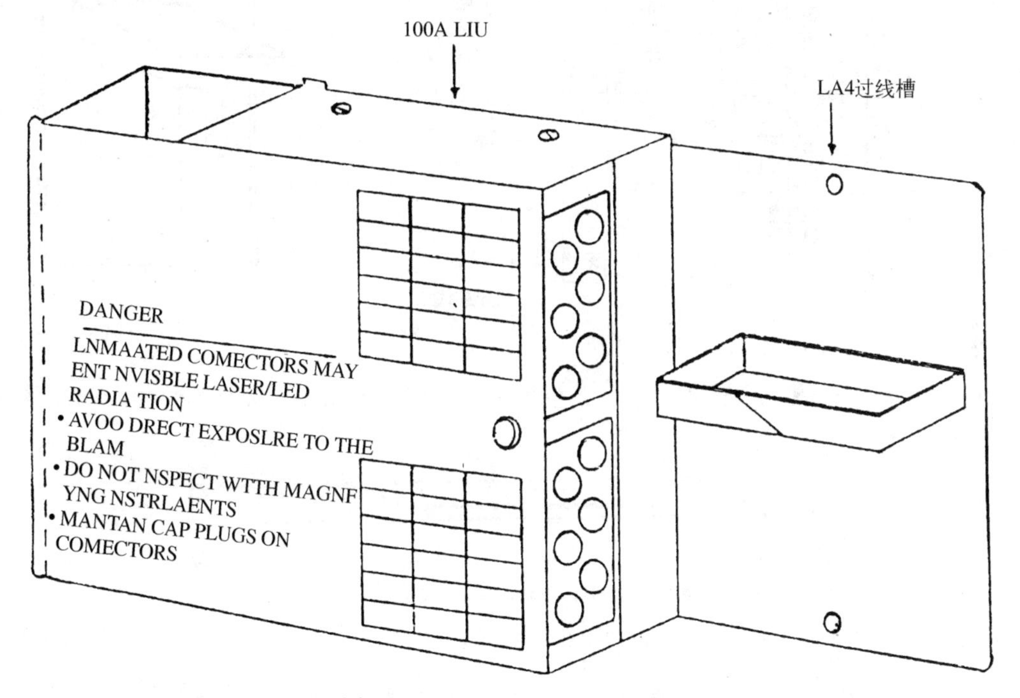

图 7-97　100A LIU 光纤互连装置

2. 光纤交连场

光纤交连场可以使每一根输入的光纤通过两端均有套箍的跨接线光缆连接到输出光纤，光纤交连由若干个模块组成，每个模块端接 12 根光纤。

图 7-98 所示的光纤交连场模块包括一个 100A LIU，两个 10A 连接器面板和一个 1A2 跨接线过线槽（如果光纤交连模块不止 1 列，则还需配备 1A6 捷径过线槽）。

一个光纤交连场可以将 6 个模块堆积在一起（从地板算起的 LIU 顶部的最大高度为 127.2mm（68in））。如果需要附加端接，则要用 1A6 捷径过线槽将各列 LIU 互连在一起。

一个光纤交连场最多可扩充到 12 列，每列 6 个 100A LIU。每列可端接 72 根光纤，因而一个全配置的交连场可容纳 864 根光纤，占用的墙面符号为 3.51m × 1.42m（11.6ft × 4.8ft）。

与光纤互连方法相比，光纤交连方法较为灵活，但它的连接器损耗会增加一倍。

1A4 光纤的过线槽（跨接线过线槽）和 1A6 光纤过线槽（捷径过线槽）均用于建立光纤交连场，其主要功能是保持光纤跨接线。

1A4 跨接线过线槽（垂直过线槽）宽 101.6mm，高 222.2mm（宽 4in，高 8.75in），如图 7-99 所示。

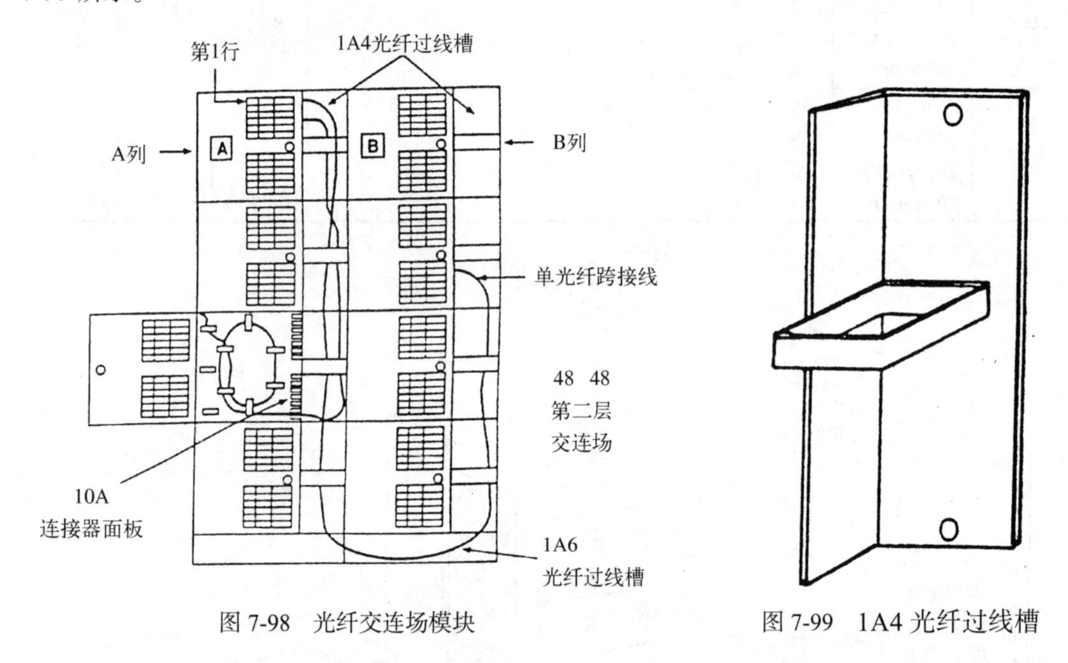

图 7-98　光纤交连场模块

图 7-99　1A4 光纤过线槽

1A6 捷径过线槽（水平过线槽）宽 292.1mm，高 101.6mm（宽 11.5in，高 4in），如图 7-100 所示。

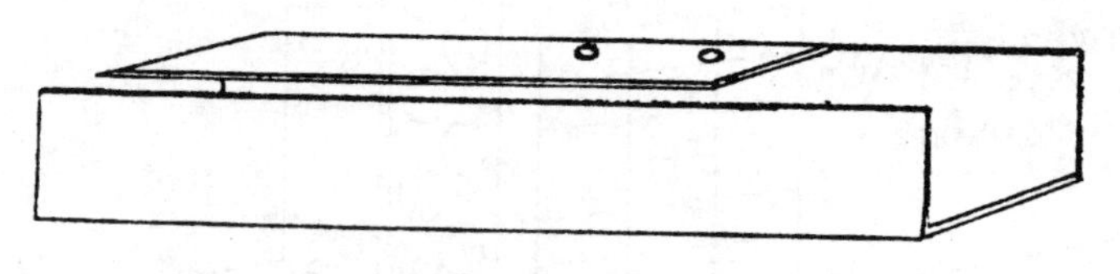

图 7-100　1A6 光纤过线槽

1A8 是垂直铝制过线槽，配有可拆卸盖板以加强对光纤跨接线的机械保护。该面板的深度与 100A 面板相同，不同于 200A 面板。

在光纤交连的 100A 或 200A 中，还有一个成品扇出件。

扇出件专门与 100 或 200A 品 OIU/OCU 配用，使带阵列连接器的光缆容易在端接面板处变换成 12 根单独的光纤。

标准扇出件是一个带阵列连接器的带状光缆，它的另一端分成 12 根带连接器的光纤。每根光纤都有特别结实的缓冲层，以便在操作时得到更好的保护。标准扇出件的长度为 1828.8mm（72in），其中 1219.2mm（48in）是带状光缆，609.6mm（24in）为彼此分开的单独光纤。

所有 AT&T 光纤和连接器类型均有相应的扇出件，如图 7-101 所示。

3. 光纤交连部件管理 / 标记

光纤端接场按功能管理，它的标记分为两级，即 Level 1 和 Level 2。

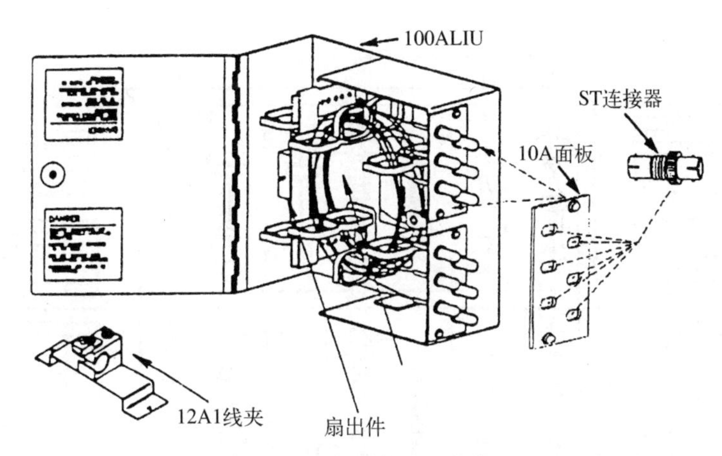

图 7-101 扇出件所在的位置

Level 1 互连场允许一个直接的金属箍把一根输入光纤与另一根输出光纤连接。这是一种典型的点到点的光纤连接，通常用于简单的发送器到接收器之间的连接。

Level 2 交连场允许每一条输入光纤通过单光纤跨接线连接到输出光纤。

4. 推荐的跨接线长度

AT&T 公司对跨接线有要求，表 7-23 给出用于光纤交连模块跨接线的 1860A 单光纤（62.5/ 125 祄）互连光缆的推荐长度。

表 7-23 推荐的跨接线长度

交连模块数	交连列数	1860A 光缆长度（mm（in））	交连模块数	交连列数	1860A 光缆长度（mm（in））
1	1	600（2）	12	3	3000（10）
2	1	1200（4）	16	4	450（15）
4	1	1200（4）	18	3	4500（15）
6	1	1200（4）	24	4	6000（20）
8	2	1200（8）	30	5	7500（25）
12	2	3000（10）	36	6	9000（30）

这种长度的光缆有预先接好 STII 连接器的，也有在现场安装连接器的。

5. 光纤互连场

光纤互连场使得每根输入光纤可以通过套箍直接连至输出光纤上。光纤互连场包括若干个模块，每个模块允许 12 根输入光纤与 12 根输出光纤连接起来。

如图 7-102 所示，一个光纤互连模块包括两个 100A LIU 和两个 10A 连接器面板。

6. 其他机柜附件

（1）12A1 缆夹

12A1 缆夹是为了保证安全，把出厂时已端接的带状光缆连至一列 100A LIU 上方的底板处接地。安装架、塑料夹和接地连接器均预先装配好。12A2 缆夹类似于 12A1，但不含接合与接地材料。

（2）1A1 固定器

1A1 固定器提供了在 10A LIU 内部安装扇出件所需的空间。它包括两个阵列连接器处套和一个扇出件安装螺丝。

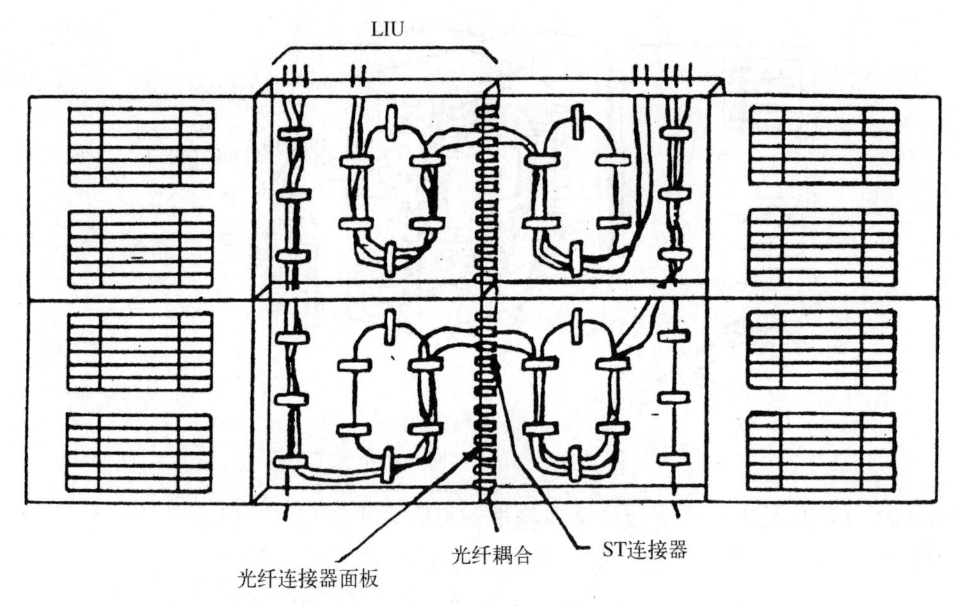

图 7-102　光纤互连模块

（3）1A1 适配器

1A1 适配器引导和保护光纤从缆夹延伸到相邻的两列 100A LIU。1A1 适配器包括一个管道、一个 T 形接头、一个 90° 弯头、两个导片和安装螺丝。

7.9.2　LCGX 光纤交叉连接系统

LCGX 光纤交叉连接系统由 LCGX 光纤交叉接线架及有关的设备组成，用于连接各控制点。LCGX 光纤交叉接线架的特点如下：

1）提供编制方式和统一方式的交叉接线架。

2）可提供 20 条光缆的端子和接地点。

3）设计紧凑（57.5cm 壁挂式），节省墙壁的有效面积。

4）产品按框架进行模块化设计，用户可根据需要以框架进行扩充。

5）大容量——576 条 / 每个接线板；11 520 线 / 每组排列接线板。

6）可以适应各种各样的连接器和接头。

7）连接器周围有足够的空间便于接线操作。

OSP 光缆与 LGBC 光缆接线方法如下：

在建筑物缆线入口区安装一个光缆进行设备（LCEF）箱，在此箱内完成 OSP 光缆与 LGBC 光缆的接续，然后将 LGBC 光缆连到设备间的 LCGX 接线框架，再敷设到整个大楼中去，以满足防火雷击的规定。如图 7-103 所示。

光纤交叉连接框架利用大小不同的凸缘网

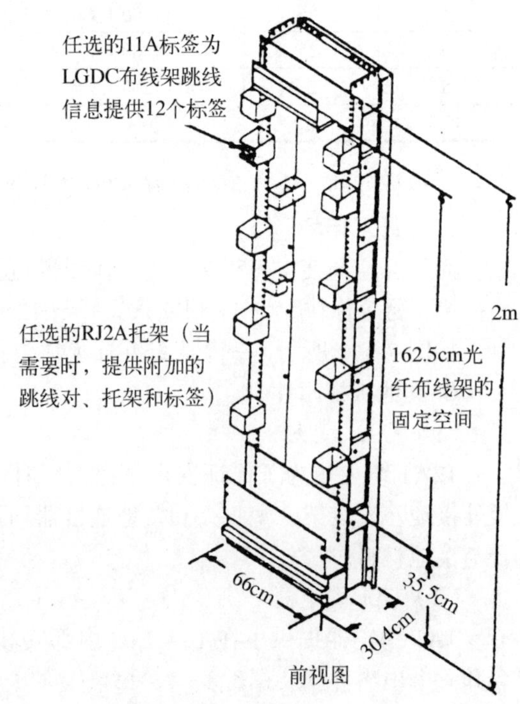

图 7-103　光纤交叉连接框架

络架来组成框架结构。光纤交叉连接架它装了靠螺栓固定的夹子，以便引导和保护光缆，各种模块化的隔板可以容纳所有的光缆、连接器和接合装置，同时也用做接合和端接。装上了模块化隔板的光纤交叉连接框架可以成排装在一起，或者逐步增加而连成一排。

7.9.3 光纤连接架

光纤端接架（盒）是光纤线路的端接和交连的地方。它的模块化设计允许灵活地把一个线路直接连到一个设备线路或利用短的互连光缆把两条线路交连起来。可用于光缆端接，带状光缆、单根光纤的接合以及存放光纤的跨接线。它还很容易满足于“只接合”和“捷径过线”的需求。

所有的光纤架均可安装在19in或23in的标准框架上，也可直接挂在设备间或配线间的墙壁上。设计时，可根据功能和容量选择连接器。

1. 光纤端接架

AT&T光纤端接架的型号编码方法如图7-104所示。

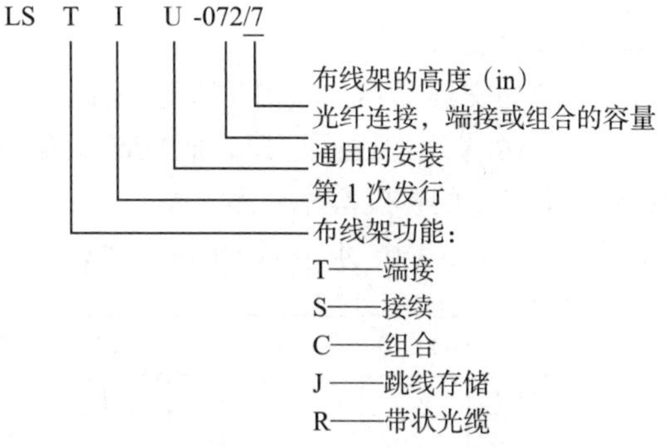

图7-104 光纤端口接架编写方法

LGBC光缆或OSP光缆均可直接连到此类架子上去。OSP光缆最多连4根（每个侧面两根），该架还能存放光纤的松弛部分，并保持3.8cm的最小弯曲半径。架子上可安装标准的（支持6组件）嵌板12个，故可提供72根光纤的端接容量。在正面（前面）通道中装上塑料保持环（一行）以引导光纤跳线，减少跳线的张力强度，在正面的前面板处提供有格式化标签的纸用来记录光纤端接位置。这些架子还可用于光纤的接续，参看图7-105。

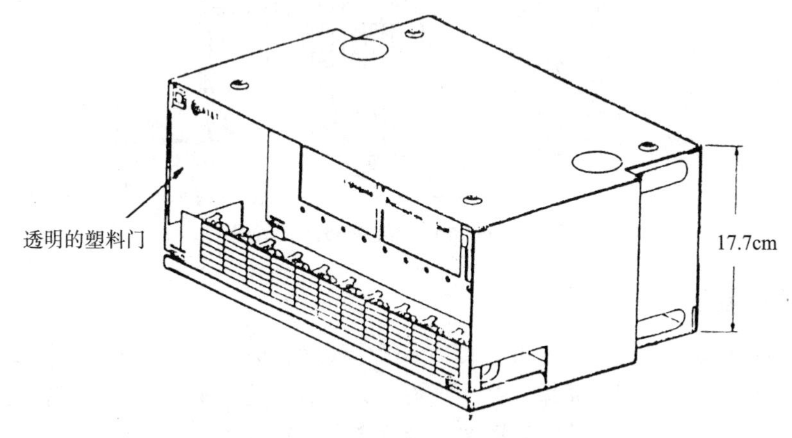

图7-105 LSTIU-072/7光纤端接架

2. 光纤组合柜

光纤组合柜采用支架安装，拉出式抽盘设计，可作为多至24条ST、24条SC或12双工式SC接头终端。当用做拼接盘时，其多功能设计可容纳多至24个拼接、32个独立融合拼接或12个大量融合拼接。组合柜本身含有一个滑动式抽盘，其中包含两个76mm的存储轴及两个防水电缆扣锁开口，它可以保证足够的光纤弯曲半径。用户亦可自行加上拼接组织器件，光纤组合柜亦有两个纤维制造的、可自动上锁的滑架，可把组合柜从架框上拉开，方便存取；组合柜本身则以两个钢制的托架装在支架上。

7.9.4 光纤交连场的设计

1. 单列交连场

安装1列交连场，可把第一个LIU放在规定空间的左上角。其他的扩充模块放在第一个模块的下方，直到1列交连场总共有6个模块。在这1列的最后一个模块下方应增加一个1A6光纤过线槽。如果需要增加列数，每个新增加列都应先增加一个1A6过线槽，并与第1列下方已有的过线槽对齐。

2. 多列交连场

安装的交连场不止一列，应把第1个LIU放在规定空间的最下方，而且先给每12行配上一个1A6光纤过线槽。把它放在最下方LIU的底部至少应比楼板高出30.5mm。6列216根光纤交连场的扩展次序如图7-106所示。

在安装时，同一水平面上的所有模块应当对齐，避免出现偏差。

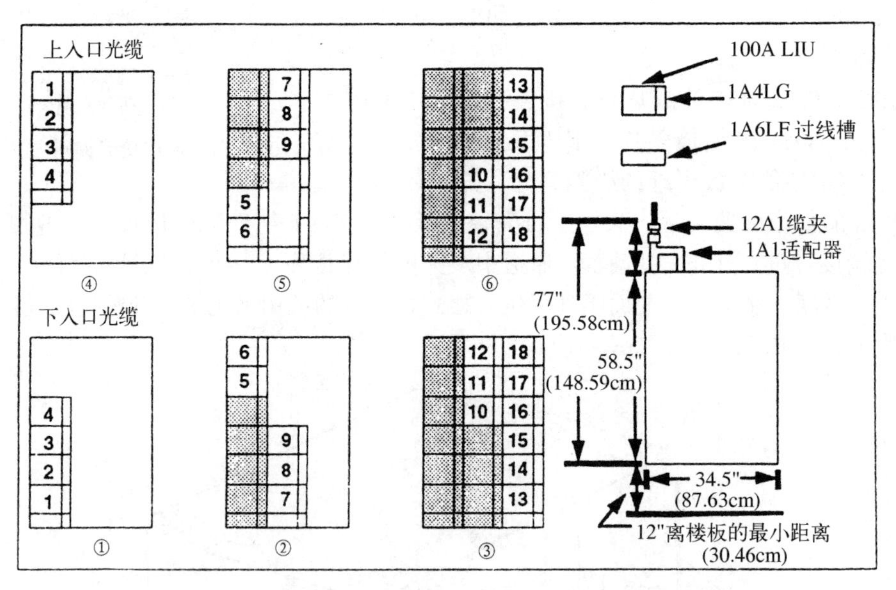

图7-106 光纤交连场的扩展次序

7.9.5 光纤连接管理

按照光纤端接功能进行管理，可将管理分成两级，即分别标为第1级和第2级。

第1级互连场允许利用金属箍，把一根输入光纤直接连到一根输出光纤；这是典型的点对点的光纤链路，通常用做简单的发送端到接收端的连接。

第2级交连场允许每根输入光纤可通过一根光纤跨接线连到一根输出光纤。

交连场的每根光纤上都有两种标记：一种是非综合布线系统标记，它标明该光纤所连接的具体终端设备；另一种是综合布线系统标记，它标明该光纤的识别码，如图7-107所示。

每根光纤标记应包括以下两大类信息：

1）光纤远端的位置：

❑ 设备位置

❑ 交连场
❑ 墙或楼层连接器

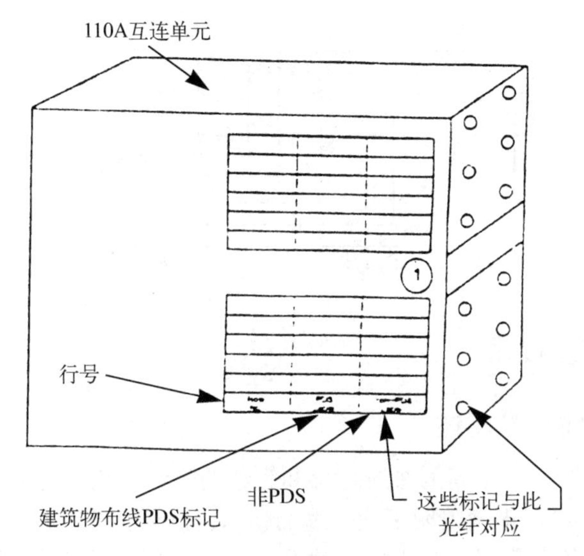

图 7-107 交连场光纤管理标记

如果光纤出现在交连场，这部分的信息应包括：
2）光纤本身的说明：
❑ 光纤类型
❑ 该光纤所在的光缆的区间号
❑ 离此连接点最近处的光纤颜色
每根光纤标记编制方式，如表 7-24 所示。

表 7-24 光纤标记编制方式

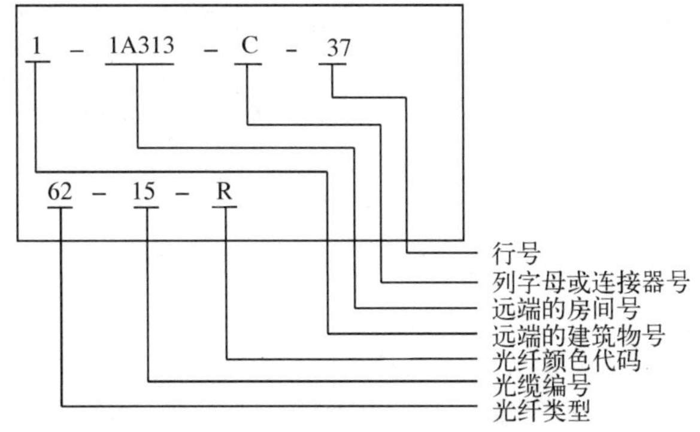

除了各个光纤标记提供的信息外，每条光缆上还有标记以提供如下信息：
1）远端的位置。
2）该光缆的特殊信息。
光缆的特殊信息包括光缆编号、使用的光纤数、备用的光纤数以及长度。
第 1 行表示此光缆的远端在音乐厅 A77 房间。
第 2 行表示光缆编号为 17，启用光纤数为 6 根，备用光纤数为 2 根，光缆长度为 357m。
每条光缆标记方式如表 7-25 所示。

表 7-25　光缆标记方式

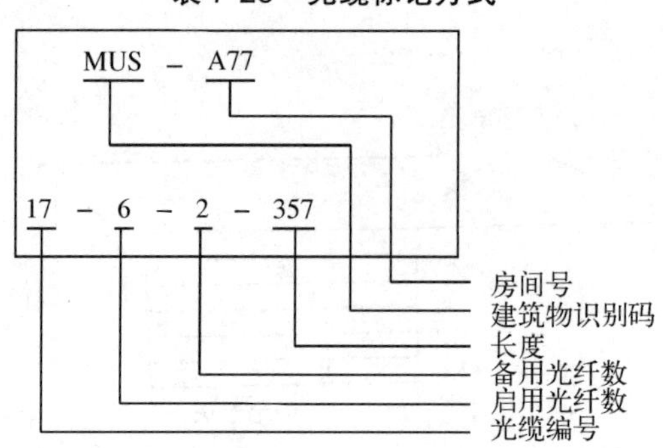

7.10　吹光纤布线技术

7.10.1　吹光纤布线技术概述

吹光纤布线技术是一个全新的布线理念和完整的光纤布线系统。吹光纤布线的概念早在 1982 年就提出了，英国电信发明了吹光缆的技术，并注册了专利。吹光纤技术布线的思想是：预先敷设特制的空管道（塑料管），建造一个低成本的网络布线结构，在需要安装光纤时，再将光纤通过压缩空气吹入到空管道内。通常包括 2 ～ 12 芯（典型如 8 芯），后经改进成为如今的高性能光纤单元 EPFU（Enhanced Performance Fiber Unit）。EPFU 或者微型光缆（典型如 48 芯）均可被吹入以高密度聚乙烯（HDPE）制成的微型管道中。根据应用环境不同，管道直径对 EPFU 而言可为 5mm 左右，对微缆而言可为 5 ～ 12mm，并可堆叠在一起而构成一个微型导管阵列。工作气压大约 8bar，最大传送距离约为 1km，典型安装速度为 0.7m/s（对单个光纤束）和 1.5m/s（对微型光缆）。目前已经有国际标准对气吹光缆进行规范，例如 IEC 60794-3-50。

吹光纤技术主要是提高长途干线光缆的敷设效率，降低人工费用。而局域网络的吹光纤技术是 1987 年由英国奔瑞有限公司发明的，奔瑞公司同时注册了吹单芯光纤的专利。奔瑞公司在 1988 年完成了第一次室内吹光纤的安装，1993 年正式将吹光纤商品化。

目前 ITU 和 IEC 均开始研究在已经存在的地下基础设施中（例如下水道、水管等）如何安装接入网光缆或住宅区光缆，特别是无破坏安装技术。下水管道中的安装技术就是其中之一，此技术主要安装过程为：

1）自动小车（机器人）进入下水管道内，小车上安装电视摄像头，监视下水管道内的情况。

2）机器人在下水管道内安装光缆夹持环。

3）机器人将已保护好的光缆导管插入夹持环的夹子中，若导管中没有光缆，则使用相关技术在导管中安装光缆。

吹光纤布线技术从 1997 年进入国内（中国的新华社和上海浦东陆家嘴的上海证券交易所），近几年已在我国多条干线光缆工程中普遍采用，但其施工方法均为在一根直径约 40mm 的硅芯管中不分缆径大小只吹送一条光缆。

作为一个新型的技术，经过 30 多年的不断发展，吹光纤系统已经从一个新生事物发展成为光纤应用系统中的重要组成部分。吹光纤系统的应用不仅已经成熟、可靠，而且经过多年的考验，证明它是完全稳定的。

吹光纤是一种全新的光纤布线理念和“分期付款”方式的光纤布线方案。吹光纤不仅可以将光纤吹入微管，还可以将光纤吹出微管，以便进行光纤的扩容和升级工作。由于每一根空微管最多都可以容纳 8 芯光纤，当需要进行光纤扩容和升级时，可以将旧有光纤先吹出（吹出的光纤仍然可以使用，并没有什么浪费），然后将新的光纤吹入即可。

对于这种技术怎样评价，目前说法不一，有待用户的认可。

7.10.2 吹光纤系统的组成

吹光纤系统由微管（硅芯管）、集束管（微管组）、吹光纤纤芯、附件和安装设备组成。

1. 微管（硅芯管）

高密度聚乙烯（HDPE）硅芯管是由 3 台挤出机将 HDPE 树脂和硅胶塑料共同挤出，而形成一种内壁带有固体润滑层，外带彩色识别条纹的管道。硅胶塑料是一种新型功能性专用料，摩擦系数小，耐高温，对敷设光电缆有利。HDPE 和硅胶塑料共同挤出时复合成一体，不剥落，不分层。

吹光纤的硅芯微管有 5 种规格：5mm、8mm、10mm、12mm 和 14mm（外径）管。8mm、10mm、12mm 和 14mm 管内径较粗，因此吹制距离较远。长飞光纤光缆有限公司和上海哈威管道科技有限公司单根 HDPE 硅芯管道微管规格如表 7-26 所示。

表 7-26 长飞光纤光缆有限公司和上海哈威管道科技有限公司单根 HDPE 硅芯管道微管规格

序号	型号	外径（mm）	内径（mm）	平均壁厚（mm）
1	ΦF5/3.5	5	3.5	0.75
2	ΦF8/6	8	6	1.0
3	ΦF10/8	10	8	1.0
4	ΦF12/10	12	10	1.0
5	ΦF14/12	14	12	1.0

长飞光纤光缆有限公司和上海哈威管道科技有限公司硅芯管如图 7-108 所示。

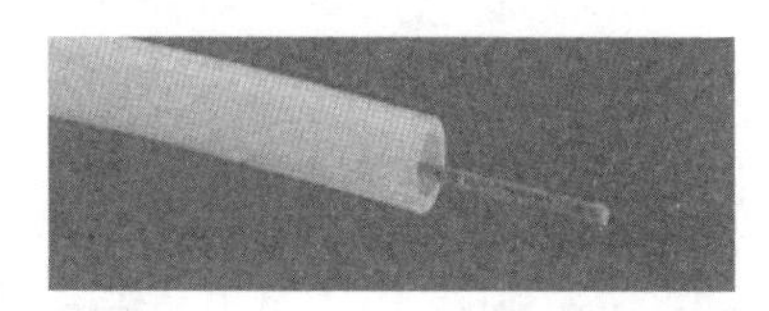

图 7-108 长飞光纤光缆有限公司和上海哈威管道科技有限公司硅芯管

长飞光纤光缆有限公司和上海哈威管道科技有限公司硅芯管的主要技术参数如表 7-27 所示。

表 7-27 长飞光纤光缆有限公司和上海哈威管道科技有限公司硅芯管的主要技术参数

HDPE 微管	
最大牵引负荷	630N
拉伸强度	21.1 MPa
断裂延伸率	660%
内壁摩擦系数	0.105
环刚度	＞ 6.3 kN/m^2
纵向收缩率	1.3%
接口连接力	424N

2. 集束管（微管组）

每一个集束管（微管组）可由 2、4 或 7 根微管组成，并按应用环境分为室内及室外两类。值得一提的是，该系统中所有微管外皮均采用阻燃、低烟、不含卤素的材料，在燃烧时不会产生有毒气体。长飞光纤光缆有限公司和上海哈威管道科技有限公司单根集束管规格如表 7-28 所示。

表 7-28　长飞光纤光缆有限公司和上海哈威管道科技有限公司集束管规格表

序号	型号	规格	备注
1	JD-01	ΦF10 × 7	
2	JZ-01	ΦF12 × 5+ΦF8 × 1	
3	JD-02	ΦF14 × 5+ΦF10 × 1	

长飞光纤光缆有限公司和上海哈威管道科技有限公司集束管组合如图 7-109 所示。

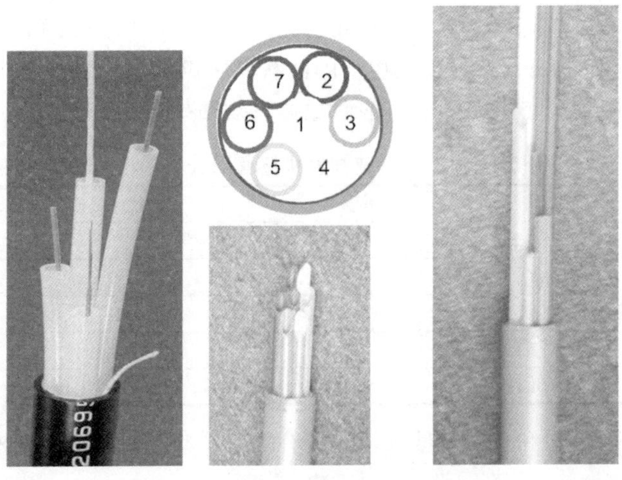

图 7-109　长飞光纤光缆有限公司和上海哈威管道科技有限公司单根集束管组合

长飞光纤光缆有限公司和上海哈威管道科技有限公司单根集束管品种如图 7-110 所示。

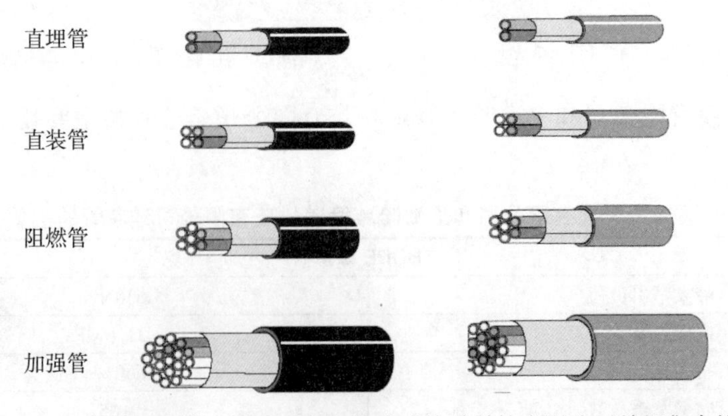

图 7-110　长飞光纤光缆有限公司和上海哈威管道科技有限公司单根集束管品种

长飞光纤光缆有限公司和上海哈威管道科技有限公司单根集束管包装如图 7-111 所示。集束管工作温度为 −60 ～ +70℃。

图 7-111　长飞光纤光缆有限公司和上海哈威管道科技有限公司单根集束管包装

3. 吹光纤纤芯

吹光纤纤芯结构与普通光纤相同，如图 7-112 所示。吹光纤单芯纤芯有多模 62.5 μm/125 μm、50 μm/125 μm 和单模 8.3mm/125mm 三种。每根 5mm 外径或 8mm 外径的单微管同时最多可吹 8 芯光纤。吹光纤的表皮经特殊涂层处理，质量较轻，更利于吹动光纤。

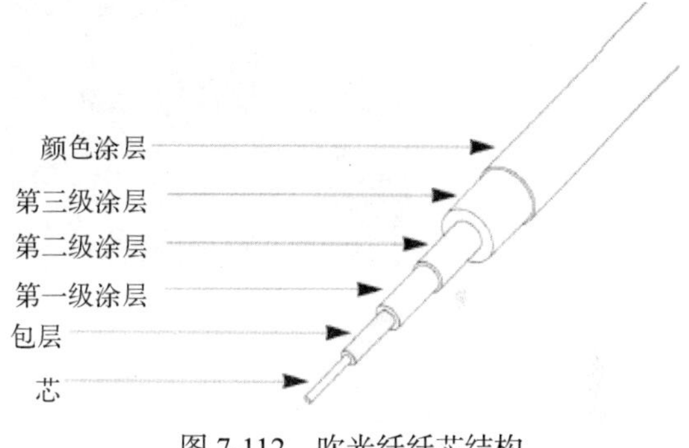

图 7-112　吹光纤纤芯结构

4. 附件

附件包括墙上和地面出口、墙上出口光纤盒、光纤跳线、微管接头、塑料管、19 英寸吹光纤配线架、跳线、光纤出线盒、用于微管间连接的陶瓷接头等，如图 7-113 和图 7-114 所示。

墙上型出口外形

墙上出口纤盒

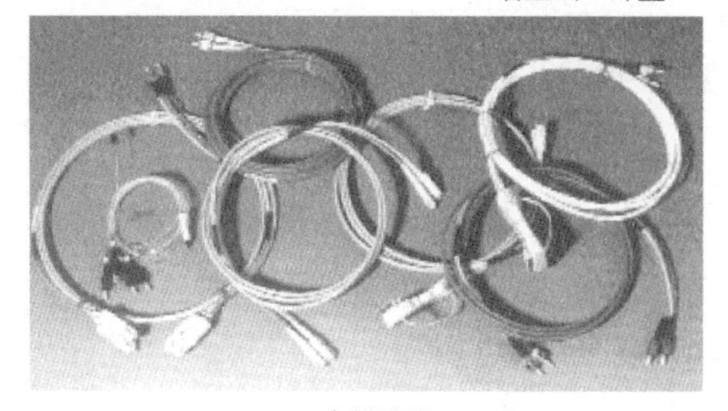

光纤跳线

图 7-113　吹光纤附件

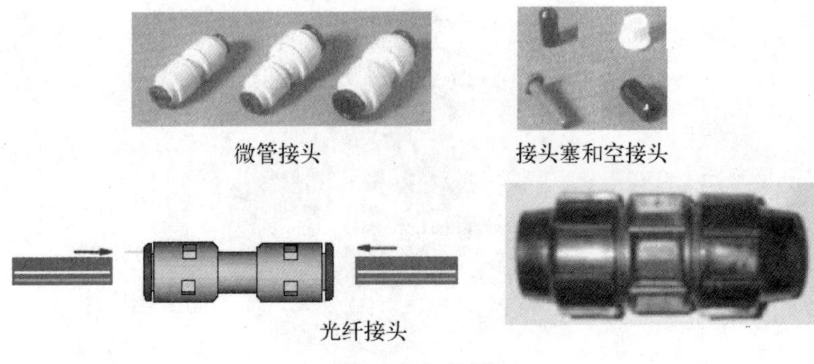

图 7-113 （续）

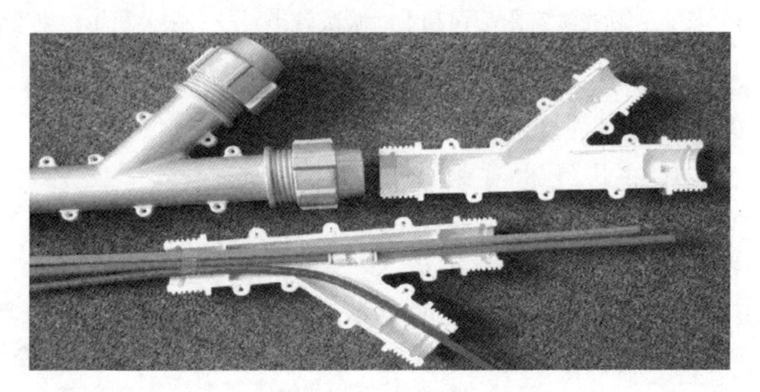

图 7-114　塑料管

5. 光纤安装辅助设备

（1）光纤安装辅助设备

光纤安装辅助设备如图 7-115 所示。

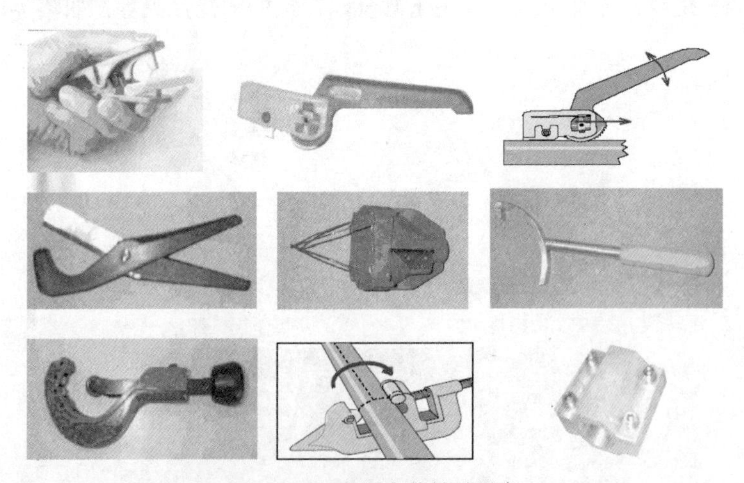

图 7-115　光纤安装辅助设备

（2）安装微管路由设备

安装微管路由设备如图 7-116 所示。

（3）吹光纤机设备

吹光纤机设备如图 7-117 所示。

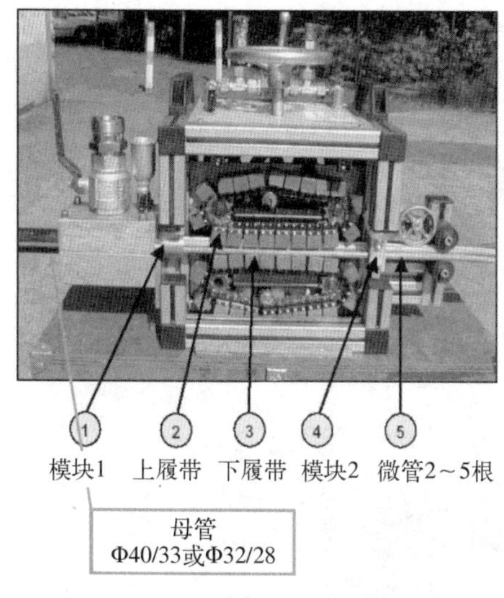

图 7-116 安装微管路由设备

图 7-117 吹光纤机设备

7.10.3 长飞光纤光缆有限公司的气吹微型光缆

1. 长飞光纤光缆有限公司的气吹微型光缆编号

长飞光纤光缆有限公司的气吹微型光缆编号如图 7-118 所示。

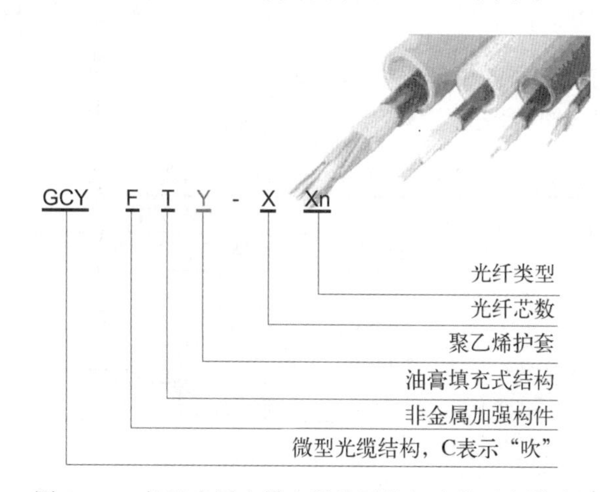

图 7-118 长飞光纤光缆有限公司的气吹微型光缆编号

2. 长飞光纤光缆有限公司的松套层绞式微型光缆

长飞光纤光缆有限公司的松套层绞式微型光缆如表 7-29 所示。

表 7-29 长飞光纤光缆有限公司的松套层绞式微型光缆

GCYFTY	每管芯数	套管数	总芯数	护套厚度（mm）	光缆外径（mm）	光缆重量（kg/km）
4 单元	12	4	48	0.5	5.3	21
5 单元	12	5	60	0.5	5.6	26
6 单元	12	6	72	0.5	6.2	33
8 单元	12	8	96	0.5	7.3	45

松套管说明：直径为 1.7mm 松套管中最多有 12 芯光纤。

3. 长飞光纤光缆有限公司的松套层绞式微型光缆的结构

长飞光纤光缆有限公司的松套层绞式微型光缆的结构如图 7-119 所示。

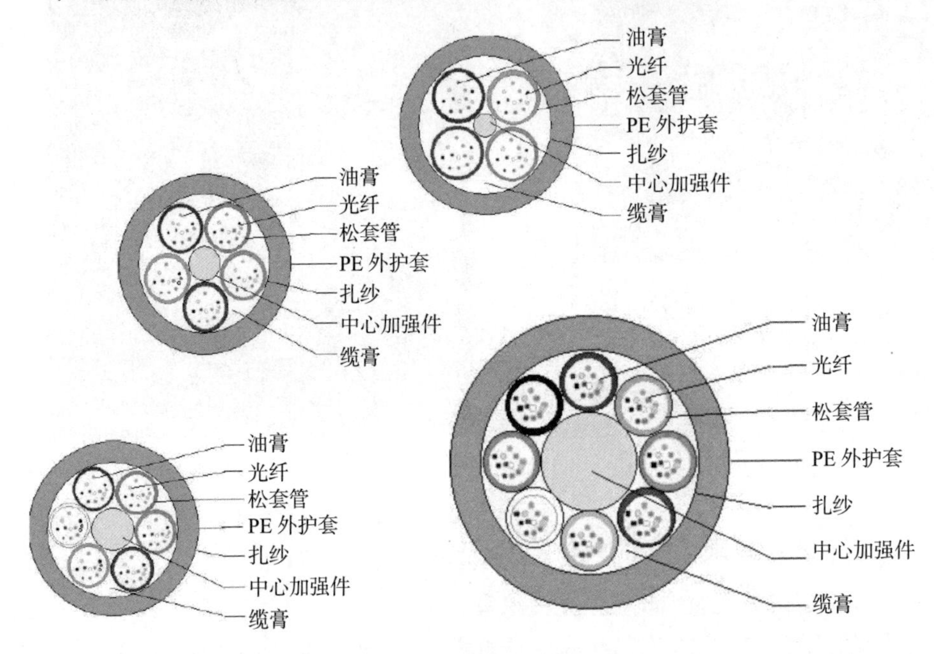

图 7-119 长飞光纤光缆有限公司的松套层绞式微型光缆的结构

4. 长飞光纤光缆有限公司的微型光缆的气吹光纤长度

长飞光纤光缆有限公司的微型光缆的气吹光纤长度如表 7-30 所示。

表 7-30 长飞光纤光缆有限公司的微型光缆的气吹光纤长度表

	微管内径	微缆芯数					
		12 芯以下	24 芯	48 芯	60 芯	72 芯	96 芯
水平	3.5mm	800m	500m				
	6.0mm	1600m	1200m	600m			
	8.0mm	2000m	2000m	1500m	1200m	1000m	
	10mm	2200m	2000m	1600m	1500m	1200m	1000m
垂直	3.5mm	150m	120m				
	6.0mm	200m	150m				
	8.0mm	280m	200m	120m			

注：1. 气吹敷缆时对气流的要求：压力≥ 10bar，流量≥ 0.3m^3/min。

2. 芯数较小、较轻的微缆也可用高压气瓶进行敷设。

7.10.4 吹光纤与传统光纤布线综合比较

1. 光纤布线原理的比较

气吹光纤系统的原理是在将要或可能走光纤的位置之间安装一组管道，当需要在网络的两点之间敷设光纤时，通过专用的安装器则把光纤“吹”入管道，然后再用接头连接光纤。

传统光纤安装的原理是光缆被置入导管或线槽，然后从一点拖至另一点。即使是拥有288 条光纤的大型光缆的直径也不会超过 1in，比气吹光纤系统中使用的多管道结构要小得多。拖好光缆后，光纤也就敷设好了。

2. 对湿度和温度环境的比较

气吹程序对湿度和温度很敏感，不同环境下的气吹性能会有所不同；但是，传统的布线系统就极为稳定，可适应很大的温度变化范围和各种环境条件。

3. 成本或时间上的比较

气吹光纤系统布线安装空管道的成本比较低，但光纤和气吹成本都很高。从初始成本方面看，传统建筑光缆安装的投资要比气吹光纤系统高，但是它需要的接头和连接器不比气吹光纤系统的多，而且以后的维护费用会更低。气吹光纤系统是“分期付款”方式，最终的安装成本要高于传统光纤系统。气吹光纤系统是分散投资成本，节省投资、避免浪费；传统布线系统是一次性投资。

4. 布线系统维护的比较

传统布线系统几乎不需要维护。气吹光纤分布系统的维护要求精确的管道分布记录，需要各种专用光缆结合和插入硬件设备、气吹设备以及受过良好培训的安装人员。

5. 从结合和互连角度的比较

从结合和互连的比较角度讲，气吹光纤系统没有明显的优势。

6. 冗余链路角度的比较

在传统布线系统中，可以简便地把冗余链路设计到传统布线系统中；但在气吹光纤系统中，不需要冗余链路，只需要预留冗余的空微管即可。

7.11　数据点与语音点互换技术

综合布线系统要求新建的信息点同时带上一个电话语音点，其模型如图 7-120 所示。

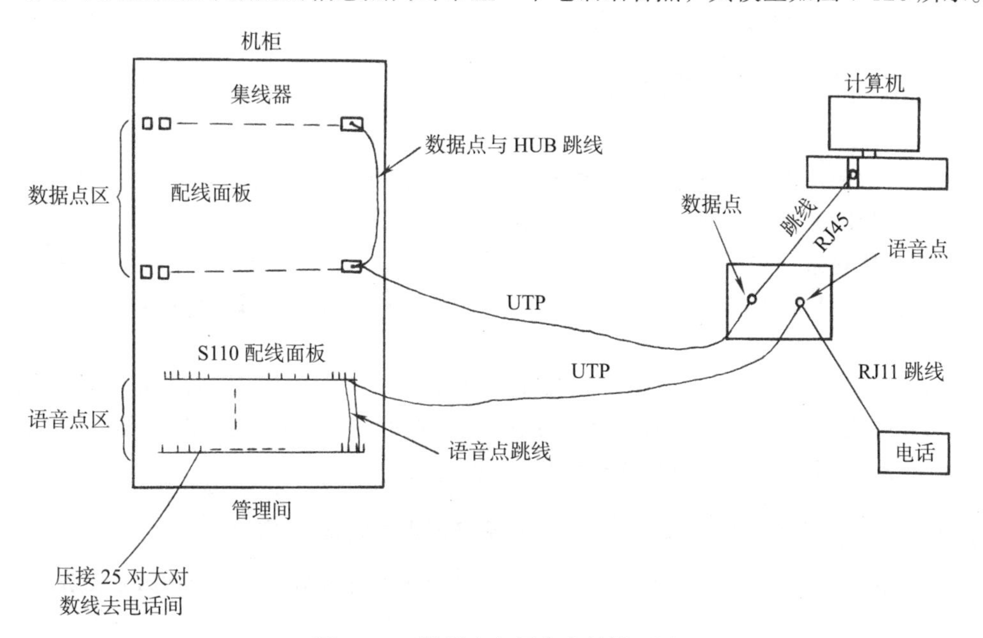

图 7-120　数据点与语言点的模型图

（1）管理间

管理间有一机柜，机柜内分为 3 部分。

1）集线器区：放置集线器。

2）数据点区：数据点区有一配线面板（12口、24口、48口等）。该管理间所管理的所有用户的均连接到此处。

3）语音点区：语音点区有一个S110配线面板，该配线区分2部分，一部分是来自语音用户的双绞线缆。另一部分是25对大对数线，经语音点与25对大对数线跳线后，25对大对数线的另一端交付电话班使用。

（2）用户点

用户点安装两个信息模块：一个是数据点，一个是语音点。

（3）中间线路

用户点与管理间的连线，目前已要求采用同一类型的双绞线缆，便于将来数据与语音互换使用。

其中S110配线面板上的每一条双绞线缆的4对线均压接在S110上，但向25对大对数线跳接时，只跳接蓝色的一对线其他线不跳接。

7.11.1 数据点改变为语音点的操作方法

数据点改变为语音点时，操作有如下4点：

1）将用户点的数据点到计算机的跳线拆除，安装一条电话机接口线。

2）将管理间的数据点区与集线器跳线的RJ-45-RJ-45线拆除。

3）重新压一条一端带有RJ-45头，另一端只留有蓝色的一对线头（绿、橙、棕的线对剪除）。

4）将第3步中带有RJ-45头的一端插向要改为语音点的用户，只留有蓝色的一对线与25对大对数线配线板跳接，交电话管理部门。

7.11.2 语音点改变为数据点的操作方法

语音是改变为数据点时，操作有如下几点：

1）将用户的语音点到电话的跳线拆除，安装一条RJ-45-RJ-45的跳线与计算机相连。

2）将管理间的语音点区与25对大对数线的跳线拆除。

3）重新压一条一端带有RJ-45头的跳线。

4）将带有RJ-45的一端插入集线器，另一端将双绞线的4对线压接在要改变数据点用户的线缆上。

5）通知网络系统管理员，给用户分配IP地址，为用户端安装网络管理软件。

语音点改为数据点时跳线制作还可采用扁插头做跳线，即跳线的一端是RJ-45，另一端是8针的扁插头（FT2-255高频接线模块）。

7.11.3 1个数据（语音）点改变为4个语音用户的操作方法

一个数据（语音）点它们拥有4对线，可以考虑4个电话用户，它的具体操作如下：

用户端：

1）将一个数据（语音）点与计算机（电话）跳线拆除。

2）将该数据（语音）点的模块，通过RJ-45-RJ-45跳线与FA3-10转换插座。

3）将4部电话分别通过RJ11-RJ11跳线插入蓝、橙、绿、棕圆点对应的插口上。

管理间端：

1）如果是数据点，建议通过 RJ-45-RJ-45 的跳线端接一个 FA3-10 转换插座，然后用 4 条一头安装 RJ11 的线缆分别与 FA3-10 转换插座相连接，4 条的另一端分别跳向 45 对大对数线，并通知电话管理部门分配用户使用号码。

2）如果是语音点，操作便很简便，按蓝、橙、绿、棕 4 对线分别跳向 25 对大对数线，并通知电话管理部门。

7.12　综合布线系统的标识管理

在综合布线系统设计规范中，强调了管理。要求对设备间、管理间和工作区的配线设备、线缆、信息插座等设施，按照一定的模式进行标识和记录。TIA/EIA-606 标准对布线系统各个组成部分的标识管理做了具体的要求。

布线系统中有五个部分需要标识：线缆（电信介质）、通道（走线槽 / 管）、空间（设备间）、端接硬件（电信介质终端）和接地。五者的标识相互联系，互为补充，而每种标识的方法及使用的材料又各有各的特点。像线缆的标识，要求在线缆的两端都进行标识，严格的话，每隔一段距离都要进行标识，而且要在维修口、接合处、牵引盒处的电缆位置进行标识。空间的标识和接地的标识要求清晰、醒目，让人一眼就能注意到。配线架和面板的标识除应清晰、简洁易懂外，还要美观。从材料上和应用的角度讲，线缆的标识，尤其是跳线的标识要求使用带有透明保护膜（带白色打印区域和透明尾部）的耐磨损、抗拉的标签材料，像乙烯基这种适合于包裹和伸展性的材料最好。这样的话，线缆的弯曲变形以及经常的磨损才不会使标签脱落和字迹模糊不清。另外，套管和热缩套管也是线缆标签的很好选择。面板和配线架的标签要使用连续的标签，材料以聚酯的为好，可以满足外露的要求。由于各厂家的配线规格不同，有 6 口的、4 口的，所留标识的宽度也不同，标所以选择标签时，宽度和高度都要多加注意。

在做标识管理时要注意，电缆和光缆的两端均应标明相同的编号。

第8章 无线网络

在计算机网络工程中，不仅包括有线网络，而且包括无线网络，无线网络发展的势头越来越猛，本章将讨论无线网络的基础和工程的建设。

8.1 无线网络的概念与特点

8.1.1 无线网络的概念

无线网络（wireless network）是采用无线通信技术实现的网络。近年来，由于无线通信技术的发展，出现了移动上网、无线 Internet，尤其是通过公众移动通信网实现的无线网络（如 5G、4G、3G 或 GPRS）和无线局域网两种方式。GPRS 手机上网方式是一种借助移动电话网络接入 Internet 的无线上网方式。

无线网络采用与有线网络同样的工作方法，它们按 PC、服务器、工作站、网络操作系统、无线适配器和访问点通过电缆连接建立网络。

我们知道计算机局域网络是把分布在数公里范围内的不同物理位置的计算机连在一起，在网络软件的支持下可以相互通信和共享资源的网络系统。有线网络的传输媒介主要依靠电缆和光缆，构成一个计算机局域网络。有线局域网络需要布线或改线，工程量大，而且容易遭到损坏，网中的各站点位置不可移动，如果把相距数公里到数十公里距离的远程站点连入网络时，或者把这样距离的两个局域网相连时，或采用电话线路做传输媒介时，便出现了速率低，误码率高和线路可靠性差的问题，而且对专用路线布线施工时施工难度大，费用高，施工的过程中还会遇到预想不到的困难。在这种背景下，出现了新型计算机无线通信和无线计算机网络系统，即无线局域网络系统。

无线局域网络（Wireless Local Area Network, WLAN）是指以无线信道作传输媒介的计算机局域网。

计算机无线通信和计算机无线连网不是一个概念，其功能和实现技术有相当大的差异。计算机无线通信只要求两台计算机之间能传输数据即可；而计算机无线连网则进一步要求以无线方式相连的计算机之间资源共享，具有有线网络系统所支持的各种功能。

计算机无线连网常见的形式是把一个计算机站点以无线方式连入一个计算机网络中，作为网络中的一个点，使之具有网上工作站所具有的同样功能。能将网络服务中的所有服务，或者把数个（有线的、无线的）局域网连成一个区域网。无线入网的计算机具有可移动性（在一定的区域内移动而同时又随时与网络系统保持联系）。

应该说，计算机无线连网方式是有线连网方式的一种补充，它是在有线网的基础上发展起来的，使网上的计算机具有可移动性。能快速、方便地解决以有线方式不易实现的网络信道的连通问题。

无线连网要解决两个主要问题：

1）通信信道的实现与性能。

2）提供像有线网络系统那样的网络服务功能。

对于第一点的基本要求是：工作稳定、数据传输率高（大于 1Mbps）、抗干扰、误码率低、频道利用率高、具有保密性、收发的单一性、可以进行有效的数据提取。

对于第二点的基本要求是：现有的网络系统应能在其中运行，即要兼容有线网络的软件，使用户能透明地操作而无需考虑网络环境。

无线网络具有如下特点：

1）频率为工业自由辐射频率，不用专门申请。

2）该网络支持现有各种计算需要的网络软件。

3）建立透明式网络链路。

4）能够完成局域网互连的高速率传输。

5）采用扩展频谱通信技术。

6）用无线电波通信、不用电缆。

7）施工快速、简便、维修方便。

8）采用宽带数据通信抗干扰性能好。

9）低功耗，0.1W 可实现 30km 通信。

10）无须改变原网络系统软件、网络软件和应用软件。

无线网络适用范围有以下几方面：

1）适用工矿、企业、广域远距离连网。

2）适合银行、保险、工商、税务、证券系统网络。

3）用于水利、电力、铁路、油田远程网络。

4）用于大专院校、科研院所网络。

5）用于海关、港口、机场连网。

6）用于高速公路、城市连网。

7）适用于公安、消防、环境监测、军事移动通信网络。

8）用于江、河、湖、海、海峡、山谷等复杂地形环境连网。

9）适用于难以敷设电缆的各种地区和环境连网。

1. 网络通信协议 CSMA/CA

1）带有避免冲突的载波侦听多路访问。

2）多路冲突时随机延迟后重新接受。

有关无线应用协议 WAP、标准将在后面叙述。

2. 网络的安全保密性（多级保密）

1）扩频频谱保密。

2）NOS 级保密。

3）网桥访问控制。

3. 室内天线覆盖范围

环境	特性	距离
开阔地	无分区	全向 180m
半开放室	有分区	全向 90m
闭封室	普通墙	全向 20m

4. 室外天线传输距离

口径	增益	距离
Φ1.2m	27dB	30 ～ 50km
Φ0.6m	20dB	15km
Φ0.3m	15dB	60km

8.1.2　无线局域网

随着信息技术的发展，人们对网络通信技术的要求不断提高，希望无论在何时、何地、与何人都能够进行包括数据、语音和图像等任何内容的通信，并希望主机在网络环境中移动和漫游。无线局域网是实现移动网络的关键技术之一。随着IEEE等国际机构对于无线局域网标准的制定，市场上无线局域网产品的兼容性大大提高，极大地促进了无线局域网产品和市场的发展。众多低价位无线局域网产品的出现，使得越来越多的用户考虑使用无线局域网产品来满足应用上的需求。

总的来说，无线局域网在以下几个方面有非常现实的意义：

- 在不能使用传统布线或者使用传统布线困难很大的地方。
- 租用专线耗资高的地方。
- 重复的临时建立和安排的网络环境，使用有线不方便、成本高、耗时长的地方。
- 局域网用户需要在一定范围内进行移动通信的环境。

但是，目前无线局域网在数据传输速率、传输范围、安全性等方面都还不如有线局域网，所以在应用环境中无线局域网在相当长的时间内会与有线局域网共存。对于智能建筑应用环境，特别是众多的公共场所或专业场所，如机场、车站、会议大厅、会展中心、图书馆以及大开间的办公室等地方，会越来越多地使用连接有线局域网的无线局域网，满足用户无线终端入网的需求。

无线局域网最常用的标准是IEEE 802.11、IEEE 802.11a、IEEE 802.11b、IEEE 802.11g等几种。目前市场上的产品绝大部分均遵循IEEE 802.11b标准，即数据传输速率可达5 ～ 11Mbps，IEEE 802.11b标准的发布，使得无线局域网的应用和普及发展到了一个新的阶段。标准使无线局域网的用户能够自由、灵活地选择不同厂家的产品。无线局域网的主流厂商组成了一个称作无线以太网兼容性联盟（WECA）的国际性组织。WECA的任务是负责认证无线局域网产品的互操作性和兼容性，并推动无线局域网在企业和家庭的应用。继IEEE 802.11b后，具有54Mbps传输速率的符合IEEE 802.11a和IEEE 802.11g标准的无线局域网技术及其产品正在发展中。此外，家居无线网络HomeRF2等无线局域网技术也在不断发展中。

1. 802.11g

- 802.11g于2003年6月12日IEEE大会正式定案。
- 802.11g标准是Specification 8.2 Version，支持54Mbps。
- 802.11g采用了OFDM的调制方式，所以能提供高达54Mbps的带宽，但其仍然是工作在2.4GHz且强制保留原802.11b所采用的DSSS/CCK的调制方式，因此其能兼容802.11b标准。
- RTS / CTS保护机制
- 802.11g表达的

—提供 5 倍于 802.11b 产品的数据通信带宽（高达 54Mbps）。

—兼容所有原来 802.11b 的产品。

—略高于 802.11b 的价格，提供更好的性价比。

从 2003 年年底起，802.11g 成为无线局域网的主流标准。

2. 802.11a

❑ 802.11a 与 802.11b 标准同时被批准（1999 年）。

❑ 802.11a 工作在 5GHz，中国特别规定在 5.725 ～ 5.850GHz 频段。

❑ 802.11a 采用了 OFDM 调制方式，能提供高达 54Mbps 的带宽。

❑ 能提供 13 个完全不重叠的子频道。

❑ 更好的抗干扰与绕障碍能力。

❑ 不能直接和工作在 2.4GHz 的 802.11g/b 的设备兼容，可以通过双频多模设备实现兼容。

3. 802.11b

802.11b 产品于 2000 年推出，采用 DSSS 技术，其技术比较简单。为了扩展传输范围，又能获得高传输率，802.11a 产品在 2002 年推出，它采用比较复杂的正交频分复用（OFDN）技术，传输速率可达 54Mbps，但传输范围较小。HomeRF 和蓝牙技术两种产品已经广泛应用在家庭和小型办公室环境中。

由于媒体访问控制和物理层的额外开销，实际的传输率可能只有 40% 左右。在传输时，由于出错而要重传又会影响传输效率，最后有效的传输率还会更低。如 802.11b 的实际传输速率可能只有 2 Mbps 左右，且在信道上每个端站只能实现共享的半双工操作。

4. 无线局域网技术

1）无线个人网（Wireless Personal Area Network, WPAN）：IEEE 802.15.1 Bluetooth，主要用于个人信息化设备的无线网络连接，目前发展的主流技术是蓝牙。

2）无线局域网（Wireless Local Area Network, WLAN）：IEEE 802.11a/b/g，主要用于一个局域物理区域内信息设备的无线网络连接。

3）无线广域网（Wireless Wide Area Network, WWAN）：GSM / GPRS /CDMA /UMTS，主要用于广域范围内信息设备的无线网络连接。

5. 几种无线局域网的性能比较

几种无线局域网性能比较如表 8-1 所示。

表 8-1　几种无线局域网的性能比较

	802.11b	802.11a	802.11g	HomeRF	蓝牙
传输速率	11Mbps	54Mbps	54Mbps	10Mbps	1Mbps
传输距离	100m	80m	150m	50m	10m
应用范围	数据、图像	数据、图像、视频	数据、图像、视频	家庭、小型办公室连网	家电连网
组网产品	已有	2002 年	2003 年	已有	已有

8.1.3 无线网络的发展过程

无线局域网是 1990 年出现的，但是，作为无线局域网的研究可以追溯到 20 世纪 70 年代早期，主要的领导人物是 AT&T 的贝尔实验室，早期的产品为频分多址（FDNA）模拟蜂窝系统技术。

20世纪70年代后期瑞士IBM Ruschlikon实验室的Gfeller第一个提出了无线局域网的概念，并且在北欧部署了第一个移动电话系统。

语音的无线网络历史从此展开，直到1998年开始3G标准化，面向语音的历史进展如表8-2所示。

表8-2　面向语音无线网络的历史

年代	研究的内容与事件
20世纪70年代早期	贝尔实验室研究第一代移动无线电
20世纪70年代早期	第一代无绳电话
1982年	研究第二代数字无绳电话CT-2
1982年	部署第一带北欧模拟NMT系统
1983年	部署美国AMPS系统
1983年	研究第二代数字蜂窝系统GSM
1985年	研究无线PSX，DECT
1988年	开始IS-54数字蜂窝
1988年	研究QUALCOMM CDMA技术
1991年	部署GSM系统
1993年	部署PHS/PHP和DCS-1800
1995年	FCC～PCS频段
1995年	完成PACS
1998年	开始3G标准化
2001年	2001年12月～2003年12月，开展3G/4G蜂窝通信空中接口技术研究，完成3G/4G系统无线传输系统的核心硬、软件研制工作，开展相关传输实验。 2004年1月～2005年12月，使3G/4G空中接口技术研究达到相对成熟的水平，进行与之相关的系统总体技术研究，完成联网试验和演示业务的开发，建成具有3G/4G技术特征的演示系统，向ITU提交初步的新一代无线通信体制标准。 2006年1月～2010年12月，设立有关重大专项，完成通用无线环境的体制标准研究及其系统实用化研究
2013年	2009年，华为就已经展开了相关技术的早期研究。 2013年2月，工信部、发改委、科技部就联合成立IMT-2020（5G）推进组，对我国5G愿景与需求、5G频谱问题、5G关键技术、5G标准化等问题展开研究和布局。 国际电信联盟已经启动5G标准研究工作，其中2016年将开展5G技术性能需求和评估方法研究，2017年年底启动5G候选方案征集，2020年年底完成标准制定

语音无线网络的出现，推动数据无线局域网的发展，并获得了很大的成功，其历史进展如表8-3所示。

表8-3　面向数据无线网络的历史

年代	研究的内容与事件
1979年	普及红外线（IBM Rueschlikon实验室，瑞士）
1980年	使用SAW设备扩展频谱（HP实验室，加利福尼亚）
20世纪80年代初期	无线调制解调器（数据无线通信）
1983年	ARDIS（摩托罗拉/IBM）
1985年	SM频段用于商业扩频应用
1986年	Mobitex（瑞典电信和爱立信）

（续）

年代	研究的内容与事件
1990 年	无线局域网标准 IEEE 802.11
1990 年	RAM 移动产品发布
1991 年	PAM 移动（Mobitex）
1992 年	组成 WINForm
1992 年	欧洲的 ETSI 和 HIPERLAN
1993 年	欧洲发布 2.4、5.2 和 17.1~17.3 GHz 频段
1993 年	CDPD（IBM 和 9 家运营公司）
1994 年	PCS 的需要许可证频段和免许可证频段
1996 年	无线 ATM 论坛创立
1997 年	发布 U-NI 频段、IEEE 802.11 完成、GPRS 出现
1998 年	推出 IEEE 802.11b 和蓝牙技术
1999 年	IEEE 802.11b/HIPERLAN-2 出现

8.1.4 无线网络分代

数字蜂窝网络在北欧出现后，便掀起了移动通信的研究，并以全球移动通信系统（Globle System of Mobile Communications, GSM）为导向，人们习惯地把这一阶段研究称为第一代（1G）系统。第一代系统是面向语言的模拟蜂窝和无绳电话。第一代系统在下行链路（从基站到移动台）和上行链路（从移动台到基站）中使用了分开的频段。这种系统采用的是频分双工（FDD）模拟。典型的在每个方向上都分配整个频段。例如，AMPS、TACS 和 NTM-900 在每个方向上的频段都是 25MHz。这些系统的主要工作频率是 800MHz 和 900MHz 频段。理想情况下，频段和使用地区由 Kaveh Pahlavan 给出，如表 8-4 所示。

表 8-4 1G 模拟蜂窝移动系统频段和使用地区

标准	正向频段（MHz）	反向频段（MHz）	频道间隔（kHz）	地区	备注
AMPS	824 ～ 849	869 ～ 894	30	美国	也用于澳大利亚、东南亚、非洲
TACS	890 ～ 915	935 ～ 960	25	欧洲	后来，频段分配给 GSM
E-TACS	872−905	917−950	25	英国	
NMT450	453 ～ 457.5	463 ～ 467.5	25	欧洲	频率重叠：也用于非洲和东南亚
NMT900	890 ～ 915	935 ～ 960	12.5	欧洲	
C-450	450 ～ 455.74	460 ～ 465.5	460 ～ 465.74	德国、葡萄牙	
RMTS	450 ～ 455	460 ～ 465	25	意大利	
Radiocom2000	192.5 ～ 199.5 215.5 ～ 233.5 165.2 ～ 168.4 414.8 ～ 418	200.5 ～ 207.5 207.5 ～ 215.5 169.8 ～ 173 424.8 ～ 428	25 12.5	法国	
NTT	925 ～ 940 915 ～ 918.5 922 ～ 925	870 ～ 885 860 ～ 863.5 867 ～ 870	25/6.25 6.25 6.25	日本	第一个频段全国通用，其余的频段本地使用
JTACS NTACS	915 ～ 925 898 ～ 901 918.5 ～ 922	860 ～ 870 843 ～ 846 863.5 ～ 867	25/12.5 25/12.5	日本	所有频段都是本地使用

第一代系统通常也称为模拟蜂窝系统，在这一段中还提供了移动数据业务，它只能提供单向的短信息数据，在这基础上人们就把研究的注意力放到面向语音和面向数据的研究上来，这一过程被称为第二代（2G）系统。

第二代系统主要表现为4个方面，它们是数字蜂窝移动通信系统、PCS、移动数据和无线局域网标准。

1. 数字蜂窝移动通信系统

数字蜂窝移动通信系统有4个主要标准，它们是GSM、IS-54、JDC、IS-95。GSM是欧洲数字移动通信标准，后来扩展到亚洲，也称为泛欧数字移动通信标准；IS-54是北美地区的数字移动通信标准；JDC是日本的数字移动通信标准；IS-95是美国和亚洲的数字移动建设标准。GSM、IS-54、JDC系统使用的是JDMA技术、IS-95系统使用的是CDMA技术。

第二代数字蜂窝移动通信标准的主要情况由Kaveh Pahlavam给出，见表8-5。

表8-5　2G数字蜂窝移动通信标准

系统	GSM	IS-54	JDC	IS-95
地区	欧洲	美国	日本	美国、亚洲
接入方式	TDMA/FDD	TDMA/FDD	TDMA/FDD	TDMA/FDD
调制方式	GMSK	II/DQPSK	II/DQPSK	II/DQPSK
频段（MHz）	935～960 890～915	869～894 824～849	810～826 940～956 1477～1489 1429～1441	869～894 824～849
频段（MHz）			1501～1513 1453～1465	
频段间隔（kHz）	200	30	25	1250
承载信道/载波（kbps）	8	3	3	可变
信道比特率（kbps）	270.833	48.6	42	1228.8
语音编码（kbps）	13	8	8	1～8（可变）
帧长（ms）	4.615	40	20	20

2. 2G的PCS

个人通信业务（Personal Communications Service, PCS）是从1G的模拟无绳电话技术发展而来，它与蜂窝移动通信在技术特性上有所差别，其比较结果请参见表8-6。

表8-6　2GPCS和蜂窝移动通信的定量比较

系统	PCS	蜂窝移动通信
小区大小	5～500	0.5～30000
覆盖区	带状	全面
天线高度（m）	<15	>15
车辆速度（kmph）	<5	>200
手机复杂度	小	中度
基站复杂度	小	高
接入频谱	共享	独占
手机平均功率（mW）	5～10	100～600
语音编码	32kbps ADPCM	7～13kbps声码器
复用方式	通常为TDD	FDD
检测方式	非相干	相干

对于 PCS 的标准规范有 4 个不同的标准规范，它们是：

- CT-2 和 CT-2+：欧洲和加拿大的标准，也是第一个无绳电话标准。
- DECT：欧洲的标准。
- PHS：日本的标准。
- PACS：美国的标准。

它们的主要情况参阅见表 8-7。

表 8-7 2G PCS 的 4 个不同的标准

系统	CT-2 和 CT-2+	DECT	PHS	PACS
地区	欧洲 / 加拿大	欧洲	日本	美国
接入方法	TDMA/TDD	TDMA/TDD	TDMA/TDD	TDMA/TDD
频段（MHz）	864 ～ 868 944 ～ 948	1880 ～ 1900	895 ～ 1918	1850 ～ 1910 1930 ～ 1990
频段间隔（MHz）	100	1728	300	300
承载信道 / 载波	1	12	4	每对 8
信道比特率（kbps）	72	1152	384	384
调制技术	GFSK	GFSK	II/4DQPSK	II/4DQPSK
语音编码（kbps）	32	32	32	32
手机平均发射功率（mW）	10	250	80	200
手机峰值发射功率 10（mW）	10	250	80	200
帧长（ms）	2	10	5	2.5

3. 移动数据业务

移动数据业务能够为用户接入分组交换数据网络提供合适的数据速率和广泛的覆盖范围。移动数据网络出现在寻呼业务取得成功之后，提供一种大信息量的双向连接，并先后出现了 ARKIS、Mobitex、CDPD、TETRA、GPRS、Metricom，它们在移动数据业务上的差别，请参见表 8-8。

表 8-8 移动数据业务

系统	ARDIS	Mobitex	CDPD	TETRA	GPRS	Metricom
段（MHz）	800 频段 45kHz 间隔	935 ～ 940 896 ～ 961	869 ～ 894 824 ～ 849	380 ～ 384 390 ～ 393	890 ～ 915 935 ～ 960	902 ～ 928 ISM 频段
信道比特率（kbps）	19.2	8.0	19.2	36	200	100
RF 频段间隔（kHz）	25	12.5	30	25	200	160
信道接入 / 多用户接入	FDMA/ DSMA	FDMA/ 动态 S-ALOHA	FDMA/ DSMA	FDMAD SMA	FDMA FDMA/ 预留	FHSS/ BTMA
调制技术	4-FSK	GMSK	GMSK	TS/4−DQRSK	GMSK	GMSK

4. WLAN 讨论的问题

无线局域网 WLAN 讨论是以什么方式向用户发送数据？对数据的速率有什么限制？频段划分的规则？ 802.11、802.11a、802.11b、802.11g 等标准是如何定义的？组网方式是什么？对于这些问题，我们将在后面的章节中进行讨论。

5. 第三代系统

3G 的主要技术是宽带码分多址（Wideband Code Division Multiple Access, WCDMA)，最基本的要求是可支持不同速率的应用（从 384kbps 的电路交换连接到宽为 2Mbps）和不同的运行环境。

3GSM（W-CDMA）和 EDGE 是被国际电信联盟（ITU）认可的国际移动通信 -2000（IMT-2000）的 3G 标准，要求将语音和数据结合在一起。

6. 第四代系统

第四代（4G）移动通信系统是多功能集成的宽带移动通信系统，在业务、功能、频带上都与第三代系统不同，会在不同的固定和无线平台及跨越不同频带的网络运行中提供无线服务，比第三代移动通信更接近于个人通信。

第四代移动通信系统采用新的调制技术，如多载波正交频分复用调制技术以及单载波自适应均衡技术等调制方式，以保证频谱利用率和延长用户终端电池的寿命。

4G 移动系统网络结构可分为三层：物理网络层、中间环境层、应用网络层。物理网络层提供接入和路由选择功能，它们由无线和核心网的结合格式完成。中间环境层的功能有 QoS 映射、地址变换和完全性管理等。

物理网络层与中间环境层及其应用环境之间的接口是开放的，它使发展和提供新的应用及服务变得更为容易，提供无缝高数据率的无线服务，并运行于多个频带。

4G 移动系统网络的特点是：

- 通信速度快，传输速率可达到 20Mbps，在 20MHz 频谱带宽下能够提供下行 100Mbps 与上行 50Mbps 的峰值速率。
- 网络频谱宽，每个 4G 信道会占有 100MHz 的频谱，相当于 3G 网络的 20 倍。
- 通信灵活，4G 手机算得上是一台小型电脑，不仅可以随时随地通信，更可以双向下载传递资料、图画、影像，当然更可以和从未谋面的陌生人网上联线对打游戏。
- 智能性能高，第四代移动通信的智能性更高，不仅表现于 4G 通信的终端设备的设计和操作具有智能化，例如对菜单和滚动操作的依赖程度会大大降低，更重要的是，4G 手机可以实现许多难以想象的功能。4G 手机可以看作一台手提电视，用来看体育比赛之类的各种现场直播。并内置可拆卸式 3000mAh 电池。
- 兼容性好。

4G 不但功能强大，还应该考虑到现有通信的基础，以便让更多的现有通信用户在投资最少的情况下就能很轻易地过渡到 4G 通信。具备全球漫游，接口开放，能跟多种网络互联，终端多样化。

4G 国际标准工作历时三年。从 2009 年年初开始，ITU 在全世界范围内征集 IMT-Advanced 候选技术。2012 年 1 月 18 日国际电信联盟在 2012 年无线电通信全会全体会议上，正式审议通过将 LTE-Advanced 和 WirelessMAN-Advanced(802.16m) 技术规范确立为 IMT-Advanced(俗称“4G”) 国际标准，中国主导制定的 TD-LTE-Advanced 和 FDD-LTE-Advance 同时并列成为 4G 国际标准。

2013 年 12 月 4 日下午，工业和信息化部（以下简称“工信部”）向中国移动、中国电信、中国联通正式发放了第四代移动通信业务牌照（即 4G 牌照），中国移动、中国电信、中国联通三家均获得 TD-LTE 牌照，此举标志着中国电信产业正式进入了 4G 时代。

- 中国移动获得 130MHz 频谱资源，分别为 1880 ～ 1900MHz、2320 ～ 2370MHz、2575 ～ 2635MHz；
- 中国联通获得 40MHz 频谱资源，分别为 2300 ～ 2320MHz、2555 ～ 2575MHz；
- 中国电信获得 40MHz 频谱资源，分别为 2370 ～ 2390MHz、2635 ～ 2655MHz。

7. 第五代系统

第五代（5G）移动通信是面向 2020 年移动通信发展的新一代移动通信系统，具有超高的频谱利用率和超低的功耗，在传输速率、资源利用、无线覆盖性能和用户体验等方面将比 4G 有显著提升。5G 提供更高速的接入速率，更宽的带宽，更灵活的配置及组网方式。其中，欧洲 METIS 研究 5G 的技术目标是使移动数据流量增长 1000 倍；典型用户数据速率提升 100 倍，速率高于 10 Gbit/s ；联网设备数量增加 100 倍；低功率 MMC（机器型设备）的电池续航时间增加 10 倍；端到端时延缩短 5 倍。5G 可能需要从 2 ～ 6GHz 的频段中选取 2000MHz 的频谱资源。从技术方面讲，尽管 4G 条件下单用户的容量已经接近香农限，但在多用户条件下无线系统容量还有提升的空间。学术界提出过小波多址等新的多址方式，但是产业界对采用完全革新性的技术还持保留态度。

目前研究和标准化的热点技术主要包括：

- ❑ 大规模天线技术。
- ❑ 大规模天线目前是业界普遍认可的一项 5G 核心关键技术，是提升单小区频谱效率最重要的手段。大规模天线的典型应用场景包括：宏覆盖、高层建筑覆盖、无线回传、热点覆盖等。
- ❑ 非正交多址技术。
- ❑ 新型多载波技术。
- ❑ 先进调制编码技术。
- ❑ 高频通信技术。
- ❑ 5G 系统频谱资源。

5G 向千兆移动网络和人工智能迈进。

从行业应用看，5G 具有更高的可靠性、更低的时延，能够满足智能制造、自动驾驶等行业应用的特定需求，拓宽融合产业的发展空间，支撑经济社会创新发展。

从发展态势看，5G 目前还处于技术标准的研究阶段，今后几年 4G 还将保持主导地位。

8.2 无线网络通信传输媒介

目前，计算机无线通信传输手段有两种。

1）无线电波：短波或超短波、微波。

2）光波：激光、红外线。

短波、超短波类似电台或电视台广播，采用调幅、调频或调相的载波，通信距离可达数十公里。这种通信方式早已用于计算机通信，但其速率慢、保密性差、没有通信的单一性、易受其他电台或电气设备的干扰，使之可靠性差。另外频道、频度都要专门申请，因此一般不用作为无线连网。

微波以微波收 / 发机作为计算机网的通信信道。因为微波的频率很高，所以能够实现数据传输高速率，受气候条件环境影响很小。

它的频率范围 F = 300MHz ～ 300GHz 内。微波波段又可分为分米波、厘米波、毫米波，还有用字母命名来更细分微波各波段的。微波波段划分如下：

波段	频率（GHz）	波段	频率（GHz）
UHF	0.12 ～ 1.12	X	8.2 ～ 12.4
L	1.12 ～ 1.7	KU	12.4 ～ 18.0
LS	1.70 ～ 2.6	KU	18.5 ～ 26.5
S	2.60 ～ 3.95	KA	26.5 ～ 40
C	3.95 ～ 55.85	U	40 ～ 60
XC	5.58 ～ 8.20	E	60 ～ 90

微波的波长很短，具有如下特性：

1）直线传播。

2）频谱宽，携带信息容量大。

3）微波元器件受尺寸大小的影响。

4）微波受金属物体屏蔽，但能穿越非金属物体，耗损大。

5）可穿透大气层，向外空传播。

由于激光和红外线易受天气影响，也不具备穿透的能力，因此在无线网络中一般不用。根据前面叙述，我们可以看到无线网络通信传输媒介最有能力的是微波。以微波频段为媒介，采用直序扩展频谱或跳频方式发射的传输技术，并以此技术制作了发射、接收机，遵照IEEE 802.3 以太网协议（Ethernet Protocol），开发了整套的计算机无线网络产品。

其通信方面的主要技术特点是：用900MHz或2.45GHz微波作传输媒介，以先进的直序扩展频谱（DSSS）或跳频（FH）方式发射信号，其扩频编码（Spreading Code）位长为2^{16}，射频带宽为26MHz。与传统的无线电窄带调制发射方式不同，这是宽带调制发射。故它具有传输数据率高（可到2Mbps），发射功率小（只有100 ～ 200mW），保密性好，抗干扰能力很强，不会发生与其他无线电设备及用户互相干扰的特点。更方便的是易于多点通信，这是因为它和一般无线电通信采用的频分式或时分式的不同，扩频调制是码分方式。很多用户可以使用相同的通信频率，只要设置不同的标识码ID，就可以产生不同的伪随机码来控制扩频调制，即能做到互不干扰的同时通信。其通信距离和覆盖范围视所选用的天线不同而异；定向传送可到5 ～ 40km；室外的全向天线可覆盖1.5 ～ 10km的半径范围；室内全向可覆盖最大半径250m的5000m^2的范围。电波能穿透几层墙或两层楼的混凝土楼板。

由此可见，微波扩频通信技术为计算机无线网提供了良好的通信信道。

8.3　无线网络的互连设备

1. 无线网卡

（1）无线网卡的硬件组成

无线网卡的硬件组成包括RF、IF、SS和NIC等几部分，如图8-1所示。

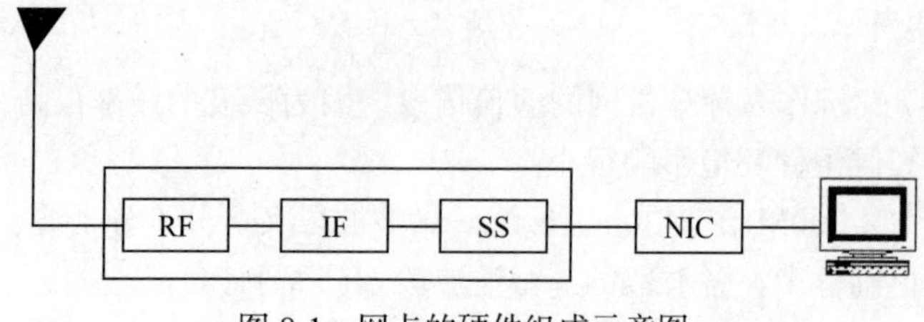

图8-1　网卡的硬件组成示意图

对于无线网络的网卡，西安电子科技大学和上海康泰克电子技术有限公司，都研制生产出符合 IEEE 802.11 协议的网卡，而且具有漫游和散布功能。

NIC 是网络接口控制单元，它完成 SS 单元与计算机之间的接口控制。SS 是扩频解扩频及解调单元，它完成对发送数据的频谱扩展和对接收信号的解扩解调，同时，它还具有对数据进行解扰处理的功能，在 QRSK 时还要进行并 / 串和串 / 并变换。在 SS 单元，还要对发射功率和分集接进行相应的控制，并具有信道能量检测（ED）和载波强度（CS）、实际是信号质量（SQ）检测等功能。IF 是中频单元，它完成对已扩频信号的调制（BPSK/QPSK）和对接收信号的变频及其他处理。RF&Antenna 单元完成对发送中频信号的向上和向下变频、功率放大（PA）及低噪声放大等功能，一般包括 Antenna 及分集开关、T/R 开关、LAN 和 PA、Local oscillator、向上 / 向下混频器、滤波器几个部分。

RF& Antenna、IF 和 SS 单元构成了扩频通信机（SS Transceiver）。

（2）无线网卡的工作原理

按照 IEEE 802.11 协议，无线局域网卡分为媒体访问控制（MAC）层和物理层（PHY Layer），两者之间还定义了一个媒体访问控制－物理（MAC-PHY）子层（Sublayer）。MAC 层提供主机与物理层之间的接口，并管理外部存储器，它与无线网卡硬件的 NIC 单元相对应。物理层具体实现无线电信号的接收与发射，它与无线网卡硬件中的扩频 MAC 层一起决定是否可以发送信号，通过 MAC 层的控制来实现无线网络的 CSMA/CA 协议，而 MAC-PHY 子层主要实现数据的打包与拆包，把必要的控制信息放在数据包的前面。

IEEE 802.11 协议指出，物理层必须有至少一种提供空闲信道估计 CCA 信号的方法。

无线网卡的工作原理如下：当物理层接收到信号并确认无错后提交给 MAC-PHY 子层，经过拆包后把数据上交 MAC 层，然后判断是否是发给本网卡的数据，若是，则上交，否则，丢弃。如果物理层接收到的发给本网卡的信号有错，则需要通知发送端重发此包信息。当网卡有数据需要发送时，首先要判断信道是否空闲。若空闲，随机退避一段时间后发送，否则，暂不发送。由于网卡为时分双工工作，所以，发送时不能接收，接收时不能发送。

2. 以太网桥接器（Ethernet Bridge）

用以连接无 PCI 槽，无 USB 口但具有以太网接口的设备。

3. 无线局域网接入点（Access Point）

网桥（Bridge）

- 点对点的桥接
- 点对多点的桥接
- 无线客户端桥接器
- 无线中继器

4. 无线宽带路由器（Wireless Router）

无线路由器可用于完成计算机网络互连和不同协议的转换、网络地址的过滤。

无线路由器由工业级微机、无线网卡、有线网卡及相应软件构成，视需要可有许多种变型的配置，它可以有多个有线接口和多个无线接口，用于进行网间（有线或无线）的路由选择与桥接，借助于技术，把地理上分离的、目前流行的多种有线或无线网相连。

5. 无线交换机

无线交换机是把无线网络的流量集中起来，在布线间内与有线以太网交换机相连接，通过无线交换机整合无线网络的安全、管理和连接等各种功能，与无线交换机连接的是哑接入点，哑接入点与无线工作站或用户相连，哑接入点的成本仅为普通接入点 AP 的一半。

使用无线交换机和哑接入点的结构如图 8-2 所示。

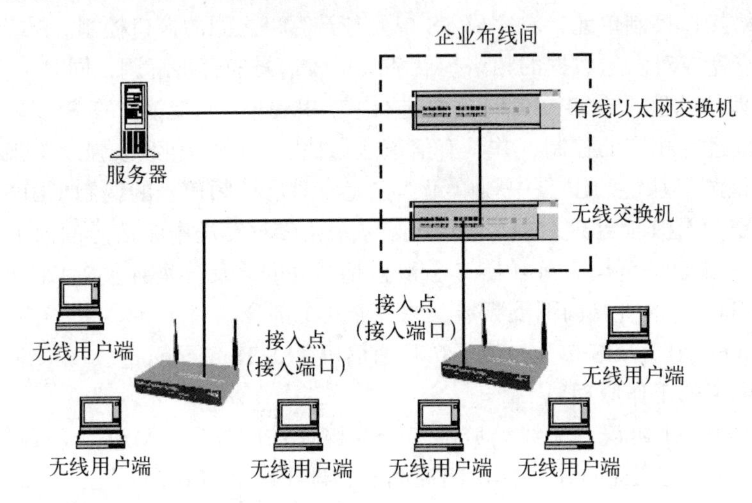

图 8-2　使用无线交换机的系统结构

6. 网关

朗讯科技的 RG-1000 网关技术指标如表 8-9 所示。

表 8-9　朗讯科技 RG-1000 网关的技术指标

项目	指标		备注	
尺寸（H×W×L）	208mm×52mm×155mm			
重量	0.35kg			
环境指标				
	温度		**湿度**	
操作环境	0°～40℃		最大湿度为 95%（非凝结）	
存储环境	0°～50℃		最大湿度为 95%（非凝结）	
内置 Modem/ 接口				
电话 Modem	V.90		RJ11 接口	
以太网接口	10Base-T		RJ-45 接口	
无线接口	IEEE 802.11HR			
无线特性				
工作频段	2412、2427、2442、2457			
调制方式	直接序列扩频			
	适用于标准数据速率的 DQPSK		适用于高速中速率的 CCK	
误码率	11 片巴克码序列		适用于低速数据速率的 DQPSK	
扩频方式	优于 10^{-5}			
输出功率	15dBm			
范围米（英尺）	11Mbps	5.5Mbps	2Mbps	1Mbps
开放环境	160m（525ft）	270m（885ft）	400m（1300ft）	550m（1750ft）
半开放环境	50m（165ft）	70m（230ft）	90m（130ft）	115m（375ft）
封闭环境	25m（80ft）	35m（115ft）	40m（130ft）	50m（165ft）
电源				
类型	AU，UK，US/JP，EU，外置墙上插座电源			
尺寸	90mm×90mm×51mm			
重量	0.2kg			
电压	100～240（±10%）(47～63Hz)			

网关应用的场合如图 8-3 所示。

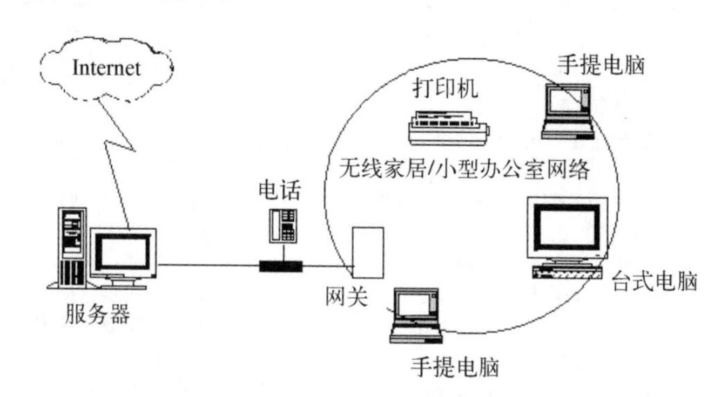

图 8-3　网关应用的场合

7. 无线 E1/T1 调制解调器

无线 E1/T1 调制解调器是一种全双工的无线调制解调器，为 E1/T1 和其他同步数据应用提供了解决方案。

它支持 DTE 速率从 64kbps 至 2048kbps，射频数据速率可达 3Mbps。

（1）无线 E1/T1 调制解调器的特点

1）比租用线或其他有线方案更可靠，更廉价的选择。

2）全双工操作，支持 DTE 端口速率从 64kbps 到 2048kbps。

3）支持的接口类型包括 E1/C-EPT-1、T1/DSX-1、X.21、V.35 和 RS-530。

4）可靠、安全和抗干扰。

5）跳频扩频无线技术。

6）基于 DSP 数据信号处理器的自适应均衡调制解调器。

7）基于 ARQ 算法的纠错。

8）快速部署，无须频率许可。

9）工作于 2.4GHz ISM 频段。

（2）无线 E1/T1 调制解调器的应用场合

1）“到端”和农村地区的连接。

2）用于扩充、立即部署或临时安装蜂窝通信系统、SMR、个人通信系统、寻呼或其他的服务系统。

3）校园网络。

4）公司私用网络。

5）临时基础通信设施。

6）备份链路。

7）灾难恢复。

（3）无线 E1/T1 调制解调器的有关技术参数和指标

无线 E1/T1 调制解调器的有关技术参数和指标见表 8-10。

表 8-10　无线 E1/T1 调制解调器的有关指标

技术参数	BL121/512	BL121/2048
DTE		

（续）

技术参数	BL121/512	BL121/2048
数据速率（kbps）	64, 128, 384, 512	64，128，384，512，1544（T1 only），2048
DTE 接口选项	−V.35 接口 数据速率：64~512kbps 类型：同步数据，RS-422 接头：曼彻斯特 34 孔，阴性 −RS-530 接口 数据速率：64~512kbps 类型：同步数据，RS-422 接头：D 型，25 孔，阴性 −X.21 接口 数据速率：64~512kbps 类型：同步数据，RS-422 接头：D 型，15 孔，阴性	−V.35 接口 数据速率：64~2048kbps 类型：同步数据，RS-422 接头：曼彻斯特 34 孔，阴性 −RS-530 接口 数据速率：64~2048kbps 类型：同步数据，RS-422 接头：D 型，25 孔，阴性 −X.21 接口 数据速率：64~2048 kbps 类型：同步数据，RS-422 接头：D 型，15 孔，阴性 −T1 接口 数据速率：1544 kbps 类型：DSX-1、CCITTG.703 和 G.823 接头：RJ-45 线性码：Bipolar AMI 或 B8ZS −E1 接口 数据速率：2048kbps 类型：cept-1、CCITTG.703 和 G.823 接头：2XBNC（Unbalanced）或 RJ-45（Balanced） 线性码：HDB3 or Bipolar AMI
无线 / 调制解调链路		
操作 链路类型 频率范围 无线类型 跳频速率 频率稳定性 噪声图	全双工 点对点 2.4 ～ 2.4835GHz 跳频扩频 100 跳 / 秒 +/-20ppm <8 Db	
调制	2−CPFSK	2-CPFSK（无线链路速率 0.5Mbps 和 1Mbps） 4-CPFSK（无线链路速率 2Mbps） 8-CPFSK（无线链路速率 3Mbps）
解调 输出功率 无线接口	基于 DSP 的自适应均衡 天线口 15dbm（发射功率依赖于不同国家的规定及所用的天线类型） 1 只发射天线 1 只接收天线 连接器：2 个 SMA 连接头 阻抗：50W	
天线链路数据速率 灵敏度（dbm，误码率 10E-5，纠错前）	0.5Mbps（用于 DTE 速率，64 ～ 256 kbps） 1 Mbps（用于 DTE 速率，384 ～ 512kbps） 无线链路速率 美国制式 欧洲制式 0.5 Mbps −89 −92 1 Mbps −86 −89	0.5Mbps（用于 DTE 速率，64 ～ 256Mbps） 1Mbps（用于 DTE 速率，384 ～ 512Mbps） 2Mbps（用于 DTE 速率，768，1024，1544 Mbps） 3Mbps（用于 DTE 速率，1544，2048Mbps） 无线链路速率 美国制式 欧洲制式 0.5 Mbps −89 −92 1 Mbps −86 −89 2 Mbps −78 −81 3 Mbps 72 −75

（续）

技术参数	BL121/512	BL121/2048
应用距离	决定于多种安装参数，如国家的规定、数据速率、两地间的地形等 —英国 /FCC：15 英里 —欧洲 /FTSI：10 公里 —无明确限制：超过 40 公里	
管理和配置		
建立、监控和诊断 监控口 现场勘察和性能优化	通过监控口 V.24/RS-232，D 型 9 孔，阴性 通过监控口，用软件控制	
前面板发光二极管指示灯	-Power 电源 -Self Test 自测试 -Data Link Activity，数据链路活动 • TXD，发送数据 • RXD，接收数据 -Radio Link Activity，无线链路状态 • TXD，发送数据 • Rx Sync，收同步 • Tx Sync，发同步	-Power，电源 -Self Test，自测试 -Data Link Activity，数据链路活动 • TXD，发送数据 • RXD，接收数据 -Data Link Status，无线链路状态 • RX Sync，收同步 • TX Sync，发同步 -Data Link Status，数据链路状态（T1/E1） • LOS，信号丢失 • AIS，警告批示信号
电气		
电源 电源接口（直流）	100 ～ 240V 交流，最大功率 25W，或 18 ～ 72V 直流，最大 25W 接线板	
机械		
外形尺寸 重量	7.7" × 9.6 × 1.7"/195mm × 244mm × 44mm 2.21b/1kg	
环境		
工作温度 工作湿度	华氏 32 ～ 105 度，摄氏 0 ～ 40 度 5% ～ 95%，非冷凝	
标准和许可		
	PCCPART15 ETS 300 ～ 328 UL、UL/C、TUV/GS、CE	

8. 无线网络组网时辅助设备

无线网络组建时还应考虑辅助设备或缆线，具体如表 8-11 所示。

表 8-11　无线网络组网辅助设备和线缆

辅助设备	单位	辅助设备	单位
双向增益放大器	套	低损耗射同轴电缆（0.30dB/m）	米
微波合路器（2 口）	台	低损耗射同轴电缆（0.11dB/m）	米
微波合路器（4 口）	台	同轴电缆连接器（0.301dB/m）	个
定向天线（Lucent 14dbi）	套	同轴电缆连接器（0.11dB/m）	个
高增益定向天线（24dbi）	套	同轴电缆连接器（双阳 / 双阳）	个
高增益全向天线（12dbi）	套	直扩转接缆	条
避雷器（Lucent）	个	跳频转接缆	条
室内天线（Lucent 2.5dbi）	个		

9. 无线集线器

无线集线器（Hub）用在当很多用户需要在他们工作的一个区域内灵活移动，而仍然需要随时访问他们的网络设备时，以无线集线器来完成这个连接。

视具体情况，无线网络系列产品可以有很多适宜的组合使用方式。与有线计算机网相配合，可以实现网络的最佳设计和快速连网，并可以支持远程联网和移动漫游状态的连网。

无线网络产品具有 2 ～ 54Mbps 的高速率并能在如此高的速率时具有极高的抗干扰性和 10^{-8} 以下的误码率。

8.4　无线网络的体系结构

图 8-4 给出的是完整的 IEEE 802.11 标准的协议实体。IEEE 802 的一些子标准中定义的传统简单的 MAC 层和物理层在 IEEE 802 标准中细分为更多的子层，这样可以使进程的规范化更为容易。MAC 层分为 MAC 管理子层，MAC 子层主要负责访问机制的实现和分组的拆分和重组。MAC 层的管理层主要负责 ESS 漫游管理、电源管理，还有登记过程中的关联、消去关联以及要求重新关联等过程的管理。802.11 的物理层分成三个子层：PLCP(物理层会聚协议)、PMD 协议（物理介质相关协议）和物理层管理层。PLCP 子层主要进行载波侦听的分析和针对不同的物理层形成相应格式的分组。PMD 子层用于识别相关介质传输的信号所使用的调制编码技术。物理层管理子层为不同的物理层进行信道选择和调谐。除此之外，IEEE 802.11 还定义了一个站管理层，它的主要任务是协调物理层和 MAC 层之间的交互作用。

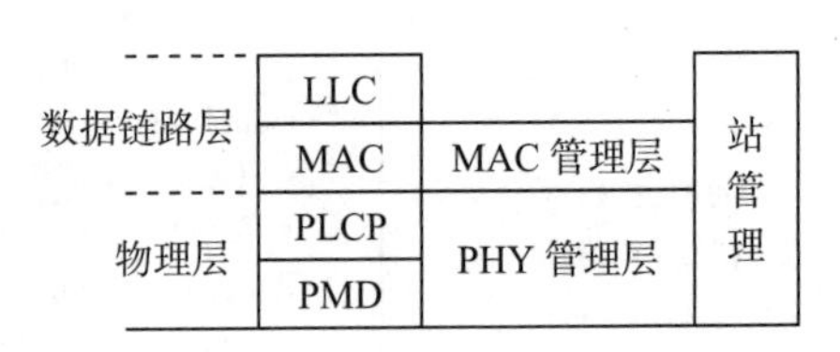

图 8-4　完整的 IEEE 802.11 协议实体

8.5　无线局域网物理层

8.5.1　物理层三种接口方式

无线局域网的物理层共有三种接口方式，如下所示：

- 跳频扩频（FHSS）子层物理层接口。FHSS 规范定义了物理层帧的格式，通过跳频功能和频移键控调制技术（PMD）利用它们将二进制数据帧转换为适合无线电波传播的信号，通过 PMD 使用 FHSS 发送数据帧。
- 直接序列扩频（DSSS）物理接口。DSSS PLCP 规范定义了物理层帧的格式。DSSS PMD 解释工作站如何利用 DSSS 发送帧。通过 PMD 将二进制数据帧转换成适合无线波传播的信号。
- 红外线（IR）物理层接口。通过对 PMD 工作站利用红外线物理层发送帧以及 PMD 利用调制技术将二进制数据帧转换成适合红外线光传播的信号。

为了能够说明这种物理接口，还需要介绍物理层结构和物理层操作。

8.5.2　物理层结构与功能

1. 物理层结构组成

物理层（Physical Layer）与 MAC 层管理相连，为物理提供管理功能。物理层结构由三部分组成，如图 8-5 所示。

1）物理层会聚过程子层（Physical Layer Convergence Procedure，PLCP）：MAC 层和 PLCP 通过物理层服务访问点（SAP）利用原语进行通信。MAC 层发出指示后，PLCP 就开始准备需要传输的介质协议数据单元（MPDU）。PLCP 也从无线介质向 MAC 层传递引入帧。

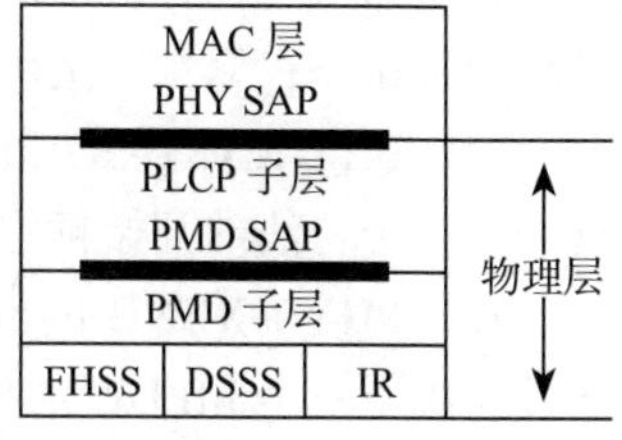

图 8-5　物理层结构

PLCP 为 MPDU 附加字段，字段中包含物理层发送器和接收器所需的信息。802.11 标准称这个合成帧为 PLCP 协议数据单元（PPDU）。PPDU 的帧结构提供了工作站之间 MPDU 的异步传输，因此，接收工作站的物理层必须同步每个单独的即将到来的帧。

2）物理介质依赖（PMD）子层：在 PLCP 下，PMD 支持两个工作站之间通过无线介质实现物理层实体的发送和接收。为了实现以上功能，PMD 需直接面向无线介质（空气），并向帧传送提供调制和解调。PLCP 和 PMD 之间通过原语通信，控制发送和接收功能。

3）三种物理介质接口：FHSS 物理介质依赖（PMD）子层接口、DSSS 物理介质依赖（PMD）子层接口和 IR 物理介质依赖（PMD）子层接口。

2. 物理层接口操作与功能

物理层的三种接口操作基本相近。为了实现 PLCP 功能，802.11 标准规范了状态机的使用。

每种状态实现下面的一种功能：

- 载波侦听：判断介质的状态。
- 传送：发送数据帧的单个字节。
- 接收：接收数据帧的单个字节。

这些功能的实现离不开物理层服务原语现对于原语作简要介绍。

物理层是通过 12 条服务原语与 MC 层通信的。

1）PHY-DATA.request：从 MAC 层向物理层传送数据的一个字节。这个原语只有在物理层发出 PHY-TXSTART.confirm 原语后，才有可能出现。

2）PHY-DATA.indication：从物理层向 MAC 层传送接收到的数据的一个字节。

3）PHY-DATA.confirm：一条物理层发向 MAC 层的原语，用于确认数据从 MAC 层传送到了物理层。

4）PHY-TXSTART.request：从 MAC 层发往物理层的请求原语，请求开始一个 MPDU 的传送。

5）PHY-TXSTART.confirm：从物理层发往 MAC 层一条原语，用于确认一个 MPDU 传送的开始。

6）PHY-TXEND.request：一条从 MAC 层发往物理层的请求原语，请求结束一个 MPDU 的传送。当 MAC 层接收 MPDU 的最后一条 PHY-DATA.confirm 原语后，就发布 PHY-TAEND.request。

7）PHY-TXEND.confirm：一条从物理层发往 PAC 层原语，用于确认一个 MPDU 传送的结束。

8）PHY-CCARESET.request：一条从 MAC 层发往物理层的请求原语，用于确认信道评价状态机的复位。

9）PHY-CCARESET.confirm：一条物理层发往 MAC 层的原语，用于确认信道状态机的复位。

10）PHY-CCA.indication：一条从物理层发往MAC层的原语，用于指明介质的状态。只有两种状态：繁忙、空闲。每当信道状态发生变化时，物理层都要发送该原语。

11）PHY-RXSTART.indication：一个从物理层发往MAC层原语，用于指明PLCP已经收到了一个合法的开始帧定界帧定符和PLCP头（基于对头的CRC差错校验）。

12）PHY-RXEND.indication：一条从物理层发往MAC层的原语，用于确认接收状态机已经完成了一个MPDU的接收。

3. 载波侦听功能

物理层是通过PMD检查介质状态来执行载波侦听操作的。如果工作站没有传送或接收帧，PLCP完成以下两点的侦听操作。

1）探测信号的到来（Detection of Incoming Signals）：工作站的PLCP持续地对介质进行侦听。介质忙时，PLCP将读取PLCP前同步码和帧头，并试图同步接收信号数据。

2）信道评价（Clear Channel Assessment）：信道评价操作用于测定无线介质繁忙还是空闲。如果介质空闲，PLCP将发送一条状态字段表明为空闲的PHY-CCA.indication原语到MAC层；而如果介质忙，PLCP将发送一条状态字段表明为忙的PHY-CCA.indication原语到MPC层。从而MAC层就可以决定是否发送帧。

需要注意的是，在DSSS方式下，MAC层通过下面Subsequent模式中的一种进行信道评价：

模式1：PMD测量介质上的能量是否超过了一个确定的水平，即能量探测（ED）极限。

模式2：PMD探测介质上是否有DSSS信号，如果有，PMD就向PLCP层发送一条PMD-CS（载波侦听）原语。

模式3：PMD探测介质上的DSSS信号是否超过了一个确定的水平（ED极限）。如果超过，PMD则向PLCP层发送PMD-ED和PMD-CS原语。

当任何一种模式发生之后，PMD将向PLCP层发达一个PMD-ED原语，从而PLCP可以得到MAC层的信道评价。

4. 传送功能

PLCP在接收到MAC层的PHY-TXSTART.request原语后便将PMD转换到传输模式。同时，MAC层将与接收到的请求发送一个字节数（0～4095）和数据率的告示。然后，PMD通过天线在20ms内发射帧的前同步码。

发送器以1Mbps的速率发送前同步码和适配头，为接收器的接收提供特定的通用数据率。适配头的发送结束后，发送器将数据率改到适配头确定的速率。整个发送完成后，PLCP和MAC层发送一条PHY-TXTEND.confirm原语，关闭发送器，并将PMD电路转换到接收模式。

5. 接收功能

如果信道评价检测到介质繁忙，同时有合法的即将到来帧的前同步码，则PLCP就开始监视该帧的适配头。当PMD侦听到的信号能量超过85dBm，它就认为介质忙。如果PLCP测定适配头是无误的，它将向MAC层发送一条PHY-RXSTART.indication原语，通知一个帧的到来。随同这个原语一起发送的，还有帧适配头的一些信息（如字节数、数据率等）。

PLCP根据PSDU（PLCP服务数据单元）适配头字段长度（Length Word field）的值，来设置字节计数器。计数器跟踪接收到的帧的数目，使PLCP知道帧什么时间结束。PLCP

在接收数据的过程中，通过PHY-DAT.indication信息向MAC层发送PSDU的字节。接收到最后一个字节后，它向MAC层发送一条PHY-RXEND.indication原语，声明帧的结束。

8.5.3 跳频扩频物理接口

建立无线局域网络时，物理介质接口一般有三种：跳频扩频（FHSS）、直接序列扩频（DSSS）和红外线（IR）。物理层的接口选择取决于实际应用的要求。

1. 跳频扩频的特性

FHSS有以下特性：

- 成本最低。
- 能量耗费低。
- 最强的抗信号干扰能力。
- 单物理层数据传输率具有最小的电压。
- 多物理层具有最大的集成能力。
- 发送范围小于DSSS，但大于IR。

2. FHSS物理介质接口子层

PMD在PLCP下层实现PPDU的真正发送和接收。为了完成这一服务，PMD直接与无线介质（空气）接口，并为帧的传送提供FHSS调制和解调。FHSS物理介质对接口的依赖是很强的，其过程主要是依靠下述三点的原理和操作。

（1）FHSS PMD服务原语

图8-6列出了PLCP和PMD之间通信的原语，这些原语使PLCP指挥PMD何时发送数据、改变信道、从PMD接收数据等，FHSS PMD服务原语共有9条。

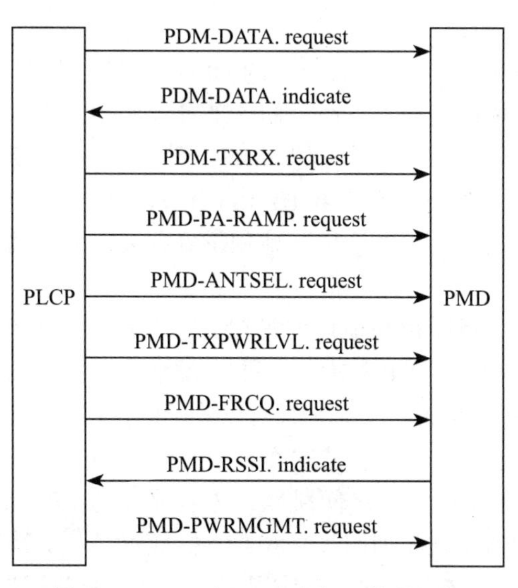

图8-6 PLCP和PMD之间通信的原语

1）PMD-DATA.request：从PLCP发往PMD的请求，请求传送一个1或0数据位。本原语通知PMD调制并在介质上发送这个数据位。

2）PMD-DATA.indicate：PMD通过执行这个原语向PLCP传送数据位。传送的值为1或0。

3）PMD-TXRX.request：PLCP 利用这个请求，将 PMD 设置为发送或接收模式。传送的值为发送或接收。

4）PMD-PA-RAMP.request：从 PLCP 发往 PMD 请求原语，用于启用发送器功能放大器的发送或接收。

5）PMD-ANTSEL.request：PLCP 发送该原语来为 PMD 选择天线。发送的值是一个 1 ～ N 之间的数字，N 是 PMD 所能支持的天线总数。对于发送操作而言，该请求选择一个天线；而对于接收操作而言，PLCP 可以选择天线组进行分集接收。

6）PMD-TXPWRLVL.request：发自 PLCP 请求，用于指明 PMD 的发送功率级别。其值为 1 级、2 级一直到 8 级，分别对应于管理信息库（MIB）中的功率级别。

7）PMD-FRCQ.request：从 PLCP 发往 PMD 的原语，用于指定发送频率。发送的值为信道标识（ID）。

8）PMD-RSSI.indicate：PMD 使用该原语向 PLCP 返回持续的接收器介质信号强度指示。PLCP 利用这个原语实现信道评价功能，其信号强度值可从 0（最弱）到 15（最强）。

9）PMD-PWRMGMT.request：一条从 PLCP 发向 PMD 的原语，用于将无线电收发机设置为节能的睡眠或待机模式。发送的值为 on（正常工作模式）或 off（待机或睡眠模式）。

（2）物理子层管理实体原语

物理子层管理实体，有 4 条原语，用以实现对 MIB 的访问。

1）PLME-GET.request：请求某个 MIB 属性的值。

2）PLME-GET.confirm：为应答一个 PLME-GET.request 而返回相应的 MIB 属性的值。

3）PLME-SET.request：请求某个 MIB 属性设置为一个特定的值。

4）MLME-SET. confirm：返回 PLME-SET.request 的状态。

（3）FHSS PMD 操作

PMD 将二进制的 PPDU 转换成适合发送的无线电信号。而 FHSS PMD 是通过跳频功能和频移键调控技术实现上述的转换。下面我们就来看看 FHSS PMD 是怎样进行的。

❑ 跳频功能　在讨论跳频功能时，首先了解一下国际上对跳频频带的分布。

802.11 标准定义了一系列分布在 2.4GHz ISM（Industrial Scientific and Medicine）的工业、科学与医学频带的信道。信道的个数与地理位置有关，北美洲和大多数欧洲国家的信道数为 79，而日本的信道数是 23。

信道跨越一定的频带，频带也与地理位置有关。北美洲和大多数欧洲国家的符合 802.11 标准的工作站使用从 2.402 ～ 2.408GHz 之间的频带，而日本的工作站却使用 2.473 到 2.495GHz 之间的频带。每个信道宽 1MHz，所以美国的信道 2（第一个信道）的中心操作频道是 2.402GHz，信道 3 是 2.403GHz，依次类推。

基于 FHSS 的 PMD 通过在信道之间跳跃的方式来发送 PPDU。当跳频序列在 AP 上设置完成后，工作站会自动与跳频序列同步。802.11 标准定义一个特殊的跳频序列，它为北美洲和大多数欧洲国家指定了 78 个序列，其作用是序列之间避免了长时间的相互干扰。

安装无线局域网时，需要选择跳频组和跳频序列。802.11 标准定义了三个独立的跳频组（set），称为 set1、set2 和 set3，每组都包含多个互不干扰的跳频序列。

跳频组和跳序列选择是任意的，实际上，可以直接使用商家提供的默认设置。

选好跳频组后，接下来就要从这个跳频组中选择一个跳频序列，产品供应商应符合 802.11 规范的号码来代表特定的跳频序列。

跳速是可调的，但是 PMD 必须以最小的跳速跳动。不同的国家对最小跳速有不同的规定，在美国，FHSS 的最小跳速是每秒 2.5 跳。另外，北美洲和大多数欧洲国家的最小跳距是 6MHz。

- HHSS 频率调制功能　FHSS PMD 以 1Mbps 的速度发送二进制数据，每一种速度对应不同的调制方式。PMD 对 1Mbps 的数据流采用二级 Gaussian 频移键控（GFSK）调制方法。GFSK 的思想是通过改变载频的率来表示不同的二进制符号。

8.5.4 直序扩频物理接口

直序列扩频（DSSS）是物理层的一种接口。它与跳频扩频相比，具有以下特点：

- 成本最高。
- 能量消耗最大。
- 接收口的数据率最高。
- 和跳频扩频相比，它的多物理层集成能力最低。
- 可支持的不同地理位置无线电小区的个数最小，所以限制了可提供的信道数。
- 发送距离比跳频扩频和红外线物理层都大。

它的通信方式采用的是不覆盖脉冲，数据码速率是 11Mbps。占用的带宽大概为 26MHz，ISM 的 2.4 GHz 频段分成 11 个相互覆盖的频道。每两个信道之间的中心频带间隔是 5MHz。

1. DSSS PMD 服务用语

DSSS 是在 PLCP 和 PMD 通过原语中进行通信，实现 PLCP 调度 PMD 发送数据、改变信道，从 PLCP 接收数据等功能。它使用以下几个原语：

1）PMD-DATA.request：从 PLCP 发往 PMD 的请求发送一个数据符号的原语。如果以 1Mbps 发送，该请求发送的符号的值为 1 或 0 的数据位；而以 2Mbps 发送则为任一 2 位数据组合。该原语必须在真正的发送数据的 PMD-DATA.request 原语之前发送到 PLCP。

2）PMD-DATA.indicate：PMD 通过执行该原语发送符号到 PLCP。和 PMD-DATA.request 原语对应，如果以 1Mbps 接收，发送符号的值为 1 或 0 数据位；而以 2Mbps 接收则为任一 2 位数据组合。

3）PMD-TXSTART.request：PLCP 向 PMD 发送该原语，启动真正的 PPDU 的发送。

4）PMD-TXEND.request：PLCP 向 PMD 发送该原语，用于终止一个 PPDU 的发送。

5）PMD-ANTSEL.request：PLCP 向 PMD 发送该原语，用于选择 PMD 将使用的天线。

6）PMD-ANTSEL. indicate：这个原语指出物理层使用哪种方式无线接收最后的 PPDU。

7）PMD-TXPWRLVL.request：来自 PLCP 的请求确定 PMD 的发送级别。其值为 1 级、2 级，一直到 8 级，分别对应于 MIB 中相应的功率级别。

8）PMD-RATE.request：PLCP 发送该原语到 PMD，用于确定 PPDU 中的 MPDU 部分发送的数据率（1Mbps 或 2Mbps），这个数据率仅仅适用于发送速率。PMD 一般可以由任何可能的数据率接收数据。

9）PMD-RATE.indicate：当 PMD 检测 PLCP 前同步码中的信号（Signaling）字段时，向 PLCP 发送该原语，用于确定被接收帧的数据率（1Mbps 或 2Mbps）。

10）PMD-RSSI.indicate：PMD 在接收状态利用这一原语向 PLCP 返回一个持续的接收器信号强度指示（RSSI），PLCP 是为信道评价功能使用该原语的。RSSI 的值有 256 级，由一个 8 位的数据字表示。

11）PMD-SQ.indicate：这个可选原语提供一个基于 DSSS PN（伪噪声）码的信号质量(SQ)。信号质量的值是 256 级中的某一级，由一个 8 位数据字表示。

12）PMD-CS.indicate：PMD 向 PLCP 发送该原语，指出正在对一个数据信号进行解调。也是用信号通知一个合法的 802.11 直接序列扩频 PPDU 的接收。

13）PMD-ED.indicate：这是可选原语用于指出某个 PMD-RSSI.indication，给定的能量值超出了预定极限（存放在 MIB 的 Aed-Threshold 参数中），当 PMD-ED.Indicate 原语值为“enabled”时，表示 PMD-RSSI. Indication 的值超过了极限；为“disabled”时，表示 PMD-RSSI.Indication 的值在极限以下。该原语为检测非 802.11 直接序列扩频信号的存在提供了一条途径，因为这些信号会超过预定义极限。

14）PMD-ED.request：PLCP 使用这条原语设置能量检测极限，可以检测的最小信号。

15）PMD-CCA.indicate：一条从 PMD 发向 PLCP 的原语，用于指示基于 CCA 算法的射频（BF）能量探测。

2. DSSS PMD 操作

DSSS PMD 操作负责将 PPDU 的二进制数表示形式换成适合发送的无线电信号。DSSS 物理层将要发送的信息用伪噪声（Pseudo-Noise，PN）码扩展到一个很宽的频带上去。信号被扩展后，其表现形式就如同噪声一样。扩展的频带越宽，信号的功率就越低，甚至扩展到功率比噪声极限还低，但同时又不损失任何信息。

8.5.5 红外线物理接口

红外线（IR）是物理层的一种接口，其特点如下：

- 成本最低。
- 对无线频率（Radio Frequency，RF）干扰的容忍度最高。
- 相对扩频无线电系统，红外线的传播距离最短。
- 抗窃听能力最强。
- 多工作在有顶篷的地方（主要是在户内），顶篷作为红外线信号的反射点。
- 在全世界范围内都没有频率限制。

IEEE 802.11 标准推荐技术，使用时它的光波长规定在 850 ～ 950mm 之间。

8.6 无线网络 IEEE 802.11 标准

8.6.1 IEEE 802.11 标准的重要技术规定

1990 年，IEEE 执行委员会成立了 802.11 工作组，其目标是创建无线局域网（WLAN）标准，规定为：“所提议的无线 LAN 标准的作用范围是为局域网固定的、便携式和可移动站点的无线连接开发的规范。”最终的标准，即正式称为 IEEE WLAN 介质访问控制（MAC）和物理层（PHY）规范，并像 802 的 IEEE 标准一样（如 802.3、802.5），为此，规定了一些至关重要的技术机制。

1. CSMA/CA 协议

我们知道总线型局域网在 MAC 层的标准协议是 CSMA/CD，即载波侦听多点接入 / 冲突检测（Carrier Sense Multiple Access Collision Detection）。但由于无线产品的适配器不易检测信道是否存在冲突，因此 802.11 全新定义了一种新的协议，即载波侦听多点接入 / 避免冲撞 CSMA/CA（Collision Avoidance）。一方面，载波侦听查看介质是否空闲；另一方面，避免冲撞通过随机的时间等待，使信号冲突发出的概率减到最小，当介质被侦听到空闲时，优先发送，不仅如此，为了系统更加稳固，802.11 还提供了带确认帧 ACK 的 CSMA/CA。一旦遭受其他噪声干扰，或者由于侦听失败，信号冲突就有可能发生，而这种工作于 MAC 层的 ACK 此时能够提供快速的恢复能力。

2. RTS/CTS 协议

RTS/CTS 协议即请求发送 / 允许发送协议，相当于一种握手协议，主要用来解决"隐藏终端"问题。"隐藏终端"（Hidden Station）是指，基站 A 向基站 B 发送信息，基站 C 未侦测到 A 也向 B 发送，故 A 和 C 同进将信号发送至 B，引起信号冲突，最终导致发送至 B 的信号都丢失了。"隐藏终端"多发生在大型单元中（一般在室外环境），这将带来效率损失，并且需要错误恢复机制。当需要传送大容量文件时，尤其需要杜绝"隐藏终端"现象的发生。WLAN 802.11 提供了如下解决方案。在参数配置中，若使用 RTS/TS 协议，同进设置传送上限字节数——一旦待传送的数据大于此上限值时，即启动 RTS/CTS 握手协议。首先，A 向 B 发送 RTS 信号，表明 A 要向 B 发送若干数据，B 收到 RTS 后，向所有基站发出 CTS 信号，表明已准备就绪，A 可以发送，其余基站暂时"按兵不动"，然后，A 向 B 发送数据，最后，B 接收完数据后，即向所有基站广播 ACK 确认帧，这样，所有基站又重新可以平等侦听、竞争信道了。

3. 信包重整

当传送帧受到严重干扰时，必定要重传。因此若一个信包越大时，所需重传的耗费（时间、控制信号、恢复机制）也就越大；这时，若减小帧尺寸把大信包分割为若干小信包，即使重传，也只是重传一个小信包，耗费相对小得多。这样就能大大提高 WLAN 新产品在噪声干扰地区的抗干扰能力。当然，作为一个可选项，用户若在一个"干净"地区，也可关闭这项功能。

4. 多信道漫游

人类是无限追求自由的，随着移动计算设备的日益普及，我们希望出现一种真正无所羁绊的网络接入设备。WLAN 802.11 就是这样的一种设备。传输频带是在接入设备访问接入点（Access Point，AP）上设置的，而基站不需设置固定频带，并且基站具有自动识别功能，基站动态调频到 AP 设定的频带，这个过程称为扫描（Scan）。IEEE 802.11 定义了两种模式：被动扫描和主动扫描。被动扫描是指基站侦听 AP 发出的指示信号，并切换到给定的频带。WLAN 802.11 采用的是主动扫描，并且能结合天线灵敏度，经信号最佳的信道确定为当前传输信道。这样，当原来位于接入点 AP（A）覆盖范围内的基站漫游到接入点 AP（B）时，基站能自适应，重新以 AP（B）为当前接入点。

802.11 系列规范主要从 WLAN 的物理层（PHY）和媒体访问控制层（MAC）两个层面制订系列规范，物理层标准规定了无线传输信号等基础规范，如 802.11e、802.11f 和 802.11i。历经十几年的发展，802.11 已经从最初的 802.11、802.11a、802.11b 发展到了目前的 802.11ac、802.11ax 等标准。

- ❑ 802.11a：5GHz 波段上的物理层规范。
- ❑ 802.11b：2.4GHz 波段上的物理层规范。
- ❑ 802.11d：当前 802.11 标准中规定的操作仅在几个国家中是合法的，该标准旨在扩充

802.11 无线局域网在其他国家的应用。

- 802.11e：改进和管理 WLAN 的服务质量，保证能在 802.11 无线网络上进行话音、音频、视频等多媒体业务的传输。
- 802.11f：实现不同厂商无线局域网之间的互操作，保证网络内访问点之间信息的互换。
- 802.11g：802.11 的扩充，通过提高数据率来增强 802.11b 兼容网络的性能和应用。
- 802.11h：增强 5GHz 波段的 802.11MAC 规范及 802.11b 高速物理层规范。
- 802.11i：增强 WLAN 的安全和鉴别机制。
- 802.11ac：该标准支援多达 4 个空间资料串流。
- 802.11ad：将无线网络的速度再次提升到一个新的高度。802.11ad 最高传输速度可达 4.6Gbps，比当前最快的 802.11ac 标准快 4 倍。802.11ad 并非由 IEEE 发布，而是由 WiGig 联盟发布，于 2016 年正式颁布实施。因为它采用了全新的频段，与此前所有的 WiFi 标准都不同。802.11b/g/n/ac 采用的是 2.4GHz 或 5GHz 的频段，而之后的 802.11ad 都将采用 60GHz 的频段。60GHz 的频段可以传输更多的数据，但是可以传输的距离更短。
- 802.11ah：频段低到 54 ～ 790MHz，信号传播范围极广。它采用了和蓝牙一样的 1GHz 频段，但是信号范围可以达到 1000m，同时具备极低的功耗，不过这是有代价的，802.11ah 的信号速率只有 150kbps。
- 802.11ax：802.11ax 使用 2.4GHz 或 5GHz 频段，更进一步承诺提升连线速度，并且支援 OFDM、高达 1024QAM 以及多用户的多重输入多重输出（MIMO）技术。802.11ax 是一种混合 2.4GHz、5GHz 和 1024AQM、OFDMA 信号的标准，目前实验室测试速度可达 10Gbps，比 802.11ad 还快 1 倍，预计 2019 年才会问世。
- 802.11ay：它是 802.11ad 的升级版本。802.11ay 加入了对 MU-MIMO 的支持，最高速度可达 20 ～ 40Gbps。

5. IEEE 802.11 要点

IEEE 于 1999 年 11 月决定采用的两个新规格，它们是：

1）IEEE 802.11b 最大传输速度为 11Mbps。

2）IEEE 802.11a 最大传输速度为 54Mbps。

IEEE 802.11b 是在现有的 IEEE 802.11b 中，对规定的 2.4GHz 频带的直接频谱扩散技术（DSSS）加上使数据传输速度提高到 11Mbps 或 5.5Mbps 下，以确保通信的高可靠性。

IEEE 802.11a 是为了进一步提高数据传输速度而使用 5.2GHz 频带的规格。它工作在 5GHz U-II 频带，从而避开了拥挤的 2.4GHz 频段。物理层速率 5.5Mbps，传输层可达 25Mbps，能够平滑地和常规局域网，特别是交换式主干集成。

802.11a 在使用频率的选择和数据传输速率上都优于 802.11b，便不兼容 802.11b。

8.6.2　IEEE 802.11 提供的服务

802.11 无线局域网提供的基本服务群称为基本服务群（Basic Service Set，BSS），是由许多主机所形成的集合，它可以相互沟通且拥有相同的基本服务群辩识码（BSSID）供用户组建无线局域网使用。组建网络时，可以是随意架构网络或基础架构网络。

随意架构的 WLAN（Ad Hoc Wireless LAN）可以让不限量的主机实时地架设起无线通

信网络——独立基本服务群（Independent BSS，IBSS）。在这种架构中，主机彼此之间直接通信，一般而言，都是由少量的主机因临时需求而构成，如会议室，其结构如图 8-7 所示。

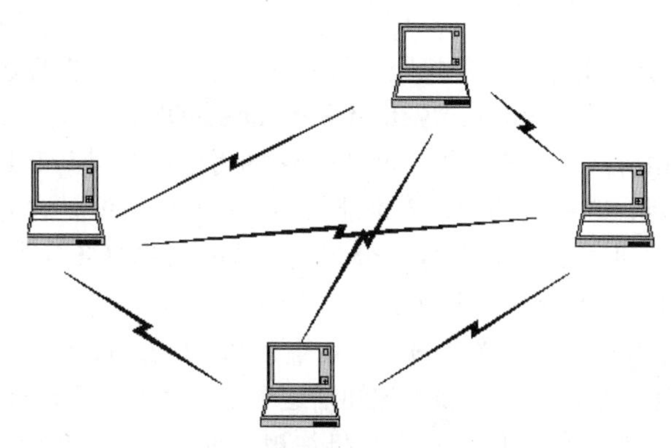

图 8-7 随意架构网络结构图

基础架构的无线网络是在一个有线网络架构中装设一个特别的节点，即 AP，它可将一个或多个 WLAN 与现存有线网络的分布式系统相连接，以提供某个无线局域网络中两个主机间的通信数据交换，另一方面也使 WLAN 中的主机能存取有线网络的资源。这种类型的 WLAN 范围通常在同栋楼层，其结构如图 8-8 所示。

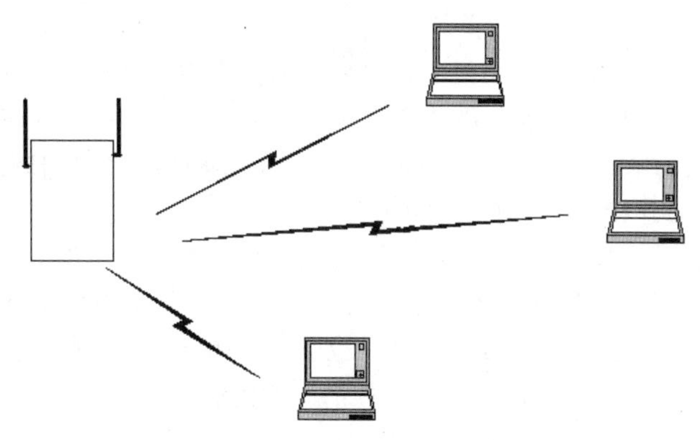

图 8-8 基础架构的无线网络的结构图

基础架构的 WLAN 主要优势在于：架站时不需要记录周围主机信息，如有多少主机在附近等，另外可帮助主机执行省电机制，延长电池使用时间。再者，可将多个 BSS 串联起来形成一延伸服务群（ESS），让整个网络的涵盖范围变得更大。

在这两种架构中，802.11 提供两类共 9 种服务。

1. 主机服务（Station Service，SS）

主机的服务让主机具有正确送、收数据的能力，同时也考虑数据传送的安全。包括下列 4 种服务。

1）身份确认服务，主要是用来确认每个主机的身份，IEEE 802.11 通常要求双向式的身份确认，在一瞬间一个主机能同时和多个主机（包括 AP）做身份确认动作。

2）取消身份确认服务，已完成身份认证的工作站可用此服务来取消身份认证，一旦取消后连接也同时取消。

3）隐密性服务，无线网络的数据是在空间开放的介质中传播，因此任何只要装有 IEEE

802.11适配卡的主机，都能接收到别人的数据。所以数据的保密性若做得不好，资料很容易被别人窃取，隐密性服务的主要功能，就是提供一套隐密性服务的算法，将数据做加密与解答。

4）802.11封包传送，此服务为主机服务最基本功能，它将数据传送给接收者。

2. 分布式系统服务（Distribution System Services，DSS）

分布式系统服务由分散系统所提供，使802.11的封包可在同一个ESS中的不同BSS间传送，无论主机移动到ESS中的哪个地方都能收到属于它的数据。这类服务大部分是有AP呼叫使用。AP是唯一同时提供主机服务和分布式系统的无线网络组件，也是主机与分布式系统间的桥梁。分散系统提供下列5种服务。

1）连接服务，连接服务的主要目的是要在主机和AP之间，建立一个通信连接。当分布式系统要将数据传送给主机时，必须事先知道这个主机目前是透过哪个AP来接入分布式系统的，这些信息由连接服务提供。一个主机在被允许由某个AP给分布式系统发送数据前，必须先和此AP做连接。通常，在一个基本服务区内的主机要和外界通信，就必须先与AP相连接。这个动作类似注册，因为，当主机做完连接动作后，AP就会记住此主机目前在它管辖范围之内。请注意，在任一瞬间，任一主机只会和一个AP做连接，这样才能使分散系统能在任何时候知道哪个主机是由哪个AP所管辖，然而，一个AP却可以同时和多个主机做连接。连接服务都是由主机所启动，通常主机会由启动连接服务来要求和AP做一个连接。

2）重连服务，重连服务的主要目的是将一个移动中主机的连接，从一个AP转移到另一个AP。当主机从一个基本服务区移动到另一个服务区时，它就会启动重连服务。此服务会将主机和它所移入的基本服务区内的AP做连接，使得分散系统将来能知道此主机目前已由另一个AP管辖，重连接的服务也由主机启动。

3）取消连接服务，取消连接服务主要目的是取消一个连接，当一个主机传送数据结束时，可启动取消连接服务。另外，当一个主机从一个基本服务区移动到另一个基本服务区时，它除了会对新的AP启动重连接服务外，也会对旧的AP启动取消连接服务。此服务可由主机或AP来启动，不论是哪方启动另一方都不能拒绝。另外，AP可能因网络负荷过重而启动对主机取消连接。

4）分送服务，分送服务主要由基础架构无线局域网络中的主机所使用，当主机要传送数据时，数据首先会传送至AP，再由AP利用分布式系统传送至目的地。IEEE 802.11并没有规定此系统要如何将数据正确地送达目的地，但它说明了在连接、取消连接及重连接等服务中，该数据该往哪个AP输出，以便将数据送达正确的目的位置。

5）整合服务，此服务主要目的是让数据能在分散系统和现存的局域网络间传送。如果分送服务知道该数据的目的地位置是现存的IEEE 802.x有线局域网络，那该份数据在分散系统中的输出点将是连接器而不是AP。分送服务若发现这份数据是要被送到AP，则送往AP，而整合服务的任务就是将这份数据从分散系统转送到相连的局域网络媒介。

8.6.3　IEEE 802.11的具体特征

802.11的特征主要有：

1）提供异频和限时发送服务。

2）调节适应1Mbps和2Mbps的传输速率。

3）支持大部分市场的应用。

4）多显传递（包括广播发送）服务。

5）网络管理服务。

6）注册和认证服务。

7）适应建筑物内部，如办公室、银行、商店、购物商场、医院、生产车间和住处。

8）适应建筑物外部，如停车场、校园、综合建筑等。

9）电源管理。

10）带宽。

11）安全性。

12）寻址。

8.6.4 IEEE 802.11 拓扑结构

IEEE 802.11 拓扑结构有两种：

- IBSS 网络。
- 独立扩展服务群（IESS）网络。

在这两种拓扑结构下，802.11 标准认可的移动类型有：

- 不迁移型。这种移动类型指那些移动的站点和局部 BSS 内移动的站点。
- BSS 迁移型。这种类型指站点从 ESS 中的一个 BSS 移动到相同 ESS 中的另一个 BSS。

8.6.5 IEEE 802.11 逻辑结构

IEEE 802.11 的逻辑结构如图 8-9 所示。

LLC		
MAC		
跳频 PHY	直序扩频 PHY	红外 PHY

图 8-9 IEEE 802.11 逻辑结构

图 8-9 说明每个站点所应用的 802.11 标准的逻辑结构是由 LLC、MAC 和多个 PHY 中的一个组成。

LLC（Logical Link Control Layer，逻辑链路控制层）是 IEEE 802.11 模型的最高层，提供与传统数据链路控制协议相似的功能。

MAC（Medium Access Control Layer，介质访问控制层）是 IEEE 802.11 网络中两个对等的 MAC 实体可以通过一个物理层进行互换。它的目的是，在 LLC 层支持下，为共享介质 PHY 提供访问控制功能，如寻址方式、访问协调、帧校验序列生成和检查，以及 LLC PDU 的定界等。MAC 是在 LLC 层的支持下，执行寻址方式和帧控制功能。802.11 标准利用 CSMA/CA（载波侦听多路访问 / 冲突防止），CSMA/CA 不同于 CSMA/CD（载波侦听多路访问 / 冲突检测）因为在同一个信道上利用无线电收发器同时进行接收和传输是不可能的，所以无线网络采用的是 CSMA/CA，对无线网络采取措施避免冲突而不是检测它的。

PHY（Physical Layer，物理层）是 IEEE 802.11 模型的最底层，它具有 3 种物理接口。

8.6.6 IEEE 802.11 工作组和要点

1. IEEE 802.11 工作组

IEEE 802.11 工作组是 IEEE LAN MAN 标准委员会的一个组成部分，IEEE 802.11 会议

对所有人开放。参加者必须交纳会费用于会议开销。作为会员必须在连续的 4 次全体会议中至少参加 2 次全体会议才能拥有投票数。

2. IEEE 802.11 工作组要点

IEEE 802.11 工作组在 IEEE 802 全体会议期间一年集会 3 次。工作组会员近 200 个，会员资格分为 4 类：

- 投票会员：已有投票资格的会员。
- 准会员：已经参加了两次会议，其中一次是全体会议，还须参加一次集合便可成为投票会员。
- 候补会员：已经参加一次全体会议或临时会议。
- 停止投票会员：以前是投票会员，但已不再继续。

8.6.7　IEEE 802.11a 标准

IEEE 802.11a 的物理层是基本正交频分多路复用（Orthogonal Frequency Division Multiplexing，OFDM）技术进行传输的，OFDM 工作组的频段是 5GHz 的免许可证国家级信息基础（Unlicensed National Information Infrastructure，U-NII）频段。802.11a 的 OFDM 系统的细则和 HLTER/2 标准是一样的。MAC 层与其他的 IEEE 802.11 标准是相同的，因此有载波侦听、MAC 子层、MAC 管理子层等问题，现集中讨论如下。

1. 载波侦听

IEEE 802.3 的信道侦听机制非常简单，接收器读取线路上的峰值电压并同阈值电压相比较来进行识别。但 IEEE 802.11 的侦听机制就比较复杂，它既有实际的物理操作也有虚拟的操作。物理层的侦听是通过信道分配清除（Clear Channel Assignment, CCA）信号来实现的；CCA 信号是由 IEEE 802.11 的物理层的 PLCP 发出的。CCA 信号是基于空中接口实际侦听来产生的，为此，或者通过在空中接口侦听检测的比特，或者载波的接听信号的强度（Receive Signal Strength, RSS）超过阈值也会发生 CCA 信号。RSS 侦听方式是通过测量接口电平的方法来实现的，这种侦听方式有可能发误报警。因此最佳的方案就是综合运用了载波侦听和数据检测侦听这两种方法的设计方案。有关载波侦听的实现原理请参阅机械工业出版社出版的《十兆百兆千兆万兆的以太网络技术及其组网方案》(ISBN: 7-111-11675）一书。

2. MAC 子层

MAC 层的所有任务都是在 MAC 子层和 MAC 管理子层之间进行分配。MAC 子层的主要任务是定义访问机制和 MAC 帧格式。MAC 管理子层的功能主要是定义 ESS 中实现漫游的支持方式、电源管理和安全等。

IEEE 802.11 规定了三种访问机制，这三种机制都能同时支持竞争和无竞争的访问。无竞争的传输方式有两种：

- RTS/CTS 机制，这种机制可以解决隐藏终端问题。
- 时间限制管理信息中点协调功能（PCF）的实现机制。

为了使这些不同的 MAC 层的操作能够相互配合，IEEE 802.11 推荐了三种分组传输的帧内间隔（IFS）。这些 IFS 周期为优先级的设置提供了一种实现机制，这种优先级的设定为需要 QoS 的一些服务，如时间限制等应用提供了实现的途径。每次传输完成之后，所有需要发送数据的终端都必须根据它们的信息帧优先级等待三种 IFS 周期的一种。这三种 IFS 分别是：

❑ DCF-IFS（DIFS）
❑ 短 IFS（SIFS）
❑ PCFIFS（PIES）

其中 DIFS 是在基本竞争的数据传输中使用，它的优先级是最低的，周期最长。SIFS 具有最高的帧发送优先级，如 ACK 和 CTS 等，它的间隔时间最短。PIFS 主要是为 PCF 操作设计的，它的帧发送优先级仅次于 SIFS，帧内间隔周期介于 DIFS 和 SIFS 之间。

采用 CSMA/CA 协议进行访问时，只要 MAC 层有分组需要发送时，就会利用物理和虚拟载波侦听机制侦听信道是否空闲。如果虚拟载波侦听发现网络配置矢量 NAV 信号存在，则表示信道繁忙，就会将操作延时，继续保持侦听直到 NAV 信号消失。当虚拟载波侦听发现信道空闲（即 NAV 为 0）时，MAC 层就侦听信道的物理条件。这时如果认为信道是处于空闲状态，如图 8-10 所示，终端等待 DIFS 后就开始发送数据。如果信道忙，MAC 层将利用随机退让时间控制机制，即产生一个随机数作为退让时间进行等待。在分组发送和相关的 DIFS 期间，信道的争用停止，但对信道的侦听仍在继续着。如图 8-10 所示，一旦信道可以使用，所有需要发送数据的终端在消耗它们的退让时间后都试图进行数据发送。其他的终端侦听到新的传输后，让它们暂停，等到本次的传输完成后在新的竞争周期里再重新启动。这种机械减小了冲突发生的可能性，但不能从根本上消除冲突。为了减小冲突重复发生的概率，采用了与 IEEE 802.3 相类似的一种方式，退让等待的时间随终端进行的连续发送的次数增加而呈指数增长。

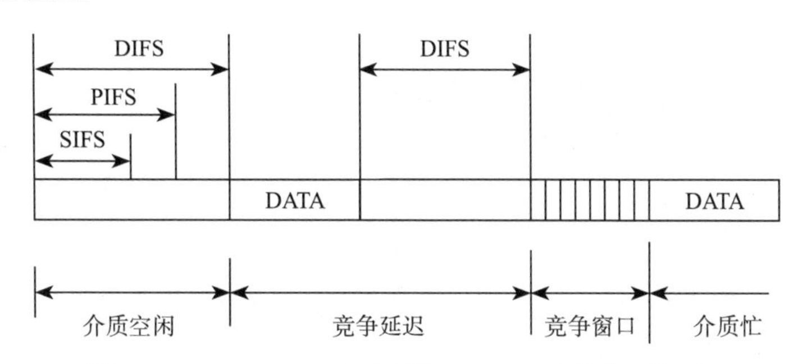

图 8-10　IEEE 802.11 中采用的 CSMA/CA 基本工作原理

IEEE 802.11 同时推荐了两种 CSMA/CA 方式：一种是基于来自物理层的 CA 信号所采用的 CSMA/CA，另一种是带有 ACK（应答）帧和差错恢复的 CSMA/CA。值得提出的是，以太网在 MAC 层不具备差错恢复机制，这个功能是 IEEE 802.11 所独有的。图 8-11 表示的就是在一个终端和 AP 之间进行通信时使用的带有 ACK 的 CSMA/CA 的工作过程。AP 端接收到一个分组后等待一个 SIFS，再发一个 ACK 帧，因为 SIFS 帧要比 DIFS 帧小得多，所以其他的终端必须要等到从 MS 到 ACK 传输完成才能开始一个竞争过程。

IEEE 802.11 MAC 子层的 PCF 机制协调功能如图 8-12 所示，这种机制是建立在使用 CSMA/CA 机制的 DCF（分布式协调功能）的上部，它支持无竞争的带有时间限制传输方式和异步传输。PCF 操作仅适用于底层网络，AP 接管所有操作为其所包含的终端提供服务。AP 发挥中心协调控制的作用，可以停止其他所有的终端，也可以以半周期的模式轮询其他终端。PCF 的工作模式如图 8-13 所示。AP 周期性地组织一些 CFP（竞争空闲期）用于带有时间限制的信息的传输。在每个 CFP 的开始，AP 要对这些准备发送的具有时间限制的数据进行协调，并在这个周期内为所有其他的终端重新安排 NAV 信号。PCF 周期的长度是可以变化的，它仅占 CFP 的一部分。CFP 剩余的时间用于竞争和用来传输 DCF 分组。当信道被一个 DCF 分组占用时，如果它的传输过程在下一个 CFP 开始之前不能完成时，则一个 CFP 的起始时间将会推迟，同时在 CFP 开始时会通知所有其他终端的 NAV 信号继续运作。

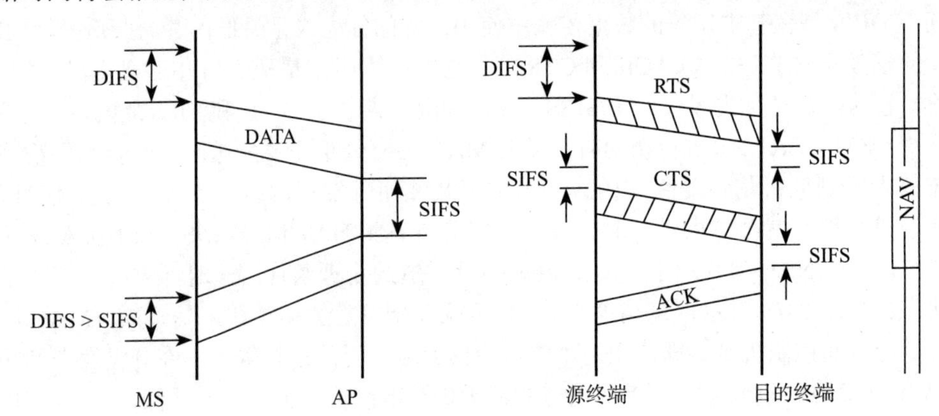

图 8-11　IEEE 802.11 MAC 采用的 RTS/CTS 工作机制

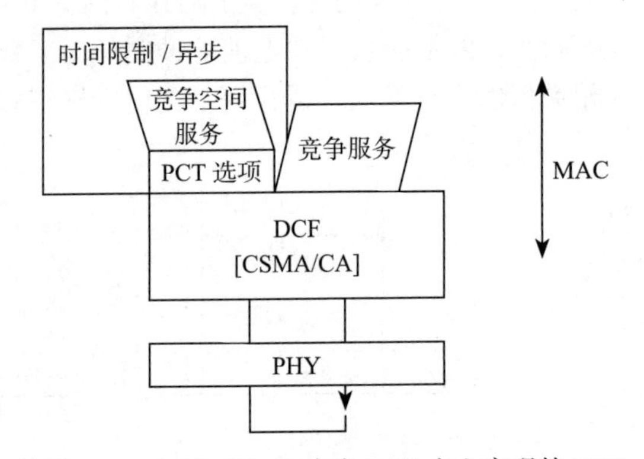

图 8-12　IEEE 802.11 中在 DCF 之上实现的 PCF

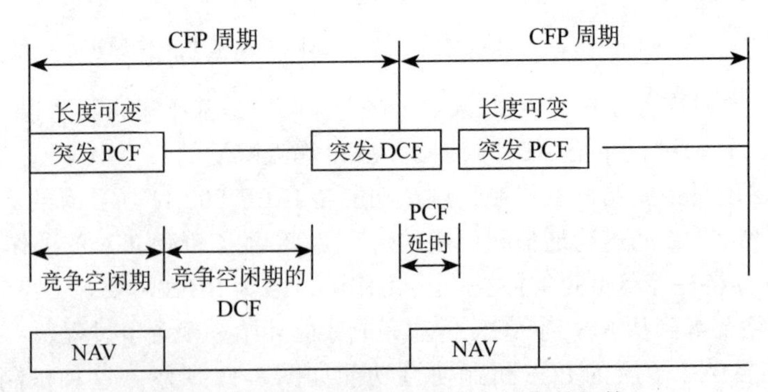

图 8-13　AP 的 PCF 控制的竞争周期的切换

对 IEEE 802.11 MAC 帧格式讨论下列两点。

（1）一般 MAC 帧格式

为了说明 IEEE 802.11 帧格式，则从 IEEE 802.3 以太网的帧格式开始，这样便于理解 IEEE 802.11 的帧格式。早期的以太网标准只定义了一种帧格式，如图 8-14 所示，因为当时网络的控制和管理非常简单，所以一种格式的帧几乎就完成了网络的所有操作。所有的帧都是以前同步信号开始，交替的0和1是用来进行同步的。8比特的SFD字段由10101011构成，表示帧的开始。MAC的DA（目的地址）和SA（源地址）可以是2个字或6字节，实际上使用的大多采用6字节。数据长度字段表示随后的MAC客户数据字段的长度。MAC客户数据字段和填充字段包括来自终端的客户所有准备发送的数据，还包括因需要达到载波侦听所要求的最小长度而补充的字段。最后一个字段是帧校验序列，该字段长度是4字节，包括一个循环冗余校验（CRC）值，利用于检查发送是否出错。因此IEEE 802.11的MAC帧格式和802.3的帧格式中余下5个字段的功能相似，这余下的5个字段是用来处理地址信息，是因为它的格式必须要满足大量的管理和控制帧的需要。

前同步信息 [7]	开始定界符 [1]	DA [2或6]	SA [2或6]	数据长度 [2]	数据 [0～1 500]	填充 [0～46]	校验和 [4]

图8-14　IEEE 802.3以太网的帧格式

图8-14就是IEEE 802.11的MAC帧的一般格式。它以帧控制字段（Frame Control）开始，该字段载有该帧的一些特征信息。该字段能表征传输的数据是来自控制帧还是管理帧，并能确定该帧所要实施的控制和管理信号的类别，帧控制字段的详细信息及其格式如图8-15所示。持续时间/ID字段是表示下一个要发送的帧可能要持续的时间的相关信息。IEEE 802.11帧格式中有4个地址字段，而IEEE 802.3只有两个地址字段。这4个地址字段分别用来表示源地址、目标地址和标示所连接的AP，这些地址采用类似于以太网地址的6个字节（48比特）的长度表示方式。序列控制（Sequence Control）字段是为了控制帧的序列而给帧进行编号时使用的。序列控制字段和持续时间/ID字段只在IEEE 802.11中MAC协议支持分和重组时才有用处。802.3的帧体（Frame Body）总长度要求在46～1500字节之间，IEEE 802.11的MAC帧体的长度范围是0～2312字节。但两者的CRC的长度是一样的，802.11也采用4字节保护MAC层客户的信息。值得指出的是在PLCP中我们采用更短的CRC码保护PLCP帧头。

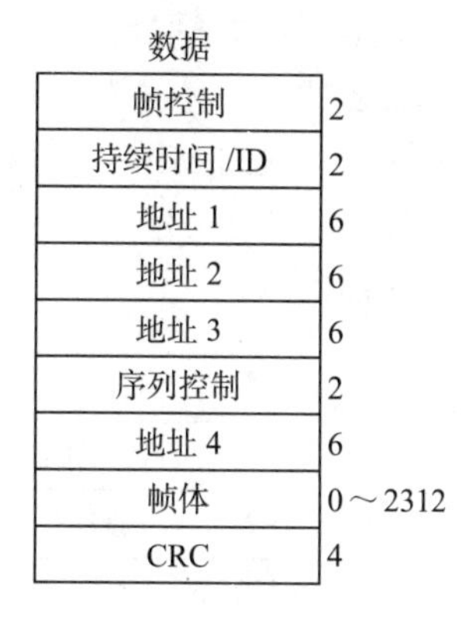

图8-15　一般的IEEE 802.11的MAC帧的格式

- 协议版本：当前的标准是00，其他选项留待将来使用。
- 到DS/来自DS字段：1代表两个AP之间的通信。
- 更多分段：有其他的分段存放在后续的帧中则置1。
- 重发：重发帧则该字段置1。
- 功率管理：如果站处于睡眠模式，则该字段置1。
- 波数据：在节能模式下，如果还有帧发往终端，该字段置1。
- WEP：该字段置1表示数据比特将加密。

详细的帧格式控制字段组成如图8-16所示。

MAC使用的RTS、CTS和ACK的帧格式如图8-17所示，从它们的格式中可以看出不是所有的帧都包括完整的字段，但一般的帧都具有相同的帧格式。

（2）MAC帧的控制字段

同以太网相比较而言，IEEE 802.11首先是一个无线的网络，因此它需要更多的控制和管理信号来处理用户登录过程、移动管理、功率管理和安全管理等。为了实现这些功能，IEEE 802.11 的帧格式中就不得不采用大量的指令帧，这同广域网的情形有些相似。802.11 MAC 帧中包括除了类型字段和子类型字段之外的所有控制字段的格式。类型字段和子类型字段是非常重要的两个字段，因为它们规定了使用的帧的类型的不同的指令模式。2b 的类型字段定义了 4 种帧类型：管理帧（00），控制帧（01），数据帧（10），保留（11）。4b 的子类型字段为每种类型的帧的功能进行了定义，可以提供的功能定义多达 16 种指令。

B0 B1B2 B3B4 B7 B8 B9 B10 B11 B12 B13 B14 B15

协议版本	类型	子类型	到 DS	来自 DS	更多分段	重发	功率管理	更多数据	WEP	保留
2	2	4	1	1	1	1	1	1	1	1

图 8-16 IEEE 802.11 的 MAC 帧格式中帧控制字段的组成格式

3. MAC 管理子层

MAC 管理子层负责在站和 AP 之间进行通信的初始化，这一层的操作机制是移动环境下所需要的。这种功能在其他的无线系统中也有，但在 802.11 的 MAC 管理子层得到了极大的扩展。一般的 MAC 管理帧的格式如图 8-18 所示。不同的管理帧一般用于不同的目的。

注：本节参考了美国 Kaveh Pahlavan Prashant Krishnamurthy 所著的《 Principles of Wireless Networks 》。

帧控制
持续时间
DA
SA
BSSID
序列控制
帧体
FCS

图 8-17 IEEE 802.11 的 MAC 帧头中帧控制字段的详细格式

帧控制
持续时间
DA
SA
BSSID
序列控制
帧体
FCS

图 8-18 MAC 管理帧格式

8.6.8 IEEE 802.11b 标准

IEEE 802.11b 标准在 2.4GHz 频段定义了一个新的物理层，这个物理层采用互补编码键控法（Complementary Code Keying, CCK）调制技术，支持 5.5Mbps 和 11Mbps 这两种数据速率。802.11b 采用的 PLCP 层协议和 IEEE 802.11 DSSS 标准是相同的。

IEEE 802.11b 也支持 5.5 Mbps 的速率，并以此作为 11 Mbps 的后备运行方案。图 8-19 是 5.5Mbps 和 11Mbps 数据速率的比特格式。从图 8-19 可以看出，5.5Mbps 模式中数据块是 4 比特的而不是 8 比特，这 4 比特的数据块是用于多路复用的。其中，2 比特是用于在可能的 4 种可能的复正交矢量中选择一种。

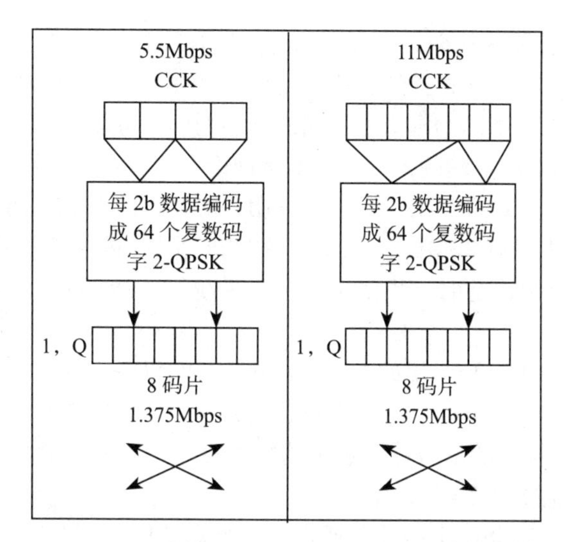

图 8-19　IEEE 802.11b 系统 5.5Mbps 和 11Mbps 对输入数据的多路复用

8.6.9　IEEE 802.11g 标准

2003 年，美国 IEEE 802.11 工作组批准了“IEEE 802.11g”WLAN 规范，虽然正式的标准在 2003 年夏天出台，但厂商对这个标准热情有加，已经有多家主流厂商针对 802.11g 规范草案推出了相关的产品。

虽然 IEEE 802.11g 拥有和 IEEE 802.11a 同样的传输速度，但是 802.11a 的产品已经推出一年多的时间，在市场有一定的影响，若要与 802.11a 竞争，相信 802.11g 产品仍然拥有些优势。

802.11g 使用与目前主流的 802.11b WLAN 标准相同的 2.4GHz，而且采用 802.11a 无线局域网络规格相同的 OFDM 的调制技术通信最大速率可达 54Mbps。具有与 802.11a、802.11b 混合的特点。

8.6.10　三大标准的前途与安全性

1. 三大标准的前途

到目前为止，绝大多数企业在部署 WLAN 时都会选择 802.11b。这一标准仍占应用主流的原因是，它自 1999 年推出以来，其现有产品已经发展到了第四或第五代。它的大部分缺陷已经得到了解决，价格也降到了市场上能够接受的程度。此外，其 1 ～ 6Mbps 吞吐量足以满足多种应用的需要。

802.11a 在它首次被认可为一种标准时，它技术还未得到确立，也未经过任何测试。802.11a 的传输速率可以达到 54Mbps，并因此被视为下一代高速无线局域网。802.11a 使用 OFDM 调制技术，并选择了干扰较少的 5GHz 频段。

802.11g 似乎还是一种极有争议的标准，但它有比 802.11a 更低的功耗、更长的传输距离和更好的穿透性却不能不让用户动心。与 802.11a 相比，802.11g 在技术上与 802.11b 相同的频谱（2.4GHz）中实行更高的数据速率（以 22Mbps 启动）。在 11Mbps 下，厂商的解决方案应能与现有的各种符合 802.11b 的解决方案相兼容。

那么，802.11a、802.11b、802.11g 的前途如何？我们从下面 5 个角度来分析：

1）信道数量。据有关资料介绍，802.11a在美国可以提供8个无重叠信道，相比之下，802.11b和802.11g共享3个信道。在密集安装的环境中，额外的信道可以使802.11a网络比802.11b快出数倍。当然，不同的国家有不同的管制制度，可能会批准不同的信道数量。

2）带宽。通过WLAN上网的人关心的不是理论上的带宽，而是吞吐量。吞吐量会因距离、障碍和干扰而产生很大的变化。有数据表明，802.11a与802.11b带宽之间的差距理论上是43Mbps，而实际上只有30Mbps。而且，在密度适中（即额外信道不重要）而障碍或距离因素十分突出的环境中，这时，频率越低，效果越好，802.11g可以提供比802.11a更好的吞吐量。

3）目前运行在802.11a所使用的5.8GHz频带上的设备非常少，而802.11b和802.11g所使用的2.4GHz频带正变得日益拥挤，手机、微波炉以及PDA的蓝牙外设等设备都运行在这个频带上。从频率越高的信号传输距离越短并且穿透障碍物的能力就越有限的角度看，5.8GHz系统的相互干扰要比2.4GHz系统低。

4）能耗。运行在较高频率上的设备通常比运行在较低频率上的同类设备消耗更多的能量。802.11g使用与802.11a相同的OFDM调制方式，而802.11b使用能耗较低的补码键控技术。在这点上，802.11b更有优势。

5）距离。频率高信号传输距离比频率低的信号短，穿透性也比后者差。不过，芯片制造商表示，第二代802.11a产品将在任何的吞吐量上都具有比802.11b产品更长的传输距离。

通过上述5点来看，802.11a、802.11b、802.11g各有优势，相比较而言，802.11a优势大一点。

2. 安全问题

对于802.11产品的安全性问题，提供了两种类型的认证和保密服务。包括采用WEP、VPN、认证和802.11i标准等。但是由于安全解决方案价格昂贵，难以管理，而且其标准化程度也不高，因此许多问题还需要进一步的探讨。

802.11标准主要应用三项安全技术来保障WLAN的数据传输安全。

1）SSID（Service Set Identifier）技术。该技术将一个WLAN分为几个需要不同身份验证的子网络，每一个子网络都需要独立的身份验证，只有能通过身份验证的用户才可以进入相应的子网络，防止未被授权的用户进入本网络。

2）MAC（Media Access Control）技术。它可以在WLAN的每一个接入点设置一个许可接入的用户的MAC地址清单，对于MAC地址不在清单中的有关用户，接入点将拒绝其接入请求。

3）WEP加密技术。目前，这些技术已发展成熟。例如，Intel公司去年推出的11 Mbps WLAN产品系列就全面支持WEP的密码编码后，在AP适配器上进行通信，密钥长度可选择40位或128位。而且，利用MAC地址和预设网络ID来限制网卡和接入点连入网络，也可以保障网络的安全。2003年的无线网络技术研讨会上的产品，证实了安全问题是可以解决的。

VPN技术也可用于WLAN。它与802.11b标准采用的安全技术不同，主要通过DES、3DES等技术来保障数据传输的安全。对于安全性要求较高的用户，专家建议，将现有的VPN安全技术与802.11b安全技术结合起来，是目前较为理想的WLAN安全解决方案。

还可以考虑调制技术，因为IEEE 802.11g中规定的调制方式有两种，包括802.11a中采用的OFDM与802.11b中采用的CCK。其中，OFDM技术既增加了系统容量，又增加了一定的抗干扰能力。

8.6.11 WLAN Hiper LAN/2 标准

Hiper LAN/2 是目前最为完善的 WLAN 协议，它的特点是高速传输、面向连接、支持 QoS、自动频率配置、支持小区切换、安全保密、网络与应用无关。Hiper LAN 标准定义了许多支，持无线网络功能的信令和测量方法，包括动态频率选择、无线小区切换、链路适配、多波束天线和功率控制等。Hiper LAN/2 标准是对目前无线接入系统的补充。虽然它的户外移动性受到限制，但适用面广，可在典型的应用环境。（如办公室、家庭、展览厅、火车站等热点地区。）为终端用户提供高速数据传输。

1. Hiper LAN/2 系统特点

在欧洲，Hiper LAN/2 有 455MHz 的频谱资源，美国为 300MHz，日本则是 100MHz，并且在考虑更多的频谱分配。这些频段虽都在 5GHz 频段中，但并不统一。ITU-R 组织正为在全球范围内实现无线局域网统一频谱分配而努力。

在图 8-20 中，Hiper LAN/2 的典型网络拓扑结构移动终端（MT）通过访问接入点（AP）接入固定网，MT 与 AP 之间的空中接口由 Hiper LAN/2 定义。一个 AP 所覆盖的区域称为一个小区，一个小区的覆盖范围在室内一般为 30m，在室外一般为 150m。无线终端 MT 可以在 Hiper LAN/2 网络中自由移动，并保持与网络间良好的传输性能。在某一个特定时间，移动终端只能与一个接入点通信。无线网络自动进行无线频率配置。这一方式不同于原来的无线网络频率规划，系统配置更加方便。

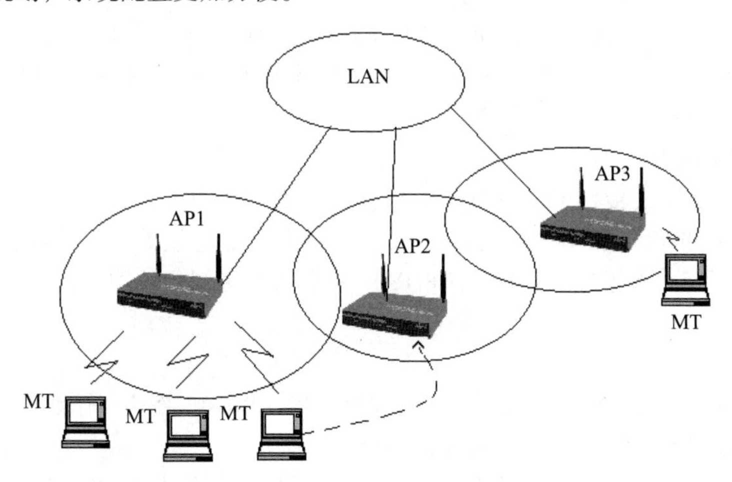

图 8-20　Hiper LAN/2 网络

Hiper LAN/2 作为目前性能最高的 WLAN 技术，其具体特点表现如下：

1）高速数据传输。由于采用了先进的 OFDM 调制技术，Hiper LAN/2 可以提供非常高的数据传输速率，其速率在物理层最高达 54Mbps。在办公室的环境中，OFDM 对多径效应的解决很有效。同时，MAC 采用了动态 TDD 模式，使无线资源的利用更加有效。

2）面向连接。与其他无线局域网技术不同，在 Hiper LAN/2 网络中数据的传输是面向连接的。在传送数据之前，AP 和 MT 之间通过 Hiper LAN/2 控制层的信令预先建立连接。这种连接在空中接口上是时分双工的，连接时分点对点和点对多点。点对点连接是双向连接，点对多点是下行方向单向连接。另外，Hiper LAN/2 还可以采用专用广播信道，由同一个AP向所有移动终端发送广播消息。

3）QoS。Hiper LAN/2面向连接的特性有利于实现对QoS的支持。由于高传输率和对QoS的支持，Hiper LAN/2可以同时传输不同类型的数据流，比如视频、话音和数据等。

4）自动频率分配。在每一接入点覆盖区域中，AP能自动选择适当的无线信道进行传输数据。AP侦听邻近小区及环境中的其他无线资源，根据最小干扰和资源不冲突准则选择适当的无线信道。

5）安全性。Hiper LAN/2网络支持安全认证和加密功能。

6）移动性。移动终端与离它最近的一个接入点通信。确切地说，移动终端与具有最好信噪比的接入点通信。这就是说，在不断移动的情况下，移动用户（终端）可能会侦测到一个无线传输性能更好的接入点。于是，移动终端将执行一次切换，切换到一个新的AP中，所有已建立的连接都转移到新AP上。当然，在切换过程中，有可能会丢失一些数据包，而且，如果移动终端超出Hiper LAN/2网络的覆盖范围，在一段时间后，终端将会失去与网络的联系，所有连接将被释放。

7）网络与应用无关。Hiper LAN/2网络协议栈具有灵活的体系结构，很容易适配并扩展不同的固定网络。例如，Hiper LAN/2可被用做交换式以太网的无线部分；同样，Hiper LAN/2也可作为第三代蜂窝网络的接入网使用。目前，在固定网上运行的所有应用都可以在Hiper LAN/2上运行。

8）省电。Hiper LAN/2的省电机制是基于MT对睡眠期的初始约定。移动终端可以在任何时间要求AP进入低功率状态，并且请求特定的睡眠周期。睡眠周期结束时，移动终端将检测有无AP发来的激活指示，如果没有检测到，则进入下一个睡眠周期，继续保持低功率状态。AP暂不发送用户数据，等睡眠期结束后才开始发送。网络可以根据对反应时间和低功耗的要求，选择不同的睡眠周期。

2. 协议体系结构

Hiper LAN/2无线接口的协议参考分成控制平面和用户平面两部分。用户平面的功能是在已经连接的连接上传输数据；控制平面的功能是控制连接的建立、释放和监控。Hiper LAN/2协议包括三个基本层：物理层（PHY）、数据链路控制层（DLC）和汇聚层（CL），如图8-21所示。

（1）物理层

Hiper LAN/2的物理层以一定长度的突发脉冲串（Burst）格式传输数据单元，每一个突发脉冲串分成前导码（Preamble）和数据两个部分。

Hiper LAN/2采用了OFDM调制方案，特别适用于信道呈发散状分布的系统，Hiper LAN/2的信道间隔为20MHz，可以支持非常高的传输速率，是信道数目和传输高速率的一种折衷（如在欧洲采用了19个信道）。每一个信道又分成52个子信道。为抑制子信道之间的干扰，每个子信道之间的频率间隔为312.5kHz，其中48个子信道用于传送数据，另外4个子信道用于提供系统同步的导频信号。信道的传输时延一般不超过250ns，采用800ns的保护间隔时间足以满足要求，在比较小的室内环境中，可以采用400ns的保护间隔时间。

在Hiper LAN/2的收发端使用FFT信号处理方式可以有效地实现OFDM，这样，与传统的FDM系统相比，采用OFDM的Hiper LAN/2系统可大大降低硬件设备的复杂度，并且有效提高频谱利用率，在时间扩散环境中尽可能地抑制因多径传输而产生的符号干扰和码片间干扰。

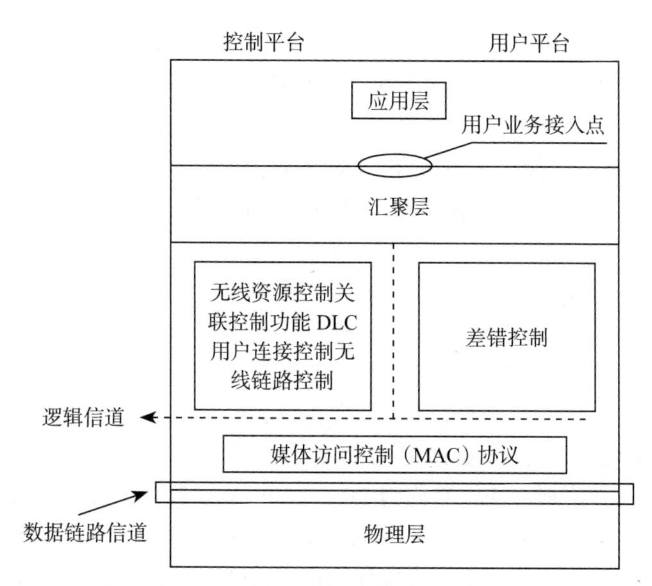

图 8-21　Hiper LAN/2 协议参考模型

与 3G 等类似，为了适应不同的业务要求和链路条件，Hiper LAN/2 的物理层可以提供多种传输方式（采用不同的调制和编码方式），由高层协议根据具体要求而定。

（2）数据链路控制层

数据链路层负责建立移动终端和接入点之间的逻辑链路。它的功能包括用户面的媒体访问和传输及控制面的连接处理，因此，DLC 层包括 MAC 协议、差错控制协议（EC）和无线链路控制协议（RLC）3 个子层。

1）MAC 协议。MAC 协议用于发送数据时控制对物理介质的访问。无线接口基于 TDD 和动态的 TDMA 多址方案，采用的时隙结构在 Hiper LAN/2 中称作 MAC 帧。根据所需要的传输资源动态地分配上下行链路的时隙，基本的 MAC 帧时长固定为 2ms，包括广播控制信道、帧控制信道、接入控制信道、上下行数据传输和随机接入。AP 和 MT 所有数据的传输都在专用的时隙上传输，但随机接入信道存在一个竞争问题。广播控制的持续时间是固定的，而其他部分的持续时间要依据当时的传输条件而定。MAC 帧和传输信道组成数据链路层 DLC 和传输层 PHY 之间的接口。

2）差错控制协议。差错控制（EC）机制有助于提高无线链路的可靠性，系统采用可选择重复 ARQ。这里的 EC 功能是检测位错，有位错时重发 U-PDU，同时也保证 U-PDU 按顺序发送到汇聚层，具体方法是：给每个连接上的 U-PDU 分配一个序列号，ARQ 应答的正确或错误消息在 LCCH 上传送，一个 U-PDU 可以被重发多次（次数可以设定）。

为保证一些实时业务如语音等应用的服务质量，系统允许丢失一些 U—PDU。因为重发方式导致一些数据陈旧时（如超过重发次数的上限），EC 协议上的发送方将会发起“丢失机制”，将该 PDU 以及这个 DUC 上其他待发的 U—PDU 全部丢失（发送时 U—PDU 序列号依次减小），这就导致 DLC 有效连接上的 PDU 存在残缺，如果需要，允许更上层恢复这些丢失的数据。

3）无线链路控制协议。无线链路控制协议（RLC）为信令实体提供传输服务，主要处理三种控制功能：用于鉴权、密钥管理、关联（Association）、取消关联（Disassociation）以及加密种子（Encryption Seed）的关联控制功能（ACF）无线资源控制（RRC）功能管理切换、动态频率选择、移动终端的激活和释放、省电以及功率控制；DLC用户连接控制功能（DDC）用于建立和释放用户连接、多点传送和广播。

总之，RLC用于在一个接入点和移动终端之间的控制面中交换信令数据。例如，移动终端通过RLC信令形成和接入点的联系，完成这个联系过程后，移动终端可以请求一个专业控制信道建立无线载体（Radio Bearer）。在Hiper LAN/2中，无线载体称为DLC连接。

（3）汇聚层

汇聚层（Convergence Layer, CL）有两大主要功能：使来自高层的服务请求与DLC层提供的服务适配；将高层固定或可变长度的分组整理成适合固定长度的业务数据单元（SDU）在DLC中使用，可采用填充分割、重新组装成DLC内的固定长度的SDU。固定长度DLC业务数据单元的填充、分割和重组是一个关键特征，它使得DLC和PHY层脱离开主干网独立存在而不必关心Hiper LAN/2接入何种网络中，系统实现相对简单。CI的通用结构使Hiper LAN/2足以称为宽带无线接入网，可接入A不同固定网络，如以太网、IP网、ATM和UMTS等，如图8-22所示。

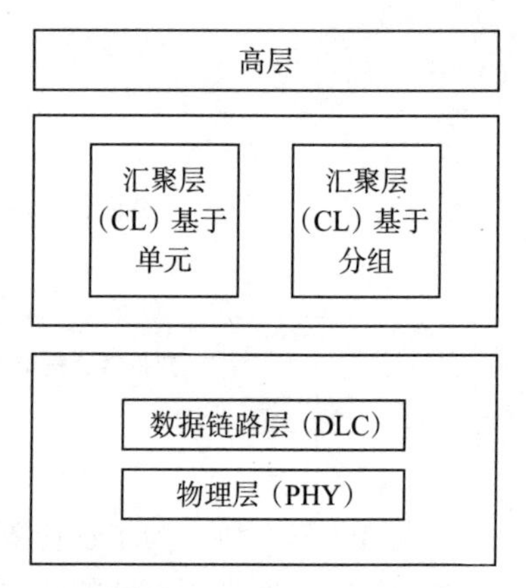

图8-22　汇聚层基本结构

图8-22中的汇聚层有两种类型：一是单元式汇聚层，其高层有固定长度的分组，如Hiper LAN/2接入ATM网络的情况；二是分组式汇聚层，其高层的分组长度不易固定，如Hiper LAN/2接入以太网的情况。分组式的汇聚层包括公共部分（Common Part）和业务细节（Service Specific Convergence Sublayer，SSCS）两个部分，这样可以适配不同网络。

Hiper LAN/2提供了一个适用于小范围（150m）、高速（54Mbps）的无线接入系统。研究表明，在大部分环境下，它都可以具有很高的性能。

Hiper LAN/2所具有的QoS支持、可选择重复ARQ、链路适配以及动态频率选择等特征，使得该系统可以在传播条件不断变化、干扰严重的无线环境下得到很好的应用。

8.7　无线网络典型连接方式与实例

8.7.1　无线连接解决方案概述

户外无线连接主要有三种形式：

1）点对点连接。

2）多点之间的连接。

- 异频多点连接。
- 同频多点连接。

3）中继连接。

- 跨越障碍物的连接。
- 长距离连接。

我们将结合图8-23至图8-25对以上三种形式进行简要说明。

1. 点对点连接

在A、B两个有线局域网间，通过两台户外无线路由器及定向天线将它们连接在一起，实现两个有线局域网之间资源的共享。

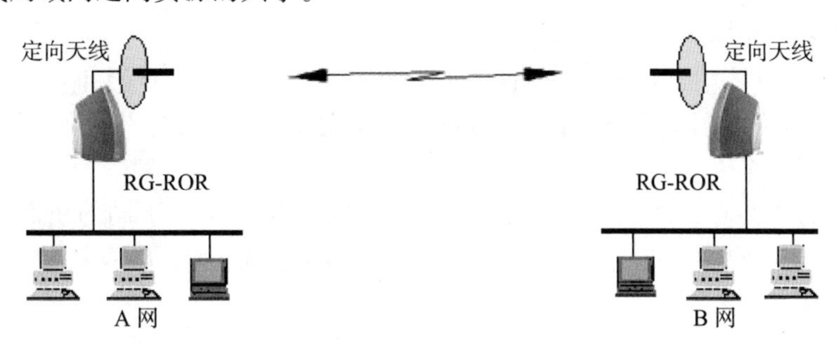

图 8-23 点对点连接

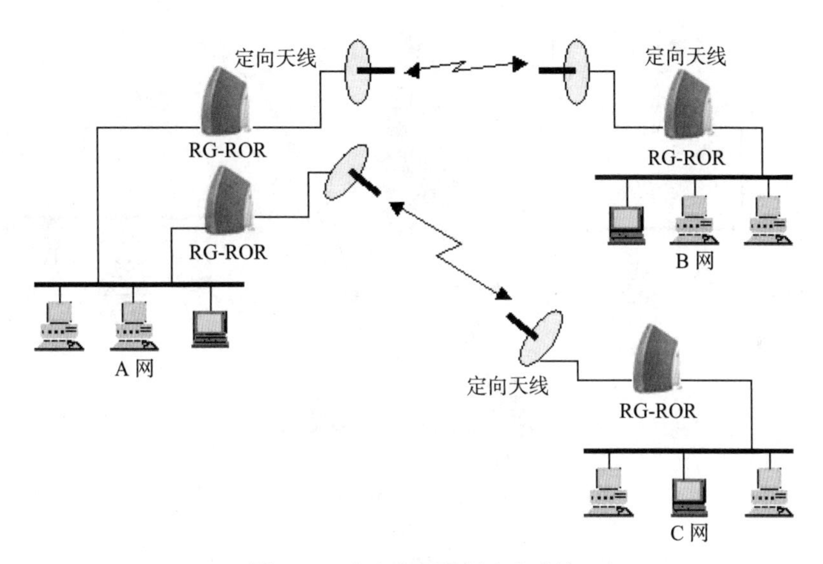

图 8-24 多点之间异频多点连接

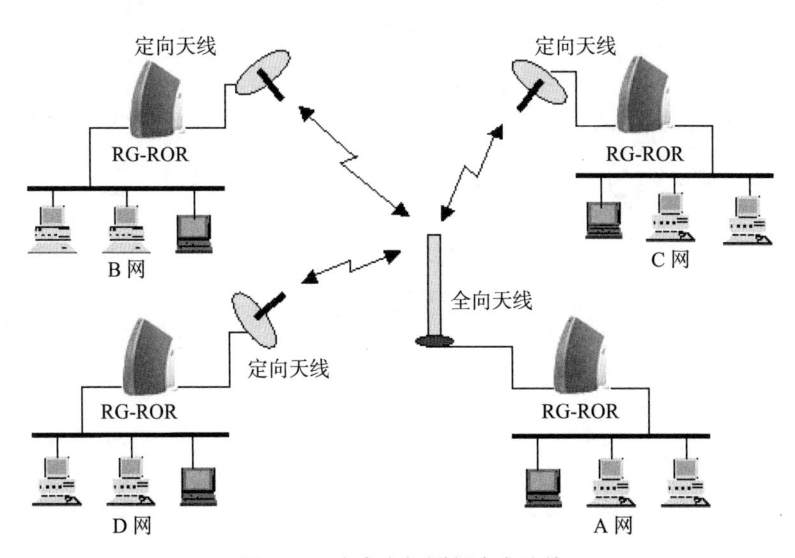

图 8-25 多点之间同频多点连接

2. 多点之间的连接

（1）异频多点连接

A、B、C 网分别为三个有线局域网，A 网为中心点，外围有 B 网和 C 网，利用户外无线路由器及定向天线，让 A 网分别与 B 网和 C 网建立连接，实现各有线网之间资源的共享。

（2）同频多点连接

A 有线网为中心点，外围有 B 网、C 网和 D 网。A 网分别以不同的频道以户外无线路由器与 B、C、D 三网建立连接。其中 A 网采用全向天线，B、C、D 网采用定向天线。

3. 中继连接

（1）跨越障碍物的连接

跨越障碍物的连接 RG-ROR、RG-COR 如图 8-26 所示。

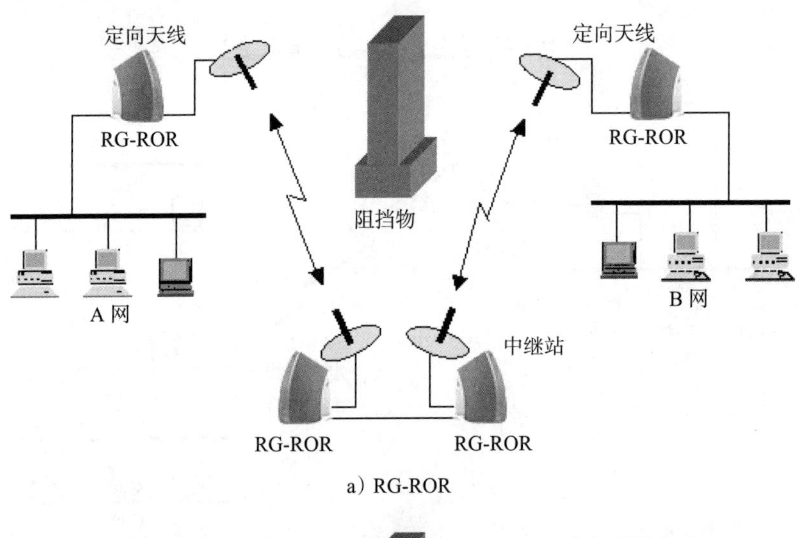

a）RG-ROR

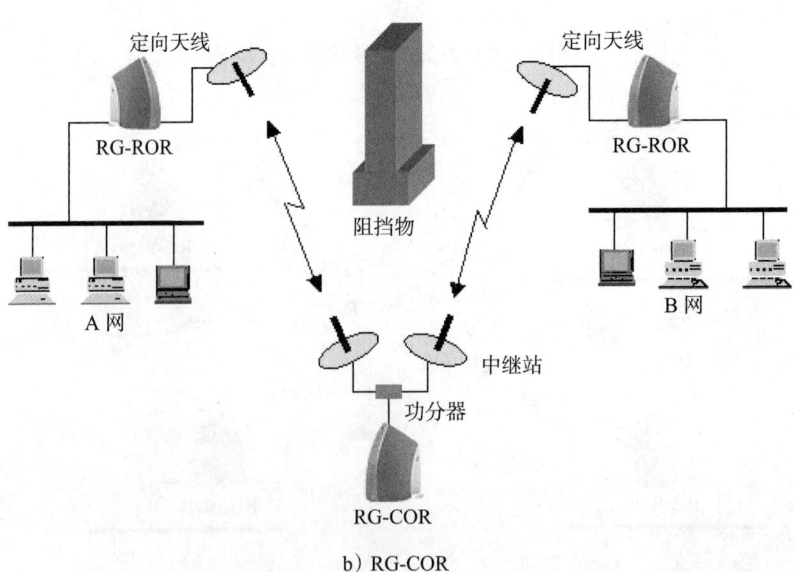

b）RG-COR

图 8-26　跨越障碍物的中继连接

在 RG-COR 连接中，当需要连接的两个有线局域网之间有障碍物遮挡而不可视时，可以考虑增加第三点连接方案予以解决。在水平或垂直方向寻找一个能同时看到 A 网和 B 网的位置设置一个中继点，使 A 网和 B 网能通过中继点建立连接。设置中继点的目的只是为了绕过障碍物。

（2）长距离连接

长距离中继连接示意图如图 8-27 所示。

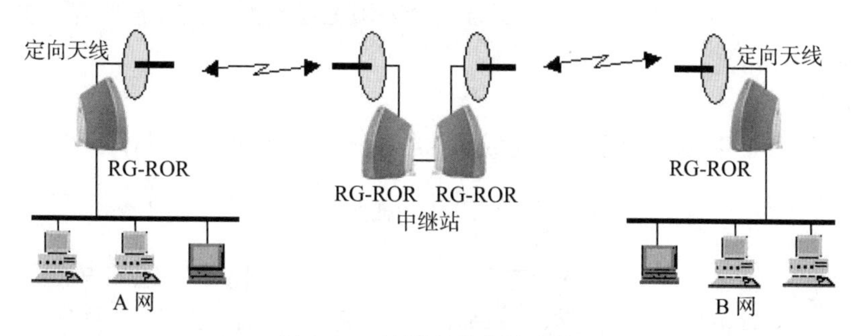

图 8-27 长距离的中继连接

当需要连接的两个有线网 A 网和 B 网距离较远，超过点对点连接所能达到的最大通信距离（50km）时，在 A 网和 B 网之间设置一个中继点，使 A 网和 B 网能通过中继点建立连接。设置中继点的目的只是为了延长两个有线网的通信距离。

8.7.2 户外无线连接的综述

户外无线连接每个点所应采用的设备如下：

1）户外无线路由器：中心无线路由器 RG-COR 、远端无线路由器 RG-ROR。

2）定向或全向天线：增益量根据实际距离而定。

3）馈线：馈线长度根据实际情况定，建议不长于 8m。

4）避雷器：避感应雷。

5）功率放大器：根据实际距离而定，建议实际距离超过 5km。

8.7.3 额外费用

1）天线的架设。

2）避雷装置。

3）工程附件：接头、防水胶带、固定等以及安装调试费用。

4）其他不可预知的。

8.7.4 天线连接示意图

天线连接示意图如图 8-28 所示。

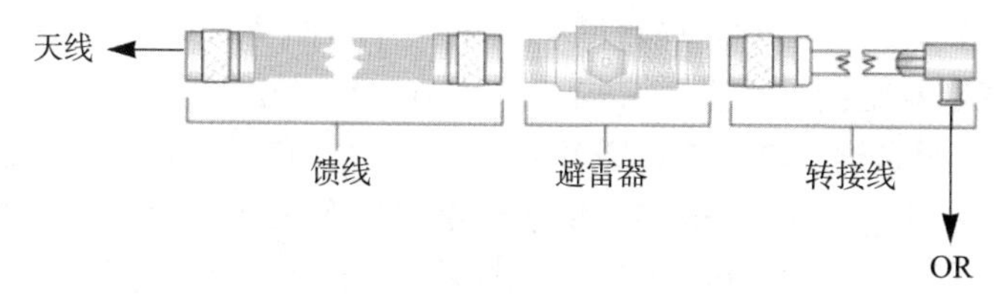

图 8-28 天线连接示意图

注：馈线与避雷器要接地，天线要在建筑物的避雷装置保护下。

连接流程：户外路由器 → 转接线 → 避雷器 → N 型头 → 馈线 → N 型头 → 天线。

8.7.5　802.11 AP-AP 10M 无线连网方案

1. 目的与要求

根据用户要求，将总局和 10 个分支局域网采用无线连网方式互连，建立数据链路，带宽为 10Mbps。

2. 环境描述

总局局域网位于中心，10 个分支局域网都与接入中心点可视，具体距离如图 8-29 所示。

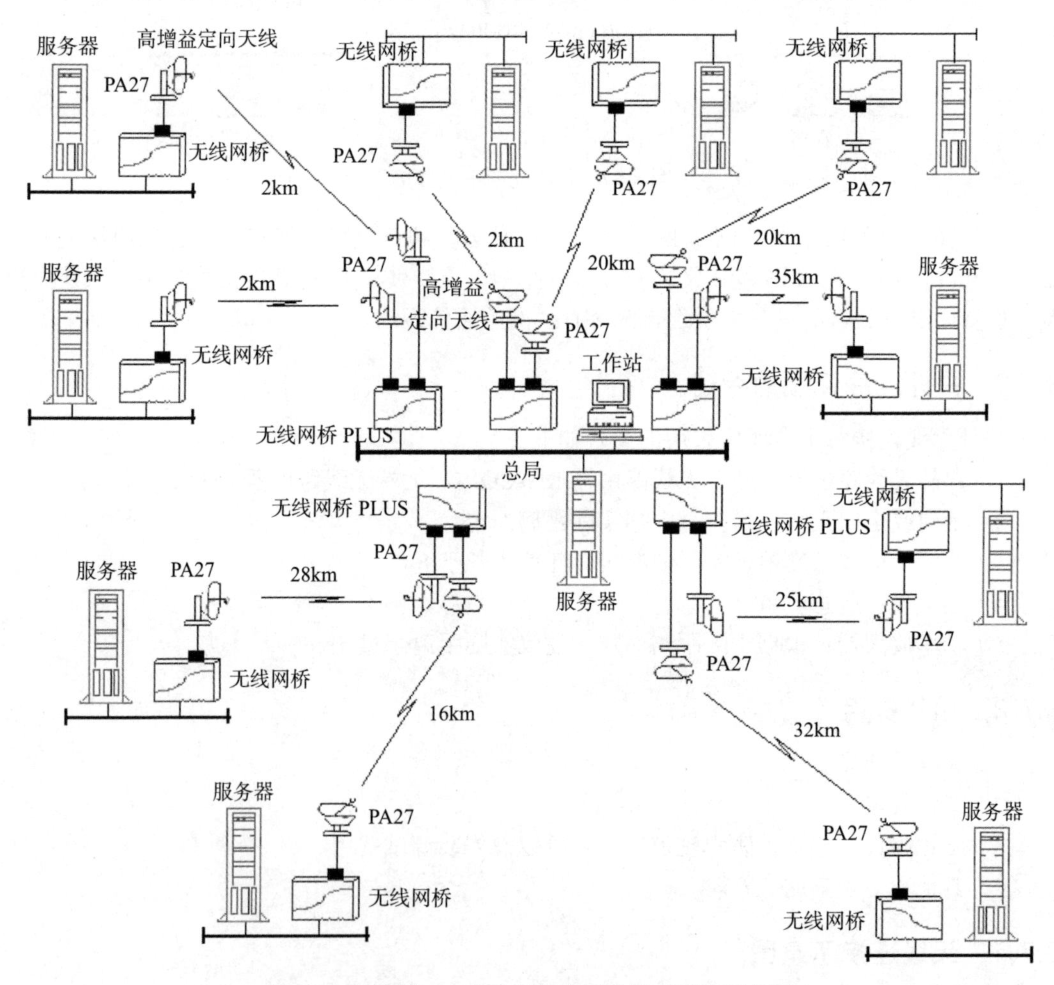

图 8-29　总局和 10 个分支局域网采用无线连网方案

1）如图 8-29 所示，每个分支局域网各用 1 台无线网桥（Wave POINT Ⅱ）（10Mbps）通过馈线连接到高增益定向天线上，总局有 5 台 10Mbps 无线网桥 PLUS（Wave POINT Ⅱ PLUS）（10Mbps），每台通过 2 根馈线分别连接到 2 台高增益定向天线上。按照相应链路，分支网上的网桥与中心点上的网桥 PLUS 上的相应定向天线两两相对，共形成 10 个独享 10Mbps 无线链路。无线网桥（10Mbps）和无线网桥 PLUS（10Mbps）上有一个 RJ-45 双绞线接口，可连接到相应本地网的 HUB 端口或路由器出口上。

2）无线网桥 PLUS(Wave POINT Ⅱ PLUS)(10Mbps)，即在无线网桥（Wave POINT Ⅱ）

（10Mbps）多插一块 10Mbps 的无线网卡（Wave LAN/PCMCIA），这样，就能形成两个无线链路，每个链路带宽 10 Mbps。

3. 设备清单

❑ 无线网桥（Wave POINT Ⅱ）（10Mbps）	10 台
❑ 无线网桥 PLUS（Wave POINT Ⅱ PLUS）（10Mbps）	5 台
❑ 高增益定向天线（PA27）	20 个
❑ 转接缆	20 根
❑ 馈线	按实际发生额

4. 设备

1）无线网桥（Wave POINT Ⅱ）（10Mbps）	10
2）无线网桥 PLUS（Wave POINT Ⅱ PLUS）（10Mbps）	5
3）高增益定向天线（PA27）	20
4）转接缆（Wave LAN/pigtail cable）	20
5）馈线	Φ7
	Φ9
	Φ15

5. Wave POINT Ⅱ（10Mbps）产品技术指标

- ❑ 无线信道传输速率最大可达 1Mbps。
- ❑ 采用直接序列扩频技术，抗干扰能力强，安全保密性好。
- ❑ 2.4GHz 工作频段。
- ❑ 符合 IEEE 802.11 无线网标准，确保与将来基于标准的其他无线局域网产品的互操作性，保护用户投资。
- ❑ 与各种网络操作系统兼容，透明传输。
- ❑ 体积小巧，安装维护方便。

6. Wave POINT Ⅱ（10Mbps）产品技术特性

Wave POINT Ⅱ（10Mbps）是美国朗讯科技公司所属的贝尔实验室（Bell Lab）推出的连接以太网络的无线网桥，它可实现两个远距离的局域网之间以 10Mbps 带宽点对点连接，为远距离局域网之间实现高速而经济的通信提供了很好的解决方案。

Wave POINT Ⅱ（10Mbps）提供了双 PCMCIA 插口，可实现一点对两点的 10Mbps 带宽连接，这样可保护用户的一部分投资，此时插两块 PCMCIA 无线网卡的 Wave POINT Ⅱ（10Mbps）称为 Wave POINT Ⅱ Plus（10Mbps）。Wave POINT Ⅱ（10Mbps）提供免费的 SNMP 软件，用户通过该软件可以远程控制 Wave POINT Ⅱ（10Mbps）的参数，监控网络中任何一个 Wave POINT Ⅱ（10Mbps）元件的状态，包括远程统计、接口统计及其他系统信息等。该软件还可以监控 Wave POINT Ⅱ（10Mbps）到远端 Wave POINT Ⅱ（10Mbps）的通信链路质量。该软件中的访问控制管理功能可以限制对 Wave POINT Ⅱ（10Mbps）的访问，避免受到一些未经授权的访问。

8.7.6 802.11 10M 两个分支网连网方案

1. 目的与要求

根据用户要求，两个分支网互连，建立无线链路，网络支持 TCP/IP 协议，带宽 10Mbps，由于两点不可视，必须架设双方可视的中继点。

2. 环境描述

两网位于同城，分支网与中继点都可视，传输距离分别在1km以内，如图8-30所示。

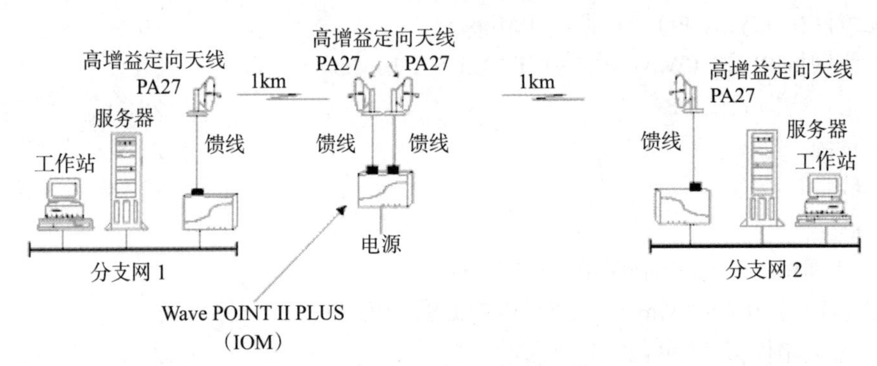

图8-30　两个分支网互连拓扑示意图

如图8-30所示，中继点用1台10Mbps无线网桥PLUS（Wave POINT Ⅱ PLUS）通过（30m）馈线连接到2个高增益定向天线上，分支局域网各用1台10Mbps无线网桥（Wave POINT Ⅱ）通过（15m）馈线连接到高增益定向天线上，两个天线分别按相应链路与中心网的相应天线两两相对。无线网桥PLUS及无线网桥上有一个RJ-45双绞线接口，可连接到相应局域网的HUB端口上。

3. 设备

1）无线网桥PLUS（Wave POINT II PLUS）（10Mbps）　1台
2）无线网桥（Wave POINT II）（10Mbps）　2台
3）高增益定向天线（PA27）　4个
4）转接缆（PigTail Cable）　4根
5）馈线F9　60m

4. Wave POINT II产品技术指标

1）无线信道传输速率最大可相当10Mbps以太网的有效速率，并可根据信道工作状况自行调节。

2）采用直接序列扩频技术，抗干扰能力强，安全保密性好。

3）工作频段为2.4～2.4835GHz，其间又可分为13个频段。

4）符合IEEE 802.11无线网标准，与基于此标准的其他无线局域网产品相互兼容。

5）与各种网络操作系统兼容，透明传输。

6）体积小巧，安装维护方便。

8.7.7　802.11 AP-AP 2M无线连网方案

1. 目的与要求

根据用户要求，将总局和7个分支局域网采用无线连网方式互连，建立数据链路，每条链路带宽为11Mbps，总吞吐量为55Mbps。

2. 环境

总局局域网位于中心，7个分支局域网都与接入中心点可视，具体如图8-31所示。

1）如图8-31所示，每个分支局域网各用一台无线路由器远端（ROR）（11M）通过馈线连接到高增益定向天线上，总局有两台 11M 无线路由器远端（ROR）PLUS，和一台无线路由器中央（COR）。

其中中心点 ROR 每台通过两根馈线分别连接到两台高增益定向天线（27dB）上。按照相应链路，分支网上的 ROR 与中心点上的 ROR PLUS 上的相应定向天线两两相对，共形成 4 个独享 11M 无线链路。

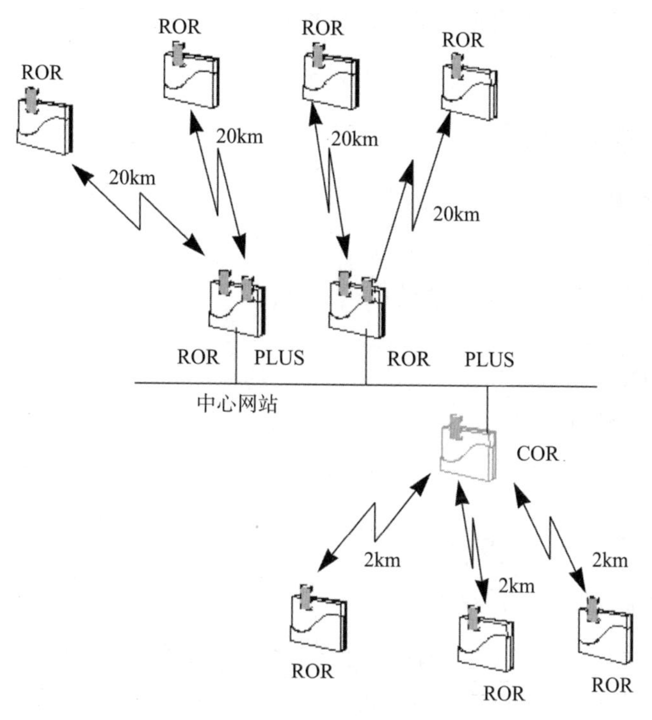

图 8-31　总局局域网 7 个分支局域网网络拓扑示意图

中心点 COR 连接一个全向天线（12dB）与分支点 ROR 连接，这三个点共享 11M 带宽，中心点对远端点的总吞吐量为 55M。

2）无线路由器 COR 和 ROR 上有一个 RJ-45 双绞线接口，可连接到相应本地网的 HUB 端口或交换机出口上。

3）无线路由器 ROR PLUS（11M）即在 ROR 上多插一块 11M 的无线网卡（WaveLAN/ PCMCIA），这样，就能形成两个无线链路，每个链路带宽 11Mbps。

4）此方案可以提供高带宽，将来可以传输高可靠的视频、语音；由于采用无线路由器，还可以将各分支网隔离，实现高速率的广域网连接。

3. 设备

所用设备如表 8-12 所示。

表 8-12　总局局域网所用设备

产品名称	单位	数量
COR	台	1
ROR PLUS	台	2
ROR	台	7
转接缆	条	12
避雷器	个	12
馈线连接器	个	24
馈线	米	200
防水胶	套	2
27db 定向天线	个	8
24db 定向天线	个	3
12db 全向天线	个	1
	合计	272

第9章　测试及其有关技术

为了提高布线工程的施工质量，确保系统的正常运行，布线工程的施工必须严格执行有关的标准、规范的规定。

9.1　布线工程测试概述

9.1.1　布线工程测试内容

布线工程测试内容主要包括：

1）工作间到电信间的连通状况测试；

2）主干线连通状况测试；

3）双绞线测试；

4）大对数电缆测试；

5）跳线测试；

6）光纤测试；

7）信息传输速率、衰减、距离、接线图、近端串扰等测试。

9.1.2　测试有关标准

为了满足用户的需要，EIA（美国的电子工业协会）制定了EIA586和TSB-67标准，它适用于已安装好的双绞线连接网络，并提供一个用于“认证”双绞线电缆是否达到电缆要求的标准。由于确定了电缆布线满足新的标准，用户就可以确信他们现在的布线系统能否支持未来的高速网络。随着TSB-67的最后通过（1995年10月已正式通过），它对电缆测试仪的生产商提出了更严格的要求。

对网络电缆和不同标准所要求的测试参数如表9-1、表9-2或表9-3所示。

表9-1　网络电缆及对应的标准

电缆类型	网络类型	标准
UTP	令牌环4Mbps	IEEE 802.5，4Mbps
UTP	令牌环16Mbps	IEEE 802.5，16Mbps
UTP	以太网	IEEE 802.3，10Base-T
RG58/RG58 Foam	以太网	IEEE 802.3，10Base2
RG58	以太网	IEEE 802.3，10Base5
UTP	快速以太网	IEEE 802.12
UTP	快速以太网	IEEE 802.3，10Base-T
UTP	快速以太网	IEEE 802.3，100Base-T4
UTP	3、4、5类电缆现场认证	TIA 568，TSB-67

但是，随着局域网络发展的需要，标准也会不断更新内容，读者应注意这方面的信息。

表 9-2 不同标准所要求的测试参数

测试标准	接线图	电阻	长度	特性阻抗	近端串扰	衰减
EIA/TIA 568A，TSB-67	*		*		*	
10Base-T	*		*	*	*	*
10Base2		*	*	*		
10Base5		*	*	*		
IEEE 802.5, 4Mbps	*		*	*	*	*
IEEE 802.5, 16Mbps	*		*	*		*
100Base-T	*		*	*	*	*
IEEE 802.12 100Base-VG	*		*	*	*	*

表 9-3 电缆级别与应用的标准

级别	频率量程	应用
3	1 ～ 16MHz	IEEE 802.5 Mbps 令牌环
		IEEE 802.3，10Base-T
		IEEE 802.12，100Base-VG
		IEEE 802.3，10Base-T4 以太网
		ATM 51.84/25.92/12.96Mbps
4	1 ～ 20MHz	IEEE 802.5 16Mbps
5	1 ～ 100MHz	IEEE 802.3，100Base- T 快速以太网
	ATM 155Mbps	
6	250MHz	1000Base-T 以太网
7*	600MHz	10000Base-T 以太网

9.1.3 TSB–67 测试的主要内容

TSB–67 包含了验证 TIA/568 标准定义的 UTP 布线中的电缆与连接硬件的规范。对 UTP 链路测试的主要内容如下：

1. 接线图（Wire Map）

这一测试是确认链路的连接。这不仅是一个简单的逻辑连接测试，而是要确认链路一端的每一个针与另一端相应的针连接，而不是连在任何其他导体或屏幕上。此外，接线图测试要确认链路缆线的线对正确，而且不能产生任何串绕（Split Paire）。保持线对正确绞接是非常重要的测试项目。

2. 链路长度

每一个链路长度都应记录在管理系统中（参见 TIA/EIA 606 标准）。链路的长度可以用电子长度测量来估算，电子长度测量是基于链路的传输延迟和电缆的额定传播速率（Nominal Velocity of Propagation，NVP）值实现的。NVP 表示电信号在电缆中传输速度与光在真空中传输速度之比值。当测量了一个信号在链路往返一次的时间后，就可得知电缆的 NVP 值，从而计算出链路的电子长度。这里要进一步说明，处理 NVP 的不确定性时，实际上至少有 10% 的误差。为了正确解决这一问题，必须以一已知长度的典型电缆来校验 NVP 值。永久链路（永久链路替代基本链路（Basic Link））的最大长度是 90m，外加 4m 的测试仪专用电缆区，则为 94m，信道（Channel）最大长度是 100m。

计入电缆厂商所规定的 NVP 值的最大误差和长度测量的时域反射（Time Domain

Reflectometry，TDR）技术的误差，测量长度的误差极限如下：

信道（Channel）100m+15%×100m = 115m

永久链路 94m+15%×94m = 108.1m

如果长度超过指标，则信号损耗较大。

对线缆长度的测量方法有两种：永久链路和信道。

NVP 的计算公式如下：

$$NVP = (2\times L) / (T\times c)$$

其中：

L——电缆长度；

T——信号传送与接收之间的时间差；

c——真空状态下的光速（300 000 000m/s）。

一般 UTP 的 NVP 值为 72%，但不同厂家的产品会稍有差别。

3. 衰减

衰减是一个信号损失度量，是指信号在一定长度的线缆中的损耗。衰减与线缆的长度有关，随着长度增加，信号衰减也随之增加，衰减也用“dB”作为单位。同时，衰减随频率而变化，所以应测量应用范围内全部频率上的衰减。比如，测量 5 类线缆的信道的衰减，要从 1 ～ 100MHz 以最大步长为 1MHz 来进行。对于 3 类线缆，测试频率范围是 1 ～ 16MHz，4 类线缆的频率测试范围是 1 ～ 20MHz。

TSB–67 定义了一个链路衰减公式。TSB–67 还附加了一个永久链路和信道的衰减允许值表。该表定义了在 20℃时的允许值。随着温度的增加，衰减也增加：对于 3 类线缆，温度每增加 1℃，衰减增加 1.5%；对于 4 类和 5 类线缆，温度每增加 1℃，衰减增加 0.4%；当电缆安装在金属管道内时，链路的衰减增加 2% ～ 3%。

现场测试设备应测量出所安装的每一对线的衰减最严重情况，并且通过将衰减最大值与衰减允许值比较后，给出合格（Pass）或不合格（Fail）的结论。

- 如果合格，则给出处于可用频宽内（5 类线缆是 1 ～ 100MHz）的最大衰减值。
- 如果不合格，则给出不合格时的衰减值、测试允许值及所在点的频率。早期的 TSB–67 版本所列的是最差情况的百分比限值。

如果测量结果接近测试极限，测试仪不能确定是 Pass 或是 Fail，则此结果用 Pass 表示，若结果处于测试极限的错误侧，则只记上 Fail。

Pass/Fail 的测试极限是按链路的最大允许长度（信道是 100m，永久链路是 94m）设定的，而不是按长度分摊。然而，若测量出的值大于链路实际长度的预定极限，则报告中前者往往带有星号，以警告用户。请注意：分摊极限与被测量长度有关，由于 NVP 的不确定性，所以是很不精确的。

衰减步长一般最大为 1MHz。

4. 近端串扰（NEXT）损耗（Near –End Crosstalk Loss）

NEXT 损耗是测量一条 UTP 链路中从一对线到另一对线的信号耦合，是对性能评估的最主要的标准，是传送信号与接收信号同时进行的时候产生干扰的信号。对于 UTP 链路这是一个关键的性能指标，也是最难精确测量的指标，尤其是随着信号频率的增加，其测量难度就更大。TSB–67 中定义，对于 5 类线缆链路，必须在 1 ～ 100MHz 的频宽内测试。同衰减测试一样，3 类链路是 1 ～ 16MHz，4 类是 1 ～ 20MHz。

NEXT 测量的最大频率步长如表 9-4 所示。

在一条 UTP 链路上，NEXT 损耗的测试需要在每一对线之间进行。也就是对于典型的 4 对 UTP 来说，要有 6 对线关系的组合，即测试 6 次。

表 9-4 NEXT 测量的最大频率步长

频率（MHz）	最大步长（kHz）
1 ～ 31.15	150
31.25 ～ 100	250

串扰分近端串扰和远端串扰（FEXT），测试仪主要是测量 NEXT，由于线路存在损耗，FEXT 的量值影响较小。

NEXT 并不表示在近端点所产生的串扰值，它只是表示在近端点所测量的串扰数值。该量值会随电缆长度的增长而衰减。同时发送端的信号也衰减，对其他线对的串扰也相对变小。实验证明，只有在 40m 内测得的 NEXT 是较真实的，如果另一端是远于 40m 的信息插座，它会产生一定程度的串扰，但测试器可能没法测试到该串扰值。基于这个理由，对 NEXT 最好在两个端点都要进行测量。现在的测试仪都能在一端同时测量两端的 NEXT。

NEXT 测试的参照表如表 9-5 和表 9-6 所示。

表 9-5 20℃时各类线缆在各频率下的衰减极限

频率（MHz）	20℃时最大衰减									
	信道（100m）					永久链路（90m）				
	3 类	4 类	5 类	5e	6 类	3 类	4 类	5 类	5e	6 类
1	4.2	2.6	2.5	2.5	2.1	3.2	2.2	2.1	2.1	1.9
4	7.3	4.8	4.5	4.5	4.0	6.1	4.3	4.0	4.0	3.5
8	10.2	6.7	6.3	6.3	5.7	8.8	6	5.7	5.7	5.0
10	11.5	7.5	7.0	7.0	6.3	10	6.8	6.3	6.3	5.6
16	14.9	9.9	9.2	9.2	8.0	13.2	8.8	8.2	8.2	7.1
20		11	10.3	10.3	9.0		9.9	9.2	9.2	7.9
22			11.4	11.4	10.1			10.3	10.3	8.9
31.25			12.8	12.8	11.4			11.5	11.5	10.0
62.5			18.5	18.5	16.5			16.7	16.7	14.4
100			24.0	24.0	21.3			21.6	21.6	18.5
200					31.5					27.1
250					36.0					30.7

表 9-6 特定频率下的 NEXT 测试极限

频率（MHz）	20℃时最小 NEXT									
	信道（100m）					永久链路（90m）				
	3 类	4 类	5 类	5e	6 类	3 类	4 类	5 类	5e	6 类
1	39.1	53.3	60.0	60.0	65.0	40.1	54.7	60.0	60.0	65.0
4	29.3	43.3	50.6	53.6	63	30.7	45.1	51.8	54.8	64.1
8	24.3	38.2	45.6	48.6	58.2	25.9	40.2	47.1	50.0	59.4
10	22.7	36.6	44.0	47.0	56.6	24.3	38.6	45.5	48.5	57.8
16	19.3	33.1	40.6	43.6	53.2	21.0	35.3	42.3	45.2	54.6
20		31.4	39.0	42.0	51.6		33.7	40.7	43.7	53.1
25.0			37.4	40.4	52.0			39.1	42.1	51.5
31.25			35.7	38.7	48.4			37.6	40.6	50.0

（续）

频率（MHz）	20℃时最小 NEXT									
	信道（100m）					永久链路（90m）				
62.5			30.6	33.6	43.4			32.7	35.7	45.1
100.0			27.1	30.1	39.8			29.3	32.3	41.8
200					34.8					36.9
250					33.1					35.3

上面所述是测试的主要内容，但某些型号的测试仪还给出直流环路电阻、特性阻抗、衰减串扰比。

（1）直流环路电阻

直流环路电阻会消耗一部分信号能量并将其转变成热量，它是指一对电线电阻的和，ISO 11801 规定该值不得大于 19.2Ω。每对电线间的差异不能太大（小于 0.1Ω），否则表示接触不良，必须检查连接点。

（2）特性阻抗

与环路直流电阻不同，特性阻抗包括电阻及频率为 1 ～ 100MHz 的电线电感抗及电容抗，它与一对电线之间的距离及绝缘体的电气特性有关。各种电缆有不同的特性阻抗，对双绞电缆而言，则有 100Ω、120Ω 及 150Ω 几种。

（3）衰减串扰比

衰减串扰比是在某一频率上测得的串扰与衰减的差。对于一个两对线的应用来说，ACR 是体现整个系统信号与串扰比 SNR 的唯一参数。

上述内容一般用于测试 3 类、4 类、5 类线的重要参数。

9.1.4 超 5 类、6 类线测试有关标准

超 5 类线、6 类线的测试参数主要有以下内容。

（1）接线图

该步骤检查电缆的接线方式是否符合规范。错误的接线方式有开路（或称断路）、短路、反向、交错、分岔线对及其他错误。

（2）连线长度

局域网拓扑对连线的长度有一定的规定，因为如果长度超过了规定的指标，信号的衰减就会很大。连线长度的测量是依照 TDR（时间域反射测量学）原理来进行的，但测试仪所设定的 NVP（额定传播速率）值会影响所测长度的精确度，因此在测量连线长度之前，应该用不短于 15m 的电缆样本做一次 NVP 校验。

（3）衰减量

信号在电缆上传输时，其强度会随传播距离的增加而逐渐变小。衰减量与长度及频率有着直接关系。

（4）近端串扰（NEXT）

当信号在一个线对上传输时，会同时将一小部分信号感应到其他线对上，这种信号感应就是串扰。串扰分为 NEXT（近端串扰）与 FEXT（远端串扰），但 TSB–67 只要求测量 NEXT。NEXT 串扰信号并不仅仅在近端点才会产生，但是在近端点所测量的串扰信号会随着信号的衰减而变小，从而在远端处对其他线对的串扰也会相应变小。实验证明在 40m 内

所测量到的 NEXT 值是比较准确的，而超过 40m 处链路中产生的串扰信号可能就无法测量到，因此，TSB–67 规范要求在链路两端都要测量 NEXT 值。

（5）SRL（Structural Return Loss）

SRL 是衡量线缆阻抗一致性的标准，阻抗的变化会引起反射（Return Reflection），噪声（Noise）的形成是由于一部分信号的能量被反射到发送端。SRL 是测量能量变化的标准，由于线缆结构变化而导致阻抗变化，使得信号的能量发生变化。TIA/EIA 568A 要求在 100MHz 下 SRL 为 16dB。

（6）等效式远端串扰

等效式远端串扰（Equal Level Fext，ELFEXT）中远端串扰与衰减的差值以 dB 为单位。是信噪比的另一种表示方式，即两个以上的信号朝同一方向传输时的情况。

（7）综合远端串扰（Power Sum ELFEXT）

（8）回波损耗

回波损耗是关心某一频率范围内反射信号的功率，与特性阻抗有关，具体表现为：

- 电缆制造过程中的结构变化
- 连接器
- 安装

这三种因素是影响回波损耗数值的主要因素。

（9）特性阻抗（Characteristic Impedance）

特性阻抗是线缆对通过的信号的阻碍能力。它受直流电阻、电容和电感的影响，要求在整条电缆中必须保持一个常数。

（10）衰减串扰比（ACR）

衰减串扰比（Attenuation-to-crosstalk Ratio，ACR）是同一频率下近端串扰（NEXT）和衰减的差值，用公式可表示为：

ACR = 衰减的信号 – 近端串扰的噪声

ACR 不属于 TIA/ETA–568A 标准的内容，但它对于表示信号和噪声串扰之间的关系有着重要的价值。实际上，ACR 是系统 SNR（信噪比）的唯一衡量标准，是决定网络正常运行的因素，ACR 包括衰减和串扰，它还是系统性能的标志。

ACR 有些什么要求呢？国际标准 ISO/IEC 11801 规定在 100MHz 下，ACR 为 4dB，T568A 对于连线的 ACR 要求是在 100MHz 下，为 7.7dB。在信道上 ACR 值越大，SNR 越好，从而对于减少误码率（BER）也是有好处的。SNR 越低，BER 就越高，会使网络由于错误而重新传输，大大降低了网络的性能。

表 9-7 列出了 6 类布线系统的 100m 信道的性能参数极限值。

表 9-7　6 类系统 100m 信道性能参数极限值

频率（MHz）	衰减（dB）	NEXT(dB)	PS NEXT (dB)	ELFEXT (dB)	PS NEXT (dB)	回波损耗（dB）	ACR（dB）	PS ACR(dB)
1.0	2.2	72.7	70.3	63.2	60.2	19.0	70.5	68.1
4.0	4.1	63.0	60.5	51.2	48.2	19.0	58.9	56.5
10.0	6.4	56.6	54.0	43.2	40.2	19.0	50.1	47.5
16.0	8.2	53.2	50.6	39.1	36.1	19.0	45.0	42.4
20.0	9.2	51.6	49.0	37.2	34.2	19.0	42.4	39.8
31.25	8.6	48.4	45.7	33.3	30.3	17.1	367.8	34.1

（续）

频率（MHz）	衰减（dB）	NEXT(dB)	PS NEXT（dB）	ELFEXT（dB）	PS NEXT（dB）	回波损耗（dB）	ACR（dB）	PS ACR(dB)
62.5	16.8	43.4	40.6	27.3	24.3	14.1	26.6	23.8
100.0	21.6	39.9	37.1	23.2	20.2	12.0	18.3	15.4
125.0	24.5	38.3	35.4	21.3	18.3	8.0	13.8	10.9
155.52	27.6	36.7	33.8	19.4	16.4	10.1	9.0	6.1
175.0	29.5	35.8	32.9	18.4	15.4	9.6	6.3	3.4
200.0	31.7	34.8	31.9	17.2	14.2	9.0	3.1	0.2
250.0	35.9	33.1	30.2	15.3	12.3	8.0	1.0	0.1

9.2　电缆的两种测试

局域网的安装是从电缆开始的，电缆是网络最基础的部分。据统计，大约50%的网络故障与电缆有关。所以电缆本身的质量以及电缆安装的质量都直接影响网络能否健康地运行。此外，很多布线系统是在建筑施工中进行的，电缆通过管道、地板或地毯敷设到各个房间。当网络运行时发现故障是电缆引起的时，就很难或根本不可能再对电缆进行修复。即使修复，其代价也相当昂贵。所以最好的办法就是把电缆故障消灭在安装之中。目前使用最广泛的电缆是同轴电缆和非屏蔽双绞线（通常叫作UTP）。根据所能传送信号的速度，UTP又分为3、4、5、5e、6类。那么如何检测安装的电缆是否合格，它能否支持将来的高速网络，用户的投资是否能得到保护，这些就成为关键问题。这也就是电缆测试的重要性，电缆测试一般可分为两个部分：电缆的验证测试和电缆的认证测试。

9.2.1　电缆的验证测试

电缆的验证测试是测试电缆的基本安装情况。例如电缆有无开路或短路，UTP电缆的两端是按照有关规定正确连接，同轴电缆的终端匹配电阻是否连接良好，电缆的走向如何等。这里要特别指出的一个特殊错误是串绕。所谓串绕就是将原来的两对线分别拆开再重新组成新的绕对。因为这种故障的端与端连通性是好的，所以用万用表是查不出来的。只有用专线的电缆测试仪才能检查出来。串绕故障不易发现，因为当网络低速度运行或流量很低时其表现不明显，而当网络繁忙或高速运行时其影响极大。这是因为串绕会引起很大的近端串扰。电缆的验证测试要求测试仪器使用方便、快速。

9.2.2　电缆的认证测试

所谓电缆的认证测试是指电缆除了正确的连接以外，还要满足有关的标准，即安装好的电缆的电气参数（例如衰减、NEXT等）是否达到有关规定所要求的指标。这类标准有TIA、IEC等。关于UTP 5类线的现场测试指标已于1995年10月正式公布，即TIA 568A TSB-67标准。该标准对UTP 5类线的现场连接和具体指标都有规定，同时对现场使用的测试器也有相应的规定。

认证测试是线缆可信度测试中最严格的。认证测试仪在预设的频率范围内进行许多种测试，并将结果同TIA或ISO标准中的极限值相比较。这些测试结果可以用于判断链路是否满足某类或某级（如超5类、6类、7级）的要求。对于网络用户和网络安装公司或电缆安装公司，都应对安装的电缆进行测试，并出具可供认证的测试报告。

9.3 网络听证与故障诊断

网络只要使用，就会出故障，除了电缆、网卡、集线器、服务器、路由器以及其他网络设备可能出现故障以外，网络还要经常调整和变更，例如增减站点、增加设备、网络重新布局直至增加网段等。网络管理人员应对网络有清楚的了解，有各种备案的数据，一旦出现故障，能立即定位排除。

9.3.1 网络听证

网络听证就是对健康运行的网络进行测试和记录，建立一个基准，以便当网络发生异常时可以进行参数比较，也就是知道什么是正常或异常。这样做既可以防止某些重大故障的发生，又可以帮助迅速定位故障。网络听证包括对健康网络的备案和统计，例如，网络有多少站点，每个站点的物理地址（MAC）是什么，IP 地址是什么，站点的连接情况等。对于大型网络还包括网段的很多信息，如路由器和服务器的有关信息。这些资料都应有文件记录以供查询。网络的统计信息有网络使用率、碰撞的分布等。这些信息是对网络健康状况的基本了解。以上这些信息总是在变化，所以要经常不间断地进行更新。

9.3.2 故障诊断

根据统计，大约 72% 的网络故障发生在 OSI 七层协议的下三层。据有关资料统计，网络故障的具体分布为：

- 应用层 3%；
- 表示层 7%；
- 会话层 8%；
- 传输层 10%；
- 网络层 12%；
- 数据链路层 25%；
- 物理层 35%。

引起故障的原因包括电缆、网卡、交换机、集线器、服务器以及路由器等问题。另外 3% 左右的故障发生在应用层，应用层的故障主要是设置问题。网络故障造成的损失是相当大的，有些用户（例如银行、证券、交通管理、民航等）对网络健康运行的要求相当严格，遇到网络故障时，用户要求尽快找出问题所在。一些用户希望使用网管软件或网络协议分析仪解决故障，但事与愿违。这是因为，这些工具需要使用人员对网络协议有较深入的了解，仪器的使用难度大，需要设置协议过滤和进行解码分析等。此外，这些工具使用一般网卡，对某些故障不能不做出反应。Fluke 公司的网络测试仪采用专门设计的网卡，具有很多专用测试步骤，不需编程解码，一般技术人员可迅速利用该仪器解决网络问题，并且其仪器为电池供电，用户可以携带到任何地方使用。网络测试仪还有电缆测试的选件，网络的常见故障都可用该仪器迅速诊断。

9.3.3 综合布线工程的电气测试要求

1. 国家标准的规定

《综合布线系统工程验收规范》(GB 50312—2016）规定，为了提高布线工程的施工质量，确保系统的正常运行，布线工程的施工必须严格执行有关的标准、规范的规定。

1）综合布线工程的电气测试包括电缆系统电气性能测试及光纤系统性能测试。

2）电缆系统电气性能测试项目应根据布线信道或链路的设计等级和布线系统的类别要求制定。

3）各项测试结果应有详细记录，作为竣工资料的一部分。测试记录内容和形式宜符合表 9-8 和表 9-9 的要求。

表 9-8　综合布线系统工程的电缆（链路 / 信道）性能指标测试记录

工程项目名称											
序号	编号			内容							备注
				电缆系统							
	地址号	缆线号	设备号	长度	接线图	衰减	近端串扰	……	电揽屏蔽层连通情况	其他项目	
测试日期、人员及测试仪表型号、测试仪表精度											
处理情况											

表 9-9　综合布线系统工程的光纤（链路 / 信道）性能指标测试记录

工程项目名称											
序号	编号			光缆系统							备注
				多模				单模			
	地址号	缆线号	设备号	850nm		1300nm		1310nm	1550nm		
				衰减（插入损耗）	长度	衰减（插入损耗）	长度	衰减（插入损耗）	衰减（插入损耗）	长度	
测试日期、人员及测试仪表型号、测试仪表精度											
处理情况											

4）测试仪表和工具应符合下列规定。

①应事先对工程中需要使用的仪表和工具进行测试或检查，缆线测试仪表应附有检测机构的证明文件。

②测试仪表应能测试相应布线等级的各种电气性能及传输特性，其精度应符合相应要

求。测试仪表的精度应按相应的鉴定规程和校准方法进行定期检查和校准，经过计量部门校验取得合格证后，方可在有效期内使用，并应符合下列规定：

- 测试仪表应具有测试结果的保存功能并提供输出端口。
- 可将所有存储的测试数据输出至计算机和打印机，测试数据不应被修改。
- 测试仪表应能提供所有测试项目的概要和详细的报告。
- 测试仪表宜提供汉化的通用人机界面。
- 测试 D、E、EA、F/FA 布线等级的仪表精度应分别达到Ⅱ e、Ⅲ、Ⅲ e 和Ⅳ级别。
- 电缆及光纤布线系统的现场测试仪表应符合表 9-10 的规定，并能向下兼容。

表 9-10　测试仪表精度

布线等级	D 级	E 级	EA 级	F 级	FA 级
仪表精度	Ⅱ e	Ⅲ	Ⅲ e	Ⅳ	Ⅴ

5）对绞电缆布线系统永久链路、CP 链路及信道测试应符合下列规定。

①综合布线工程应对每一个完工后的信息点进行永久链路测试。主干缆线采用电缆时也可按照永久链路的连接模型进行测试。

②对包含设备缆线和跳线在内的拟用或在用电缆链路进行质量认证时，可按信道方式测试。

③ 3 类和 5 类布线系统按照水平链路和信道进行测试。

④ 5e 类和 6 类布线系统按照永久链路和信道进行测试。

⑤对跳线和设备缆线进行质量认证时，可进行元件级测试。

⑥对绞电缆布线系统链路或信道应测试长度、连接图、回波损耗、插入损耗、近端串扰、近端串扰功率和、衰减远端串扰比、衰减远端串扰比功率和、衰减近端串扰比、衰减近端串扰比功率和、环路电阻、时延、时延偏差等，指标参数应符合《综合布线系统工程验收规范》(GB 50312—2016）的规定。

⑦现场条件允许时，宜对 EA 级、FA 级对绞电缆布线系统的外部近端串扰功率和（PS ANEXT）及外部远端串扰比功率和（PSAACR-F）指标进行抽测。

⑧屏蔽布线系统应符合《综合布线系统工程验收规范》(GB 50312—2016）的测试内容，还应检测屏蔽层的导通性能。屏蔽布线系统用于工业级以太网和数据中心时，还应排除虚接地的情况。

⑨对绞电缆布线系统应用于工业以太网、POE 及高速信道等场景时，可检测 TCL、ELTCTL、不平衡电阻、耦合衰减等屏蔽特性指标。

⑩永久链路性能测试连接模型应包括水平电缆及相关连接器件，如图 9-1 所示。对绞电缆两端的连接器件也可为配线架模块。

H 是从信息插座至楼层配线设备（包括集合点）的水平电缆长度，$H \leqslant 90\text{m}$，如图 9-2 所示。

⑪ 信道缆线长度应在测试连接图所要求的极限长度范围之内。

6）光纤布线系统的性能测试应符合下列规定。

①光纤布线系统中每条光纤链路均应测试，信道或链路的衰减应符合规范附录 C 的规定，并应记录测试所得的光纤长度。

②当 OM3、OM4 光纤应用于 10Gbps 及以上链路时，应使用发射和接收补偿光纤进行

双向 OTDR 测试。

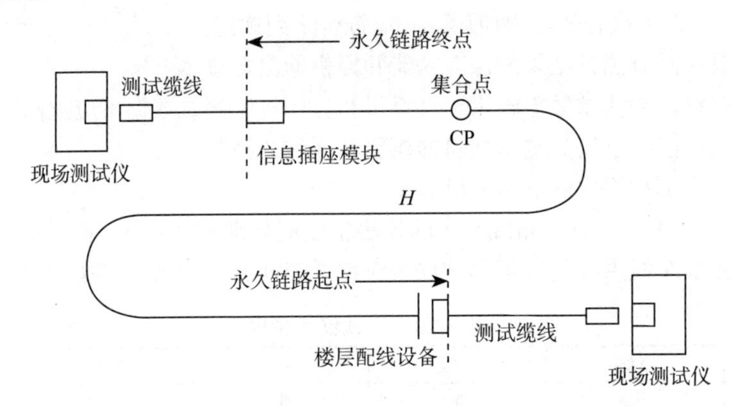

图 9-1　永久链路方式

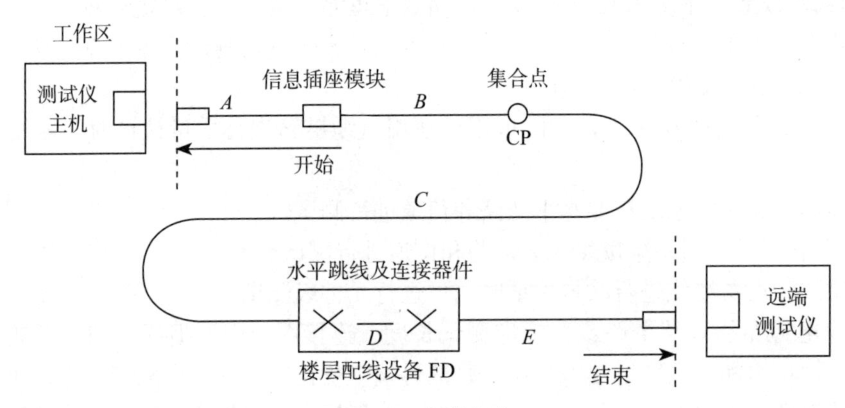

图 9-2　信道方式

A：工作区终端设备电缆长度；*B*：CP 缆线长度；*C*：水平缆线长度；

D：配线设备连接跳线长度；*E*：配线设备到测试设备连接的电缆长度；

$B+C \leqslant 90\text{m}$，$A+D+E \leqslant 10\text{m}$

③当光纤布线系统性能指标的检测结果不能满足设计要求时，宜通过 OTDR 测试曲线进行故障定位测试。

④光纤到用户单元系统工程中，应检测用户接入点至用户单元信息配线箱之间的每一条光纤链路，衰减指标宜采用插入损耗法进行测试。

⑤光纤链路测试前应对综合布线系统工程所有的光连接器件进行清洗，并应将测试接收器校准至零位。应根据工程设计的应用情况，按等级 1 或等级 2 测试模型与方法完成测试。

等级 1 测试应符合下列规定：

- 测试内容应包括光纤信道或链路的衰减、长度与极性；
- 应使用光损耗测试仪 OLTS 测量每条光纤链路的衰减并计算光纤长度。

等级 2 测试应符合下列规定：

- 等级 2 测试应包括等级 1 测试要求的内容，还应包括利用 OTDR 曲线获得信道或链路中各点的衰减、回波损耗值。

⑥光纤链路测试应符合下列规定：

- 在施工前进行光器材检验时，应检查光纤的连通性；也可采用光纤测试仪对光纤信道或链路的衰减和光纤长度进行认证测试。

- 当对光纤信道或链路的衰减进行测试时，可将光跳线的衰减值作为设备光缆的衰减参考值，整个光纤信道或链路的衰减值应符合设计要求。

⑦综合布线工程所采用光纤的性能指标及光纤信道指标应符合设计要求，并应符合下列规定：

- 不同类型的光缆在标称的波长下，每千米的最大衰减值应符合表 9-11 的规定。

表 9-11 光纤衰减限值（dB/km）

光纤类型	多模光纤		单模光纤				
	OM1、OM2、OM3、OM4		OS1		OS2		
波长（nm）	850	1300	1310	1550	1310	1383	1550
衰减（dB）	3.5	1.5	1.0	1.0	0.4	0.4	0.4

- 光缆布线信道在规定的传输窗口中测量出的最大光衰减不应大于表 9-12 规定的数值，该指标应已包括光纤接续点与连接器件的衰减在内。

表 9-12 光缆信道衰减范围

级别	最大信道衰减（dB）			
	单模		多模	
	1310nm	1550nm	850nm	1300nm
OF-300	1.80	1.80	2.55	1.95
OF-500	2.00	2.00	3.25	2.25
OF-2000	3.50	3.50	8.50	4.50

注：光纤信道包括的所有连接器件的衰减合计不应大于 1.5dB。

- 光纤接续及连接器件损耗值的取定应符合表 9-13 的规定。

表 9-13 光纤接续及连接器件损耗值（dB）

类别	多模		单模	
	平均值	最大值	平均值	最大值
光纤熔接	0.15	0.3	0.15	0.3
光纤机械连接	—	0.3	—	0.3
光纤连接器件	0.65/0.5②		—	
	最大值 0.75①			

①为采用预端接时含 MPO-LC 转接器件。

②针对高要求工程可选 0.5dB。

⑧光纤到用户单元系统工程的光纤链路测试应符合下列规定：

- 光纤链路测试连接模型应包括两端的测试仪器所连接的光纤和连接器件，如图 9-3 所示。
- 工程检测中应对上述光纤链路采用 1310nm 波长进行衰减指标测试。
- 用户接入点用户侧配线设备至用户单元信息配线箱，光纤链路全程衰减限值可按下式计算：

$$\beta = \alpha_f L_{\max} + (N+2)_{\alpha_j}$$

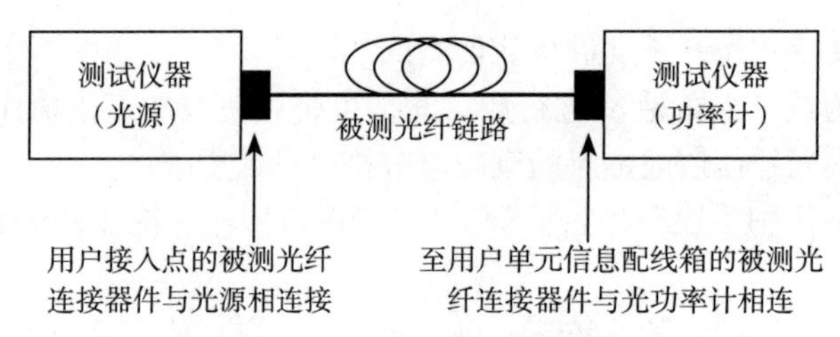

图 9-3　光纤链路衰减测试连接方式

式中：

β——用户接入点用户侧配线设备至用户单元信息配线箱光纤链路衰减（dB）；

α_f——光纤衰减常数（dB/km），采用 G.652 光纤时为 0.36dB/km，采用 G.657 光纤时为 0.38 ～ 0.40dB/km；

$L_{\max}$——用户接入点用户侧配线设备至用户单元信息配线箱的光纤链路最大长度（km）；

N——用户接入点用户侧配线设备至用户单元信息配线箱的光纤链路中熔接的接头数量；

2——光纤链路光纤端接数（用户光缆两端）；

α_j——光纤接续点损耗系数，采用热熔接方式时为 0.06dB/ 个，采用冷接方式时为 0.1dB/ 个。

❑ 光纤到用户单元工程中，用户光缆布放路由中的光纤接续与光纤端接处均应采用光纤或尾纤熔接的方式。

⑨光纤测试连接模型。光纤信道和链路测试方法可采用“单跳线法”“双跳线法”和“三跳线法”。光纤测试连接模型如下：

❑“单跳线”测试方法：校准连接方式如图 9-4 所示，信道测试连接方式如图 9-5 所示。

图 9-4　单跳线测试校准连接方式

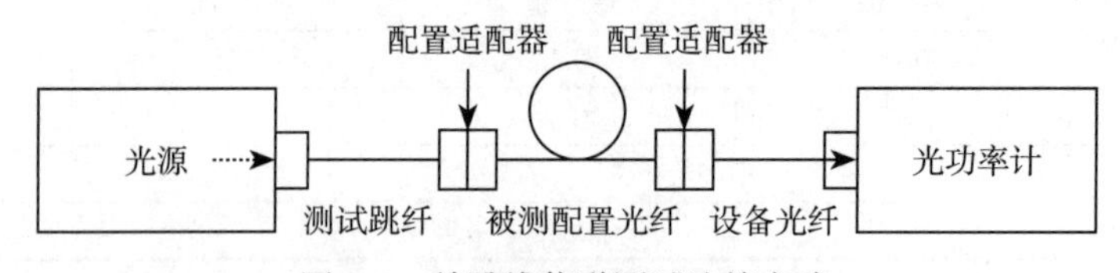

图 9-5　单跳线信道测试连接方式

❑“双跳线”测试方法：校准连接方式如图 9-6 所示，信道测试连接方式如图 9-7 所示。

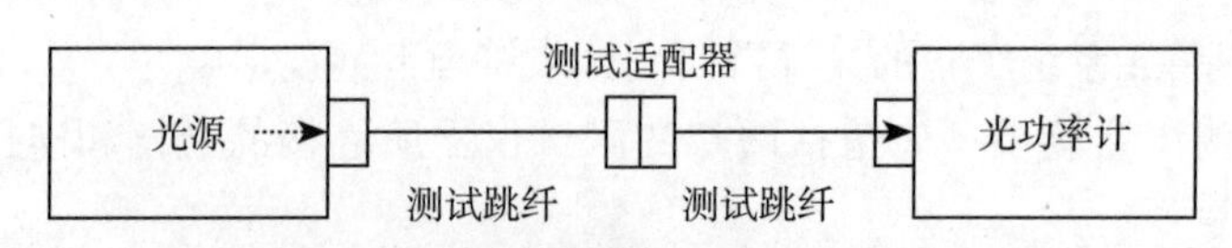

图 9-6　双跳线测试校准连接方式

❑“三跳线”测试方法：校准连接方式如图 9-8 所示，链路测试连接方式如图 9-9 所示，信道测试连接方式如图 9-10 所示。

7）屏蔽布线系统电缆。

①屏蔽布线系统电缆对绞线对的传输性能要求应符合《综合布线系统工程验收规范》

（GB 50312—2016）的规定。

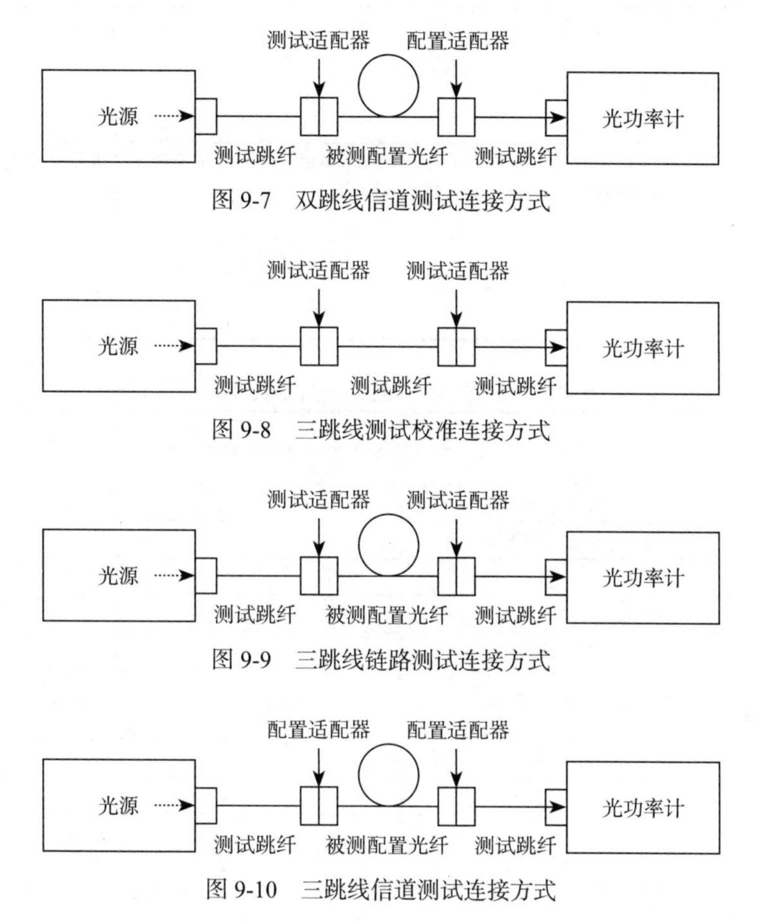

图 9-7　双跳线信道测试连接方式

图 9-8　三跳线测试校准连接方式

图 9-9　三跳线链路测试连接方式

图 9-10　三跳线信道测试连接方式

②电缆布线系统的屏蔽特性指标应符合设计要求。

8）布线系统各项测试结果应有详细记录，并应作为竣工资料的一部分。测试内容应按《综合布线系统工程验收规范》（GB 50312—2016）的规定，测试结果可采用自制表格、电子表格或仪表自动生成的报告文件等方式记录，表格形式与内容宜符合表 9-14 和表 9-15 的规定。

表 9-14　综合布线系统工程的电缆性能指标测试记录

<table>
<tr><td>工程项目名称</td><td colspan="2"></td><td rowspan="2">备注</td></tr>
<tr><td>工程编号</td><td colspan="2"></td></tr>
<tr><td rowspan="2">测试模型</td><td>链路（布线系统级别）</td><td></td><td></td></tr>
<tr><td>信道（布线系统级别）</td><td></td><td></td></tr>
<tr><td rowspan="3">信息点位置</td><td>地址码</td><td></td><td rowspan="3"></td></tr>
<tr><td>缆线标识编号</td><td></td></tr>
<tr><td>配线端口标识码</td><td></td></tr>
<tr><td>测试指标项目</td><td colspan="2">是否通过测试</td><td>处理情况</td></tr>
<tr><td></td><td colspan="2"></td><td></td></tr>
<tr><td></td><td colspan="2"></td><td></td></tr>
<tr><td></td><td colspan="2"></td><td></td></tr>
</table>

（续）

测试记录	测试日期、测试环境及工程实施阶段：
	测试单位及人员：
	测试仪表型号、编号、精度校准情况和制造商；测试连接图、采用软件版本、测试对绞电缆及配线模块的详细信息（类型和制造商，相关性能指标）：

表 9-15 综合布线系统工程的光纤性能指标测试记录

工程项目名称				备注
工程编号				
测试模型	链路（布线系统级别）			
	信道（布线系统级别）			
信息点位置	地址码			
	缆线标识编号			
	配线端口标识码			
测试指标项目	光纤类型	测试方法	是否通过测试	处理情况
测试记录	测试日期及工程实施阶段：			
	测试单位及人员：			
	测试仪表型号、编号、精度校准情况和制造商；测试连接图、采用软件版本、测试光缆及适配器的详细信息（类型和制造商，相关性能指标）：			

2. 国家标准制定的电气性能主要测试内容

（1）永久链路的电气性能主要测试内容

1）永久链路的电气性能测试的内容。综合布线系统工程设计中，100Ω 对绞电缆组成的永久链路的电气性能测试内容如下：

- ❑ 连接图
- ❑ 长度
- ❑ 回波损耗（RL）值
- ❑ 插入损耗（IL）值
- ❑ 近端串扰（NEXT）值

- ❑ 近端串扰功率和（PS NEXT）值
- ❑ 衰减近端串扰比（ACR-N）值
- ❑ 衰减近端串扰比功率和（PS ACR-N）值
- ❑ 衰减远端串扰比（ACR-F）值
- ❑ 衰减远端串扰比功率和（PS ACR-F）值
- ❑ 永久链路的直流环路电阻
- ❑ 最大传播时延
- ❑ 最大传播时延偏差
- ❑ 外部近端串扰功率和（PS ANEXT）值
- ❑ 外部近端串扰功率和平均值（PS ANEXTavg）
- ❑ 外部 ACR-F 功率和（PS AACR-F）值
- ❑ 外部 ACR-F 功率和平均值（PS AACR-Favg）
- ❑ 设计中特殊规定的测试内容
- ❑ 屏蔽层的导通

2）接线图的测试。接线图主要测试永久链路和信道电缆终接在工作区或电信间配线设备的 8 位模块式通用插座的方式是否正确。正确的线对组合为：1/2、3/6、4/5、7/8；分为非屏蔽和屏蔽两类，对于非 RJ-45 的连接方式按相关规定要求列出结果。

3）永久链路和信道布线链路缆线长度应在测试连接图所要求的极限长度范围之内。

4）3 类和 5 类永久链路和信道测试项目及性能指标应符合表 9-16 和表 9-17 的要求（测试条件为环境温度 20℃）。

表 9-16　3 类永久链路和信道性能指标

频率（MHz）	基本链路性能指标		信道性能指标	
	近端串扰（dB）	衰减（dB）	近端串扰（dB）	衰减（dB）
1.00	40.1	3.2	39.1	4.2
4.00	30.7	6.1	29.3	7.3
8.00	25.9	8.8	24.3	10.2
10.00	24.3	10.0	22.7	11.5
16.00	21.0	13.2	19.3	14.9
长度（m）	94	100	94	100

表 9-17　5 类永久链路和信道性能指标

频率（MHz）	基本链路性能指标		信道性能指标	
	近端串扰（dB）	衰减（dB）	近端串扰（dB）	衰减（dB）
1.00	60.0	2.1	60.0	2.5
4.00	51.8	4.0	50.6	4.5
8.00	47.1	5.7	45.6	6.3
10.00	45.5	6.3	44.0	7.0
16.00	42.3	8.2	40.6	9.2
20.00	40.7	9.2	39.0	10.3
25.00	39.1	10.3	37.4	11.4
31.25	37.6	11.5	35.7	12.8

（续）

频率（MHz）	基本链路性能指标		信道性能指标	
	近端串扰（dB）	衰减（dB）	近端串扰（dB）	衰减（dB）
62.50	32.7	16.7	30.6	18.5
100.0	29.3	21.6	27.1	24.0
长度（m）	94	100	94	100

注：永久链路长度为94m，包括90m水平缆线及4m测试仪表的测试电缆长度，不包括CP点。

5）5e类、6类和7类永久链路或CP链路测试项目及性能指标应符合以下要求：

- 回波损耗：布线系统永久链路或CP链路每一线对和布线两端的回波损耗值应符合规定；
- 插入损耗：布线系统永久链路或CP链路每一线对的插入损耗值应符合规定；
- 近端串扰：布线系统永久链路或CP链路每一线对和布线两端的近端串扰值应符合规定；
- 近端串扰功率和：只应用于布线系统的D、E、F级，布线系统永久链路或CP链路每一线对和布线两端的近端串扰功率和值应符合规定；
- 线对与线对之间的衰减串扰比：只应用于布线系统的D、E、F级，布线系统永久链路或CP链路每一线对和布线两端的ACR值应符合规定；
- ACR功率和：布线系统永久链路或CP链路每一线对和布线两端的PS ACR值应符合规定；
- 线对与线对之间等电平远端串扰：只应用于布线系统的D、E、F级。布线系统永久链路或CP链路每一线对的等电平远端串扰值应符合规定；
- 等电平远端串扰功率和：布线系统永久链路或CP链路每一线对的PS ELFEXT值应符合规定；
- 直流环路电阻：布线系统永久链路或CP链路每一线对的直流环路电阻应符合规定；
- 传播时延：布线系统永久链路或CP链路每一线对的传播时延应符合规定；
- 传播时延偏差：布线系统永久链路或CP链路所有线对间的传播时延偏差应符合规定。

（2）信道的电气性能主要测试内容

综合布线系统工程设计中，100Ω 对绞电缆组成的信道的电气性能测试的内容。

1）、2）、3）、4）同于永久链路。

5）5e类、6类和7类信道测试项目同于永久链路，但测试值不同。

3. 国家标准制定的光纤测试的主要测试内容

光纤测试主要内容：衰减和长度。

测试前应对所有的光连接器件进行清洗，并将测试接收器校准至零位。测试应包括以下内容：

- 在施工前进行器材检验时，一般检查光纤的连通性，必要时宜采用光纤损耗测试仪（稳定光源和光功率计组合）对光纤链路的插入损耗和光纤长度进行测试。
- 对光纤链路（包括光纤、连接器件和熔接点）的衰减进行测试，同时测试光跳线的衰减值并作为设备连接光缆的衰减参考值，整个光纤信道的衰减值应符合设计要求。
- 布线系统所采用光纤的性能指标及光纤信道指标应符合设计要求。不同类型的光缆在标称的波长下，每千米的最大衰减值应符合表 9-18 的规定。

表 9-18　光缆衰减

最大光缆衰减（dB/km）				
项目	OM1、OM2、OM3 多模		OS1 单模	
波长	850nm	1300nm	1310nm	1550nm
衰减	3.5	1.5	1.0	1.0

❑ 光缆布线信道在规定的传输窗口下测量出的最大光衰减（介入损耗）应不超过表 9-19 的规定，该指标已包括接头与连接插座的衰减在内。

表 9-19　光缆信道衰减范围

级别	最大信道衰减（dB）			
	单模		多模	
	1310nm	1550nm	850nm	1300nm
OF-300	1.80	1.80	2.55	1.95
OF-500	2.00	2.00	3.25	2.25
OF-2000	3.50	3.50	8.50	4.50

注：每个连接处的衰减值最大为 1.5 dB。

光纤链路的插入损耗极限值可用以下公式计算：

❑ 光纤链路损耗 = 光纤损耗 + 连接器件损耗 + 光纤连接点损耗
❑ 光纤损耗 = 光纤损耗系数（dB/km）× 光纤长度（km）
❑ 连接器件损耗 = 连接器件损耗 / 个 × 连接器件个数
❑ 光纤连接点损耗 = 光纤连接点损耗 / 个 × 光纤连接点个数

光纤链路损耗参考值如表 9-20 所示。

表 9-20　光纤链路损耗参考值

种类	工作波长（nm）	衰减系数（dB/km）
多模光纤	850	3.5
多模光纤	1300	1.5
单模室外光纤	1310	0.5
单模室外光纤	1550	0.5
单模室内光纤	1310	1.0
单模室内光纤	1550	1.0
连接器件衰减	0.75dB	
光纤连接点衰减	0.3dB	

9.3.4　电缆的认证测试的操作方法

电缆的认证测试分永久链路（基本链路）和信道两种测试方法。目前，北美地区主张基本链路测试的用户达 95%，而欧洲主张信道测试的用户也达到 95%，我国网络工程界倾向于北美的观点，基本上采用永久链路（基本链路）的测试方法。

永久链路测试如图 9-11 所示。

信道测试如图 9-12 所示。

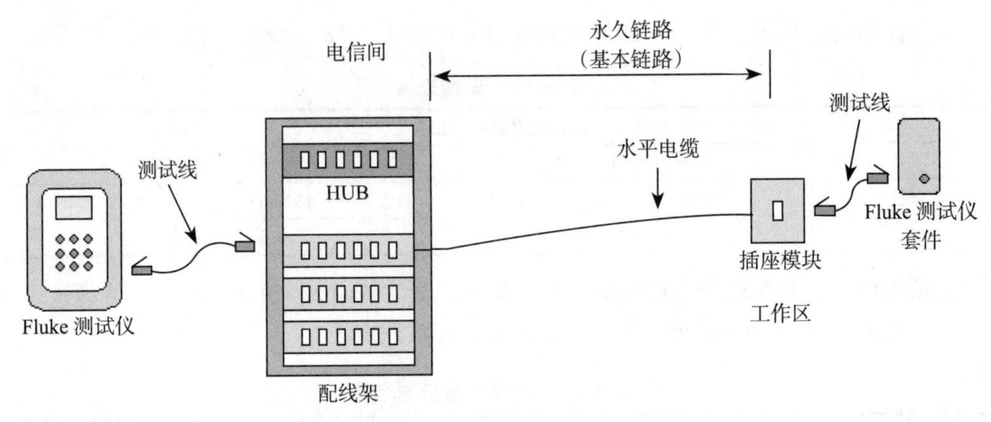

图 9-11　永久链路测试

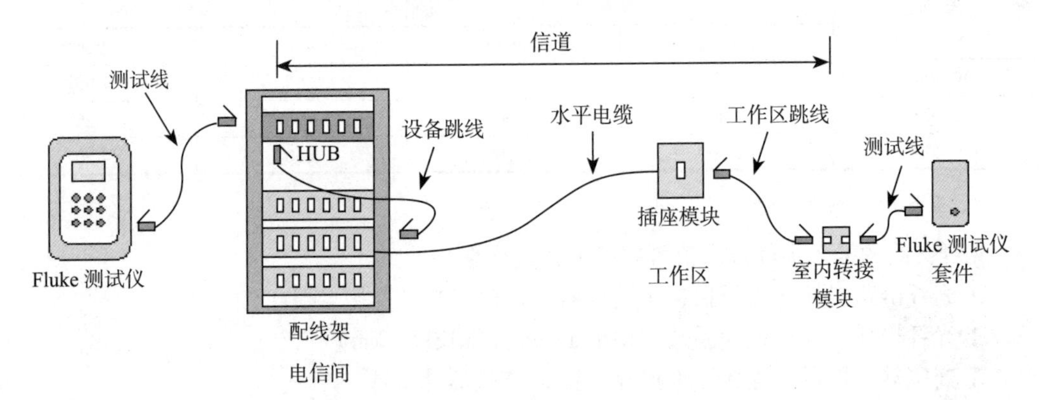

图 9-12　信道测试

进行电缆的认证测试需要测试仪和操作技术人员，测试操作如图 9-13 所示。

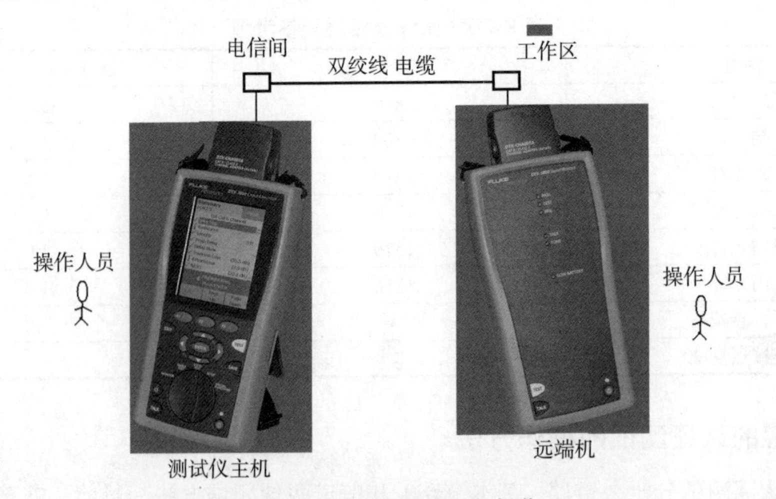

图 9-13　电缆认证测试的操作

主机操作人员使用操作测试仪时要重点注意以下内容：

- 打开测试仪，看测试仪是否工作。
- 对测试校准，是测试 568A 还是 568B？

❑ 测试仪连接到双绞线电缆的端口。

❑ 测试仪的双绞线电缆。

❑ 存储测试结果。

远端机操作人员把测试仪附件连接到双绞线电缆的端口中。

9.4 电缆认证测试

9.4.1 用 Fluke DTX 电缆分析仪认证测试一条电缆（UTP）

1. 测试仪主机和远端机

Fluke DTX 电缆分析仪分测试仪主机和远端机，如图 9-14 所示。

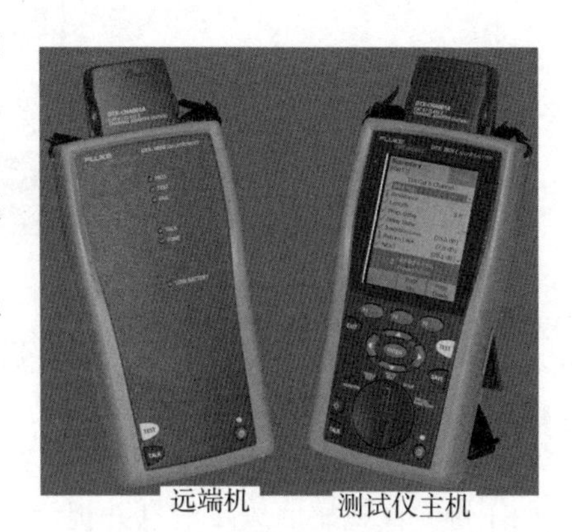

图 9-14　Fluke DTX 电缆分析仪分测试仪主机和远端机

2. 测试步骤

1）连接被测永久链路。将测试仪主机和远端机连上被测链路。

2）按绿键启动 Fluke DTX ，如图 9-15a 所示，并选择中文或英文界面。

3）选择双绞线、测试类型和标准。

①将旋钮转至 SETUP，如图 9-15b 所示；

②选择“Twisted Pair”；

③选择“Cable Type”；

④选择“UTP”；

⑤选择“Cat 6 UTP”；

⑥选择“Test Limit”；

⑦选择“TIA Cat 6 Perm.Link”，如图 9-15c 所示。

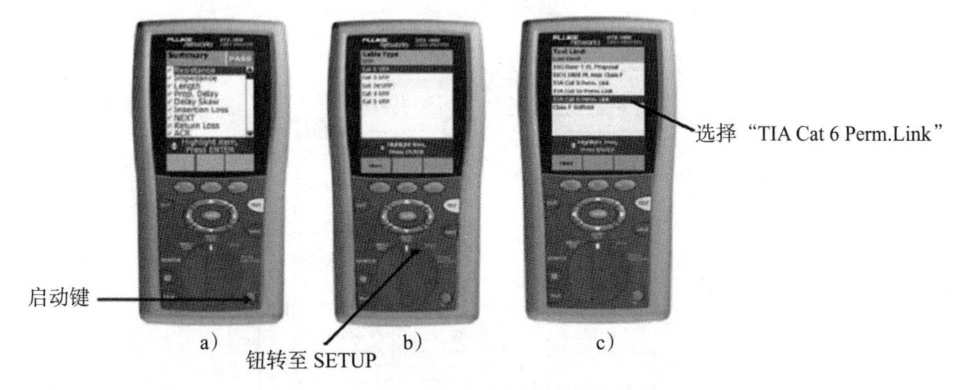

图 9-15　测试步骤

4）按 TEST 键，启动自动测试，最快 9s 完成一条正确链路的测试。

5）在 DTX 系列测试仪中为测试结果命名。测试结果名称（见图 9-16）可以是：

①通过 LinkWare 预先下载；

②手动输入；

③自动递增；

④自动序列。

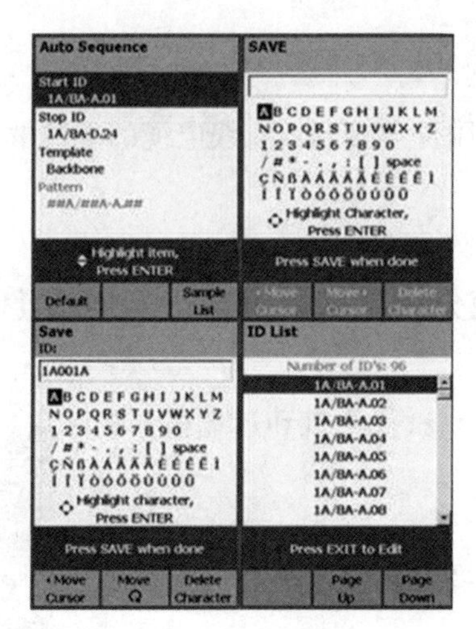

图 9-16　测试结果命名

6）保存测试结果。测试通过后，按“ SAVE”键保存测试结果，结果可保存于内部存储器和 MMC 多媒体卡中。

7）故障诊断。测试中出现“失败”时，要进行相应的故障诊断测试。按“故障信息键”（F1 键）直观显示故障信息并提示解决方法，再启动 HDTDR 和 HDTDX 功能，扫描定位故障。查找故障后，排除故障，重新进行自动测试，直至指标全部通过为止。

8）结果发送至管理软件 LinkWare。

当所有要测的信息点测试完成后，将移动存储卡上的结果送到安装在计算机上的管理软件 LinkWare 进行管理分析。LinkWare 软件可提供几种形式的用户测试报告，图 9-17 所示为其中的一种。

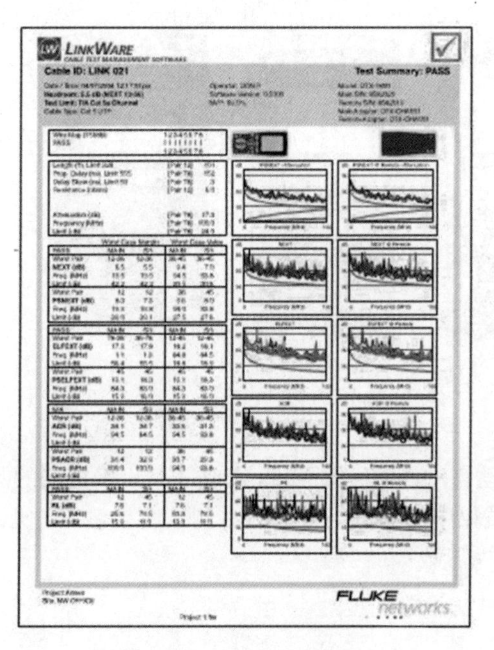

图 9-17　测试结果报告

9）打印输出。可从 LinkWare 打印输出，也可通过串口将测试主机直接连接打印机打印。

9.4.2　一条电缆（UTP）的认证测试报告

一条电缆（5 类、超 5 类、6 类线）经测试仪测试后，将向用户提供一份认证测试报告。5 类测试报告的内容如表 9-21 所示。6 类测试报告的内容如表 9-22 所示。

表 9-21　一条电缆（5 类）的认证测试报告

<table>
<tr><th>接线图</th><th colspan="2">结果</th><th colspan="4">RJ-45 PLN：1 2 3 4 5 6 7 8 S
| | | | | | | | |
RJ-45 PIN：1 2 3 4 5 6 7 8 S</th></tr>
<tr><td>线对</td><td>1，2</td><td>3，6</td><td>4，5</td><td>7，8</td><td></td><td></td></tr>
<tr><td>特性阻抗（ohms）</td><td>107</td><td>109</td><td>110</td><td>110</td><td></td><td></td></tr>
<tr><td>极限（ohms）</td><td>80 ～ 120</td><td>80 ～ 120</td><td>80 ～ 120</td><td>80 ～ 120</td><td></td><td></td></tr>
<tr><td>结果</td><td>Pass</td><td>Pass</td><td>Pass</td><td>Pass</td><td></td><td></td></tr>
<tr><td>电缆长度（m）</td><td>23.7</td><td>23.1</td><td>23.3</td><td>23.1</td><td></td><td></td></tr>
<tr><td>极限（m）</td><td>100</td><td>100</td><td>100</td><td>100</td><td></td><td></td></tr>
<tr><td>结果</td><td>Pass</td><td>Pass</td><td>Pass</td><td>Pass</td><td></td><td></td></tr>
<tr><td>合适延迟（ns）</td><td>115</td><td>112</td><td>113</td><td>112</td><td></td><td></td></tr>
<tr><td>阻抗（ohms）</td><td>5.1</td><td>6.3</td><td>7.7</td><td>6.4</td><td></td><td></td></tr>
<tr><td>衰减（dB）</td><td>5.0</td><td>5.4</td><td>5.4</td><td>5.1</td><td></td><td></td></tr>
<tr><td>极限（dB）</td><td>24.0</td><td>24.0</td><td>23.9</td><td>24.0</td><td></td><td></td></tr>
<tr><td>安全系统（dB）</td><td>19.0</td><td>18.6</td><td>18.5</td><td>18.9</td><td></td><td></td></tr>
<tr><td>安全系统（%）</td><td>79.2</td><td>77.5</td><td>77.4</td><td>78.8</td><td></td><td></td></tr>
<tr><td>频率（MHz）</td><td>100.0</td><td>100.0</td><td>99.1</td><td>100.0</td><td></td><td></td></tr>
<tr><td>结果</td><td>Pass</td><td>Pass</td><td>Pass</td><td>Pass</td><td></td><td></td></tr>
<tr><td>线对组</td><td>1，2-3，6</td><td>1，2-4，5</td><td>1，2-7，8</td><td>3，6-4，5</td><td>3，6-7，8</td><td>4，5-7，8</td></tr>
<tr><td>近端串扰（dB）</td><td>45.0</td><td>43.5</td><td>50.7</td><td>39.1</td><td>55.1</td><td>46.5</td></tr>
<tr><td>极限（dB）</td><td>32.0</td><td>29.1</td><td>37.1</td><td>31.8</td><td>39.5</td><td>31.1</td></tr>
<tr><td>安全系数（dB）</td><td>13.0</td><td>14.4</td><td>13.6</td><td>7.3</td><td>15.6</td><td>15.4</td></tr>
<tr><td>频率（MHz）</td><td>52.5</td><td>76.7</td><td>26.2</td><td>53.8</td><td>18.8</td><td>58.4</td></tr>
<tr><td>结果</td><td>Pass</td><td>Pass</td><td>Pass</td><td>Pass</td><td>Pass</td><td>Pass</td></tr>
<tr><td>远端串扰（dB）</td><td>41.8</td><td>51.6</td><td>47.2</td><td>38.7</td><td>56.0</td><td>47.4</td></tr>
<tr><td>极限（dB）</td><td>27.4</td><td>35.9</td><td>30.8</td><td>31.8</td><td>40.7</td><td>31.2</td></tr>
<tr><td>安全系数（dB）</td><td>14.4</td><td>15.7</td><td>16.4</td><td>6.9</td><td>15.3</td><td>16.2</td></tr>
<tr><td>频率（MHz）</td><td>96.9</td><td>30.8</td><td>61.5</td><td>53.7</td><td>16.0</td><td>58.1</td></tr>
<tr><td>结果</td><td>Pass</td><td>Pass</td><td>Pass</td><td>Pass</td><td>Pass</td><td>Pass</td></tr>
</table>

从表 9-21 中可以看到下列几组重要的数据；

1）接线图（Wire Map Pass）

RJ-45 PLN:1 2 3 4 5 6 7 8 S

| | | | | | | | |

RJ-45 PIN: 1 2 3 4 5 6 7 8 S

表明接线正确。

2）线对（Pair）：1，2，3，6，4，5，7，8。

- ❑ 特性阻抗（Impedance（Ω））
- ❑ 电缆长度（Length（m））
- ❑ 合适延迟（Prop Delay（ns））
- ❑ 阻抗（Resistance（Ω））
- ❑ 衰减（Attenuation（dB））

它们下面显示的Pass表示成功（在限定值范围内），如果超过限定值，则显示Fall，表示失败，不能通过测试。

3）线对组（Pair）。

- ❑ 近端串扰（NEXT（dB））
- ❑ 远端串扰（FEXT@ Remote（dB））

当它的对应结果为Pass（成功）时，结果符合标准。当测试超5类、6类线时应选择DSP4000测试仪。

表 9-22　一条电缆（6类）的认证测试报告

电缆识别名：ELITE1000X-CHANNEL CAT 6 PATCH CORD 地点：4 POINT CONNECT 操作人员：LEE 测试限版本：5.11 软件版本：3.902 NVP：68.3%　　阻抗异常临界值：15% 屏蔽测试：不适用	测试总结果：通过 余量：7.6dB（远端近端串扰　36-78） 日期 / 时间：12/17/2002　08:14:50pm 测试限：TIA Cat 6　Channel 电缆类型：UTP　100　Ohm　Cat　6 DSP-4000　　S/N:7393076　LIA　013 DSP-4000SR　S/N:7393076　LIA　012

接线图　通过	结果	RJ-45 PIN:	1	2	3	4	5	6	7	8	S
			|	|	|	|	|	|	|	|	|
		RJ-45 PIN:	1	2	3	4	5	6	7	8	S

线对	长度 (ft)	极限值	传输时延 ns	极限值	时延偏离 ns	极限值	电阻值 欧姆	极限值	特性阻抗 欧姆	极限值	异常点 (ft)	衰减 结果 (dB)	频率 MHz	极限值 (dB)
12	321	328	478	555	21	50						6.8	250.0	36.0
36	309	328	460	555	3	50						8.0	247.5	35.8
45	318	328	473	555	16	50						7.5	249.5	36.0
78	307	328	457	555	0	50						8.9	250.0	36.0

	主机结果						远端结果					
	最差余量			最差值			最差余量			最差值		
线对	结果 (dB)	频率 MHz	极限值 (dB)	结果 (dB)	频率 MHz	极限值 (dB)	结果 (dB)	频率 MHz	极限值 (dB)	结果 (dB)	频率 MHz	极限值 (dB)
RL												
12	6.6	13.8	18.3	9.6	141.5	10.5	5.5	3.3	19.0	10.9	234.0	8.3
36	7.5	3.4	19.0	10.0	249.5	8.0	6.0	3.4	19.0	9.0	233.5	8.3
45	7.2	3.3	19.0	10.1	242.0	8.2	6.6	3.3	19.0	10.9	241.5	8.2
78	8.8	6.6	19.0	13.6	247.5	8.1	6.0	3.4	19.0	13.3	189.5	9.2
PSNEXT												
12	11.5	4.6	59.6	13.8	233.0	30.7	10.2	196.0	32.0	10.7	249.5	30.2
36	9.8	229.5	30.8	9.8	229.5	30.8	7.8	226.0	30.9	7.8	226.0	30.9
45	9.2	232.0	30.7	9.2	232.0	30.7	7.6	250.0	30.1	7.6	250.0	30.1
78	9.9	4.6	59.6	11.8	250.0	30.1	8.0	235.0	30.6	8.0	235.0	30.6

（续）

PSACR												
12	12.0	4.6	55.4	20.8	238.0	−4.5	12.5	4.6	55.4	17.6	249.5	−5.8
36	11.0	12.0	45.8	17.9	229.5	−3.5	10.8	12.0	45.8	15.9	226.0	−3.0
45	11.6	2.8	58.7	16.4	232.5	−3.8	11.9	17.6	41.5	15.1	249.5	−5.8
78	10.6	4.6	55.4	20.6	250.0	−5.8	9.0	4.6	55.4	16.4	235.0	−4.1
NEXT												
12−36	13.1	9.0	57.4	16.6	203.0	34.7	10.4	191.5	35.1	10.4	191.5	35.1
12−45	11.2	32.4	48.2	11.8	233.0	33.7	8.5	249.5	33.1	8.5	249.5	33.1
12−78	10.9	4.6	62.1	16.3	250.0	33.1	10.3	4.6	62.1	14.3	237.0	33.6
36−45	8.4	232.0	33.7	8.4	232.0	33.7	8.8	226.5	33.9	8.8	226.5	33.9
36−78	8.8	12.0	55.3	10.1	229.0	33.8	7.6	210.5	34.5	7.9	226.0	33.9
45−78	10.3	20.2	51.6	11.1	236.0	33.6	7.7	246.0	33.3	7.7	246.0	33.3
ACR												
12−36	14.1	8.9	51.5	23.8	202.5	3.0	13.3	8.9	51.5	19.2	213.5	1.6
12−45	12.9	32.4	36.6	18.9	233.0	−0.9	12.9	32.2	36.7	15.9	249.5	−2.8
12−78	11.6	4.6	57.9	25.2	250.0	−2.9	11.0	4.6	57.9	23.0	237.0	−1.4

9.5 双绞线测试错误的解决方法

对双绞线进行测试时，接线正确的连线图要求端到端的相应针按下面的方式连接：1 对 1，2 对 2，3 对 3，4 对 4，5 对 5，6 对 6，7 对 7，8 对 8。

如果接错，便有开路、短路、反向、交错和串对 5 种情况出现。可能产生的问题有：近端串扰未通过、衰减未通过、接线图未通过、长度未通过等，现分别叙述如下。

9.5.1 近端串扰未通过

近端串扰未通过（Fail）的原因可能有：

- 近端连接点有问题。
- 远端连接点短路。
- 串对。
- 外部噪声。
- 链路线缆和接插件性能问题或不是同一类产品。
- 线缆的端接有质量问题。

9.5.2 衰减未通过

衰减未通过（Fail）的原因可能有：

- 长度过长。
- 温度过高。
- 连接点问题。
- 链路线缆和接插件性能问题或不是同一类产品。
- 线缆的端接有质量问题。

9.5.3　接线图未通过

接线图未通过（Fail）的原因可能有：

- ❑ 两端的接头有断路、短路、交叉、破裂开路。
- ❑ 跨接错误（某些网络需要发送端和接收端跨接，当为这些网络构筑测试链路时，由于设备线路的跨接，测试接线图会出现交叉）。

接线图正常如图 9-18 所示。

接线图开路如图 9-19 所示。

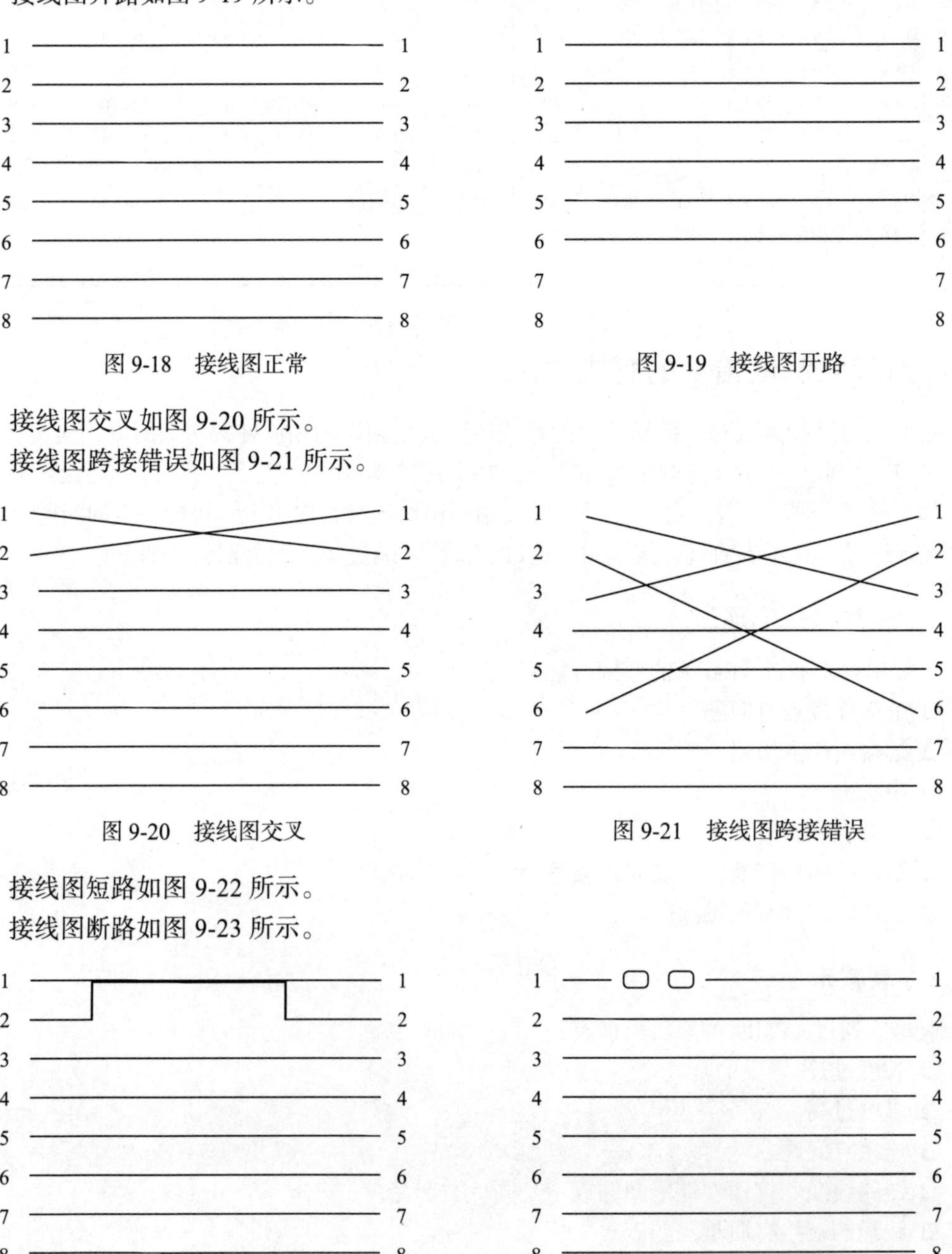

图 9-18　接线图正常

图 9-19　接线图开路

接线图交叉如图 9-20 所示。

接线图跨接错误如图 9-21 所示。

图 9-20　接线图交叉

图 9-21　接线图跨接错误

接线图短路如图 9-22 所示。

接线图断路如图 9-23 所示。

图 9-22　接线图短路

图 9-23　接线图断路

9.5.4　长度未通过

长度未通过（Fail）的原因可能有：

- ❑ NVP 设置不正确，可用已知的好线确定并重新校准 NVP。
- ❑ 实际长度过长。
- ❑ 开路或短路。
- ❑ 设备连线及跨接线的总长度过长。

9.5.5　测试仪问题

- ❑ 测试仪不启动，可更换电池或充电。
- ❑ 测试仪不能工作或不能进行远端校准，应确保两台测试仪都能启动，并有足够的电池或更换测试线。
- ❑ 测试仪设置为不正确的电缆类型，应重新设置测试仪的参数、类别、阻抗及标称的传播速度。
- ❑ 测试仪设置为不正确的链路结构，按要求重新设置为基本链路或通路链路。
- ❑ 测试仪不能存储自动测试结果，确认所选的测试结果名字是唯一的，或检查可用内存的容量。
- ❑ 测试仪不能打印存储的自动测试结果，应确定打印机和测试仪的接口参数设置成一样，或确认测试结果已被选为打印输出。

9.5.6　DTX 的故障诊断

综合布线存在的故障包括接线图错误、电缆长度问题、衰减过大、近端串扰过高和回波损耗过高等。超 5 类和 6 类标准对近端串扰和回波损耗的链路性能要求非常严格，即使所有元件都达到规定的指标且施工工艺也可达到满意的水平，但非常可能的情况是链路测试失败。为了保证工程合格，故障需要及时解决，因此对故障的定位技术和定位的准确度提出了较高的要求，诊断能力可以节省大量的故障诊断时间。DTX 电缆认证分析仪采用两种先进的高精度时域反射分析和高精度时域串扰分析对故障定位分析。

1. 高精度时域反射分析

高精度时域反射（High Definition Time Domain Reflectometry，HDTDR）分析主要用于测量长度、传输时延（环路）、时延偏差（环路）和回波损耗等参数，并针对有阻抗变化的故障进行精确定位，用于与时间相关的故障诊断。

该技术通过在被测试线对中发送测试信号，同时监测信号在该线对的反射相位和强度来确定故障的类型，通过信号发生反射的时间和信号在电缆中传输的速度可以精确地报告故障的具体位置。测试端发出测试脉冲信号，当信号在传输过程中遇到阻抗变化就会产生反射，不同的物理状态所导致的阻抗变化是不同的，而不同的阻抗变化对信号的反射状态也是不同的。当远端开路时，信号反射并且相位未发生变化，而当远端为短路时，反射信号的相位发生了变化，如果远端有信号终结器，则没有信号反射。测试仪就是根据反射信号的相位变化和时延来判断故障类型和距离的。

2. 高精度时域串扰分析

高精度时域串扰（High Definition Time Domain Crosstalk，HDTDX）分析，通过在一个线对上发出信号的同时，在另一个线对上观测信号的情况来测量串扰相关的参数以及故障诊断，以往对近端串扰的测试仅能提供串扰发生的频域结果，即只能知道串扰发生在哪个频点，并不能报告串扰发生的物理位置，这样的结果远远不能满足现场解决串扰故障的需求。由于是在时域进行测试，因此根据串扰发生的时间和信号的传输速度可以精确地定位串扰发生的物理位置。这是目前唯一能够对近端串扰进行精确定位并且不存在测试死区的技术。

3. 故障诊断步骤

在布线系统中两个主要的“性能故障”分别是：近端串扰（NEXT）和回波损耗（RL）。下面介绍这两类故障的分析方法。

（1）使用 HDTDX 诊断 NEXT

1）当线缆测试不通过时，先按“故障信息键”（F1 键），如图 9-24 所示，此时将直观显示故障信息并提示解决方法。

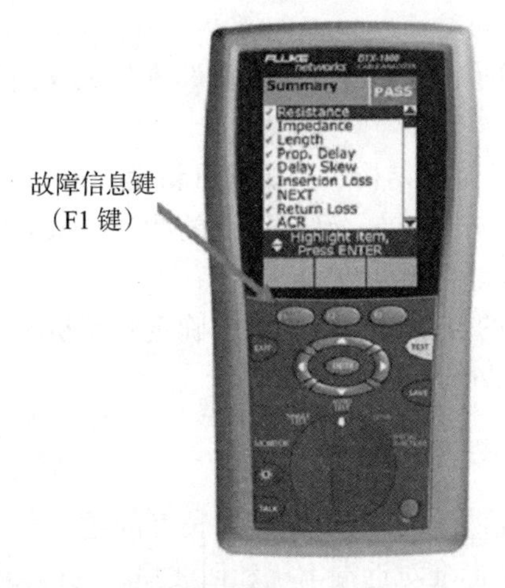

图 9-24　按“故障信息键”（F1 键）获取故障信息

2）评估 NEXT 的影响，按“EXIT”键返回摘要屏幕。

3）选择“HDTDX Analyzer”，HDTDX 显示更多线缆和连接器的 NEXT 详细信息。如图 9-25 所示，左图故障是 58.4m 集合点端接不良导致 NEXT 不合格，右图故障是线缆质量差，或是使用了低级别的线缆造成整个链路 NEXT 不合格。

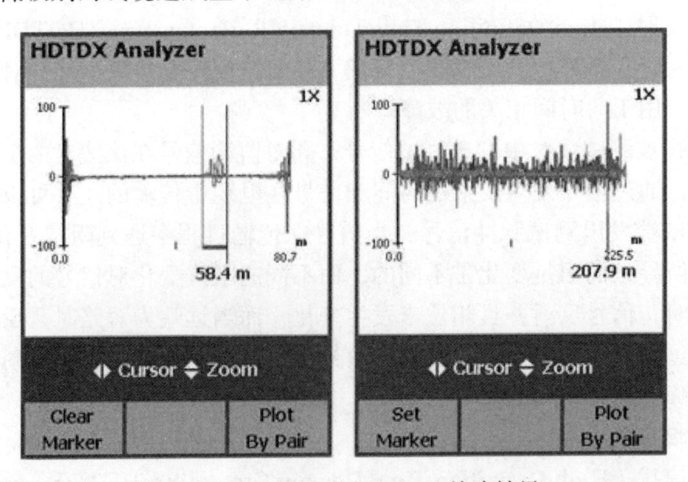

图 9-25　HDTDX 分析 NEXT 故障结果

（2）使用 HDTDR 诊断 RL

1）当线缆测试不通过时，先按“故障信息键”（F1 键），如图 9-26 所示，此时将直观显示故障信息并提示解决方法。

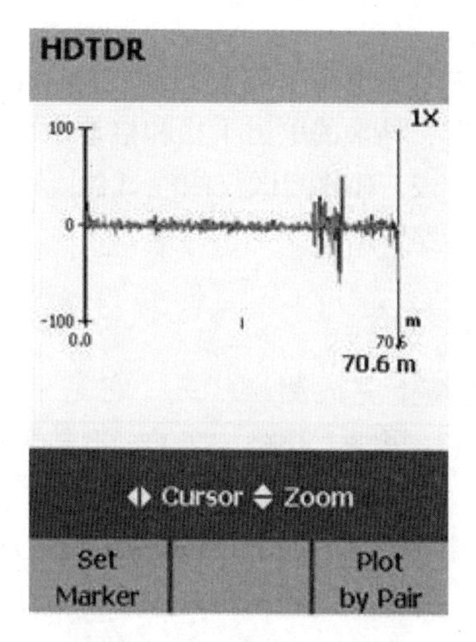

图 9-26　70.6m 处 RL 异常

2）评估 RL 的影响，按“EXIT”键返回摘要屏幕。

3）选择“HDTDR Analyzer”，HDTDR 显示更多线缆和连接器的 RL 详细信息，如图 9-26 所示，70.6m 处 RL 异常。

9.5.7　手持式测试仪的使用问题

手持式测试仪的主要功能是测试电缆的连通性，验证“线缆连接是否正确”，不能进行电缆的认证测试。

手持式测试仪如图 9-27 所示。

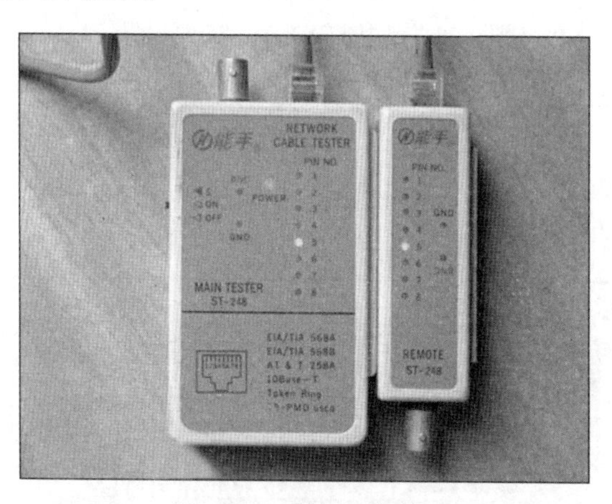

图 9-27　手持式测试仪

9.6　大对数电缆测试

大对数电缆多用于综合布线系统的语音主干线，它比 4 对线缆的双绞线使用要多得多。

建议数据传输主干线不要采用 4 对线缆。语音主干线测试时，例如 25 对线缆，一般有两种测试方法：

❑ 用 25 对线测试仪测试

❑ 分组用双绞线测试仪测试

用 25 对线测试仪测试可在无源电缆上完成测试任务。它同时测 25 对线的连续性、短路、开路、交叉、有故障的终端、外来的电磁干扰和接地中出现的问题。

要测试的导线两端各接一个 25 对线测试仪的测试器。用这两个测试器共同完成测试工作，在它们之间形成一条通信链路。

9.6.1　TEXT-ALL25 测试仪简介

TEXT-ALL25 可在无源电缆上完成测试任务。它是一个自动化的测试系统。TEXT-ALL25 同时测 25 对线的连续性、短路、开路、交叉、有故障的终端、外来的电磁干扰和接地中出现的问题。

要测试的导线两端各接一个 TEXT-ALL25 测试器。用这两个测试器共同完成测试工作，在它们之间形成一条通信链路，如图 9-28 所示。

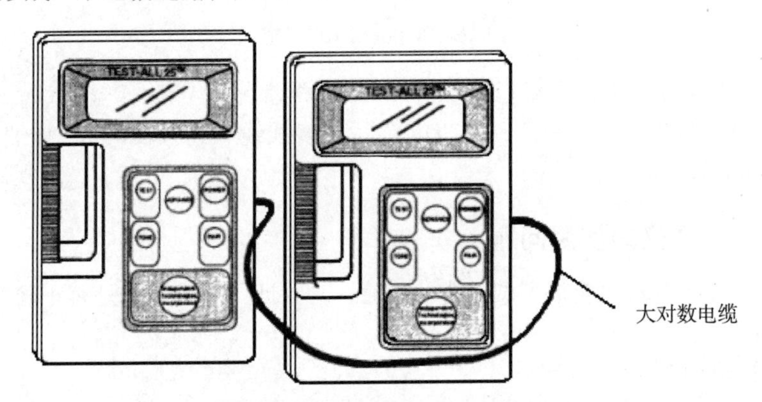

图 9-28　使用 TEXT-ALL25 两端测试

9.6.2　操作说明

TEXT-ALL25 测试器使用了一个大屏幕的彩色液晶显示屏，如图 9-29 所示。它能显示用户工作方式以及测试的结果。

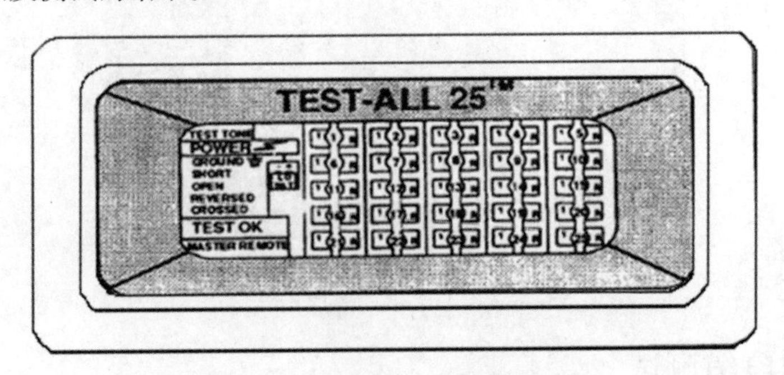

图 9-29　TEXT-ALL25 液晶显示屏

液晶显示屏从 1 ～ 25 计数指示电缆对，在每个数字的左边有一个绿色符号表示其正常，而在每个数字的右边有一个红色符号表示该电缆对的坏路。

在该测试器面板上有 5 个控制按钮，在其右边板上有 5 个连接插座。

控制按钮开关如图 9-30 所示。

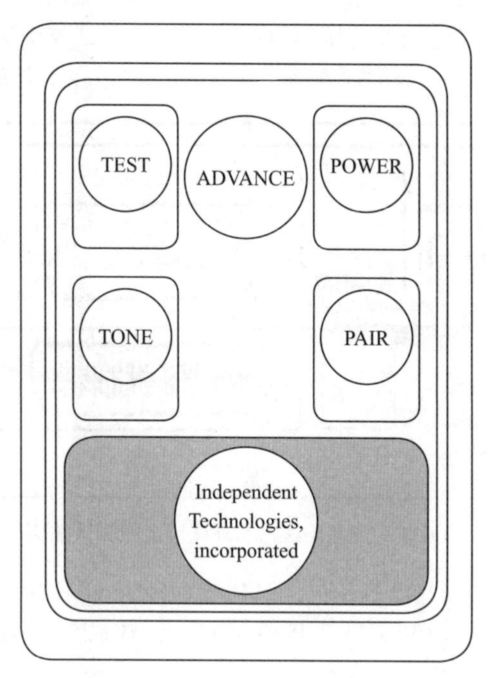

图 9-30 控制按钮开关

- POWER——在测试仪右上角有一个电源开关。当整个测试系统安装完毕，打开测试器电源开关，该仪器就开始进行自动测试（为了进行自动测试总是先要连接电缆，然后打开测试器的电源，这样可以防止测试仪将测出的电缆故障作为测试设备内部故障来显示）。
- PAIR——绿色开关置于测试仪的右下角，使用户可以选择一次测试 25 对、……、4 对、3 对、2 对、1 对。测试仪一打开电源总是工作在 25 对方式，除非用户选择另一种方式。
- TONE——按钮使测试仪具有声波功能。当 TONE 按钮处于工作状态时，TONE 出现显示屏上。一个光源照亮了线对的绿色或红色字符。在线对需要时 TONE 能使用推进式按钮。
- TEST——按钮开始顺序测试。在双端测试中，TEXT-ALL25 测试仪有一个可操作的测试（text）按钮，这是最基本的装置（控制器），而另一个装置作为远程装置需要重新调整。
- ADVANCE——按钮用于选择发出声音的电缆对，或选择用户所希望查看的故障指示。当测试完成时，同时显示所有发现的故障。当发现的故障是在一个以上时，闪光显示的部分也许很难看懂。通过操作 ADVANCE 按钮，测试再次开始循环，并停在第一个故障情况的显示上，再次推动 ADVANCE 按钮，下一个故障情况出现等（该特性可用于查错时重新测试的多故障情况）。

9.6.3 测试连接插座

测试仪上的测试插座如图 9-31 所示。其中：

- ❑ Ground 插座提供接地插座并使设备接地正确，这样做的目的是保证测试结果正确。
- ❑ 25 Pair Connector 插座允许连接的电缆直接插入测试仪中进行测试。它也可应用 25 对测试软件和 25 对 110 硬件适配器，便于测试中访问 110 系统。

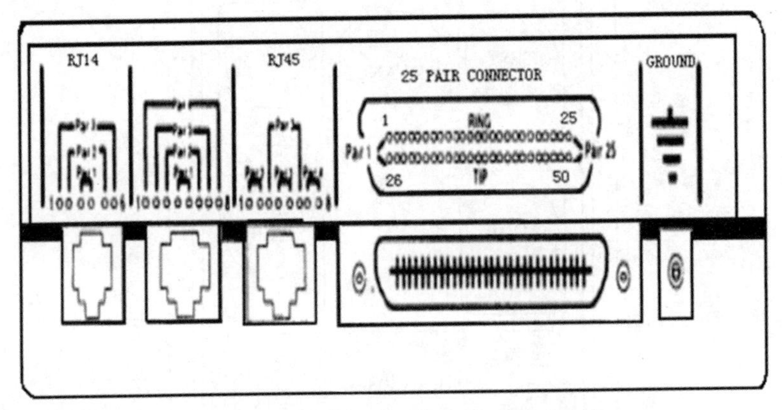

图 9-31　TEXT-ALL25 测试仪上的测试插座

- ❑ RJ-45 插座允许带有 RJ-45 插头的测试软线直接插入测试仪中进行测试。
- ❑ RJ-45 插座允许 RJ-14 和 FJ-11 直接插入 TEXT-ALL25 进行测试。

9.6.4 自动测试程序

1. 自检

把要测试的大对数电缆连接到测试仪插座上，打开 TEXT-ALL25 测试仪电源开关。测试仪自动完成自检程序，以保证整个系统测试精确。下面是操作者在显示屏上能观察到的信息：

1）当测试仪检查它的内部电路时，在彩色屏幕上显示文字、数字和符号，大约 1s；

2）接着，如果测试仪整个系统正常，屏幕先变黑，然后明显地显示 TEXT OK，大约 1s；

3）然后，MASTER 闪光和在屏幕右边显示数字，表示该测试器已经准备好，可以使用。

2. 通信

一旦自检程序完成之后，保证该测试仪已经连到一个电路上，并着手进行与远端通信。通信链路总是被测电缆中的第一个电缆对。当通信链路已经成功建立，MASTER 照亮在第一个测试仪的显示窗口上，而 REMOTE 照亮在远端的第二个测试仪上。

在使用另一个测试仪不能正常通信的情况下，MASTER 闪烁，指标不能通信，要进行再次尝试，TEST 按钮必须再次压入。

3. 电源故障测试

TEXT-ALL25 照亮 POWER FAULT 完成电源故障测试时，能检查通交流或直流电的所有 50 根导线。如果所测电压（交流或直流）等于或高于 15V，该电压在两端测试仪的显示屏上照亮后显示出来，并终止测试程序（当指出有电源故障而且确实存在电源故障时，常常需要重新测试。因为有时电缆上的静电会造成电源故障指示错误）。

请注意，接地导体良好，可以防止测试时因静电产生电压指示差错。

4. 接地故障测试

屏幕显示 GROUND FAULT，表示正在进行接地测试。该测试表示在两端的测试仪上连接一根外部接地导线。

首先测试地线的连续性。包括地线已连到两个测试仪上，电缆的两端及其地电位。不同电平的电压常常在于大楼地线上形成噪声，从而影响传输质量，该地线连续性测试是为了检查地线连接的正确性。

已接地的导线用 TEXT-ALL25 测试和完成端到端的地线性能测试时，可能造成噪声或电缆故障（测试参考值为 75000Ω 或小于地线与导线之间的阻值，均被认为是存在接地故障）。

5. 连续性测试

下面的测试是完成端到端线对的测试。

- ❑ Shorts（短路）——所测试的导线与其他导体短路（6000Ω 或小于导线之间的电阻，称为短路）。
- ❑ Open（开路）——测试的导线为开路的导线（测试仪之间端到端大于 2600Ω，称为开路导线）。
- ❑ Reversed（反接）——为了测试端到端线对的正确性，当进行连续性测试时，要保证每一个被测导线连到其他测试仪。
- ❑ Crossed（交叉）——为了测试所有的导线是否端到端正确连接，还应检查所测电缆组中是否有与其他导线交叉连接的情况（这就是常说的易位）。

当所有测试令人满意地完成，而且测试过程中没有发现任何故障，这时屏幕上出现照亮的 TEST OK。

大对数线的测试也可以用测试双绞线的测试仪来分组测试，每 4 对一组，当测到第 25 对时，向前错位 3 对线。这种测试方法是较为常用的。

9.7 光缆测试技术

9.7.1 光纤测试技术概述

1. 简述

由于在光缆系统的实施过程中，涉及光缆的敷设、光缆的弯曲半径、光纤的熔接、跳线，更由于设计方法及物理布线结构的不同，导致两网络设备间的光纤路径上光信号的传输衰减有很大不同，为了确保通信畅通，所以需要对光纤进行测试。无论是布线施工人员，还是网络维护人员，都有必要掌握光纤链路测试的技能。

在光纤的应用中，光纤本身的种类很多，但光纤及其系统的基本测试方法，大体上都是一样的，所使用的设备也基本相同。对光纤或光纤系统，其基本的测试内容有：连续性和衰减 / 损耗。测量光纤输入功率和输出功率，分析光纤的衰减 / 损耗，确定光纤连续性和发生光损耗的部位等。

光纤的衰减是光信号沿光纤传输时，光功率的损失即为光纤的衰减，衰减 A 以分贝（dB）为单位。

$$A=10\lg P1/P2\ (dB)$$

其中 P1 和 P2 分别是注入端和输出端的光功率。

光纤衰减常数的标准为：在1310mm波长上，衰减平均值应小于等于0.36dB/km，衰减最大值应小于等于0.4dB/km；在1550mm波长上，衰减平均值应小于等于0.22dB/km，衰减最大值应小于等于0.25dB/km；光纤接续时，其双向平均接头损耗不得大于0.08dB。

测量光纤的各种参数之前，必须做好光纤与测试仪器之间的连接。目前，有各种各样的接头可用，但如果选用的接头不合适，就会造成损耗，或者造成光学反射。例如，在接头处，光纤不能太长，即使长出接头端面1μm，也会因压缩接头而使之损坏。反过来，若光纤太短，则又会产生气隙，影响光纤之间的耦合。因此，应该在进行光纤连接之间，仔细地平整及清洁端面，并使之适配。

目前，绝大多数的光纤系统都采用标准类型的光纤、发射器和接收器。如纤芯为62.5μm的多模光纤和标准发光二极管LED光源，工作在850nm的光波上。这样就可以大大减少测量中的不确定性。而且，即使是用不同厂家的设备，也可以很容易地将光纤与仪器进行连接，可靠性和重复性也很好。

2. 测试仪器精确度

光纤测试仪由两个装置组成：一个是光源，它接到光纤的一端发送测试信号；另一个是光功率计，它接到光纤的另一端，测量发来的测试信号。测试仪器的动态范围是指仪器能够检测的最大和最小信号之间的差值，通常为60dB。高性能仪器的动态范围可达100dB甚至更高。在这一动态范围内功率测量的精确度通常被称为动态精确度或线性精度。

功率测量设备有一些共同的缺陷：高功率电平时，光检测器呈现饱和状态，因而增加输入功率并不能改变所显示的功率值；低功率电平时，只有在信号达到最小阈值电平时，光检测器才能检测到信号。

在高功率和低功率之间，功率计内的放大电路会产生三个问题。常见的问题是偏移误差，它使仪器恒定地读出一个稍高或稍低的功率值。大多数情况下，最值得注意的问题是量程的不连续，当放大器切换增益量程时，它使功率显示值发生跳变。无论是在手动，还是在更经常遇到的自动（自动量程）状态下，典型的切换增量为10dB。一个较少见的误差是斜率误差，它导致仪器在某种输入电平上读数值偏高，而在另一些点上却偏低。

3. 测量仪器校准

为了使测量的结果更准确，首先应该对功率计进行校准。但是，即使是经过了校准的功率计也有大约 ±5%（0.2dB）的不确定性。这就是说，用两台同样的功率计去测量系统中同一点的功率，也可能会相差10%。

其次，在确保光纤中的光有效地耦合到功率计中去，最好是在测试中采用发射电缆和接收电缆。但必须使每一种电缆的损耗低于0.5dB，这时，还必须使全部光都照射到检测器的接收面上，又不使检测器过载。光纤表面应充分地平整清洁，使散射和吸收降到最低。

值得注意的是，如果进行功率测量时所使用的光源与校准时所用的光谱不相同，也会产生测量误差。

4. 光纤的连续性

光纤的连续性是对光纤的基本要求，因此对光纤的连续性进行测试是基本的测量之一。

进行连续性测量时，通常是把红色激光、发光二极管（LED）或者其他可见光注入光纤，并在光纤的末端监视光的输出。如果在光纤中有断裂或其他的不连续点，在光纤输出端的光功率就会下降或者根本没有光输出。

通常在购买电缆时，人们用4节电池的电筒从光纤一端照射，从光纤的另一端察看是否有光源，如有，则说明这光纤是连续的，中间没有断裂，如光线弱时，则要用测试仪来测试。

光通过光纤传输后，功率的衰减大小也能表示出光纤的传导性能。如果光纤的衰减太大，则系统也不能正常工作。光功率计和光源是进行光纤传输特性测量的一般设备。

5. 光缆布线系统测试

光缆布线系统的测试是工程验收的必要步骤，也是工程承包者向房地产业主兑现合同的最后工序，只有通过了系统测试，才能表示布线系统的完成。

布线系统测试可以从多个方面考虑，设备的连通性是最基本的要求，跳线系统是否有效可以很方便地测试出来，通信线路的指标数据测试相对比较困难，一般都借助专业工具进行，1995 年 9 月通过的 TSB-76 中对双绞线的测试作了明确的规定，2004 年 2 月颁布的 TIA/TSB-140 测试标准，旨在说明正确的光纤测试步骤。该标准建议了两级测试，分别为：

- Tier 1（一级），使用光缆损耗测试设备（OLTS）来测试光缆的损耗和长度，并依靠 OLTS 或者可视故障定位仪（VFL）验证极性；
- Tier 2（二级），包括一级的测试参数，还包括对已安装的光缆链路的 OTDR 追踪。布线系统测试应参照此标准进行。

光缆布线系统测试要重点注意如下 3 点内容：

（1）光纤测试 4 种方法

通常我们在具体的工程中对光缆的测试方法有：连通性测试、端 - 端损耗测试、收发功率测试和反射损耗测试 4 种，现简述如下。

1）连通性测试

光纤系统的连通性表示光纤系统传输光功率的能力。连通性是对光纤系统的基本要求，因此对光纤系统的连通性测试是基本的测试之一。

连通性测试是最简单的测试方法，只需在光纤一端导入光线（如手电光），在光纤的另外一端看看是否有光闪即可。连通性测试的目的是为了确定光纤中是否存在断点。在购买光缆时都采用这种方法。

2）端—端的损耗测试

端—端的测试方法是使用一台功率测量仪和一个光源，图 9-32 所示为端—端测试示意图。

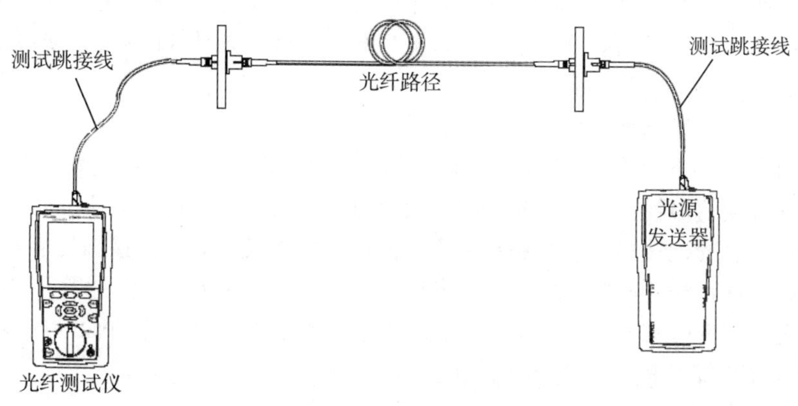

图 9-32　端—端损耗测试示意图

3）端—端的收发功率测试

收发功率测试 EIA 的 FOTP-95 标准中定义的光功率测试，它确定了通过光纤传输信号的强度，是光纤损失测试的基础。测试时把光功率计放在光纤的一端，把光源放在光纤的另一端，如图9-32所示。

收发功率测试是测定布线系统光纤链路的有效方法，使用的设备主要是光纤功率测试仪。在实际应用情况中，链路的两端可能相距很远，但只要测得发送端和接收端的光功率，即可判定光纤链路的状况。具体操作过程如下。

在发送端将测试光纤取下，用测试跳接线接光源发送器，另一端用测试跳接线接光功率测试仪，使光源发送器工作，即可在光功率测试仪上测得发送端的光功率值。

光功率值代表了光纤通信链路的衰减。衰减是光纤通信链路的一个重要的传输参数，它的单位是分贝（dB）。

收发功率测试实际上就是衰减的测试，它测试的是信号在通过光纤后的减弱。测试过程首先应设置一个测试参照基准，对照它来度量信号在安装的光纤路径上的损失。设置一个测试参照基准，如图9-33所示。

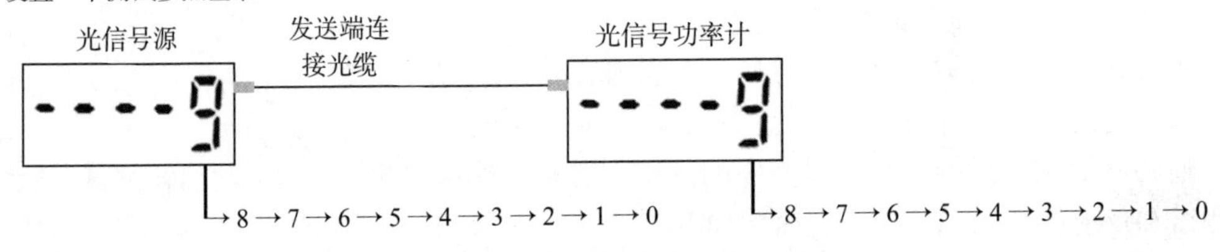

图9-33　设置一个测试参照基准图

光功率损失测试实际上就是衰减的测试。

测试过程首先应将光源和光功率计分别连接到参照测试光纤的两端，以参照测试光纤作为一个基准，对照它来度量信号在安装的光纤路径上的损失。

4）反射损耗测试

反射损耗测试是光纤线路检修非常有效的手段。它使用光纤时间区域反射仪（Optical Time Domain Reflectometer Reflectometer，OTDR）来完成测试工作，基本原理就是利用导入光与反射光的时间差来测定距离，如此可以准确判定故障的位置。

光时域反射仪（即OTDR）简称光时域计，它是通过被测光纤中产生的背向散射信号来工作的，所以又叫作背向散射仪。主要用来测量光纤长度、光纤故障点、光纤衰耗以及光纤接头损耗等。

（2）光纤连接、链路损耗估算

连接损耗是采用光纤传输媒体时必须考虑的问题，连接光纤的任何设备都可能使光波功率产生不同程度的损耗，光波在光纤中传播时自身也会产生一定的损耗。光纤连接要求任意两个端节点间总的连接损耗应控制在一定范围内，如多模光纤的连接损耗应不超过11dB。因此，有效地计算光纤的连接损耗是网络布线时面临的一个非常重要的课题。

一般情况下，端—端（end-to-end）之间的连接损耗包括下列几个方面的内容：

- 节点至配线架之间的连接损耗，如各种连接器；
- 光纤自身的衰减；
- 光纤与光纤互连所产生的损耗，如光纤熔接或机械连接部分；
- 为将来预留的损耗富裕量，包括检修连接、热偏差、安全性方面的考虑以及发送装置的老化所带来的影响等。

对于各个主要连接部件所生产的光波损耗值，我们用表 9-23 表示如下。

表 9-23　光纤连接部件损耗值

连接部件	说明	损耗	单位
多模光纤	导入波长：850nm	3.5 ～ 4.0	dB/km
多模光纤	导入波长：1300nm	1.0 ～ 1.5	dB/km
单模光纤	导入波长：1310nm	1.0 ～ 2.0	dB/km
连接器		> 1.0	dB/ 个
光旁路开关	在未加电的情况下	2.5	dB/ 个
拼接点	熔接或机械连接	0.3（近似值）	dB/ 个

不同尺寸的光纤耦合器件组合在一起也会产生损耗，而这种损耗是随着发送功率的不同而异。表 9-24 给出了 FDDI 标准中定义的各种发送功率下不同尺寸光纤的耦合所产生的损耗指标。从表中可以看出，相同尺寸光纤的耦合不会产生损耗。

表 9-24　光纤耦合损耗

接收光纤	发送光纤				
	50μm	51μm	62.5μm	85μm	100μm
	NA = 0.20	*NA* = 0.22	*NA* = 0.275	*NA* = 0.26	*NA* = 0.29
50μm，*NA* = 0.20	0.0	0.4	2.2	3.8	5.7
51μm，*NA* = 0.22	0.0	0.0	1.6	3.2	4.9
62.5μm，*NA* = 0.275	0.0	0.0	0.0	1.0	2.3
85μm，*NA* = 0.26	0.0	0.0	0.1	0.0	0.8
100μm，*NA* = 0.29	0.0	0.0	0.0	0.0	0.0

表中的 NA（Numerical Aperture）表示数值孔径，是光纤对光的接受程度的度量单位，是衡量光纤集光能力的参数。准确定义为：

$$NA = n \cdot \sin\theta$$

计算连接损耗的公式为：

$$M = G - L$$

其中 M 是剩余功率的临界值（Margin），在光纤通信工程中表示损耗的余量，称作富裕度或边际，必须保证 $M > 0$，才能使系统正常运行。

公式中的 G 表示信号增益值（Gain），其计算公式为：

$$G = Pt - Pr$$

Pt 代有 PMD 指定的发送功率，Pr 是接收装置的灵敏度，PMD 中都作了具体的定义。表 9-25 给出了光纤 PMD 标准中 Pt 和 Pr 的指标。由于单模光纤分为Ⅰ级和Ⅱ级，相互连接时产生的损耗各不相同，如表 9-26 给出了单模光纤的光功率损耗值。光纤链路损耗的原因如图 9-34 所示。

表 9-25　光纤 PMD 中定义的收发功率

PMD 标准	发送方输出功率（dBm）	接收方输入功率（dBm）
多模光纤	−10 ～ −16	−10 ～ −27
单模光纤，Ⅰ级	−14 ～ −20	−14 ～ −31
单模光纤，Ⅱ级	0 ～ −4	−15 ～ −37

表 9-26　单模光纤的光功率损耗值

发送方输出	接收方输入	光功率损耗	
		最小（dBm）	最大（dBm）
Ⅰ级	Ⅰ级	0	11
Ⅰ级	Ⅱ级	1	17
Ⅱ级	Ⅰ级	14	27
Ⅱ级	Ⅱ级	15	33

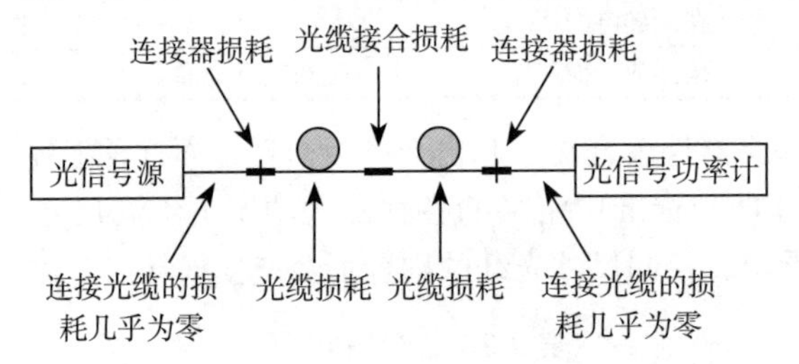

图 9-34　光纤链路损耗的原因

关于光纤链路有两个基本参数：带宽和功率损耗。光纤 PMD 标准规定：光纤的距离为 2km，模态带宽至少为 500MHz/1300μm。在规划和施工时，要选择合适的符合标准的光纤。链路损耗是指端口到端口之间光功率的衰减，包括链路上所有器件的损耗。光纤链路由光信号发送器、接收器、光旁路开关、接头、终端处及光纤上都产生损耗。光纤 PMD 标准给出两节点间允许的最大损耗值。多模光纤的最大损耗值为 11dB，而单模光纤分为两类收发器，类型Ⅰ收发器允许最大损耗值为 11dB，类型Ⅱ收发器允许损耗值小于 33dB，大于 14dB，链路损耗值是两节点间所有部件损耗值之和，包括下列主要因素：

- 光纤节点到光纤的连接（如 ST、MIC 连接器）；
- 光纤损耗；
- 无源部件（如光旁路开关）；
- 安全、温度变化、收发器老化、计划整修的接头等。

在光纤网络的设计和规划中，要估算链路的损耗值，检查是否符合光纤 PMD 标准。如果不符合光纤 PMD 的规定标准，就是重新考虑布线局方案，如使用单模光纤类型 II 收发器，在连接处增加有源部件，移去光旁路开关，甚至改变网络的物理拓扑结构，然后重新计算链路的损耗值直到满足标准为止。在计算链路损耗值时，并不需要计算每条链路的损耗值，只要计算出最坏情况下的链路损耗即可。最坏情况链路就是光纤最长、连接器和接头的个数最多以及光旁路开关的个数最多等造成光功率损耗值最大的链路。当然，如果计算并记录所有链路的损耗值，对于将来的故障诊断和故障排除是非常有用的。在网络设计中，计算链路损耗值是必要的。如果在安装完成后才发现有错误，代价可能很大，需要增加或替换器件，甚至需要重新设计和安装。由于计算时都采用估计值，且影响网络工作的因素又很多，即使链路损耗计算值满足要求，也不能完全保证安装后的网络一定是成功的。

链路损耗值（L）的基本计算公式为：

$$L=I_c\times L_c+N_{con}\times L_{con}+(N_s+N_r)\times L_s+N_{pc}\times L_{pc}+N_m\times L_m+P_d+M_a+M_s+M_t$$

其中：

I_c：光纤的长度（单位：km）；

L_c：单位长度的损耗（1.5 ～ 2.5dB/km）；
N_{con}：连接器的数目；
L_{con}：每个连接器的损耗（约 0.5dB）；
N_s：安装接头的数目；
N_r：计划整修接头的数目；
L_s：每个接头的损耗（约 0.5dB）；
N_{pc}：无源部件的数目（如光旁路开关）；
L_{pc}：每个无源部件的损耗（约 2.5dB）；
N_m：不匹配耦合的数目；
L_m：每个不匹配耦合的损耗；
P_d：色散损耗（厂家说明）；
M_a：信号源老化损耗（1 ～ 3dB）；
M_s：安全损耗（1 ～ 3dB）；
M_t：温度变化损耗（1dB）。

假设设计一幢大楼内的光纤网络，要求两站之间最大光纤的（MMF 1300μm）长度是 1.5km（损耗为 1.2dB/km），连接 3 个机械接头（损耗为 0.5dB/ 接头）和 6 个连接器（损耗为 0.5dB/ 连接器），其他的链路长度为 14km，且包含一个熔接接头（损耗为 0.3dB/ 接头）。假设没有不匹配耦合，安全边界损耗值为 1dB，信号源老化损耗值为 1dB，两个机械接头计划将来整修。根据链路损耗值计算公式，计算如下：

1）光纤长度 = 1.5km
单位长度损耗（dB/km）= 1.2
总损耗 = 1.5 × 1.2 = 1.8（dB）
2）连接器数目 = 6
损耗 / 连接器 = 0.5（dB）
总损耗 = 6 × 0.5 = 3（dB）
3）安装接头数目 = 3
计划整修接头数目 = 2
损耗 / 接头 = 0.5（dB）
总损耗 =（3 + 2）× 0.5 = 2.5（dB）
4）旁路开关个数 = 0
总损耗 = 0
5）不匹配耦合数目 = 0
总损耗 = 0
6）色散损耗 = 0
7）信号源老化损耗 = 1（dB）
8）安全临界损耗 = 1（dB）
9）温差损耗 = 1（dB）
所以，整个链路的损耗值为：

$$L = 1.8 + 3 + 2.5 + 0 + 0 + 1 + 1 + 1 = 10.3\ (\text{dB})$$

这个值小于 MMF 的最大损耗值 11dB，说明从链路损耗这个角度考虑，此设计方案可以接受。

一个光旁路开关的功率损耗是 2.5 dB。光纤标准建议：在带有光旁路开关的链路上，任意相邻两通信站点之间的光纤长度不要超过 400m（2.5dB/km）。在这个限定值内，即使有 4 个连续的站点处于旁路状态，这 4 个站的两边节点仍可以通信，因为任意两个节点间的连接损耗仍能满足损耗不大于 11（$4 \times 2.5 + 0.4 \times 2.5 = 11$）dB 的边界条件。当然，这样的计算是假定没有其他损耗源的情况下进行的。

在大楼布线系统中，采用 62.5/125μm 的光纤时，它的工作波长为 850nm、1300nm 双波长窗口，在长距离时要注意下面的情况。

- 在 850nm 下满足工作带宽 160MHz/km；
- 在 1300nm 下满足工作带宽 550MHz/km；
- 在保证工作带宽下，传输衰减是光纤链路最重要的技术参数。

$$A_{光} = \alpha L = 10\lg (P_1/P_2)$$

α：衰减系数。

L：光纤长度。

P_1：光信号发生器在光纤链路始端注入光纤光功率。

P_2：光信号接收器在光纤链路末端接收到的光功率经光纤链路衰减后的光信号量。

$$A（总）=L_c+L_s+L_f+L_m$$

各环节衰减分配：

L_c（连接器衰减）：$\leqslant 0.5\text{dB} \times 2$

L_s（连接器衰减）：$\leqslant 0.3\text{dB} \times 2$

L_f（光纤衰减）：850nm $\leqslant$ 3.5dB/km，1300nm $\leqslant$ 1.2dB/km

L_m（余量）：由用户选定。

楼宇内光纤长度不超过 500m 时，A（总）应为：850nm 时 $\leqslant$ 3.5dB，1300nm 时 $\leqslant$ 2.2dB。

（3）光缆链路的关键物理参数

1）衰减

- 衰减是光在光沿光纤传输过程中光功率的减少。
- 对光纤网络总衰减的计算：光纤损耗（LOSS）是指光纤输出端的功率 Power out 与发射到光纤时的功率 Power in 的比值。
- 损耗是同光纤的长度成正比的，所以总衰减不仅表明了光纤损耗本身，还反映了光纤的长度。
- 光缆损耗因子（α）：反映光纤衰减的特性。

2）回波损耗

- 反射损耗又称为回波损耗，它是指在光纤连接处，后向反射光相对输入光的比率的分贝数，回波损耗越大越好，以减少反射光对光源和系统的影响。

3）插入损耗

- 插入损耗是指光纤中的光信号通过活动连接器之后，其输出光功率相对输入光功率的比率的分贝数。
- 插入损耗越小越好。

衰减还要注意以下事项：

- 对于不同的光纤链路（单模或多模），相应地，要选用单模或多模仪表。
- 测试时，所选择的光源和波长，最好要与实际使用中的光源和波长一致，否则测试结果就会失去参考价值。
- 设置好参考值后，千万注意不要在仪表光源的输出口断开，一旦断开，要求重要设置基准，否则测试结果可能不准确，甚至出现负值。
- 光源需要预热 10 分钟左右才能稳定，设置参考值要在光源稳定后才能进行。如果环境变化较大（如从室内到室外），温度变化大，要重设置参考值。

9.7.2　光纤测试仪的组成

目前，测试综合布线系统中光纤传输系统的性能常用 AT&T 公司生产的 938 系列光纤测试仪。下面我们侧重介绍怎样使用该测试仪来测试光缆传输系统。

938A 光纤测试仪由下列部分组成，如图 9-35 所示。

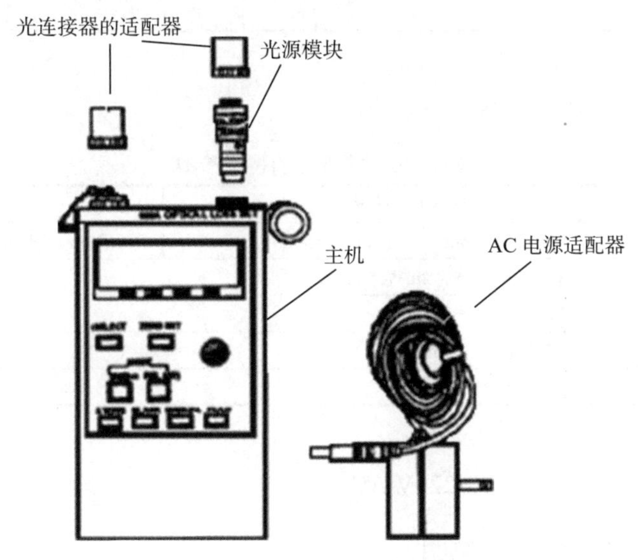

图 9-35　938A 光损耗测试仪

1. 主机

它包含一个检波器、光源模块（OSM）接口、发送和接收电路及供电电源。主机可独立地作为功率计使用，不要求光源模块。

2. 光源模块

它包含有发光二极管（LED），在 660、7800、820、850、870、1300、1550nm 波长上作为测量光衰减 / 损耗的光源，每个模块在其相应的波长上发出能量。

3. 光连接器的适配器

它允许连接一个 Biconic、ST、SC 或其他光缆连接器至 938 主机，对每一个端口（输入和输出）要求一个适配器，安装连接器的适配器时不需要工具。

4. AC 电源适配器

当由 AC 电源给主机供电时，AC 适配器不对主机中的可充电电池进行充电。如果使用的是可充电电池，则必须由外部 AC 电源对充电电池进行充电。

9.7.3 938系列测试仪的技术参数

目前，工程中使用的光纤测试仪主要是938系列测试仪，它的技术参数如下。

1. 发送器

发送器的技术参数如表9-27所示。

表9-27 发送器的技术参数

发送器	标准模块最大标称波长	频宽	输出功率	输出稳定性（常温下超过8h）
9G	660nm±10nm	≤20nm	≥−20dBm	≤±0.5dB
9H	780nm±10nm	≤30nm	≥−20dBm	≤±0.5dB
9B	820nm±10nm	≤50nm	≥−25dBm	≤±0.5dB
9C	850nm±10nm	≤50nm	≥−25dBm	≤±0.5dB
9D	875nm±10nm	≤50nm	≥−25dBm	≤±0.5dB
9E	1300nm±20nm	≤150nm	≥−30dBm	≤±0.5dB
9F	1550nm±20nm	≤150nm	≥−30dBm	≤±0.5dB

2. 接收器

接收器的技术参数如表9-28所示。

表9-28 接收器的技术参数

接收器类型	938A砷镓铟	938C硅
标准校准波长	850nm、875nm、1300nm、1550nm	660nm、780nm、820nm、850nm
测量范围	+3～−60dBm，2mW～1nW	
精确度	+5%	
分辨率	0.01dBm/0.01dBm	
线性	4位十进制比特	

3. 电源供电

交流电源适配器：120V/AC，220V/AC。

9.7.4 光纤测试仪操作使用说明

938A系列OLTS/OPM能用来作为一个光能量功率仪，用来测试一个光信号的能级。该系列也可用来测试一个部件（组成部分）或一条光纤通路的损耗/衰减。操作步骤一般如下。

1. 初始的校准（调整）

为了获得准确的测试结果，保持光界面的清洁，可用一个沾有酒精（乙醇）的棉花球来轻拭界面，并用罐气将界面吹干，然后按下列步骤进行。

1）将电源开关POWER置于ON的位置，并等待如图9-36所示的两个LCK(液晶显示)画面出现。

2）选择波长，通过重复地按“SELECT”按钮，以使指示器移到所选的波长上。如图9-37所示。

为了方便起见，插入的光源是颜色编码的，与938A主机面板上“波长终点颜色”相匹配。

3）检波器偏差调零，将防尘盖加到输入端口上并拧紧，这时按下“ZERO EST”按钮，调零的顺序由−9开始，到−0结尾。

4）当调零序列（−9～−0）完成后，将输入端口上的防尘盖取下，再将合适的连接器适配器加上，如图 9-38 所示。

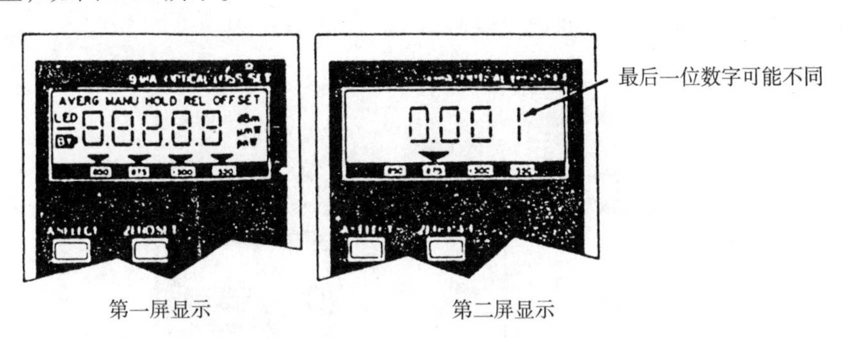

图 9-36 初始调零

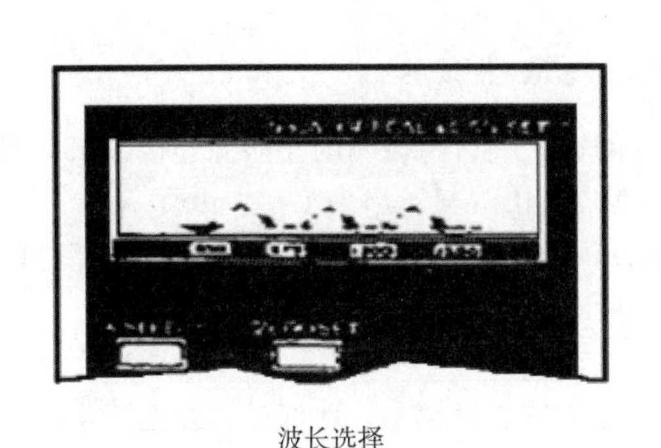

图 9-37 波长选择

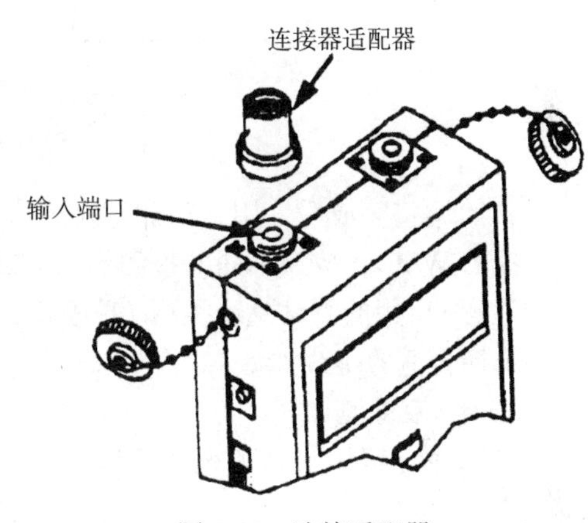

图 9-38 连接适配器

2. 光源模块的安装与卸下

（1）安装

将要安装的光源模块上的键与主要 938A 中对应的槽对准，然后将模块压进 938A 主机直到完全吻合，并且掩没在主机体内，如图 9-39 所示。

（2）卸下

用拇指向下拉位于设备北面的排出锁闩，以卸下光源模块。这时，一定要确认防尘盖是否去掉了，如图 9-40 所示。

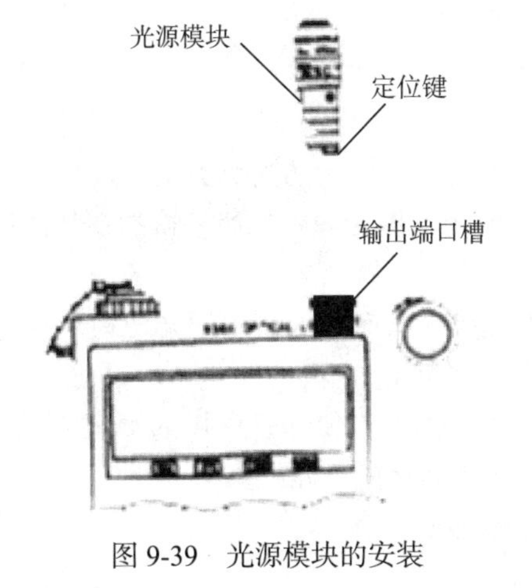

图 9-39 光源模块的安装

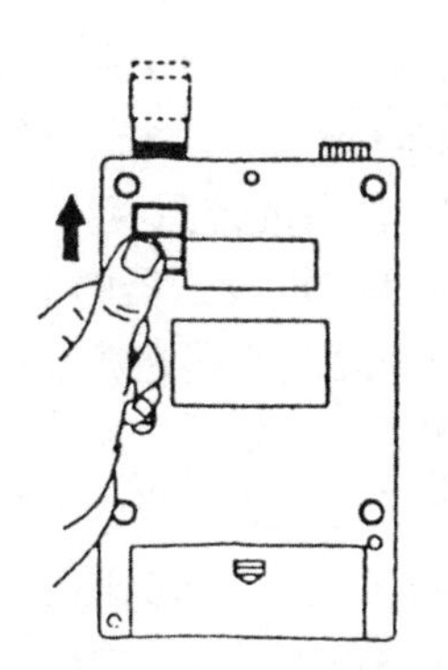

图 9-40 光源模块的卸下

3. 能级测试

能级测试见图 9-41。按下列步骤完成：

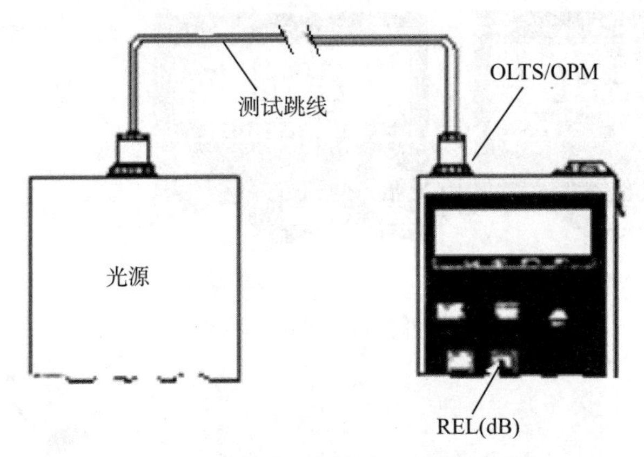

图 9-41　能级及光纤损耗（衰减）测试

在初始调整完成后，用一条测试跳线将 OPM 的输入端口与被测的光能源连接起来，根据所选择的 W/dBm 按钮不同，检测到的能级将以 W 或 dBm 显示出来（W Watts）。

请注意：所用的测试跳线类型（单模还是多模，50/125μm 还是 62.5/125μm）将影响测试，确定并选择合适的跳线类型。

4. 损耗 / 衰减测试

OLTS/OPM 可用来测试光纤及其元件 / 部件（衰减器、分离器、跳线等）或光纤路径的衰减 / 损耗。

1）通常输入功率与输出功率的比值来定义损耗。

计算公式如下：

$$\text{损耗（dB）}=10\log[\text{输出功率（W）}/\text{输出功率（W）}] \tag{1}$$

如果能级在 dBm 中测试：

$$\text{dBm}=10\log[\text{功率电平（W）}/1\text{mW}]$$

则损耗 / 衰减计算可简化如下：

$$\text{损耗（dB）}=\text{输出功率（dBm）}-\text{输出功率（dBm）} \tag{2}$$

假设 10mW（+10dBm）光功率被输进光纤的一端，而在此光纤的输出端测出的是 10μW（−20dBm），那么利用（1）和（2）可计算出路径的损耗如下：

$$\text{损耗（dB）}=-20\text{dBm}-（+10）\text{dBm}=-30\text{dB}$$

2）光衰减测试依赖于所用光源（发送器）的特性。因此，当测试一条光纤路径时，光源的类型（Center/Peak 波长、频谱的宽度等）要与系统运行时所用的光源类型相近。

3）OLTS 使用的光源模块具有宽频谱的 LEDS，使用这些光源模块所获得的损耗测试值对于使用相近 LEDS 发送器的系统是有效的。

4）总的来说，单模光波系统使用基于激光的发送器（从而要求使用激光源模块来进行损耗 / 衰减测试，而多模光波系统通常设计成由 LED 光源来运行）。

5）所使用的测试跳线的类型将影响衰减测试结果。因此，要保证所用的测试跳线（对于参考测试或到一个外部源连接的测试）与被测光纤路径具有同一光纤类型。

测试单模和多模光纤的损耗 / 衰减测试，使用外部光源。

6）任一稳定的光源输出波长若在 OLTS/OPM 接收器的检波范围之内（938C：400 ～ 1100nm；938A:800 ～ 16 000nm），都可用来测试光纤链路的损耗 / 衰减。测试一条光纤链路的步骤如下：

❑ 完成测试仪初始调整工作。
❑ 用测试跳线将 938 的输入端口与光能源连接起来。
❑ 如果用的是一变化的输出源，则将输出能级调到其最大值。
❑ 如果用两个变化的输出源，调整两个源的输出能级，直到它们是等同的（如 −10dBm/100μW 等）为止。
❑ 通过按下 REL（dB）按钮，选择 REL（dB）方式，显示的读数为 0.00dB；
❑ 断开（从 OPM/OLTS 输入端口上）测试跳线，并将它连接到光纤路径上。如图 9-42 所示。

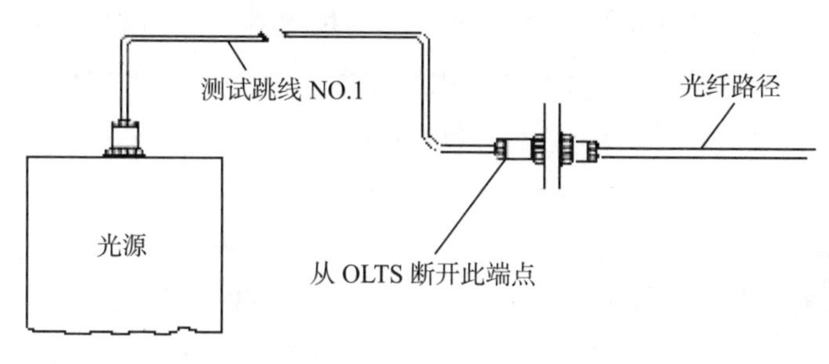

图 9-42　光源连到光纤路径上

需要注意：

❑ 不要从光源上断开测试跳线，这将影响测试结果。还有，不要关 OPM/PLTS 的电源，否则会在按 REL（dB）按钮时将存于存储器中的值清除掉。
❑ 在光纤路径相反的一端。连接另一条测试跳线（跳线应是同一类型的 10/125μm，50/125μm）到 OLTS/OPM 的输入端口，且此跳线的另一端连到被测的光纤路径，该光纤跳线的损耗将以 dB 显示。
❑ 为了消除测试中产生的方向偏差，要求在两个方向上测试光纤路径，然后取损耗的平均值作为结果，如图 9-43 所示。

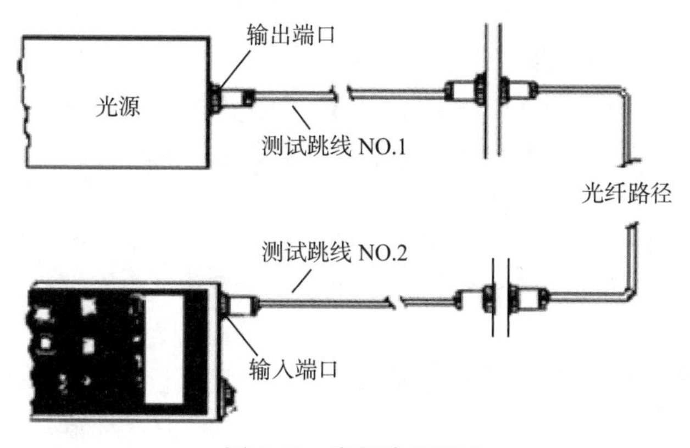

图 9-43　光纤路径测试

❑ 如果使用的是两个固定的输出光源，则在两个方向上测出的损耗可能不同，该偏差将正比于发射功率的偏差（从光源耦合到测试跳线的功率），所引起的差异及连接器 / 光纤偏差将引起一个光源耦合到特定光纤的功率多于或少于另一个光源，从而取两个方向上的平均值来消除这个偏差。多模损耗 / 衰减测试通常使用内部光源。

938 OLTS/OPM 可以用来测试一条多模光纤路径的损耗。建立过程如下：

❑ 使用 938 OLTS/OPM 时源开关置于 OFF 位置，在要求的波长上安装一个光源模块，光源模块是按颜色编码的，并与 OLTS/OPM 面板上波长标签相对应。
❑ 将源开关置于 LED ON 位置，完成初始调整。
❑ 通过使用 inter-set（相互设定）或 inter-set（内部设定）两种方法中的一种来获得一个参考能级。
❑ 当两个 OLTS/OPM 物理上在同一位置时，可使用“相互设置参考”过程，这是一种比较好的方法，利用这种技术，可以消除测试期间的偏差。
❑ 按下列步骤完成“相互设置参考”(inter set reference)，如图 9-44 所示。

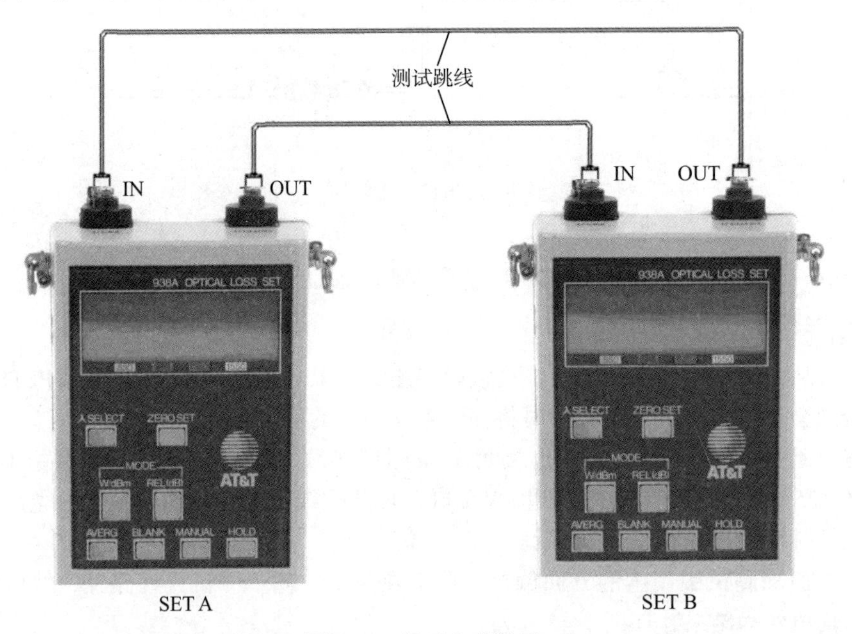

图 9-44　相互参考设置

将 OLTS/OPM“A”输出端口与 OLTS“B”的输入端口之间用一条测试跳线连接起来，类似用同一类型的另一条跳线将 OLTS/OPM“B”的输出端口与 OLTS/OPM“A”的输入端口连接起来，按每个设备上的 REL（dB）按钮，两设备上的显示将指示 0.00dB。

7）内部设置参考。

对于某些应用来说，不可能将两个测试设备放在一起来获取一个参考能级，“内部设置参考”可独立地在两个分开的位置上进行一系列步骤便完成“内部设置参考”，如图 9-45 所示，其操作步骤如下：

❑ 在每一 OLTS/OPM 的输入端口和输出端口之间连上一条测试跳线，按下 W/dBm 按钮，于是以 dBm 显示能级（例如 −23.4dBm）记录下这个能级。
❑ 按 REL（dB）显示将指示 0.00dB 进行损耗测试。

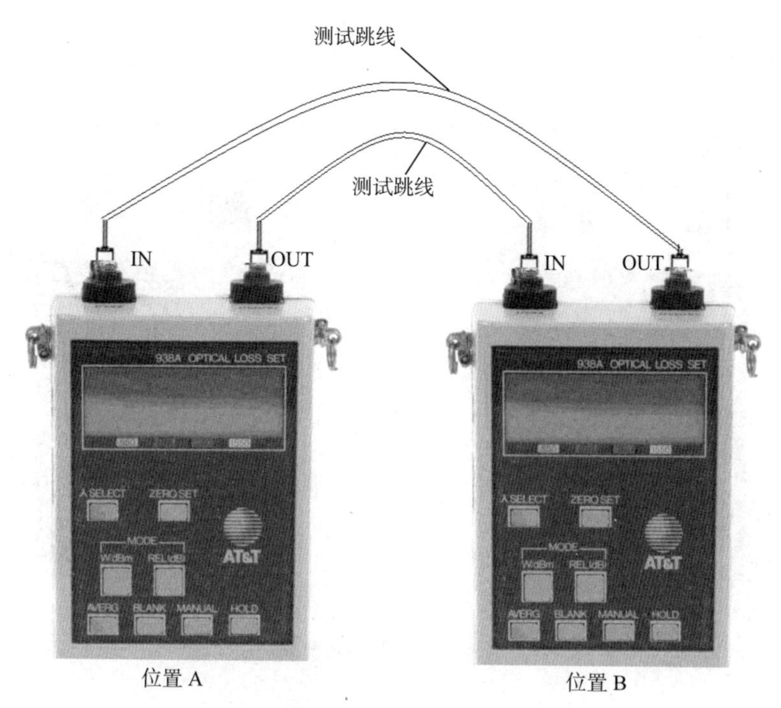

图 9-45　内部参考设置

- 一旦建立了一个参考能级（使用介绍的两种方法："相互设置参考" 和 "内部设置参考" 之一）就将 OLTS/OPM 输入端口处的测试跳线断开。

需要注意的是，不要从设备的输出端口上断开测试跳线，这将影响测试结果，还有不要将 OLTS/OPM 的电源关掉，否则会在按 REL（dB）按钮时将存于存储器中的值清除掉。

- 在 OLTS/OPM 的每一输入端口连接上另外两条同一类型的测试跳线，并在两个方向上测试光测试光纤路径的损耗。

首先，从设备 "A" 输出发送通过光纤到设备 "B" 的输入，然后，多设备 "B" 的输出发送通过光纤到设备 "A" 的输入，在接收的设备上以 dB 为单位显示每个方向上的损耗，如图 9-46 所示。

- 如果使用的是 "内部设置参考" 的方法，则要从接收测试设备上记录的参考能级中减去在发送设备（在光纤路径另一端的 OLTS/OPM）上记录的参考能级。

例如：如果发送的 OLTS/OPM 在 REL（dB）按钮按下之后显示的是 −25.6，且接收的 OLTS/OPM 显示的是 −31.8dBm，那么差值如下：

$$-31.8-(-25.6\text{dBm})=-6.2\text{dBm}$$

将这个数值加到接收测试设备上测出的所有损耗值中去。

从光纤路径相反一端的 OLTS/OPM 测出的所有损耗值中减去这个数值，将消去任何由测试设置产生的方向性的测试偏差。

请注意：如果使用的是 "相互设置参考" 方法，则不要求进行这种计算。

为了消除测试仪中的任何方向性的偏差，按下列公式计算平均损耗：

平均损耗 =（一个方向的损耗 + 相反方向的损耗）/2

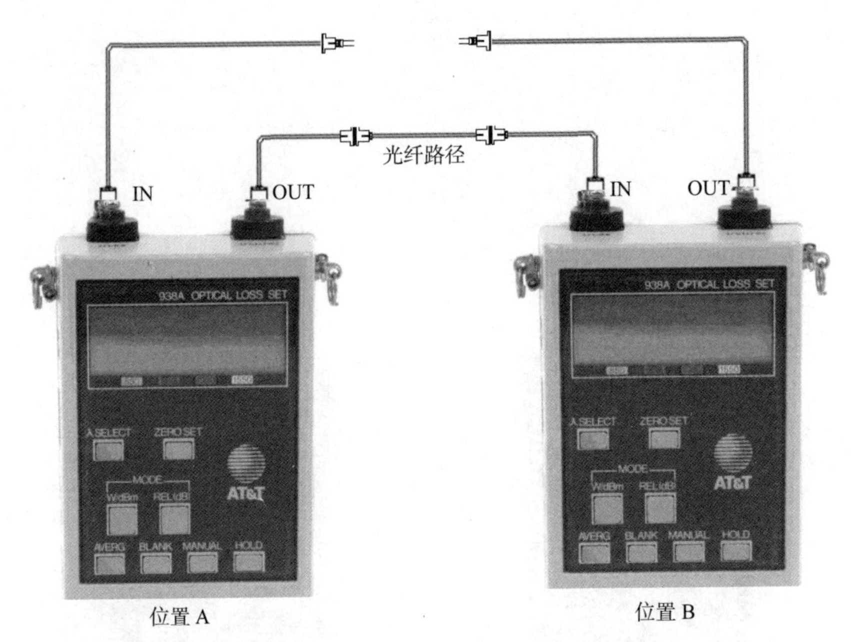

图 9-46 光纤路径测试

9.7.5 光纤测试步骤

测试光纤的目的，是要知道光纤信号在光纤路径上的传输损耗。

光信号是由光纤路径一端的 LED 光源所产生的（对于 LGBC 多模光缆，或室外单模光缆是由激光光源产生的），这个光信号在它从光纤路径的一端传输到另一端时，要经历一定量的损耗。这个损耗来自光纤本身的长度和传导性能，来自连接器的数目和接续的多少。当光纤损耗超过某个限度值后，表明此条光纤路径是有缺陷的。对光纤路径进行测试有助于找出问题。下面给出如何用 938 系列光纤测试仪来进行光纤路径测试的步骤。

1. 测试光纤路径所需的硬件

❑ 两个 938A 光纤损耗测试仪（OLTS），用来测试光纤传输损耗；

❑ 为了使在两个地点进行测试的操作员之间进行通话，需要有无线对讲机（至少要有电话）；

❑ 4 条光纤跳线，用来建立 938A 测试仪与光纤路之间的连接；

❑ 红外线显示器，用来确定光能量是否存在；

❑ 墨镜，测试人员必须戴上眼镜。

2. 光纤路径损耗的测试步骤

当执行下列过程时，测试人员决不能去观看一个光源的输出（在一条光纤的末端，或在连接到 OLTS-938A 的一条光纤路径的末端，或到一个光源），以免损伤视力。

为了确定光能量是否存在，应使用能量 / 功率计或红外线显示器。

1）设置测试设备。按 938A 光纤损耗测试仪的指令来设置。

2）OLTS（938A）调零。调零用来消除能级偏移量，当测试非常低的光能级时，不调零则会引起很大的误差，调零还能消除跳线的损耗。为了调零，在位置 A 用一跳线将 938A 的光源（输出端口）和检波器插座（输入端口）连接起来，在光纤路径的另一端（位置 B）完成同样的工作，测试人员必须在两个位置（A 和 B）上对两台 938A 调零，如图 9-47 所示。

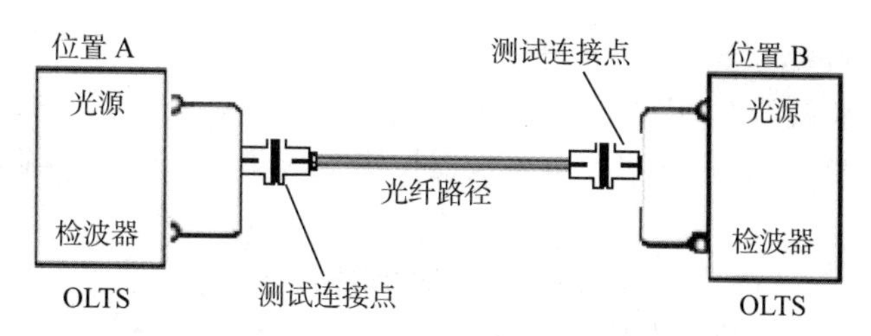

图 9-47 对两台 938A 进行调零

3）连续按住 ZERO SET 按钮 1s 以上，等待 20s 的时间来完成自校准，如图 9-48 所示。

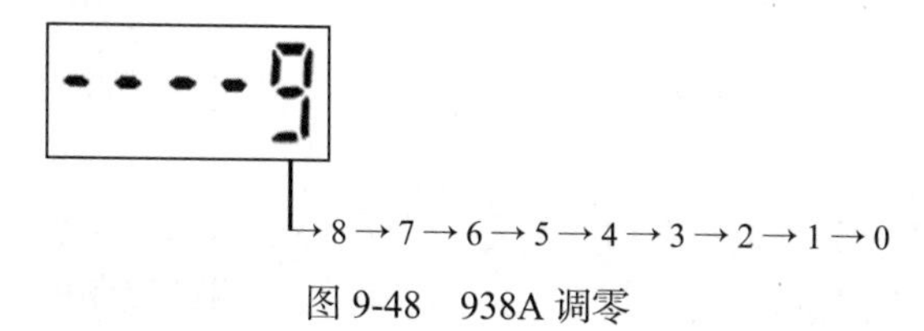

图 9-48 938A 调零

4）测试光纤路径中的损耗（位置 A 到位置 B 方向上的损耗），如图 9-49 所示。

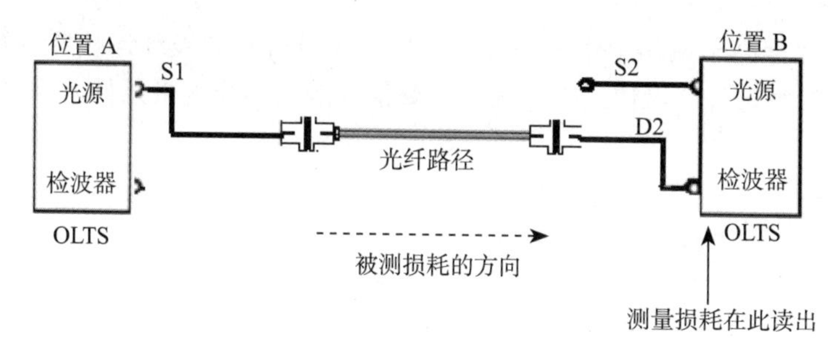

图 9-49 在位置 B 测试的损耗

- 在位置 A 的 938A 上从检波器插座（IN 端口）处断开跳线 S1，并把 S1 连接到波测的光纤路径上。
- 在位置 B 的 938A 上从检波器插座（IN 端口）处断开路线 S2。
- 在位置 B 的 938 检波器插座（输入端口）与被测光纤通路的位置 B 末端之间用另一条光纤跳线连接。
- 在位置 B 处的 938A 测试 A 到 B 方向上的损耗。

5）测试光纤的路径中的损耗（位置 B 到位置 A 方向上的损耗），如图 9-50 所示。

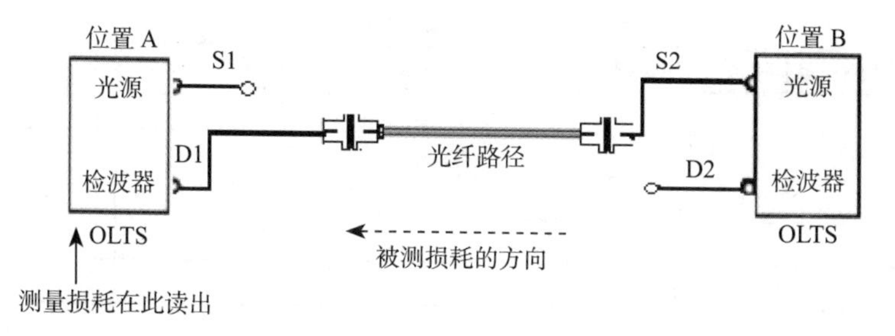

图 9-50 在位置 A 测试的损耗

- 在位置 B 的光纤路径处将跳线 D2 断开。

- 将跳线 S2（位置 B 处的）连接到光纤路径上。
- 从位置 A 处将跳线 S1 从光纤路径上断开。
- 另一条跳线 D1 将位置 A 处 938 检波器插座（IN 端口）与位置 A 处的光纤路径连接起来。
- 在位置 A 处的 938A 上测试出 B 到 A 方向上的损耗。

6）计算光纤路径上的传输损耗

计算光纤路径上的传输损耗，然后将数据认真地记录下来。计算时采用下列公式：

平均损耗 = [损耗（A 到 B 方向）+ 损耗（B 到 A 方向）]/2

7）记录所有的数据。

当一条光纤路建立好后，测试的是光纤路径的初始损耗，要认真地将安装系统时所测试的初始损耗记录在案。

以后在某条光纤路径工作不正常时，要进行测试，这时的测试值要与最初测试的损耗值比较。若高于最初测试损耗值，则表明存在问题，可能是测试设备的问题，也可能是光纤路径的问题。

8）重新测试。

如果测出的数据高于最初记录的损耗值，那么要对所有的光纤连接器进行清洗。另外，测试人员还要检查对设备的操作是否正确，还要检查测试跳线连接条件。测试连接示意图如图 9-51 所示。

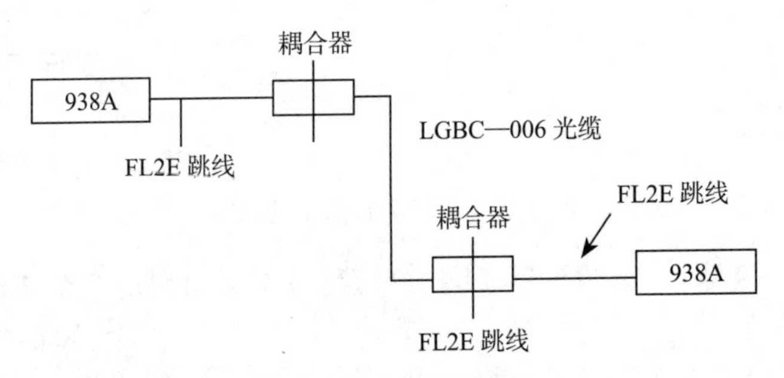

图 9-51　光纤测试连接

如果重复出现较高的损耗值，那么就要检查光纤路径上有没有不合适的接续、损坏的连接器、被压住 / 挟住的光纤等。

测试数据记录单如表 9-29 所示。

表 9-29　光纤损耗测试数据单

光纤号 NO.	波长（nm）	在 X 位置的损耗读数 Lx（dB）	在 Y 位置的损耗读数 Ly（dB）	总损耗为（Lx+Ly）/2（dB）
1				
2				
:				
:				
N				

光纤测试过程中，可能遇到下列问题：

1）用手电对一端光纤头照光时，另一端的光纤头光线微弱，是什么原因？

用手电继续检查其他光纤时，如发现的确有某个光纤头光线微弱，则说明光纤头制作过程中有操作问题。用测试仪测量其值（dB），如超标，应重新制作该头。

2）跳线连接时出现指示灯不亮或指示灯发红是什么原因？

- 检查一下跳线接口是否接反了，正确的端接是 0→I、I—O，交叉跳接。
- ST 是否与耦合器扣牢，防止光纤头间出现不对接现象。

3）使用光纤测试仪测试时，如果测量值大于 4.0dB 以上时，怎么处理？

- 检查光纤头是否符合制作要求。
- 检查光纤头是否与耦合器正确连接。
- 检查光纤头部是否有灰尘（用酒精纸擦拭光纤头，等酒精挥发干后再测）。

视情况分别处理（重新制作或不需要重新制作）。

3. 使用 Fluke DSP-4000 测试仪测试光纤

1）使用 Fluke DSP-4000 系列的线缆测试仪，要安装相应的光纤选配件。

2）完成测试仪“相互设置参考”，如图 9-52 所示。

图 9-52　相互设置参考

3）设置光纤测试，如图 9-53 所示。

SPECIAL FUNCTIONS

FindFiber
Set Fiber Reference
View / Delete Test Reports
Delete All Test Reports
Battery Status
LIA Status
Fiber Option Self Test
Memory Card Configuration
Version Information

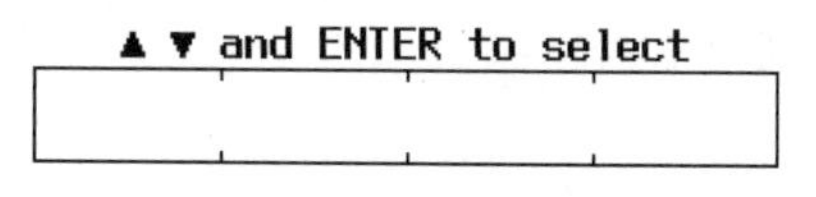

图 9-53　设置光纤测试

4）测试步骤。

- 连接被测链路

将测试仪主机和远端机连上光纤链路，如图 9-54 所示。

- 按 Fluke 测试仪绿色键启动 DTX，并选择中文或英文界面。
- 选择光纤、测试类型和标准。
  - ◆将旋钮转至 SETUP。
  - ◆设置光纤测试。
- 按 TEST 键，启动自动测试。
- 在测试仪中为测试结果命名。
- 保存测试结果。测试通过后，按“SAVE”键保存测试结果，结果可保存于内部存储器和 MMC 多媒体卡。

❑ 打印测试报告。

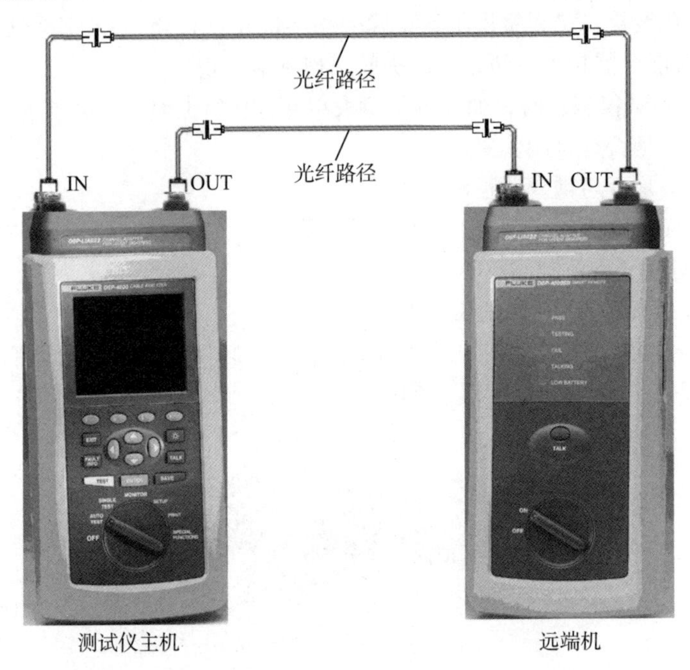

图 9-54　将测试仪主机和远端机连上光纤链路

9.8　工程的结尾工作

9.8.1　工程结束时应做的工作

1）清理现场，保持现场清洁、美观。

2）对墙洞、竖井等交换处要进行修补。

3）汇总各种剩余材料，并把剩余材料集中放置一处，登记其可使用的数量。

4）写总结报告，主要包括以下内容：

❑ 开工报告

❑ 网络文档

❑ 使用报告

❑ 验收报告

9.8.2　网络文档的组成

网络文档目前在国际上还没有一个标准可言，国内各大网络公司提供的文档内容也不一样。但网络文档是非常重要的，它可为未来的网络维护、扩展和故障处理节省大量的时间。作者根据近十多年从事网络工程的实际经验，介绍一下网络文档的组成。

网络文档由三种文档组成，即网络结构文档、网络布线文档和网络系统文档。

1. 网络结构文档

网络结构文档由下列内容组成：

❑ 网络逻辑拓扑结构图

- ❑ 网段关联图
- ❑ 网络设备配置图
- ❑ IP 地址分配表

2. 网络布线文档

网络布线文档由下列内容组成：

- ❑ 网络布线逻辑图
- ❑ 网络布线工程图（物理图）
- ❑ 测试报告（提供每一节点的接线图、长度、衰减、近端串扰和光纤测试数据）
- ❑ 配线架与信息插座对照表
- ❑ 配线架与集线器接口对照表
- ❑ 集线器与设备间的连接表
- ❑ 光纤配线表

3. 网络系统文档

网络系统文档的主要内容有：

- ❑ 服务器文档，包括服务器硬件文档和服务器软件文档。
- ❑ 网络设备文档，网络设备是指工作站、服务器、中继器、集线器、路由器、交换器、网桥、网卡等。在做文档时，必须有设备名称、购买公司、制造公司、购买时间、使用用户、维护期、技术支持电话等。
- ❑ 网络应用软件文档。
- ❑ 用户使用权限表。

9.9 设备材料进场检验

工程所用缆线器材型号、规格、数量、质量在施工前应进行检查，无出厂检验证明材料或与设计不符者不得在工程中使用。经检验的器材应做好记录，对不合格的器件应进行处理。

检查验收填写格式见表 9-30、表 9-31。

表 9-30　设备材料进场检验表

系统名称：________　　工程施工单位：________　　编号：________

序号	产品名称	规格、型号、产地	主要性能 / 功能	数量	包装及外观	检测结果		备注
						合格	不合格	

（续）

序号	产品名称	规格、型号、产地	主要性能 / 功能	数量	包装及外观	检测结果		备注
						合格	不合格	
施工单位人员签名：			监理工程师（或建设单位）签名：			检测日期：		

注：

1. 在检查结果栏，按实际情况在相应空格内打"√"，左列打"√"视为合格，右列打"√"视为不合格。
2. 备注格内填写产品的检测报告和记录是否齐备。

表 9-31　设备检验不合格表单

客户名称：北京某集团有限责任公司	客户负责人：
检验不合格的设备名称：	
设备编码（标识）：	
现场检验工程师：	检验时间：　年　月　日
设备问题（故障）描述	
现场处理方式	
商务部门负责人处理记录	
最终处理结果	年　月　日

第 10 章　网络综合布线系统工程的验收

对布线工程的验收是施工方向用户方移交的正式手续，也是用户对工程施工工作的认可。用户要确认，工程施工是否符合设计要求和符合有关施工规范，工程是否达到了原来的设计目标，质量是否符合要求，有没有不符合原设计的有关施工规范的地方？验收是分两部分进行的：第一部分是物理验收；第二部分是文档验收。

本章从 4 个方面叙述网络综合布线系统工程验收的具体要求和使用的主要表据，为布线系统工程的质量检测和验收提供判断是否合格的依据，提出切实可行的验收要求，从而起到确保综合布线系统工程质量的作用。

本章内容包括：

- 布线系统验收要点
- 现场（物理）验收
- 文档与系统测试验收
- 网络综合布线系统工程验收使用的主要表据
- 乙方要为鉴定会准备的材料
- 鉴定会材料样例
- 鉴定会后资料归档

10.1　布线系统验收要点

10.1.1　环境检查要求

1. 工作区、电信间、设备间等建筑环境检查

对进线间、电信间、设备间、工作区的建筑和环境条件进行检查，检查内容如下：

1）进线间、电信间、设备间、工作区土建工程已全部竣工。房屋地面平整、光洁，门的高度和宽度应符合设计文件要求，不妨碍设备和器材的搬运，门锁和钥匙齐全。

2）房屋预埋地槽、暗管及孔洞和竖井的位置、数量、尺寸均应符合设计要求。

3）敷设活动地板的场所，活动地板防静电措施的接地应符合设计要求。

4）暗装或明装在墙体或柱子上的信息插座盒底距地高度宜为 300mm。

5）安装在工作台侧隔板面及邻近墙面上的信息插座盒底距地宜为 1000mm。

6）CP 集合点箱体、多用户信息插座箱体宜安装在导管的引入侧及便于维护的柱子和承重墙上等处，箱体底边距地高度宜为 500mm；在墙体、柱子上部或吊顶内安装时，距地高度不宜小于 1800mm。

7）每个工作区宜配置不少于 2 个带保护接地的单相交流 220V/10A 电源插座盒。电源插座宜嵌墙暗装，高度应与信息插座一致。

8）每个用户单元信息配线箱附近水平 70 ～ 150mm 处，宜预留设置 2 个单相交流 220V/10A 电源插座，每个电源插座的配电线路均装有保护电器，配线箱内应引入单相交流 220V 电源。电源插座宜嵌装，底部距地高度宜与信息配线箱一致。

9）电信间、设备间、进线间应设置不少于 2 个单相交流 220V/10A 电源插座盒，每个电源插座的配电线路均装设保护器。设备供电电源应另行配置。电源插座宜嵌墙暗装，底部距地高度宜为 300mm。

10）电信间、设备间、进线间、弱电竖井应提供可靠的接地等电位联结端子板，接地电阻值及接地导线规格应符合设计要求。

11）电信间、设备间、进线间的位置、面积、高度、通风、防火及环境温、湿度等因素应符合设计要求。

2. 建筑物进线间及入口设施的检查

建筑物进线间及入口设施的检查应包括下列内容：

1）引入管道与其他设施如电气、水、煤气、下水道等的位置间距应符合设计要求。

2）引入缆线采用的敷设方法应符合设计文件要求。

3）管线入口部位的处理应符合设计要求，并应采取排水及防止有害气体、水、虫等进入的措施。

4）进线间的位置、面积、高度、照明、电源、接地、防火、防水等应符合设计要求。

5）有关设施的安装方式应符合设计文件规定的抗震要求。

3. 机柜、配线箱、管槽等设施的安装方式检查

机柜、配线箱、管槽等设施的安装方式应符合抗震设计要求。

10.1.2　器材验收要求

1. 器材验收一般要求

器材验收要注意如下 5 点内容：

1）工程所用缆线器材型号、规格、数量、质量在施工前应进行检查，无出厂检验证明材料或与设计不符者不得在工程中使用。

2）经检验的器材应做好记录，对不合格的器件应单独存放，以备核查与处理。

3）工程中使用的缆线、器材应与订货合同或封存的产品在规格、型号、等级上相符。

4）备品、备件及各类资料应齐全。

5）进口设备和材料应具有产地证明和商检证明。

2. 器材、管材与铁件的验收要求

器材、管材与铁件的验收要注意如下 14 点内容：

1）各种器材的材质、规格、型号应符合设计文件的规定，表面应光滑、平整、不得变形、断裂。预埋金属线槽、过线盒、接线盒及桥架表面涂覆或镀层均匀、完整，不得变形、损坏。

2）地下通信管道和人（手）孔所使用器材的检查及室外管道的检验，应符合现行国家标准《通信管道工程施工及验收规范》的有关规定。

3）管材采用钢管、硬质聚氯乙烯管时，其管身应光滑、无伤痕，管孔无变形，孔径、壁厚应符合设计要求。

4）金属导管、桥架及过线盒、接线盒等表面涂覆或镀层应均匀、完整，不得变形、损坏。

5）室内管材采用金属导管或塑料导管时，其管身应光滑、无伤痕，管孔无变形，孔径、壁厚应符合设计文件要求。

6）金属管槽应根据工程环境要求做镀锌或其他防腐处理。塑料管型号应采用阻燃型管槽，外壁应具有阻燃标记。

7）金属件的表面处理和镀层应均匀、完整，表面光洁，无脱落、气泡等缺陷。

8）管道采用水泥管块时，应按通信管道工程施工及验收中的相关规定进行检验。

9）各种铁件的材质、规格均应符合质量标准，不得有歪斜、扭曲、飞刺、断裂或破损。

10）室外管道应按通信管道工程验收的相关规定进行检验。

11）工程所用缆线和器材的品牌、型号、规格、数量、质量应在施工前进行检查，应符合设计要求并具备相应的质量文件或证书，出厂检验证明材料、质量文件或与设计不符者不得在工程中使用。

12）进口设备和材料应具有产地证明和商检证明。

13）经检验的器材应做好记录，对不合格的器件应单独存放，以备核查与处理。

14）工程中使用的缆线、器材应与订货合同或封存的产品在规格、型号、等级上相符。

3. 缆线的验收要求

缆线的验收要注意如下 8 点内容：

1）工程使用的对绞电缆和光缆型号、规格、缆线的阻燃等级应符合设计的规定和合同要求。

2）缆线的出厂质量检验报告、合格证、出厂测试记录等各种随盘资料应齐全，所附标志、标签内容应齐全、清晰，外包装应注明型号和规格。

3）电缆外护套须完整无损，电缆应附有出厂质量检验合格证。如用户要求，应附有本批量电缆的技术指标。当该盘、箱外包装损坏严重时，应按电缆产品要求进行检验，测试合格后再在工程中使用。

4）电缆应附有本批量的电气性能检验报告，施工前对盘、箱的电缆长度、指标参数应按电缆产品标准进行抽验，提供的设备电缆及跳线也应抽验，并做测试记录。

5）电缆的电气性能抽验应从本批量电缆中的任意三盘中各截出 10m，加上工程中所选用的接插件进行抽样测试，并做测试记录。

6）光缆开盘后应先检查光缆外表有无损伤，光缆端头封装是否良好。光缆外包装或光缆护套当有损伤时，应对该盘光缆进行光纤性能指标测试，并应符合下列规定：

- 当有断纤时，应进行处理，并在检查合格后使用。
- 光缆 A、B 端标识应正确、明显。
- 光纤检测完毕后，端头应密封固定，并应恢复外包装。

7）综合布线系统工程采用光缆时，应检查光缆合格证及检验测试数据，单盘光缆应对每根光纤进行长度测试、衰减测试，测试要求如下：

- 衰减测试。宜采用光纤测试仪进行测试。测试结果如超出标准或与出厂测试数值相差太大，应用光功率计测试，并加以比较，判定是测试误差还是光纤本身衰减过大。
- 长度测试。要求对每根光纤进行测试，测试结果应一致，如果在同一盘光缆中光纤长度差异较大，则应从另一端进行测试或做通光检查以判定是否有断纤现象存在。

8）光纤接插软线（光跳线）检验应符合下列规定：

- 光纤接插软线，两端的活动连接器（活接头）端面应装配有合适的保护盖帽。
- 每根光纤接插软线中光纤的类型应有明显的标记，选用应符合设计要求。
- 使用光纤端面测试仪应对该批量光连接器件端面进行抽验，比例不宜大于 5% ～ 10%。

4. 接插件的验收

接插件的验收要注意如下4点内容：

1）配线模块和信息插座及其他接插件的部件应完整，检查塑料材质是否有阻燃性能，是否满足设计要求，检查电气和机械性能等指标是否符合相应产品的质量标准。

2）保安单元过压、过流保护各项指标应符合有关规定。

3）光纤插座的连接器使用型号和数量、位置应与设计相符。

4）光纤连接器件及适配器的型号、数量、端口位置应与设计相符。光纤连接器件应外观平滑、洁净，并不应有油污、毛刺、伤痕及裂纹等缺陷，各零部件组合应严密、平整。

5. 配线设备的验收

配线设备的验收要注意如下3点内容：

1）光、电缆交接设备的型号、规格应符合设计要求。

2）光、电缆交接设备的编排及标志名称与设计相符。各类标志名称应统一，标志位置应正确、清晰。

3）对绞电缆电气性能、机械特性、光缆传输性能及接插件的具体技术指标和要求，应符合设计要求。

10.1.3 设备、线缆安装验收

设备、线缆安装验收要注意如下10点内容。

1. 机柜、机架安装验收要求

1）机柜、机架安装完毕后，垂直偏差应不大于3mm、水平偏差应不大于1mm。机柜、机架安装位置应符合设计要求。

2）机柜、机架上的各种零件不得脱落和碰坏，漆面如有脱落应予以补漆，各种标志应完整、清晰。

3）在公共场所安装配线箱时，壁嵌式箱体底边距地不宜小于1.5m，墙挂式箱体底面距地不宜小于1.8m。

4）门锁的启闭应灵活、可靠。

5）机柜、机架的安装应牢固，如有抗震要求时，应按施工图的抗震设计进行加固。

2. 各类配线部件安装验收要求

1）各部件应完整，安装就位，标志齐全。

2）安装螺丝必须拧紧，面板应保持在一个平面上。

3.8位模块、通用插座安装验收要求

1）信息插座底盒、多用户信息插座及集合点配线箱、用户单元信息配线箱安装位置和高度应符合设计文件要求。

2）安装在活动地板或地面上，应固定在接线盒内，插座面板采用直立和水平等形式。接线盒盖可开启，并应具有防水、防尘、抗压功能。接线盒盖面应与地面平齐。

3）8位模块、通用插座、多用户信息插座或集合点配线模块，安装位置应符合设计要求。

4）信息插座底盒同时安装信息插座模块和电源插座时，间距及采取的防护措施应符合设计文件要求。

5）8位模块、通用插座底座盒的固定方法按施工现场条件而定，宜采用预置扩张螺钉

固定等方式。

6）固定螺丝需拧紧，不应产生松动现象。

7）各种插座面板应有标识，以颜色、图形、文字表示所接终端设备类型。

8）信息插座底盒明装的固定方法应根据施工现场条件而定。

9）工作区内终接光缆的光纤连接器件及适配器安装底盒应具有空间，并应符合设计文件要求。

4. 电缆桥架及线槽安装验收要求

1）桥架及线槽的安装位置应符合施工图规定，左右偏差不应超过 50mm。

2）桥架及线槽水平度每米偏差不应超过 2mm。

3）垂直桥架及线槽应与地面保持垂直，并无倾斜现象，垂直度偏差不应超过 3mm。

4）线槽截断处及两线槽拼接处应平滑、无毛刺。

5）吊架和支架安装应保持垂直，整齐牢固，无歪斜现象。

6）金属桥架及线槽节与节间应接触良好，安装牢固。

安装机柜、机架、配线设备屏蔽层及金属钢管、线槽使用的接地体应符合设计要求，就近接地，并应保持良好的电气连接。

7）采用垂直槽盒布放缆线时，支撑点宜避开地面沟槽和槽盒位置，支撑应牢固。

5. 安装机柜、配线箱、配线设备屏蔽层及金属导管、桥架使用的接地体验收要求

安装机柜、配线箱、配线设备屏蔽层及金属导管、桥架使用的接地体应符合设计文件要求，就近接地，并应保持良好的电气连接。

6. 缆线的敷设验收要求

（1）缆线的敷设验收

缆线的敷设应符合下列规定：

1）缆线的型号、规格应与设计规定相符。

2）缆线在各种环境中的敷设方式、布放间距均应符合设计要求。

3）缆线的布放应自然平直，不得产生扭绞、打圈等现象，不应受外力的挤压和损伤。

4）缆线的布放路由中不得出现缆线接头。

5）缆线两端应贴有标签，应标明编号，标签书写应清晰、端正和正确。标签应选用不易损坏的材料。

（2）缆线应有余量

以适应成端、终接、检测和变更，有特殊要求的应按设计要求预留长度，并应符合下列规定：

1）对绞电缆在终接处，预留长度在工作区信息插座底盒内宜为 30 ～ 60mm，电信间宜为 0.5 ～ 2.0m，设备间宜为 3 ～ 5m。

2）光缆布放路由宜盘留，预留长度宜为 3 ～ 5m。光缆在配线柜处预留长度应为 3 ～ 5m，楼层配线箱处光纤预留长度应为 1.0 ～ 1.5m，配线箱终接时预留长度不应小于 0.5m，光缆纤芯在配线模块处不做终接时，应保留光缆施工预留长度。

（3）缆线的弯曲半径

应符合下列规定：

1）非屏蔽和屏蔽 4 对对绞电缆的弯曲半径不应小于电缆外径的 4 倍。

2）主干对绞电缆的弯曲半径不应小于电缆外径的 10 倍。

3）2 芯或 4 芯水平光缆的弯曲半径应大于 25mm；其他芯数的水平光缆、主干光缆和室外光缆的弯曲半径不应小于光缆外径的 10 倍。

4）G.657、G.652 用户光缆弯曲半径应符合表 10-1 的规定。

表 10-1　光缆敷设安装的最小曲率半径

光缆类型		静态弯曲
室内外光缆		15*D*/15*H*
微型自承式通信用室外光缆		10*D*/10*H* 且不小于 30mm
管道入户光缆 蝶形引入光缆 室内布线光缆	G.652D 光纤	10*D*/10*H* 且不小于 30mm
	G.657A 光纤	5*D*/5*H* 且不小于 15mm
	G.657B 光纤	5*D*/5*H* 且不小于 10mm

注：*D* 为缆芯处圆形护套外径，*H* 为缆芯处扁形护套短轴的高度。

（4）综合布线系统缆线与其他管线的间距

应符合设计文件要求，并应符合下列规定：

1）电力电缆与综合布线系统缆线应分隔布放，并应符合表 10-2 的规定。

表 10-2　对绞电缆与电力电缆最小净距

条件	最小净距（mm）		
	308V<2kV·A	308V 2kV·A ～ 5kV·A	308V>5kV·A
对绞电缆与电力电缆平行敷设	130	300	600
有一方在接地的金属槽盒或金属导管中	70	150	300
双方均在接地的金属槽盒或金属导管中	10	80	150

注：双方都在接地的槽盒中，系指两个不同的槽盒，也可在同一槽盒中用金属板隔开，且平行长度≤ 10m。

2）室外墙上敷设的综合布线管线与其他管线的间距应符合表 10-3 的规定。

表 10-3　综合布线管线与其他管线的间距

管线种类	平行净距（mm）	垂直交叉净距（mm）
防雷专设引下线	1000	300
保护地线	50	20
热水管（不包封）	500	500
热水管（包封）	300	300
给水管	150	20
燃气管	300	20
压缩空气管	150	20

3）综合布线缆线宜单独敷设，与其他弱电系统各子系统缆线间距应符合设计文件要求。

4）对于有安全保密要求的工程，综合布线缆线与信号线、电力线、接地线的间距应符合相应的保密规定和设计要求，综合布线缆线应采用独立的金属导管或金属槽盒敷设。

5）屏蔽电缆的屏蔽层端到端应保持完好的导通性，屏蔽层不应承载拉力。

（5）采用预埋槽盒和暗管敷设缆线验收要求采用预埋槽盒和暗管敷设缆线应符合下列要求：

1）槽盒和暗管的两端宜用标志表示出编号等内容。

2）预埋槽盒宜采用金属槽盒，截面利用率应为 40% ～ 60%。

3）暗管宜采用钢管或阻燃聚氯乙烯导管。布放大对数主干电缆及4芯以上光缆时，直线管道的管径利用率应为60%～70%，弯导管应为40%～50%。布放4对对绞电缆或4芯及以下光缆时，管道的截面利用率应为50%～60%。

4）对金属材质有严重腐蚀的场所，不宜采用金属的导管、桥架布线。

5）在建筑物吊顶内应采用金属导管、槽盒布线。

6）导管、桥架跨越建筑物变形缝处，应设补偿装置。

（6）设置缆线桥架敷设缆线验收要求

设置缆线桥架敷设缆线应符合下列要求：

1）密封槽盒内缆线布放应顺直，不应交叉，在缆线进出槽盒部位、转弯处应绑扎固定。

2）梯架或托盘内垂直敷设缆线时，在缆线的上端和每间隔1.5m处应固定在梯架或托盘的支架上；水平敷设时，在缆线的首、尾、转弯处应进行固定，缆线每间隔5～10m处应进行固定。

3）在水平、垂直梯架或托盘中敷设缆线时，应对缆线进行绑扎。对绞电缆、光缆及其他信号电缆应根据缆线的类别、数量、缆径、缆线芯数分束绑扎。绑扎间距不宜大于1.5m，间距应均匀，不宜绑扎过紧或使缆线受到挤压。

4）室内光缆在梯架或托盘中敞开敷设时应在绑扎固定段加装垫套。

（7）吊顶支撑柱（垂直槽盒）在顶棚内敷设缆线要求

采用吊顶支撑柱（垂直槽盒）在顶棚内敷设缆线时，每根支撑柱所辖范围内的缆线可不设置密封槽盒进行布放，但应分束绑扎，缆线应阻燃，缆线选用应符合设计文件要求。

（8）建筑群子系统采用架空、管道、电缆沟、隧道、直埋、墙壁敷设缆线要求

建筑群子系统采用架空、管道、电缆沟、电缆隧道、直埋、墙壁及暗管等方式敷设缆线的施工质量检查和验收应符合现行行业标准《通信线路工程验收规范》的有关规定。

7. 缆线的敷设保护措施的验收要求

配线子系统缆线敷设保护应符合下列要求。

（1）金属导管、槽盒明敷设验收要求

金属导管、槽盒明敷设时，应符合下列要求：

1）金属导管、槽盒明敷设时，与横梁或侧墙或其他障碍物的间距不宜小于100mm。

2）槽盒的连接部位不应设置在穿越楼板处和实体墙的孔洞处。

3）竖向导管、电缆槽盒的墙面固定间距不宜大于1500mm。

4）在距接线盒300mm处、弯头处两边应采用管卡固定、导管每隔1.5m处均应采用管卡固定。

（2）预埋金属槽盒保护要求

预埋金属槽盒保护应符合下列要求：

1）在建筑物中预埋槽盒，宜按单层设置，每一路由进出同一过线盒的预埋槽盒均不应超过3根，槽盒截面高度不宜超过25mm，总宽度不宜超过300mm。槽盒路由中包括过线盒和出线盒时，截面高度宜在70～100mm范围内。

2）槽盒直埋长度超过30m或在槽盒路由交叉、转弯时，宜设置过线盒。

3）过线盒盖应能开启，并应与地面平齐，盒盖处应具有防灰与防水功能。

4）过线盒和接线盒盒盖应能抗压。

5）从金属槽盒至信息插座模块接线盒、86底盒间或金属槽盒与金属钢管之间相连接时

的缆线宜采用金属软管敷设。

（3）预埋暗管保护要求

预埋暗管保护应符合下列要求：

1）金属管敷设在钢筋混凝土现浇楼板内时，导管的最大外径不宜大于楼板厚度的 1/4；导管在墙体、楼板内敷设时，其保护层厚度不应小于 30mm。

2）导管不应穿越机电设备基础。

3）预埋在墙体中间暗管的最大管外径不宜超过 50mm，楼板中暗管的最大管外径不宜超过 25mm，室外管道进入建筑物的最大管外径不宜超过 100mm。

4）直线布管有转弯的管段应设置过线盒。

5）暗管的转弯角度应大于 90°。在布线路由上每根暗管的转弯角不得多于 2 个，并不应有 S 弯、Z 弯出现，如有 S 弯、Z 弯出现，要设置过线盒。

6）暗管管口应光滑，并应加有护口保护，管口伸出部位宜为 25 ～ 50mm。

7）至楼层电信间暗管的管口应排列有序，应便于识别与布放缆线。

8）暗管内应安置牵引线或拉线。

9）管路转弯的曲率半径不应小于所穿入缆线的最小允许弯曲半径，并且不应小于该管外径的 6 倍，当暗管外径大于 50mm 时，不应小于 10 倍。

（4）设置桥架保护要求

设置桥架保护应符合下列要求：

1）桥架底部应高于地面并不应小于 2.2m，顶部距建筑物楼板不宜小于 300mm，与梁及其他障碍物交叉处间的距离不宜小于 50mm。

2）梯架、托盘水平敷设时，支撑间距宜为 1.5 ～ 2.5m。垂直敷设时固定在建筑物构体上的间距宜小于 2m，距地 1.8m 以下部分应加金属盖板保护，或采用金属走线柜包封，但门应可开启。

3）直线段梯架、托盘每超过 15 ～ 30m 或跨越建筑物变形缝时，应设置伸缩补偿装置。

4）金属槽盒明装敷设时，在槽盒接头处、每间距 3m 处、离开槽盒两端出口 0.5m 处和转弯处均应设置支架或吊架。

5）塑料槽盒槽底固定点间距宜为 1m。

6）缆线桥架转弯半径不应小于槽内缆线的最小允许弯曲半径，直角弯处最小弯曲半径不应小于槽内最粗缆线外径的 10 倍。

7）桥架穿过防火墙体或楼板时，缆线布放完成后应采取防火封堵措施。

8）直线段钢制桥架长度超过 30m、铝合金或玻璃钢制桥架长度超过 15m 设有伸缩节；电缆桥架跨越建筑物变形缝处设置补偿装置。

（5）架空地板下网络缆线敷设保护要求

架空地板下网络缆线敷设保护应符合下列要求：

1）架空地板内净空应为 150 ～ 300mm。当空调采用下送风方式时，地板内净高应为 300 ～ 500mm。

2）槽盒之间应相通。

3）槽盒盖板应可以开启。

4）主槽盒的宽度宜为 200 ～ 400mm，支槽盒宽度不宜小于 70mm。

5）可开启的槽盒盖板与明装插座底盒间应采用金属软管连接。

6）地板块与槽盒盖板应抗压、抗冲击和阻燃。

7）具有防静电功能的地板应整体接地。

8）地板板块间的金属槽盒段与段之间应保持良好导通并接地。

（6）与大楼弱电系统缆线采用同一槽盒或托盘架缆线敷设保护要求

当综合布线缆线与大楼弱电系统缆线采用同一槽盒或托盘敷设时，各子系统之间应采用金属板隔开，间距应符合设计文件要求。

（7）干线子系统缆线敷设保护要求

干线子系统缆线敷设保护方式应符合下列要求：

1）缆线不得布放在电梯或供水、供气、供暖管道竖井中，也不宜布放在强电竖井中。当与强电共用竖井布放时，缆线的布放应保持最小净距 1 ～ 2m。

2）电信间、设备间、进线间之间的干线通道应相通。

（8）建筑群子系统缆线敷设保护要求

建筑群子系统缆线敷设保护方式应符合设计文件要求。

（9）当电缆从建筑物外面进入建筑物时的要求

应选用适配的信号线路浪涌保护器，并应符合现行国家标准《综合布线系统工程设计规范》(GB 50311—2016）的有关规定。

8. 缆线终接的验收要求

缆线终接应符合下列要求：

（1）缆线在终接前，应核对缆线标识内容是否正确。

（2）缆线终接处应牢固、接触良好。

（3）对绞电缆与连接器件连接应认准线号、线位色标，不得颠倒和错接。

（4）对绞电缆终接应符合下列要求：

1）终接时，每对对绞线应保持扭绞状态，扭绞松开长度对于 3 类电缆不应大于 75mm；对于 5 类电缆不应大于 13mm；对于 6 类及以上类别的电缆不应大于 6.4mm。

2）对绞线与 8 位模块式通用插座相连时，应按色标和线对顺序进行卡接。568A 与 568B 两种连接方式均可采用，但在同一布线工程中两种连接方式不应混合使用。

3）屏蔽对绞电缆的屏蔽层与连接器件终接处的屏蔽罩应通过紧固器件可靠接触，缆线屏蔽层应与连接器件屏蔽罩 360° 圆周接触，接触长度不宜小于 10mm。

4）对不同的屏蔽对绞线或屏蔽电缆，屏蔽层应采用不同的端接方法。应使编织层或金属箔与汇流导线进行有效端接。

（5）光纤终接与接续应符合下列要求：

1）光纤与连接器件连接可采用尾纤熔接和机械连接方式。

2）光纤与光纤接续可采用熔接和光连接子连接方式。

3）光纤熔接处应加以保护和固定。

（6）各类跳线的终接应符合下列要求：

1）各类跳线缆线和连接器件间接触应良好，接线无误，标志齐全。跳线选用类型应符合系统设计要求。

2）各类跳线长度及性能参数指标应符合设计文件要求。

9. 管理系统验收要求

（1）布线管理系统分级要求

布线管理系统宜按下列规定进行分级：

1）一级管理应针对单一电信间或设备间的系统。

2）二级管理应针对同一建筑物内多个电信间或设备间的系统。

3）三级管理应针对同一建筑群内多栋建筑物的系统，并应包括建筑物内部及外部系统。

4）四级管理应针对多个建筑群的系统。

（2）综合布线管理系统验收要求

综合布线管理系统验收要符合下列要求：

1）管理系统级别的选择应符合设计要求。

2）需要管理的每个组成部分均应设置标签，并由唯一的标识符进行表示，标识符与标签的设置应符合设计要求。

3）管理系统的记录文档应详细完整并汉化，应包括每个标识符的相关信息、记录、报告、图纸等内容。

4）不同级别的管理系统可采用通用电子表格、专用管理软件或智能配线系统等进行维护管理。

（3）综合布线管理系统的标识符与标签的设置验收要求

综合布线管理系统的标识符与标签的设置应符合下列要求：

1）标识符应包括安装场地、缆线终端位置、缆线管道、水平缆线、主干缆线、连接器件、接地等类型的专用标识，系统中每一组件应指定一个唯一的标识符。

2）电信间、设备间、进线间所设置配线设备及信息点处均应设置标签。

3）每根缆线应指定专用标识符，标在缆线的护套上或在距每一端护套300mm内应设置标签，缆线的成端点应设置标签标记指定的专用标识符。

4）接地体和接地导线应指定专用标识符，标签应设置在靠近导线和接地体的连接处的明显部位。

5）根据设置的部位不同，可使用粘贴型、插入型或其他类型的标签。标签表示内容应清晰，材质应符合工程应用环境要求，具有耐磨、抗恶劣环境、附着力强等性能。

6）成端点的色标应符合缆线的布放要求，缆线两端成端点的色标颜色应一致。

（4）综合布线系统各个组成部分的管理信息记录和报告验收要求

综合布线系统各个组成部分的管理信息记录和报告应符合下列要求：

1）记录应包括管道、缆线、连接器件及连接位置、接地等内容，各部分记录中应包括相应的标识符、类型、状态、位置等信息。

2）报告应包括管道、安装场地、缆线、接地系统等内容，各部分报告中应包括相应的记录。

（5）综合布线系统各个组成部分的管理信息记录和报告验收要求

当采用布线工程管理软件和电子配线设备组成的智能配线系统进行综合布线系统工程的管理和维护工作时，应按专项系统工程进行验收。

10. 文档验收要求

文档验收主要是检查乙方是否按协议或合同规定的要求，交付所需要的文档。

（1）记录应包括管道、缆线、连接器件及连接位置、接地等内容，各部分记录中应包括相应的标识符、类型、状态、位置等信息。

（2）报告应包括管道、安装场地、缆线、接地系统等内容，各部分报告中应包括相应的记录。

（3）图纸。

综合布线系统工程检验项目及内容如表 10-4 所示。

表 10-4 综合布线系统工程检验项目及内容

阶段	验收项目	验收内容	验收方式
一、施工前检查	1. 施工前准备的材料	1）综合布线系统工程方案 2）布线系统拓扑图 3）布线系统物理施工图 4）系统工程设备连接文档 5）信息点分布图施工前检查	施工前检查
	2. 环境要求	1）土建施工情况：地面、墙面、门、电源插座及接地装置 2）土建工艺：机房面积、预留孔洞 3）施工电源 4）地板敷设 5）建筑物入口设施检查	施工前检查
	3. 设备材料检验	1）外观检查 2）型号、规格、数量 3）电缆电气性能测试 4）光纤特性测试 5）测试仪表和工具的检验	施工前检查
	4. 安全、防火要求	1）消防器材 2）危险物的堆放 3）预留孔洞防火措施	施工前检查
二、设备安装	1. 电信间、设备间、设备机柜、机架	1）规格、外观 2）安装垂直、水平度 3）油漆不得脱落，标志完整齐全 4）各种螺丝必须紧固 5）抗震加固措施 6）接地措施	随工检验
	2. 配线部件及 8 位模块式通用插座	1）规格、位置、质量 2）各种螺丝必须拧紧 3）标志齐全 4）安装符合工艺要求 5）屏蔽层可靠连接	随工检验
三、电、光缆布放（楼内）	1. 电缆桥架及线槽布放	1）安装位置正确 2）安装符合工艺要求 3）符合布放缆线工艺要求 4）接地	随工检验
	2. 缆线暗敷（包括暗管、线槽、地板等方式）	1）缆线规格、路由、位置 2）符合布放线缆工艺要求 3）接地	随工检验
四、电、光缆布放（楼间）	1. 架空缆线	1）吊线规格、架设位置、装设规格 2）吊线垂度 3）缆线规格 4）卡、挂间隔 5）缆线的引入符合工艺要求	随工检验

（续）

阶段	验收项目	验收内容	验收方式
四、电、光缆布放（楼间）	2. 管道缆线	1）使用管孔孔位 2）缆线规格 3）缆线走向 4）缆线的防护设施的设置质量	隐蔽工程签证
	3. 埋式缆线	1）缆线规格 2）敷设位置、深度 3）缆线的防护设施的设置质量 4）回土夯实质量	隐蔽工程签证
	4. 隧道缆线	1）缆线规格 2）安装位置、路由 3）土建设计符合工艺要求	隐蔽工程签证
	5. 其他	1）通信线路与其他设施的间距 2）进线室安装、施工质量	随工检验或隐蔽工程签证
五、缆线终接	1.8 位模块式通用插座	符合工艺要求	随工检验
	2. 配线部件	符合工艺要求	
	3. 光纤插座	符合工艺要求	
	4. 各类跳线	符合工艺要求	
六、系统测试	1. 工程电气性能测试	1）连接图 2）长度 3）衰减 4）近端串扰（两端都应测试） 5）近端串扰功率和 6）衰减串扰比 7）衰减串扰比功率和 8）等电平远端串扰 9）等电平远端串扰功率和 10）回波损耗 11）传播时延 12）传播时延偏差 13）插入损耗 14）直流环路电阻 15）设计中特殊规定的测试内容 16）屏蔽层的导通	竣工检验
	2. 光纤特性测试	1）衰减 2）长度	竣工检验
七、管理系统	1. 管理系统级别	符合设计要求	竣工检验
	2. 标识符与标签设置	1）专用标识符类型及组成 2）标签设置 3）标签材质及色标	
	3. 记录和报告	1）记录信息 2）报告 3）工程图纸	
八、工程总验收	1. 竣工技术文件	清点、交接技术文件	竣工检验
	2. 工程验收评价	考核工程质量，确定验收结果	

10.2 现场（物理）验收

甲方、乙方共同组成一个验收小组，对已竣工的工程进行验收。作为网络综合布线系统，在物理上主要验收的点有以下几个。

（1）工作区子系统验收

对于众多的工作区不可能逐一验收，而是由甲方抽样挑选工作间。

验收的重点：

1）线槽走向、布线是否美观大方，符合规范。

2）信息插座是否按规范进行安装。

3）信息插座安装是否做到一样高、平、牢固。

4）信息面板是否都固定牢靠。

（2）水平干线子系统验收

水平干线验收主要验收点有：

1）槽安装是否符合规范。

2）槽与槽，槽与槽盖是否接合良好。

3）托架、吊杆是否安装牢靠。

4）水平干线与垂直干线、工作区交接处是否出现裸线，有没有按规范去做。

5）水平干线槽内的线缆有没有固定。

（3）垂直干线子系统验收

垂直干线子系统的验收除了类似于水平干线子系统的验收内容外，要检查楼层与楼层之间的洞口是否封闭，以防火灾出现时成为一个隐患点。线缆是否按间隔要求固定？拐弯线缆是否留有弧度？

（4）电信间、设备间子系统验收

电信间、设备间子系统验收主要检查设备安装是否规范整洁。

验收不一定要等工程结束时才进行，往往有的内容是随时验收的，这里把网络布线系统的物理验收归纳如下。

1. 施工过程中甲方需要检查的事项

（1）环境要求

1）地面、墙面、天花板内、电源插座、信息模块座、接地装置等要素的设计与要求。

2）设备间、电信间的设计。

3）竖井、线槽、打洞位置的要求。

4）施工队伍以及施工设备。

5）活动地板的敷设。

（2）施工材料的检查

1）双绞线、光缆是否按方案规定的要求购买。

2）塑料槽管、金属槽是否按方案规定的要求购买。

3）机房设备如机柜、集线器、接线面板是否按方案规定的要求购买。

4）信息模块、座、盖是否按方案规定的要求购买。

（3）安全、防火要求

1）器材是否靠近火源。

2）器材堆放是否安全防盗。
3）发生火情时能否及时提供消防设施。

2. 检查设备安装

（1）机柜与配线面板的安装
1）在机柜安装时要检查机柜安装的位置是否正确；规定、型号、外观是否符合要求。
2）跳线制作是否规范，配线面板的接线是否美观整洁。
（2）信息模块的安装
1）信息插座安装的位置是否规范。
2）信息插座、盖安装是否平、直、正。
3）信息插座、盖是否用螺丝拧紧。
4）标志是否齐全。

3. 双绞线电缆和光缆安装

（1）桥架和线槽安装
1）位置是否正确。
2）安装是否符合要求。
3）接地是否正确。
（2）线缆布放
1）线缆规格、路由是否正确。
2）对线缆的标号是否正确。
3）线缆拐弯处是否符合规范。
4）竖井的线槽、线固定是否牢靠。
5）是否存在裸线。
6）竖井层与楼层之间是否采取了防火措施。

4. 室外光缆的布线

（1）架空布线
1）架设竖杆位置是否正确。
2）吊线规格、垂度、高度是否符合要求。
3）卡挂钩的间隔是否符合要求。
（2）管道布线
1）使用管孔、管孔位置是否合适。
2）线缆规格。
3）线缆走向路由。
4）防护设施。
（3）挖沟布线（直埋）
1）光缆规格。
2）敷设位置、深度。
3）是否加了防护铁管。
4）回填土复原是否夯实。
（4）隧道线缆布线
1）线缆规格。

2）安装位置、路由。

3）设计是否符合规范。

5. 线缆终端安装

1）信息插座安装是否符合规范。

2）配线架压线是否符合规范。

3）光纤头制作是否符合要求。

4）光纤插座是否符合规范。

5）各类路线是否符合规范。

上述 5 点均应在施工过程中由甲方和督导人员随工检查。发现不合格的地方，做到随时返工，如果完工后再检查，出现问题就不好处理了。

10.3 文档与系统测试验收

文档验收主要是检查乙方是否按协议或合同规定的要求，交付所需要的文档。系统测试验收就是由甲方组织的专家组，对信息点进行有选择的测试，检验测试结果。

对于测试的内容主要有：

（1）电缆的性能测试

1）5 类线要求：接线图、长度、衰减、近端串扰要符合规范。

2）超 5 类线要求：接线图、长度、衰减、近端串扰、时延、时延差要符合规范。

3）6 类线要求：接线图、长度、衰减、近端串扰、时延、时延差、综合近端串扰、回波损耗、等效远端串扰、综合远端串扰要符合规范。

（2）光纤的性能测试

1）类型（单模 / 多模、根数等）是否正确。

2）衰减。

3）反射。

（3）系统接地要求小于 4Ω。

10.4 网络综合布线系统工程验收使用的主要表据

对网络工程验收所使用的主要表据有：

- 综合布线系统安装分项工程质量验收记录表（1）
- 综合布线系统安装分项工程质量验收记录表（2）
- 综合布线系统性能检测分项工程质量验收记录表（3）
- 综合布线系统性能检测分项工程质量验收记录表（4）
- 系统集成综合管理及冗余功能分项工程质量验收记录表
- 系统集成整体协调分项工程质量验收记录表
- 系统集成网络连接分项工程质量验收记录表
- 系统集成可维护性和安全性分项工程质量验收记录表
- 网络安全系统检测分项工程质量验收记录表（1）
- 网络安全系统检测分项工程质量验收记录表（2）
- 接入网设备分项工程质量验收记录表

- ❑ 计算机网络系统检测分项工程质量验收记录表（1）
- ❑ 计算机网络系统检测分项工程质量验收记录表（2）
- ❑ 防雷与接地系统分项工程质量验收记录表（1）
- ❑ 防雷与接地系统分项工程质量检测记录表（2）
- ❑ 电源系统分项工程质量验收记录表（1）
- ❑ 电源系统分项工程质量验收记录表（2）

1. 综合布线系统安装分项工程质量验收记录表（1）

综合布线系统安装分项工程质量验收记录表（1）的主要内容有：验收单位对综合布线系统安装分项工程进行验收。在验收时，检查填写的主要内容有：

1）缆线的弯曲半径

2）预埋线槽和暗管的线缆敷设

3）电源线、综合布线系统缆线应分开布放

4）电、光缆暗管敷设及与其他管线最小净距

5）对绞电缆芯线终接

6）光纤连接损耗值

7）架空、管道、直埋电、光缆敷设

8）机柜、机架、配线架的安装

- ❑ 符合规定
- ❑ 色标一致
- ❑ 线序及排列

9）信息插座安装

- ❑ 安装位置
- ❑ 防水防尘

检查验收填写格式见表10-5。

表10-5　综合布线系统安装分项工程质量验收记录表（1）

编号：表××××××

单位（子单位）工程名称			子分部工程	综合布线系统
分项工程名称		系统安装质量检测验收	验收部位	
施工单位			项目经理	
施工执行标准名称及编号				
分包单位			分包项目经理	
检测验收项目（主控项目）		检测验收记录		备注
1	缆线的弯曲半径			执行GB 50312的规定
2	预埋线槽和暗管的线缆敷设			执行GB 50312的规定
3	电源线、综合布线系统缆线应分开布放			1. 缆线间最小间距应符合设计要求 2. 执行GB 50312的规定
4	电、光缆暗管敷设及与其他管线最小净距			执行GB 50312的规定
5	对绞电缆芯线终接			执行GB 50312的规定
6	光纤连接损耗值			执行GB 50312的规定
7	架空、管道、直埋电、光缆敷设			执行GB 50312的规定

（续）

8	机柜、机架、配线架的安装	符合规定		执行 GB 50312 的规定
		色标一致		
		色谱组合		
		线序及排列		
9	信息插座安装	安装位置		执行 GB 50312 的规定
		防水防尘		
验收意见：				
验收负责人签字： （建设单位项目专业技术负责人） 日期：			分项工程负责人签字： 日期：	

2. 综合布线系统安装分项工程质量验收记录表（2）

综合布线系统安装分项工程质量验收记录表（2）的主要内容有：验收单位对综合布线系统安装分项工程进行验收。在验收时，检查填写的主要内容有：

1）缆线终接

2）各类跳线的终接

3）机柜、机架、配线架的安装

❑ 符合规定

❑ 设备底座

❑ 预留空间

❑ 紧固状况

❑ 距地面距离

❑ 与桥架线槽连接

❑ 接线端子标志

4）信息插座的安装

5）光缆芯线终端的安装连接标志

检查验收填写格式见表 10-6。

表 10-6 综合布线系统安装分项工程质量验收记录表（2）

编号：表 ××××××

单位（子单位）工程名称				子分部工程	综合布线系统
分项工程名称			系统安装质量检测验收	验收部位	
施工单位				项目经理	
施工执行标准名称及编号					
分包单位				分包项目经理	
检测验收项目（一般项目）			检测验收记录	备注	
1	缆线终接			执行 GB 50312 的规定	
2	各类跳线的终接			执行 GB 50312 的规定	
3	机柜、机架、配线架的安装	符合规定		执行 GB 50312 的规定	
		设备底座			
		预留空间			

（续）

3	机柜、机架、配线架的安装	禁固状态		执行 GB 50312 的规定
		距地面距离		
		与桥架线槽连接		
		接线端子标志		
4	信息插座安装			执行 GB 50312 的规定
5	光缆芯线终端的安装连接标志			执行 GB 50312 的规定

验收意见：

验收负责人签字：　　　　　　　　　　　　　分项工程负责人签字：
（建设单位项目专业技术负责人）
日期：　　　　　　　　　　　　　　　　　　日期：

3. 综合布线系统性能检测分项工程质量验收记录表（3）

对综合布线系统性能检测分项工程质量验收记录表（3）验收单位进行验收时，检查填写的主要内容有：

1）工程电气性能检测

❑ 连接图
❑ 长度
❑ 衰减
❑ 近端串扰
❑ 其他特殊规定的测试内容

2）光纤特性检测

❑ 连通性
❑ 衰减
❑ 长度

检查填写格式见表 10-7。

表 10-7　综合布线系统性能检测分项工程质量验收记录表（3）

编号：表 ××××××

单位（子单位）工程名称			子分部工程	综合布线系统
分项工程名称		系统性能检测验收	验收部位	
施工单位			项目经理	
施工执行标准名称及编号				
分包单位			分包项目经理	
检测验收项目（主控项目）			检测验收记录	备注
1	工程电气性能检测	连接图		执行 GB 50312 的规定
		长度		
		衰减		
		近端串扰（两段）		
		其他特殊规定的测试内容		
2	光纤特性检测	连通性		
		衰减		
		长度		

（续）

验收意见：

验收负责人签字：　　　　　　　　　　　　分项工程负责人签字：
（建设单位项目专业技术负责人）
日期：　　　　　　　　　　　　　　　　　日期：

4. 综合布线系统性能检测分项工程质量验收记录表（4）

对综合布线系统性能检测分项工程质量验收记录表（4）验收单位进行验收时，检查填写的主要内容有：

1）综合布线管理系统

2）中文平台管理软件

3）硬件设备图

4）楼层图

5）干线子系统及配线子系统配置

6）硬件设施工作状态

7）干线子系统及配线子系统符合设计要求

8）管材采用钢管、硬质聚氯乙烯管时，其管身应光滑、无伤痕，管孔无变形，孔径、壁厚应符合设计要求

检查填写格式见表 10-8。

表 10-8　综合布线系统性能检测分项工程质量验收记录表（4）

编号：表 ××××××

单位（子单位）工程名称		子分部工程	综合布线系统
分项工程名称	系统性能检测验收	验收部位	
施工单位		项目经理	
施工执行标准名称及编号			
分包单位		分包项目经理	
检测验收项目（一般项目）		检测验收记录	备注
1	综合布线管理系统		执行 GB 50312 的规定
2	中文平台管理软件		
3	硬件设备图		
4	楼层图		
5	干线子系统及配线子系统配置		
6	硬件设施工作状态		
7	干线子系统及配线子系统符合设计要求		
8	管材采用钢管、硬质聚氯乙烯管时，其管身应光滑、无伤痕，管孔无变形，孔径、壁厚应符合设计要求		

验收意见：

验收负责人签字：　　　　　　　　　　　　分项工程负责人签字：
（建设单位项目专业技术负责人）
日期：　　　　　　　　　　　　　　　　　日期：

5. 系统集成综合管理及冗余功能分项工程质量验收记录表

对系统集成综合管理及冗余功能分项工程质量验收记录表验收单位进行验收时，检查填写的主要内容有：

1）综合管理功能

2）信息管理功能

3）信息服务功能

4）视频图像接入时

❑ 图像显示

❑ 图像切换

❑ 图像传输

5）系统冗余和容错功能

❑ 双机备份及切换

❑ 数据库备份

❑ 备用电源及切换

❑ 通信链路冗余及切换

❑ 通信链路冗余及切换

❑ 故障自诊断

❑ 事故条件下的安全保障措施

6）与火灾自动报警系统相关性

检查填写格式见表10-9。

表10-9　系统集成综合管理及冗余功能分项工程质量验收记录表

编号：表××××××

<table>
<tr><td colspan="2">单位（子单位）工程名称</td><td colspan="2"></td><td>子分部工程</td><td>智能化系统集成</td></tr>
<tr><td colspan="2">分项工程名称</td><td colspan="2">系统集成综合管理及冗余功能</td><td>验收部位</td><td></td></tr>
<tr><td colspan="2">施工单位</td><td colspan="2"></td><td>项目经理</td><td></td></tr>
<tr><td colspan="2">施工执行标准名称及编号</td><td colspan="4"></td></tr>
<tr><td colspan="2">分包单位</td><td colspan="2"></td><td>分包项目经理</td><td></td></tr>
<tr><td colspan="3">检测验收项目（主控项目）</td><td colspan="2">检测验收记录</td><td>备注</td></tr>
<tr><td>1</td><td colspan="2">综合管理功能</td><td colspan="2"></td><td rowspan="3">运用案例验证满足功能需求</td></tr>
<tr><td>2</td><td colspan="2">信息管理功能</td><td colspan="2"></td></tr>
<tr><td>3</td><td colspan="2">信息服务功能</td><td colspan="2"></td></tr>
<tr><td rowspan="3">4</td><td rowspan="3">视频图像接入时</td><td>图像显示</td><td colspan="2"></td><td rowspan="3"></td></tr>
<tr><td>图像切换</td><td colspan="2"></td></tr>
<tr><td>图像传输</td><td colspan="2"></td></tr>
<tr><td rowspan="6">5</td><td rowspan="6">系统冗余和容错功能</td><td>双机备份及切换</td><td colspan="2"></td><td rowspan="6">满足设计要求的为合格</td></tr>
<tr><td>数据库备份</td><td colspan="2"></td></tr>
<tr><td>备用电源及切换</td><td colspan="2"></td></tr>
<tr><td>通信链路冗余及切换</td><td colspan="2"></td></tr>
<tr><td>故障自诊断</td><td colspan="2"></td></tr>
<tr><td>事故条件下的安全保障措施</td><td colspan="2"></td></tr>
<tr><td>6</td><td colspan="2">与火灾自动报警系统相关性</td><td colspan="2"></td><td></td></tr>
</table>

（续）

验收意见：	
验收负责人签字： （建设单位项目专业技术负责人） 日期：	分项工程负责人签字： 日期：

6. 系统集成整体协调分项工程质量验收记录表

对系统集成整体协调分项工程质量验收记录表验收单位进行验收时，检查填写的主要内容有：

1）系统的报警信息及处理

❑ 服务器端

❑ 有权限的客户端

2）设备连锁控制

❑ 服务器端

❑ 有权限的客户端

3）应急状态的联动逻辑检测

❑ 现场模拟火灾信号

❑ 现场模拟非法侵入

❑ 其他

检查填写格式见表 10-10。

表 10-10 系统集成整体协调分项工程质量验收记录表

编号：表 ××××××

单位（子单位）工程名称			子分部工程	智能化系统集成
分项工程名称		系统集成整体协调验收	验收部位	
施工单位			项目经理	
施工执行标准名称及编号				
分包单位			分包项目经理	
检测项目（主控项目）			检查评定记录	备注
1	系统的报警信息及处理	服务器端		各项检测应做到安全、正确、及时、无冲突，符合设计要求的为合格，否则为不合格
		有权限的客户端		
2	设备连锁控制	服务器端		
		有权限的客户端		
3	应急状态的联动逻辑检测	现场模拟火灾信号		
		现场模拟非法侵入		
		其他		

验收意见：	
验收负责人签字： （建设单位项目专业技术负责人） 日期：	分项工程负责人签字： 日期：

7. 系统集成网络连接分项工程质量验收记录表

对系统集成网络连接分项工程质量验收记录表验收单位进行验收时，检查填写的主要内容有：

1）连接线测试

2）通信连接测试

3）专用网关接口连接测试

4）计算机网卡连接测试

5）通用路由器连接测试

6）交换机连接测试

7）系统连通性测试

8）网管工作站和网络设备通信测试

9）其他

检查填写格式见表 10-11。

表 10-11　系统集成网络连接分项工程质量验收记录表

编号：表 ××××××

单位（子单位）工程名称			子分部工程	智能化系统集成
分项工程名称		系统集成网络连接	验收部位	
施工单位			项目经理	
施工执行标准名称及编号				
分包单位			分包项目单位	
检测验收项目（主控项目）		检查验收评定记录		备注
1	连接线测试			全部检测，100% 合格时为检测合格
2	通信连接测试			
3	专用网关接口连接测试			
4	计算机网卡连接测试			
5	通用路由器连接测试			
6	交换机连接测试			
7	系统连通性测试			
8	网管工作站和网络设备通信测试			
9	其他			

验收意见：

验收负责人签字：　　　　　　　　分项工程负责人签字：
（建设单位项目专业技术负责人）
日期：　　　　　　　　　　　　　日期：

8. 系统集成可维护性和安全性分项工程质量验收记录表

对系统集成可维护性和安全性分项工程质量验收记录表验收单位进行验收时，检查填写的主要内容有：

1）系统可靠性维护

❑ 可靠性维护说明及措施

❑ 设定系统故障检查

2）系统集成安全性

❑ 身份认证
❑ 访问控制
❑ 信息加密和解密
❑ 抗病毒攻击能力

3）工程实施及质量控制记录

❑ 真实性
❑ 准确性
❑ 完整性

4）其他

检查填写格式见表 10-12。

表 10-12　系统集成可维护性和安全性分项工程质量验收记录表

编号：表××××××

<table>
<tr><td colspan="2">单位（子单位）工程名称</td><td></td><td>子分部工程</td><td>智能化系统集成</td></tr>
<tr><td colspan="2">分项工程名称</td><td>系统集成可维护性和安全性</td><td>验收单位</td><td></td></tr>
<tr><td colspan="2">施工单位</td><td></td><td>项目单位</td><td></td></tr>
<tr><td colspan="2">施工执行标准名称及编号</td><td colspan="3"></td></tr>
<tr><td colspan="2">分包单位</td><td></td><td>分包项目经理</td><td></td></tr>
<tr><td colspan="3">检测验收项目（一般项目）</td><td>检测验收记录</td><td>备注</td></tr>
<tr><td rowspan="2">1</td><td rowspan="2">系统可靠性维护</td><td>可靠性维护说明及措施</td><td></td><td rowspan="10">符合设计要求的为合格</td></tr>
<tr><td>设定系统故障检查</td><td></td></tr>
<tr><td rowspan="4">2</td><td rowspan="4">系统集成安全性</td><td>身份认证</td><td></td></tr>
<tr><td>访问控制</td><td></td></tr>
<tr><td>信息加密和解密</td><td></td></tr>
<tr><td>抗病毒攻击能力</td><td></td></tr>
<tr><td rowspan="3">3</td><td rowspan="3">工程实施及质量控制记录</td><td>真实性</td><td></td></tr>
<tr><td>准确性</td><td></td></tr>
<tr><td>完整性</td><td></td></tr>
<tr><td>4</td><td colspan="2">其他</td><td></td></tr>
</table>

验收意见：

验收负责人签字：　　　　分项工程负责人签字：
（建设单位项目专业技术负责人）
日期：　　　　日期：

9. 网络安全系统检测分项工程质量验收记录表（1）

对网络安全系统检测分项工程质量验收记录表（1）验收单位进行验收时，检查填写的主要内容有：

1）安全产品认证

2）安全系统配置

❑ 防火墙
❑ 防病毒

3）信息安全性

❑ 来自防火墙外的模拟网络攻击

- ❑ 对内部终端机的访问控制
- ❑ 办公网络与控制网络的隔离
- ❑ 防病毒系统测试
- ❑ 入侵检测系统功能
- ❑ 内容过滤系统的有效性

4）操作系统安全性

- ❑ 操作系统
- ❑ 文件系统
- ❑ 用户账号
- ❑ 服务器
- ❑ 审计系统

5）应用系统安全性

- ❑ 身份认证
- ❑ 访问控制

检查验收填写格式见表10-13。

表10-13 网络安全系统检测分项工程质量验收记录表（1）

编号：表××××××

单位（子单位）工程名称			子分部工程	信息网络系统
分项工程名称	网络安全系统检测验收		验收部位	
施工单位			项目经理	
施工执行标准名称及编号				
分包单位			分包项目经理	
检测项目（主控项目）			检测验收记录	备注
1	安全产品认证			执行GB 50311的规定
2	安全系统配置	防火墙		执行GB 50311的规定
		防病毒		
3	信息安全性	来自防火墙外的模拟网络攻击		执行GB 50311的规定
		对内部终端机的访问控制		
		办公网络与控制网络的隔离		
		防病毒系统测试		
		入侵检测系统功能		
		内容过滤系统的有效性		
4	操作系统安全性	操作系统		执行GB 50311的规定
		文件系统		
		用户账号		
		服务毒		
		审计系统		
5	应用系统安全性	身份认证		
		访问控制		

验收意见：

验收负责人签字：　　　　　　　　分项工程负责人签字：
（建设单位项目专业技术负责人）
日期：　　　　　　　　　　　　　日期：

10. 网络安全系统检测分项工程质量验收记录表（2）

对网络安全系统检测分项工程质量验收记录表（2）验收单位进行验收时，检查填写的主要内容有：

1）物理层安全

❑ 安全管理制度

❑ 中心机房的环境要求

❑ 涉密单位的保密要求

2）应用系统安全

❑ 数据完整性

❑ 数据保密性

❑ 安全审计

3）其他

检查验收填写格式见表 10-14。

表 10-14　网络安全系统检测分项工程质量验收记录表（2）

编号：表××××××

单位（子单位）工程名称			子分部工程	信息网络系统
分项工程名称		网络安全系统检测验收	验收部位	
施工单位			项目经理	
施工执行标准名称及编号				
分包单位			分包项目经理	
检测验收项目（一般项目）			检测验收记录	备注
1	物理层安全	安全管理制度		执行本规范第 5.5.7 条中规定
		中心机房的环境要求		
		涉密单位的保密要求		
2	应用系统安全	数据完整性		执行本规范第 5.5.8 条中规定
		数据保密性		
		安全审计		
3	其他			

验收意见：

验收负责人签字：　　　　　　　　　　分项工程负责人签字：
（建设单位项目专业技术负责人）
日期：　　　　　　　　　　　　　　　日期：

11. 接入网设备分项工程质量验收记录表

对接入网设备分项工程质量验收记录表验收单位进行验收时，检查填写的主要内容有：

1）安装环境检查

❑ 机房环境

❑ 电源

❑ 接地电阻值

2）设备安装检查

❑ 管线敷设

❑ 设备机柜及模块

3）系统检测

- ❑ 设备安装检查
- ❑ 收发器线路接口
- ❑ 用户网络接口
  - ◆ 25.6Mbps 电接口
  - ◆ 10BASE-T 接口
  - ◆ USB 接口
  - ◆ PCI 接口
- ❑ 业务节点接口（SNI）
  - ◆ STM-1（155Mbps）光接口
  - ◆ 电信接口
- ❑ 分离器测试
- ❑ 传输性能测试
- ❑ 功能验证测试
  - ◆ 传输功能
  - ◆ 管理功能

检查填写格式见表 10-15。

表 10-15　接入网设备分项工程质量验收记录表

编号：表 ××××××

单位（子单位）工程名称			子分部工程	通信网络系统
分项工程名称		接入网设备	验收部位	
施工单位			项目经理	
施工执行标准名称及编号				
分包单位			分包项目经理	
检测验收项目（主控项目）			检查验收评定记录	备注
1	安装环境检查	机房环境		符合设计要求者为合格
		电源		
		接地电阻值		
2	设备安装检查	管线敷设		
		设备机柜及模块		
3 系统检测	收发器线路接口	功率谱密度		
		纵向平衡损耗		
		过压保护		
	用户网络接口	25.6Mbps 电接口		
		10BASE-T 接口		
		USB 接口		
		PCI 接口		
	业务节点接口（SNI）	STM-1（155Mbps）光接口		
		电信接口		
	分离器测试			
	传输性能测试			
	功能验证测试	传输功能		
		管理功能		

（续）

验收意见：

验收负责人签字：　　　　　　　　　　分项工程负责人签字：
（建设单位项目专业技术负责人）
日期：　　　　　　　　　　　　　　　日期：

12. 计算机网络系统检测分项工程质量验收记录表（1）

对计算机网络系统检测分项工程质量验收记录表（1）验收单位进行验收时，检查填写的主要内容有：

1）网络设备连通性

2）各用户间通信性能

❑ 允许通信

❑ 不允许通信

❑ 符合设计规定

3）局域网与公用网连通性

4）路由检测

5）其他

检查填写格式见表 10-16。

表 10-16　计算机网络系统检测分项工程质量验收记录表（1）

编号：表 ××××××

单位（子单位）工程名称			子分部工程	信息网络系统
分项目名程		计算机网络系统检测验收	验收部位	
施工单位			项目经理	
施工执行标准名称及编号				
分包单位			分包项目记录	
检测验收项目（主控项目）			检测验收记录	备注
1	网络设备连通性			执行 GB 50311 的规定
2	各用户间通信性能	允许通信		
		不允许通信		
		符合设计规定		
3	局域网与公用网连通性			
4	路由检测			执行 GB 50311 的规定
5	其他			

验收意见：

验收负责人签字：　　　　　　　　　　分项工程负责人签字：
（建设单位项目专业技术负责人）
日期：　　　　　　　　　　　　　　　日期：

13. 计算机网络系统检测分项工程质量验收记录表（2）

对计算机网络系统检测分项工程质量验收记录表（2）验收单位进行验收时，检查填写的主要内容有：

1）容错功能检测

❑ 故障判断
❑ 其他自动恢复
❑ 切换时间
❑ 故障隔离
❑ 自动切换
2）网络管理功能检测
❑ 拓扑图
❑ 设备连接图
❑ 自诊断
❑ 节点流量
❑ 广播率
❑ 错误率
3）其他
检查填写格式见表 10-17。

表 10-17　计算机网络系统检测分项工程质量验收记录表（2）

编号：表 ××××××

单位（子单位）工程名称			子分部工程	信息网络系统
分项工程名称		计算机网络系统验收	验收部位	
施工单位			项目经理	
施工执行标准名称及编号				
分包单位			分包项目经理	
检测项目（一般项目）			检测记录	备注
1	容错功能检测	故障判断		执行 GB 50311 的规定
		自动恢复		
		切换时间		
		故障隔离		
		自动切换		
2	网络管理功能检测	拓扑图		执行 GB 50311 的规定
		设备连接图		
		自诊率		
		节点流量		
		广播率		
		错误率		
3	其他			

验收意见：

验收负责人签字：　　　　　　　　分项工程负责人签字：
（建设单位项目专业技术负责人）
日期：　　　　　　　　　　　　　日期：

14. 防雷与接地系统分项工程质量验收记录表（1）

对防雷与接地系统分项工程质量验收记录表（1）验收单位进行验收时，检查填写的主要内容有：

1）防雷与接地系统引接 GB 50303 验收合格的共用接地装置

2）建筑物金属体作接地装置接地电阻不应大于 1Ω

3）采用单独接地装置

❑ 接地装置测试点的设置

❑ 接地电阻值测试

❑ 接地模块的埋没深度、间距和基坑尺寸

❑ 接地模块设置应垂直或水平就位

4）其他接地装置

❑ 防过流、过压元件接地装置

❑ 防电磁干扰屏蔽接地装置

❑ 防静电接地装置

5）等电位联结

❑ 建筑物等电位联结干线的连接及局部等电位箱间的连接

❑ 等电位联结的线路最小允许截面积

6）其他

检查填写格式见表 10-18。

表 10-18　防雷与接地系统分项工程质量验收记录表（1）

编号：表××××××

单位（子单位）工程名称			子分部工程	电源与接地
分项工程名称	防雷与接地系统		验收经理	
施工单位			项目经理	
施工执行标准名称及编号				
分包单位			分包项目经理	
检测项目（主控项目）			检查评定记录	备注
1	防雷与接地系统引接 GB 50303 验收合格的共用接地装置			执行 GB 50311 的规定
2	建筑物金属体作接地装置接地电阻不应大于 1Ω			
3	采用单独接地装置	接地装置测试点的设备		执行 GB 50303 第 24.1.1 条
		接地电阻值测试		执行 GB 50303 第 24.1.2 条
		接地模块的埋没深度、间战和基坑尺寸		执行 GB 50303 第 24.1.4 条
		接地模块设置应垂直或水平就位		执行 GB 50303 第 24.1.5 条
4	其他接地装置	防过流、过压元件接地装置		其设置应符合设计要求，连接可靠
		防电磁干扰屏蔽接地装置		
		防静电接地装置		
5	等电位联结	建筑物等电位联结干线的连接及局部等电位箱间的连接		执行 GB 50303 第 27.1.1 条
		等电们联结的线路最小允许截面积		执行 GB 50303 第 27.1.1 条
6	其他			

（续）

验收意见：

验收负责人签字：　　　　　　　　　　　分项工程负责人签字：
（建设单位项目专业技术负责人）
日期：　　　　　　　　　　　　　　　　日期：

15. 防雷与接地系统分项工程质量检测记录表（2）

对防雷与接地系统分项工程质量检测记录表（2）验收单位进行验收时，检查填写的主要内容有：

1）防过流和防过压接地装置、防电磁干扰屏蔽接地装置、防静电接地装置

❑ 接地装置埋没深度、间距和搭接长度

❑ 接地装置的材质和最小允许规格

❑ 接地模块与干线的连接和干线材质选用

2）等电位联结

❑ 等电位联结的可接近裸露导体或其他金属部件、构件与支线的连接可靠，导通正常

❑ 需等电位联结的高级装修金属部件或零件等电位联结的连接

3）其他

检查填写格式见表10-19。

表10-19　防雷与接地系统分项工程质量检测记录表（2）

编号：表××××××

单位（子单位）工程名称			子分部工程	电源与接地
分项工程名称		防雷与接地系统	验收部位	
施工单位			项目经理	
施工执行标准名称及编号				
分包单位			分包项目经理	
检测项目（一般项目）			检查评定记录	备注
1	防过流和防过压接地装置、防电磁干扰屏蔽接地装置、防静电接地装置	接地装置埋没深度、间距和搭接长度		执行GB 50303第24.2.1条
		接地装置的材质和最小允许规格		执行GB 50303第24.2.2条
		接地模块与干线的连接和干线材质选用		执行GB 50303第24.2.3条
2	等电位联结	等电位联结的可接近裸露导体或其他金属部件、构件与支线的连接可靠，导通正常		执行GB 50303第27.2.1条
		需等电位联结的高级装修金属部件或零件等电位联结的连接		执行GB 50303第27.2.2条
3	其他			

验收意见：

验收负责人签字：　　　　　　　　　　　分项工程负责人签字：
（建设单位项目专业技术负责人）
日期：　　　　　　　　　　　　　　　　日期：

16. 电源系统分项工程质量验收记录表（1）

对电源系统分项工程质量验收记录表（1）验收单位进行验收时，检查填写的主要内容有：

1）引接 GB 50303 验收合格的公用电源

2）稳流稳压、不间断电源装置

❑ 核对规格、型号和接线检查

❑ 电气交接试验及调整

❑ 装置间的连线绝缘电阻值测试

❑ 输出端中性线的重复接地

3）应急发电机组

❑ 电气交接试验

❑ 馈电线路的绝缘电阻测试和耐压试验

❑ 相序检验

❑ 中性线与接地干线的连接

4）蓄电池组及充电设备蓄电池组充放电

5）专用电源设备及电源箱交接试验

6）智能化主机房集中供电专用电源线路安装质量

❑ 金属电缆桥架、支架和金属导管的接地

❑ 电缆敷设检查

检查填写格式见表 10-20。

表 10-20　电源系统分项工程质量验收记录表（1）

编号：表 ××××××

<table>
<tr><td colspan="3">单位（子单位）工程名称</td><td></td><td>子分部工程</td><td>电源与接地</td></tr>
<tr><td colspan="3">分项工程名称</td><td>电源系统</td><td>验收部位</td><td></td></tr>
<tr><td colspan="3">施工单位</td><td></td><td>项目经理</td><td></td></tr>
<tr><td colspan="3">施工执行标准名称及编号</td><td colspan="3"></td></tr>
<tr><td colspan="3">分包单位</td><td></td><td>分包项目经理</td><td></td></tr>
<tr><td colspan="3">检测项目（主控项目）</td><td colspan="2">检查评定记录</td><td>备注</td></tr>
<tr><td>1</td><td colspan="2">引接 GB50303 验收合格的公用电源</td><td colspan="2"></td><td>执行 GB 50311 的规定</td></tr>
<tr><td rowspan="4">2</td><td rowspan="4">稳流稳压、不间断电源装置</td><td>核对规格、型号和接线检查</td><td colspan="2"></td><td>执行 GB 50303 第 9.1.1 条</td></tr>
<tr><td>电气交接试验及调整</td><td colspan="2"></td><td>执行 GB 50303 第 9.1.2 条</td></tr>
<tr><td>装置间的连线绝缘电阻值测试</td><td colspan="2"></td><td>执行 GB 50303 第 9.1.3 条</td></tr>
<tr><td>输出端中性线的重复接地</td><td colspan="2"></td><td>执行 GB 50303 第 9.1.4 条</td></tr>
<tr><td rowspan="4">3</td><td rowspan="4">应急发电机组</td><td>电气交接试验</td><td colspan="2"></td><td>执行 GB 50303 第 8.1.1 条</td></tr>
<tr><td>馈电线路的绝缘电阻测试和耐压试验</td><td colspan="2"></td><td>执行 GB 50303 第 8.1.2 条</td></tr>
<tr><td>相序检验</td><td colspan="2"></td><td>执行 GB 50303 第 8.1.3 条</td></tr>
<tr><td>中性线与接地干线的连接</td><td colspan="2"></td><td>执行 GB 50303 第 8.1.4 条</td></tr>
<tr><td>4</td><td colspan="2">蓄电池组及充电设备蓄电池组充放电</td><td colspan="2"></td><td>执行 GB 50303 第 6.1.8 条</td></tr>
<tr><td>5</td><td colspan="2">专用电源设备及电源箱交接试验</td><td colspan="2"></td><td>执行 GB 50303 第 10.1.2 条</td></tr>
</table>

（续）

6	智能化主机房集中供电专用电源线路安装质量	金属电缆桥架、支架和金属导管的接地		执行 GB 50303 第 12.1、13.1、14.1、15.1 条
		电缆敷设检查		

验收意见：

验收负责人签字：　　　　分项工程负责人签字：
（建设单位项目专业技术负责人）
日期：　　　　日期：

17. 电源系统分项工程质量验收记录表（2）

对电源系统分项工程质量验收记录表（2）验收单位进行验收时，检查填写的主要内容有：

1）稳流稳压、不间断电源装置

❑ 主回路和控制电线、电缆敷设及连接

❑ 可接近裸漏导体的接地或接零

❑ 运行时噪音的检查

❑ 机架组装紧固且水平度、垂直度偏差≤ 15%

2）应急发电机组

❑ 随带控制器的检查

❑ 可接近裸漏导体的接地或接零

❑ 受电侧低压配电柜的试验和机组整体负荷试验

3）专用电源设备及电源箱

❑ 电压、电流及指示仪表检查

❑ 试通电检查

❑ 电线或母线连接处温升检查

4）智能化主机房集中供电专用电源线路安装质量

检查填写格式见表 10-21。

表 10-21　电源系统分项工程质量验收记录表（2）

编号：表 ××××××

单位（子单位）工程名称			子分部工程	电源与接地
分项工程名称	电源系统		验收部位	
施工单位			项目经理	
施工执行标准名称及编号				
分包单位			分包项目经理	
检测项目（一般项目）			检查评定记录	备注
1	稳流稳压、不间断电源装置	主回路和控制电线、电缆敷设及连接		执行 GB 50303 第 9.2.2 条
		可接近裸漏导体的接地或接零		执行 GB 50303 第 9.2.3 条
		运行时噪音的检查		执行 GB 50303 第 9.2.4 条
		机架组装紧固且水平度、垂直度偏差≤ 15%		执行 GB 50303 第 9.2.1 条

（续）

2	应急发电机组	随带控制器的检查		执行 GB 50303 第 8.2.1 条
		可接近裸漏导体的接地或接零		执行 GB 50303 第 8.2.2 条
		受电侧低压配电柜的试验和机组整体负荷试验		执行 GB 50303 第 8.2.3 条
3	专用电源设备及电源箱	电压、电流及指示仪表检查		执行 GB 50303 第 10.2.1 条
		试通电检查		执行 GB 50303 第 10.2.2 条
		电线或母线连接处温升检查		执行 GB 50303 第 10.2.4 条
4	智能化主机房集中供电专用电源线路安装质量			执行 GB 50303 第 12.2、13.2、14.2、15.2 条

验收意见：

验收负责人签字： 分项工程负责人签字：
（建设单位项目专业技术负责人）
日期： 日期：

10.5 乙方要为鉴定会准备的材料

一般乙方为鉴定会准备的材料有：

1）网络综合布线工程建设报告；

2）网络综合布线工程测试报告；

3）网络综合布线工程资料审查报告；

4）网络综合布线工程用户意见报告；

5）网络综合布线工程验收报告。

为了方便读者，作者对上述报告提供一个完整的样例，供读者参考使用。

10.6 鉴定会材料样例

样例 1：某医院计算机网络布线工程建设报告

1）工程概况；

2）工程设计与实施；

3）工程特点；

4）工程文档；

5）结束语。

在某医院领导的大力支持下，该医院医学信息科与某网络系统集成公司的工程技术人员经过几个月的通力合作，完成了该医院计算机网络布线工程的施工建设。提请领导和专家进行检查验收。现将网络布线工程实施的情况做一简要汇报。

一、工程概况

某医院计算机网络布线工程由某网络系统集成公司承接并具体实施。该工程于 ×× 年 9 月，经某医院主持召开的专家评审会评审并通过了《某医院计算机网络系统工程方案》。

××年9月，某网络系统集成公司按合同要求开始进行工程实施。

××年12月中旬完成结构化布线工程。

××年12月20日至30日，完成所有用户点和各种线路的测试。

二、工程设计与实施

1. 设计目标

某医院计算机网络布线工程是为该院的办公自动化、医疗、教学与研究以及院内各单位资源信息共享而建立的基础设施。

2. 设计指导思想

由于计算机与通信技术发展较快，本工程本着先进、实用、易扩充的指导思想，既要选用先进成熟的技术，又要满足当前管理的实际需要，采用了快速以太网技术，既能满足一般用户10Mbps传输速率的需要，也能满足100Mbps用户的需求，当要升级到宽带高速网络时，便可向千兆位以太网转移，以较低的投资取得较好的收益。

3. 楼宇结构化布线的设计与实施

某医院计算机网络布线工程涉及6幢楼，它们是门诊楼、科技楼、住院处（包括住院处附楼）、综合楼、传染病研究所和儿科楼。计算机网络管理中心设在科技楼3层的计算机中心机房。网络管理中心与楼宇连接介质采用如下技术：

- 网络管理中心到综合楼：光纤
- 网络管理中心到传染病研究所：光纤
- 网络管理中心到住院处：光纤
- 网络管理中心到儿科楼：光纤
- 网络管理中心到门诊楼：5类双绞线连接集线器
- 网络管理中心到科技楼：5类双绞线连接集线器

4. 设计要求

1）根据楼宇与网络管理中心的物理位置，所有入网点到本楼（本楼层）的集线器距离不超过100m。

2）网络的物理布线采用星形结构，便于提高可靠性和传输效率。

3）结构化布线的所有设备（配线架、双绞线等）均采用5类标准，以满足10Mbps用户的需求以及向100Mbps、1000Mbps转移。

4）入网点用户的线路走阻燃PVC管或金属桥架，在环境不便于PVC管或金属桥架施工的地方用金属蛇皮管与PVC管或金属架相衔接。

5. 实施

（1）楼宇物理布线结构

楼宇间计算机网络布线系统结构如图10-1所示。

（2）建立用户节点数

某医院网络布线共建立了339个用户点，具体如下：

- 门诊楼：93个用户点
- 科技楼：73个用户点
- 住院处：130个用户点
- 综合楼：26个用户点

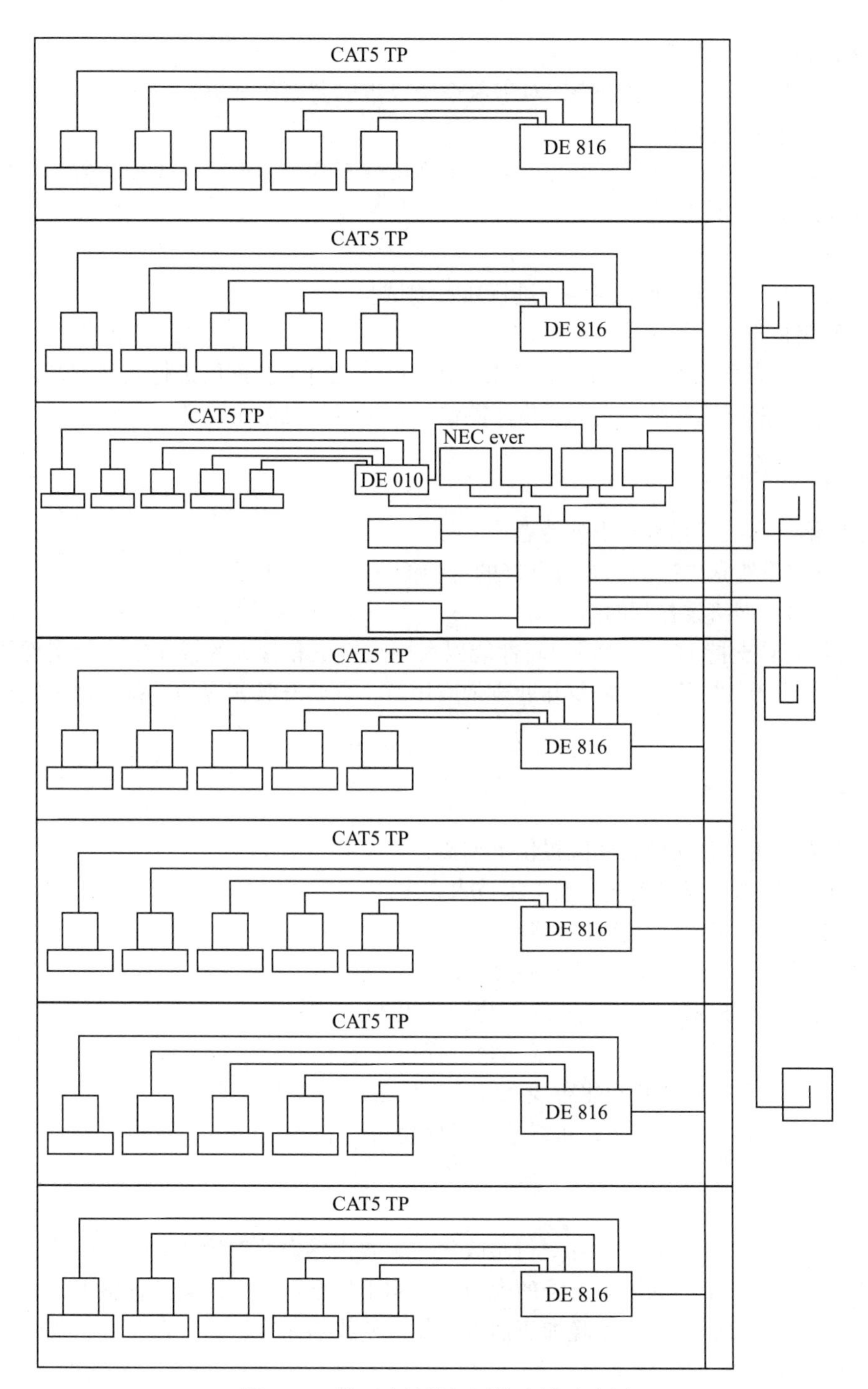

图 10-1　某医院计算机网络布线示意图

- 传染病研究所：9 个用户点
- 儿科楼：8 个用户点

（3）已安装 RJ-45 插座数

在 339 个用户点中，除住院处 9 层的 917、922 房间因故未能安装外，其他房间均已安装到位。

6. 布线的质量与测试

1）布线时依据方案确定线路，对于承重墙或难以实施的地方，均与院方及时沟通，确定线路走向和选用的器材。

2）在穿线工序时，做到穿线后，由监工确认是否符合标准后再盖槽和盖天花板，保证质量达到设计要求。

3）用户点的质量测试。

对于入网的用户点和有关线路均进行质量测试。

7. 入网用户点

入网的用户点均用 Datacom 公司的 LANCATV5 类电缆测试仪进行线路测试，并对集线器与集线器间的线路测试结果全部合格。测试结果报告请见附录（略）。

三、工程特点

某医院网络布线工程具有下列特点：

1）本网络系统是先进的，具有良好的可扩充性和可管理性。

2）支持多种网络设备和网络结构。

3）不仅能够支持 3Com 公司的高性能以太网交换机和管理的智能集线器实现的快速以太网交换机为主干的网络，在需要开展宽带应用时，只要升级相应的设备，便可转移到千兆位以太网。

四、工程文档

某网络系统集成公司向某医院提供下列文档：

1）某医院计算机网络系统一期工程技术方案。

2）某医院计算机网络结构化布线系统设计图。

3）某医院计算机网络结构化布线系统工程施工报告。

4）某医院计算机网络结构化布线系统测试报告。

5）某医院计算机网络结构化布线系统工程物理施工图。

6）某医院计算机网络结构化布线系统工程设备连接报告。

7）某医院计算机网络结构化布线系统工程物品清单。

五、结束语

在某医院计算机网络布线工程交付验收之时，我们感谢院领导和有关部门的支持和大力帮助；感谢医院计算中心的同志给予的大力协助和密切合作；为协同工程施工，医院的同志放弃了许多个节假日，许多个夜晚加班加点工作，使我们非常感动。在此，还要感谢设备厂商给我们的支持和协助。

谢谢大家！

某网络系统集成公司
××年7月

样例2：某医院计算机网络结构化布线工程测试报告

某医院网络结构化布线系统工程，于××年5月立项，××年9月与某网络系统集成公司签订合同。××年10月开始施工，至××年12月底完成合同中规定的门诊楼、科技楼、住院楼、综合楼、传染病研究所大楼套房的结构化布线。××年12月至××年1月中旬某网络系统集成公司对上述布线工程进行了自测试。××年2月，某网络系统集成公司和某医院组成测试小组进行测试。

测试内容包括材料选用、施工质量、每个信息点的技术参数。现将测试结果报告如下：

1. 线材检验

经我们查验，所用线材为AT&T非屏蔽5类双绞线，符合EIA/TIA-568国际标准对5类电缆的特性要求；信息插座为AMP 8位/8路模块化插座；有EIA/TIA-568电缆标记，符合SYSTIMAAX SCS的标准；光纤电缆为8芯光缆，符合Bellcore、OFNR、100Base-FX、EIA/TIA-568、IEEE 802和ICE标准。

2. 桥架和线槽查验

经我们检查，金属桥架牢固，办公室内明线槽美观稳固。施工过程中没有损坏楼房的整体结构，走线位置合理，整体工程质量上乘。

3. 信息点参数测试

信息点技术参数测试是整个工程的关键测试内容。我们采用美国产LANCATV5网络电缆测试仪对所有信息点、电缆进行了全面测试，包括对TDR测量线缆物理长度、接线图、近端串扰、衰减串扰比（ACK）、电缆电阻、脉冲噪声、通信量及特性阻抗的测试。测试结果表明所有信息点都在合格范围内，详见测试记录。

综合上述，某医院网络布线工程完全符合设计要求，可交付使用。

××年3月，由几家公司组成的工程验收测试小组，认真地阅读了某医院计算中心和某网络系统集成公司联合测试组的（某医院网络结构化布线工程测试报告），并用Microtese Penta Scannet 100MHz测试仪抽样测试了20个信息点，其结果完全符合上述联合测试小组的测试结果。

附件一：工程联合测试小组名单

附件二：测试记录（略）

附件三：抽样测试结果记录（略）

特此报告

工程验收测试小组签字（×××、×××、……、×××）

××年4月

附件一：工程联合测试小组人员名单

某医院网络工程结构化布线系统测试组名单

姓名	单位	职称	签字
×××	×××	×××	×××
×××	×××	×××	×××
×××	×××	×××	×××
×××	×××	×××	×××

样例3：某医院网络工程布线系统资料审查报告

某网络系统集成公司在完成某医院网络工程布线之后，为医院提供了如下工程技术资料：

1）某医院计算机网络系统布线工程方案。

2）某医院计算机网络工程施工报告。

3）某医院网络布线工程测试报告。

4）某医院网络结构化布线方案之一。

5）某医院网络布线方案之二。

6）某医院楼宇间站点位置图和接线表。

7）某医院计算中心主跳线柜接线表和主配线柜端口 / 位置对照表。

8）某医院网络结构化布线系统测试结果。

某网络系统集成公司提供的上述资料，为工程的验收及今后的使用和管理提供了使用条件，经审查，资料翔实齐全。

资料审查组
××年4月

某医院网络工程结构化布线资料审查组名单

姓名	单位	职称	签字
×××	×××	×××	×××
×××	×××	×××	×××
×××	×××	×××	×××
×××	×××	×××	×××

样例4：某医院网络工程结构化布线系统用户试用意见

某医院计算机网络工程结构化布线施工完成并经测试后，我们对其进行了试验和试用。通过试用，得到如下初步结论：

1）该系统设计合理，性能可靠。

2）该系统体现了结构化布线的优点，使支持的网络拓扑结构与布线系统无关，网络拓扑结构可方便、灵活地进行调整而无须改变布线结构。

3）该结构化布线系统为医院内的局域网，为实现虚拟网（VLAN）提供了良好的基础。

4）布线系统上进行了高、低速数据混合传输试验，该系统表现了很好的传输性能。

综合上述，该布线系统实用安全，可以满足某医院计算机网络系统的使用要求。

某医院信息中心
××年3月

样例5：某医院计算机网络综合布线系统工程验收报告

今天，召开某医院计算机网络综合布线系统工程验收会，验收小组由某网络系统集成公司和该医院的专家组成，验收小组和与会代表听取了某医院计算机网络结构化布线系统工程的方案设计和施工报告、测试报告、资料审查报告和用户试用情况报告，实地考察了该医院计算中心主机房和布线系统的部分现场。验收小组经过认真讨论，一致认为：

（1）工程系统规模较大

某医院计算机网络工程综合布线工程是一个较大的工程项目，具有5幢楼宇，339个用户节点。该工程按照国际标准EIA/TIA-568设计，参照AT&T结构化布线系统技术标准施工，是一个标准化、实用性强、技术先进、扩充性好、灵活性大和开放性好的信息通信平台，既能满足目前的需求，又兼顾未来发展需要，工程总体规模覆盖了门诊楼、科技楼、住院楼、综合楼、传染病研究所大楼。

（2）工程技术先进，设计合理

该系统按照EIA/TIA-568国际标准设计，工程采用一级集中式管理模式，水平线缆选用符合国际标准的AT&T非屏蔽5类双绞线，主干线选用8芯光缆，信息插座选用AMP8位/8路模块化插座，符合Bellcore、OFNR、FDDI、EIA/TIL568、IEEE802和ICEA标准。某医院网络布线采用金属线槽、PVC管和塑料线槽规范布线，除室内明线槽外，其余均在天花板吊顶内，布局合理。

（3）施工质量达到设计标准

在工程实施中，由某医院计算中心和某网络系统集成公司联合组成了工程指挥组，协调工程施工组、布线工程组和工程监测组，双方人员一起进行协调，监督工程施工质量，由于措施得当，保障了工程的质量和进度。工程实施完全按照设计的标准完成，做到了布局合理，施工质量高，对所有的信息点、电缆进行了自动化测试，测试的各项指标全部达到合格标准。

（4）文档资料齐全

某网络系统集成公司为某医院提供了翔实的文档资料。这些文档资料为工程的验收、计算机网络的管理和维护，提供了必不可少的依据。

综合上述，某医院计算机网络工程的方案设计合理、技术先进、工程实施规范、质量好；布线系统具有较好的实用性、扩展性，各项技术指标全部达到设计要求，是“金卫工程”的一个良好开端。验收小组一致同意通过布线工程验收。

某医院计算机网络结构化布线工程验收小组

组长：×××

副组长：×××

××年4月

某医院计算机网络结构化布线工程验收小组名单

姓名	单位	职称	签字
×××	×××	×××	×××
×××	×××	×××	×××
×××	×××	×××	×××
×××	×××	×××	×××
×××	×××	×××	×××

10.7 鉴定会后资料归档

在验收、鉴定会结束后，将乙方所交付的文档材料以及验收、鉴定会上所使用的材料一起交给甲方有关部门存档。

第 11 章　屏蔽局域网络

11.1　为什么要建设屏蔽局域网

当今时代，建设现代化的局域网，一种是非屏蔽的，一种是屏蔽的。对于要不要建设屏蔽局域网，业界曾有过讨论。现在，我们从两个方面来分析：

1）综合布线中的屏蔽与非屏蔽问题。

2）建设屏蔽局域网的因素。

综合布线中的屏蔽与非屏蔽问题，在网络布线过程中不可避免地要遇到。许多业界人士对这一问题都有相应论述。

1. 综合布线屏蔽还是非屏蔽

（1）屏蔽的目的

屏蔽系统是为了保证在有电磁干扰环境下系统的传输性能，这里的抗干扰性应包括两个方面，即抵御外来电磁干扰的能力以及系统本身向外辐射电磁干扰的能力。对于后者而言，欧洲通过了电磁兼容性测试标准 EMC 规范，而对于前者，目前还没有定量的标准规定在外部电磁场强达到多少 V/M 的情况下应该采用屏蔽。虽然从理论上讲，在线缆和连接件外表包上一层金属材料屏蔽层，可以有效地滤除不必要的电磁波（这也是目前绝大多数屏蔽系统采用的方法）。

（2）理想与现实的差距

对于屏蔽系统而言，单单有了一层金属屏蔽层是不够的，更重要的是必须将屏蔽层完全良好地接地，这样才能把干扰电流有效地导入大地。但是，实际施工时，屏蔽系统存在一些不可忽视的困难：由于屏蔽系统对接地的苛刻要求，极容易造成接地不良，比如接地电阻过大、接地电位不均衡等，这样在传输系统的某两点间便会产生电位差，进而产生金属屏蔽层上的电流，造成屏蔽层不连续，破坏其完整性。这时，屏蔽层本身已经成为一个最大的干扰源，因而导致其性能反而远不如非屏蔽系统。屏蔽线在高频传输时，需要两端接地，这样更有可能在屏蔽层上产生电位差。由此可见，屏蔽系统本身的要求，恰恰构成保证其性能的最大障碍。

一个完整的屏蔽系统要求处处屏蔽，一旦有任何一点的屏蔽不能满足要求，都势必会影响到系统的整体传输性能。可是，目前市场上还很少有网络集线器或计算机本身拥有屏蔽支持，所以很难实现整个传输链路的屏蔽。

（3）屏蔽与非屏蔽，哪个更先进

目前国际上（欧、美两大阵营之间）存在着屏蔽系统与非屏蔽系统优劣的争论。采用屏蔽系统或非屏蔽系统，很大程度上取决于综合布线市场的消费观念。在欧洲占主流的是屏蔽系统。然而，在综合布线使用量最大的北美，则坚定地推行非屏蔽系统。因为无论是屏蔽系统还是非屏蔽系统，只要是经过符合标准的完善设计及安装，都可以达到满意的效果，只不过考虑到价格、安装时的难易要求等因素，北美认为，在高容量主干及严重干扰条件下使用光纤更为实际。

（4）对用户的建议

针对国内的实际情况，我们建议用户在对各种因素进行全面均衡时，有必要仔细考虑下述问题：

- ❑ 目前不同厂家的屏蔽式 8 芯插头之间的插头 / 插座之间的兼容问题、屏蔽的有效程度及插头的接触面能否长期保持稳定等方面都没有定论。
- ❑ 屏蔽系统倘若安装不当，达不到整体的屏蔽完整性，其性能将比非屏蔽系统更差。

我们认为，UTP（非屏蔽双绞线）是目前较为成熟、可靠的综合布线技术，在通常情况下完全可以满足在干扰环境下的使用需求。如果干扰较大，可采用金属桥架和管道做屏蔽层的布线方法，就可以满足屏蔽的要求。如果使用环境存在极为严重的干扰，建议直接使用光缆，以满足严酷的 EMC 要求。

2. 屏蔽与非屏蔽的误区

当 UTP 应用在结构化布线系统上并广泛地被世界接受时，一些有关使用屏蔽式电缆的误区相继出现。

误区一：当频率高于 30MHz 时，UTP 电缆不能符合 EMC 的要求；或当频率高于 30 MHz 时，必须使用 STP 电缆。

事实一：差分传输信号频谱（Differential Transmitted Signal Spectrum）与放射性能（Radiated Emission Performance）的关系取决于以下因素：

- ❑ 印刷电路板的设计
- ❑ 输出过滤器和磁场特性
- ❑ 注明的信号强度
- ❑ 使用的通信协议
- ❑ 信号端的平衡（LCL）
- ❑ 传送铜线及信号端注明的普通模式阻抗
- ❑ 连接件的屏蔽有效程度

以上误区与信号频谱使用的屏蔽无关。SYSTIMAX SCS 384A 宽带视频转换器已经测试并保证高致 550MHz 的高频率，符合 EMC 标准。

误区二：FTP 电缆有 UTP 电缆的所有平衡特性，并加额外的屏蔽保护。

事实二：当在 UTP 电缆上加上屏蔽时，以下情况便出现：

- ❑ 屏蔽改变了整条电缆的电容耦合，从而衰减增加
- ❑ 平衡（LCL）降级

平衡降级将在电缆内的绞线上引起强大的耦合普通模式信号，从而在屏蔽层上引起强烈的耦合。因此，屏蔽必须有良好的接地。而完全屏蔽的连接件必须有正确终端，否则这普通模式信号会使系统发出辐射。当频率增高时，情况更严重。

误区三：屏蔽式电缆决定了系统的整个 EMC 性能。

事实三：一个屏蔽系统只是跟其最弱的 EMC 元件差不多。在屏蔽系统中，最弱的链路为跳接面板、连接器信息插座以及设备界面本身。

误区四：屏蔽电缆可在任何频率防止干扰。

事实四：在低频时，屏蔽电缆所产生的噪音，至少跟非屏蔽电缆产生的一样高。例如 0.1cm 厚的铝或铜屏蔽，在 50MHz 频率（电源电缆）只能提供约 1dB 损耗（这与减低噪音

10% 的效果相当）。

误区五：屏蔽式电缆只需在一端接地即可。

事实五：只有当频率低于 1MHz 时，这才是事实，当频率高于 1MHz 时，EMC 认为最好在多个位置接地，一般至少应做到两端接地。

误区六：为了安全起见，必须使用屏蔽电缆。

事实六：由英国政府及一家有名的电脑厂商的一项合作研究表明，电脑安全的问题主要是由于不小心或有恶意的职员所造成的（例如电脑资料窃贼、电脑病毒、未经批准的闯入等）。由电脑荧屏引致的辐射比由电缆引致的辐射更大。

误区七：安装完全屏蔽的布线系统，可使用较便宜的电子硬件。

事实七：电子硬件即芯片的价格，主要取决于其生产数量。根据世界性的有关布线系统市场的统计资料分析显示，UTP 在双绞线电缆市场上占了 82%，STP、FTP 各占 8%，因而 UTP 电子硬件将更经济。

总之，基于上述事实，有关屏蔽式电缆较优越的认识是站不住脚的。用户不可能知道屏蔽式系统的性能是否如其所说的一般，皆因目前根本没有标准可测试安装后屏蔽系统的屏蔽有效程度。这是一个问题，因为屏蔽系统的安装是很困难的，而金属箔屏蔽电缆在安装时或日后使用时亦很容易破损。

贝尔实验室的研究已一次又一次地显示，UTP 是最适合使用在商业楼宇环境中的结构化布线系统，而 SYSTIMAX SCS UTP 安装不用另外考虑屏蔽的效能，就可以达到与完美屏蔽系统同样的 EMC 要求。在恶劣环境下，最好使用光缆，使布线系统达到完美的 EMC 性能。

目前，世界上对非屏蔽和屏蔽布线系统的争论仍在继续。北美和其他世界上大多数地区推崇非屏蔽系统，而欧洲则大力推行屏蔽系统。从实质上讲，这只是消费观念的不同。目前，UTP 完全可以用于强干扰的环境。非屏蔽系统具有以下特点：

- ❑ 安装简单，维护方便，经过正规培训的公司较多。
- ❑ 整体价格便宜。
- ❑ 非屏蔽双绞线的设计可很好地抗干扰，著名厂商的 6 类线带宽可达 350MHz，完全可以支持 622Mbps ATM 或千兆位以太网应用。
- ❑ 对非屏蔽系统，目前已有国际标准，保证了应用兼容性。
- ❑ 美国数百万工程应用也证明了非屏蔽系统的可用性。

作者认为：应视具体情况来确定建设屏蔽的还是非屏蔽的布线系统。对于公安、银行等保密性强的单位可建设屏蔽的局域网，因为有以下因素的影响：

（1）干扰

电缆和设备通常会干扰其他的部件，或者被其他干扰源所影响，从而破坏数据的传输。严重时，干扰甚至会导致整个系统完全瘫痪。

根据 PREN 50174 规定，一些干扰源列举如下：

- ❑ 功率分配。
- ❑ 荧光灯照明。
- ❑ 无线电传送设备（无线电话、无线电台、电视）。
- ❑ UTP 对 UTP 电缆。
- ❑ 办公设备（复印机、打印机、电脑、碎纸机）。
- ❑ 雷达。

❑ 工业机器（发动机等）。

线缆绞合只能保护电缆不被磁场干扰，但不能使其不被电场干扰。然而，许多干扰源发射的是电场或电磁场（辐射场），因此，只有屏蔽才能使网络免受所有干扰源影响。

对于高于 10Mbps 和 10MHz 的高速率、高频率应用，数据传输越灵敏，屏蔽性就变得越重要。机械地限制绞合长度会使绞合的效果减弱，绞合仅能有效地适应 30 ～ 40MHz 的数据传输。

由于安装过程中对电缆的拉力和其他类似弯曲半径等因素的影响，会使 UTP 的均衡绞度遭到破坏。然而，屏蔽可以补偿这种影响，它可以看作一种电磁和机械保护。

（2）窃听

潜在的窃听者、情报人员、骗子和程序狂在不断增加。他们可以拦截 UTP 线缆上传输的信息，从而引起严重的破坏和损失。使用了屏蔽线缆及元件的屏蔽网络则可以明显地降低周围环境中的电磁能发射水平。

如果没有物理连接，而只将 UTP 线缆当作传送天线时，UTP 线缆是很容易被拦截的。屏蔽双绞线（STP）则由于它较低的散射而很难被拦截。在大多数不被保护状态下，窃听者只需要一部雷达接收器、电子信号发生器和一台便携式计算机，在几百米距离内，就可以进行数据拦截。“这种信息泄露的途径使敌对者能及时、准确、广泛、连续而且隐蔽地获取情报。计算机电磁辐射泄密问题已经引起了各个国家的高度重视，要防止这些信息在空中传播，必须采取防护和抑制电磁辐射泄密的专门技术措施。因此，屏蔽技术较为适用于一些保密等级要求较高、较重要的大型计算机设备或多台小型计算机集中放置的场合，如国防军事计算中心、大型的军事指挥所、情报机构的计算中心等。”

加密和解密是保护网络的另一种解决方式，但它需要较大的网络发射功率，且其配套软硬件配置非常昂贵。选择加密的花费将比一开始就安装屏蔽电缆高很多。不敷设屏蔽电缆，这种不安全感将会一直存在。

与非屏蔽电缆相比，屏蔽电缆由于其较低的辐射而保护网络免受窃听。从发射保密性的角度来说，电缆的屏蔽应是首要选择，在个别情况下，加密可作为辅助措施使用（比如用于军事应用）。

（3）屏蔽系统的实施

根据国际标准 ISO/IEC 11801，屏蔽必须是从传送器到接收器的全程屏蔽。机房屏蔽、安装电缆、信息插座和连接插头都必须屏蔽。包括工作区和设备电缆（连接电缆）等在内的所有元件都应仔细挑选、正确安装和连接；并且要保证整个屏蔽系统在电气性能上的整体连接，具有良好、可靠的接地；不能有任何断裂处，否则断裂部分会造成天线效应，不但不能屏蔽，反而效果更坏。

（4）屏蔽原理

单独的绞合线对或 4 线对组可以有一个金属屏蔽层。不同的线对或 4 线对组可以在金属屏蔽后置于一起。屏蔽旨在增加与电磁化外界的间距。就屏蔽本身而言，它可将线对或 4 线对组自身之间的串扰减少到最低程度。这些将根据集肤效应由反射和吸收完成。

❑ 反射：金属屏蔽能够有效地反射来自内外界的大量入射场。

❑ 集肤效应：在一定的频率下，屏蔽能够在需要的信息与外界干扰之间提供近乎完美的间距。集肤效应保证了干扰电流只在屏蔽层外通过，因为它不能透过屏蔽层并有一段短的距离（集肤深度）。上述间距的频率取决于屏蔽层的材料和厚度。

11.2 如何选择屏蔽与非屏蔽系统

11.2.1 如何选择屏蔽系统与非屏蔽系统的问题

关于如何选择屏蔽系统与非屏蔽系统的问题，一直困扰着许多用户。下面我们将从屏蔽双绞线与非屏蔽双绞线技术的差别来阐述它们的应用。

为了能够适应网络技术的发展，国际标准化组织 ISO/IEC 制定了一系列的布线标准，ISO 11801 标准中定义了 5 类线缆的带宽是 100MHz，6 类线缆的带宽是 200MHz、7 类线缆的带宽是 600MHz。屏蔽布线系统的最高产品等级为 7A 类，目前 8 类的屏蔽布线产品也已投入市场。

需要指出的是，线缆的带宽（MHz）和在线缆上传输的数据的速率（Mbps）是两个截然不同的概念。Mbps 衡量的是单位时间内线路传输的二进制位的数量；而 MHz 衡量的是单位时间内线路中电子信号的震荡次数，对于 5 类双绞线，其带宽为 100MHz，因此，任何应用于 5 类线的网络系统都应以低于 100MHz 的信号来传输数据，才能比较稳定可靠。

网络系统中的编码方式建立了带宽与速率之间的联系，优秀的编码方案能够在有限的带宽下高速地传输数据。几年前，IEEE 曾经利用一种被称为 Cap64 的编码方式在 6 类双绞线上进行了 622Mbps 的数据传输实验。

然而，当信号以很高的频率在线路中传输时，如果不采取一定的措施，仍将因为外界电磁干扰和线缆自身内部的串扰产生大量的传输错误，从而降低系统的性能，就像许多网络管理员不愿意在 3 类线缆上运行 10M 网络系统一样，他们发现在 5 类、6 类非屏蔽双绞线上运行 100M 网络系统的性能也并非他们所想象的那样快、那样可靠。那么，使用屏蔽的双绞线的情况会怎么样呢？使用 6 类非屏蔽双绞线又当如何？

IBM 的 La Gaude 实验室针对这个问题进行了严格的实验，实验的目的是比较非屏蔽双绞线和屏蔽双绞线在实际的网络系统中受强电器和强电线路的影响而产生的传输错误率。网络系统采用 ATM155，并让其持续工作在 120Mbps 的速率下。实验遵循 EN801-4 标准，对象是 IBM 的 SFTP 和 UTP 5 类系统及另一厂家的 UTP 6 类系统。

当干扰源产生的交变信号的强度从 200V 逐渐提高到 3500V 时，SFTP 5 类系统中传输的数据信号均未发生任何错误。而在 5 类 UTP 系统中，情况就没有这么好了：当电压升高到 200V 时，UTP 系统就开始产生数据错误和丢失。在实际应用中，线缆经常会与强电线缆敷设得很近，强电线路中的 220V 交流电便成为影响布线系统性能的重要的干扰源。测试结果如表 11-1 所示。

表 11-1 UTP5、SFTP5、UTP6 测试结果

干扰源	UTP5 类错误率	UTP5 类剩余流量	UTP6 类错误率	UTP6 类剩余流量	SFTP5 类错误率	SFTP5 类剩余流量
0V	0	120Mbps	0	120Mbps	0	120Mbps
200V	12500bps	9Mbps	6500Mbps	15Mbps	0	120Mbps
500V	25000bps	10Mbps	1200Mbps	10Mbps	0	120Mbps
50～3500V	未测	未测	未测	未测	0	120Mbps

网络设备发现传输过程中的错误后，会耗费大量的时间用于重发和恢复这些错误的数据，从而使实际的可用流量受到极大的影响，这就恰恰证实了那些网络管理员的担心。

由于 RJ-45 插头（座）的性能的改进和线缆信噪比的提高，6 类非屏蔽系统的传输误码

率比5类系统降低了一半，但是，仍然使网络传输速率受到了很大影响。事实证明，当网络系统的传输要求越来越接近布线系统的带宽极限，消除外界对系统的电磁干扰就越发重要。

综上所述，当网络布线环境处在强电磁场附近时（例如发电厂、变电站等），布线系统可采用屏蔽系统，以保证网络信息的正常传输；涉及国家秘密或企业对商业信息有保密要求采用屏蔽系统；银行、证券交易所的市级总部办公楼、结算中心以及备份中心的计算机网络采用屏蔽布线系统；在医技楼、专业实验室等特殊建筑内必须设置大型电磁辐射发射装置、核辐射装置或电磁辐射较严重的高频电子设备时，计算机网络宜采用屏蔽布线系统。根据环境电磁干扰的强弱，通常可以分三个层次采取不同屏蔽措施。在一般电磁干扰的情况下，可采用金属桥架和管道屏蔽的办法，即把全部线缆都封闭在预先敷设好的金属桥架和管道中，并使金属桥架和管道保持良好的接地，这样同样可以把干扰电流导入大地，取得较好的屏蔽效果，而且还可以节省大量资金。在存在较强电磁干扰源的情况下，可采用屏蔽双绞线和屏蔽连接件的屏蔽系统，再辅助以金属桥架和管道，一般也可取得较好的屏蔽效果。在有极强电磁干扰的情况下，可以采用光缆布线。采用光缆布线成本较高，但屏蔽效果最好，而且可以得到极高的带宽和传输速率，采用光缆布线的网络在20年内可保证其具有先进性，网络不会因布线系统落后而淘汰。

11.2.2 选择屏蔽系统的问题

1. 选用屏蔽布线系统的规定

屏蔽布线系统的选用应符合下列规定：

1）当综合布线区域内存在的电磁干扰场强高于3V/m时，宜采用屏蔽布线系统。

2）用户对电磁兼容性有电磁干扰和防信息泄漏等较高的要求，或有网络安全保密的需要时，宜采用屏蔽布线系统。

3）安装现场条件无法满足对绞电缆的间距要求时，宜采用屏蔽布线系统。

4）当布线环境温度影响到非屏蔽布线系统的传输距离时，宜采用屏蔽布线系统。

5）当综合布线路由于存在干扰源，且不能满足最小净距要求时，宜采用金属导管和金属槽盒敷设，或采用屏蔽布线系统及光缆布线系统。

2. 屏蔽布线系统的选用要求

屏蔽布线系统的选用要求如下。

1）电磁兼容通用标准《居住、商业和轻工业环境中的抗扰度试验》（GB/T 17799.1—1999）与国际标准草案77/181/FDIS及IEEE 802.3-2002中都认可3V/m的指标值。另外，在EN 50173-2007中指出："在工业建筑中，存在着电磁噪声宽频带耦合的途径，电磁干扰的频带可以达到1Hz～10GHz以上（含高次谐波）。电磁噪声发生设备所产生的有害基频电磁波，还会产生对通信网络有破坏性作用的谐波（三次谐波）。"因此在具体工程项目的勘查设计过程中，如用户提出要求或现场环境中存在磁场的干扰，则可以采用电磁骚扰测量接收机测试，或使用现场布线测试仪配备相应的测试模块对模拟的布线链路做测试，在取得相应的数据后，进行分析，作为工程采用产品的依据。具体测试方法应符合测试仪表技术内容要求。

电磁干扰的强度取决于两个因素，即距离与电磁噪声发生器产生的能量。参考EN 50173-2007标准，表11-2是常见电磁噪声发生设备的电磁环境等级（E1、E2、E3）评估及间距要求。

表 11-2　电磁环境等级与间距要求

电磁噪声发生设备	距布线系统的距离	电磁环境等级
接触器式继电器	＜ 0.5m	E2
	＞ 0.5m	E1
无线发射机（＜ 1W）	＜ 0.5m	E2 ～ E3
	＞ 0.5m，且＜ 3m	E1 ～ E2
	＞ 3m	E1
无线发射机（1W ～ 3W）	＜ 0.5m	E3
	＞ 0.5m，且＜ 3m	E2 ～ E3
	＞ 3m	E1
无线发射机（电视台、无线电台、手机基站）	＜ 1km	E3
高马力电动机	＜ 3m	E3
	＞ 3m	E1
电动机控制器	＜ 0.5m	E3
	＞ 0.5m，且＜ 3m	E2
	＞ 3m	E1
感应式加热器（＜ 8MW）	＜ 0.5m	E3
	＞ 0.5m，且＜ 3m	E2
	＞ 3m	E1
电阻式加热器	＜ 0.5m	E2
	＞ 0.5m	E1
荧光灯（＜ 1m）	＜ 0.5m	E2
	＞ 0.5m	E1
恒温器开关（110V ～ 230V）	＜ 0.5m	E2 ～ E3
	＞ 0.5m	E1

各种电磁干扰设备的环境中添加隔离装置可以减少电磁耦合的能量的影响。表 11-3 是常见电磁噪声源的耦合途径。

表 11-3　常见电磁噪声源的耦合途径

电磁噪声发生装置	电磁噪声	耦合途径
电动机	电涌和电快速瞬变（EFT）	局部接地，传导
驱动控制器	传导和电涌	局部接地，传导
继电器和接触器	电快速瞬变	辐射，传导
电焊机	电快速瞬变，感应	磁场辐射
射频感应焊接机	无线电频率	辐射，传导
物流处理（纸张 / 纺织品类）	静电释放（ESD）	辐射
加热器	电快速瞬变	局部接地，传导，辐射
感应式加热器	电快速瞬变，磁场	局部接地，传导，辐射
无线通信设备	无线电频率	辐射

2）参考《信息技术通用缆线系统》(EN 50173）标准，当工作环境温度超过 20℃时，为达到传输性能指标要求，对绞电缆的最大有效长度会有所减少。其中规定屏蔽布线系统的长度温度系数为 0.2% /℃，非屏蔽布线系统的长度温度系数为 0.4% /℃（20 ～ 40℃）和 0.6% /℃（40 ～ 60℃）。根据温度系数进行计算，如工作温度为 30℃时，屏蔽对绞电缆的最大有

效长度为 87.3m，而非屏蔽对绞电缆的最大有效长度则为 84.6m。

3）布线系统电缆作为 POE 供电应用时，根据 IEEE 802.3AT 提出的要求，每一对线的功耗将会达到 30W，使线对的温度达到 45℃，在此情况下建议采用屏蔽布线系统。

4）屏蔽电缆可在 F/UTP、U/FTP、SF/UTP、S/FTP 中选择，不同结构的屏蔽电缆会对高频、低频的电磁辐射产生不同的屏蔽效果。对于具有线对屏蔽结构的（如 U/FTP）屏蔽电缆主要可以抵御线对之间的电磁辐射干扰，但是线对屏蔽 + 电缆总屏蔽结构的（如 S/FTP）屏蔽电缆则可以同时抵御线对之间和来自外部的电磁辐射干扰，也可以减少线对外部的电磁辐射干扰。因此，屏蔽布线工程有多种形式的电缆可以选择。同时为保证良好屏蔽性能，电缆的屏蔽层与屏蔽连接器件之间必须做好 360° 的连接。

5）屏蔽信道的耦合衰减应符合表 11-4、表 11-5 的规定。

表 11-4　屏蔽信道的耦合衰减

等级	频率 f（MHz）	电磁环境等级		
		E_1	E_2	E_3
		最小耦合衰减（dB）		
D	$30 \leqslant f \leqslant 100$	40	50	60
E	$30 \leqslant f \leqslant 250$	80−20lg f，40max	90−20lg f，50max	100−2lg f，60max
F	$30 \leqslant f \leqslant 600$	80−20lg f，40max	90−20lg f，50max	100−20lg f，60max

表 11-5　典型频率点的屏蔽信道耦合衰减

等级	电磁环境等级	最小耦合衰减（dB）				
		频率（MHz）				
		16	100	250	600	1000
D	E_1	40.0	40.0	N/A	N/A	N/A
	E_2	50.0	50.0	N/A	N/A	N/A
	E_3	60.0	60.0	N/A	N/A	N/A
E	E_1	40.0	40.0	32.0	N/A	N/A
	E_2	50.0	50.0	42.0	N/A	N/A
	E_3	60.0	60.0	52.0	N/A	N/A
F	E_1	40.0	40.0	32.0	24.4	N/A
	E_2	50.0	50.0	42.0	34.4	N/A
	E_3	60.0	60.0	52.0	44.4	N/A

11.3　屏蔽局域网的施工建设

屏蔽局域网与非屏蔽局域网在系统结构、组成原理方面是一样的，也就是说，会做非屏蔽局域网工程，就会做屏蔽局域网工程。但是，要注意屏蔽局域网的特点，屏蔽布线系统应选用相互适应的屏蔽电缆和连接器件，采用的电缆、连接器件、跳线、设备电缆都应是屏蔽的，并应保持信道屏蔽层的连续性与导通性。

- ❑ 屏蔽局域网使用的线缆是屏蔽双绞线。
- ❑ 屏蔽局域网使用的信息模块是屏蔽模块。
- ❑ 屏蔽局域网使用的 RJ-45 头是屏蔽的 RJ-45 头。
- ❑ 屏蔽局域网使用的配线架是屏蔽的配线架。

- ❑ 屏蔽局域网使用的跳线是屏蔽的跳线。
- ❑ 屏蔽局域网使用的槽（管）一般选择金属槽（管）。
- ❑ 屏蔽局域网使用的线缆、设备应是同一厂家。
- ❑ 机房使用的是屏蔽机房。
- ❑ 厂家产品担保。

如果使用了同一厂家的产品，做出的工程达不到设计指标，厂家包赔。

11.4　屏蔽局域网系统的施工安装要求

屏蔽布线系统的施工安装主要涉及两个方面：

1）电信间、设备间、工作区的屏蔽电缆端接。

2）系统接地。

针对屏蔽系统的要求，要保证电缆的屏蔽层在 360° 的范围均与模块和配线架的屏蔽层有良好的接触，而不是在某些点上实现连接，同时屏蔽层不能在同一条链路中间出现断裂。

1. 电信间、设备间、工作区的屏蔽电缆端接

（1）模块、配线架屏蔽电缆施工安装

模块、配线架屏蔽电缆施工安装时：

1）使用端接工具去除屏蔽电缆的外皮。

2）把剥开的 4 对双绞线芯线分开，不要拆开各芯线线对，按照信息模块上所指示的芯线颜色线序，两手平拉上一小段对应的芯线，稍稍用力将导线一一置入相应的线槽内。

3）全部芯线都嵌入好后即可用打线钳再把芯线一根根进一步压入线槽中。将打线工具的刀口对准信息模块上的线槽和导线，模块外多余的线被剪断。

4）连接线缆中的排流线与模块后面的金属片。

5）将信息模块的塑料防尘片固定，然后把模块的铁盖盖上，压紧。

6）把制作好的信息模块放入信息插座中。

7）使用测试仪屏蔽测试。

一般的 6 类屏蔽线外径在 7.2mm 左右，超 5 类屏蔽线外径在 6.1mm 左右，按照布线标准的要求，屏蔽线的弯曲半径需要为外径的 8 倍，这对 70mm × 70mm 尺寸（宽 × 高）的底盒来说，是有点不够，所以采取加深底盒，可以使得冗余线缆向内部纵深延展，以满足弯曲半径指标；屏蔽模块的体型和长度大，应当考虑到模块在面板后的安装深度，以及满足模块尾部屏蔽线缆合理弯曲所需要的深度，所以也需要采用加深底盒。从实际施工效果看，6 类屏蔽系统的底盒深度应为 8mm，超 5 类屏蔽系统的底盒深度应为 6mm。

（2）接地

屏蔽的接地是十分重要的，否则不但不能减少干扰，反而会使干扰增大。为保证屏蔽的效果，必须对屏蔽层正确可靠接地。

1）屏蔽配线架接地

屏蔽配线架中的接地配件是接地用的汇流排，它可以将屏蔽模块全部通过它连接到统一的接地体上，形成配线架中的接地通道。

屏蔽配线架接地配件主要有两类：

- ❑ 安装在配线架内的接地配件

安装在配线架内的接地配件具有弹性，当屏蔽模块插入配线架后，其金属壳体自动与接地配件形成良好的连接，完成了屏蔽模块的接地工作。

❑ 独立的接地配件

独立的接地配件可以用的非屏蔽配线架转变为屏蔽配线架，这类屏蔽模块中一般含有可插搭接线用的接地接口。当屏蔽模块插入配线架后，将接地配件中的搭接线插在屏蔽模块的接地接口上，形成屏蔽模块的接地连接。

配线架上应装有接地桩，使来自机柜的接地导线可以与之搭接。传统的屏蔽配线架所采用的方式是通过机柜中的金属立柱进行接地，这一方式现已不再使用。

2）配线架的屏蔽接地方式

❑ 每个屏蔽配线架通过各自接地导线连接到机柜的汇流铜排上。

❑ 使用独立的接地导线将接地铜排连接到电信间的接地铜排上，使各个机柜之间的接地形成星形接地结构。

❑ 接地导线的截面积应大于 $6mm^2$。

2. 系统接地

接地系统包括应该接地引入线和接地体。

接地引入线是电信主接地母线与接地体之间的接地连接线，采用 40mm 或 50mm 的镀锌扁钢。接地体分自然接地体和人工接地体两种，综合布线采用单独接地系统时，一般采用人工接地体。当综合布线采用联合接地系统，建筑物基础内钢筋网可作为自然接地体使用。地线系统采用钢管或金属线糟敷设，钢管或金属线糟为保持连续的电气连接，可通过焊接导线则与电信接地母线做好接地。

11.5 电磁屏蔽室的施工建设

电磁屏蔽室（屏蔽机房）的施工建设主要涉及电磁屏蔽室的规定和电磁屏蔽的分类、电磁屏蔽室的结构形式、电磁屏蔽室的屏蔽件、电磁屏蔽室的规范和设计等级、电磁屏蔽室的分项系统等方面。

11.5.1 电磁屏蔽室的规定和电磁屏蔽的分类

1. 电磁屏蔽室的规定

1）对涉及国家秘密或企业对商业信息有保密要求的电子信息系统机房，应设置电磁屏蔽室，电磁屏蔽室可采取其他电磁泄露防护措施，电磁屏蔽室的性能指标应依据国家相关标准执行。

2）对于环境要求达不到规范规定要求的电子信息系统机房，应采取有效的电磁屏蔽措施。

3）电磁屏蔽室的结构形式和相关的屏蔽件应根据电磁屏蔽室的性能指标和规模选定。

4）设有电磁屏蔽室的电子信息系统机房，建筑结构应满足屏蔽结构对荷载的要求。

5）电磁屏蔽室与建筑（结构）墙之间宜预留维修通道或检修口。

6）电磁屏蔽室的接地宜采用共用接地装置和单独接地线的形式。

2. 电磁屏蔽的分类

（1）按用途分类

电磁屏蔽室可分为：

1）阻断室内电磁辐射向外界扩散。

用来抑制无线电设备、射频设备对外界的干扰，以减少无线电设备、射频设备对附近的其他无线电设备、仪器仪表等的干扰危害；同时，保证自由空间干扰电平维持在允许水平电平以下，从而达到空间电波管理的目的。

2）隔离外界电磁干扰，保证室内电子、电气设备正常工作。

在电子元件、电器设备的计量、测试工作中，利用电磁屏蔽室（或暗室）模拟理想电磁环境，防止无线电设备、仪器仪表等的工作受到外界电磁场的干扰，以保证低电平设备的正常调试、测量仪器的校准，提高检测结果的准确度。有效的操作灵敏度高的无线电设备与电子设备，可靠地提供一个没有电磁干扰的地方。

3）防止电子通信设备信息泄漏，确保信息安全。

为了保守国家机密，防止无线电设备泄漏出来的信号被敌人"窃听"，必须用屏蔽室来达到防泄漏的目的。电子通信信号会以电磁辐射的形式向外界传播，敌方利用监测设备即可进行截获还原。电磁屏蔽室是确保信息安全的有效措施。

4）抑制大强度的电磁辐射，防止射频设备对作业人员的危害与影响，防止环境污染。

由于射频大功率设备的大量投入使用，射频近场防护尤为突出。屏蔽室作为抑制大强度的电磁辐射，防止射频设备对作业人员的危害与影响，防止环境污染，已经成为一种重要措施。

（2）按屏蔽方式分类

1）静电屏蔽

静电屏蔽防止静电耦合干扰，是指对静电场的屏蔽，即利用低电阻率导体材料做成容器，把电力线限制在容器内部，也可以使外部电力线进不到容器内部。在静电屏蔽时，屏蔽导体必须接地，屏蔽体和接地线都是具有良好导电性能的金属材料。

2）电磁屏蔽

电磁屏蔽防止高平电磁波干扰，用于抑制噪声源和敏感设备距离较远时通过电磁场耦合产生的干扰。电磁屏蔽必须同时屏蔽电场和磁场，通常采用低电阻率的导体材料。空间电磁波在射入到金属体表面时会产生反射损耗和吸收损耗，使电磁能量被大大衰减，从而达到屏蔽的目的。在电磁屏蔽时，屏蔽体本身可以不接地，但为了避免发生静电耦合，所以电磁屏蔽导体一般也做接地处理。

3）磁屏蔽

磁屏蔽是防止低频的磁场感应，屏蔽较困难，通常采用高导磁率和低电阻率的金属材料构成具有一定厚度的壳体，以便将磁力线限制在磁阻小的屏蔽体内部，防止磁场的扩散，这就是磁屏蔽的基本原理。与电磁屏蔽类似，在磁屏蔽时，屏蔽体是否接地不影响屏蔽效能，实际结构为了防止静电感应，屏蔽体一般都接机壳（安全接地）。

（3）按结构组成分类

1）金属板型结构

钢板焊接式屏蔽室采用2～3mm冷轧钢板与龙骨框架焊接而成，屏蔽效能高，是一种高效能的屏蔽室，适用于近场防护和抗干扰、保密通信等方面。

2）金属网型结构

金属网由若干金属网或板拉网等嵌在骨架上组成的屏蔽体。它又可分为两种：

① 装配式网状屏蔽室。将金属网或板拉网分别固定在木制骨架上，然后再将固定有金属网的框式骨架用螺栓紧固连接好，金属网骨架之间用铜带等导体良好连接。这种结构形式

的屏蔽室可以拆卸与组装，结构简单，造价低，一般称为装配式网状屏蔽室。在防止工业干扰场合多有应用。装配式网状屏蔽室屏蔽效能一般均比金属板板型屏蔽室的效能低。

② 焊接固定式网状屏蔽室。将金属网或金属板拉网固定在骨架上，然后将所有金属网焊接好，组成一焊接整体，即为焊接固定式网状屏蔽室。焊接固定式网状屏蔽室不能拆装，但电气性能优于装配式网状屏蔽室，可用于固定场合。

11.5.2 电磁屏蔽室的结构形式

1）用于保密目的的电磁屏蔽室，其结构形式分为装配式可拆卸式和焊接式。焊接式又可分为自撑式和直贴式。

2）建筑面积小于 50 ㎡，日后需搬迁的电磁屏蔽室，结构形式宜采用可拆卸式。

3）电场屏蔽衰减指标要求大于 120dB、建筑面积大于 50 ㎡的屏蔽室，结构形式宜采用自撑式。

4）电场屏蔽衰减指标要求大于 60dB 的屏蔽室，结构宜采用直贴式，屏蔽材料可选择镀锌钢板，钢板的厚度根据屏蔽性能指标确定。

5）电场屏蔽衰减指标要求大于 25dB 的屏蔽室，结构宜采用直贴式，屏蔽材料可选择金属丝网，金属丝网的目数应根据被屏蔽信号的波长确定。

11.5.3 电磁屏蔽室的屏蔽件

1）屏蔽门、滤波器波导管、截止波导通风窗等屏蔽件，其性能不应低于电磁屏蔽室的性能要求，安装位置应便于检修。

2）屏蔽门可分为旋转式和移动式。一般情况下，宜采用旋转式屏蔽门。当场地受到限制时，可采用移动式屏蔽门。

3）所有进入电磁屏蔽室的电源线应通过电源滤波器进行处理。电源滤波器的规格、供电方式和数量应根据电磁屏蔽室内设备的用电情况确定。

4）所有进入电磁屏蔽室的信号线电缆应通过信号滤波器或进行其他屏蔽处理。

5）进出电磁屏蔽室的网络线宜采用光缆或 5 类、6 类屏蔽线，光缆不应带有金属加强芯。

6）截止波导通风窗内的波导管宜采用等边六角型，通风窗的截面积应根据室内换气次数进行计算。

7）非金属材料穿过屏蔽层时应采用波导管，波导管的截面尺寸和长度应满足电磁屏蔽的性能要求。

11.5.4 电磁屏蔽室的规范和设计等级

1. 电磁屏蔽室的规范

电磁屏蔽室工程设计施工要依据国家有关标准规范。标准规范主要有：

- 国标《高性能屏蔽室屏蔽效能设计方案》
- 国标《高性能屏蔽室屏蔽效能的测量方法》
- 军标《军用涉密信息系统电磁屏蔽体等级划分和测试方法》
- 军标《军用电磁干扰滤波器选用和安装指南》
- 军标《军用电磁屏蔽室通用技术要求和检验方法》

- 部标《电磁屏蔽室工程施工及验收规范》
- 保密标准《处理涉密信息电磁屏蔽室技术要求和测量方法》

2. 电磁屏蔽室设计等级

电磁屏蔽室（屏蔽机房）设计等级分A、B、C级。一般电磁屏蔽室采用B级标准设计。

3. B级标准设计要求

- 磁场：14kHz ≥ 15dB
  100kHz ≥ 40dB
  200kHz ≥ 50dB
- 电场：1MHz ≥ 80dB
- 平面波：100MHZ ≥ 80dB
- 微波：1 ~ 20GHZ ≥ 80dB

4. C级标准设计要求

- 磁场：14kHz ≥ 75 dB
  150kHz ≥ 95 dB
- 电场：200kHz ~ 50MHz ≥ 100 dB
- 平面波：50MHz ~ 1GHz ≥ 100dB
- 微波：1GHz ~ 10GHz ≥ 100dB

11.5.5 电磁屏蔽室的分项系统

电磁屏蔽室主要由屏蔽主体、屏蔽门、电源滤波器、电话滤波器、信号滤波器、通风波导和截止波导管等分项系统等组成。屏蔽主体保证电子信息的安全，既防止信息的外泄失密，也防止外界强电磁场的干扰，同时为内部装修和各分项系统的安装提供基础，为各分项系统提供屏蔽机房的各类电气、通风、监控、通信、火警、消防等功能。

1. 屏蔽主体分项系统

屏蔽主体（屏蔽壳体）是屏蔽室的关键体，既是保证屏蔽机房屏蔽性能的基础，又是各种装饰材料及大部分附属系统的载体，是屏蔽机房、电磁屏蔽室的最基本组成。它采用金属板或金属网作为屏蔽材料，建造密封的六面体结构。

（1）金属板材料的屏蔽主体

金属板材料的屏蔽主体由优质异型钢管焊接组成钢结构框架，采用2 ~ 3mm优质冷轧钢板经焊接形成密封六面体。

1）金属板材料屏蔽主体的特点

- 采用金属板作为屏蔽材料，金属板的屏蔽效能将随着材料的电导率的增大而有所提高，屏蔽效能显著。
- 从“集肤效应”考虑，由于高频电流主要是沿着屏蔽表面流动，当采用金属板作为屏蔽材料时，高频感应电流遇到的感抗比金属网网丝上所遇到的感抗小，有利于泄流与电流传导。
- 金属板可以最大限度地减少缝隙，提高屏蔽性能，基本保证在100dB及以上；适用于建造高效屏蔽室。
- 刚强度、抗震性、稳定性以及可靠性胜于金属网结构的屏蔽室。
- 根据屏蔽壳体不同部位承载力的不同而设计制作不同截面积的矩形钢龙骨作屏蔽壳

体的支撑架，龙骨采用 30mm×40mm 矩形管依附屏蔽体钢板内壁焊接。

- ❑ 变形小，焊缝紧密，完全能起到物理防护和电磁防护的作用。

2）金属板屏蔽主体的材料选择

- ❑ 板材厚度：要保证屏蔽效能在 100dB 以上，板材厚度可在 2 ～ 3mm 范围内选择。
- ❑ 顶、墙板采用厚度为 2.0mm 的冷轧钢板。
- ❑ 底板采用厚度为 3.0mm 的冷轧钢板。
- ❑ 支撑龙骨采用型钢。

3）金属板屏蔽主体龙骨的材料选择

❑ 地面

地面存在着空气和水分，将会导致金属接地体腐蚀，在接地体和地面之间，整体进行防潮防湿处理，采用绝缘垫块将电磁屏蔽室主体支起与地面绝缘。

❑ 地面龙骨

在基建地面上先敷设厚度为 5mm 的绝缘块，其上敷设地梁，地梁采用 50mm×30 mm×2mm 矩形钢，地梁间距为 500 mm×400mm。

❑ 墙面龙骨

主龙骨（竖柱）采用 8 号槽钢制成，间距 1180mm，副龙骨（横档）采用 50mm×30 mm×2mm 矩形管制成，间距 1000 mm，龙骨间断续焊固定牢固。

❑ 顶部龙骨

主龙骨采用 8 号槽钢制成，间距 1180mm，副龙骨采用 50mm×30mm×2mm 矩形钢，间距 930mm，将主龙骨两端置于侧龙骨之上，主副龙骨间断续焊固定牢固。

4）工艺特点

- ❑ 六面板体、支撑龙骨及壳体与地面之间的绝缘处理。
- ❑ 单元模块均经过折弯成形，以保证焊接变形尽量控制在焊接边上。
- ❑ 采用搭接技术，焊接工艺采用 CO_2 气体保护焊，从而确保焊缝、壳体变形小，保证室内钢板表面的平整性。
- ❑ 由各种型钢、钢质龙骨焊接成门框架，形成自支撑结构形式。
- ❑ 屏蔽壳体内外必须进行严格的防锈处理，长期使用保证不生锈。
- ❑ 屏蔽壳体及框架稳定可靠，长期使用保证性能，整体机械性能达到以下要求：
  - ◆ 钢板不平度≤ $4mm/2m^2$
  - ◆ 钢板垂直度≤ 10mm
  - ◆ 壳体抗震指标≥ 8 级

（2）金属网材料的屏蔽主体

金属网材料的屏蔽主体是采用金属网作为屏蔽材料形成密封六面体。

1）金属板材料屏蔽主体的特点

- ❑ 金属网屏蔽效能没有金属板材料的屏蔽主体显著。
- ❑ 高频感应电流遇到的感抗大，不利于泄流与电流传导。
- ❑ 金属网作为屏蔽，电气连接性能差，有缝隙，即使采用双层金属网屏蔽，其屏蔽效能只有 80 ～ 90dB。
- ❑ 适合于建造低效屏蔽室。

2）金属网屏蔽主体的材料选择

- 采用金属网作为屏蔽主体时，要保证屏蔽效能高，必须选用双层金属网屏蔽（单层屏蔽，一般屏蔽效能在 30 ～ 60dB；双层屏蔽约为 60 ～ 90dB）。
- 双层屏蔽，内外两层金属网应当是绝缘的，两层网可在电源引入处做电气接触。倘若双层网之间距离过小，则屏蔽效能下降，通过实验研究，双层屏蔽网两层之间的间距以 10cm 为宜。
- 网孔越小，即目数愈大，屏蔽衰减就越大。细密的金属网对电场分量的屏蔽效能要比磁场分量的屏蔽效果好。屏蔽效果与数目的关系，一般情况下要保证屏蔽效能达到 60 ～ 70dB，只有保证网距小于 0.2mm 以下才可实现。

（3）屏蔽主体的焊接

要保证电磁屏蔽的高效能，必须维持足够低的阻抗。因此，无论是用金属板制造的屏蔽主体，还是金属网型屏蔽主体室，都必须采用连续焊接的方法。连续性焊接是减少缝隙、降低屏蔽处跨接阻抗。焊接方式采用二氧化碳气体保护焊，其特点是受热面积小，焊缝抗氧化好。

从实验角度看，金属板型主体屏蔽室的金属板（薄板）应折边、咬口、压紧后在背腹两面焊接，经过这种处理基本上可以达到密封的整体屏蔽要求。对于厚板不能采用咬口焊接时，应采用搭接的办法焊接。(搭接指的是：上下（或左右）两个母材重叠，再重叠的边缘部分进行焊接，重叠 3 ～ 4mm。)

1）施焊前的要求

- 施焊前，焊工应复核焊接件的接头质量和焊接区域的坡口、间隙、钝边等的处理情况。当发现有不符合要求时，应修整合格后方可施焊。
- 母材内外壁的油、漆、垢、锈等清理干净，直至发出金属光泽。

2）焊接时的要求

- 焊缝和热影响区不应有肉眼可见的裂纹。
- 焊缝，不得在其表面留下切痕。
- 每层应连续焊完，当天施工结束时，不得留有未焊完的焊口。
- 外形均匀，成型良好，焊道与焊道、焊道与基本金属间过渡平滑，焊渣清除干净。

3）焊接完成后的要求

① 试验检查，其焊缝和热影响区不应有肉眼可见的裂纹。

- 用观察检查或使用放大镜，用钢尺检查焊缝。
- 焊缝感观应达到：外形均匀，成型良好，焊道与焊道、焊道与基本金属间过渡平滑。

② 进行外观质量检查

- 焊成凹形的角焊缝，焊缝金属与母材间应平缓过渡。
- 加工成凹形的角焊缝，不得在其表面留下切痕。
- 焊渣清除干净。

在焊接完成后，所有钢结构件做严格的防锈处理，涂刷二道防锈漆。屏蔽主体的屏蔽效能满足《处理涉密信息的电磁屏蔽室的技术要求和测试方法》或《军用电磁屏蔽室的技术要求和测试方法》中 B 级标准的要求。

4）屏蔽主体金属钢板焊接指标

屏蔽主体金属钢板焊接指标如表 11-6 所示。

表 11-6 屏蔽主体金属板焊接指标

指标	磁场	电场	平面波	微波
频率	14 ~ 150kHz	200kHz ~ 50MHz	50MHz ~ 1GHz	1 ~ 10GHz
屏蔽效能	≤ 75dB	≤ 100dB	≤ 110dB	≤ 100dB

5）焊接的工艺特点

1）组成模块均经过折弯成型，以保证焊接变形尽量控制在焊接边上。

2）焊接工艺采用 CO_2 气体保护焊，从而确保焊缝平整光滑，壳体变形小。

3）屏蔽壳体及框架稳定可靠，保证其电磁屏蔽性能长期稳定可靠。

（4）屏蔽主体的接地

接地是为了泄放电荷或提供一个基准电位而设置的导线连接。接地的目的有两个：一是为了保护人身和设备的安全，免遭雷击、漏电、静电等危害，这类地线称为保护地线，应与真正的大地相连接；二是为了保证设备的正常工作，这类地线称为工作地线。

屏蔽主体要有良好、可靠的接地系统，其接地电阻≤ 1Ω，一般采用单点接地。

2. 屏蔽门分项系统

屏蔽门是屏蔽主体的关键设备，是工作人员及设备进出的主要通道，屏蔽门的尺寸为800mm × 1900mm（净开）。屏蔽门要满足屏蔽室屏效要求。屏蔽室性能的好坏，其主要因素取决于是否有一个高性能的屏蔽门，屏蔽门是通过利用簧片与门板上的“刀”压接，从而使泄漏的电磁波的路径增大，达到防漏的要求。

屏蔽门结构简单，维修方便，技术成熟。

屏蔽门的优点：

- 插刀式的电动门、刀口和簧片随门的开启经常摩擦，避免铜锈、污垢的存留，从而保证屏蔽门的屏蔽性能。
- 结构简单、技术成熟、维修方便、噪音低。
- 在失电情况下、可手动操作保证设备和人员进出的安全。
- 与同规格的气密电动平移屏蔽门相比，具有故障率低、维护成本低等优点。

3. 供电分项系统

（1）滤波器

滤波器是一种无源双向网络，是由无源元件构成多端网络，它的一端是“源”，另一端是“负载”。它不仅能衰减沿电源线传导的 EMI 能量，同时也对 EMI 的辐射有显著的抑制作用。滤波就是利用器件的频谱特性，控制有害干扰的流向或吸收干扰以达到控制干扰的目的。滤波技术是抑制传导干扰的主要手段之一，也是提高电子设备抗传导干扰能力的重要措施。

滤波器有电源滤波器、信号滤波器、烟感滤波器、温感滤波器等。滤波器技术成熟。

（2）电源滤波器

进入屏蔽主体的电分为市电和 UPS 电两组电源。其中，一路三相五线 30kW 市电和一路三相五线 30kW UPS 电。

- 进入屏蔽主体的每根电源线均应配置电源滤波器，目前广泛采用低泄漏电流的电源滤波器。
- 电源滤波器的插入衰减值与屏蔽室效能一致。
- 所有电源滤波器应集中安装，滤波器的前端不能有过流保护装置，但可设置过载保护装置。

4. 信号传输分项系统

1）多模、单模光缆均可通过专用光纤滤波导管引入屏蔽室内。

2）数据线可通过屏蔽接口箱（多次波导并穿铜管处理，辅以吸波材料）处理引入屏蔽室内。

3）电话线进入屏蔽室可采用数据信号滤波器。

5. 空调通风分项系统

屏蔽机房内安装一台机房专用精密空调送风，保证机房内恒温、恒湿、空气新鲜。在屏蔽体上设进风波导窗和排风波导窗，用于室内、外空气交换。

对于进入屏蔽机房内的送风和排风，均应通过波导窗，以保证屏蔽的整体指标。为减小风阻系数，增加有效的通风面积，采用蜂窝形通风波导窗。蜂窝型波导窗由对边距 5mm 的六边形钢质波导管集合组成，波导管不妨碍空气流通，却对电磁辐射有截止作用。

空调通风主要是针对金属板型屏蔽室提出的，对于金属网型屏蔽室，则不是主要的，可以不设专门的通风分项系统。

选择波导滤波器应遵守以下三个原则：

1）波导管的断面尺寸必须按屏蔽室所要衰减的电磁场中的最高频率来确定。

2）波导管的长度应根据所屏蔽的最高频率时所给定的场强衰减值来确定。

3）由于矩形波导管的风阻比圆形小，所以在实践中应选用矩形波导管。

6. 管道屏蔽分项系统

若有气体、水等管道穿入屏蔽室，将造成屏蔽效能的严重下降，为了不影响屏蔽效能，需要将管道的适当部分（如龙头等部位）用圆形网片焊接，同时将接向龙头的网片焊接在屏蔽上。进入防护室的各种非导体管线如消防喷淋管均应通过波导管，波导管对电磁辐射的截止原理与波导窗相同。

7. 消防系统分项系统

在屏蔽室顶部，通过消防过壁装置，引入一路灭火气体管路，并设置消防气体喷头。在灭火系统启动时，喷头在屏蔽室内喷射灭火气体。

8. 火灾报警分项系统

根据屏蔽室的面积和高度，在屏蔽机房内设置温感、感烟探头，通过火灾报警传递器引到值班室，与大楼火警主机相连，当烟感探头报警时，灭火系统启动。

9. 机房电磁屏蔽工程的测试

1）机房屏蔽壳体与原建筑的地面、墙体、楼板的绝缘性能测试应符合要求。

2）机房屏蔽效能的测试。

3）电磁屏蔽效能的测试应按设计要求确定。

4）测试的方法应按《高效能屏蔽室屏蔽效能测试方法》执行。

5）屏蔽效能检测由国家授权的权威机构进行检测，检测合格出具屏蔽室屏蔽性能检测报告。

11.6　屏蔽机房重要设备

屏蔽机房重要设备有：

- 屏蔽门：标准规格 2.0 × 1.0M、1.8 × 0.8M、1.9 × 0.9M

- ❑ 通风波导窗：蜂窝型 300mm × 300mm、300mm × 600mm
- ❑ 配电系统：电源滤波器 15 ～ 100A（220/380V）
- ❑ 电话滤波器：按电话数量配置
- ❑ 屏蔽接线口：按信号接口规格配置
- ❑ 消防系统：烟感、温感滤波器
- ❑ 监控系统：信号滤波器或选用信号接口板

第 12 章　网络综合布线系统中的物理隔离技术

12.1　物理隔离技术的意义与作用

物理隔离技术作为网络与信息安全技术的重要实现手段，越来越受到业界的重视。物理隔离的概念，简单地说就是让存有用户重要数据的内网和外部的互联网不具有物理上的连接，将用户涉密信息与非涉密的可以公布到互联网上的信息隔离开来，让黑客无机可乘。这样就需要一种技术来帮助用户方便、有效地隔离内、外网络。尤其是“政府上网”保安部门、军事部门、商业运作筹划部门、重要的科研部门更需要物理隔离技术。

我们国家非常重视计算机网络的安全。2002 年 8 月，中共中央办公厅、国务院办公厅下发的《关于我国电子政务建设指导意见》明确要求：“电子政务网络由政务内网和政务外网构成，两网之间物理隔离，政务外网与互联网之间逻辑隔离。”国家发布的《计算机信息系统国际联网保密管理规定》中第二章第六条规定：“涉及国家秘密的计算机系统，不得直接或间接地与国际互联网或其他公共信息网络相连接，必须实行物理隔离。实行内部网和公共网（互联网）的物理隔离，可确保内部网不会受到外部公共网络的非法攻击。同时，实行物理隔离也为涉密计算机及信息系统划定了明确的安全边界，使得网络的可控性增强，便于内部管理和防范。”2010 年 10 月 1 日起正式施行新修订的《保密法》规定，对由于疏忽大意而导致的信息泄露将追究刑事责任，强调信息化手段在加强安全建设过程中起到的作用。为确保物理隔离技术和新产品的安全保密，国家保密局对物理隔离提出了明确的保密技术要求：

1）在物理传导上使内外网隔离，确保外部网络不能通过网络连接入侵内部网络，同时防止内部网络的信息通过网络连接泄露到外部网络。

2）计算机屏幕上应有当前处于内网还是外网的明显标识。

3）外网的接口处应有明确的标识。

4）内外网络切换时应重新启动计算机，以清除内存、处理器等暂存部件残余信息，防止秘密信息串到外网上。

5）移动存储介质未从计算机取出时，不能进行内外网络切换。

6）防止内部网络信息通过电磁辐射泄露到外部网络上。

这对网络物理隔离的技术研究和产品的生产起到推动作用，使其应用市场也有迅速发展的趋势。

所谓“物理隔离”，是指内部网不直接或间接地连接公共网。物理隔离的目的是保护路由器、工作站、网络服务器等硬件实体和通信链路免受人为破坏及搭线窃听攻击，保证内部信息网络不受来自互联网的黑客攻击。

物理隔离的解决思路是：在同一时间、同一空间，单个用户是不可能同时使用两个系统的。所以，总有一个系统处于“空闲”状态。我们只要使两个系统在空间上物理隔离，在不同的时间运行，用户就可以得到两个完全物理隔离的系统。

物理隔离技术仅仅是一种被动的隔离方法，目的是保证内外网络信息的隔离，而信息是保存在存储介质上的，物理隔离就是要保证隔离双方的信息不会出现在同一个存储介质上，也不会都出现在对方的网络中，而两个存储介质在同一时刻只能有一个发挥作用。

物理隔离技术需要做到以下 5 点：

1）高度安全。物理隔离要从物理链路上切断网络连接，达到高度安全的可行性。

2）较低的成本。建立物理隔离时要考虑其成本，如果物理隔离的成本达到或超过了两套网络的建设费用，那就失去了物理隔离的意义。

3）容易布置。在实施物理隔离时，既要满足内外网络的功能又要易于布置，结构要简单。

4）操作简单。物理隔离技术应用的对象是工作人员与网络专业技术人员，因此要求工作站的网络端要简单易行、方便用户，使用者不会感觉操作困难。

5）灵活性与扩展性。物理隔离是具有多种配置的，我们可根据现有网络系统的特性进行灵活改造，达到物理隔离的功能，同时考虑在网络中可随时添加新设备而不会给网络安全带来任何不利的影响。

在具体的应用范围上，要区分 5 种状况：

1）政府部门。政府部门要解决网络安全防范问题，除了具有防火墙功能外（从软件检测入侵的手段），还要能够满足保安部门、财务部门、人事部门的不同应用需求，把黑客、情报盗窃、破坏者拒绝于门外。

2）军队部门。军队部门要解决安全控制，能够满足军队内部各部门的网络连接和物理隔离的限制。杜绝国防工程、军事技术与各种先进技术的泄密。

3）金融证券部门。金融证券部门要解决上级部门与下级部门、同级部门之间的网络安全防范，同时要实现业务工作与对外服务工作的有效隔离。

4）企业部门。企业部门要解决内部网与外部网的安全控制，满足不同部门的应用需求与安全控制。新产品技术、财务、人事、销售渠道等与整个网络进行局部隔离。

5）科研部门。科研部门既要考虑 Internet 的应用，又要考虑本身研究的课题保密性，避免泄密和被盗，应有着严格的隔离限制。

网络物理隔离在今后的网络工程中会得到广泛的应用。

12.2 物理隔离的方法

物理隔离的方法可分为以下几种。

1. 客户端的物理隔离

客户端的物理隔离用于解决网络客户端的信息安全问题，把网络分为内部涉密网和外部公共网，内部涉密网用于安全的涉密环境，不与外部网络有任何连接；外部公共网则是开放的，可以连接 Internet 发布信息。网络客户端应用物理隔离卡产品可以使一台计算机既可以连接内部网又可连接外部网。

2. 集线器级的物理隔离

集线器级的物理隔离产品需要与客户端的物理隔离产品结合起来应用，以在客户端的内外双网的布线上使用一条网络线通过远端切换器连接内外双网，实现一台工作站连接内外两个网络的目的，并在网络布线上避免客户端计算机要用两条网络线连接网络。

3. 网闸物理隔离

物理隔离网闸与外网、内网之间是完全断开的，网闸、外网、内网之间不存在物理连接和逻辑连接。网闸主要是用以解决内、外网之间的数据交换问题，网闸就是要保证网闸的外部主机和内部主机在任何时候都是完全断开的。

4. 服务器端的物理隔离

服务器端的物理隔离产品通过复杂的软硬件技术实现了在服务器端的数据过滤和传输任务，其技术关键还是在同一时刻内外网络没有物理上的数据连通，但又可以快速分时地处理并传递数据。

12.3 物理隔离技术的路线和分代

1. 物理隔离技术的路线

美国早在1999年就强制规定军方涉密网络必须与Internet断开。我国政府在2000年也在不断强调保密问题，要求秘密信息要与网络物理隔离。作为物理隔离技术的路线，一是把网络分为内部涉密网和外部网（公共网络），建立封闭的网上办公环境，这是确保涉密单位内部办公网络不受来自外网，特别是境外网络非法攻击的有效举措；二是在物理传导上使涉密网络和公共网络彻底地物理隔离开，没有任何线路连接，确保内部涉密网和外部网不能连通；三是使外部网、互联网的信息互联互通，让使用者在确保安全的前提下，享受互联网等公共网络的资源。为使使用者的工作、个人利益、国家利益不被数据窃贼、黑客侵袭、病毒骚扰，确保网络安全，需要进行物理隔离。

作为物理隔离，一般是客户端选择设备和网络选择器，用户通过开关设备或键盘键控制选择不同的存储介质体，管理端设立内、外网存储介质，通过防火墙、路由器与外界相连。

2. 物理隔离的产品

物理隔离产品从出现到现在，基本上可划分为四代。

（1）第一代产品

第一代产品采用的是双网机技术，其工作原理是：

在一个机箱内，设有两块主机板、两套内存、两块硬盘和两个CPU，相当于两台计算机共用一个显示器。用户通过客户端开关，分别选择两套计算机系统。使用单位不可避免地存在重复投资和浪费。

第一代产品的特点是客户端的成本高，并要求网络布线为双网线结构，技术水平相对而言比较简单。

（2）第二代产品

第二代产品主要采用双网线的安全隔离卡技术，其表现为：客户端需要增加一块PCI卡，客户端硬盘或其他存储设备首先连接到该卡，然后再转接到主板，这样通过该卡用户就能控制客户端的硬盘或其他存储设备。用户在选择硬盘的时候，同时也选择了该卡上所对应的网络接口，从而连接到不同的网络。

第二代产品与第一代产品相比，技术水平提高了，成本也降低了，但是这一代产品仍然要求网络布线采用双网线结构。如果用户在客户端交换两个网络的网线连接，内外网的存储介质也同时被交换了，这时信息的安全还存在着隐患。

（3）第三代产品

第三代产品采用基于单网线的安全隔离卡，加上网络选择器的技术。客户端仍然采用类似于第二代双网线安全隔离卡的技术，所不同的是，第三代产品只利用一个网络接口，通过网线将不同的电平信息传递到网络选择端，在网络选择端安装网络选择器，并根据不同的电平信号，选择不同的网络连接，这类产品能够有效利用用户现有的单网线网络环境，实现成本较低，由于选择网络的选择器不在客户端，系统的安全性有了很大的提高。

（4）第四代产品

第四代产品可分为网闸和双网隔离。

1）网闸。网闸由软件和硬件组成。网闸的硬件设备由三部分组成：外部处理单元、内部处理单元、隔离硬件。网闸带有多种控制功能专用硬件，即可以在电路上切断网络之间的链路层连接，并能够在网络间进行安全适度的应用数据交换的网络安全设备。

2）双网隔离。双网隔离采用“整机隔离”技术，突破了传统隔离只能实现硬盘、网络隔离的局限，创造性地实现了内存隔离。它通过内外网络绝对的物理隔离方式，在两个网络间实施在线、自由地切换，保证计算机中的数据在网络之间不被重用。这就解决了传统隔离技术在双网切换时，由于内存数据不能有效刷新所可能导致的数据泄露等安全隐患，相当于用一台 PC 实现了两台 PC 物理隔离的效果。

目前在网络综合布线行业中，第一代、第二代产品已被淘汰，以第三代和第四代产品为主。

12.4　第一代、第二代和第三代产品的不足之处

第一代、第二代和第三代产品物理隔离技术的不足之处主要表现在以下 4 个方面：

1）物理隔离技术仅仅是一种被动的隔离开关，手段单一，没有与其他安全技术进行配合。

2）物理隔离不能做到安全状态检测，容易被非法人员利用而混入内部网络。

3）内部防范措施。由于内外网的存储介质都在本地，不能有效地防止内部人员的信息主动泄密行为，尤其是内部人员作案问题。

4）复核取证难度大。内部网络信息一旦泄露出去，无法进行复核、取证，确认信息泄露的行为人有相当大的困难。

12.5　物理隔离的几种技术方案

本节介绍 8 种物理隔离技术的方案，供读者参考。

1. 专线接入方案

通过专线上网，使用防火墙保护整个内部网络系统，将外网隔离在防火墙之外，方案的结构如图 12-1 所示。

图 12-1 所示的方式存在两方面的安全漏洞：一是防火墙自身的不安全性，一些高水平的黑客软件能突破防火墙；二是在受防火墙保护的内网中，若未涉密用户终端通过 Modem 拨号连接 Internet，如果其他终端没有采取任何防范措施，则会使整个网络暴露在黑客眼下，造成严重的泄密。

这种方案使用了两套独立的布线系统，但计算机依靠网络拔插的方式轮流登录涉密网络或因特网，方式存在的问题是：在使用的终端计算机上只有一套硬盘系统，当该计算机访问外网时，会受到各种驻留式黑客病毒的入侵，当该计算机在内网工作时会将病毒传播到内

网，当计算机再次上网将造成网上信息大量泄密，同时该计算机上的信息在访问外网时将完全暴露。

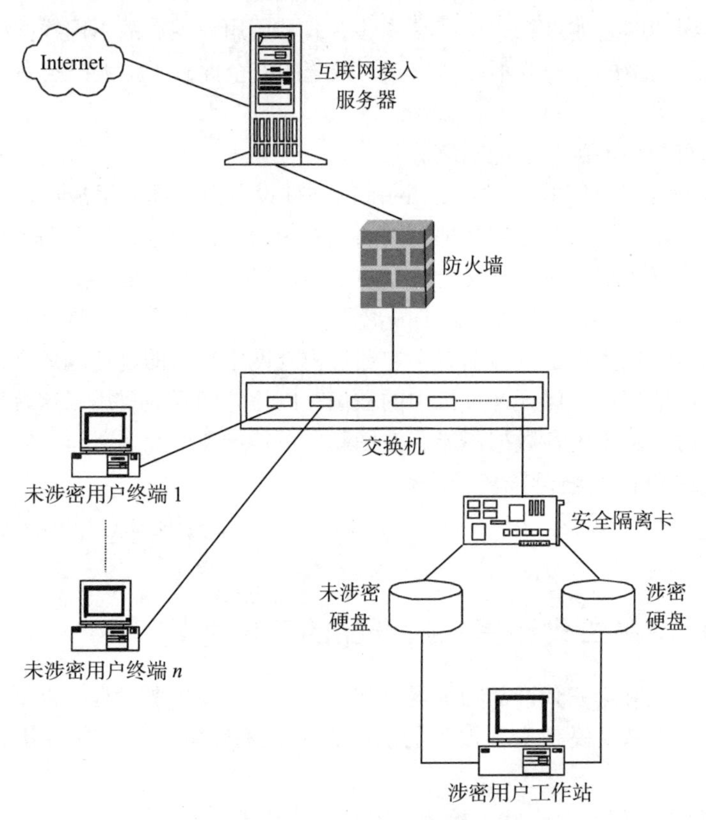

图 12-1 专线接入方案

2. 双硬盘隔离方案

在实施物理隔离过程中，用户可以选择双硬盘隔离技术方案。其基本思想是：客户端安装两块硬盘，当用户登录内网时，内网硬盘有效，外网硬盘无效；用户登录外网时，外网硬盘有效，内网硬盘无效。根据网络的不同，该方案又可以分为单网方案和双网方案。单网方案在网络选择端添加了安全集线器，该集线器负责与客户端通信，并根据用户的选择连通内外网络。该方案具有部署简单、使用方便的特点，适合大多数普通用户采用。方案的结构如图 12-2 所示。

3. 三网间隔离方案

很多企事业单位的内部财务网是一个相对独立的网络，与内部办公网络隔离，并且当该网用户登录互联网和内部网络时，需要在财务网、内网和外部互联网三网之间进行切换。该方案具有三网隔离能力，部署简单，适合内部还有独立小网络的用户采用。其结构如图 12-3 所示。

4. 对外提供服务的隔离方案

许多单位在要求内外网隔离的同时能够提供电子报税等对外服务。当外部 Web 服务器在接受互联网上发来的电子税表时，会接通外部网络，断开内部网络，电子税表暂存在本地，当满足了一定条件后，才会断开外部网络，接通内部网络，把电子税表转发到内部业务系统中，同时从内部网络接受上次内部业务系统处理完成的电子税表。交换完毕后，再次断开内部网络，接通外部网络，接受新的电子税表。这种方式就好像用户在河的两岸，通过一艘船来回传递两岸的货物，而不会存在直接连接两岸的桥梁或者船只同时停靠两岸的问题，这样既保证了对外服务需求，又保证了网络安全。该方案在实现物理隔离的同时，能够提供对外服务。其结构如图 12-4 所示。

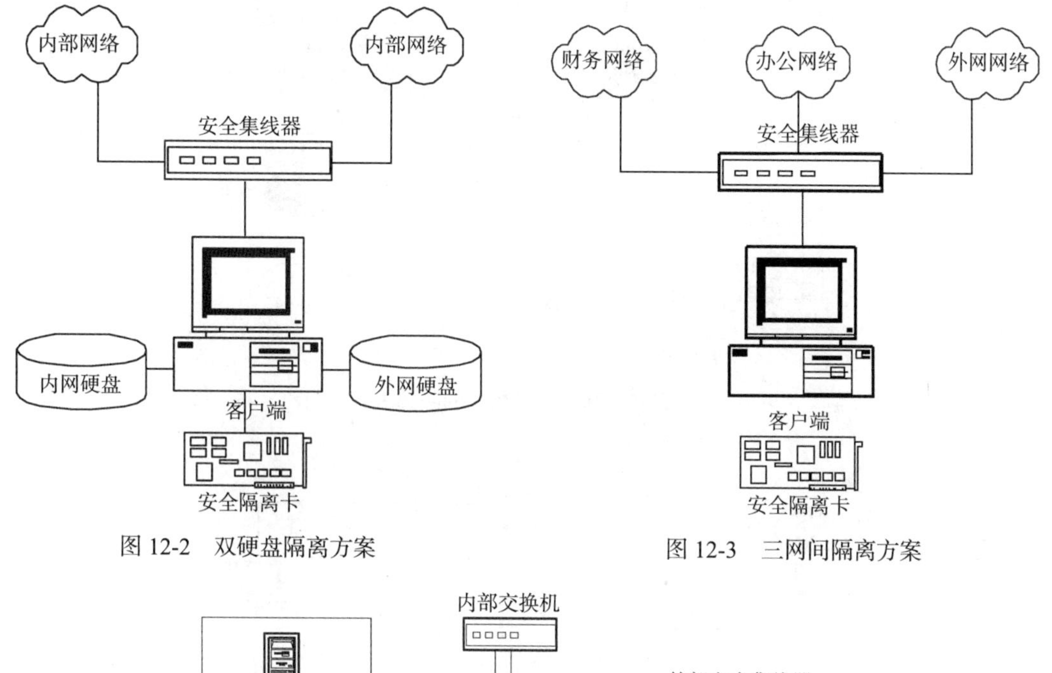

图 12-2　双硬盘隔离方案　　　　图 12-3　三网间隔离方案

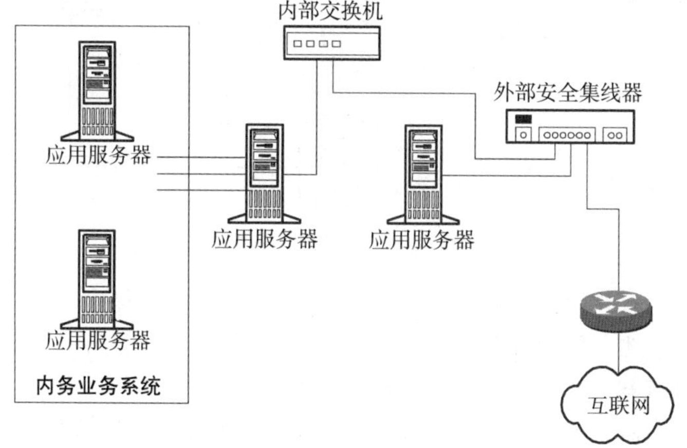

图 12-4　能提供对外服务的隔离方案

5. 基于无盘系统的隔离方案

一些用户希望在做到内外网隔离的同时能加强内部管理，防止内部用户泄漏单位秘密。有这种需求的用户，可以采用基于无盘系统的隔离方案。该方案采用单硬盘方式，当用户登录内网时，无盘启动系统通过网络从服务器上启动操作系统，同时屏蔽本地的硬盘、光驱和软驱等存储设备，用户所见的硬盘实际上是服务器分配给用户的硬盘镜像，客户端相当于一个瘦终端。这样，内部用户无法通过本地下载、拆卸硬盘等手段窃取内部信息。该方案在做到内外网隔离的同时，能有效防止内部网络的信息泄密。其结构如图 12-5 所示。

6. 单机接入方案

针对单机用户，一般使安全隔离卡Ⅲ型，配备双硬盘。其结构如图 12-6 所示。

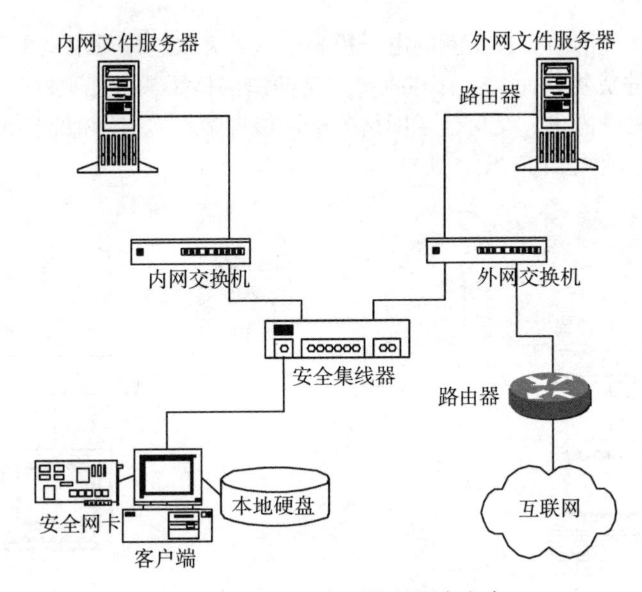

图 12-5 基于无盘系统的隔离方案

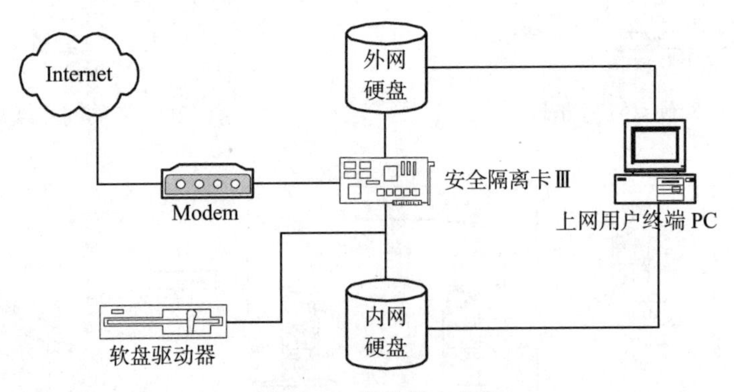

图 12-6 单机接入方案

这种结构具有内、外网的硬盘，无论是在内网还是外网的硬盘上工作，产生的文件、数据存放于硬盘还是软盘，都是相当安全的。

7. 双网线接入方案

双网线接入方案需要两套布线系统，但使用 Internet 的用户数量不是很多，在网络布线接口较为富余的情况下，采用双网线方式，并使用安全隔离卡Ⅱ型，结构如图 12-7 所示。

双网线接入方式在上网时涉密用户配置安全隔离卡Ⅱ和双硬盘，两条网络线同时接到隔离卡上，通过隔离卡连接到本机网卡上，通过手动按钮或软件控制隔离卡上的开关，使其在选择涉密硬盘的同时选择连接内网。因此，安装该卡时一定要注意内外网线不能颠倒。

8. 单网线接入方案

在实际应用中，许多综合布线系统在每个终端位置上的端口均有限，不能满足每台设备占用两个端口的需求，此时必须使用单网线方式，如图 12-8 所示。此方式需要在每台设备上安装安全隔离卡 I 和双硬盘，并在每个网络设备间配置内外网远程切换 Hub。终端通过一条标准网线连接到设备管理间的内外网远程切换 Hub 上，该 Hub 分别连接内网 Hub 和外网 Hub。终端隔离卡通过利用 5 类网络线中未使用的第 4、5、7、8 对线控制远端内外网远程切换 Hub，使用户可以灵活选择接通内网或外网。

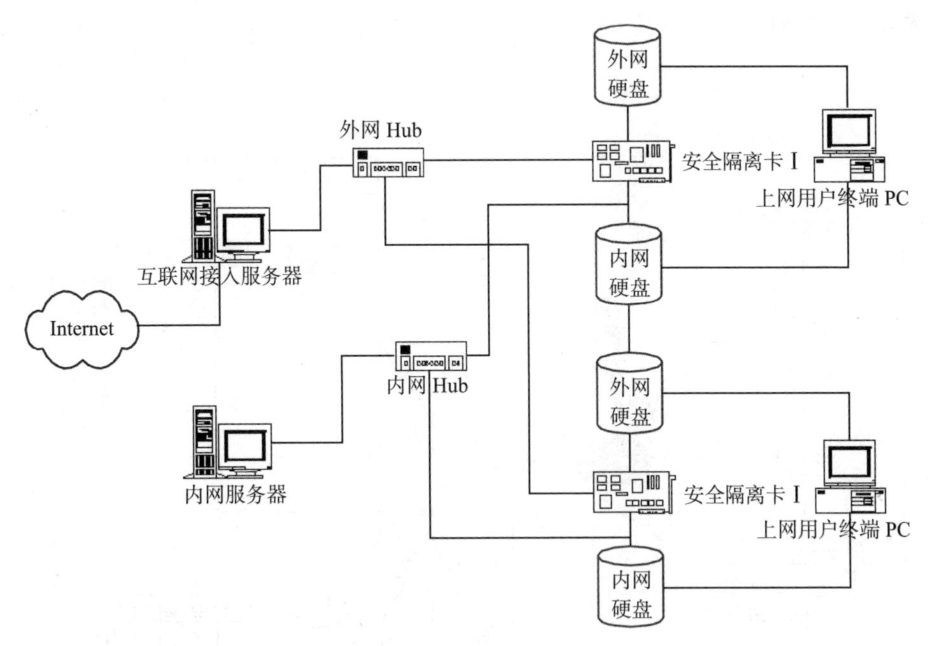

图 12-7　双网线接入方案

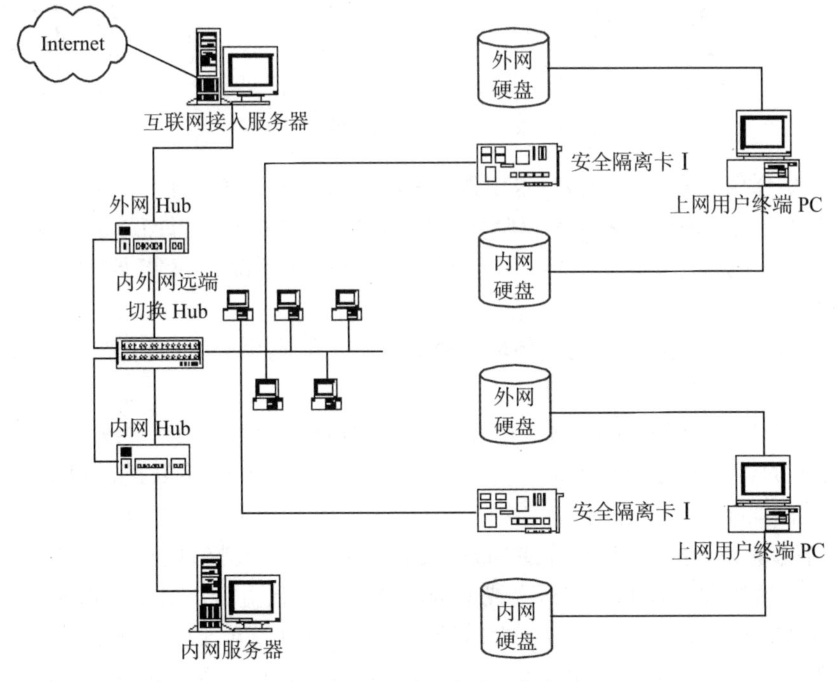

图 12-8　单网线接入方案

12.6　典型案例分析

某银行的总行下设多个分行，分行除了通过网络与总行进行业务往来以外，分行的员工还需要通过总行专线直接登录 Internet，频繁地登录 Internet 会诱发各种安全隐患。在未实行物理隔离时其结构如图 12-9 所示。

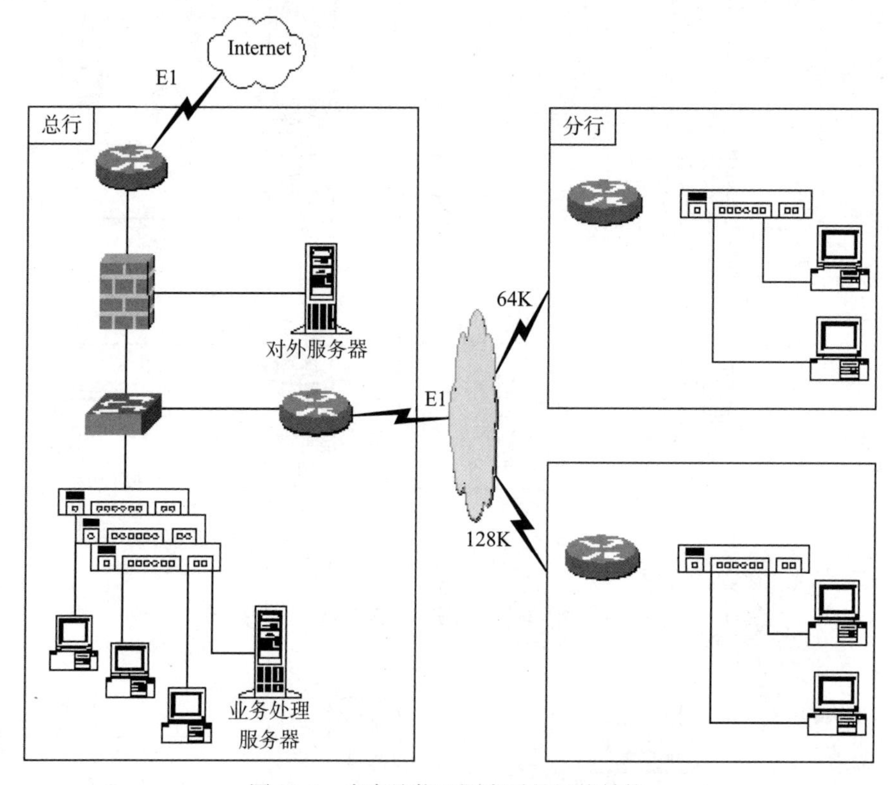

图 12-9　未实施物理隔离时的网络结构

起初为了确保信息安全，该银行采用强制手段来限制员工登录外网，甚至设立专门的访问 Internet 的办公室。这样一来，不仅降低工作效率，而且由于分行均通过专线上网，还会产生昂贵的专线上网费用。该银行需要一个既可以进行外网隔离，又能够确保安全上网的物理隔离解决方案。

根据该银行的网络状况（单网线环境及通信方式）和应用需求，韩国三星计算机安全公司为其提供了一个性价比很高的解决方案。

1）在总行安装 NetSwitch Ⅱ–M，将内部网和互联网进行彻底的物理隔离。

2）总行下的若干分行安装 NetSwitch Ⅱ–R 产品。NetSwitch Ⅱ–R 产品可将各分行的内部网和互联网物理隔离。只有当分行需要与总行进行业务联系时，才与总行服务器进行连接。各分行若登录 Internet，则可通过 NetSwitch Ⅱ–R 的 WAN 接口连接互联网，无须借用总行专线上网，这样大大降低了总行专线上网的成本。而且由于众多分行均通过 NetSwitch II–R 提供的 WAN 接口上网，专线带宽占用量少，总行还可以在保证总行业务正常运行的情况下适当降低带宽速率。除此之外，NetSwitch II–R 本身还内置 Switching Hub 和防火墙功能，使各分行网络安全建设成本又进一步降低。确保内、外网资源完全隔离并毫不相干，网络管理员可方便地控制 Internet 的访问行为。

NetSwitch II–M 和 NetSwitch II–R 的组合，不仅能实现网络的物理隔离，而且还是一个构建网络安全高性价比的解决方案。实施物理隔离后的网络结构如图 12-10 所示。

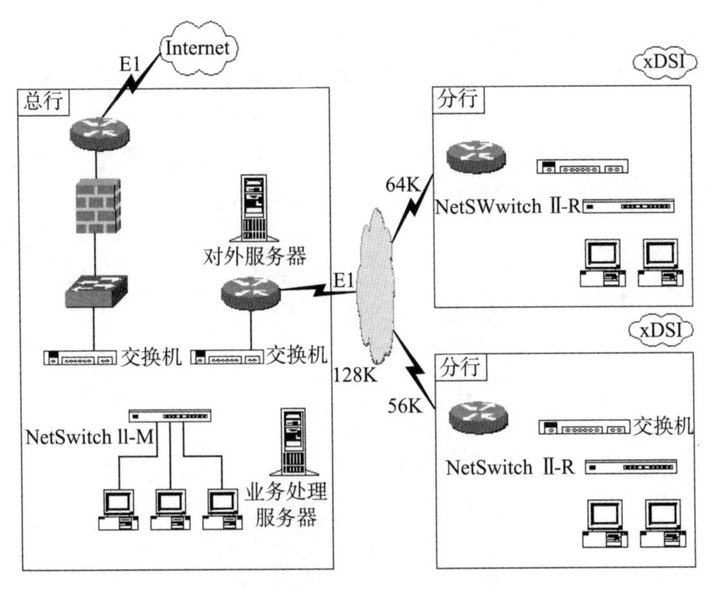

图 12-10 实施物理隔离后的网络结构

12.7 安全隔离卡原理与分类

通过前面的叙述可知，对安全隐患最根本的解决办法是使用两套物理设备来分别处理涉密和非涉密信息。但这样做设备投入将非常大，同时设备的利用率很低。通过仔细分析可以发现，两套计算机系统分别在内网（涉密网）和外网（Internet）上工作所具有的安全性主要表现在具有两套独立工作的信息存储系统，那么只要在一台计算机上具有两套独立的存储系统就能够满足安全的需求，因此我们可以通过设计安全隔离系统来保证信息系统的安全。

安全隔离系统的基本原理如图 12-11 所示。在一台计算机上安装一块安全隔离卡和两块硬盘，两块硬盘和软盘驱动器的电源线连接在安全隔离卡上，通过手动或软件控制安全隔离卡上的开关接通软盘或硬盘等存储设备的电源。当计算机在外网工作时，外网硬盘加电工作，内网硬盘不加电，当计算机在内网工作时则相反，同时为了控制网络用户使用 Modem 和软盘驱动器，只有当用户在外网工作时使用 Modem，在内网时使用软盘驱动器。这样就可以做到内网和外网信息完全隔离。

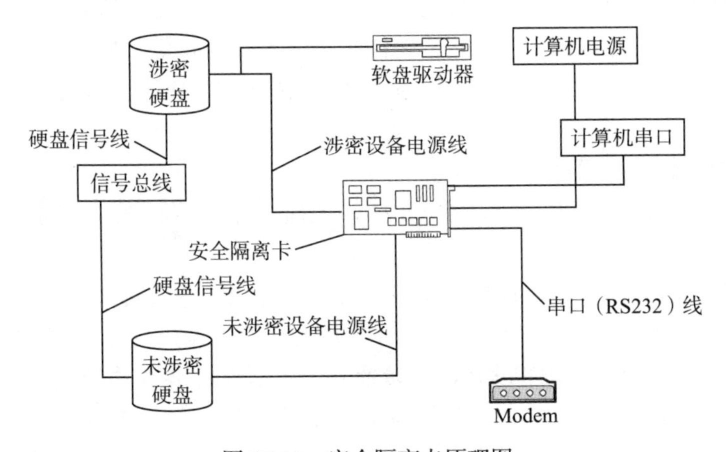

图 12-11 安全隔离卡原理图

根据上述原理，在信息安全隔离系统的基础上再配置灵活的网络选择设备及接口，我们就可以构建一个安全、经济、灵活、适用的网络。根据用户上网环境，可将安全网络用户分为三种类型：单机、双网线和单网线，并分别对应三种安全隔离设备。

安全隔离设备有安全隔离卡Ⅰ、安全隔离卡Ⅱ和安全隔离卡Ⅲ型，如图 12-12 所示，它们分别有一个网络接口、有两个网络接口和没有网络接口。

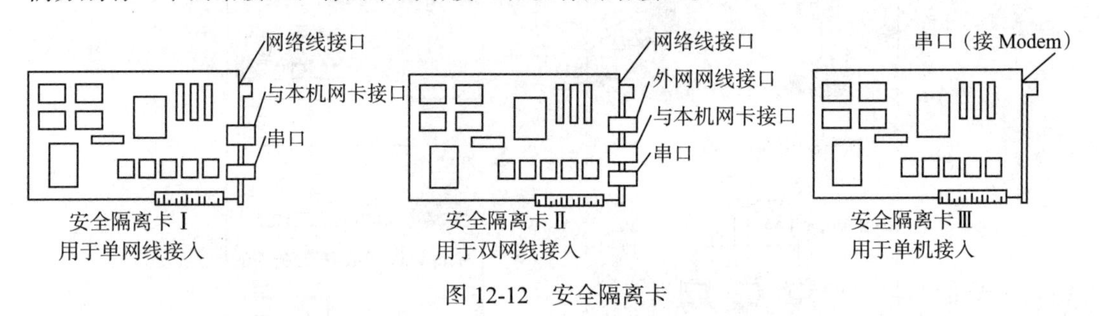

图 12-12　安全隔离卡

12.8　现有产品

1. 京泰公司的物理隔离产品

北京京泰网络科技有限公司以中科院计算所为技术背景，研制网络安全和信息安全技术的硬件产品。该公司的物理隔离产品（安全隔离卡与安全集线器）已经通过公安部、国家保密局和军队系统的检测与鉴定。

京泰网络物理隔离产品由安全集线器、安全网卡和安全管理软件三部分组成。安全集线器负责与客户端通信，并根据用户选择，跳接内网和外网。当用户登录外网时，使用本地硬盘、本地操作系统和外网网络；当用户登录内网时，使用服务器上的而不是客户端的操作系统、远程网络硬盘和内网网络。由于内部重要数据存放在安全服务器上，而且在内网状态下，本地 I/O 访问被屏蔽，这样就能有效防止客户端下载内部数据，增强内网的安全性。安全集线器不仅仅是个安全开关，而且是一个具有多路通信和数据处理能力的智能机，能够满足用户的各种安全需求。安全网卡负责提供客户端网络选择界面，按照用户的选择来与安全集线器通信，完成用户对内外网不同操作系统的引导。客户端的安装不需要对用户硬盘做任何改动，不需要增加新的硬盘，也不需要安装新的板卡，仅需要更换一块网卡就能完成工作。安全管理软件可帮助用户管理远程网络操作系统的启动、使用和维护。安全管理软件现在增加了更多的安全功能，例如用户区的访问保护、数据的备份和恢复、本地 I/O 设备的屏蔽以及内网安全状态自动检测等，使得网络管理不仅操作简单而且功能强大，具有很高的安全性。

2. 三星公司的物理隔离产品

三星计算机安全公司针对网络环境和隔离网络的不同，为用户提供了丰富的物理隔离产品。

物理隔离卡 DualNET 可以保护内部服务器和每一台 PC 机免遭外部入侵或病毒的侵害。DualNET 包括一个 DualNET PCI 卡、一个钥匙开关支架、连接硬盘的数据线、6 引脚连线和连接网卡的网线等。DualNET 设有钥匙转换开关，钥匙转换开关处设有外网、内网和关闭三个选项，用户可以自由选择，以达到彻底安全防护的目的。DualNET 通过控制数据线的方式来切换硬盘，能有效保护硬盘的寿命。DualNET 是双网线环境下的双网双硬盘物理隔离产品，需要为外网额外增加一块硬盘。

物理隔离集线器 NetSwitch Ⅱ–M 应用在通过数字专线上网的大型网络环境中，支持所有的网络通信协议，可以通过单网线将网络彻底物理隔离，保证内外网间没有物理连接。NetSwitch Ⅱ–M 利用一根网线就可以完成两个网络的物理切换。如果用户想从内网进入外网，只须简单地点击 Windows 上的 IP Changer 按钮就可完成 IP 地址的转换。进行此项操作，用户不需要重新启动系统。NetSwitch Ⅱ–M 具有 24 个端口，同时对应 24 个继电器，每个端口间的操作都独立进行。NetSwitch Ⅱ–M 可以放置在配线架上，便于网管人员进行统一管理和维护。

物理隔离集线器 NetSwitch Ⅱ–R 是 SOHO 和分支机构的理想选择。NetSwitch Ⅱ–R 不仅具有 NetSwitch II–M 的所有功能，而且还添加了访问外网的 Switching Hub 和防火墙功能。NetSwitch Ⅱ–R 可以帮助小型公司构建双网隔离的网络管理，而且网络管理员可以使用该产品中内置的防火墙功能控制 Internet 的访问行为，有效防止黑客入侵。NetSwitch Ⅱ–R 还具有 WAN 接口功能，支持多种外网连接方式。

3. 中创公司的物理隔离产品

中创飞讯物理隔离服务器分为手动版和自动版两类。在手动工作方式下，内外网分别配置一台手动版物理隔离服务器，用户需要的外网信息按照事先设定的时间间隔，首先在外网物理隔离服务器上形成文件，并自动存入可移动存储设备中，然后，人工将这些移动存储设备移入内网物理隔离服务器，由内网服务器自动读取相关数据，在读取过程中，实时完成信息的安全检查和病毒清杀等，最后完成外网信息的导入。与此原理相同，信息也可从内网向外网导出。是执行双向导入导出，还是单向导入可根据用户要求进行设定。

自动版物理隔离服务器采用自动工作方式，由程序控制硬件来控制服务器在不同时间分别连接内网和外网。自动版物理隔离服务器能够实现无人值守，大大提高了工作效率。自动版物理隔离服务器的硬盘被划分成三个不同状态的逻辑分区：公共分区、交换分区和安全分区。公共分区和安全分区各装有不同的操作系统，分别连接外部和内部两个网络，并且在相关硬件的控制下，彼此独立、互不影响。交换分区在两个网络中都可以看到，但是具有不同的读写属性，并且能够让数据在内网与外网两个网络中进行安全交换。飞讯物理隔离服务器采用“船闸”式开关放行原理。导入过程全部自动化，周期可以调控。在软件系统的配合下，飞讯物理隔离服务器能够在内外网之间进行数据的单向或双向通信，实现了互联网信息的安全导入、文件系统和电子邮件的安全导入、导出。

4. 天行公司的物理隔离产品

天行网物理隔离系统采用独特的硬件设计实现系统级的物理隔离。该系统分为七个模块：物理隔离、入侵检测、内核防护、病毒查杀、访问控制、信息审计和身份认证，如图 12-13 所示。

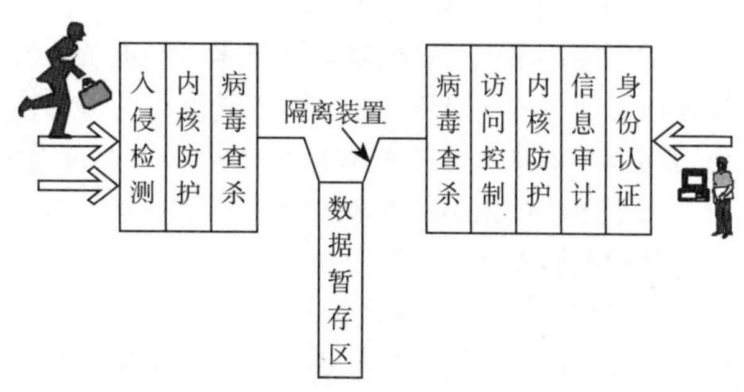

图 12-13 天行隔离系统功能示意图

物理隔离模块采用独特的硬件设计，实现可控的信息交换，该模块工作在系统的最低层，其最低无故障工作时间大于一万小时。由于设计的安全性，即使交换模块出现故障，也不会出现安全隐患。入侵检测模块采用内核级的入侵检测技术来实时检测恶意用户和黑客的攻击行为。一旦发现攻击就会记入审计信息，保证管理员在第一时间内了解网络的安全状况。内核防护模块采用内核防护技术来防止滥用系统权限，以保护重要的进程、文件和数据不受黑客干扰。由于采用了更高一级的系统安全技术，内核防护模块能有效消除操作系统带来的安全隐患。病毒查杀模块采用业界领先的防病毒产品对进出隔离系统的静态数据进行检查，分离邮件和附件，检查脚本信息，一旦发现病毒就会将其截获，通过邮件和审计信息通知管理员，该模块采用模块化设计，用户可以任意更换模块软件，通过该模块，管理员可以对内部用户进行集中统一管理。信息审计和邮件内容审计为管理员提供了整个系统的信息审计。身份认证模块主要采用PKI技术实现用户身份认证功能，通过证书机制保证系统使用用户的合法性，并采用SSL加密连接保证用户交互信息的安全性。

5. 联想网御安全隔离网闸产品

网闸是安全隔离与信息交换系统（隔离网闸），该系统支持用户名与密码、IP地址、MAC地址的绑定等认证方式。TIPTOP隔离网闸采用集中式信息交换管理平台，针对不同的信息交换流程，主要功能包括：用户管理、配置管理、自动发送 / 自动接收管理、加密 / 解密管理、身份认证管理、内外网发送管理、文件大小控制管理、文件类型管理、关键字管理、自动发送 / 接收监控管理、发送 / 接收时间管理、发送 / 接收日志管理、查询、统计等功能。在嵌入式系统内核中实现网络通道开关功能，提高了安全隔离与文件交换系统的速度和性能。隔离网闸的原理如下：

1）专有硬件控制设备彻底阻断网络间的任何通路。

2）特有控制逻辑和专用通信协议完全控制数据的实时交换。

3）双系统结构确保工作安全可靠。

4）专用安全操作系统及嵌入式程序控制确保系统本身免受攻击。

联想网御安全隔离网闸采用系统硬件平台实现系统级的物理隔离。系统硬件平台由内网主机系统、外网主机系统、隔离交换矩阵三部分组成。内网 / 外网主机系统分别具有独立的运算单元和存储单元，并以联想网御具有自主知识产权的VSP（Versatile Secure Platform）通用安全平台作为系统支撑；隔离交换矩阵基于LeadASIC专用芯片技术及相应的时分多路隔离交换逻辑电路，不受主机系统控制，独立完成应用数据的封包、摆渡、拆包，从而实现内外网之间的数据隔离交换。基于VSP的高效协议处理和LeadASIC芯片的多路固化数据通道技术，分别解决了安全隔离网闸进行数据过滤和摆渡时性能低的业内难题，从而满足了用户对高性能安全隔离网闸的需求。

联想网御的解决方案如图12-14所示。

6. 方正科技双网隔离产品

双网隔离采用“整机隔离”技术，突破了传统隔离只能实现硬盘、网络隔离的局限，创造性地实现了内存隔离。它通过内外网络绝对的物理隔离方式，在两个网络间实施在线、自由地切换，保证计算机的数据在网络之间不被重用。这就解决了传统隔离技术在双网切换时，由于内存数据不能有效刷新所可能导致的数据泄露等安全隐患，相当于用一台PC实现了两台物理隔离PC的安全效果。

双网隔离物理隔离结构如下：

1）终端本地不配备存储设备（硬盘等），不安装任何系统和程序，所有数据集中存储管理。

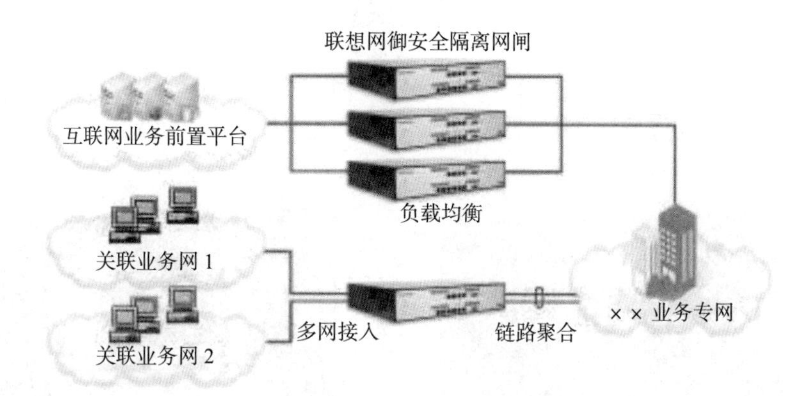

图 12-14　联想网御的解决方案

2）内网与外网数据独立集中存储管理，相互物理隔离。

3）终端通过分别连接内部或外部网络（或其他级别网络）实现物理隔离。

双网隔离物理隔离的功能如下：

1）终端联入内部或外部网络（或其他级别网络）就可自动获得该网络相应的操作系统和应用，使用与 PC 没有区别。

2）终端可以添加、删除修改软、硬件配置。

3）终端应用速度、易用性、稳定性、可管理性全面超越有盘 PC。

方正科技双网隔离产品的解决方案如图 12-15 所示。

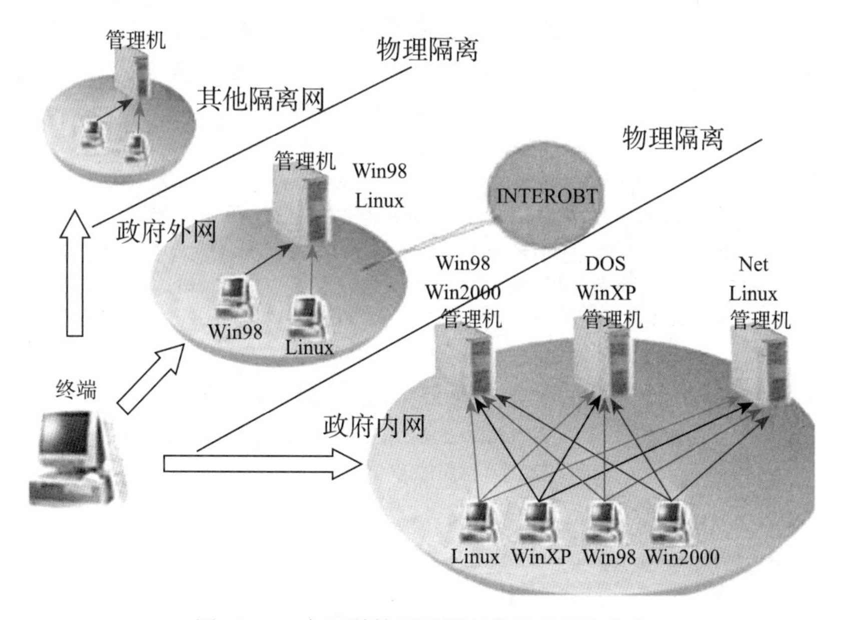

图 12-15　方正科技双网隔离产品的解决方案

推荐阅读

计算机网络：自顶向下方法（原书第6版）

作者：James F. Kurose，Keith W. Ross　译者：陈鸣 等

ISBN：978-7-111-45378-9　定价：79.00元

本书是当前世界上最为流行的计算机网络教材之一，采用作者独创的自顶向下方法讲授计算机网络的原理及其协议，即从应用层协议开始沿协议栈向下讲解，让读者从实现、应用的角度明白各层的意义，强调应用层范例和应用编程接口，使读者尽快进入每天使用的应用程序之中进行学习和“创造”。

本书第1~6章适合作为高等院校计算机、电子工程等相关专业本科生“计算机网络”课程的教材，第7~9章可用于硕士研究生“高级计算机网络”教学。对计算机网络从业者、有一定网络基础的人员甚至专业网络研究人员，本书也是一本优秀的参考书。

计算机网络：系统方法（原书第5版）

作者：Larry L.Peterson, Bruce S.Davie　译者：王勇 等

ISBN：978-7-111-49907-7 定价：99.00元

本书是计算机网络领域的经典教科书，凝聚了两位顶尖网络专家几十年的理论研究、实践经验和大量第一手资料，自出版以来已经成为网络课程的主要教材之一，被美国哈佛大学、斯坦福大学、卡内基-梅隆大学、康奈尔大学、普林斯顿大学等众多名校采用。

本书采用“系统方法”来探讨计算机网络，把网络看作一个由相互关联的构造模块组成的系统，通过实际应用中的网络和协议设计实例，特别是因特网实例，讲解计算机网络的基本概念、协议和关键技术，为学生和专业人士理解现行的网络技术以及即将出现的新技术奠定了良好的理论基础。无论站在什么视角，无论是应用开发者、网络管理员还是网络设备或协议设计者，你都会对如何构建现代网络及其应用有“全景式”的理解。